高等院校园林专业系列教材

园林工程施工

主编 吴戈军 田建林

中国建材工业出版社

图书在版编目(CIP)数据

园林工程施工/吴戈军,田建林主编.—北京:中国建材工业出版社,2009.1

(高等院校园林专业系列教材)

ISBN 978-7-80227-414-3

Ⅰ.园… Ⅱ.①吴…②田… Ⅲ.园林—工程施工—高等学校—教材 Ⅳ.TU986.3

中国版本图书馆 CIP 数据核字(2008)第 189483 号

内 容 简 介

本书按照高等院校园林专业的教学要求进行编写,主要包括以下内容:园林工程施工概述,园林土方工程,园林给排水工程,假山与置石工程,水景工程,绿化工程,园路、园桥与广场工程,园林供电工程。

本书可作为高等院校园林专业的教材,也可供园林工程施工技术人员参考。

园林工程施工

主编 吴戈军 田建林

出版发行：**中国建材工业出版社**

地　　址：北京市西城区车公庄大街 6 号

邮　　编：100044

经　　销：全国各地新华书店

印　　刷：北京密云红光印刷厂

开　　本：787mm×1092mm　1/16

印　　张：29

字　　数：719 千字

版　　次：2009 年 1 月第 1 版

印　　次：2009 年 1 月第 1 次

书　　号：ISBN 978-7-80227-414-3

定　　价：49.00 元

本社网址：www.jccbs.com.cn

本书如出现印装质量问题,由我社发行部负责调换。联系电话:(010)88386906

《园林工程施工》编委会

主　编：吴戈军　　田建林

编　委：王作仁　　王　茜　　王衍富　　王晓东
　　　　冯义显　　龙自立　　巩晓东　　刘秀民
　　　　吕克顺　　李冬云　　杨海荣　　张　敏
　　　　张　琦　　邹　爽　　郝烁月　　赵莹华
　　　　曾凯阳

前　言

随着社会经济的日益发展，物质生活和文化水平的不断提高，人们对日常生活、生产等活动场所和室外环境的舒适度要求也越来越高。提倡人与自然和谐发展，建立人与自然相融合的社会主义和谐社会已成为人们的共识和发展趋势，这一趋势也促进了园林建设事业的蓬勃发展。园林建设属于基础建设的一个分支，现代园林以其丰富的园林植物和完备的设施对美化城镇、改善人们生活环境发挥着重要作用，为人们提供了健康的休息、娱乐场所，因此，园林建设越来越受到人们的重视，园林绿化事业的社会需求也在不断增加。

近年来我国园林绿化事业发展迅速，大专院校院系逐年增加，从业人员也在不断递增，风景园林企业兴旺发展，对各个层次的专业人才的需求也与日俱增，在园林施工方面的需求尤为突出，为了满足广大园林工程从业者的需要，我们编写了这本《园林工程施工》。

本书采用"笔记式"的编写方式，运用最简单、最直接的手法进行编写，非常便于读者自学，并有利于读者抓住章节重点，理清知识脉络。全书共分八章：园林工程施工概述，园林土方工程，园林给排水工程，假山与置石工程，水景工程，绿化工程，园路、园桥与广场工程，园林供电工程。各节内容设置包括：

【要　　点】对该节内容进行概要叙述与总结。

【解　　释】对【要点】内容进行详细的说明与分析。

【相关知识】扼要说明与本节题目相关的事项和关键词。

本书可作为高等院校园林专业的教材，也可作为园林工程施工技术人员使用的一本较为实用的参考书。

在本书编写过程中，我们尽心尽力、反复推敲核实，但由于时间仓促，书中仍难免有不足之处，望广大读者提出宝贵意见，我们将认真听取并及时改正和完善。

编　者

目　录

第一章　园林工程施工概述

一　园林工程施工的概念、作用和任务

【要　点】

园林工程施工是园林工程建设的重要环节,必须熟练掌握园林工程施工的概念、作用和任务。

【解　释】

◆**园林工程施工的概念**

园林工程建设与所有的建设工程一样,包括计划、设计和实施三大阶段。园林工程施工是对已经完成计划、设计两个阶段的工程项目的具体实施;是园林工程施工企业在获取建设工程项目以后,按照工程计划、设计和建设单位的要求,根据工程实施过程的要求,并结合施工企业自身条件和以往建设的经验,采取规范的实施程序、先进科学的工程实施技术和现代科学的管理手段,进行组织设计,做好准备工作,进行现场施工,竣工之后验收交付使用并对园林植物进行修剪、造型及养护管理等一系列工作的总称。现阶段的园林工程施工已由过去的单一实施阶段的现场施工概念发展为综合意义上的实施阶段所有活动的概括与总结。

◆**园林工程施工的作用**

随着社会经济的发展和科学技术的进步,人们对园林艺术品的要求日益提高,而园林艺术品的产生是靠园林工程建设完成的。园林工程建设主要通过新建、扩建、改建和重建一些工程项目,特别是新建和扩建,以及与其有关的工作来实现的。园林工程施工是完成园林工程建设的重要活动,其作用可以概括为以下几个方面:

1. 园林工程建设计划和设计得以实施的根本保证

任何理想的园林工程建设项目计划,任何先进科学的园林工程建设设计,均需通过现代园林工程施工企业的科学实施,才能得以实现。

2. 园林工程建设理论水平得以不断提高的坚实基础

一切理论都来自于实践,来自于最广泛的生产实践活动。园林工程建设的理论自然源于工程建设施工的实践过程。而园林工程施工的实践过程,就是发现施工中的问题并解决这些问题,从而总结和提高园林工程施工水平的过程。

3. 创造园林艺术精品的必经之途

园林艺术的产生、发展和提高的过程,就是园林工程建设水平的不断发展和提高的过程。只有把经过学习、研究、发掘的历代园林艺匠的精湛施工技术及巧妙手工工艺,与现代科学技术和管理手段相结合,并在现代园林工程施工中充分发挥施工人员的智慧,才能创造出符合时

代要求的现代园林艺术精品。

4. 锻炼、培养现代园林工程建设施工队伍的最好办法

无论是对理论人才的培养,还是对施工队伍的培养,都离不开园林工程建设施工的实践锻炼这一基础活动。只有通过这一基础性锻炼,才能培养出作风过硬、技艺精湛的园林工程施工人才和能适应走出国门要求的施工队伍。也只有力争走出国门,通过国外园林工程施工的实践,才能锻炼和培养出符合各国园林要求的园林工程建设施工队伍。

◆ **园林工程施工的任务**

在园林工程中,一般基本建设的任务有以下内容:

(1)编制建设项目建议书

(2)研究技术经济的可行性

(3)落实年度基本建设计划

(4)根据设计任务书进行设计

(5)进行勘察设计并编制概(预)算

(6)进行施工招标

(7)中标施工企业进行施工

(8)生产试运行

(9)竣工验收,交付使用

其中的(6)~(9)项均属于实施阶段,也就是园林工程施工的任务。除此之外,根据园林工程建设以植物为主要建园要素的特点,园林工程施工还要增加在工程建设中对植物进行养护、修剪、造型、培养的任务,而这一任务的完成往往需要一个较长的时期。

【相关知识】

◆ **园林工程的概念**

从广义上讲,园林工程是综合的景观建设工程,是由项目起始至设计、施工及后期养护的全过程。这是因为现代园林景观工程是一项工艺较复杂、技术要求较高、施工协作关系较多且必须遵循与之相关的技术规范及标准的工作。但在工程操作程序和技术要求的层面上,从教学需要出发往往又将它分离成多门课程,如园林设计、园林工程招标与投标、园林工程学及园林工程施工管理等。这种分离使学科更有针对性,更利于教学组织,但同时也人为地将系统的园林工程单项化了。因此,在理解园林工程这一概念时,不应只关注其传统的含义,更要重视其系统全局的特点。

园林工程在狭义上的理解是把园林工程视为以工程手段和艺术方法,通过对园林各个设计要素的现场施工,使目标园地成为特定优美景观区域的过程。也就是在特定的范围内,通过人工手段(艺术的或技艺的)将园林的多个设计要素(也称施工要素)进行工程处理,以使目标园地达到一定的审美要求和艺术氛围,这一工程的实施过程就是园林工程。这就是园林工程的基本含义。重点解决园林工程要素的施工问题,其中心内容是如何在最大限度地发挥园林景观功能的前提下,解决建设中工程设施、构筑物与园林景观各要素间相互关系的问题。从这一意义上看,该学科的基本点不是如何对平面图上的设计要素进行处理,而是通过理解设计思想,对其设计要素在现场进行合理的组织与施工,所以园林工程是有实践性和现场性的,是使用各种施工材料、运用各种施工技术和管理方法来完成的一个再创作过程。

再从园林这个层面上来分析园林工程。园林是在一定的地域内运用工程技术手段和造园艺术手法,通过改造地形、种植花草树木、营造建筑和布置园路等途径建成的完美的游憩境域。要最终成就这种完美的游憩境域,必须经历工程的实施过程,这一过程涉及地形、植物、建筑、园路及相关的配套设施,如供电供水、设备维护等,因此,园林工程不仅是某种工程技艺的体现,更是各种工程技术手段的综合。

二 园林工程施工的特点和程序

【要　　点】

园林工程是一种独特的工程,它不仅要满足一般工程的使用功能的要求,而且要满足园林造景的要求,还要与园林环境密切结合,是一种将自然景观和各类人造景观融为一体的建设工程。园林工程建设又是城镇基本建设的主要组成部分,因而也可将其列入城镇基本建设之中,并要求按照基本建设的程序进行。

【解　　释】

◆ **园林工程施工的特点**

园林工程建设独特的要求决定了园林工程施工具有如下特点:

1. 园林工程建设的施工准备工作比一般工程更为复杂多样

我国的园林大多建设在城镇或者在自然景色较好的山、水之间。由于城镇地理位置的特殊性且大多山、水地形复杂多变,给园林工程建设施工提出了更高的要求。特别是在施工准备中,要重视工程施工场地的科学布置,以便尽量减少工程施工用地,减少施工对周围居民生活、生产的影响;其他各项准备工作也要完全充分,才能确保各项施工手段得以顺利实施。

2. 园林工程建设的施工工艺要求严、标准高

要建成具有游览、观赏和游憩功能,既能改善人的生活环境,又能改善生态环境的精品园林工程,就必须通过高水平的施工工艺才能实现。因而,园林工程建设施工工艺总是比一般工程施工工艺复杂,标准更高,要求更严。

3. 园林工程建设施工技术复杂

园林工程尤其是仿古园林工程施工,其复杂性对施工人员的技术提出了很高的要求。作为艺术精品的园林,其工程建设施工人员不仅要有一般工程施工的技术水平,还要具有较高的艺术修养;以植物造景为主的园林,其施工人员更应掌握大量的树木、草坪、花卉的知识和施工技术。没有较高的施工技术水平,就很难达到园林工程建设的设计要求。

4. 园林工程建设施工的专业性强

园林工程建设的内容繁多,且各类工程的专业性极强,因而要求施工人员也要具有较强的专业性。不仅是园林工程建设建筑设施和构件中亭、榭、廊等建筑复杂各异,专业性强,而且现代园林工程建设中的各类小品的建筑施工也各自具有不同的专业要求,如常见的假山、置石、园路、水景、栽植播种等,其专业性也是很强的。这些都要求施工人员必须具备丰富的专业知识和独特的施工技艺。

5. 园林工程建设规模大、综合性强,要求各类型、各工种人员相互配合,密切协作

现代园林工程建设规模化发展的趋势和集园林绿化、生态、环境、社会、休闲、娱乐、游览于一体的综合性建设目标的要求,使得园林工程建设涉及众多的工程类别和工种技术。在同一

工程项目施工过程中,往往要有多个施工单位和多个工种的技术人员相互配合、协作才能完成,而各施工单位和各工种的技术差异一般较大,相互配合协作起来有一定的难度,这就要求园林工程施工人员不仅要掌握好自己的专门的施工技术,还必须有相当高的配合协作精神和方法,在同一工种内各工序施工人员高度统一协调,相互监督制约,才能保证施工正常进行。

◆ 园林工程施工的程序

园林工程施工程序是指园林工程建设进入实施阶段后,在施工过程中应遵循的先后顺序,是施工管理的重要依据。在园林工程施工过程中,做到按施工程序进行施工,对提高施工速度,保证施工质量、安全,降低施工成本均有重要作用。

园林工程的施工程序一般可分为施工前准备阶段和现场施工阶段两大部分。

1. 施工前准备阶段

园林工程建设各工序、各工种在施工过程中,首先要有一个施工准备期。在施工准备期内,施工人员的主要任务是:领会图纸设计的意图,掌握工程特点,了解工程质量要求,熟悉施工现场,合理安排施工力量,为顺利完成现场各项施工任务做好准备工作。其内容一般可分为技术准备、生产准备、施工现场准备、后勤保障准备和文明施工准备五个方面。

(1)技术准备

1)施工人员要认真读懂施工图,体会设计意图。

2)查看施工现场状况,结合施工现场平面图充分了解施工工地的现状。

3)学习掌握施工组织设计内容,了解技术交底和预算会审的核心内容,领会施工规范、安全措施、岗位职责和管理条例等。

4)熟练掌握本工种施工中的技术要点并了解技术改进方向。

(2)生产准备

1)施工中所需的各种材料、构配件和施工机具等要按计划组织到位,并要做好验收、入库登记等工作。

2)组织施工机械进场并进行安装调试工作,制定各类工程建设过程中所需物资的供应计划。

3)根据工程规模、技术要求及施工期限等,合理组织施工队伍,选定劳动定额,落实岗位责任,建立劳动组织。

4)做好劳动力调配计划安排工作,特别是在采用平行施工、交叉施工后季节性较强的集中性施工期间更应重视劳动力的配备计划,避免窝工浪费和耽误工期的现象发生。

(3)施工现场准备

施工现场是施工的集中空间。合理、科学地布置有序的施工现场是保证施工顺利进行的重要条件,应予以足够的重视,其基本工作一般包括以下内容:

1)界定施工范围,进行必要的管线改道,保护名木古树等。

2)进行施工现场工程测量,设置工程的平面控制点和高程控制点。

3)做好施工现场的"四通一平"(水通、路通、电通、信息通和场地平整)。市公用临时道路选线应以不妨碍工程施工为标准,结合设计园路、地质状况及运输荷载等因素综合确定;施工现场的给水排水、电力等应能满足工程施工的需要;场地平整时要与原设计图的土方平衡相结合,以减少工程浪费;做好季节性施工的准备;做好拆除清理地上、地下障碍物和建设用材料堆放点的设置安排等工作。

4）搭设临时设施。主要包括工程施工用的仓库、办公室、食堂、宿舍及必要的附属设施。工程临时用地管线要铺设好。在修建临时设施时应遵循节约够用、方便施工的原则。

（4）后勤保障准备

后勤工作是保证一线施工顺利进行的重要环节，也是施工前准备工作的重要内容之一。施工现场应配有简易、必要的后勤设施。例如医疗点、安全值班室、文化娱乐室等。

（5）文明施工准备

做好劳动保护工作，强化安全意识，搞好现场防火工作等。

2. 现场施工阶段

各项准备工作就绪后，就可按计划正式开展施工，即进入现场施工阶段。由于园林工程建设的类型繁多，涉及的工程种类也比较多且要求高，因此对现场各工种、各工序施工的要求便各有不同。在现场施工中应注意以下几点：

1）严格按照施工组织设计和施工图进行施工安排，若有变化，须经计划、设计双方和有关部门共同研究讨论并以正式的施工文件形式决定后，方可实施变更。

2）严格执行各有关工种的施工规程，确保各工种技术措施的落实。不得随意改变，更不能混淆工种施工。

3）严格执行各工序间施工中的检查、验收、交接手续签字盖章的要求，并将其作为现场施工的原始资料妥善保管，明确责任。

4）严格执行现场施工中的各类变更（工序变更、规格变更、材料变更等）的请示、批准、验收、签字的规定，不得私自变更和未经甲方检查、验收、签字而进入下一道工序，并将有关文字材料妥善保管，作为竣工结算、决算的原始依据。

5）严格执行施工的阶段性检查、验收的规定，尽早发现施工中的问题，及时纠正，以免造成大的损失。

6）严格执行施工管理人员对进度、安全、质量的要求，确保各项措施在施工过程中得以贯彻落实，以防各类事故发生。

7）严格服从工程项目部的统一指挥、调配，确保工程计划的全面完成。

【相关知识】

◆ **园林工程的特点**

园林工程实际上包含了一定的工程技术和艺术创造，是地形地物、植物花草、建筑小品、道路铺装等造园要素在特定地域内的艺术体现。因此，园林工程与其他工程相比有其鲜明的特点。

（1）园林工程的艺术性

园林工程是一种综合景观工程，它不同于其他的技术工程，而是一门艺术工程，涉及如建筑艺术、雕塑艺术、造型艺术、语言艺术等多门艺术。园林要素都是相互统一、相互依存的，以共同展示园林特有的景观艺术。园路铺装则需要充分体现平面空间变化的美感，使其在划分平面空间时不只是具有交通功能。

（2）园林工程的技术性

园林工程是一门技术性很强的综合性工程，它涉及土建施工、园路铺装、苗木种植、假山叠造以及装饰装修、油漆彩绘等诸多技术。

（3）园林工程的综合性

园林作为综合艺术，在进行园林产品的创作时，所要求的技术无疑是复杂的。随着园林工程日趋大型化，协同作业、多方配合显得更为突出。新材料、新技术、新工艺、新方法应用广泛，园林各要素的施工更应注重技术的综合性。另外，施工材料的多样性，使材料的可选择性加强，施工方式、施工方法也相互渗透，单一的技术应用已经难以满足现代园林工程的需要了。

（4）园林工程的时空性

园林实际上是一种五维艺术，除了其空间特性外，还包含时间上的要求和造园人的思想情感。园林工程空间性的表现形式在不同的地域有所不同。作品是现实的、非图纸的，因此在建设时重点要表现各要素在三维空间中的景观艺术性。园林工程的时间性则主要体现在植物景观上，即常说的生物性。植物作为园林造景最重要的要素，种类繁多、品种多样、生态环境的要求各异，因此在造园时必须按各自的生态环境要求进行科学配植。

（5）园林工程的安全性

园林创作的基本原则是"安全第一，景观第二"。园林作品是给人观赏体验的，是与人直接接触的，如果工程中某些施工要素存在安全隐患，其后果将不堪设想。在提倡以人为本的今天，重视园林工程的安全性是园林从业者必备的素质。因此，作为工程项目，在设计阶段就应关注其安全性，并把安全要求贯彻于整个项目施工之中，对园林景观建设中的景石假山、水景驳岸、供电防火、设备安装、大树移植、建筑结构、索道滑道等均需备加注意。

（6）园林工程的后续性

园林工程的后续性主要表现在两个方面：一是园林工程各施工要素有着极强的工序性，例如园路工程、栽植工程和塑山工程，工序间要求有很好的链接关系，应做好前道工序的检查验收工作，以便于后续作业的进行；二是园林作品不是一朝一夕就可以完全体现景观设计最终理念的，必须经过较长时间才能展示其设计效果，因此项目施工结束并不代表作品已经完成。

（7）园林工程的体验性

提出园林工程的体验特点是时代性的要求，是欣赏主体——人的心理美感的要求，是现代园林工程以人为本最直接的体现。体验是一种特有的心理活动，实质上是将人融于园林作品之中，通过其自身的体验得到全面的心理感受。园林工程正是给人们提供了这种心理感受的场所，这种审美追求对园林工作者提出了很高的要求，要求园林各个要素都应尽量做到完美无缺。

（8）园林工程的生态性与可持续性

园林工程与景观生态环境密切相关。如果项目能按照生态环境学的理论和要求进行设计和施工，保证建成后各种设计要素对环境不造成破坏，能反映一定的生态景观，体现出可持续发展的理念，就是比较好的项目。进行植物种植、地形处理、景观创作等时，都必须切入这种生态观，以便构建更符合时代要求的园林工程。

◆ 园林工程建设的程序

园林工程建设是城镇基本建设的主要组成部分，可将其列入城镇基本建设中，要求按照基本建设程序进行。基本建设程序是指某个建设项目在建设过程中所包括的各个阶段、步骤所应遵循的先后顺序。一般建设工程是先勘察，再规划，进而设计，再进入施工阶段，最后经竣工验收后交付建设单位使用。园林工程建设程序的要点是：对拟建项目进行可行性研究，编制设计任务书，确保建设地点和规模，进行技术设计工作，报批基本建设计划，确定工程施工企业，进行施工前的准备工作,组织工程施工及工程完成后的竣工验收等。园林工程施工企业要进行施工前的准备工作,组织工程施工及工程完成后的竣工验收等。

园林工程建设项目的生产过程大致可以划分为四个阶段,即:工程项目计划立项报批阶段、组织计划设计阶段、工程建设实施阶段和工程竣工验收阶段。

(1)工程项目计划立项报批阶段

此阶段又叫工程项目建设前的准备阶段,也称为立项计划阶段。它是指对拟建项目通过勘察、调查、论证、决策后初步确定建设地点和规模,通过论证、研究、咨询等工作写出项目可行性报告,编制出项目建设计划任务书,然后报主管局论证审核,送建设所在地的计划、建设部门批准后纳入正式的年度建设计划。工程项目建设计划任务书是工程项目建设的前提和重要的指导性文件。它要明确的内容主要包括:工程建设单位、工程建设的类别、工程建设的性质、工程建设单位负责人、工程的建设地点、工程建设的依据、工程建设的规模、工程建设的内容、工程建设完成的期限、工程的投资概算、效益评估、与各方的协作关系以及文物保护、生态建设、环境保护、道路交通等方面问题的解决计划等。

(2)组织计划设计阶段

工程设计文件是组织工程建设施工的基础,也是具体工作的指导性文件。具体讲,就是根据已经批准纳入计划的计划任务书内容,由园林工程建设管理部门、设计部门进行必要的组织设计工作。园林工程建设的组织设计实行二阶段设计制度:一是进行工程建设项目的具体勘察,然后进行初步设计并据此编制设计概算;二是在此基础上,再进行施工图设计。在进行施工图设计时,不得改变计划任务书及初步设计中已确定的工程建设的性质、规模和概算等。

(3)工程建设实施阶段

一切设计完成并确定了施工企业后,施工单位应根据建设单位提供的相关资料和图纸、调查掌握的施工现场条件以及各种施工资源(人力、材料、物资、交通等)状况,结合本企业的特点,做好施工图预算和施工组织设计的编制等工作,并认真做好各项施工前的准备工作。严格按照施工图、工程合同以及工程质量、进度、安全等要求做好施工生产的安排,科学组织施工,认真搞好施工现场的管理,确保工程质量、进度和安全,以提高工程建设的综合效益。

(4)工程竣工验收阶段

园林工程建设完成后,立即进入工程竣工验收阶段。要在现场实施阶段的后期就进行竣工验收的准备工作,并组织有关人员对完工的工程项目进行内部自验,发现问题应及时纠正补充,力求达到设计合同要求。工程竣工后,应尽快召集计划、城建、园林、质检等有关单位和部门,根据设计要求和工程施工技术验收规范规定,进行正式的竣工验收,对竣工验收中发现的一些问题及时纠正、补救后即可办理竣工手续并交付使用。

三 园林工程施工类型的划分

【要　点】

综合性园林工程施工,大体可分为与园林工程建设有关的基础性工程施工和园林工程建设施工两大类。基础性工程施工指包括在园林工程建设中的应用较多的起基础性作用的一般建设工程,包括土方工程、钢筋混凝土工程、装配式结构安装工程、给排水工程及防水工程、园林供电工程、园林装饰工程。园林工程建设施工类型因各地情况不同,建设园林的目的不同,大致可以分为假山与置石工程、水体与水景工程、园路与广场工程和绿化工程。

【解　释】

◆园林工程基础性工程施工

与园林工程建设有关的基础性工程是指包括在园林工程建设中的应用较多的起基础性作用的一般建设工程。与园林工程建设有关的基础性工程施工的类型繁多,并随着园林工程建设的综合性、社会性或公益性等的增加而不断增加,现阶段主要有以下几个方面:

1. 土方工程施工

在园林工程建设中,首先是土方工程。凿池筑山,平整场地,挖沟埋管,开槽铺路,安装园林设施、构件,修建园林建筑等均需动用土方;为了避让而不得不动土都涉及土方工程施工。土方工程根据其使用期限和施工要求,可分为永久性和临时性两种,但无论哪种土方工程,都要求具有足够的稳定性和密实度。土方工程施工首先要求按土壤性质划分土壤工程类别,并在施工中遵守有关的技术规范和原设计的各项要求,然后做好土壤施工前的各项准备工作,再按原设计进行挖土、运土、填土、堆山、压实等工序施工。在施工中尽量相互利用,减少不必要的搬运以提高效率。

2. 钢筋混凝土工程施工

随着现代技术、先进材料在园林工程建设中的广泛运用,钢筋混凝土工程已成为与园林工程建设密切相关的工程之一,因而钢筋混凝土工程的施工,也就成为与园林工程建设相关的基础性工程施工的一个重要方面。要求混凝土的强度等级不低于 C30,且采用高强钢筋时不宜低于 C40。与此同时,预应力钢筋混凝土工程和普通钢筋混凝土工程施工,在所选用的方法、设备、操作技术要求等方面也不相同。在大型园林施工企业中,有时又将两者划分为不同的施工类型,以提高施工的精度和技术,满足精品园林工程产品建设的要求。

钢筋混凝土广泛应用于各类工程的结构体系中,所以其工程在整个园林工程建设中占有相当重要的地位。钢筋混凝土工程又可分为普通钢筋混凝土工程和预应力钢筋混凝土工程两大类。

预应力钢筋混凝土的结构构件与普通钢筋混凝土的结构构件相比,改善了受抗性,增强了混凝土的受力性能,充分发挥了高强钢材的抗拉性能,提高了钢筋混凝土结构刚度、抗烈度和耐久性,并减轻了结构的自重。预应力钢筋混凝土结构中的钢筋和水泥与普通钢筋混凝土结构不同,且预应力钢筋混凝土的施工工艺有先张法、后张法、后张自锚法和电热法多种,其中以先张法和后张法应用较多。

3. 装配式结构安装工程施工

随着园林工程建设的大规模化和综合性的发展,在园林工程建设过程中,许多园林建筑、构件和设施出现了更多的装配式结构安装工程。所谓装配式结构安装工程,就是用起重机械将其预先在工厂和现场制作的各类构件,按照工程设计图纸的规定在现场组装起来,构成一件完整的园林工程建设的主体建筑的施工过程。

在装配式结构安装工程施工中,要注意做好工程结构构件的制作、加工和订货,以及结构安装前的准备工作。要合理选择安装机械,确定结构安装方法和构件的安装工艺;确定起重机的开行路线;进行构件的现场布置;制定预制构件接头处理方案和安装工程的安全

8

技术措施。

4. 给排水工程及防水工程施工

城市市政建设和园林工程建设施工中都有大量的给排水工程的施工,而在任何一项建筑工程中都有防水的技术要求,因而在与园林工程建设有关的基础性建设施工中就必定存在一种施工类型,即给排水工程的施工和需要防水的工程施工。

园林工程建设施工中的给排水工程施工就是通过一定的管线设施施工,将水的给、用、排三个环节按照一定的给、用、排水系统联系起来。园林工程建设给、用、排水工程是城市市政工程中给、用、排水工程的一部分,它们之间既有共同点,又有园林工程建设本身的具体要求,而防水工程则是各类工程建筑的共同施工要求。

园林工程建设产品大多是群众休息、游览、观赏,进行各类公益活动的公共场所,离不开水;同时以植物为主体的特点又决定了其对水的需求量多的要求;在复杂地形及构件的高低形状各异的园林工程建设中,往往还有大量的造景用水、排水和自然水分的排除等问题。同时,还要注意地面及屋面的防水问题。这就决定了园林工程建设的给、用、排、防水成为各类园林工程建设的具有共性的基础性工程,只是在侧重点和形式上有所不同。

在给、用、排、防水工程施工中,重点要解决的问题包括:自然水源的调查、选择,给、排水量计算,给水系统、用水系统、排水系统的布置与连接,自然降水与各类污水的排放等。防水工程能确保整个工程不被水侵蚀,其施工必须严格遵守有关操作规程,以保证其工程质量。防水工程包括:地面自然水的防冲刷、防侵蚀的措施,建筑物屋面的防渗、漏水,以及给水系统、排水系统、用水系统的管道渗漏水等。

5. 园林供电工程施工

园林供电工程施工主要包括电源的选择、设计和安装,照明用电的布置与安装,以及供电系统的安全技术措施的制定与落实等工作。在整个施工中始终要以安全、够用、节约为基本原则。在施工中要充分与园林工程建设中的路、景等公共场所紧密结合,既要满足用电的要求,同时又要使供电设施、装备与园路、广场及其他景观融为一体,以取得良好的艺术效果。

6. 园林装饰工程施工

园林工程建设本身就是一种综合性艺术工程,在各类园林工程建设中为了更好地体现其艺术性,要求对各种景、色进行一定的装饰工作,这些都包括在园林工程建设的各类施工过程之中。在园林建筑工程及园林设施施工中,小品的装饰也是一个重要方面。随着人们文化品位的不断提高,园林工程建设的社会效益的不断体现,园林工程建设装饰显得尤为重要。

◆ 园林工程建设施工

园林工程建设类型因各地情况不同,建设园林的目的不同,其类型的划分也各异。就施工而言,在基础性工程施工的基础上,其主题内容大致可以分为如下几类:

1. 假山与置石工程施工

假山工程施工包括假山工程目的与意境的表现手法的确定、假山材料的选择与采运、假山工程的布置方案的确定、假山结构的设计与落实及假山与周围园林山水的自然结合等内容。

在假山工程施工中应始终遵循既要贯彻施工图设计又要有所创新、创造的原则,遵循工程结构基本原理,充分考虑安全耐久等因素,严格执行施工规范,确保工程质量。

置石工程施工包括置石目的、意境和表现手法的确定,置石材料的选用与采运,置石方式的确定,置石周围景、色、字、画的搭配等。

2. 水体与水景工程施工

水景工程是各类园林工程建设中采用自然或人工方式而形成各类景观的相关工程的总称。其内容包括水系规划、小型水闸设计与建设、主要水景工程(驳岸、护坡和水池、喷泉、瀑布)的建造等。

水景工程施工中既要充分利用自然山水资源,又不能造成大量水资源浪费;既要保证各类水景工程的综合利用,又要与自然地形景观相协调;既要符合一般工程中给、用、排水的施工规范,又要符合水利工程的施工要求。在整个施工过程中,还要高度重视防止水资源污染和水景工程完成后试用期间的安全等方面的问题。

3. 园路与广场工程施工

园路与广场工程施工中一般包括放线、准备路槽、铺筑基层、铺筑结合层、铺筑路面和铺设道牙等施工工序。

4. 绿化工程施工

绿化工程就是按照设计要求,植树、栽花、铺(种)草坪使其成活,尽早达到表现效果。根据工程施工过程,可将绿化工程分为种植和养护管理两大部分。种植属短期施工队工程,养护管理则属于长期周期性施工工程。

种植工程施工包括一般树木花卉的栽植、大树移植、草坪的铺设及播种草坪等内容。其施工工序包含如下几个方面:苗木、草皮的选择,包装,运输,贮藏,假植;树木、花卉的栽植(定点、放线、挖坑、匀苗、栽植、浇水、扶直支撑等);辅助设施施工的完成以及种植;树木、花卉、草坪栽种后的修剪、防病虫害、灌溉、除草、施肥等。

【相关知识】

◆园林施工项目

通常将处于项目施工准备、施工规划、项目施工、项目竣工验收和养护阶段的园林建设工程,都统称为园林施工项目。园林施工项目的管理主体是承包单位(园林施工企业),并为实现其经营目标而进行工作;它既可以是园林建设项目的施工、单项工程或单位工程的施工,也可以是分部工程或分项工程的施工。

四　施工准备工作

【要　点】

园林工程的施工准备的内容包括技术准备、物质准备、劳动组织准备、施工现场准备和施工场外协调,是园林工程建设顺利进行的必要前提和根本保证。

【解　释】

◆施工准备工作的重要性

施工准备工作的基本任务是为拟建工程的施工提供必要的技术和物质条件,统筹安排施工现场和施工力量。同时施工准备还是工程建设顺利进行的根本保证。因此,认真做好施工准备工作,对于发挥企业优势、资源的合理利用、加快施工进度、提高工程质量、降低工程成本、赢得社会信誉、增加企业利润、实现企业管理现代化都具有十分重要的意义。

实践证明,凡是重视施工准备工作,积极为拟建工程创造一切施工条件的项目的施工就会顺利进行;反之,就会给项目施工带来麻烦或不便,甚至造成无可挽回的损失。

◆ 施工准备与临时设施工程流程

为满足工程项目施工需要,在工程正式开工之前,要按照工程项目施工准备工作计划的要求,建造相应的临时设施,为工程项目创造良好的施工条件。临时设施工程也叫暂设工程,在施工结束之后就要拆除,其投资有效时间是短暂的,因此在组织工程项目施工时,对暂设工程和大型临时设施的用途、数量和建造方式等,要进行技术经济方面的可行性研究,在满足施工需要的前提下,使其数量和造价最低,这对于降低工程成本和减少施工用地都是十分重要的。施工准备与临时设施工程流程见表1-1。

表 1-1　施工准备与临时设施工程流程表

| 施工流程 | 管理项目 | 施工管理方法 | | 管理的要点 | 准备文件 |
		工地负责人	监督员		
准备	确认合同文件	确认	确认	精读《工程承包合同书》,与有关方面确认疑问点	—
	确认设计图纸	确认	确认	熟悉设计图纸、现场说明书等内容,与甲方确认疑问点	—
	确认施工现场	确认	确认	1)根据现场踏勘,确认现场状况,用照片等记录、确认障碍物件等的处理方法 2)确认建设用地界线及周围状况 3)确认原有树木、文物等的位置,确认处理方法	—
	向负责机关申报手续	确认	指示	早期办理占用道路、供水、排水、供电、电话等手续	各种申请书
	工程施工过程的检查	确认	承诺	确认工期内各施工部分有无不合理或浪费现象	—
	确认临时设施计划	确认	承诺	1)确认工期内容与工期是否相吻合,有无浪费和不足 2)确认周围居民、行人等的安全,确认消除噪声措施 3)确认保存树木、文物等的保护措施	临时设施计划书
	防火措施,安全管理	确认	确认	1)确认防灾措施,贯彻安全管理 2)确认防灾和安全管理状况,定期进行检查 3)确认急救医院、公安局、消防队、劳动标准监督等机关的所在地和联络方法	安全组织一览表
	确认临时设施工程和细节工程	确认	承诺	确认细节工程和整体工程是否协调	—
	施工计划书	确认	承诺	编制施工计划书,并据此对整体工程进行协商确认	施工计划书

施工流程	管理项目	施工管理方法		管理的要点	准备文件
		工地负责人	监督员		
准备	向周围居民介绍、宣传工程内容	确认	指示	1)采用告示牌、广告等宣传手段,力求得到周围居民的协助和理解 2)确认有无必要在当地召开说明会	施工计划书
材料	桩木材料	确认	确认	确认形状尺寸及质量	—
	木制脚手架	确认	确认	确认宽度、厚度、质量、强度等安全性	材料调拨申请材料报告书
	钢管脚手架	确认	确认	确认是否符合钢管脚手架的规定,是否安全	—
	其他临时设施材料	确认	确认	1)确认材料的质量、形状尺寸是否合适 2)使用设计图纸上没有记载的材料时,应和甲方协议并取得同意	—
施工	测量	确认	确认	1)BM(水准点)和临时 BM 的位置的确认 2)界线桩的确认 3)设置控制桩时,确认所编制的对照图	测量成果对照表
	桩位	确认	确认	1)根据设计图纸,从标准线、界线桩开始,检测和确认位置 2)根据设计图纸,从 BM(或临时 BM)确认高程 3)确认轴线桩的上、下高程和数据 4)现场原有物件的位置与图纸的设计相矛盾时,应认真核查,和甲方协商、确认 5)随时检测、确认、保护桩木,直到竣工为止	—
	保存物件的保护	确认	确认	1)根据设计图纸或指示,妥善处置保存树木和地上文物,确认保护措施 2)施工中,发现地下文物时,应尽快向当地主管部门汇报,听从其指示	施工批准申请
	临时设施的施工	确认	确认	根据设计图纸和临时设施计划书,检查、确认现场办公室、仓库、临时性道路、临时性排水设施和暂设电力及其他临时设施的施工情况	施工批准申请
	临时设施的管理与检查	确认	确认	1)管理和检查临时设施,确认破损处和修复情况 2)在台风、暴雨、地震、积雪或灾害到来之前,进行紧急检查,确认有无异常	施工批准申请
	原有材料的处理	确认	指示	和甲方协商处理方法	原有材料统计书

施工流程	管理项目	施工管理方法		管理的要点	准备文件
		工地负责人	监督员		
完成	收尾,清扫	确认	确认	撤除临时设施时,不要损坏竣工物件。搬出残存物,进行清扫,确认原物复原等	单位自检报告书
	确认竣工物件,进行竣工验收准备	确认	确认	1)确认是否满足设计图纸等承包合同上的各种要求(景观要素、数量、质量、规格、形状、功能等),有无未完工部分和需返工的地方 2)确认文件的整理工作	工程日报表,材料报告书,材料试验报告,工程照片,工程记录,测量结果对照图,竣工物件管理图

◆ **施工准备工作计划**

为了落实各项施工准备工作,加强对其检查和监督,必须根据各项施工准备工作的内容、时间和人员,编制施工准备计划,见表1-2。

表1-2　施工准备工作计划

序　号	施工准备项目	简要内容	负责单位	起止时间				备　注
				月	日	月	日	

综上所述,各项施工准备工作不是分离的、孤立的,而是相互配合,互为补充的。为了提高施工准备工作的质量,加快施工准备工作的进度,必须加强建设单位、设计单位和施工单位之间的协调工作,建立健全施工准备工作的责任和检查制度,使准备工作有领导、有组织、有计划、分期分批地进行,并贯穿于施工全过程。

◆ **施工准备工作的分类**

1. 按范围不同分类

工程项目施工准备工作按范围不同可分为全场性施工准备、单位工程施工准备和分部分项工程施工准备。

(1)全场性施工准备

全场性施工准备是以整个施工工地为对象而进行的各项施工准备。其特点是施工准备工作的目的、内容都是为全场性施工服务的。它既要为全场性的施工活动创造条件,又要兼顾单位工程施工条件的准备。

(2)单位工程施工准备

单位工程施工条件准备是以一个建筑物、构筑物或种植施工为对象进行施工条件的准备工作。它的准备工作的目的、内容都是为单位工程施工服务的,既要为该单位工程的施工做好一切准备,又要为分部分项工程做好施工准备工作。

（3）分部分项工程施工准备

分部分项工程施工准备是以一个分部分项工程或冬季、雨季施工项目为对象而进行的作业条件准备。

2. 按施工阶段的不同分类

按拟建工程所处的施工阶段的不同可分为开工前的施工准备和各施工阶段前的施工准备。

（1）开工前的施工准备

是在拟建工程正式开工之前所进行的一切施工准备工作。其目的是为拟建工程正式开工创造必要的施工条件。它既可能是全场性的施工准备，也可能是单位工程施工条件的准备。

（2）各施工阶段前的施工准备

是在拟建工程开工之后，每个施工阶段正式开工之前所进行的一切施工准备工作。目的是为施工阶段正式开工创造必要的施工条件。

综上所述，施工准备工作既要有阶段性，又要有连贯性，必须要有计划、有步骤、分期分阶段地进行，并且贯穿整个施工项目建造过程的始终。

◆ 施工准备工作的内容

1. 技术准备

技术准备是核心，因为任何技术的差错或隐患都可能引发人身安全和工程质量事故。

（1）熟悉并审查施工图纸和有关资料

园林建设工程在施工前应熟悉设计图纸的详细内容，掌握设计意图，确认现场状况，以便编制施工组织设计，为工程施工提供各项依据。在研究图纸时，需要特别注意的是特殊施工说明书的内容、施工方法、工期以及所确认的施工界线等。

（2）原始资料的调查分析

做好施工准备工作，既要掌握有关拟建工程的书面资料，还应该对拟建工程进行实地勘测和调查，获得第一手资料，这对拟定一个合理、切合实际的施工组织设计是非常必要的，因此应该做好以下两方面的调查分析：

1）自然条件的调查分析

自然条件主要包括工程区气候、土壤、水文、地质等。对于园林绿化工程，必须充分了解和掌握工程区的自然条件。

2）技术经济条件的调查分析

内容包括：地方建筑与园林施工企业的状况；施工现场的动迁状况；当地可利用的地方材料状况；地方能源、运输状况；建材、苗木供应状况；当地生活供应、教育和医疗状况；劳动力和技术水平状况；消防、治安状况和参加施工单位的力量状况。

（3）编制施工图预算和施工预算

施工图预算应由施工单位按照施工图纸所确定的工程量、施工组织设计拟定的施工方法、建设工程预算定额和有关费用定额编制。施工图预算是建设单位和施工单位签订工程合同、拨付工程款、竣工决算、实行招标投标和建设包干的主要依据，也是施工单位制定施工计划、考核工程成本的依据。

施工预算是施工单位内部编制的一种预算。它是在施工图预算的控制下，结合施工组织设计中的平面布置、施工方法、技术组织措施以及现场施工条件等因素编制而成的。

（4）编制施工组织设计

拟建工程应根据其规模、特点和建设单位的要求，编制指导该工程施工全过程的施工组织设计。

2. 物质准备

园林建设工程的物质准备工作内容包括土建材料准备、绿化材料准备、构（配）件和制品加工准备、园林施工机具准备等。

3. 劳动组织准备

（1）有能进行现场施工指导的专业技术人员。

（2）施工项目管理人员应是有实际工作经验的专业人员。

（3）各工种应有熟练的技术工人，并应在进场前进行有关的入场教育。

4. 施工现场准备

大中型的综合园林建设项目应做好完善的施工现场准备工作。施工现场准备主要包括以下内容：

（1）施工现场的控制网测量

根据给定的永久性坐标和高程，按照总平面图要求，进行施工场地的控制网测量，设置场区永久性控制测量标桩。

（2）做好"四通一清"

确保施工现场水通、电通、道路畅通、通讯畅通和场地清理。按消防要求设置足够数量的消防栓。园林建设中的场地平整要因地制宜，合理利用竖向条件，既便于施工，又能保留良好的地形景观。

（3）做好施工现场的补充勘探

对施工现场做补充勘探是为了进一步寻找隐蔽物。对于城市园林建设工程，特别要清楚地下管线的布局，以便及时拟定处理隐蔽物的方案和措施，为基础工程施工创造条件。

（4）建造临时设施

按照施工总平面图的布置建造临时设施，为正式开工准备好用于生产、办公、生活、居住和储存等的临时用房。

（5）安装调试施工机具

根据施工机具需求计划，按施工平面图要求，组织施工机械、设备和工具进场，按规定地点和方式存放，并应进行相应的保养和试运转等工作。

（6）组织施工材料进场

各项材料按需求计划组织进场，按规定地点和方式存放。植物材料一般随到随栽，不需提前进场。进场后不能立即栽植的，要选择好假植地点和养护方式。

（7）其他

如做好冬季、雨季施工安排，树木的保护和保存等。

5. 施工场外协调

（1）材料选购、加工和订货

根据各项材料需要量计划，同建材生产加工、设备设施制造、苗木生产单位取得联系，必要时签订供货合同，保证按时供应。植物材料属非工业产品，一般要到苗木场（圃）选择符合设计要求的优质苗木。园林中特殊的景观材料（如山石等），需要事先根据设计需要进行选择备用。

（2）施工机具租赁或订购

对本单位缺少且需要的施工机具，应根据需要量计划，同有关单位签订租赁合同或订购合同。

（3）选定转、分包单位，并签订合同，理顺转包、分包、承包的关系，但应防止将整个工程全部转包的情况出现。

◆ 施工房屋设施

施工房屋设施的一般要求：

1. 结合施工现场具体情况，统筹安排、合理布局、厉行节约、反对浪费。

（1）布点要适应施工需要，方便职工上下班。

（2）不许占据正式工程位置，避开取土、弃土场地。

（3）尽量靠近已有交通线路或即将修建的临时交通线路。

（4）要不受洪水、泥石流、滑坡、陡岩之害，否则，应有防护设施。

2. 布置要紧凑，充分利用山地、荒地、空地或劣地，尽量少占农田并保护农田。

3. 尽量利用施工现场或附近已有的建筑物，包括拟拆除可暂时利用的建筑物。在新开辟地区，应尽可能提前修建可以利用的永久性工程。

4. 必须修建的临时建筑应以经济适用为原则合理选择形式，如充分利用当地材料和旧料，制成装拆式结构或移动式建筑，以便重复利用。

5. 符合安全防火要求。

（1）工地加工厂类型和结构

通常工地加工厂类型主要有：钢筋混凝土预制构件加工厂、木材加工厂、粗木加工厂、细木加工厂、钢筋加工厂、金属结构构件加工厂和机械修理厂等。

各种加工厂的结构形式，应根据使用期限而定：使用期限较短者采用简易结构，如一般油毡、铁皮或草屋面的竹木结构；使用期限较长者宜采用瓦屋面的砖木结构、砖石结构或装配式活动房屋等。

（2）工地仓库类型和结构

园林建设工程施工中所用仓库有以下几种：

1）转运仓库。设在车站、码头等地用来转运货物的仓库。

2）中心仓库。专用来贮存整个施工工地所需的材料、贵重材料及需要整理的配套材料的仓库。

3）现场仓库。一般均就近建在现场，专为某项工程服务的仓库。

4）加工厂仓库。专供某加工厂贮存原材料和加工半成品构件的仓库。

工地仓库按保管材料的方法不同，可分为以下几种：

1）露天仓库。用于堆放不因自然条件而影响性能、质量的材料。如砖、砂石、装配件混凝土构件等的堆场。大宗建筑材料一般应直接运往使用地点堆放，以减少施工现场的二次搬运。

2）库棚。用于堆放防止阳光雨雪直接侵蚀变质的物品、贵重材料、五金器具、细料及容易散失或损坏的材料。

（3）办公及福利设施类型

办公及福利设施类型有如下几种：

1）行政管理和生产用房。包括施工现场机构办公室、传达室、车库及各类材料仓库和辅助性修理车间等。

2）居住生活用房。包括家属宿舍、职工单身宿舍、招待所、商店、医务所、浴室等。

3）文化生活用房。包括俱乐部、学校托儿所、图书馆、邮亭、广播室等。

◆ **工地运输**

1. **工地运输方式及特点**

工地运输方式有：铁路运输、水路运输、汽车运输等。

（1）铁路运输

铁路运输在园林工程中较少见。铁路运输具有运量大、运距长、不受自然条件限制等优点，在拟建工程附近有铁路或者工地需从国家铁路上运输大量物料时，可以考虑采用铁路运输。

（2）水路运输

水路运输是最经济的一种运输方式，若条件允许，应尽量采用水运。

采用水运时应注意与工地内部运输配合，码头上通常要有转运仓库和卸货设备，同时还要考虑洪水期和枯水期对运输的影响。

（3）汽车运输

汽车运输是目前应用最广泛的一种运输方式，其优点是机动性大、操作灵活、行驶速度快，适合各类道路和物料，可直接运到使用地点，汽车运输特别适合于货运量不大，货源分散或地形复杂地区以及城市内的运输。

2. **工地运输组织**

（1）确定运输总量

根据运输总量工程的实际需要量来确定，同时还要考虑每日的最大运输量以及各种运输工具的最大运输密度。每日货运量可用下式计算：

$$q = \Sigma Q_i \cdot L_i \cdot K / T$$

式中　q——日货运量，t·km；

　　Q_i——每种货物的需要总量；

　　L_i——每种货物从发货地点到储存地点的距离；

　　T——有关施工项目的施工总工日；

　　K——运输工作不均衡系数，汽车运输可取1.2。

（2）确定运输方式

工地运输方式的选择必须考虑种种因素的影响，如材料的性质，运输量的大小，超高、超大、超宽设备及构件与大型苗木的形状尺寸，运距和期限，现有机械设备，利用永久性道路的可能性，现场及场外道路的地形、地质及水文自然条件。在有几种运输方案可供选择时，应进行全面的技术经济分析比较，选取最合适的运输方式。

（3）确定运输工具数量

运输方式确定后，就可计算运输工具的需要量。每一工作台班内所需的运输工具数量计算如下：

$$n = \frac{q}{c \times b} \cdot K_i$$

式中　n——运输工具数量；

q——每日货运量；

c——运输工具的台班生产率；

b——每日的工作班次；

K_i——运输工具使用不均衡系数。对于汽车可取 $0.6 \sim 0.8$，马车可取 0.5，拖拉机可取 0.65。

（4）确定运输道路

工地运输道路应尽可能利用永久性道路，或先修永久性道路路基并铺设简易路面。主要道路应布成环形，次要道路可布置成单行线，但应有回车场。要尽量避免出现交叉。现场内临时道路技术要求和临时路面种类厚度如表1-3、表1-4所示。在施工现场外占用道路的要事前向管理单位进行申请，尤其是临时占用对于非国家所有或管理的道路时，事前应就占用的时期和时间段进行协商，以免产生矛盾。

表1-3　简易道路技术要求

指标名称	单位	技 术 标 准
设计车速	km/h	≤20
路基宽度	m	双车道 $6 \sim 6.5$；单车道 $4.4 \sim 5$；困难地段 3.5
路面宽度	m	双车道 $5.5 \sim 6$；单车道 $3.5 \sim 4.4$
平面曲线最小半径	m	平原、丘陵地区 20；山区 15；回头弯道 12
最大纵坡	%	平原地区 6；丘陵地区 8；山区 11
纵坡最短长度	m	平原地区 100；山区 50
桥面宽度	m	木桥 $4 \sim 4.5$
桥涵载重等级	t	木桥涵 $7.8 \sim 10.4$（汽—6 ～ 汽—8）

表1-4　临时道路路面种类和厚度

路面种类	特点及其使用条件	路基土壤	路面厚度/cm	材料配合比
级配砾石路面	雨天照常通车，可通行较多车辆，但材料级配要求严格	砂质土	$10 \sim 15$	体积比：黏土：砂：石子 $= 1 : 0.7 : 3.5$　重量比：面层：黏土 $13\% \sim 15\%$，砂石料 $85\% \sim 87\%$；底层：黏土 10%，砂石混合料 90%
		黏质土或黄土	$14 \sim 18$	
碎（砾）石路面	雨天照常通车，碎（砾）石本身含土较多，不加砂	砂质土	$10 \sim 18$	碎（砾）石 $>65\%$，当地土含量 $\leqslant 35\%$
		砂质土或黄土	$15 \sim 20$	
碎砖路面	可维持雨天通车，通行车辆较少	砂质土	$13 \sim 15$	垫层：砂或炉渣 $4 \sim 5$cm；底层：$7 \sim 10$cm 碎砖；面层：$2 \sim 5$cm 碎砖
		黏质土或黄土	$15 \sim 18$	
炉渣或矿渣路面	可维持雨天通车，通行车辆较少，当附近有此项材料可利用时	一般土	$10 \sim 15$	炉渣或矿渣 75%，当地土 25%
		放松软时	$15 \sim 30$	
砂土路面	雨天停车，通行车辆较少，附近不产石料而只有砂时	砂质土	$15 \sim 20$	粗砂 50%、细砂、粉砂和黏质土 50%
		黏质土	$15 \sim 30$	
风化石屑路面	雨天不通车，通行车辆较少，附近有石屑可利用时	一般土	$10 \sim 15$	石屑 90%，黏土 10%
石灰土路面	雨天停车，通行车少，附近产石灰时	一般土	$10 \sim 13$	石灰 10%，当地土 90%

18

◆工地供水

施工工地临时供水主要包括生产用水、生活用水和消防用水三种。

1. 确定用水量

生产用水包括工程施工用水、施工机械用水。生活用水包括施工现场生活用水和生活区生活用水。

（1）工程施工用水量

$$q_1 = K_1 \sum Q_1 \times N_1 \times K_2 / (T_1 \times b \times 8 \times 3600)$$

式中　q_1——工程施工用水量，L/s；

K_1——未预见的施工用水系数（1.05～1.15）；

Q_1——年（季）度工程量（以实物计量单位表示）；

N_1——施工用水定额；

T_1——年季度有效工作日，d；

b——每天工作班次；

K_2——用水不均衡系数，见表1-5。

表1-5　施工用水不均衡系数

	用 水 名 称	系　　数
K_2	施工工程用水 生产企业用水	1.5 1.25
K_3	施工机械、运输机械 动力设备	2.00 1.05～1.10
K_4	施工现场生活用水	1.30～1.50
K_5	居民区生活用水	2.0～2.50

（2）施工机械用水量

$$q_2 = K_1 \sum Q_2 \times N_2 \times K_3 / (8 \times 3600)$$

式中　q_2——施工机械用水量，L/s；

K_1——未预见的施工用水系数（1.05～1.15）；

Q_2——同种机械台数，台；

N_2——施工机械用水定额；

K_3——施工机械用水不均衡系数，见表1-5。

（3）施工现场生活用水量

$$q_3 = p_1 \times N_3 \times K_4 / (b \times 8 \times 3600)$$

式中　q_3——施工现场生活用水量，L/s；

p_1——施工现场高峰期生活人数，人；

N_3——施工现场生活用水定额；

K_4——施工现场生活用水不均衡系数，见表1-5；

b——每天工作班次。

（4）生活区生活用水量

$$q_4 = p_2 \times N_4 \times K_5 / (24 \times 3600)$$

式中　q_4——生活区生活用水量，L/s；

　　　p_2——生活区居民人数，人；

　　　N_4——生活区昼夜全部用水定额；

　　　K_5——生活区用水不均衡系数，见表1-5。

（5）消防用水量

消防用水量用 q_5 表示，见表1-6。

表1-6　消防用水量

用　水　名　称		火灾同时发生次数	单　　位	用水量
居民区消防用水	5000 人以内 10000 人以内 25000 人以内	一次 二次 二次	L/s L/s L/s	10 10～15 15～20
施工现场消防用水	施工现场在 25ha 以内 每增加 25ha 递增	一次	L/s	10～15 5

（6）总用水量 Q

1）当 $(q_1 + q_2 + q_3 + q_4) \leqslant q_5$ 时，则 $Q = q_5 + (q_1 + q_2 + q_3 + q_4)/2$

2）当 $(q_1 + q_2 + q_3 + q_4) > q_5$ 时，则 $Q = q_1 + q_2 + q_3 + q_4$

3）当工地面积小于 5 万 m^2，并且 $(q_1 + q_2 + q_3 + q_4) < q_5$ 时，则 $Q = q_5$

最后计算的总用水量，还应增加 10%，以补偿不可避免的水管渗漏损失。

2. 选择水源

施工工地临时供水源有供水管道和天然水源两种。应尽可能利用现场附近已有供水管道。只有在工地附近没有现成的供水管道、现成的供水管道无法使用或给水管道供水量难以满足使用要求时，才考虑使用江河、水库、泉水、井水等天然水源。选择水源时应注意下列因素：

（1）水量充沛可靠。

（2）生活饮用水、生产用水的水质应符合要求。

（3）取水、输水、净水设施要安全、可靠、经济。

（4）施工、运转、管理维护方便。

3. 确定供水系统

临时供水系统可由取水设施、净水设施、贮水构筑物（水塔及蓄水池）输水管和配水管线综合而成。

（1）确定取水设施

取水设施一般由进水装置、进水管和水泵组成。取水口一般距河底（或井底）0.25～0.9m。给水工程所用水泵有隔膜泵、离心泵和活塞泵三种。所选用的水泵应具有足够的抽水能力和扬程。

（2）确定贮水构筑物

一般有水池、水塔或水箱。在临时供水时，如水泵房不能连续抽水，则需设置贮水构筑物。其容量以每小时消防用水决定，但不得少于 $10 \sim 20 m^3$。贮水构筑物（水塔）高度与供水范围、供水对象位置及水塔本身的位置有关。

（3）确定供水管径

在计算出工地的总需水量后，可计算出管径。公式如下：

$$D = \sqrt{\frac{4Q \times 1000}{\pi \times v}}$$

式中　D——配水管内径，mm；

　　　Q——用水量，L/s；

　　　v——管网中水的流速，m/s，见表1-7。

表1-7　临时水管经济流速表

管　　　径	流速，v(m/s)	
	正常时间	消防时间
支管 $D < 0.10$m	2	—
生产消防管道 $D = 0.1 \sim 0.3$m	1.3	>3.0
生产消防管道 $D > 0.3$m	1.5 ~ 1.7	2.5
生产用水管道 $D > 0.3$m	1.5 ~ 2.5	3.0

（4）选择管材

临时给水管道，根据管道尺寸和压力大小进行选择，一般干管为钢管或铸铁管，支管为钢管。

◆ **工地供电**

工地临时供电组织包括：计算用电总量，选择电源，确定变压器和导线截面积并布置配电线路。

1. **工地总用电计算**

施工现场用电量大体上可分为动力用电量和照明用电量两类。在计算用电量时，应考虑以下几点：

（1）全工地使用的电力机械设备、工具和照明的用电功率。

（2）施工总进度计划中，施工高峰期同时用电数量。

（3）各种电力机械的利用情况。

总用电量可按以下公式计算：

$$P = 1.05 \sim 1.10 \left(K_1 \frac{\sum P_1}{\cos\varphi} + K_2 \sum P_2 + K_3 \sum P_3 + K_4 \sum P_4 \right)$$

式中　　　P——供电设备总需要容量，kVA；

　　　P_1——电动机额定功率，kW；

　　　P_2——电焊机额定容量，kVA；

　　　P_3——室内照明容量，kW；

　　　P_4——室外照明容量，kW；

　　　$\cos\varphi$——电动机的平均功率因数（在施工现场最高为0.75 ~ 0.78，一般为0.65 ~ 0.75）；

K_1, K_2, K_3, K_4——需要系数，参见表1-8。

表1-8　需要系数（K值）

用电名称	数量	需要系数		备注
		K	数值	
电动机	3~10台 11~30台 30台以上	K_1	0.7 0.6 0.5	如施工中需要电热时,应将其用电量计算进去。为使计算结果接近实际,式中各项动力和照明用电应根据不同工作性质分类计算
加工厂动力设备	—		0.5	
电焊机	3~10台 10台以上	K_2	0.6 0.5	
室内照明	—	K_3	0.8	
室外照明	—	K_4	1.0	

　　单班施工时,最大用电负荷量以动力用电量为准,不考虑照明用电。当照明用电量所占的比重较动力用电量要少得多时,可以在估算总用电量时在动力用电量之外再加10%作为照明用电量即可。

　　2. 选择电源

　　选择临时供电电源,通常有如下几种方案:

　　(1)完全由工地附近的电力系统供电,包括在全面开工之前把永久性供电外线工程做好,设置变电站。

　　(2)工地附近的电力系统能供应一部分,工地尚需增设临时电站以补充不足。

　　(3)利用附近的高压电网,申请临时加设配电变压器。

　　(4)工地处于新开发地区,没有电力系统时,完全由自备临时电站供给。必须根据工程实际,经过分析比较后确定应采取的方案。

　　通常将附近的高压电,经设在工地的变压器降压后,引入工地。

　　3. 确定变压器

　　变压器功率可由下式计算:

$$P = K(\sum P_{max}/\cos\varphi)$$

式中　　P——变压器输出功率,kVA;

　　　　K——功率损失系数,取1.05;

　　$\sum P_{max}$——各施工区最大计算负荷,kW;

　　$\cos\varphi$——功率因数。

　　根据计算所得容量,从变压器产品目录中选用略大于该功率的变压器。

　　4. 确定配电导线截面积

　　配电导线要正常工作,必须具有足够的力学强度、耐受电流通过所产生的温升并且使得电压损失在允许范围内,因此,选择配电导线有以下三种方法:

　　(1)按机械强度确定

　　导线必须具有足够的机械强度以防止受拉或机械损伤而折断。在各种不同敷设方式下,导线按机械强度要求所必需的最小截面可参考有关资料。

　　(2)按允许电流强度选择

　　导线必须能承受负荷电流长时间通过所引起的温升。

1)三相四线制线路上的电流强度可按下式计算:

$$I = \frac{P}{\sqrt{3} \times V \times \cos\varphi}$$

2)二线制线路的电流强度可按下式计算:

$$I = \frac{P}{V\cos\varphi}$$

式中　I——电流强度,A;

　　　P——功率,W;

　　　V——电压,V;

　$\cos\varphi$——功率因数,临时电网取 0.7~0.75。

制造厂家根据导线的容许温升,制定了各类导线在不同的敷设条件下的持续容许电流值,选择导线时,导线中的电流不能超过该值。

(3)按容许电压降确定

导线上引起的电压降必须限制在一定限度内。配电导线的截面可用下式确定:

$$S = \frac{\Sigma P \times L}{C \times \varepsilon}$$

式中　S——导线横截面积,mm^2;

　　　P——负荷电功率或线路输送的电功率,kW;

　　　L——送电路的距离,m;

　　　C——系数,视导线材料、送电电压及配电方式而定;

　　　ε——容许的相对电压降(即线路的电压损失百分比),照明电路中容许电压降不应超过 2.5%~5% 。

所选用的导线截面应同时满足以上三项要求,以求得的三个截面积中最大者为准,从导线的产品目录中选用线芯。通常先根据负荷电流的大小选择导线截面,然后再以机械强度和允许电压降进行复核。

◆临时通讯设施

现代施工企业为了高效快捷获取信息,提高办事效率,在一些稍大的施工现场都配备了固定电话、对讲机、电脑等设施。

【相关知识】

◆施工组织设计

园林建设工程不是单纯的栽植工程,而是一项与土建等其他工程协同工作的综合性工程,故精心做好施工组织设计是施工准备的核心。

施工组织设计是以施工项目为对象进行编制,用来指导其建设全过程各项施工活动的技术、经济、组织、协调和控制的综合性文件。按照施工项目的规模不同,施工组织设计可分为:施工组织总设计、单项(位)工程施工组织设计、分部(项)工程施工设计和投标前施工组织设计。

1. 建设项目施工组织总设计

建设项目施工组织总设计是以一个园林建设项目为对象进行编制,用来指导其建设全过程各项全局性施工活动的技术、经济、组织、协调和控制的综合性文件,是整个施工项目的战略部署,其编制范围广,内容概括性强。在项目初步设计或扩大初步设计批准、明确承包范围后,由施工项目总包单位的总工程师主持,会同建设单位、设计单位和分包单位的负责工程师共同编制,它是编制单项(位)工程施工组织设计或年度施工规划的依据。

2. 单项(位)工程施工组织设计

单项(位)工程施工组织设计是以一个园林施工中的分项工程为对象进行编制的文件。它是建设项目施工组织总设计或年度施工规划的具体化,其编制内容更详细。它是在项目施工图纸完成后,在项目经理组织下,由项目工程师负责编制,作为编制分部(项)工程施工设计或季(月)度施工计划的依据。

3. 分部(项)工程施工设计

分部(项)工程施工设计是以一个分部(项)工程或冬、雨期施工项目为对象进行编制,用以指导其各项作业活动的文件。它是单项(位)工程施工组织设计和承包单位季(月)度施工计划的具体化,其编制内容更具体,是在编制单项(位)工程施工组织设计的同时,由项目主管技术人员负责编制、作为指导该项目具体专业工程施工的依据。

4. 投标前施工组织设计

投标前施工组织设计作为编制投标书的依据,其目的是为了中标,主要内容应包括:

(1)施工方案、施工方法的选择,关键部位、工序采用的新工艺、新技术、新机械、新材料,以及投入的人力、机械设备等。

(2)施工进度计划,包括网络计划、开竣工日期及说明。

(3)施工平面布置,水、电、路、生产、生活用施工设施的布置,用来与建设单位协调用地。

(4)保证质量、进度、环保等项计划和措施。

(5)其他有关投标和签约的措施。

第二章 园林土方工程

一 土方工程的特点及内容

【要 点】

土方工程包括挖湖、堆山和各类建筑、构筑物的基坑、基槽和管沟的开挖,是造园工程中的主要工程项目,特别是大规模的挖湖堆山、整理地形的工程,工期长、工程量大、投资大且艺术要求高。

【解 释】

◆ **园林土方工程概述**

在园林建设中,首当其冲的工程即地形的整理和改造。山水是中国园林的骨架,大凡园筑,必先动土。动土范围很广,或场地平整,或凿水筑山,或挖沟埋管,或开槽铺路,或修建景观建筑和构筑物等。整地工程和土方工程是造园工程中的主要工程项目,特别是大规模的挖湖堆山、整理地形的工程。这些项目的工期长、工程量大、投资大、艺术要求高。施工质量的好坏直接影响到景观质量和以后的日常维护管理。

公园地形应顺应自然,充分利用原地形。这样可以减少土方工程量,从而节约工力,降低基建费用。多用小地形,少用或不用大规模的挖湖堆山,也是节约土方量的办法。在满足设计意图的前提下,尽量减少土方的施工量,节约投资和缩短工期,对整个建园工作具有重大意义。

在进行土方工程之前,一般都有一些内业工作,如进行土方计算、土方的平衡调配等。通过进行土方工程的计算可以明确了解园内各部分的填、挖情况及动土量的大小。对投资方来说,可以根据计算的土方量进行概预算,从而确定投资额;对设计者来说,可以修订设计图中的不合理的地方;对施工方来说,计算所得的资料可以为施工组织设计提供依据,合理地安排人、财、物,做到土方的有序流动,提高工作效率,从而缩短工期,节约投资。

在施工过程中需要施工人员具体计算整个施工区域各部分的施工量和土方调配方案,这是进行园林土方工程的首要任务,在此基础上才有施工准备和施工组织设计与具体的施工。

◆ **园林土方工程的特点**

园林建设工程中的土方工程也有不同于其他建设工程的特殊的地方,就是在进行土方工程的同时要考虑园林植物的生长。植物是构成风景的重要因素,现代园林的一个重要特征是植物造景,植物生长所需要的多样的生态环境对园林建设的土方工程提出了较高的要求。另外公园基地上也会保留一些有价值的老树,需要有效地保护好保存树木。通过土方工程还应合理地改良土壤的质地和性质,以利于植物的生长。因此说土方工程与后面的公园设施工程或种植工程有密切关系,是公园建设的基础工程,该项工程的好坏直接关系到公园设施的质量,对树木的生长和公园未来的发展影响很大。

◆**园林土方工程的内容**

总的来说,园林建设的土方工程包括挖湖、堆山和各类建筑、构筑物的基坑、基槽和管沟的开挖。将这些工程项目再划分,则各单位工程又可包括如图2-1所示的分项工程。

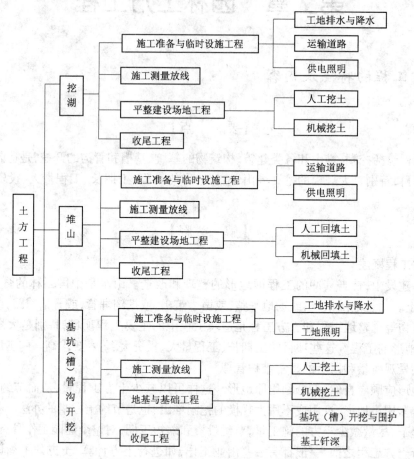

图2-1 园林土方工程的分项工程构成

◆**园林土方工程的施工流程**

土方工程的施工流程见表2-1。

表2-1 土方工程施工流程

施工流程	管理项目	施工管理方法		管 理 要 点	准备文件
		工长	监督员		
准备	确认施工现场	确认	确认	1)根据设计图纸,熟悉现场状况,确认水准点、界线标志及与邻接地的配合关系 2)确认文物、上下水道、煤气管等各种埋设物及供电设施等的位置和处置方法 3)确认原有树木等的位置和处置方法	工程记录

26

施工流程	管理项目	施工管理方法		管理要点	准备文件
		工长	监督员		
准备	表土的深度	确认	指示	协商确定采取、保存、复原表土的方法	工程记录
	杂土的搬出搬入场所及搬运道路	确认	承诺	在搬入、搬出杂土时,应指定场所,在对道路宽度、交通量、交通规则等加以研究后,决定搬运道路	—
	土方量调配计划	确认	承诺	根据设计图纸,估计土方量变化率和下沉量,编制并确认土方量调配计划	施工批准申请
	施工机械的选定	确认	承诺	对土方量调配计划、地形、土质及可通行性等加以研究,决定施工机械和投入台数	—
	细节工程	确认	承诺	确认细节工程和整体工程是否协调	实施工程表
材料	填方土	确认	确认	1)填方土是各类公园的基础,应确认有无妨碍填方作业的问题 2)确认土质是否适合植物生长,能否作为植物材料生长的基础	购买土方申请 土质试验结果表
施工	保护保存树木等	确认	确认	确认办法保护原有树木等措施,例如用土把树木暂时围起来保护等	施工承诺申请
	砍伐、除根、除草	确认	确认	确认有无残存的根茎和杂草	—
	设置桩木	确认	确认	确认桩位、挖方和填方的控制桩等设置状况	—
	湿地及地下水的处置措施	确认	协议	确认排水口的设置状况,与甲方协商适当的排水方法	施工承诺申请
	普通地段的填方作业	确认	确认	确认土层的摊铺厚度在30cm以内,确认最大干密度,确认填方状况,均匀紧密	—
	整理栽植地面	确认	确认	1)确认防止重型机械压固地面的措施 2)确认地面有无妨碍植物生长的杂物 3)确认地面无透水性不良	—
	平坦地段的表面施工	确认	确认	确认地表面凹凸保持在6cm以内,排水坡度为0.5%以上	竣工图
	坡面、丘陵地段的治理	确认	确认	1)确认坡度、线位、高程是否适当,有无滑坡,剥落现象 2)确认坡顶、坡脚、丘陵地段整齐美观 3)确认坡面处理是否妨碍栽植	竣工图
	降雨对策	确认	确认	确认临时排水措施和沉砂池状况,防止土砂流失及土砂崩塌	施工承诺申请
完成	工程收尾	确认	确认	和设计图纸相对照,确认现场竣工情况	竣工测量结果、竣工图

◆ **土方施工的基本知识**

任何园林建筑物、构筑物、道路及广场等工程的修建,地面上都要做一定的基础,挖掘基坑、路槽等,以及园林中地形的利用、改造或创造,如挖湖堆山、平整场地都要依靠土方工程来完成。一般来说,土方工程在园林建设中是一项大工程,而且在建园过程中又是先行的项目,它完成的速度和质量,直接影响着后继工程,所以和整个建设工程的进度关系密切。土方工程的工程量和投资一般都很大。

二 土方施工准备

【要　　点】

土方施工准备工作包括研究和审查图纸,查勘施工现场,编制施工方案,准备人员、机具及物资,清理场地,施工排水,定点放线和修建临时设施及道路,是一项比较艰巨的工作,故准备工作和组织工作不仅应该先行,而且要周全仔细。

【解　　释】

◆ **研究和审查图纸**

检查图纸和资料是否齐全,核对平面尺寸和标高,图纸相互间有无矛盾和错误;掌握设计内容及各项技术要求,了解工程规模、特点、质量要求和工程量;熟悉土层地质、水文勘察资料;会审图纸,搞清构筑物与周围地下设施管线的关系,图纸相互间有无错误和冲突;研究并确定好开挖程序,明确各专业工序间的配合关系、施工工期要求;向施工人员进行技术交底。

◆ **查勘施工现场**

为给施工规划和准备提供可靠的资料和数据,应摸清工程场地情况,收集施工所需要的各项资料,包括施工场地的地形、地貌、地质水文、河流、运输道路、植被、邻近建筑物、地下基础、气象、管线、电缆坑基、防空洞、地面上施工范围内的障碍物和堆积物状况以及供水、供电、通讯情况和防洪排水系统等。

◆ **编制施工方案**

研究制定现场场地整平、土方开挖施工方案;绘制施工总平面布置图和土方开挖图,确定开挖的路线、顺序、范围、底板标高、边坡坡度、排水沟的水平位置,以及挖去的土方堆放地点;提出需用施工机具、劳力、推广新技术计划;若深开挖还应提出支护、边坡保护和降水方案。

◆ **准备人员、机具及物资**

搞好设备调配,对进场挖土、运输车辆及各种辅助设备进行试运转和维修检查,并运至使用地点就位;准备好施工及工程用料,并按施工平面图要求堆放。组织并配备土方工程施工所需各专业技术人员、管理人员和技术工人;组织安排好作业班次;制定完善的技术岗位责任制和技术、质量、安全、管理网络,建立技术责任制和质量保证体系;对拟采用的土方工程新机具、新工艺、新技术,组织力量进行研制和试验。

◆ 清理场地

在施工场地范围内,凡妨碍工程的开展或影响工程稳定的地面物或地下物均应清理。

(1)伐除树木,凡填方高度较小或土方开挖深度大于50cm的土方施工,现场及排水沟中的树木必须连根拔除并清理树墩。凡直径大于50cm的大树能保留者应尽量设法保留。

(2)建筑物和地下构筑物的拆除,应根据其结构特点进行,并遵照《建筑工程安全技术规范》的规定进行操作。

(3)如果施工场地内的地面下或水下发现有管线通过或其他异常物体时,应立即请有关部门协同查清。为避免发生危险或造成其他损失,未查清前,不可动工。

◆ 施工排水

在施工之前,应设法将施工场地范围内的积水或过高的地下水排走,因为场地积水不仅有碍于施工,而且也影响工程质量。在施工区域内设置临时性或永久性排水沟,将地面水排走或排到低洼处,再用水泵排走或疏通原有排水泄洪系统;排水沟的纵向坡度一般不小于2%;山坡地区,在离边坡上沿5~6m处,设置截水沟、排洪沟,阻止坡顶雨水流入开挖基坑区域内,或在需要的地段修筑挡水堤坝阻水。

(1)排除地面积水。在施工之前,应根据施工区地形特点,在场地周围挖好排水沟(在山地施工为防山洪,在山坡上应做截洪沟),使场地内排水通畅,场外的水也不致流入。

(2)地下水的排除。排除地下水的方法很多,多采用明沟将水引至集水井,并用水泵排出。一般按排水面积和地下水位的高低来安排排水系统时,先定出主干渠和集水井的位置,再定支渠的位置和数目。土壤的含水量大且要求排水迅速的,支渠应密些分布,其间距约1.5m,反之可疏些。

在挖湖施工中应先挖排水沟,排水沟应比水体挖深一些。沟可一次挖掘到底,也可依施工情况分层下挖,采用的挖掘方式可根据出土方向决定。

◆ 定点放线

在清场之后,为了确定施工范围及挖土或填土的标高,应按设计图纸要求,用测量仪器在施工现场进行定点放线工作。为使施工充分表达设计意图,测设时应尽量精确。

(1)平整场地的放线

用经纬仪将图纸上的方格测设到地面上,并在每个交点处立桩木,边界上的桩木应按图纸要求设置。

桩木的规格及标记方法:为便于打入土中,应侧面平滑,下端削尖,桩上应表示出桩号(施工图上方格网的编号)和施工标高(挖土用"+",填土用"-")。

(2)自然地形的放线

挖湖堆山,首先确定堆山或挖湖的边界线。在缺乏永久性地面物的空旷地上时,应先在施工图上画方格网,再把方格网放大到地面上,然后将方格网和设计地形等高线的交点一一标到地面上并打桩,桩木上也要标明桩号及施工标高。由于堆山时土层不断升高,桩木可能被土埋没,所以桩的长度应大于每层的标高,可用不同颜色标志不同层,以便识别。另一种方法是分层放线、分层设置标高桩,这种方法适用于较高的山体。

挖湖工程的放线工作和山体的放线基本相同,但由于水体挖深一般较一致,且池底常年在水下,放线可以粗放些,但水体底部应尽可能整平,不留土墩,这对养鱼、捕鱼有利。岸线和岸坡的定点放线应该准确，因为它是水上部分而影响造景，且和水体岸坡的稳定有很大关系。为精确施工，可用边坡样板来控制边坡坡度。

开挖沟槽时，用打桩放线的方法，在施工中桩木容易被移动甚至被破坏，进而影响校核工作。故应使用龙门板。龙门板的构造简单，使用方便。每隔30～100m设龙门板一块（其间距视沟渠纵坡的变化情况而定）。板上应标明沟渠中心线位置和沟上口、沟底的宽度等。为控制沟渠纵坡，板上还要设坡度板。

◆ **修建临时设施及道路**

根据土方和基础工程规模、工期长短、施工力量安排等修建简易的临时性生产和生活设施（如工具库、材料库、机具库、油库、修理棚、休息棚、菜炉棚等），同时敷设现场供水、供电、供压缩空气（爆破石方用）管线路，并试水、试电、试气。

修筑施工场地内机械运行的道路，主要临时运输道路宜结合永久性道路的布置修筑。道路的坡度、转弯半径应符合安全要求，两侧设排水沟。

【相关知识】

◆ **堆山测设**

堆山或微地形等高线平面位置的测定时，等高线标高可用竹竿表示。具体做法如图2-2所示，从最低的等高线开始，在等高线的轮廓线上，每隔3～6m插一长竹竿（根据堆山高度而灵活选用不同长度的竹竿）。利用已知水准点的高程测出设计等高线的高度，并标在竹竿上，作为堆山时掌握堆高的依据，然后进行填土堆山。在第一层的高度上以同法测设第二层的高度，堆放第二层、第三层以至山顶。坡度可用坡度样板来控制。

当土山高度小于5m时，可把各层标高一次性地标在一根长竹竿上，不同层用不同颜色的小旗表示，然后施工，如图2-3所示。

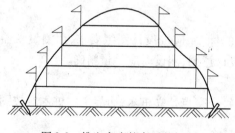 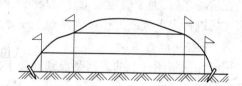

图2-2　堆山高度较高时的标记　　　　　图2-3　堆山高度较低时的标记

若用机械（推土机）堆土，只要标出堆山的边界线，司机参考堆山设计模型就可堆土，等堆到一定高度以后，用水准仪检查标高，不符合设计的地方，用人工加以修整，使之达到设计要求。

◆ **公园水体测设**

（1）用仪器（经纬仪、罗盘仪、大平板仪或小平板仪）测设

如图2-4所示，根据湖泊、水渠的外形轮廓曲线上的拐点（如1、2、3、4等）与控制点 A 或 B 的相对关系，用仪器采用极坐标的方法将它们测设到地面上，并钉上木桩，然后用较长的绳索把这些点连接起来，即得湖池的轮廓线，并用白灰撒上标记。

湖中等高线的位置也可用上述方法测设，每隔3～5m钉一木桩，并用水准仪按测设设计

高程的方法,将要挖深度标在木桩上。也可在湖中适当的位置打上几个木桩,标明挖深,便可施工。施工时木桩处暂时留一土墩,以便掌握挖深,施工完毕后,再把土墩去掉。

岸线和岸坡的定点放线应该准确。为了精确施工,可以用边坡样板来控制边坡坡度,如图 2-5 所示。

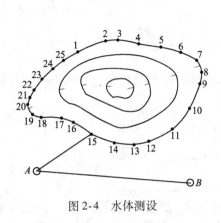

图 2-4 水体测设

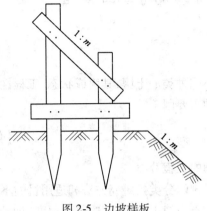

图 2-5 边坡样板

若用推土机施工,定出湖边线和边坡样板即可动工,开挖接近设计深度时,用水准仪检查挖深,继续开挖至达到设计深度。

在修渠工程中,首先在地面上确定渠道的中线位置(该工作与确定道路中线的方法类似),然后用皮尺丈量开挖线与中线的距离,确定开挖线并沿开挖线撒白灰。开挖沟槽时,用打桩放线的方法时最好使用龙门板,以防在施工中木桩被移动,甚至被破坏,从而影响了校核工作。

(2)格网法测设

如图 2-6 所示,在图纸中欲放样的湖面上打方格网,将图上方格网按比例尺放大到实地上,根据图上湖泊(或水渠)外轮廓线各点在格网中的位置(或外轮廓线、等高线与格网的交点),在地面方格网中找出相应的点位,如 1,2,3,4…曲线转折点,再用长麻绳依图上形状将各相邻点连成平滑的曲线,沿曲线撒上白灰,做好标记。若湖面较大,可分成几段或十几段,用长 30～50m 的麻绳来分段连接曲线。等深线测设方法与上述相同。

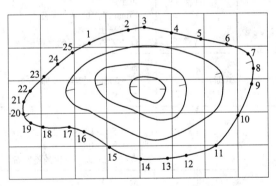

图 2-6 格网法水体测设

◆ 狭长地形放线

狭长地形,如园路、沟渠、土堤等,其土方的放线包括以下内容:

(1)打中心桩,定出中心线

这是第一步工作,可利用水准仪和经纬仪,按照设计的要求定出中心桩(桩距 20～50m 不等),视地形而定。每个桩号应标明桩距和施工标高,桩号可用罗马字母,也可用阿拉伯数字编定。距离用千米 + 米来表示。

（2）打边桩，定边线

一般来说，中心桩定下后，可依此定边桩，用皮尺就可以拉出。但较困难的是弯道放线，为使施工尽量精确，在弯道地段应加密桩距。

三 土壤的分类与特性

【要　点】

不同种类的土壤，其组成状态、工程性质均不同，土壤的性质是影响土方施工进度与质量的一项重要因素。

【解　释】

◆ **土壤的工程分类**

土壤的分类按研究方法和适用目的不同有不同的划分方法。

在土方施工中，按土的坚硬程度（即开挖时的难易程度）把土壤概括为三类土：松土、半坚土、坚土。其组成、密度及开挖方式详见表 2-2。

表 2-2　土壤的工程分类

土类	级别	编号	土壤的名称	天然含水量状态下土壤的平均密度（kg/m³）	开挖方法及工具
松土	I	1	砂	1500	用锹挖掘
		2	植物性土壤	1200	
		3	壤土	1600	
半坚土	II	1	黄土类黏土	1600	用锹、镐挖掘，局部采用撬棍开挖
		2	15mm 以内的中小砾石	1700	
		3	砂质黏土	1650	
		4	混有碎石与卵石的腐殖土	1750	
	III	1	稀软黏土	1800	
		2	15~50mm 的碎石及卵石	1750	
		3	干黄土	1800	
坚土	IV	1	重质黏土	1950	用锹、镐、撬棍、凿子、铁锤等开挖，或用爆破方法开挖
		2	含有 50kg 以下石块的黏土块石所占体积＜10%	2000	
		3	含有 10kg 以下石块的粗卵石	1950	
	V	1	密实黄土	1800	
		2	软泥灰岩	1900	
		3	各种不坚实的页岩	2000	
		4	石膏	2200	
	VI VII		均为岩石类，省略	2000~2900	爆破

施工中选择施工工具、确定施工技术、制定劳动定额等均需依据土壤的类别进行。

◆ **土壤的密度**

土壤的密度是指单位体积内天然状态下的土壤质量，单位为 kg/m³。土壤密度的大小直接影响施工的难易程度和开挖方式,密度越大,越难挖掘。在土方施工中按不同密度把土壤分为松土、半坚土、坚土等类,所以施工中的技术和定额应根据具体的土壤类别来制定。

◆ **土壤的含水量**

土壤的含水量是土壤孔隙中的水重和土壤颗粒重的比值。土方工程中:土壤含水量在5%以内的称干土;30%以内的称潮土;大于30%的称湿土。土壤含水量的多少对土方施工的难易有直接的影响。含水量过大,土壤易泥泞,也不利施工,人力或机械施工工效均降低;土壤含水量过小,土质过于坚实,不易挖掘。以黏土为例,含水量在5%~30%以内较易挖掘,若含水量过大,则其本身性质发生很大变化,并丧失其稳定性,此时,无论是填方或挖方,其稳定坡度均显著下降。故含水量过大的土壤不宜回填。

◆ **土壤的相对密度**

土壤的相对密度是用来表示土壤在填筑后的密实程度的,可用下列公式表示:

$$D = \frac{\varepsilon_1 + \varepsilon_2}{\varepsilon_1 + \varepsilon_3}$$

式中　D——土壤相对密实度;

　　　ε_1——填土在最松散情况下的孔隙比;

　　　ε_2——经辗压或夯实后的土壤孔隙比;

　　　ε_3——最密实情况下土壤孔隙比。

(注:孔隙比是指土壤空隙的体积与母体颗粒体积的比值)

在填方工程中,检查土方施工中土壤密实度的标准是土壤的相对密实度,为了使土壤的密实度达到设计要求,可以采用人力夯实或机械夯实。一般用机械夯实时,其密度可达95%,人力夯实在87%左右。园林土方工程中大面积填方如堆山,通常是借土壤的自重慢慢沉落,不加夯压,久而久之也可达到一定的密实度。

◆ **土壤的可松性**

土壤的可松性是指土壤经挖掘后,其原有紧密结构遭到破坏,土体松散而使体积增加的性质。这一性质与土方工程的挖土和填土量的计算及运输等都有很大关系。

土壤可松性可用下列式子表示:

(1)最初可松性系数 K_P

$$K_P = \frac{开挖后土壤的松散体积\ V_2}{开挖前土壤的自然体积\ V_1}$$

(2)最后可松性系数 K'_P

$$K'_P = \frac{运至填方区夯实后土壤的体积\ V_3}{开挖前土壤的自然体积\ V_1}$$

就开挖后体积增加的百分比而言,可用下列式子表示:

(1)最初体积增加百分比 $= (V_2 - V_1)/V_1 \times 100\% = (K_P - 1) \times 100\%$

(2)最后体积增加百分比 $= (V_3 - V_1)/V_1 \times 100\% = (K'_P - 1) \times 100\%$

各级土壤体积增加的百分比及其可松性系数,见表2-3。

表2-3　各级土壤的可松性

土壤的级别	体积增加百分比		可松性系数	
	最初	最后	K_P	K_P'
Ⅰ（植物性土壤除外）	8～17	1～2.5	1.08～1.17	1.01～1.025
Ⅰ（植物性土壤、泥炭、黑土）	20～30	3～4	1.20～1.30	1.03～1.04
Ⅱ	14～24	1.5～5	1.14～1.30	1.015～1.05
Ⅲ（泥炭岩蛋白石除外）	24～30	4～7	1.24～1.30	1.04～1.07
Ⅳ（泥炭岩蛋白石）	26～32	6～9	1.26～1.32	1.06～1.09
Ⅳ	33～37	11～15	1.33～1.45	1.11～1.15
Ⅴ～Ⅵ	30～45	10～20	1.30～1.45	1.10～1.20
Ⅶ～ⅩⅥ	45～50	20～30	1.45～1.50	1.20～1.30

注：Ⅵ～ⅩⅥ均为岩石类。

由上表可知，一般情况下，土壤表观密度越大，土质越坚硬密实，则开挖后体积增加越多，可松性系数越大，对土方平衡和土方施工的影响也就越大。

【相关知识】

◆土壤的现场鉴别方法

碎石土、砂土现场鉴别方法见表2-4。

表2-4　碎石土、砂土现场鉴别方法

类别	土的名称	观察颗粒粗细	干燥时的状态及强度	湿润时用手拍击状态	黏着程度
砂土	粉砂	大部分颗粒大小与米粉近似	颗粒少部分分散，大部分胶结，稍加压力可分散	表面有显著的翻浆现象	有轻微黏着感觉
	细砂	大部分颗粒与粗豆米粉（>0.074mm）近似	颗粒大部分分散，少量胶结，部分稍加碰撞即散	表面有水印（翻浆）	偶有轻微黏着感觉
	中砂	约有一半以上的颗粒超过0.25mm（白菜籽粒大小）	颗粒基本分散，局部胶结，但一碰即散	表面偶有水印	无黏着感觉
	粗砂	约有一半以上的颗粒超过0.5mm（细小米粒大小）	颗粒完全分散，但有个别胶结在一起	表面无变化	无黏着感觉
	砾砂	约有1/4以上的颗粒超过2mm（小高粱粒大小）	颗粒完全分散	表面无变化	无黏着感觉
碎石土	圆（角）砾	一半以上的颗粒超过2mm（小高粱粒大小）	颗粒完全分散	表面无变化	无黏着感觉
	卵（碎）石	一半以上的颗粒超过20mm	颗粒完全分散	表面无变化	无黏着感觉

注：在观察颗粒粗细进行分类时，应将鉴别的土样从表中颗粒最粗类别逐级查对，当首先符合某一类的条件时，即按该类土定名。

碎石类土密度现场鉴别方法见表2-5。

表2-5　碎石类土密度现场鉴别方法

密实度	天然坡度和可挖性	可　钻　性	骨架和充填物
稍密	不能形成陡坡,天然坡度接近于粗颗粒的安息角 锹可以挖掘,坑壁易坍塌,从坑壁取出大颗粒处,砂土即坍塌	钻进较易,冲击钻探时,钻杆稍有跳动,孔隙易坍塌	骨架颗粒含量小于总重的60%,排列混乱,大部分不接触。孔隙中的充填物稍密
中密	天然坡不易陡立或陡坎下堆积物较多,但坡度大于粗颗粒的安息角 镐可挖掘,坑壁有掉块现象,从坑壁取出大颗粒处,砂土不易保持凹面形状	钻进较难,冲击钻探时,钻杆、吊锤不剧烈,孔壁有坍塌现象	内架颗粒含量等于总重的60%~70%,呈交错排列,大部分接触。孔隙填满,充填物中密
密实	天然陡坡较稳定,坡下堆积物较少 镐挖掘困难,用撬棍方能松动,坑壁稳定,从坑壁取出大颗粒处,能保持凹面形状	钻进困难,冲击钻探时,钻杆、吊锤跳动剧烈,孔壁较稳定	骨架颗粒含量大于总重的70%,呈交错紧贴连续接触。孔隙填满,充填物密实

注:砂石类土密实度的划分,应按表列各项要求综合确定。

黏性土的现场鉴别方法见表2-6。

表2-6　黏性土的现场鉴别方法

土的名称	土的状态		湿润时用手捻摸时的感觉	湿润时用刀切	湿土捻条情况
	干土	湿土			
砂土	松散	不能黏着物体	无黏着感,感觉到全是砂粒,粗糙	无光滑面,切面粗糙	无塑性,不能搓成土条
粉土	土块用手捏或抛扔时易碎	不易黏着物体,干燥后一碰就掉	有轻微黏滞感或无黏滞感,感觉到砂粒较多,粗糙	无光滑面,切面稍粗糙	塑性小,能搓成直径为2~3mm的短条
粉质黏土	土块用力可压碎	能黏着物体,干燥后较易剥去	稍有滑腻感,有黏滞感,感觉到有少量砂粒	稍有光滑面,切面平整	有塑性,能搓成直径为2~3mm的土条
黏土	土块坚硬,用锤才能敲碎	易黏着物体,干燥后不易剥去	有滑腻感,感觉不到有砂粒,水分较大,很黏手	切面光滑,有黏刀阻力	塑性大,能搓成直径小于0.5mm的长条(长度不短于手掌),手持一端不易断裂

不同时期黄土的野外特征见表2-7。

表2-7　不同时期黄土的野外特征

类　别		土层特征及包含物	颜色	沉积环境及层位	开挖情况
老黄土	午城黄土 Q_1	不具大孔性,土质紧密至紧硬。颗粒均细,柱状节理发育,不见层理,有时夹砂、砾石等粗颗粒 姜石含量 Q_2 较少,成层及零星分布于土层内;粒径1~3cm 古土壤层不多,呈棕红及褐色	微红及棕红等色	下与第三纪红黏土或砂砾层接触	用镐锹开挖很困难

类	别	土层特征及包含物	颜色	沉积环境及层位	开挖情况
老黄土	离石黄土 Q_2	少量大孔或无大孔,土质紧密,块状节理发育,抗蚀力强,土质较均匀,不见层理,下部有砂砾等颗粒 上部有少量姜石,古土壤层下姜石粒径 5~20cm,成层分布或成钙质胶结	深黄、棕黄及微红等色	下部为 Q_1 黄土	用镐、锹开挖较费力
新黄土	马兰黄土 Q_3	具有大孔性,有虫孔及植物根孔,直节理发育,土质较均匀,易产生陷穴和天然桥,结构较疏松。稍密至中密 含少量细小姜石,呈零星分布;浅部有埋藏土,一般为浅灰色	浅黄到灰黄等色	阶地、原塬表部及其过渡地带,其下为 Q_2 黄土	锹挖较容易
新黄土	现代黄土 Q_4^1	具大孔性,有虫孔及植物根孔,土质较均匀,稍密至中密 含少量姜石、砾石及人类活动遗物;有埋藏土,呈浅灰色或无古土壤层	褐黄至灰黄褐等色	河流两岸阶地沉积	锹挖容易,但进度较慢
近代堆积黄土 Q_4^2		多虫孔及植物根孔,混碳酸盐结晶似粉状,结构松软呈蜂窝状 含少量小砾石及小姜石,有时混有人类活动遗物;无古土壤层	浅到深褐色,暗黄或灰色等	山前、山脚坡积,洪积扇表层,古河道及已堵塞的湖、塘、沟谷和河流泛滥区	锹挖极为容易,进度很快

新近沉积黏性土的现场鉴别方法见表 2-8。

表 2-8　新近沉积黏性土的现场鉴别方法

项目	主要内容
沉积环境	河漫滩和山前洪、冲积扇(锥)的表层;古河道;已填塞的湖、塘、沟谷、河道泛滥区
颜色	颜色较深而暗,呈褐、暗黄或灰色;含有机质较多的带灰黑色
结构性	结构性差,用手扰动原状土时极易变软,塑性低的土还有振动析水现象
含有物	在完整的剖面中无原生的粒状结核体,但可能含有圆形及亚圆形的钙质结核体(如姜结石)或贝壳等,在城镇附近可能含有少量碎砖、陶片或朽木等人类活动的遗物

人工填土、淤泥、黄土、泥炭的现场鉴别方法见表 2-9。

表 2-9　人工填土、淤泥、黄土、泥炭的现场鉴别方法

土的名称	观察颜色	夹杂物质	形状(构造)	浸入水中的现象	湿土搓条情况	干燥后强度
人工填土	无固定颜色	砖瓦碎块、垃圾、炉灰等	夹杂物显露于外,构造无规律	大部分变为稀软淤泥,其余部分为碎瓦、炉渣,在水中单独出现	一般能搓成3mm土条,但易断,遇有杂质甚多时,就不能搓条	干燥后部分杂质脱落,故无定形,稍微施加压力即破碎
淤泥	灰黑色有臭味	池沼中有半腐朽的细小动植物遗体,如草根、小螺壳等	夹杂物经仔细观察可以发觉,构造常呈层状,但有时不明显	外无显著变化,在水面出现气泡	一般淤泥质土接近于粉土,故能搓成3mm土条(长至少30mm),容易断裂	干燥后体积显著收缩,强度不大,锤击时呈粉末状,用手指能捻碎

土的名称	观察颜色	夹杂物质	形状(构造)	浸入水中的现象	湿土搓条情况	干燥后强度
黄土	黄、褐两色的混合色	有白色粉末出现在纹理之中	夹杂物质常清晰显见,构造上有垂直大孔(肉眼可见)	即行崩散而分成散的颗粒集团,在水面上出现很多白色液体	搓条情况与正常的粉质黏土类似	一般黄土相当于粉质黏土,干燥后的强度很高,手指不易捻碎
泥炭(腐殖土)	深灰或黑色	有半腐朽的动植物遗体,其含量超过60%	夹杂物有时可见,构造无规律	极易崩碎,变为稀软淤泥,其余部分为植物根、动物残体渣滓悬浮于水中	一般能搓成1~3mm土条,但残渣甚多时,仅能搓成3mm以上土条	干燥后大量收缩,部分杂质脱落,故有时无定形

黏性土和粉土的稠度鉴别方法见表2-10。

表2-10 黏性土和粉土的稠度鉴别方法

稠度状态	鉴别特征
流塑	钻进很容易,钻头不易取出土样,取出的土已不能成形,放在手中也不易成块
软塑	可以把土捏成各种形状,手指按入土中毫不费力,钻头取出的土样还能成形
可塑	钻头取出的土样,手指用力不大就能按入土中,土可捏成各种形状
硬塑	人工小钻钻探时较费力,钻头取出的土样用指捏时,要用较大的力才略有变形并即碎散
坚硬	人工小钻钻探时很费力,几乎钻不进去,钻头取出的土样用手捏不动,加力不能使土变形,只能碎裂

黏性土潮湿程度的鉴别方法见表2-11。

表2-11 黏性土潮湿程度的鉴别

潮湿程度	鉴别方法
饱和的	滴水不能渗入土中,可以看出孔隙中的水发亮
很湿的	经过扰动的土能捏成各种形状;在土面上滴水能慢慢渗入土中
稍湿的	经过扰动的土不易捏成团,易碎成粉末,放在手中不湿手,但感觉凉,而且感觉是湿土

四 土方工程量计算

【要　点】

　　土方量计算一般是根据附有原地形等高线的设计地形图来进行的,但通过计算,有时反过来又可以修订设计图中的不合理之处,使图纸更加完善。另外土方量计算所得资料又是基本建设投资预算和施工组织设计等项目的重要依据,所以土方量的计算在园林设计工作中是必不可少的。土方量的计算工作,根据精确程度要求,可分为估算和计算。在规划阶段,土方量的计算无须太过精细,粗略估计即可。而在作施工图时,土方工程量则要求计算精确。

【解　释】

◆估算法

在建园过程中,不管是原地形或设计地形,都经常会碰到一些类似锥体、棱台等几何形体的地形单体,这些地形单体的体积可用相近的几何体体积公式来计算,表 2-12 所列公式可供选用,此法简便,但精度较差,故多用于估算。

表 2-12　几何体体积计算公式

序号	几何体名称	几何体形状	体积公式
1	圆锥		$V = \dfrac{1}{3}\pi r^2 h$
2	圆台		$V = \dfrac{1}{3}\pi h(r_1^2 + r_2^2 + r_1 r_2)$
3	棱锥		$V = \dfrac{1}{3}S \times h$
4	棱台		$V = \dfrac{1}{3}h(S_1 + S_2 + \sqrt{S_1 S_2})$
5	球缺		$V = \dfrac{\pi h}{6}(h^2 + 3r^2)$

注:V—体积;r—半径;S—底面积;h—高;r_1,r_2—分别为上、下底半径;S_1,S_2—分别为上、下底面积。

◆断面法

断面法是用一组等距或不等距的相互平行的截面将拟计算的地块、地形单体(如山、溪涧、池、岛等)和土方工程(如堤、沟渠、路堑等)分截成段,分别计算这些段的体积,再将各段体积累加,求得该计算对象的总土方量。用断面法计算土方量时,精度取决于截取的断面的数量,多则较精确,少则较粗。

断面法根据所取断面的方向不同可分为垂直断面法、等高面法以及与水平面成一定角度的成角断面法。以下主要介绍前两种方法。

(1)垂直断面法

适用于地形起伏变化较大地区,或者挖填深度较大但又不规则的地区的带状地形单体,计算较为方便。计算步骤如下:

1）划分横断面

根据地形图、竖向设计图或现场测绘,将要计算的场地划分为横断面 S_1,S_2,S_3…如图2-7所示。划分原则为垂直等高线或垂直于主要建筑物边长,各断面间的间距可以不等,一般可用10m或20m,在平坦地区可大些,但最大不大于100m。

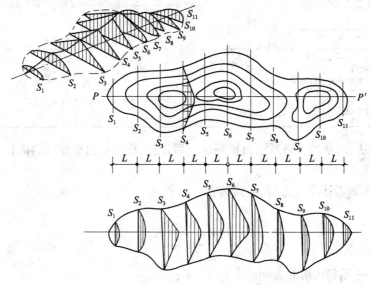

图2-7　带状山体垂直断面取法

2）画横断面图形

按比例绘制每个横断面的自然地面和设计地面的轮廓线。自然地面轮廓线与设计地面轮廓线之间的面积即为挖方或填方的断面。

3）计算横断面面积

① 积距法:按表2-13 横断面面积计算公式计算每个断面的挖方或填方断面面积。

表2-13　断面面积计算公式

横断面图式	断面面积计算公式
	$A = h(b + nb)$
	$A = h\left[b + \dfrac{h(m+n)}{2} \right]$
	$A = b\dfrac{h_1 + h_2}{2} + \dfrac{m+n}{2}h_1 h_2$

横断面图式	断面面积计算公式
	$A = h_1 \dfrac{a_1 + a_2}{2} + h_2 \dfrac{a_2 + a_3}{2} + h_3 \dfrac{a_3 + a_4}{2} + h_4 \dfrac{a_4 + a_5}{2}$
	$A = \dfrac{a}{2}(h_0 + 2h + h_n)$ $h = h_1 + h_2 + h_3 + h_4 + h_5$

② 求积仪法:用厘米方格纸绘出横断面图后,用求积仪量出横断面的面积。

4)计算土方量

根据横断面面积计算土方量,公式为:

$$V = \frac{S_1 + S_2}{2} L$$

式中　V——相邻两横断面间的土方量,m^3;

　　S_1,S_2——相邻两横断面的挖(或填)方断面积,m^2;

　　　L——相邻两横断面的间距,m。

5)汇总土方量

按表 2-14 的格式汇总土方量。

表 2-14　土方量汇总表

截　面	填方面积(m^2)	挖方面积(m^2)	截面间距(m)	填方体积(m^3)	挖方体积(m^3)
合　　计					

(2)等高面法

等高面法是沿等高线取断面,等高距即为两相邻断面的高差,计算方法同断面法。

等高面法最适合于大面积的自然山水地形的土方量计算。我国园林崇尚自然,园林中山水的布局讲究地形起伏多变,挖湖堆山的工程多是在原有的崎岖不平的地面上进行的,故在计算土方时必须考虑到原有地形的影响,这也是自然山水园土方计算繁杂的原因。由于园林设计图纸上的原地形和设计地形均用等高线表示,因而采用等高面法进行计算最为便利。

◆ **方格网法**

在建园过程中,地形改造除挖湖堆山外,还有各种用途的地坪、缓坡地需要平整。平整场地是将原来比较破碎、高低不平的地形按设计要求整理成相对平坦但具有一定坡度的场地,如停车场、体育场、集散广场、露天演出场等。整理这类场地的土方计算最适宜用方格网法。方格网法计算方法较为复杂,但精度较高,其计算步骤和方法如下:

(1)划分方格网

根据已有地形图(一般用 1 : 500 的地形图)将场地划分成若干个方格网,尽量与测量的纵、横坐标网对应,方格一般采用 20m × 20m 或 40m × 40m。将相应设计标高和自然地面标高分别标注在方格点的右上角和右下角。将自然地面标高与设计地面标高的差值,即各角点的施工高度(挖或填)填在方格网的左上角,挖方为(+),填方为(-)。用插入法求得原地形标高,方法是:

设 H_x 为欲求角点的原地面高程(图 2-8),过此点作相邻两等高线间最小距离 L,则:

$$H_x = H_a \pm \frac{x \times h}{L}$$

式中　H_a——低边等高线的高程;

　　　x——角点至低边等高线的距离;

　　　h——等高差。

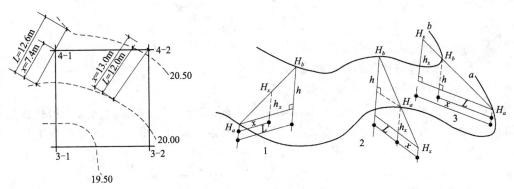

图 2-8　插入法求任意点高程(单位:m)

插入法求某地面高程通常会有 3 种情况。

1)待求点高程 H_x 在二等高线之间

$$H_x : h = x : L \qquad H_x = \frac{xh}{L}$$

$$H_x = H_a + \frac{xh}{L}$$

2)待求点高程 H_x 在低过等高线的下方

$$H_x : h = x : L \qquad H_x = \frac{xh}{L}$$

$$H_x = H_a - \frac{xh}{L}$$

3）待求点高程 H_x 在高边等高线的上方

$$H_x : h = x : L \qquad H_x = \frac{xh}{L}$$

$$H_x = H_a - \frac{xh}{L}$$

实例中角点 4-1 属于上述第一种情况,见图 2-8,过点 4-1 作相邻等高线间的距离最短的线段。用比例尺两得 $L=12.6\mathrm{m}$,$x=7.4\mathrm{m}$ 等高线高差 $h=0.5\mathrm{m}$,代入公式:

$$H_x = 20.00 + \frac{7.4 \times 0.5}{12.6} = 20.29(\mathrm{m})$$

依次将其余各角点求出,并标记在图上。

（2）计算零点位置

零点即不挖不填的点,零点的连线就是零点线,它是挖方和填方的分界线,故零点线成为土方计算与施工的重要依据之一。在一个方格网内同时有挖方或填方时,一定有零点线,应计算出方格网边上的零点的位置,并在方格网上标注出来,连接零点即得填方区与挖方区的分界线,即零点线。

零点的位置按下式计算（图 2-9）。

$$x_1 = \frac{h_1}{h_1 + h_2} \times a; \quad x_2 = \frac{h_2}{h_1 + h_2} \times a$$

式中 x_1, x_2——角点至零点的距离,m;

h_1, h_2——相邻两角点的施工高度,m,均用绝对值;

a——方格网的边长,m。

为省略计算,亦可采用图解法直接求出零点位置,如图 2-9 所示。方法是用尺在各角上标出相应比例,并用尺相接,与方格交点即为零点位置。如此可避免计算或查表出现的错误。

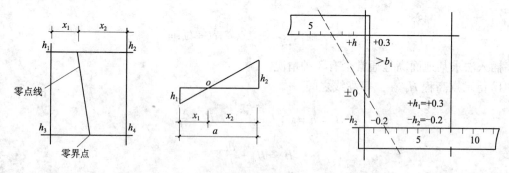

图 2-9 零点位置求法

（3）计算土方工程量

根据各方格网底面积图形以及相应的体积计算公式（表 2-15）逐一求出方格内的挖方量或填方量。

表 2-15　方格网计算土方量公式

挖填情况	平面图式	立体图式	计算公式
四点全为填方(或挖方)时			$\pm V = \dfrac{a^2 \times \Sigma h}{4}$
两点填方两点挖方时			$\pm V = \dfrac{a(b+c) \times \Sigma h}{8}$
三点填方(或挖方)时,一点挖方(或填方)时			$\pm V = \dfrac{(b \times c) \times \Sigma h}{6}$ $\pm V = \dfrac{(2a^2 - b \times c) \times \Sigma h}{10}$
相对两点为填方(或挖方)余两点为挖方(或填方)时			$\pm V = \dfrac{b \times c \times \Sigma h}{6}$ $\pm V = \dfrac{d \times e \times \Sigma h}{6}$ $\pm V = \dfrac{(2a^2 - b \times c - d \times e) \times \Sigma h}{12}$

注:计算公式中的"＋"表示挖方,"－"表示填方。

（4）计算土方总量

将填方区所有方格的土方量（或挖方区所有方格的土方量）累加汇总,即得到该场地填方和挖方的总土方量,最后填入汇总表。

【相关知识】

◆等高线的概念

将地面上高程相等的相邻点连接而成的直线或曲线称为等高线,是假想的"线",是地形与一个有一定高程的水平面相交后投影在平面上的迹线。等高线是地形图表示地貌变化状况的专用符号,有以下特点:

（1）同一等高线上各点高程相同,每一条等高线总是一条闭合曲线。

（2）等高线间距相同时,表示地面坡度相等。等高线密则陡,疏则缓。

（3）山谷线的等高线,是凸向山谷线标高升高的方向。山脊线的等高线,是凸向山脊线标高降低的方向。两者方向相反。

（4）一条等高线的两侧必为一高一低,不能同为高或同为低。谷底与山顶的标高用点标高表示,不能用一条两侧均高或均低的等高线表示。

（5）等高线一般不交叉、不重叠,一旦出现重叠情形则为悬崖、峭壁、陡坎或阶梯处。

◆等高线法地形设计

等高线法即用相互等距的系列水平面切割地形后,所得的平面与地形的交线按一定比例缩小,垂直投影到水平面上所得之水平投影图来表示设计地形的方法。其上标注高程,成为一组等高线。平面间的垂直距即为等高距 h;相邻等高线间的水平距离即为等高线的平距 L,见图 2-10。

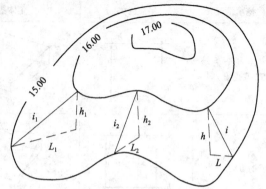

这种方法的特点是:在绘有原地形等高线的底图上用设计等高线进行地形改造创作,在同一张图纸上就可以将原地形标高、设计地形标高、施工标高及园林用地的平面布置、各部分的高程协调关系表达出来;较准确地勾画出地形、地物、地貌的整个空间轮廓;等高线、标高数值、平面图三者结合在一起,便于进行设计方案的比较与修改,也利于下一步的土方计算和模型的制作。因此,等高线法已成为一种园林地形设计及表达的重要方法,适用于自然山水园的地形设计和土方计算。

图 2-10　等高线及其元素示意图

$$i_1 = \frac{h_1}{L_1}; i_2 = \frac{h_2}{L_2}; i = \frac{h}{L}; h—等高距; L—平距$$

此法经常要用到两个公式:一是用插入法求相邻两等高线之间任意点高程的公式(前述方格网法);二是坡度公式(图 2-10),即:

$$i = \frac{h}{L}$$

式中　i——坡度,%;

　　　　h——高差(等高距),m;

　　　　L——平距,m。

与此公式有关的还有边坡系数 m,它是坡度系数的倒数,多用于施工设计图中,即:

$$m = 1/i$$

等高线在地形设计中应用于陡坡变缓坡或缓坡变陡坡(图 2-11),有时也用于平整场地(图 2-12)。

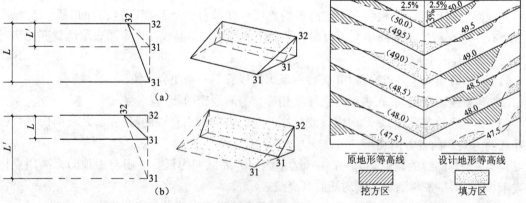

图 2-11　调节等高线的平距改变地形坡度

(a)缩短水平距离来改变坡度(陡坡);(b)扩大水平距离来改变坡度(缓坡)

图 2-12　平整场地的等高线设计(单位:m)

平整场地多应用于园林工程中的建筑基址、铺装广场、大面积种植地及较宽的种植带等,目的是垫凹平凸,将坡度理顺。非铺装场地对坡度要求不严格,坡面任其自然起伏,能保证排水通畅即可。铺装地面坡度则要求严格,其坡度设计要注意排水、行走、活动、水土保持等。园林中各类用地坡度参见表2-16。

表 2-16　地形设计中坡度值的取用

项目＼坡度值 i	适宜的坡度(%)	极值(%)
游览步道 散步坡道	≤8 1～2	≤12 ≤4
主园路(通机动车) 次园路(园务便道) 次园路(不通机动车)	0.5～6(8) 1～10 0.5～12	0.3～10 0.5～15 0.3～20
广场与平台 台阶	1～2 33～50	0.3～3 25～50
停车场地 运动场地 游戏场地	0.5～3 0.5～1.5 1～3	0.3～8 0.4～2 0.8～5
草坡 种植林坡	≤25～30 ≤50	≤50 ≤100
理想的自然草坪(有利机械修剪)	2～3	1～5
明沟　自然土	2～9	0.5～15
明沟　铺装	1～50	0.3～100

平整场地的排水坡度可以是两面坡,也可以是三面坡,这取决于周围环境条件。一般铺装地面都采取规则的坡面,即在一个坡面上纵横坡均各自保持一致。平整场地的等高线设计见图2-12。另外,平整场地还可以使用方格网法。

五　土方的平衡与调配

【要　点】

土方平衡调配工作是土方施工的一项重要内容,其目的是在土方运输量或土方运输成本最低的条件下,确定填、挖方区土方的调配方向和数量,从而达到缩短工期和提高经济效益的目的。

【解　释】

◆ 土方平衡与调配的前提

进行土方平衡与调配,必须综合考虑工程和现场情况、进度要求、土方施工方法以及分期分批施工工程的土方堆方和调运问题。经过全面研究,确定平衡调配的原则之后,才可着手进行土方调配工作,如划分土方调配区、计算土方的平均运距、单位土方的运价、确定土方的最优调配方案。这是进行园林土方工程的首要任务,在此基础上才有施工准备和施工组织设计与具体施工。

◆**土方平衡与调配的步骤与方法**

土方平衡与调配需编制相应的土方调配图,其步骤如下:

(1)划分调配区。在平面图上先画出挖填区的分界线,然后在挖方区和填方区适当划分出若干调配区,最后确定调配区的大小和位置。划分时应注意以下几点:

1)划分应与房屋和构筑物的平面位置相协调,并考虑开工和分期施工顺序。

2)调配区大小应满足土方施工用主导机械的行驶操作尺寸的要求。

3)调配区范围应和土方工程量计算用的方格网相协调,通常可由若干个方格组成一个调配区。

4)当土方运距较大或场地范围内土方的调配不能达到平衡时,可就近借土或弃土,一个借土区或一个弃土区可作为一个独立的调配区。

(2)计算各调配区的土方量并在图上标明。

(3)计算各挖、填方调配区之间的平均运距,即挖方区土方重心至填方区土方重心的距离,取场地或方格网中的纵横两边为坐标轴,以一个角作为坐标原点(图2-13),按下式求出各挖方或填方调配区土方重心坐标 X_0 及 Y_0:

$$X_0 = \frac{\Sigma(x_i V_i)}{\Sigma V_i}; \quad Y_0 = \frac{\Sigma(y_i V_i)}{\Sigma V_i}$$

式中　　x_i, y_i——i块方格的重心坐标;

　　　　V_i——i块方格的土方量。

填、挖方区之间的平均运距 L_0 为:

$$L_0 = \sqrt{(x_{0T} - x_{0W})^2 + (y_{0T} - y_{0W})^2}$$

式中　　x_{0T}, y_{0T}——填方区的重心坐标;

　　　　x_{0W}, y_{0W}——挖方区的重心坐标。

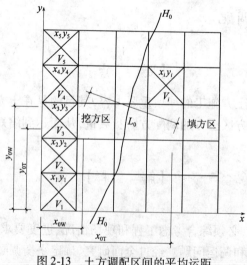

图2-13　土方调配区间的平均运距

一般情况下,可用作图法近似地求出调配区的形心位置以代替重心坐标,待重心求出后标

46

于网上,并用比例尺量出每对调配区的平均运输距离$(L_{11},L_{12},L_{13}\cdots)$。

所有填挖方调配区之间的平均运距均需一一计算,并将计算结果列于土方平衡与运距表内(表2-17)。

表 2-17　土方平衡与运距表

挖方区 \ 填方区	B_1		B_2		B_3		$\cdots$	B_j		$\cdots$	B_n		挖方量/ m³
A_1	x_{11}	L_{11}	x_{12}	L_{12}	x_{13}	L_{13}	$\cdots$	x_{1j}	L_{1j}	$\cdots$	x_{1n}	L_{1n}	a_1
A_2	x_{21}	L_{21}	x_{22}	L_{22}	x_{23}	L_{23}	$\cdots$	x_{2j}	L_{2j}	$\cdots$	x_{2n}	L_{2n}	a_2
A_3	x_{31}	L_{31}	x_{32}	L_{32}	x_{33} $+$	L_{33}	$\cdots$	x_{3j}	L_{3j}	$\cdots$	x_{3n}	L_{3n}	a_3
$\vdots$		$\cdots$		$\cdots$		$\cdots$	$\cdots$		$\cdots$	$\cdots$			$\vdots$
A_i	x_{i1}	L_{i1}	x_{i2}	L_{i2}	x_{i3}	L_{i3}	$\cdots$	x_{ij}	L_{ij}	$\cdots$	x_{in}	L_{in}	a_i
$\vdots$		$\cdots$		$\cdots$		$\cdots$	$\cdots$		$\cdots$	$\cdots$			$\vdots$
A_m	x_{m1}	L_{m1}	x_{m2}	L_{m2}	x_{m3}	L_{m3}	$\cdots$	x_{mj}	L_{mj}	$\cdots$	x_{mn}	L_{mn}	a_m
填方量/m³	b_1		b_2		b_3		$\cdots$	b_j		$\cdots$	b_n		$\sum\limits_{i=1}^{m}a_i=\sum\limits_{j=1}^{n}b_j$

注:$L_{11},L_{12},L_{13}\cdots$——挖填方区之间的平均运距;
　　$x_{11},x_{12},x_{13}\cdots$——调配土方量。

当填、挖方调配区之间的距离较远,采用自行式铲运机或其他运输工具沿现场道路或规定路线运土时,其运距应按实际情况计算。

(4)确定土方最优调配方案。对于线性规划中的运输问题,可以用"表上作业法"来求解,使总土方运输量 $W=\sum\limits_{i=1}^{m}\sum\limits_{j=1}^{n}L_{ij}\cdot X_{ij}$ 为最小值,即为最优调配方案。

式中　L_{ij}——各调配区之间的平均运距,m;

　　　　X_{ij}——各调配区的土方量,m³。

(5)绘出土方调配图。根据上述计算,标出调配方向和土方数量及运距(平均运距再加施工机械前进、倒退和转弯必需的最短长度)。

<h2 style="text-align:center">【相关知识】</h2>

◆土方平衡与调配的原则

土方的平衡与调配应遵循以下原则:

(1)挖方与填方均基本达到平衡,减少重复倒运。

(2)挖(填)方量与运距的乘积之和尽可能最小,即总土方运输量或运输费用最小。

(3)为避免出现质量问题,好土应用在回填密实度要求较高的地区。

(4)分区调配应与全场调配相协调,不得只顾局部平衡任意挖填而破坏全局平衡。

(5)调配应与地下构筑物的施工相结合,地下设施的填土,应留土后填。

(6)为避免土方运输出现对流和乱流现象,同时便于机具调配、机械化施工,应选择恰当的调配方向、运输路线和施工顺序。

六　排水与降水

【要　　点】

在土方施工时,可能遇到地下水或临时降水,当这些水过多时,施工现场的土壤含水量增加,可能改变土壤的性质,造成不必要的麻烦,因此需要将积水排出后才能继续施工。

【解　　释】

◆施工准备

挖土前,应根据地下水位情况和工程土质情况制定排水或降水方案,并根据方案配置施工机具。

排出的地下水应经过沉淀处理后才能排入市政地下管道或河沟。

◆操作工艺

大型的土方施工,应设置地面临时排水沟或截水沟,其纵向坡度、断面尺寸等,应根据施工地形、水文气象资料、汇水面积和施工方法等计算确定,并尽量与永久性排水设施相结合。

在地下水位较低、土质较好的情况下,基坑内设集水井,可采用明沟排水的方法。沿坑底周围或中央开挖排水沟,使水流入集水井,然后用水泵排走。

当地下水较多而土质属细砂、粉砂土时,基坑挖土时容易产生流砂现象,需用围蔽截水和人工降低地下水位等方法。

围蔽截水的施工方法可以选择钢板桩、钢筋混凝土排桩、地下连续墙、定喷帷幕墙、旋喷桩、深层搅拌桩等,在施工组织设计中确定。

采用人工降低地下水位的方法时,应根据挖土的深度和规模,选择轻型井点降水或管井井点降水,其井点的布置数量和形式,要根据土的渗透系数和涌水量计算确定,并应配备相应的抽水设备。

【相关知识】

◆施工注意事项

抽水设备的电器部分必须采取防止漏电的保护措施,严格执行接地、接零和使用漏电开关三项要求。施工现场电线应架空拉设,并采用三相五线制。

在土方开挖后,应保持地下水位在基坑底50cm以下,防止地下水扰动基底土。

七　挖方与土方转运

【要　　点】

土方的挖方与转运是园林工程施工初始阶段最重要、工程量最大的阶段,是整个园林工程施工顺利进行的保证。

【解　　释】

◆**一般规定**

挖方边坡坡度应根据使用时间(临时或永久性)、土的种类、物理力学性质(内摩擦角、黏聚力、密度、湿度)、水文情况等因素确定。对于永久性场地,挖方边坡坡度应按设计要求放坡,如设计无规定,应根据工程地质和边坡高度并结合当地实践经验确定。

为避免在影响边坡稳定的范围内积水,对软土土坡或极易风化的软质岩石边坡,应对坡脚、坡面采取喷浆、抹面、嵌补、砌石等保护措施,并做好坡顶、坡脚排水。

挖方上边缘至土堆坡脚的距离,应根据土的类别、挖方深度和边坡高度确定。当土质干燥密实时,不得小于3m;当土质松软时,不得小于5m。在挖方下侧弃土时,应将弃土堆表面整平、低于挖方场地标高并向外倾斜,或在弃土堆与挖方场地之间设置排水沟,以防止雨水排入挖方场地。

施工人员应有足够的工作面,一般人均 $4 \sim 6m^2$。

开挖土方附近不得有重物及易塌落物。

在挖土过程中,随时注意观察土质情况,注意留出合理的坡度。若垂直下挖,松散土不得超过0.7m,中等密度土不超过1.25m,坚硬土不超过2m。超过以上数值的须加支撑板,或保留符合规定的边坡。

为防止塌方,挖方工人不得在土壁下向里挖土。

施工过程中必须注意保护基桩、龙门板及标高桩。

开挖前应先进行测量定位,抄平放线,定出开挖宽度,然后按放线分块(段)分层挖土。根据土质和水文情况,采取在四侧或两侧直立开挖或放坡,以保证施工操作安全。当土质为天然湿度、构造均匀、水文地质条件良好(即不会发生坍滑、移动、松散或不均匀下沉),且无地下水,挖方深度不大时,开挖可不必放坡,采取直立开挖不加支护,但基坑宽应稍大于基础宽。若超过一定的深度但不大于5m时,为保证不塌方,应根据土质和施工具体情况进行放坡。放坡后坑槽上口宽度由基础底面宽度及边坡坡度来决定,为便于施工操作,坑底宽度每边应比基础宽出 $15 \sim 30cm$。

◆**人工挖方**

挖土施工中一般不垂直向下挖得很深,要有合理的边坡,并要根据土质的疏松或密实情况确定边坡坡度的大小。必须垂直向下挖土的,则在松软土情况下挖深不超过0.7m,中密度土质的挖深不超过1.25m,硬土的挖深不超过2m。

对岩石地面进行挖方施工,一般要先爆破,将地表一定厚度的岩石层炸裂为碎块,然后再进行挖方施工。爆破施工时,要先打好炮眼,装上炸药雷管,清理施工现场及其周围地带并确认爆破区无人滞留之后,方可点火爆破。爆破施工的关键就是要确保人员安全。

相邻场地、基坑开挖时,应遵循先深后浅或同时进行的施工顺序。挖土应自上而下水平分段分层进行,每层0.3m左右。边挖边检查坑底宽度及坡度,不够时应及时修整,每3m左右修一次坡,至设计标高,再统一进行一次修坡清底,检查坑底宽和标高,要求坑底凹凸不超过1.5cm。在已有建筑物侧挖基坑(槽)时应间隔分段进行,且每段不超过2m,相邻段开挖应在已挖好的槽段基础完成并回填夯实后进行。

基坑开挖应尽量防止对地基土的扰动。当用人工挖土,基坑挖好后不能立即进行下道工序时,应预留 15～30cm 的土层不挖,待下道工序开始后再挖至设计标高。采用机械开挖基坑时,为避免破坏基底土,应在基底标高以上预留一层土用人工清理。使用铲运机、推土机或多斗挖土机时,保留上层土厚度为 20cm;使用正铲、反铲或拉铲挖土时为 30cm。

在地下水位以下挖土时,应在基坑(槽)四侧或两侧挖好临时排水沟和集水井,将水位降低至坑槽底以下 500mm。降水工作应持续到施工完成(包括地下水位下回填土)。

◆ **机械挖方**

在机械作业之前,技术人员应向机械操作员进行技术交底,使其了解施工技术要求和施工场地的情况,并深入了解施工场地中定点放线的情况,熟悉桩位和施工标高等,对土方施工做到心中有数。

施工现场布置的桩点和施工放线要明显。应适当加高桩木的高度,并在桩木上做出醒目的标志或将桩木漆上显眼的颜色。在施工期间为避免挖错位置,施工技术人员应和推土机手密切配合,随时随地用测量仪器检查桩点和放线情况。

在挖湖工程中,一定要保护好施工坐标桩和标高桩。挖湖的土方工程因湖水深度变化比较一致,且放水后水面以下部分不会暴露,所以在湖底部分的挖土作业可以粗放一些,只要挖到设计标高处,并将湖底地面推平即可。但对湖岸线和岸坡坡度要求准确的地方,可以用边坡样板来控制边坡坡度的施工,以保证施工精度。

挖土工程中要注意对原地面表土的保护。因表土的土质疏松肥沃,适于种植园林植物,所以对地面 50cm 厚的表土层(耕作层)挖方时,要先用推土机将施工地段的这一层表面熟土推到施工场地外围,待地形整理完毕,再把表土推回铺好。

◆ **土方的转运**

在土方调配图中,一般都按照近挖就近填的原则,采取土石方就地平衡的方式。土石方就地平衡可以极大地减小土方的搬运距离,从而节省人力,降低施工费用。

人工转运土方一般为短途的小搬运。搬运方式有用人力肩挑背扛、人力车拉或用手推车推等。这种转运方式在有些园林局部或小型工程施工中经常被采用。

机械转运土方通常为长距离运土或工程量很大时的运土,运输工具主要是装载机和汽车。根据工程量大小和工程施工特点的不同,还可采用半机械化和人工相结合的方式转运土方。另外,在土方转运过程中,应充分考虑运输路线的安排和组织,尽量使路线最短以节省运力。土方的装卸应有专人指挥,并要做到卸土位置准确,运土路线顺畅,能够避免混乱和窝工。汽车长距离转运土方需要经过城市街道时,车厢不能装得太满,在驶出工地前应当将车轮上的泥土全扫掉,不得在街道上撒落泥土,污染环境。

【相关知识】

◆ **安全措施**

人工开挖时,两人操作的间距应大于 2.5m。多台机械开挖时,挖土机间距应大于 10m。在挖土机工作范围内,严禁进行其他作业。挖土应由上而下,逐层进行,不得先挖坡脚或逆坡挖土。

不得在危岩、孤石的下边或贴近未加固的危险建筑物的下面进行挖土施工。

开挖应严格按要求放坡。操作时应随时注意土壁的情况,如发现有裂纹或部分坍塌现象,应及时进行支撑或放坡,并注意支撑的稳固和土壁的变化。当采取不放坡开挖时,应设置临时支护,且各种支护应根据土质情况及深度经计算确定。

多台机械同时开挖时,为防止塌方并造成翻机事故,应验算边坡的稳定,挖土机离边坡应有一定的安全距离。

深基坑上下应先挖好阶梯或支撑靠梯,或开斜坡道,并采取防滑措施,禁止踩踏支撑上下。坑四周应设安全栏杆。

人工吊运土方时,应检查起吊工具、绳索是否牢靠,吊斗下面不得站人。为防止造成坑壁塌方,卸土堆应离开坑边一定距离。

◆挖方中常见的质量问题

(1)基底超挖

开挖基坑(槽)或管沟均不得超过设计基底标高,如果超过应会同设计单位共同协商解决,不得私自处理。

(2)桩基产生位移

一般出现于软土区域。碰到此类土基挖方,应在打桩完成后,先间隔一段时间再对称挖土,并要制定相应的技术措施。

(3)基底未加保护

基坑(槽)开挖后未进行后续基础施工,应注意在基底标高以上留出0.3m厚的土层,待基础施工时再挖去。

(4)施工顺序不合理

土方开挖应从低处开始,分层分段依次进行,并形成一定坡度,以利于排水。

(5)开挖尺寸不足,基底、边坡不平

开挖时没有加上应增加的开挖面积使挖方尺寸不足。故施工放线要严格,应充分考虑增加的面积,对于基底和边坡应加强检查并随时校正。

(6)施工机械下沉

采用机械挖方,必须掌握现场土质条件和地下水位情况,针对不同的施工条件采取相应的措施。一般推土机、铲运机需要在地下水位0.5m以上推铲土时,挖土机则要求在地下水位0.8m以上挖土。

八 填方工程施工

【要　点】

根据设计和施工挖方土处理的需要,应进行土方的回填。回填时应注意土料要求,基底处理,填埋顺序,填埋方式,雨、冬期施工注意事项,铺土厚度与压实遍数,土方压实要求与方法和填压方成品保护措施等。

【解　释】

◆土料要求

填方土料应符合设计要求并保证填方的强度和稳定性,当设计无要求时,应符合下列规定：

（1）碎石类土、砂土和爆破石碴（粒径不大于每层铺厚的2/3，当用振动碾压时，不超过3/4），可用于表层下的填料。

（2）含水量符合压实要求的黏性土，可作各层填料。

（3）碎块草皮和有机质含量大于8%的土，仅用于无压实要求的填方。

（4）淤泥和淤泥质土一般不能用作填料，但在软土或沼泽地区，经过处理后含水量符合压实要求的，可用于填方中的次要部位。

（5）含盐量符合规定的盐渍土，一般可用作填料，但其中不得含有盐晶、盐块或含盐植物根茎等。

◆填土含水量

含水量的大小，直接影响到夯实（碾压）质量，在夯实（碾压）前应先进行试验，以得到符合密实度要求条件下的最优含水量和最少夯实（或碾压）遍数。各种土的最优含水量和最大干密度参考数值见表2-18。

表2-18 土的最优含水量和最大干密度参考表

项 次	土的种类	变 动 范 围	
		最优含水量（重量比）（%）	最大干密度（t/m³）
1	砂土	8～12	1.80～1.88
2	黏土	19～23	1.58～1.70
3	粉质黏土	12～15	1.85～1.95
4	粉土	16～22	1.61～1.80

黏性土或排水不良的砂土的最优含水量与相应的最大干密度，应用击实试验测定。

土料含水量通常以手握成团、落地开花为适宜。当含水量过大时，应采取翻松、晾干、风干、换土回填、掺入干土或其他吸水性材料等措施；当土料过干时，则应预先洒水润湿，也可采取增加压实遍数或使用大功能压实机械等措施。

在气候干燥时，为减少土的水分散失，应加速挖土、运土、平土和碾压过程。

◆基底处理

场地回填应先清除基底上草皮、树根、坑穴中的积水、淤泥和杂物，并应采取措施防止地表滞水流入填方区，浸泡地基，造成基土下陷。

当填方基底为耕植土或松土时，应将基底充分夯实或碾压密实。

当填方位于水田、沟渠、池塘或含水量很大的松软土地段时，应根据具体情况采取排水疏干或将淤泥全部挖出换土、抛填片石、填砂砾石、翻松掺石灰等措施进行处理。

当填土场地地面陡于1/5时，应先将斜坡挖成阶梯形（阶高0.2～0.3m，阶宽大于1m），然后分层填土，以利于接合和防止滑动。

◆填埋顺序

应按以下顺序填埋：

（1）先填石方，后填土方。土、石混合填方时或施工现场有需要处理的建筑渣土而填方区又比较深时，应先将石块、粗粒废土或渣土填在底层，并紧紧地筑实，然后再将壤土或细土在上层填实。

（2）先填底土，后填表土。在挖方中挖出的原地面表土，暂时堆在一旁，然后将挖出的底土先填入到填方区底层，待底土填好后，再将肥沃表土回填到填方区作面层。

（3）先填近处，后填远处。近处的填方区应先填，待近处填好后再逐渐填向远处；但每填一处，均要分层填实。

◆ **填埋方式**

一般的土石方填埋，都应采取分层填筑方式，一层一层地填，不要采取沿着斜坡向外逐渐倾倒的方式（图2-14）。分层填筑时，在要求质量较高的填方中，每层的厚度应为30cm以下，但在一般的填方中，每层的厚度可为30~60cm。填土过程中，最好填一层即筑实一层，层层压实。

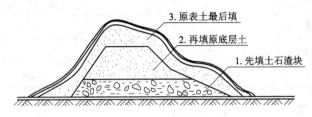

图2-14 土方分层填实

在自然斜坡上填土时，应注意防止新填土方沿着坡面滑落。可用先把斜坡挖成阶梯状再填入土方的方法增加新填土方与斜坡的咬合性。这样，只要在填方过程中做到了层层筑实，即可保证新填土方的稳定（图2-15）。

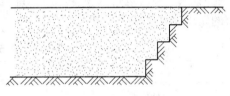

图2-15 斜坡填土法

◆ **雨、冬期施工**

人工填土的雨、冬期施工要求如下：

（1）基坑（槽）或管沟的回填土应连续进行，尽快完成。施工中注意雨情，雨前应及时夯完已填土层或将表面压光，并做成一定坡势，以利排除雨水。

（2）施工时应有防雨措施，要防止地面水流入基坑（槽）内，以免边坡塌方或基土遭到破坏。

（3）冬期回填土每层铺土厚度应比常温施工时减少20%~50%，其中冻土块体积不得超过填土总体积的15%，其粒径不得大于150mm。铺填时，冻土块应均匀分布并逐层压实。

（4）冬期填方前，应清除底土的冰雪和保温材料；距离边坡表层1m以内不得用冻土填筑；填方上层应用未冻、不冻胀或透水性好的土料填筑，其厚度应符合设计要求。

（5）管沟底到管顶0.5m范围内不得用含有冻土块的土回填；室内房心、基坑（槽）或管沟不得用含冻土块的土回填。

（6）为防止基土或已填土层受冻，回填土施工应连续进行并及时采取防冻措施。

机械填土雨、冬期的施工，除符合人工填土的要求外，还应符合以下要求：

（1）雨期施工的填方工程，应连续进行尽快完成；工作面不宜过大，应分层分段逐片进行。重要或特殊的土方回填，应尽量在雨期前完成。

（2）雨期施工时，应有防雨措施或方案，要防止地面水流入基坑内，以免边坡塌方或基土遭到破坏。

（3）填方工程不宜在冬期施工，如必须在冬期施工时，其施工方法需经过技术经济比较后确定。

（4）冬期填方前，应清除基底上的冰雪和保温材料，填方边坡标层1m以内不得用冻土填筑；填方上层应用未冻、不冻胀或透水性好的土料填筑，其厚度应符合设计要求。

（5）冬期施工室外平均气温在 –5℃ 以上时，填方高度不受限制。平均温度在 –5℃ 以下时，填方高度不宜超过表2-19的规定，但用石块和不含冰块的砂土（不包括粉砂）、碎石类土填筑时，可不受表内填方高度的限制。

表 2-19　冬期填方高度的限制

平均气温（℃）	填方高度（m）
–5 ~ –10	4.5
–11 ~ –15	3.5
–16 ~ –20	2.5

◆铺土厚度与压实遍数

填土每层铺土厚度和压实遍数视土的性质、设计要求的压实系数和使用的压（夯）实机具性能而定，一般应进行现场碾（夯）压试验确定。表2-20为压实机械和工具每层铺土厚度与所需的碾压（夯实）遍数的参考数值。

表 2-20　填方每层铺土厚度和压实遍数

压实机具	每层铺土厚度（mm）	每层压实遍数（遍）
平碾	200 ~ 300	6 ~ 8
羊足碾	200 ~ 350	8 ~ 16
蛙式打夯机	200 ~ 250	3 ~ 4
振动碾	60 ~ 130	6 ~ 8
振动压路机	120 ~ 150	10
推土机	200 ~ 300	6 ~ 8
拖拉机	200 ~ 300	8 ~ 16
人工打夯	不大于200	3 ~ 4

利用运土工具的行驶来压实时，每层铺土厚度不得超过表2-21规定的数值。

表 2-21　利用运土工具压实填方时的每层铺土厚度　　　　　　　　　　（m）

填土方法和采用的运土工具	土 的 名 称		
	砂土	粉土	粉质黏土和黏土
拖拉机拖车和其他填土方法并用机械平土	1.5	1.0	0.7
汽车和轮式铲运机	1.2	0.8	0.5
人推小车和马车运土	1.0	0.6	0.3

◆土方压实要求

为避免边缘土被向外挤压而引起坍落现象，土方的压实工作应先从边缘开始，逐渐向中间推进。

填方时必须分层堆填、分层碾压夯实，若一次性地填到设计土面高度后才进行碾压打夯，就会造成填方地面上紧下松、沉降和塌陷严重的情况。

为避免以后出现不均匀沉降,碾压、打夯要注意均匀,要使填方区各处土壤密度一致。

在夯实松土时,打夯动作应先轻后重。先轻打一遍,使土中细粉受震落下,填满下层土粒间的空隙,然后再加重打压,夯实土壤。

◆ **土方压实方法**

(1)人工夯实方法

人力打夯前应将填土初步整平,打夯要按一定方向进行,一夯压半夯,夯夯相接,行行相连,两遍纵横交叉,分层打夯。夯实基槽及地坪时,行夯路线应由四边向中间夯。

用蛙式打夯机等小型机具夯实时,一般填土厚度不宜大于25cm,打夯之前对填土应初步平整,打夯机依次夯打,均匀分布,不留间隙。

基坑(槽)回填应在相对两侧或四周同时进行回填与夯实。

回填管沟时,应用人工先在管子周围填土夯实,并应从管道两边同时进行,直至管顶0.5m以上。在不损坏管道的情况下,方可采用机械填土回填夯实。

(2)机械压实方法

为保证填土压实的均匀性及密实度,避免碾轮下陷,提高碾压效率,在碾压机械碾压之前,宜先用轻型推土机、拖拉机推平,低速预压4~5遍,使表面平实;采用振动平碾压实爆破石碴或碎石类土,应先静压,而后振压。

碾压机械压实填方时,应控制压实遍数和行驶速度,一般平碾、振动碾不超过2km/h;羊足碾不超过3km/h。碾压机械与基础或管道应保持一定的距离,防止将基础或管道压坏或使之位移。

用压路机进行填方压实,应采用"薄填、慢驶、多次"的方法,填土厚度不应超过25~30cm;碾压方向应从两边逐渐压向中间,为避免漏压,碾轮每次重叠宽度约15~25cm。运行中碾轮边距填方边缘应大于500mm,以防发生溜坡倾倒。边角、边坡、边缘压实不到之处,应辅以人力夯或小型夯实机具夯实。压实密实度,除另有规定外,应压至轮子下沉量不超过1~2cm为度。每碾压一层完毕后,应用人工或机械(推土机)将表面拉毛以利于接合。

平碾碾压完一层后,应用人工或推土机将表面拉毛。土层表面太干时,应洒水湿润后继续回填,以保证上下层接合良好。

用羊足碾碾压时,填土厚度不宜大于50cm,碾压方向应从填土区的两侧逐渐压向中心。每次碾压应有15~20cm重叠,同时随时清除黏着于羊足之间的土料。为提高上部土层密实度,羊足碾碾压过后,宜辅以拖式平碾或压路机补充压平、压实。

用铲运机及运土工具进行压实,铲运机及运土工具的移动须均匀分布于填筑层的表面,逐次卸土碾压。

◆ **填压方成品保护措施**

填压方成品的保护措施有以下几点:

(1)填运土方时不得碰撞定位标准桩、轴线控制桩、标准水准点和桩木等,并应定期复测检查这些标准桩是否正确。

(2)凡夜间施工的应配足照明设备,防止铺填超厚,严禁用汽车将土直接倒入基坑(槽)内。

(3)应在基础或管沟的现浇混凝土达到一定强度,不致因填土而受到破坏时,回填土方。

(4)管沟中的管线或从建筑物伸出的各种管线,都应按规定严格保护,然后才能填土。

【相关知识】

◆ **质量标准**

(1)保证项目

1)基底处理,必须符合设计要求或施工规范的规定。

2)回填的土料,必须符合设计或施工规范的规定。

3)回填土必须按规定分层夯实。取样测定夯实后土的干密度,其合格率不应小于90%,不合格的干密度的最低值与设计值的差,不应大于 $0.08g/cm^3$,且不应集中。环刀取样的方法及数量应符合规定。

(2)允许偏差项目见表2-22。

表2-22　回填土工程允许偏差

项　　目	允许偏差(mm)	检　验　方　法
顶面标高	+0　 −50	用水准仪或拉线尺检查
表面平整度	20	用2m靠尺和楔形尺检查

◆ **填压方中常见的质量问题**

填压方中常见的质量问题有以下几点:

(1)未按规定测定干密度。回填土每层都必须测定夯实后的干密度,待符合要求后才能进行上一层的填土。测定土壤种类、试验方法和结论等资料均应标明并签字,凡达不到测定要求的填方部位要及时提出处理意见。

(2)回填土下沉。由于虚铺土超厚或冬季施工时遇到较大的冻土块或夯实遍数不够、漏夯、回填土所含杂物超标等,都会导致回填土下沉。碰到这些情况时应检查并制定相应的技术措施进行处理。

(3)管道下部夯填不实。这主要是施工时没有按施工标准回填打夯,出现漏夯或密实度不够,导致管道下方回填空虚。

(4)回填土夯压不密。如果回填土含水量过大或过干,都可能导致土方填压不密。此时,对于过干的土壤要先洒水润湿后再铺;过湿的土壤应先摊铺晾干,待符合标准后方可作为回填土。

(5)管道中心线产生位移或遭到损坏。这是在用机械填压时不注意施工规程造成的。因此施工时应先人工把管子周围填土夯实,并要求从管道两侧同时进行,直到管顶0.5m以上,在保证管道安全的情况下可用机械回填和压实。

九　土石方的放坡处理

【要　点】

在挖方工程和填方工程中,需要对边坡进行处理,使之达到安全、适用的施工目的。土方施工所造成的土坡,都应当是稳定的,是不会发生坍塌现象的,而要达到这个要求,对边坡的坡度处理就显得非常重要,不同土质、不同疏松程度的土方在做坡时能够达到的稳定性是不同的。

【解　　释】

◆ 土方开挖边坡的规定

1. 场地开挖

(1)挖方边坡

挖方边坡应根据使用时间(临时性或永久性)、土的种类、物理力学性质(内摩擦角、黏聚力、湿度、密度)、水文情况等确定。对于永久性场地,挖方边坡坡度应按设计要求放坡,如设计无规定,可按表2-23所列采用。对使用时间较长的临时性挖方边坡坡度,应根据工程地质和边坡高度,并结合当地实践经验确定。在山坡整体稳定的情况下,若地质条件良好,土质较均匀,高度在10m内的边坡坡度可按表2-24确定,黄土地区高度在15m内的边坡可按表2-25采用。

表2-23　永久性土工构筑物挖方的边坡坡度

挖　土　性　质	边　坡　坡　度
天然湿度、层理均匀、不易膨胀的黏土、粉质黏土和砂土(不包括细砂、粉砂)	1:1.00～1:1.25
土质同上,深度为3～12m	1:1.25～1:1.50
干燥地区内土质结构未经破坏的干燥黄土及类黄土,深度不超过12m	1:0.10～1:1.25
在碎石土和泥灰岩土的地方,深度不超过12m,根据土的性质、层理特性和挖方深度确定	1:0.50～1:1.50
在风化岩内的地方,根据岩石性质、风化程度、层理特性和挖方深度确定	1:0.20～1:1.50
在微风化岩内的地方,岩石无裂缝且无倾向挖方坡脚的岩层	1:0.10
在未风化的完整岩石内的挖方	直立的

表2-24　使用时间较长的临时性挖方边坡坡度值

土　的　类　别		容许边坡值(高宽比)	
		坡高在5m以内	坡高在5～10m
砂土(不含细砂、粉砂)		1:1.50～1:1.00	1:1.00～1:1.50
粉性土及粉土	坚硬	1:0.75～1:1.00	1:0.75～1:1.00
	硬塑	1:1.00～1:1.25	1:1.00～1:1.25
碎石土	密实	1:0.35～1:0.50	1:0.50～1:0.75
	中密	1:0.50～1:0.75	1:0.75～1:1.00
	稍密	1:0.75～1:1.00	1:1.00～1:1.25

注:1. 使用时间较长的临时性挖方是指使用时间超过一年的临时工程、临时道路等的挖方。
　　2. 应考虑地区性水文气象等条件,结合具体情况使用。
　　3. 表中碎石土的充填物为坚硬或硬塑状态的黏性土、粉土;对于砂土或充填物为砂土的碎石土,其边坡坡度容许值均按自然休止角确定。
　　4. 混合土可参照表中相近的土执行。

表 2-25 黄土挖方边坡坡度值

地质时代	容许边坡值(高宽比)		
	坡高在 5m 以内	坡高 5~10m	坡高 10~15m
午城黄土 Q_1	1:0.10~1:0.20	1:0.20~1:0.30	1:0.30~1:0.50
离石黄土 Q_2	1:0.20~1:0.30	1:0.30~1:0.50	1:0.50~1:0.75
马兰黄土 Q_3	1:0.30~1:0.50	1:0.50~1:0.75	1:0.75~1:1.00
次生黄土 Q_4	1:0.50~1:0.75	1:0.75~1:1.00	1:1.00~1:1.25

注:1. 同表 2-24 注 1,2。
　　2. 本表不适用于新近堆积黄土。

对岩石边坡,根据其岩石类别和风化程度,边坡坡度可按表 2-26 采用。

表 2-26　岩石边坡容许坡度值

岩石类土	风化程度	容许坡度值(高宽比)		
		坡高在 8m 以内	坡高 8~15m	坡高 15~30m
硬质岩石	微风化	1:0.10~1:0.20	1:0.20~1:0.35	1:0.30~1:0.50
	中等风化	1:0.20~1:0.35	1:0.35~1:0.50	1:0.50~1:0.75
	强风化	1:0.35~1:0.50	1:0.50~1:0.75	1:0.75~1:1.00
软质岩石	微风化	1:0.35~1:0.50	1:0.50~1:0.75	1:0.75~1:1.00
	中等风化	1:0.50~1:0.75	1:0.75~1:1.00	1:1.00~1:1.50
	强风化	1:0.75~1:1.00	1:1.00~1:1.25	—

(2)边坡开挖

在开挖后,对软土土坡或极易风化的软质岩石边坡,应对坡脚、坡面采取喷浆、抹面、嵌补、砌石、植草等保护措施,并做好坡顶、坡脚排水,避免在影响边坡稳定的范围内积水。

(3)挖方上边缘至土堆坡脚的距离

挖方上边缘至土堆坡脚的距离,应根据挖方深度、边坡高度和土的类别确定。当土质干燥密实时,不得小于 3m;当土质松软时,不得小于 5m。在挖方下侧弃土时,应将弃土堆表面整平、低于挖方场地标高并向外倾斜,或在弃土堆与挖方场地之间设置排水沟,防止雨水排入挖方场地。

2. 边坡开挖

(1)场地边坡开挖应采取沿等高线自上而下,分层、分段依次进行。在边坡上采取多台阶同时进行开挖时,为防止塌方,上台阶应比下台阶开挖进深大于等于 30m。

(2)边坡台阶开挖,应有一定坡势,以利于泄水。边坡下部没有护脚及排水沟时,在边坡修完后,应立即处理台阶的反向排水坡,进行护脚矮墙和排水沟的砌筑和疏通,保证坡面不被冲刷和在影响边坡稳定的范围内不积水,否则应采取临时性排水措施。

◆ 填土边坡

填方的边坡坡度应根据填方高度、土的种类和其重要性在设计中加以规定。当设计无规定时,可按表 2-27 采用。

表 2-27　永久性填方边坡的高度限值

土　的　种　类	填方高度(m)	边坡坡度
黏土类土、黄土、类黄土	6	1:1.50
粉质黏土、泥灰岩土	6~7	1:1.50

土　的　种　类	填方高度(m)	边坡坡度
中砂或粗砂	10	1 : 1.50
砾石和碎石土	10 ~ 12	1 : 1.50
易风化的岩土	12	1 : 1.50
轻微风化、尺寸25cm内的石料	6 以内 6 ~ 12	1 : 1.33 1 : 1.50
轻微风化、尺寸大于25cm的石料,边坡用最大石块、分排整齐铺砌	12 以内	1 : 1.50 ~ 1 : 0.75
轻微风化、尺寸大于40cm的石料,其边坡分排整齐	5 以内 5 ~ 10 >10	1 : 0.50 1 : 0.65 1 : 1.00

注:1. 当填方高度超过本表规定的限值时,其边坡可做成折线形,填方下部的边坡坡度应为1 : 1.75 ~ 1 : 2.00。

2. 凡永久性填方,土的种类未列入本表者,其边坡坡度不得大于$\dfrac{\varphi + 45°}{2}$,φ为土的自然倾斜角。

用黄土或类黄土填筑重要的填方时,其边坡坡度可参考表2-28采用。

表2-28　黄土或类黄土填筑重要填方的边坡坡度

填土高度(m)	自地面起高度(m)	边坡坡度
6 ~ 9	0 ~ 3 3 ~ 9	1 : 1.75 1 : 1.50
9 ~ 12	0 ~ 3 3 ~ 6 6 ~ 12	1 : 2.00 1 : 1.75 1 : 1.50

使用时间较长的临时性填方(如使用时间超过一年的临时道路、临时工程的填方)的边坡坡度,当填方高度小于10m时,可采用1 : 1.5;超过10m时,可做成折线形,上部采用1 : 1.5,下部采用1 : 1.75。

利用填土做地基时,填方的压实系数、边坡坡度应符合表2-29的规定。其承载力应根据试验确定,当无试验数据时,可按表2-29选用。

表2-29　填土地基承载力和边坡坡度值

填　土　类　别	压实系数 λ_c	承载力 f_k (kPa)	边坡坡度容许值	
			坡高在8m以内	坡高8 ~ 15m
碎石、卵石		200 ~ 300	1 : 1.50 ~ 1 : 1.25	1 : 1.75 ~ 1 : 1.50
砂夹石(其中碎石、卵石占全重30% ~ 50%)		200 ~ 250	1 : 1.50 ~ 1 : 1.25	1 : 1.75 ~ 1 : 1.50
土夹石(其中碎石、卵石占全重30% ~ 50%)	0.94 ~ 0.97	150 ~ 200	1 : 1.50 ~ 1 : 1.25	1 : 2.00 ~ 1 : 1.50
黏性土(10 < I_P < 14)		130 ~ 180	1 : 1.75 ~ 1 : 1.50	1 : 2.25 ~ 1 : 1.75

注:I_P为塑性指数。

【相关知识】

◆土壤的自然倾斜角

土壤在自然堆积条件下,经过自然沉降稳定后的坡面与地平面之间所形成的夹角,叫作土壤的安息角,即土壤的自然倾斜角,以 α 表示,见图2-16。一般的土坡坡度夹角如果小于土壤安息角时,土坡就是稳定的,不会发生自然滑坡和坍塌现象。

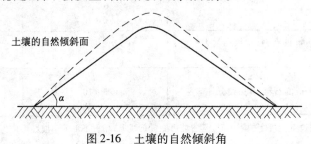

图2-16　土壤的自然倾斜角

不同种类和质地的土壤,其自然倾斜角的大小是有区别的。表2-30列出了常见土壤的自然倾斜角情况。

表2-30　土壤的自然倾斜角

土壤名称	土壤干湿情况			土壤颗粒尺寸(mm)
	湿的	潮的	干的	
砾石	35°	40°	40°	2～20
卵石	25°	45°	35°	20～200
粗砂	27°	32°	30°	1～2
中砂	25°	35°	28°	0.5～1
细砂	20°	30°	25°	0.05～0.5
黏土	15°	35°	45°	0.001～0.005
壤土	30°	40°	50°	—
腐殖土	25°	35°	40°	—

土壤的含水量大小能够影响土壤的安息角。在工程设计时,为了使工程稳定,其边坡坡度数值应参考相应土壤的安息角,见图2-17。

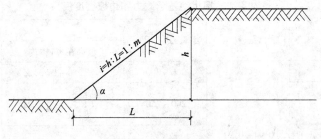

图2-17　坡度标注图示

土方工程无论是挖方还是填方都要求有稳定的坡度。进行土方施工的设计或施工时,应该结合工程本身的要求(如填方或挖方、永久性或临时性)以及当地的具体条件(如土壤的种类及分层情况等),使挖方或填方的坡度合乎技术规范的要求。如实际情况与规范不符,则必须进行实地测试来决定。

十 特殊问题及表土的处理

【要 点】

施工过程中,由于天然地质条件可能有故河道、古湖泊、流砂、橡皮土等对施工的正常进行有重大的影响,或者由于施工方式的影响,施工现场可能发生滑坡、塌方、冲沟、土洞等现象,必须合理预防和处理。

【解 释】

◆ 滑坡与塌方的处理

(1)滑坡与塌方原因分析

产生滑坡与塌方的因素(或条件)是十分复杂的,可归纳为内部条件和外部条件两方面。不良的地质条件是产生滑坡的内因,而人类的工程活动和水的作用则是触发并产生滑坡的主要外因。产生滑坡与塌方的原因主要有:

1)斜坡土(岩)体本身存在倾向相近、层理发达、破碎严重的裂隙,或内部夹有易滑动的软弱带,如软泥、黏土质岩层,受水浸后易滑动或塌落。

2)土层下有倾斜度较大的岩层,或软弱土夹层,或土层下的岩层虽近于水平,但距边坡过近,边坡倾度过大,在堆土或堆置材料、建筑物荷重或地表水作用下,增加了土体的负担,降低了土与土、土体与岩面之间的抗剪强度,从而易引起滑坡或塌方。

3)边坡坡度不够,倾角过大,土体因雨水或地下水侵入,剪切应力增大,黏聚力减弱,使土体失稳而滑动。

4)开堑挖方,切割坡脚不合理;坡脚被地表、地下水掏空;斜坡地段下部被冲沟所切,地表、地下水浸入坡体;开坡放炮、坡脚松动等原因,使坡体坡度加大,破坏了土(岩)体的内力平衡,使上部土(岩)体失去稳定而滑动。

5)在坡体上不适当地堆土、填土,或设置建筑物,或土工构筑物(如路堤、土坝)设置在尚未稳定的古(老)滑坡上或设置在易滑动的坡积土层上,填土或建筑物增荷后,重心改变,坡体在外力(堆载振动、地震等)和地表水、地下水双重作用下失去平衡或触发古(老)滑坡复活,从而产生滑坡。

(2)处理的措施和方法

1)加强工程地质勘察。对拟建场地(包括边坡)的稳定性进行认真分析和评价;工程和线路一定要选在边坡稳定的地段,一般不选具备滑坡形成条件的或存在古(老)滑坡的地段作为建筑场地,或对其采取必要的措施加以预防。

2)做好泄洪系统。在滑坡范围外设置多道环形截水沟来拦截附近的地表水,在滑坡区内,为防止地表水、地下水渗入滑体,应修设或疏通原排水系统来疏导。主排水沟宜与滑坡滑动方向一致,支排水沟与滑坡方向成 30°～45° 斜角,防止冲刷坡脚。

3)处理好滑坡区域附近的生活及生产用水,防止浸入滑坡地段。

4)如因地下水活动有可能形成山坡浅层滑坡时,可设置支撑盲沟、渗水沟,排除地下水。

盲沟应布置在平行于滑坡坡动方向有地下水露头处。做好植被工程。

5）保持边坡有足够的坡度，避免随意切割坡脚。土体尽量削成较平缓的坡度，或做成台阶状，使中间有 1 ~ 2 个平台，以增加稳定；土质不同时，视情况削成 2 ~ 3 种坡度。在坡脚处有弃土条件时，将土石方填至坡脚，使其起反压作用。筑挡土堆或修筑台地，避免在滑坡地段切去坡脚或深挖方。如整平场地必须切割坡脚，且不设挡土墙时，应按切割深度将坡脚随原自然坡度由上而下削坡，逐渐挖至要求的坡脚深度。

6）尽量避免在坡脚处取土，在坡肩上设置弃土或建筑物。在斜坡地段挖方时，应遵守由上而下分层的开挖程序。在斜坡上填方时，应遵守由下往上分层填压的施工程序，避免在斜坡上集中弃土，同时避免对滑坡体的各种振动作用。

7）对可能出现的浅层滑坡，如滑坡土方量不大时，最好将滑坡体全部挖除；如土方量较大，不能全部挖除，且表层破碎含有滑坡夹层时，可对滑坡体采取深翻、推压、打乱滑坡夹层、表面压实等措施，减少滑坡因素。

8）对于滑坡体的主滑地段可采取挖方卸荷，拆除已有建筑物等减重辅助措施，对抗滑地段可采取堆土加重等辅助措施。

9）滑坡面土质松散或具有大量裂缝时，应进行填平、夯填、防止地表水下渗；在滑坡面采取植树、种草皮、浆砌片石等保护措施。

10）倾斜表层下有裂隙滑动面的，可在基础下设置混凝土锚桩（墩）。土层下有倾斜岩层，将基础设置在基岩上用锚铨固定或做成阶梯形或采用灌注桩基减轻土体负担。

11）对已滑坡工程，稳定后采取设置混凝土锚固排桩、挡土墙、抗滑明洞、抗滑锚杆或混凝土墩与挡土墙相结合的方法加固坡脚，并在下段设截水沟、排水沟，陡坝部分采取去土减重，保持适当坡度的方法。

◆ **冲沟、土洞（落水洞）、故河道、古湖泊的处理**

（1）冲沟处理

黄土地区常大量出现冲沟，有的深达 5 ~ 6m，表层土松散。冲沟多由于暴雨冲刷剥蚀坡面，先在低凹处蚀成小穴，逐渐扩大成浅沟，以后进一步冲刷而形成。

一般处理方法是：对边坡上不深的冲沟，可用好土或 3 : 7 灰土逐层回填夯实，或用浆砌块石填至与坡面相平，并在坡顶设排水沟及反水坡，以阻截地表雨水冲刷坡面；对地面冲沟用土层夯填，因其土质结构松散，承载力低，可采取加宽基础的处理方法。

（2）土洞（落水洞）处理

在黄土层或岩溶地层，由于地表水的冲蚀或地下水的潜蚀作用形成的土洞、落水洞往往发育良好，常成为排汇地表径流的暗道，影响边坡或场地的稳定，必须进行处理，避免继续扩大，造成边坡塌方或地基塌陷。

处理方法是将土洞（落水洞）上部挖开，清除软土，分层回填好土（灰土或砂卵石）并夯实，面层用黏土夯填并比周围地表高些，同时做好地表水的截流，将地表径流引到附近排水沟中，防止下渗；对地下水可采用截流改道的办法，如用作地基的深埋土洞，宜用砂、砾石、片石或混凝土填灌密实，或用灌浆挤压法加固。对地下形成的土洞和陷穴，除先挖除软土抛填块石外，还应作反滤层，面层用黏土夯实。

（3）故河道、古湖泊处理

故河道、古湖泊的成因不同：有的年代久远，经大气降水及自然沉实，土质较为均匀，密实含水量为20%左右,含杂质较少;有的年代近,土质结构均较松散,含水量较大,含较多碎块、有机物。这些都是由天然地貌的低洼处长期积水、泥砂沉积而形成,土层由黏性土、细砂、卵石和角砾所构成。

年代久远的故河道、古湖泊,已被密实的沉积物填满,底部尚有砂卵石层,一般土的含水量小于20%,且无被水冲蚀的可能性,土的承载力不低于相接天然土的,可不处理;对年代近的故河道、古湖泊,土质较均匀,含有少量杂质,含水量大于20%,如沉积物填充密实,承载力不低于同一地区的天然土,亦可不处理;如为松软含水量大的土,应挖除后用好土分层夯实,或采用地基加固措施,用作地基部位应用灰土分层夯实,与河、湖边坡接触部位做成阶梯形接槎,阶宽不小于1m,接槎处应仔细夯实,回填应按先深后浅的顺序进行。

◆ 表土的处理

(1)表土的采取和复原

为了防止重型机械进入现场压实土壤,使土壤的团粒结构遭到破坏,最好使用倒退铲车掘取表土,并按照一个方向进行。表土最好复原,直接平铺在预定栽植的场地,不要临时堆放,防止地表固结。平铺表土同样要使用倒退铲车的施工方法,现场无法使用倒退铲车时,可以利用接地压强小的适合沼泽地作业的推土机。另外,掘取、平铺表土作业不能在雨后进行,施工时的地面应该十分干燥,机械不得反复碾压。为了避免在复原的地面形成滞水层,平铺时要很好地耕耘,必要时需铺设碎石暗渠和透水管等,以利排水。

(2)表土的临时堆放

应选择排水性能良好的平坦地面临时堆放表土,长时间(6个月以上)堆放时,应在临时堆放表土的地面上铺设碎石暗渠等,以利排水。堆积高度最好在1.5m以下,不要用重型机械压实。不得已时,堆积高度也应在2.5m以下。这是因为过分密实会破坏土壤最下部的团粒结构,造成板结。板结的土壤不得复原利用。

◆ 橡皮土处理

当地基为黏性土且含水量很大、趋于饱和时,夯(拍)打后,地基土变成踩上去有一种颤动感觉的土,称为橡皮土。

橡皮土形成的原因是:在含水量很大的黏土、粉质黏土、淤泥质土、腐殖土等原状土上进行夯(压)实或回填土,或采用这类土进行回填土工程时,由于原状被扰动,颗粒之间的毛细孔遭到破坏,水分不易渗透和散发,当气温较高时,对其进行夯击或碾压,特别是用光面碾(夯锤)滚压(或夯实),表面形成硬壳,进一步阻止了水分的渗透和散发,形成软塑状的橡皮土。埋藏深的土水散发慢,往往长时间不易消失。

处理方法有以下几点:

(1)暂停一段时间施工,避免再直接拍打,使橡皮土含水量逐渐降低,或将土层翻起进行晾晒。

(2)如地基已成橡皮土,可在上面铺一层碎石或碎砖后进行夯击,将表土层挤紧。

(3)橡皮土较严重的,可将土层翻起并拌均匀,掺加石灰吸收水分水化,同时改变原土结构成为灰土,使之有一定强度和水稳性。

(4)如用作荷载大的房屋地基,可打石桩,将毛石(块度为20~30cm)依次打入土中,或垂直打入M10机砖,纵距26cm,横距30cm,直至打不下去为止,最后在上面满铺厚50mm的碎石后再夯实。

(5)采取换土法,挖去橡皮土,重新填好土或级配砂石夯实。

◆ **流砂处理**

当基坑(槽)开挖深于地下水位0.5m以下,采取坑内抽水时,坑(槽)底下砌的土产生流动状态随地下水一起涌进坑内,边挖边冒,无法挖深的现象称为流砂。

发生流砂时,土完全失去承载力,不但使施工条件恶化,而且流砂严重会引起基础边坡塌方,附近建筑物会因地基被掏空而下沉、倾斜,甚至倒塌。

流砂形成的原因如下:

(1)当坑外水位高于坑内抽水后的水位,坑外水压向坑内流动的动水压等于或大于颗粒的浸水密度,使土粒悬浮失去稳定变成流动状态,随水从坑底或四周流入坑内,如施工时采取强挖,抽水愈深,动水压就愈大,流砂就愈严重。

(2)由于土颗粒周围附着亲水胶体颗粒,饱和时胶体颗粒吸水膨胀,使土粒密度减小,因而在不大的水冲力下能悬浮流动。

(3)饱和砂土在振动作用下,结构被破坏,使土颗粒悬浮于水中并随水流动。

流砂处理的原则主要是减小或平衡动水压力或使动水压力向下,使坑底土粒稳定,不受水压干扰。

流砂常用的处理方法有:

(1)安排在全年最低水位季节施工,使基坑内动水压减小。

(2)采取水下挖土(不抽水或少抽水),使坑内水压与坑外地下水压相平衡或缩小水头差。

(3)采用井点降水,使水位降至基坑底0.5m以下,使动水压力方向朝下,坑底土面保持无水状态。

(4)沿基坑外围四周打板桩,深入坑底下面一定深度,增加地下水从坑外流入坑内的渗流路线和渗水量,减小动水压力。

(5)采用化学压力注浆或高压水泥注浆,固结基坑周围砂层使形成防渗帷幕。

(6)往坑底抛大石块,增加土的压重和减小动水压力,同时组织快速施工。

(7)当基坑面积较小时,也可在四周设钢板扩筒,随着挖土不断加深,直到穿过流砂层。

【相关知识】

◆ **易产生流砂的条件**

易产生流砂的条件是:

(1)水力坡度较大、流速大。当动水压力超过土粒重量,达到能使土粒悬浮时即会产生流砂,其临界水力坡度可按下式计算:

$$I = (\rho - 1)(1 - n)$$

式中　I——临界水力坡度;

　　　ρ——土粒的密度;

　　　n——土的孔隙率,以小数计。

(2)土层中有厚度大于250mm的粉砂土层。

(3)土的含水率大于30%以上或孔隙率大于43%。

64

(4)土的颗粒组成中黏土颗粒含量小于10%,粉砂粒含量大于75%。

(5)砂土的渗透系数很小,排水性能很差。

十一　常见土方施工机械

【要　　点】

当场地和基坑面积及土方量较大时,为节约劳动力,降低劳动强度,加快工程建设速度,一般多采用机械化开挖方式并采用先进的作业方法。

【解　　释】

◆ **开挖常用机械种类**

机械开挖的常用机械有:推土机、铲运机、单斗挖掘机(包括正铲、反铲、拉铲、抓铲等)、多斗挖掘机、装载机等。

在园林工程中,特别是在园路路基、驳岸、水闸、挡土墙、水池、假山等基础的施工过程中,为了使基础达到一定的强度以保证其稳定,就必须使用各种形式的压实机械把新筑的基础土方进行压实。土方压实机具有压路碾、打夯机等。

◆ **推土机**

(1)机械特性

操作灵活,运转方便,工作面小,可挖土、运土,易于转移,行驶速度快,应用广泛。

(2)作业特点

1)推平。

2)运距100m内的堆土(效率最高为60m)。

3)开挖浅基坑。

4)推送松散的硬土、岩石。

5)回填、压实。

6)配合铲运机助铲。

7)牵引。

8)下坡坡度最大35°,横坡最大为10°,几台同时作业,前后距离应大于8m。

(3)辅用机械

土方挖后运出需配备装土、运土设备,推挖三~四类土,应用松土机预先翻松。

(4)适用范围

1)推一~四类土。

2)找平表面,场地平整。

3)短距离移挖回填,回填基坑(槽)、管沟并压实。

4)开挖深度不大于1.5m的基坑(槽)。

5)堆筑高1.5m内的路基、堤坝。

6)拖羊足碾。

7)配合挖土机从事集中土方、清理场地、修路开道等工作。

◆**铲运机**

(1)机械特性

操作简单灵活,不受地形限制,不需特设道路,准备工作简单,能独立工作,不需其他机械配合能完成铲土、运土、卸土、填筑、压实等工序,行驶速度快,易于转移,需用劳力少,动力少,生产效率高。

(2)作业特点

1)大面积整平。

2)开挖大型基坑、沟渠。

3)运距 800 ~ 1500m 内的挖运土(效率最高为 200 ~ 350m)。

4)填筑路基、堤坝。

5)回填压实土方。

6)坡度控制在 20°以内。

(3)辅助机械

开挖坚土时需用推土机助铲,开挖三、四类土宜先用推土机械预先翻松 20 ~ 40cm;自行式铲运机用轮胎行驶,适合长距离,但开挖亦需用助铲。

(4)适用范围

1)开挖含水率 27% 以下的一 ~ 四类土。

2)大面积场地平整、压实。

3)运距 800m 内的挖运土方。

4)开挖大型基坑(槽)、管沟,填筑路基等。不适于砾石层、冻土地带及沼泽地区使用。

◆**正铲挖掘机**

(1)机械特性

装车轻便灵活,回转速度快,移位方便;能挖掘坚硬土层,易控制开挖尺寸,工作效率高。

(2)作业特点

1)开挖停机面以上土方。

2)工作面应在 1.5m 以上。

3)开挖高度超过挖土机挖掘高度时,可采取分层开挖。

4)装车外运。

(3)辅助机械

土方外运应配备自卸汽车,工作面应有推土机配合平土、集中土方进行联合作业。

(4)适用范围

1)开挖含水量不大于 27% 的一 ~ 四类土和经爆破后的岩石与冻土碎块。

2)大型场地整平土方。

3)工作面狭小且较深的大型管沟和基槽路堑。

4)独立基坑。

5)边坡开挖。

◆**反铲挖掘机**

(1)机械特性

操作灵活,挖土卸土多在地面作业,不用开运输道。

（2）作业特点

1）开挖地面以下深度不大的土方。

2）最大挖土深度 4～6m，经济合理深度为 1.5～3m。

3）可装车和两边甩土、堆放。

4）较大较深基坑可用多层接力挖土。

（3）辅助机械

土方外应配备自卸汽车，工作面应有推土机配合推到附近堆放。

（4）适用范围

1）开挖含水量大的一～三类的砂土或黏土。

2）管沟和基槽。

3）独立基坑。

4）边坡开挖。

◆ **拉铲挖掘机**

（1）机械特性

可挖深坑，挖掘半径及卸载半径大，操纵灵活性较差。

（2）作业特点

1）开挖停机面以下土方。

2）可装车和甩土。

3）开挖截面误差较大。

4）可将土甩在两边较远处堆放。

（3）辅助机械

土方外运需配备自卸汽车、推土机，创造施工条件。

（4）适用范围

1）挖掘一～三类土，开挖较深较大的基坑（槽）、管沟。

2）大量外借土方。

3）填筑路基、堤坝。

4）挖掘河床。

5）不排水挖取水中泥土。

◆ **抓铲挖掘机**

（1）机械特性

钢绳牵拉灵活性较差，工效不高，不能挖掘坚硬土；可以装在简易机械上工作，使用方便。

（2）作业特点

1）开挖直井或沉井土方。

2）可装车或甩土。

3）排水不良也能开挖。

4）吊杆倾斜角度应在 45°以上，距边坡应不小于 2m。

（3）辅助机械

土方外运时，按运距配备自卸汽车。

(4)适用范围

1)土质比较松软,施工面较狭窄的深基坑、基槽。

2)水中挖取土,清理河床。

3)桥基、桩孔挖土。

4)装卸散装材料。

◆装载机

(1)机械特性

操作灵活,回转移位方便、快速;可装卸土方和散料,行驶速度快。

(2)作业特点

1)开挖停机面以上土方。

2)轮胎式只能装松散土方。

3)松散材料装车。

4)吊运重物,用于铺设管道。

(3)铺助机械

土方外运需配备自卸汽车,作业面需经常用推土机平整并推松土方。

(4)适用范围

1)外运多余土方。

2)履带式改换挖斗时,可用于开挖。

3)装卸土方和散料。

4)松散土的表面剥离。

5)地面平整和场地清理等工作。

6)回填土。

7)拔除树根。

◆内燃式夯土机

(1)机械特点

特点是构造简单、体积小、重量轻,操作和维护简便,夯实效果好,生产效率高,所以可广泛使用于各项园林工程的土壤夯实工作中,特别是在工作场地狭小,无法使用大中型机械的场合,更能发挥其优越性。

内燃式夯土机是根据两冲程内燃机的工作原理制成的一种夯实机械。除具有一般夯实机械的优点外,还能在无电源地区工作。在经常需要短距离变更施工地点的工作场所,更能发挥其独特的优点。

(2)使用要点

1)当夯机需要更换工作场地时,可将保险手柄旋上,装上专用两轮运输车运送。

2)夯机应按规定的汽油机燃油比例加油。加油后应擦净漏在机身上的燃油,以免碰到火种而发生火灾。

3)夯机启动时一定要使用启动手柄,不得使用代用品,以免损伤活塞。严禁一人启动另一人操作,以免动作不协调而发生事故。

4)夯机在工作中需要移动时,只要将夯机往需要方向略为倾斜,夯机即可自行移动。切忌将头伸向夯机上部或将脚靠近夯机底部,以免碰伤头部或脚部。

5）夯实时夯土层必须摊铺平整。不准打坚石、金属及硬的土层。

6）在工作前及工作中要随时注意各连接螺钉有无松动现象，若发现松动应立即停机拧紧。特别应注意汽化器气门导杆上的开口锁是否松动，若已变形或松动应及时更换新的，否则在工作时锁片脱落会使气门导杆掉入汽缸内造成重大事故。

7）为避免发生偶然点火、夯机突然跳动造成事故，在夯机暂停工作时，必须旋上保险手柄。

8）夯机在工作时，靠近 1m 范围之内不准站立非操作人员；在多台夯机并列工作时，其间距不得小于 1m；在串列工作时，其间距不得小于 3m。

9）长期停放时夯机应将保险手柄旋上顶住操纵手柄，关闭油门，旋紧汽化器顶针，将夯机擦净，套上防雨套，装上专用两轮车推到存放处，并应在停放前对夯机进行全面保养。

◆ **蛙式夯土机**

（1）适用范围

蛙式夯土机是我国在开展群众性的技术革命运动中创造的一种独特的夯实机械。它适用于水景、道路、假山、建筑等工程的土方夯实及场地平整，对施工中槽宽 500mm 以上，长 3m 以上的基础、基坑、灰土进行夯实，以及较大面积的填方及一般洒水回填土的夯实工作等。

（2）使用要点

1）安装后各传动部分应保持转动灵活，间隙适合，不宜过紧或过松。

2）安装后各紧固螺栓和螺母要严格检查其紧固情况，保证牢固可靠。

3）在安装电器的同时必须安置接地线。

4）开关电门处管的内壁应填以绝缘物。应在电动机的接线穿入手把的入口处套绝缘管，以防电线磨损漏电。

5）操作前应检查电路是否合乎要求，地线是否接好，各部件是否正常，尤其要注意偏心块和带轮是否牢靠。然后进行试运转，待运转正常后才能开始作业。

6）操作和传递导线人员都要带绝缘手套和穿绝缘胶鞋以防触电。

7）夯机在作业中需穿线时，应停机将电缆线移至夯机后面，禁止在夯机行驶的前方，隔机扔电线。电线不得扭结。

8）夯机作业时不得打冰土、坚石和混有砖石碎块的杂土以及一边硬的填土。同时应注意地下建筑物，以免触及夯板造成事故。在边坡作业时应注意坡度，防止翻倒。

9）夯机前进方向不准站立非操作人员。两机并列工作的间距不得小于 5m，串列工作的间距不得小于 10m。

10）作业时电缆线不得张拉过紧，应保证 3～4m 的松余量。递线人应依照夯实线路随时调整电缆线，以免发生缠绕与扯断的危险。

11）工作完毕之后，应切断电源，卷好电缆线，有破损处应用胶布包好。

12）长期不用时，应进行一次全面检修保养，并应存放在通风干燥的室内，机下应垫好垫木，以防机件和电器潮湿损坏。

◆ **电动振动式夯土机**

适用于含水量小于 12% 和非黏土的各种砂质土壤、砾石及碎石和建筑工程中的地基、水池的基础及道路工程中铺设小型路面、修补路面及路基等工程的压实工作。它以电动机为动力，经二级 V 带减速，驱动振动体内的偏心转子高速旋转，产生惯性力使机器发生振动，以达到夯实土壤的目的。

振动式夯土机具有结构简单,操作方便,生产率和密实度高等特点,密实度能达到0.85～0.90,可与10t静作用压路机密实度相比。使用要点可参照蛙式夯土机的有关要求进行。在无电的施工区,还可用内燃机代替电动机作动力。这样使得振动式夯土机能在更大范围内得到应用。

<h1 style="text-align:center">【相关知识】</h1>

◆ 常用机械选择的原则

土方施工机械的选择应根据工程规模(开挖断面、范围大小和土方量)、不同工程对象、地质情况、土方机械的特点(技术性能、适应性)以及施工现场条件等而确定。可以完成中小型土方开挖、散装材料的装卸、重物吊装、场地平整、小土方回填、松碎填土等作业的机械,尤其适合园林建设的特点。

第三章 园林给排水工程

一 给排水测量

【要 点】

在园林工程中施工测量是工程建设各个阶段都需要进行的步骤。给排水在施工阶段所进行的测量工作称为给排水施工测量。

【解 释】

◆ 一般规定

施工测量人员应熟悉设计文件,熟悉本工程的技术数据、高程衔接关系。

给排水工程开工前应进行下列测量工作:

(1)测量管道中线、附属构筑物位置,标出地面上定桩,并绘制点之记。核定与规划桩相应关系。

(2)核对永久水准点,建立临时水准点。

(3)核对新建高程与原有工程衔接的位置和高程。

(4)施放施工边线,必要时应标出堆土、堆料场地界线及临时用地范围。

(5)如有冬期施工,应设置不受冻胀的水准点不少于两个。

(6)施工设置的临时水准点、轴线桩、高程桩,必须经过复核方可使用,并应经常核对。

给排水工程竣工后,除应按有关规定整理竣工资料外,还应整理以下技术资料,作为工程技术档案内容:

(1)原地面高程、地形测量记录、纵横剖面图。

(2)土方计算书与土方平衡表。

(3)控制测量网点有关记录。

(4)地上、地下障碍物拆迁平面图和重要记录。

(5)管顶高程,井底高程。

(6)回填土地面高程。

(7)预埋件、预留孔的位置和高程。

(8)各种堵头位置与做法。

(9)预留工程观测设施实测记录。

水文地质资料应在设计文件中,如设计缺项可由建设单位委托施工单位或勘测部门提供。

施工水准点的布局如下:

(1)管道工程和挖河工程应每100m设置一个。

（2）顶管工程主坑内,泵站工程及倒虹工程必须设两个以上。

（3）大型工程可视规模而定。

提供连接旧管、旧井构筑物位置及各部位深度。

沿管网走向在中心线井位上测量原地面高程,并绘制纵向、横向地形剖面图,以此确定开槽深度、宽度及作为计算土方数量和平衡土方的依据。

测量管网沿线与其交叉、相碰,或位于影响范围内的地上、地下的原有建筑物、各种管道、河渠、坑塘、交通运输道路、水源的平面位置和各部位的高程,以便为制定处理措施提供可靠的数据。

对那些位于影响范围内无法或不能迁移,但需要采取保护设施的构筑物,应设观测点,专人定期观测其动态,为及时采取措施提供依据。

对设计单位(或建设单位)所提供的控制塔、控制网、控制点、水准点,应逐个核对编号、级别、桩类、方位、牢固程度、可靠性,通过周密调查,待核定无误后,再进行核测、栓桩、标志、设护栏,并将栓桩测量结果填入绘制点之记中。

开工前定线,应根据设计图纸提供的定线依据施放管道中心线和检查井具体位置。每个检查井除钉桩外,还应设置不少于三个的栓桩,可设在明显的建筑物上或另设栓点桩,并在栓点上注明栓桩号、栓桩材质、检查井编号、距离、方向,用点之记做好记录工作。

顶管、泵站(沉井)、倒虹吸亦同样施放中心桩和栓桩,也需绘制点之记。

测量桩点必须用经纬仪、钢尺进行,以确保其精度。

控制桩和半永久性水准点桩的埋设要求如下:

埋深不能小于1m,桩材可采取现浇混凝土,或者预制埋入均可,其规格为50cm×50cm。埋桩可采用灰土夯实,也可用混凝土固定,外围应做护栏和标志。

埋设检查井样板要求如下:

开槽前,先在检查井井位上埋设一块样板(用平直的撑板即可,长度为槽上口宽度加2m),并将中心线及上口线移至样板上。如机械挖槽,可先用白灰撒好边线,待沟槽土方挖完后,仍应补上样板,以保证管中心线的位置准确。

雨水管道的收水井应定出井位的栓桩以保证井位、雨水支管预埋方向准确。

根据实测地面高程计算出槽深、上口宽度,并用木桩或白灰放出管道和检查井的开槽边线。

常规安装管道施工测量要求如下:

（1）当挖土土面距设计槽底约1m时,应测下反桩,下反桩沿管线每10m设一个,并将下反数填写通知单及时交给施工班组。

（2）当挖土距设计槽底约20cm时,应测基础上平桩,上平桩沿管线每5m设一个,自桩顶下量平基厚度即为清底面。在打混凝土平基前应再复测一次平桩。

（3）下管前应复测一次混凝土平基高程,并将复测结果(高、低误差数据)用通知单交给班组(灰管组),以便在安管时校正误差。

四合一法和承插口管管道施工测量应在打完下反桩后立即埋设坡度板,其间距为10m,坡度板上测设坡度线和中心线,坡度线和中心线设在同一垂直面内为宜,在市区行人较多处,坡度板不得露出地面,在有条件的地方可使用激光水准仪安管。

回填前应对管顶高程进行复测,测点距离为10m,并应把测量结果填入管顶水平记录表内作为竣工测量资料。

两检查井之间的管道回填后应及时进行竣工测量,其主要内容有:检查井、收水井等井底竣工高程,各检查井之间的竣工距离,检查井至收水井之间的竣工距离以及回填后的地面高程。

竣工预埋管的管头(包括干、支管)应在地面上做出栓桩,与管头位置一并标在竣工图上,注明方向、位置、距离。

依据全部实测结果绘制竣工平面图和纵断面图。

◆ 测量准备工作

(1)熟悉图纸和现场情况

施工前要收集管道测设所需的管道平面图、断面图、附属构筑物图以及有关资料,熟悉和核对设计图纸,了解精度要求和工程进度安排等,还要深入施工现场,熟悉地形,找出各桩点的位置。

(2)校核中线

若设计阶段地面上标定的中线位置就是施工时所需要的中线位置,且各桩点完好,则仅需校核一次,不重新测设。若有部分桩点丢损或施工的中线位置有所变动,则应根据设计资料重新恢复旧点或按改线资料测设新点。

(3)加密水准点

为了在施工过程中便于引测高程,应根据设计阶段布设的水准点,于沿线附近每隔约150m 增设临时水准点。

◆ 地下管道中线测设

(1)测设施工控制桩

在施工时,中线上的各桩将被挖掉,应在不受施工干扰、便于引测和保存点位处测设施工控制桩,如图3-1 所示。用以恢复中线;测设地物位置控制桩,用以恢复管道附属构筑物的位置。中线控制桩的位置,一般是测设在管道起止点及各转点处中心线的延长线上,附属构筑物控制桩则测设在管道中线的垂直线上。

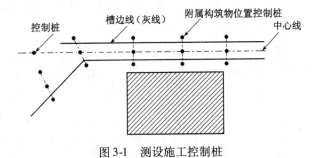

图3-1 测设施工控制桩

(2)槽口放线

管道中线控制桩定出后,就可根据管径大小、埋设深度以及土质情况,决定开槽宽度,并在地面上钉上边桩,然后沿开挖边线撒出灰线,作为开挖的界限。如图3-2 所示,若横断面上坡度比较平缓,开挖宽度 B 可用下式计算:

$$B = b + 2mh$$

式中　b——槽底宽度;

　　　h——中线上的挖土深度;

m——管槽放坡系数。

◆**测设主点**

管道的起点、交点(转折点)、终点称为管道三主点。主点的位置及管道方向是设计时给定的(管线一般都与道路中心线或大型建筑物轴线平行或垂直),主点测设数据可由设计时给定,若给定的是坐标值(或给定的条件可推算主点坐标值),其测设方法见园路工程测量;若给定的仅是主点或管道方向与周围地物间的关系,则可由规划设计图找出测设条件或数据,测设时可利用与地物(如道路、建筑物等)之间的关系直接测设。

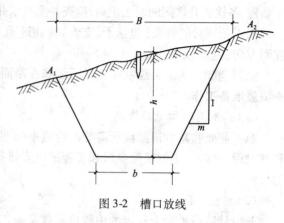

图3-2 槽口放线

在主点测设的同时,根据需要,可将检查井或其他附属建(构)筑物位置一并定出。

主点测设完后,应检查其位置的正确性,做好点之记并测定管道转折角。值得注意的是,管道的转折角有时要满足定型管道弯头的转角要求,如给水铸铁管弯头的转折角有 90°、45°、22.5°等几种。

◆**钉里程桩和加桩**

里程桩的分类、钉设方法和精度都与道路工程测量部分相同,不同之处有:

(1)管道的起点根据其种类不同有不同规定:给水管道以水源为起点;燃气、热力管道以来气分支点为起点;电力、通讯管道以电源为起点;排水管以下游出水口为起点。

(2)有的管道里程桩是以检查井的中心桩来代替,这样管线上可能没有整桩。

中线测量成果一般均应在现状地形图上展绘出,并注明:各交点的位置和桩号,各交点的点之记,管线与主要地物、地下管线交叉点的位置和桩号,各交点的坐标、转折角等内容。

【相关知识】

◆**中线测量的任务**

中线测量的任务是将设计的管线中线位置在地面上测设并标记出来,其主要内容有:钉管道交点桩、里程桩和加桩;测定管道转向角等。

二 园林给水、用水

【要　　点】

园林绿地给水与城市居住区、机关单位、工厂企业等的给水有很多不同,在用水情况、给水设施布置等方面都有自己的要求。

【解　　释】

◆**园林给水的特点**

总的来说用水量不大,但用水点较分散,而且由于各用水点在高程上随公园地形起伏,它

们所要求的水头(即水压)也很不同,在用水情况、给水设施布置等方面都有自己的特点,其主要的给水特点如下:

(1)生活用水较少,其他用水较多

除了休闲、疗养性质的园林绿地之外,一般园林中的主要用水是植物灌溉、湖池水补充和喷泉、瀑布等生产和造景用水,而生活用水一般很少,只有园内的餐饮、卫生设施等属于生活用水。

(2)园林中用水点较分散

由于园林内多数功能点都不是密集布置的,在各功能点之间常常有较宽的植物种植区,因此用水点也必然很分散,不会像住宅、公共建筑那样密集。就是在植物种植区内所设的用水点也是分散的。由于用水点分散,给水管道的密度就不太大,但一般管段的长度却比较长。

(3)用水点水头变化大

喷泉、喷灌设施等用水点的水头与园林内餐饮、鱼池等用水点的水头有很大变化。

(4)用水高峰时间可以错开

园林中灌溉用水、娱乐用水、造景用水等的具体时间都是可以自由确定的,也就是说,园林中可以做到用水均匀,不出现用水高峰。

◆ **园林用水的分类及要求**

在园林给水工程中,水的用途大致可以分为以下几类:

(1)生活用水

如餐厅、内部食堂、茶室、小卖部、消毒饮水器及卫生设备等的用水。生活饮用水对水质要求较高,必须经过严格的净化和消毒,符合国家颁布的水质标准。

(2)养护用水

包括植物灌溉、动物笼舍的冲洗及夏季广场道路的喷洒用水等。养护用水对水质要求不高,有条件时可直接从园内或附近的河湖、池塘中抽取。

(3)造景用水

指各种水景如溪涧、湖池、喷泉、瀑布、跌水等的用水。对水质的要求与养护用水基本相同,通常采用循环供水。

(4)消防用水

公园中的古建筑或主要建筑物的周围应设置消防栓。

◆ **水源及水质**

位于城区的园林绿地,通常是从城市给水管网就近接入,远离城区的需因地制宜设法解决。如生活用水可取用地下水或泉水,其他用水也可从江、河、湖等水源中直接取用。

一般水的来源不外乎地表水、地下水和自来水。

(1)地表水

来源于大气降水,包括江、河、湖水。由于地表水直接与大气相接触,长期暴露在地面上,易受周围环境污染,在各种因素的作用下,一般浑浊度较高,细菌含量大,因此水质较差。但地表水水量充沛,取用较方便。地表水如比较清洁或受污染较轻可直接用于植物养护或水景水体用水。作为生活用水则需净化消毒处理。

（2）地下水

也是由大气降水渗入地层,或者河水通过河床渗入地下而形成的。地下水一般水质澄清、无色无味、水温稳定、分布面广,并且不易受到污染,水质较好。通常可直接使用,即使用作生活用水也仅需做一些必要的消毒,不再需要净化处理。

（3）自来水

城市给水管网中的水已经过净化消毒,一般能满足各类用水对水质的要求。自来水中的余氯若浓度较高,则需放置2~3天或进行除氯措施处理,尤其是对氯敏感的植物养护更需注意。

◆**给水管网布置的基本形式**

（1）树状管网

管网由干管和支管组成,布置犹如树枝,从树干到树梢越来越细,如图3-3（a）所示。其优点是管线短,投资省。但供水可靠性差,一旦管网局部发生事故或需检修,则后面的所有管道就会中断供水。另外,当管网末端用水量减小,管中水流缓慢甚至停流而造成"死水"时,水质容易变坏。树状管网适用于用水量不大、用水点较分散的情况。

（2）环状管网

干管和支管均呈环状布置的管网,如图3-3（b）所示。其突出优点是供水安全可靠,管网中无死角,可以经常沿管网流动,水质不易变坏。但管线总长度大于树状管网,造价高。环状管网主要用于对供水连续性要求较高的区域。

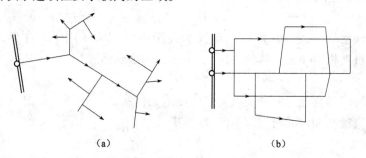

图3-3　给水管网布置的基本形式
(a)树状管网;(b)环状管网

在实际工程中,给水管网往往同时存在以上两种布置形式,称为混合管网。在初期工程中,对连续性供水要求较高的局部地区、地段可布置成环状管网,其余采用树状管网,然后再根据改扩建的需要增加环状管网在整个管网中所占的比例。

【相关知识】

◆**给水管网设计中的几个概念**

（1）用水量标准

是国家根据我国各地区城镇的性质、生活水平和习惯、气候、房屋设备及生产性质等的不同情况而制定的用水数量标准,是进行给水管段计算的重要依据之一,通常以一年中用水最高的那一天的用水量来表示。与园林有关的项目见表3-1,其中茶室、小卖部为不完全统计数据,非国家标准,可供参考。

表 3-1　用水量标准及小时变化系数

名　称	单　位	用水量标准(L)	小时变化系数	备　注
餐厅 内部食堂 茶室 小卖部	每顾客每次 每人每次 每顾客每次 每顾客每次	15 ~ 20 10 ~ 15 5 ~ 10 3 ~ 5	2.0 ~ 1.5 2.0 ~ 1.5 2.0 ~ 1.5 2.0 ~ 1.5	仅包括食品加工、餐具洗涤清洁用水,工作人员、顾客的生活用水
剧院	每观众每场	10 ~ 20	2.5 ~ 2.0	1)附设有厕所和饮水设备的露天或室内文娱活动的场所,都可以按电影院或剧场的用水量标准选用
电影院	每观众每场	3 ~ 8	2.5 ~ 2.0	2)俱乐部、音乐厅和杂技场可按剧场标准;影剧院用水量标准介于电影院与剧场之间
大型喷泉 中型喷泉 小型喷泉	每小时 每小时 每小时	10000 以上 2000 1000	—— —— ——	应考虑水的循环使用
柏油路面(洒水) 石子路面(洒水) 庭园及草地(洒水)	每次每平方米 每次每平方米 每次每平方米	0.2 ~ 0.5 0.4 ~ 0.7 1.0 ~ 1.5	—— —— ——	≤3 次/日 ≤4 次/日 ≤2 次/日
花园(浇水) 苗(花)圃(浇水)	每日每平方米 每日每亩	4 ~ 8 500 ~ 1000	—— ——	结合当地气候、土质等实际情况取用
公共厕所	每小时	100	——	——
办公楼	每人每班	10 ~ 25	2.5 ~ 2.0	包括饮用和清洁、冲洗用水

(2)日变化系数和时变化系数

一年中不同日期用水量是不同的,季节、生活方式、工作制度等对用水量均有影响。在一年中用水量最多的那一天的用水量称为最高日用水量。年最高日用水量与年平均日用水量的比值称为日变化系数。在最高日内用水量最多的那一小时的用水量称为最高时用水量,它与最高日平均时用水量的比值称为时变化系数。

$$K_d = \frac{Q_{d,max}}{Q_{ad}}, K_h = \frac{Q_{h,max}}{Q_{ah}}$$

式中　K_d——日变化系数;

$Q_{d,max}$——年最高日用水量;

Q_{ad}——年平均日用水量;

K_h——时变化系数;

$Q_{h,max}$——最高日最高时用水量;

Q_{ah}——最高日平均时用水量。

最高日最高时用水量就是给水管网的设计用水量或设计流量,其单位换算为 L/s 时称为设计秒流量。设计时取用这个用水量可在用水高峰时保证水的正常供应。

（3）流量和流速

管道的流量 Q 就是管子的过流断面与流速 v 的积，即：

$$Q = (\pi d^2/4) \times v$$

由此式可导出：

$$d = \sqrt{\frac{4Q}{\pi v}}$$

可以看出，管径 d 不但与流量有关也与流速有关。流速的选择较复杂，涉及管网设计使用年限、管材及其价格、电费高低等，在实际工作中通常按经济流速的经验数值取用：

$d < 100\text{mm}$ 时，$v = 0.2 \sim 0.6\text{m/s}$；

$d = 100 \sim 400\text{mm}$ 时，$v = 0.6 \sim 1.0\text{m/s}$；

$d > 400\text{mm}$ 时，$v = 1.0 \sim 1.4\text{m/s}$。

（4）压力和水头损失

在给水管上任意点接上压力表所测得的读数即为该点的水压力值，单位用 kg/cm^2 表示。为便于计算管道阻力，并对压力有一个较形象的概念认识，常以"水柱高度"表示，水力学中又将水柱高度称为"水头"，单位为 mH_2O，1kg/cm^2 水压力为 $10\text{mH}_2\text{O}$。

水头损失就是水在管中流动时因管壁、管件等的摩擦阻力而使水压降低的现象，包括沿程水头损失和局部水头损失。沿程水头损失可通过查铸铁管（或其他材料）水力计算表求得；局部水头损失通常根据管网性质按相应沿程水头损失的一定百分比计取：生活用水管网为 25% ~ 30%，生产用水管网为 20%，消防用水管网为 10%。

◆ 给水管网设计要点

给水管网的设计应注意以下几点：

（1）干管应靠近主要供水点，保证有足够的水量和水压。

（2）干管应尽量埋设于绿地下，避免穿越道路等设施。

（3）在保证不受冻的情况下，干管宜随地形起伏铺设，避开复杂地形和难于施工的地段，以减少土石方工程量。

（4）按规定和其他管道保持一定距离。

（5）应力求管线最短，以降低管网造价和经营管理费用。

◆ 竖状管网的设计与计算方法

在最高日最高时用水量的条件下，确定各管段的设计流量、管径及水头损失，再据此确定所需水泵扬程或水塔高度（对于从市政干管引水的公园来说，是确定所需市政干管的水压）。

（1）收集分析有关的图纸、资料

主要是公园设计图纸、公园附近市政干管布置情况或其他水源情况。

（2）布置管网

在公园设计平面图上根据用水点分布情况、其他设施布置情况等定出给水干管的位置、走向，并对节点进行编号，量出节点间的长度。干管应尽量靠近主要用水点。

（3）求公园中各用水点的用水量（设计秒流量 q_0）。

（4）求管段流量。

（5）确定各管段的管径

根据各用水点所求得的设计秒流量及管段流量并考虑经济流速,查铸铁管水力计算表(表3-2)以确定各管段的管径。同时还可查得与该管径相应的流速和单位长度的沿程水头损失值。

表3-2　铸铁管水力计算表(节选表)

流量 Q (L/s)	管 径 d(mm)											
	50		75		100		125		150		200	
	流速 v	1000 i	流速 v	1000 i	流速 v	1000 i	流速 v	1000 i	流速 v	1000 i	流速 v	1000 i
0.50	0.26	4.99										
0.70	0.37	9.09										
1.0	0.53	17.3	0.23	2.31								
1.3	0.69	27.9	0.30	3.69								
1.6	0.85	40.9	0.37	5.34	0.21	1.31						
2.0	1.06	61.9	0.46	7.98	0.26	1.94						
2.3	1.22	80.3	0.53	10.3	0.30	2.48						
2.5	1.33	94.9	0.58	11.9	0.32	2.88	0.21	0.966				
2.8	1.48	119	0.65	14.7	0.36	3.52	0.23	1.18				
3.0	1.59	137	0.70	16.7	0.39	3.98	0.25	1.33				
3.3	1.75	165	0.77	19.9	0.43	4.73	0.27	1.57				
3.5	1.86	186	0.81	22.2	0.45	5.26	0.29	1.75	0.20	0.723		
3.8	2.02	219	0.88	25.8	0.49	6.10	0.315	2.03	0.22	0.834		
4.0	2.12	243	0.93	28.4	0.52	6.69	0.33	2.22	0.23	0.909		
4.3	2.28	281	1.00	32.5	0.56	7.63	0.36	2.53	0.25	1.04		
4.5	2.39	308	1.05	35.3	0.58	8.29	0.37	2.74	0.26	1.12		
4.8	2.55	350	1.12	39.8	0.62	9.33	0.40	3.07	0.275	1.26		
5.0	2.65	380	1.16	43.0	0.65	10.0	0.414	3.31	0.286	1.35		
5.3	2.81	427	1.23	48.0	0.69	11.2	0.44	3.68	0.304	1.50		
5.5	2.92	459	1.28	51.7	0.72	12.0	0.455	3.92	0.315	1.60		
5.7	3.02	493	1.33	55.3	0.74	12.7	0.47	4.19	0.33	1.71		
6.0			1.39	61.5	0.78	14.0	0.50	4.60	0.344	1.87		
6.3			1.46	67.8	0.82	15.3	0.52	5.03	0.36	2.08	0.20	0.505
6.7			1.56	76.7	0.87	17.2	0.555	5.62	0.384	2.28	0.215	0.559
7.0			1.63	83.7	0.91	18.6	0.58	6.09	0.40	2.46	0.225	0.605
7.4					0.96	20.7	0.61	6.74	0.424	2.72	0.238	0.668
7.7					1.00	22.2	0.64	7.25	0.44	2.93	0.248	0.718
8.0					1.04	23.9	0.66	7.75	0.46	3.14	0.257	0.765
8.8					1.14	28.5	0.73	9.25	0.505	3.73	0.283	0.908
10.0					1.30	36.5	0.83	11.7	0.57	4.69	0.32	1.13
12.0							0.99	16.4	0.69	6.55	0.39	1.58
15.0							1.24	24.9	0.86	9.88	0.48	2.35
20.0							1.66	44.3	1.15	16.9	0.64	3.97

注:1000i 即每千米管长内的水头损失。

(6)水头计算公园给水干管所需水压可按下式计算:

$$H = H_1 + H_2 + H_3 + H_4$$

式中　H——引水点处所需的总水压,mH_2O;

　　　H_1——计算配水点与引水点之间的地面高程差,m;

　　　H_2——计算配水点与建筑物进水管之间的高差,m;

　　　H_3——计算配水点所需的工作水头,mH_2O;

79

H_4——沿程水头损失和局部水头损失之和，mH_2O。

"计算配水点"应当是管网中的最不利点。所谓最不利点是指处在地势高、距离引水点远、用水量大或要求工作水头特别高的用水点。只要最不利点的水压得到满足，则同一管网中的其他用水点的水压也能满足。

（7）校核上述的水头计算，若引水点的自由水头略高于用水点的总水压要求，则说明该管段的设计是合理的。否则，需对管网布置方案或对供水压力进行调整。

三　给水土方工程

【要　　点】

在给水工程中，给水的方式、管道的铺设与固定需要先进行土方施工，其内容主要包括测设龙门板、沟槽开挖、沟槽支撑与拆撑、打钢板桩、堆土、运土和回填土。

【解　　释】

◆ 测设龙门板

如图3-4所示，在园林建筑的施工测量中，为了便于恢复轴线和抄平（即确定某一标高的平面），可在基槽外一定距离钉设龙门板。

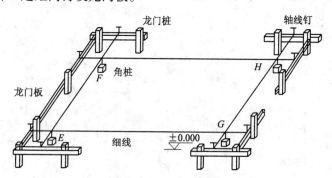

图3-4　龙门桩与龙门板

钉设龙门板的步骤如下：

（1）钉龙门桩

在基槽开挖线外1.0～1.5m处（应根据土质情况和挖槽深度等确定）钉设龙门桩，龙门桩要钉得竖直、牢固，木桩外侧面与基槽平行。

（2）测设±0.000标高线

根据建筑场地水准点，用水准仪在龙门桩上测设出建筑物±0.000标高线，若现场条件不允许，也可测设比±0.000稍高或稍低的某一整分米数的标高线并标明。龙门桩标高测设的误差一般应不超过±5mm。

（3）钉龙门板

沿龙门桩上±0.000标高线钉龙门板，使龙门板上沿与龙门桩上的±0.000标高对齐。钉完后应对龙门板上沿的标高进行检查，常用的检核方法有仪高法、测设已知高程法等。

（4）设置轴线钉

采用经纬仪定线法或顺小线法，将轴线投测到龙门板上沿，并用小钉标定，该小钉称为轴线钉。投测点的容许误差为 ±5mm。

（5）检测

用钢尺沿龙门板上沿检查轴线钉间的间距是否符合要求。一般要求轴线间距检测值与设计值的相对精度为 1/2000 ~ 1/5000。

（6）设置施工标志

以轴线钉为准，将墙边线、基础边线与基槽开挖边线等标定于龙门板上沿，然后根据基槽开挖边线拉线，用石灰在地面上撒出开挖边线。

◆ 沟槽开挖

土方工程作业时，应向有关操作人员作详细技术交底，明确施工要求、安全施工要求。

两条管道同槽施工时，开槽应满足下列技术条件：

（1）两条同槽管道的管底高程差必须满足上层管道的土基稳定，一般高差不能大于1m。

（2）两同槽管道的管外皮净距离必须满足管道接头所需的工作量。

（3）加强施工排水，确保两管之间的土基稳定。

在有行人、车辆通过的地方进行挖土作业时，应设护栏及警示灯等安全措施。

挖掘机和自卸汽车在架空电线下作业时，应遵守安全操作规定。

土方施工时，如发现塌方、滑坡及流砂现象，应立即停工，采取相应措施。

机械挖土必须遵守下列规定：

（1）挖至槽底时，应留不小于 20mm 厚土层，用人工清底，以免扰动基面。

（2）挖土应与支撑相互配合，应支撑及时。

（3）对地下已建成的各种设施，如影响施工应迁出，如无法移动时，应采取保护措施。

为维护交通秩序和便民，开槽时应适当搭便桥、留缺口，创造条件，争取早回填、早放行。

应按下列原则确定沟槽边坡。

（1）明开槽边坡可参照表 3-3。

表 3-3　明开槽边坡

土　壤　类　别	挖　土　深　度	
	2.5m 以内（无两台）	2.5 ~ 3.5m（设两台）
砂土	1：1.5	上 1：1.5；下 1：2.0
亚砂土	1：1.25	上 1：1.25；下 1：1.5
粉质黏土	1：1.0	上 1：1；下 1：1.5
黏土	1：0.75	1：1.5

（2）支撑槽的槽帮坡度为 20：1。

明开槽槽深超过 2.5m 时，边坡中部应留宽度不小于 1m 的平台，混合槽的明开部分与直槽间亦应留宽度不小于 1m 的平台。如在平台上做截流沟，则平台宽度不小于 1.5m，如在平台上打井点，则其宽度应不小于 2m。

◆ 沟槽支撑与拆撑

支撑是防止沟槽（基坑）土方坍塌，保证工程顺利进行及人身安全的重要技术措施。支撑结构应满足下列技术条件：

（1）牢固可靠，符合强度和稳定性要求；

（2）排水沟槽支撑方式应根据土质、槽深、地下水情况、开挖方法、地面荷载和附近建筑物安全等因素确定。重要工程要进行支撑结构力学计算。

土方拆撑时要保证人身及附近建筑物和各种管线设施等的安全。拆撑后应立即回填沟槽并夯实，严禁大挑撑。

用槽钢或工字钢配背板作钢板桩的方法施工，镶嵌背板应做到严、紧、牢固。

支撑的基本方法分为横板一般支撑法、立板支撑法和打桩支撑法，可参照表3-4执行。

表3-4　支撑的基本方法

项　目 ＼ 支撑方式 ＼ 因　素	打桩支撑	横板一般支撑	立板支撑
槽深(m)	>4.0	<3.0	3～4
槽宽(m)	不限	约4.0	≤4.0
挖土方式	机挖	人工	人工
有较厚流砂层	宜	差	不准使用
排水方法	强制式	明排	两种自选
近旁有高层建筑物	宜	不准使用	不准使用
离河川水域近	宜	不准使用	不准使用

撑杠水平距离不得大于2.5m，垂直距离为1.0～1.5m，最后一道杠比基面高出20cm，下管前替撑应比管顶高出20cm。

支撑时每块立木必须支两根撑杠，如属临时点撑，立木上端与上步立木应用扒锯钉牢，防止转动脱落。

检查井处应四面支撑，转角处撑板应拼接严密，防止坍塌落土淤塞排水沟。

槽内如有横跨或斜穿原有上下水管道、电缆等地下构筑物时，撑板、撑杠应与原管道外壁保持一定距离，以防沉落损坏原有构筑物。

人工挖土利用撑杠搭设倒土板时，必须把倒土板连成一体，以使其牢固可靠。

金属撑杠脚插入钢管内，长度不得小于20cm。

每日上班时，特别是雨后和流砂地段，应首先检查撑杠紧固情况，如发现弯曲、倾斜、松动时，应立即加固。

上下沟槽应设梯子，不许攀登撑杠以免发生事故。

如采用木质撑杠，支撑时不得用大锤锤击，可用压机或用大号金属撑杠先顶紧，后替入长短适宜(顶紧后再量实际长度)的木撑杠。

支撑时如发现因修坡塌方造成的亏坡处，应在贴撑板之前放草袋片一层，待撑杠支牢后，应认真填实，深度大者应加夯或用粗砂代填。

雨季施工，无地下水的槽内也应设排水沟，如处于流砂层，排水沟底应先铺草袋片一层，然后排板支撑。

钢桩槽支撑应按以下规定施工：

（1）桩长 L 应通过计算确定。

（2）布桩：

1）密排桩。有下列情况之一者用密排桩。

① 流砂严重。

② 承受水平推力（如顶管后背）。

③ 地形高差很大，土压力过大。

④ 作水中围埝。

⑤ 保护高大与重要建筑物。

2）间隔桩。常用形式为间隔 0.8～1.0m，桩与桩之间嵌横向挡土板。

（3）嵌挡板。

按排板与草袋卧板的规定执行，木板厚度为 3～5cm，要求做到板缝严密，板与型钢翼板贴紧并自下而上及时嵌板。

◆ 打钢板桩

选择打桩机械应根据地质情况、打桩量多少、桩的类别与特点、施工工期长短及施工环境条件等因素确定。

应提前检查好打桩常用机具，主要有运桩车、桩帽、锤架、送桩器、调桩机等。

为保证桩位正确，应注意以下几点：

（1）保证桩入土位置正确，可用夹板固定。

（2）打钢桩时必须保持钢桩垂直，桩架龙口必须对准桩位。

打桩的安全工作应严格执行安全操作规程的有关规定。

◆ 堆土

按照施工总平面布置图上所规定的堆土范围堆土，严禁占用农田和交通要道，保持施工范围的道路畅通。

距离槽边 0.8m 范围内不准堆土或放置其他材料，坑槽周围不宜堆土。

用吊车下管时，可在一侧堆土，另一侧为吊车行驶路线，不得堆土。

在高压线和变压器下堆土时，应严格按照电力部门有关规定执行。

不得靠建筑物和围墙堆土，堆土下坡脚与建筑物或围墙距离不得小于 0.5m，并不得堵塞窗户、门口。

堆土高度不宜过高，应保证坑槽的稳定。

堆土不得压盖测量标志、消火栓、煤气井、热力井、上水截门井和收水井、电缆井、邮筒等设施。

◆ 运土

有下列情况之一者必须采取运土措施：

（1）施工现场狭窄、交通频繁、现场无法堆土时。

（2）经钻探已知槽底有河淤或严重流砂段两侧不得堆土。

（3）因其他原因不得堆土时。

运土前，应找好存土点，运土时应随挖随运，并对进出路线、道路、照明、指挥、平土机械、弃土方案、雨季防滑、架空线的改造等预先做好安排。

◆ 回填土

排水工程的回填土必须严格遵守质量标准，达到设计规定的密实度。

沟槽回填土不得带水回填,应分层夯实。严禁用推土机或汽车将土直接倒入沟槽内。

回填土必须保持构筑物两侧回填土高度均匀,避免因土压力不均导致构筑物位移。

应从距集水井最远处开始回填。

遇有构筑物本身抗浮能力不足的,必须回填至有足够抗浮条件后,才能停止降水设备运转,防止漂浮。

回填土超过管顶0.5m以上时,方可使用碾压机械。回填土应分层压实。严禁管顶上使用重锤夯实,回填土质量必须达到设计规定密实度。

回填用土应接近最佳含水量,必要时应改善土壤。

【相关知识】

◆ 常用钢桩的型号

常用钢桩的型号参见表3-5。

表3-5　常用钢桩的型号

分　类	槽　深(m)	选用钢桩型号	形　式　要　求
密　排	<5	I 24	按设计要求
	5～7	I 32	
	7～10	I 40	
	10～13	I 56	
间　隔	<6	I 25～I 32	
	7～13	I 40～I 56	

◆ 常用桩架

打钢板桩时常用的几种钢架见表3-6。

表3-6　常用几种钢架情况

桩架种类	锤　重(t)	适合打桩长度(m)	桩的种类	说　明
简易落锤架	0.3～0.8	9	木桩、I 32以下	构造操作简便,拼装运输方便
柴油打桩机	0.6～1.8	14	I 40以下	构造操作简便,拼装运输方便
气动打桩机	3～7	18	I 56,I 40	应有专人操作,拼装运输较繁
静力打桩机	自重88	接桩不限	任意	无噪声,效率高

注:一般掌握锤重是桩重的3倍。

四　下　　管

【要　点】

管道铺设前,应把管道从地面放到已经挖好的沟槽中,称为下管。下管应以施工安全、操作方便为原则,根据工人操作的熟练程度、管材重量、管长、施工环境、沟槽深浅及吊装设备供应条件等,合理确定下管方法。下管前应根据具体情况和需要,制定必要的安全措施。下管必须由经验丰富的工人担任指挥,确保施工安全。

【解　释】

◆ 下管要求

起吊管子的下方严禁站人;人工下管时,槽内工作人员必须躲开下管位置。

下管前应对沟槽进行以下检查,并进行必要的处理:

(1)检查槽底杂物:应将槽底清理干净,给水管道的槽底如有棺木、粪污、腐朽不洁之物,应妥善处理,必要时应消毒。

(2)检查地基:地基土壤如有被扰动者,应进行处理,冬期施工应检查地基是否受冻,管道不得铺设在冻土上。

(3)检查槽底高程及宽度:应符合挖槽的质量标准。

(4)检查槽帮:有裂缝及坍塌危险者必须处理。

(5)检查堆土:下管的一侧堆土过高、过陡者,应根据下管需要进行整理。

在混凝土基础上下管时,除检查基础面高程必须符合质量标准外,混凝土强度还应达到5.0MPa以上。

向高支架上吊装管子时,应先检查高支架的高程及脚手架的安全。

运到工地的管子、管件及闸门等,应合理安排卸料地点以减少现场搬运。卸料场地应平整。卸料应有专人指挥,防止碰撞损伤。运至下管地点的承插管,承口的排放方向应与管道铺设方向一致。上水管材的卸料场地及排放场地应清除有碍卫生的脏物。

下管前应对管子、管件及闸门等的规格和质量逐件进行检验,合格者方可使用。

吊装及运输时,对法兰盘面、预应力混凝土管承插口密封工作面、钢管螺纹及金属管的绝缘防腐层,均应采取必要的保护措施以免损伤;闸门应关好,不得把钢丝绳捆绑在操作轮及螺孔处。

当钢管组成管段下管时,其长度及吊点距离应根据管径、壁厚、绝缘种类及下管方法在施工方案中确定。

下管工具和设备必须安全合用,并应经常进行检查和保养,如发现不正常情况必须及时修理或更换。

◆ 散管与下管

散管指将检查并疏通好的管子散开摆好,其承口应迎着水流方向,插口顺着水流方向。

下管是将管子从地面放入沟槽内。下管方法分人工下管和机械下管、集中下管和分散下管、单节下管和组合下管等几种。下管方法的选择可根据管径大小、管道长度和重量、管材和接口强度、沟槽和现场情况及拥有的机械设备等条件确定。当管径较小、重量较轻时,一般采用人工下管。管径较大、重量较重时,可采用机械下管。但在不具备下管机械的现场或现场条件不允许时,可采用人工下管,但下管时应谨慎操作,保证人身安全。操作前,必须对沟壁情况、下管工具、绳索、安全措施等进行认真检查。

人工下管时,将绳索的一端拴固在地锚上,拉住绕过管子的另一端,并在沟边斜放滑木至沟底,用撬杠将管子移至沟边,再慢慢放绳,使管子沿滑木滚下(图3-5)。若管子过重,拉绳困难时,可把绳子的另一端在地锚上绕几圈,依靠绳子与桩的摩擦力可较省力,且可避免管子冲击而造成断裂或其他事故。拉绳不少于两根,沟底不能站人,以保操作安全。

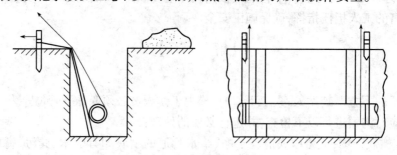

图 3-5　管子下沟操作图

机械下管时,为避免损伤管子,一般应将绳索绕管起吊,如需用卡钩吊装时,应采取相应的保护措施。机械吊管时要注意上方高压电线或地下电缆,严防事故发生。

◆ **人工下管**

人工下管一般采用压绳下管法,即在管子两端各套一根大绳,下管时,把管子下面的半段大绳用脚踩住,必要时并用铁钎锚固,上半段大绳用手拉住,必要时并用撬棍拨住,两组大绳用力一致,听从指挥,将管子徐徐下入沟槽。根据情况,下管处的槽边可斜立方木两根。钢管组成的管段,则根据施工方案确定的吊点数增加大绳的根数。

直径 900mm 及大于 900mm 的钢筋混凝土管采用压绳下管法时,应开挖马道并埋设一根管柱。大绳下半段固定于管柱,上半段绕管柱一圈,用以控制下管。

管柱一般用下管的混凝土管,使用较小的混凝土管时,其最小管径应遵守表 3-7 的规定。

表 3-7　下混凝土管的管柱最小直径

所下管子的直径(mm)	管柱最小直径(mm)
≤1100	600
1250～1350	700
1500～1800	800

管柱一般埋深一半,管柱外周应认真填土夯实。

马道坡度不应陡于 1:1,宽度一般为管长加 50cm。如环境限制不能开马道时,可用穿心杠下管,并应采取安全措施。

直径 200mm 以内的混凝土管及小型金属管件,可用绳钩从槽边吊下。

吊链下管法的操作程序如下:

(1)在下管位置附近先搭好吊链架。

(2)在下管处横跨沟槽放两根(钢管组成的管段应增多)圆木(或方木),其截面尺寸根据槽宽和管重确定。

(3)将管子推至圆木(或方木)上,两边宜用木楔楔紧,以防管子移动。

(4)将吊链架移至管子上方并支搭牢固。

(5)用吊链将管子吊起,撤除圆木(或方木),管子徐徐下至槽底。

下管用的大绳应质地坚固,不断股,不糟朽,无夹心。其截面直径应参照表 3-8 的规定。

表 3-8　下管大绳截面直径

管　子　直　径(mm)			大绳截面直径
混凝土管及钢筋混凝土管	预应力混凝土管	铸铁管	(mm)
≤400	≤200	≤300	20
500～700	300	350～500	25
800～1000	400～500	600～800	30
1100～1250	600	900～1000	38
1350～1500	800	1100～1200	44
1600～1800	—	—	50

为便于在槽内转管或套装索具,下管时宜在槽底垫木板或方木。在有混凝土基础或卵石的槽底下管时,宜垫以草袋或木板,以防碰坏管子。

◆**吊车下管**

采用吊车下管时,应事先与起重人员或吊车司机一起勘察现场,根据沟槽深度、土质、环境情况等,确定吊车距槽边的距离、管材存放位置以及其他配合事宜。吊车进出路线应事先进行平整,清除障碍。

吊车不得在架空输电线路下工作,在架空线路一侧工作时,起重臂、钢丝绳或管子等与线路的垂直、水平安全距离应不小于表 3-9 的规定。

表 3-9　吊车机械与架空线的安全距离

输电线路电压	与吊车机最近处的水平安全距离(m)不小于	与吊车机最高处的垂直安全距离(m)不小于
1kV 以下	1.5	1.5
1～10kV	2.0	1.5
20～110kV	4.0	2.5
154kV	5.0	2.5
220kV	6.0	2.5

吊车下管应有专人指挥。指挥人员必须熟悉机械吊装有关安全操作的规程及指挥信号。在吊装过程中,指挥人员应精神集中;吊车司机和槽下工作人员必须听从指挥。

指挥信号应统一明确。吊车进行各种动作之前,指挥人员必须检查操作环境情况,确认安全后,方可向司机发出信号。

绑(套)管子应找好重心,以使起吊平稳。管子起吊速度应均匀,回转应平稳,下落应低速轻放,不得忽快忽慢和突然制动。

【相关知识】

◆**管道对口和调直稳固**

下至沟底的铸铁管在对口时,可将管子插口稍稍抬起,然后用撬杠在另一端用力将管子插口推入承口,再用撬杠将管子校正,使接口间隙均匀并保持管子成直线,管子两侧用土固定。遇有需要安装阀门、消火栓处,应先将阀门与其配合的短管安装好,不能先将短管与管子连接后再与阀门连接。

管子铺设并调直后,除接口外应及时覆土,以防管子发生位移外,也可防止在捻口时将已捻管口振松。稳管时,每根管子必须仔细对准中心线,接口的转角应符合施工规范的要求。

五　给水管道铺设

【要　点】

给水管道的铺设是给水施工过程中一个非常重要的步骤,其施工质量关系到整个给水工程的施工质量。给水管道的铺设一般包括铸铁管的铺设、预应力混凝土管的铺设、硬聚氯乙烯(UPVC)管安装和给水管道附件。

【解　释】

◆一般规定

本项内容适用于工作压力不大于 0.5MPa,试验压力不大于 1.0MPa 的承插铸铁管及承插预应力混凝土管的给水管道工程。

给水管道使用钢管或钢管件时,钢管安装、焊接、除锈、防腐应按设计及有关规定执行。

给水管道铺设质量必须符合下列要求:

(1)接口严密坚固,经水压试验合格。

(2)平面位置和纵断高程准确。

(3)地基和管件、闸门等的支墩坚固稳定。

(4)保持管内清洁,经冲洗消毒,化验水质合格。

给水管道的接口工序是保证工程质量的关键。接口工人必须经过训练,按照规程认真操作。应对每个接口编号,记录质量情况,以便检查。

安装管件、闸门等,应位置准确,轴线与管线一致,无倾斜、偏扭现象。

管件、闸门等安装完成后,应及时按设计做好支墩及闸门井等。支墩及闸门井不得砌筑在松软土上,侧向支墩应与原土紧密相接。

在给水管道铺设过程中,应注意保持管子、管件、闸门等内部的清洁,必要时应进行洗刷或消毒。

当管道铺设中断或下班时,应将管口堵好,以防杂物进入,并且每日应对管堵进行检查。

◆铸铁管的铺设

(1)铺设的一般要求

铸铁管铺设前应检查外观有无缺陷,并用小锤轻轻敲打,检查有无裂纹,不合格者不得使用。承口内部及插口外部过厚的沥青及飞刺、铸砂等应铲除。

插口装入承前,应将承口内部和插口外部清刷干净。胶圈接口的,先检查承口内部和插口外部是否光滑,保证胶圈顺利推进不受损伤,再将胶圈套在管子的插口上,并装上胶圈推入器。插口装入承后,应根据中线或边线调整管子中心位置。

铸铁管稳好后,应随即用稍粗于接口间隙的干净麻绳或草绳将接口塞严,以防泥土及杂物进入。

接口前先挖工作坑,工作坑的尺寸可参照表3-10的规定。

表 3-10　铸铁管接口工作坑尺寸

管　径(mm)	工　作　坑　尺　寸(m)			
	宽　度	长　　　度		深　度
		承　口　前	承　口　后	
75 ~ 200	管径 + 0.6	0.8	0.2	0.3
250 ~ 700	管径 + 1.2	1.0	0.3	0.4
800 ~ 1200	管径 + 1.2	1.0	0.3	0.5

接口成活后,不得受重大碰撞或扭转。为防止稳管时振动接口,接口与下管的距离,麻口不应小于 1 个口;石棉水泥接口不应小于 3 个口;膨胀水泥砂浆接口不应小于 4 个口。

为防止铸铁管因夏季暴晒、冬季冷冻而胀缩及受外力时移动,管身应及时进行胸腔填土。胸腔填土在接口完成之后进行。

铸铁管铺设质量标准:

1)管道中心线允许偏差 20mm。

2)承口和插口的对口间隙,最大不得超过表 3-11 的规定。

表 3-11　铸铁管承口和插口的对口最大间隙　　　　　　　　　　　　　mm

管　　　径	沿直线铺设时	沿曲线铺设时
75	4	5
100 ~ 250	5	7
300 ~ 500	6	10
600 ~ 700	7	12
800 ~ 900	8	15
1000 ~ 1200	9	17

3)接口的环形间隙应均匀,其允许偏差不得超过表 3-12 的规定。

表 3-12　铸铁管接口环形间隙允许偏差　　　　　　　　　　　　　　mm

管　　　径	标准环形间隙	允　许　偏　差
75 ~ 200	10	+3
250 ~ 450	11	-2
500 ~ 900	12	+4
1000 ~ 1200	13	-2

(2)填油麻

油麻应松软而有韧性,清洁而无杂物。自制油麻可用无麻皮的长纤维麻加工成麻辫,在石油沥青溶液(5% 的石油沥青,95% 的汽油或苯)内浸透,拧干,并经风干而制成。

填油麻的深度应按表 3-13 的规定执行。其中石棉水泥及膨胀水泥砂浆接口的填麻深度约为承口总深的 1/3;铅接口的填麻深度以距承口水线里边缘 5mm 为准。

石棉水泥接口及膨胀水泥砂浆接口的填麻圈数一般规定如下:

1)管径≤400mm 者,用一缕油麻,绕填两圈。

2)管径 450 ~ 800mm 者,每圈用一缕油麻,填两圈。

3)管径≥900mm 者,每圈用一缕油麻,填三圈。

铅接口的填麻圈数一般比上述规定增加一圈至两圈。

表 3-13　承插铸铁管接口填料深度

mm

管　径	接口间隙	承口总深	油麻、石棉水泥接口油麻、膨胀水泥砂浆接口		油麻、铅接口	
			麻	灰	麻	铅
75	10	90	33	57	40	50
100	10	95	33	62	45	50
125	10	95	33	62	45	50
150	10	100	33	67	50	50
200	10	100	33	67	50	50
250	11	105	35	70	55	50
300	11	105	35	70	55	50
350	11	110	35	75	60	50
400	11	110	38	72	60	50
450	11	115	38	77	65	50
500	12	115	42	73	55	60
600	12	120	42	78	60	60
700	12	125	42	83	65	60
800	12	130	42	88	70	60
900	12	135	45	90	75	60
1000	13	140	45	95	71	69
1100	13	145	45	100	76	69
1200	13	150	50	100	81	69

填麻时,应将每缕油麻拧成麻花状,其粗度(截面直径)约为接口间隙的 1.5 倍,以保证填麻紧密。每缕油麻的长度在绕管一圈或两圈后,应有 50~100mm 的搭接长度。每缕油麻宜按实际要求的长度和粗度并参照材料定额,事先截好、分好。

油麻在加工、存放、截分及填打过程中,均应保持洁净,不得随地乱放。

填麻时,先将承口间隙用铁牙背匀,然后用麻錾将油麻塞入接口。塞麻时需倒换铁牙。打第一圈油麻时,应保留一个或两个铁牙,以保证接口环形间隙均匀。待第一圈油麻打实后,再卸下铁牙,填第二圈油麻。

打麻一般用 1.5kg 的铁锤。移动麻錾时应一錾挨一錾。油麻的填打程序及打法应参考表 3-14 的规定。

表 3-14　油麻的填打程序及打法

圈次	第　一　圈		第　二　圈			第　三　圈		
遍次	第一遍	第二遍	第一遍	第二遍	第三遍	第一遍	第二遍	第三遍
击数	2	1	2	2	1	2	2	1
打法	挑打	挑打	挑打	平打	平打	贴外口	贴里口	平打

套管(揣袖)接口填麻一般比普通接口多填一圈或两圈麻辫。第一圈麻辫宜稍粗,塞填至距插口端约 10mm 为度,同时第一圈麻不用锤打,以防"跳井"即防止油麻或胶圈掉入对口间隙;第二圈麻填打时用力亦不宜过大;其他填打方法同普通接口。

填麻后进行下层填料时,应将麻口重打一遍,以麻不动为合格,并将麻屑刷净。

填油麻质量标准:

1)填麻深度按照规定,铅接口填麻深度允许偏差 ±5mm,石棉水泥及膨胀水泥砂浆接口的填麻深度不应小于表 3-13 中所列数值。

2）填打密实,用錾子重打一遍,不再走动。

（3）填胶圈

胶圈的质量和规格要求如下:

1）胶圈的物理性能应符合表 3-15 的要求。

表 3-15　胶圈的物理性能

含胶量(%)	邵氏硬度	拉应力(MPa)	伸长率(%)	永久变形(%)	老化系数 70℃,72h
≥65	45～55	≥16.0	≥500	<25	0.8

2）外观检查,粗细均匀,质地柔软,无气泡(有气泡时搓捏发软),无裂缝、重皮。

3）胶圈接头宜用热接,接缝应平整牢固,严禁采用耐水性不良的胶水(如 502 胶)粘结;

4）胶圈的内环径一般为插口外径的 0.85～0.87 倍;胶圈截面直径的选择,以胶圈填入接口后截面直径的压缩率 $\left(\dfrac{\text{胶圈截面直径}-\text{接口间隙}}{\text{胶圈截面直径}}\right)$ 等于 35%～40% 为宜。

胶圈接口应尽量采用胶圈推入器,使胶圈在装口时滚入接口内。采用填打方法进行胶圈接口时,应注意以下几点:

1）錾子应贴插口填打,使胶圈沿一个方向依次均匀滚入,避免出现"麻花",填打有困难时,可借助铁牙在填打部位将接口适当撑大。

2）一次不宜滚入太多,以免出现"闷鼻"或"凹兜",一般第一次先打入承口水线,然后分 2～3 次打至小台,胶圈距承口外缘的距离应均匀。

3）在插口、承口均无小台的情况下,胶圈以打至距插口边缘 10～20mm 为宜,以防"跳井"。

注:①"闷鼻":当胶圈快打完一圈时,尚多余一段,形成一个鼻。
　　②"凹兜":胶圈填打深浅不一致,或为轻微的"闷鼻"现象。

填打胶圈出现"麻花"、"闷鼻"、"凹兜"或"跳井"时,可利用铁牙将接口间隙适当撑大,进行调整处理。必须将以上情况处理完善后,方可进行下层填料。

胶圈接口外层进行灌铅者,填打胶圈后,必须再填油麻一圈或两圈,以填至距承口水线里边缘 5mm 为准。

填胶圈质量标准:

1）胶圈压缩率符合要求。

2）胶圈填至小台,距承口外缘的距离均匀。

3）无"麻花"、"闷鼻"、"凹兜"及"跳井"现象。

（4）填石棉水泥

石棉水泥接口使用的材料应符合设计要求,水泥强度等级不应低于 42.5 级,石棉宜采用软-4 级或软-5 级。

石棉水泥的配合比(重量比)一般为石棉 30%,水泥 70%,水 10%～20%(占干石棉水泥的总重量)。加水量一般宜用 10%,气温较高或风较大时应适当增加。

石棉和水泥可集中拌制,拌好的干石棉水泥应装入铁桶内并放在干燥房间内,存放时间不宜过长,避免受潮变质。每次拌制不应超过一天的用量。

干石棉水泥应在使用时再加水拌合,拌好后宜用潮布覆盖,运至使用地点。加水拌合的石棉水泥应在 1.5h 内用完。

填打石棉水泥前,宜用清水先将接口缝隙湿润。

石棉水泥接口的填打遍数、填灰深度及使用錾号应参考表3-16中的规定。

表3-16　石棉水泥接口填打方法

打法 填灰遍数	直径(mm) 75~450			500~700			800~1200		
	四填八打			四填十打			五填十六打		
	填灰深度	使用錾号	击打遍数	填灰深度	使用錾号	击打遍数	填灰深度	使用錾号	击打遍数
1	1/2	1	2	1/2	1	3	1/2	1	3
2	剩余的2/3	2	2	剩余的2/3	2	3	剩余的1/2	1	4
3	填平	2	2	填平	2	2	剩余的2/3	2	3
4	找平	3	2	找平	3	2	填平	2	3
5							找平	3	3

石棉水泥接口操作应遵守下列规定:

1)填石棉水泥,每一遍均应按规定深度填塞均匀。

2)用1号、2号錾时,打两遍者,靠承口打一遍,再靠插口打一遍,打三遍者,再靠中间打一遍。

3)每打一遍,每一錾至少击打三下,第二錾应与第一錾有1/2相压。

4)最后一遍找平时,应用力稍轻。

石棉水泥接口合格后,一般用湿泥将接口四周糊严,厚约10cm,进行养护,或用潮湿的土壤虚埋养护。

填石棉水泥质量标准:

1)石棉水泥配比准确。

2)石棉水泥表面呈黑色,凹进承口1~2mm,深浅一致,并用錾子用力连打三下表面不再凹入。

(5)填膨胀水泥砂浆

膨胀水泥砂浆接口材料要求如下:

1)膨胀水泥宜用石膏矾土膨胀水泥或硅酸盐膨胀水泥,出厂超过三个月者,应经试验,证明其性能良好,方可使用;自行配制膨胀水泥时,必须经技术鉴定合格,方可使用。

2)砂应用洁净的中砂,最大粒径不大于1.2mm,含泥量不大于2%。

膨胀水泥砂浆的配合比(重量比)一般采用膨胀水泥:砂:水=1:1:0.3。当气温较高或风较大时,用水量可酌量增加,但最大水灰比不宜超过0.35。

膨胀水泥砂浆必须拌合十分均匀,外观颜色一致。宜在使用地点附近拌合,随用随拌,一次拌合量不宜过多,应在半小时内用完或按原产品说明书操作。

膨胀水泥砂浆接口应分层填入,分层捣实,以三填三捣为宜。每层均应一錾压一錾地均匀捣实。

1)第一遍填塞接口深度的1/2,用錾子用力捣实。

2)第二遍填塞至承口边缘,用錾子均匀捣实。

3)第三遍找平成活,捣至表面返浆,比承口边缘凹进1~2mm为宜,并刮去多余灰浆,找平表面。

接口成活后,应立即用湿草袋(或草帘)覆盖并经常洒水,使接口保持湿润状态不少于7d。或用湿泥将接口四周糊严,厚约10cm,并用潮湿的土壤虚埋,进行养护。

填膨胀水泥砂浆质量标准:

1)膨胀水泥砂浆配比准确。

2)分层填捣密实,凹进承口1~2mm,表面平整。

(6)灌铅

灌铅工作必须由有经验的工人指导。

熔铅必须注意下列事项:

1)严禁将带水或潮湿的铅块投入已熔化的铅液内,避免发生爆炸,并应防止水滴落入铅锅。

2)掌握熔铅火候,可根据铅熔液液面的颜色判别温度,如呈白色则温度低,呈紫红色则温度恰好,然后用铁棍(严禁潮湿或带水)插入铅熔液中随即快速提出,如铁棍上没有铅熔液附着,则温度适宜,即可使用。

3)铅桶、铅勺等工具应与熔铅同时预热。

安装灌铅卡箍应按下列次序进行:

1)在安装卡箍前,必须将管口内水分擦干,必要时可用喷灯烤干,以免灌铅时发生爆炸;工作坑内有水时必须掏干。

2)将卡箍贴承口套好,开口位于上方,以便灌铅。

3)用卡子夹紧卡箍,并用铁锤锤击卡箍,使其与管壁和承口都贴紧。

4)卡箍与管壁接缝部分用黏泥抹严,以免漏铅。

5)用黏泥将卡子口围好。

运送铅熔液应注意下列事项:

1)运送铅熔液至灌铅地点,跨越沟槽的马道必须事先支搭牢固平稳,道路应平整。

2)取铅熔液前,应用有孔漏勺由熔锅中除去铅熔液的浮游物。

3)每次取运一个接口的用量,应由两人抬运,不得上肩,迅速安全运送。

灌铅应遵守下列规定:

1)灌铅工人应全身防护,包括戴防护面罩。

2)操作人员站于管顶上部,应使铅罐的口朝外。

3)铅罐口距管顶约20cm,使铅徐徐流入接口内,以便排气,大管径管道应将铅流放大,以免铅熔液中途凝固。

4)每个铅接口的铅熔液应不间断地一次灌满,但中途发生爆声时,应立即停止灌铅。

5)铅凝固后,即可取下卡箍。

打铅操作程序如下:

1)用剁子将铅口飞刺切去。

2)用1号铅錾贴插口击打一遍,每打一錾应有半錾重叠,再用2号、3号、4号、5号铅錾重复上法各打一遍至铅口打实。

3)最后用錾子把多余的铅打下(不得使用剁子铲平),再用厚錾找平。

灌铅质量标准:

1）一次灌满,无断流。

2）铅面凹进承口 1～2mm,表面平整。

（7）法兰接口

法兰接口前应对法兰盘、螺栓及螺母进行检查。法兰盘面应平整,无裂纹,密封面上不得有斑疤、砂眼及辐射状沟纹。螺孔位置应准确,螺母端部应平整,螺栓螺母丝号一致,螺纹不乱。

法兰接口所用环形橡胶垫圈规格质量要求如下:

1）质地均匀,厚薄一致,未老化,无皱纹;采用非整体垫片时,应粘结良好,拼缝平整。

2）厚度,管径≤600mm 者宜采用 3～4mm;管径≥700mm 者宜采用 5～6mm。

3）垫圈内径应等于法兰内径,其允许偏差,管径150mm 以内者为 +3mm,管径200mm 及大于200mm 者为 +5mm。

4）垫圈外径应与法兰密封面外缘相齐。

进行法兰接口时,应先将法兰密封面清理干净。橡胶垫圈应放置平正。管径600mm 及大于600mm 的法兰接口,或使用拼粘垫片的法兰接口,均应在两法兰密封面上各涂铅油一道,以使接口严密。

所有螺栓及螺母应点上机油,对称地均匀拧紧,不得过力,严禁先拧紧一侧再拧另一侧。螺母应在法兰的同一面上。

安装闸门或带有法兰的其他管件时,应防止产生拉应力。邻近法兰的一侧或两侧接口应在法兰上所有螺栓拧紧后,方可连接。

法兰接口埋入土中者,应对螺栓进行防腐处理。

法兰接口质量标准:

1）两法兰盘面应平行,法兰与管中心线应垂直。

2）管件或闸门等不产生拉应力。

3）螺栓应露出螺母外至少 2 螺纹,但其长度最多不应大于螺栓直径的1/2。

（8）人字柔口安装

人字柔口的人字两足和法兰的密封面上不得有斑疤及粗糙现象,安装前,应先配在一起,详细检查各部尺寸。

安装人字柔口,应使管缝居中,应不偏移,不倾斜。安装前宜在管缝两侧画上线以便于安装时进行检查。

所有螺栓及螺母应点上机油,对称地均匀拧紧,应保证胶圈位置正确,受力均匀。

人字柔口安装质量标准:

1）位置适中,不偏移,不倾斜。

2）胶圈位置正确,受力均匀。

◆ **预应力混凝土管的铺设**

（1）材料质量要求

预应力混凝土管应无露筋、空鼓、蜂窝、裂纹、脱皮、碰伤等缺陷。

预应力混凝土管承插口密封工作面应平整光滑。必须逐件测量承口内径、插口外径及其椭圆度。对个别间隙偏大偏小的接口,可配用截面直径较大或较小的胶圈。

预应力混凝土管接口胶圈的物理性能及外观检查,同铸铁管所用胶圈的要求。胶圈内环径一般为插口外径的 0.87~0.93 倍,胶圈截面直径的选择,以胶圈滚入接口缝后截面直径的压缩率为 35%~45% 较好。

（2）铺设准备

安装前应先挖接口工作坑。工作坑长度一般为承口前 60cm,横向挖成弧形,深度以距管外皮 20cm 为宜。

承口后可按管形挖成月牙槽(枕坑),使安装时不致支垫管子。

接口前应将承口内部和插口外部的泥土脏物清刷干净,在插口端套上胶圈。胶圈应保持平正,无扭曲现象。

（3）接口

初步对口要求如下:

1）管子吊起不得过高,稍离槽底即可,以使插口胶圈准确地对入承口八字内。

2）利用边线调整管身位置,使管子中线符合设计要求。

3）必须认真检查胶圈与承口接触是否均匀紧密,不均匀时,用錾子捣击调整,以便接口时胶圈均匀滚入。

安装接口的机械,宜根据具体情况,采用装在特制小车上的顶镐、吊链或卷扬机等。顶拉设备应事先经过设计和计算。

安装接口时,顶、拉速度应缓慢,并应有专人查看胶圈滚入情况,如发现滚入不匀,应停止顶、拉,用錾子调整胶圈位置均匀后,再继续顶、拉,使胶圈达到承插口预定的位置。

管子接口完成后,应即在管底两侧适当塞土,以使管身稳定。不妨碍继续安装的管段,应及时进行胸腔填土。

预应力混凝土管所使用铸铁或钢制的管件及闸门等的安装,按铸铁管的铺设的有关规定执行。

（4）铺设质量标准

管道中心线允许偏差 20mm。

插口插入承口的长度允许偏差 ±5mm。

胶圈滚至插口小台。

◆ **硬聚氯乙烯(UPVC)管安装**

（1）材料质量要求

硬聚氯乙烯管子及管件可用焊接、粘结或法兰连接。

硬聚氯乙烯管子的焊接或粘结的表面,应清洁平整,无油垢并具有毛面。

焊接硬聚氯乙烯管子时,必须使用专用的聚氯乙烯焊条。焊条应符合下列要求:

1）弯曲 180° 两次不折裂,但在弯曲处允许有发白现象。

2）表面光滑,无凸瘤和气孔,切断面的组织必须紧密均匀,无气孔和夹杂物。

焊接硬聚氯乙烯管子的焊条直径应根据焊件厚度按表 3-17 选定。

表 3-17　硬聚氯乙烯焊条直径的选择

焊件厚度(mm)	焊条直径(mm)
<4	2
4~16	3
>16	4

硬聚氯乙烯管的对焊,管壁厚度大于 3mm 时,其管端部应切成 30°~35°的坡口,坡口一般不应有钝边。

焊接硬聚氯乙烯管子所用的压缩空气,必须不含水分和油脂,一般可用过滤器处理,压缩空气的压力一般应保持在 0.1MPa 左右。焊枪喷口热空气的温度为 220~250℃,可用调压变压器调整。

(2)焊接要求

焊接硬聚氯乙烯管子时,环境气温不得低于 5℃。

焊接硬聚氯乙烯管子时,焊枪应不断上下摆动,使焊条及焊件均匀受热,并使焊条充分熔融,但不得有分解及烧焦现象。焊条的延伸率应控制在 15% 以内,以防产生裂纹。焊条应排列紧密,不得有空隙。

(3)承插连接

如图 3-6 所示,采用承插式连接时,承插口的加工,承口可将管端在约 140℃ 的甘油池中加热软化,然后在预热至 100℃ 的钢模中进行扩口,插口端应切成坡口,承插长度可按表 3-18 的规定,承插接口的环形间隙宜在 0.15~0.30mm 之间。

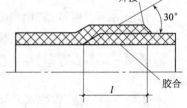

图 3-6　硬聚氯乙烯管承插式连接

表 3-18　硬聚氯乙烯管承插长度　　　　　mm

管径	25	32	40	50	65	80	100	125	150	200
承插长度 l	40	45	50	60	70	80	100	125	150	200

承插连接的管口应保持干燥、清洁,粘结前宜用丙酮或二氯乙烷将承插接触面擦洗干净,然后涂一层薄而均匀的粘结剂,插口插入承口应插足。粘结剂可用过氯乙烯清漆或过氯乙烯/二氯乙烷(20/80)溶液。

(4)管加工

加工硬聚氯乙烯管弯管,应在 130~140℃ 的温度下进行煨制。管径大于 65mm 者,煨管时必须在管内填实 100~110℃ 的热砂。弯管的弯曲半径不应小于管径的 3 倍。

卷制硬聚氯乙烯管子时,加热温度应保持为 130~140℃。加热时间应参考表 3-19 的规定。

表 3-19　卷制硬聚氯乙烯管子的加热时间

板材厚度(mm)	加热时间(min)
3~5	5~8
6~10	10~15

聚硬氯乙烯管子和板材在机械加工过程中,不得使材料本身温度超过 50℃。

(5)质量标准

硬聚氯乙烯管子与支架之间应垫以毛毡、橡胶或其他柔软材料的垫板,金属支架表面不应有尖棱和毛刺。

焊接的接口表面应光滑,无烧穿、烧焦和宽度、高度不匀等缺陷,焊条与焊件之间应有均匀的接触,焊接边缘处原材料应有轻微膨胀,焊缝的焊条间无孔隙。

粘结的接口,连接件之间应严密无孔隙。

煨制的弯管不得有裂纹、鼓泡、鱼肚状下坠和管材分解变质等缺陷。

◆ 给水管道附件

1. 阀门

阀门的种类很多,给水排水工程中常用的阀门按阀体结构形式和功能,可分为截止阀、闸阀、蝶阀、球阀、旋塞阀、止回阀等。

(1)阀门型号说明

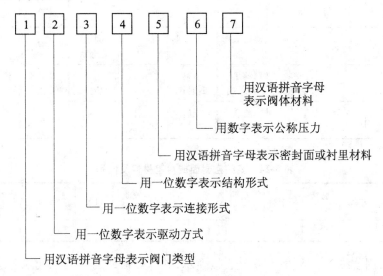

第一单元:代号含义见表3-20。

表3-20　阀门类型及代号

阀门类型	截止阀	闸　阀	蝶　阀	球　阀	旋塞阀	止回阀
代　号	J	Z	D	Q	X	H

第二单元:代号含义见表3-21,对于手轮、手柄或扳手等直接驱动的阀门和自动阀门,则在阀门型号中取消本单元。

表3-21　阀门驱动方式及代号

驱动方式	电磁动	电磁-液动	电-液动	涡轮	正齿轮	伞齿轮	气　动	液　动	气-液动	电　动
代　号	0	1	2	3	4	5	6	7	8	9

第三单元:代号含义见表3-22。

表3-22　阀门连接形式及代号

连　接　形　式	内　螺　纹	外　螺　纹
代　号	1	2

第四单元:代号含义见表3-23。

第五单元:代号含义见表3-24。

表 3-23　阀门结构形式及代号

代号 类别	1	2	3	4	5	6	7	8	9	0
截止阀	直通式	—	—	角式	直流式	平衡直通式	平衡角式	—	—	—
闸阀	明杆楔式单闸板	明杆楔式双闸板	明杆平行式单闸板	明杆平行式双闸板	暗杆楔式单闸板	暗杆楔式双闸板	—	暗杆平行式双闸板	—	明杆楔式弹性闸板
蝶阀	垂直板式	—	斜板式	—	—	—	—	—	杠杆式	—
球阀	浮动直通式	—	—	浮动L形三通式	浮动T形三通式	—	固定直通式	—	—	—
旋塞阀	—	—	填料直通式	填料T形三通式	填料四通式	—	油封直通式	油封T形三通式	—	—
止回阀	升降直通式	升降立式	—	旋启单瓣式	旋启多瓣式	旋启双瓣式	—	—	—	—

表 3-24　阀门密封面或衬里材料及代号

密封面或 衬里材料	铜合金	橡胶	尼龙塑料	氟塑料	锡基轴承合金	合金钢	渗氮钢	硬质合金	衬胶	衬铅	搪瓷	渗硼钢	无密封面
代号	T	X	N	F	B	H	D	Y	J	Q	C	P	W

第六单元:用公称压力数值的 10 倍直接表示,并以短横线与前五单元隔开。阀门的公称压力为:0.05,0.1,0.25,0.4,0.6,1.0,2.5,4.0,6.4,10.0,16.0,20.0,25.0,32.0MPa。

第七单元:代号含义见表 3-25,对于公称压力小于或等于 1.6MPa 的灰铸铁阀体和公称压力大于或等于 2.5MPa 的碳素钢阀体,则省略本单元。

表 3-25　阀门阀体材料及代号

阀体材料	灰铸铁	可锻铸铁	球铸铁	铸铜	碳钢	中铬钼合金钢	铬镍钛（铌）耐酸钢	铬镍钼钛（铌）耐酸钢	铬钼矾合金钢
代号	Z	K	Q	T	C	I	P	R	V

（2）常用阀门

1）截止阀

截止阀是利用装在阀杆下面的阀盘与阀体内突出的阀座相配合来控制阀门开启和关闭,达到开启和截断水流、调节流量的目的。截止阀的结构比闸阀简单,密封面较闸阀小,制造与维修较方便,密封性能较好,使用时间较长,但水流阻力较大。安装时要注意水流方向,应低进高出,不得装反,否则开启费力,阻力增大,密封面容易损坏。在室内给水管道中当管径 $DN \leqslant$ 50mm 时宜选用截止阀。

2）闸阀

闸阀体内有一闸板与水流方向相垂直,闸板与阀座的密封面相配合,利用闸板的升降来控制阀门的启闭。按闸板的构造方式不同可分为平行式、楔式和弹性闸板等几种。平行式闸板较楔式闸板容易制造。按阀杆又可分为明杆式和暗杆式:明杆可从外露阀杆螺纹长度确定阀门开启程度,适用于室内管道;暗杆式阀门开启时阀杆不升降,适用于室外管道。

闸阀结构长度较小,密封性能较好,水流阻力小,开启、关闭力较小,具有一定调节流量的性能。但阀门结构比较复杂,密封面易磨损,与截止阀相比成本较高。闸阀安装时没有方向性,在给水管道上广泛采用,当管径 $DN > 50mm$ 时宜选用闸阀。

3)蝶阀

蝶阀的阀瓣绕阀座内的轴转动,达到阀门的启闭。按驱动方式分手动、涡轮传动、气动和电动。蝶阀的结构简单,外形尺寸小,重量轻,适合制造较大直径的阀门。手动蝶阀可以安装在管道的任何位置上。带传动机构的蝶阀,应直立安装,使传动机构处于铅垂位置。蝶阀适用于室外管径较大的给水管上和室内消火栓给水系统的主干管上。

4)旋塞阀

旋塞阀又称考克或转心门,是依靠中央带孔的锥形栓塞来控制水流启闭的。旋塞阀结构简单,外形尺寸较小,水流阻力较小,启闭迅速,操作方便,但开关较费力,密封面容易磨损。旋塞阀安装时无流向要求,在给水管道中,由于突然关闭水流容易引起水锤,故常用于压力低、管径小的给水管道中。

5)球阀

球阀是利用一个中间开孔的球体阀芯,靠旋转球体来控制阀门开关的。球阀只能全开或全关,不允许作节流用,常用于管径较小的给水管道中。

6)止回阀

止回阀又称单向阀或逆止阀,是一种自动启闭的阀门,用于控制水流方向,只允许水流朝一个方向流动,反向流动时阀门自动关闭,按结构形式可分为升降式和旋启式两种。升降式止回阀的阀芯沿阀体作垂直移动,也有两种形式,一种是装在水平管道上,叫水平升降式止回阀;另一种是装在垂直管道上,叫立式升降式止回阀。旋启式止回阀的阀瓣在阀体内绕固定轴旋转,有单瓣、双瓣和多瓣等。旋启式止回阀宜安装在水平管道上,但也可以装在垂直管道上。

常见水泵吸水管上的吸水底阀是立式升降式止回阀的变形。它主要用于水泵吸水管端部,防止水泵吸水管中水倒流,便于水泵灌水启动。

升降式止回阀的密封性能比旋启式好,但旋启式止回阀的阻力较小。升降式止回阀常用于小口径的给水管道上,旋启式止回阀常用于大口径的给水管道上。安装止回阀时要注意方向,必须使水流的方向与阀体上箭头方向一致,不得装反。

2. 水表

(1)常用水表的种类

1)旋翼式水表

旋翼式水表又称叶轮式水表,水表内有与水流垂直的旋转轴,轴上装有呈平面状的叶片,水流通过时,冲动叶片使轴旋转,其转数通过由大小齿轮组成的传动机构,指示于计量盘上,通过计量盘上的读数可知水表累计流量的总和。

旋翼式水表按传动机构所处的状态不同,又可分为干式和湿式两种。干式水表的传动机构和计量盘用金属盘与水隔开,不受水中杂质污损,但精度较低。湿式水表的传动机构和计量盘都浸在水中,而在标度盘上装有一块厚玻璃,用来支承水压。由于干式水表构造较湿式水表复杂,表盖玻璃内易产生水汽妨碍读数,精度比湿式差,所以目前湿式水表应用较广。但湿式水表只能用在水中不含杂质的管道上,否则会因水质浑浊度高而磨损计数机构,缩短水表使用寿命,降低其精度。

2)螺翼式水表

螺翼式水表的翼轮轴与水流方向平行,翼轮轴上装有螺旋状叶片,水流通过时,推动叶片轴旋转,旋转轴带动一套传动机构,将流量指示在计量盘上。螺翼式水表又分为水平式和垂直式两种,由于翼轮轴和水流方向平行,水流阻力小,因此,适宜制成大口径水表,用于测量较大的流量。

3)翼轮复式水表

翼轮复式水表同时配有主表和副表,主表前面设有开闭器。当通过流量小时,开闭器自闭,水流经旁路通过副水表计量;通过流量大时,靠水力顶开开闭器,水流同时从主、副表通过,两表同时计量。主、副表均属叶轮式水表,能同时记录大小流量。翼轮复式水表适用于流量变化较大的给水管道上。

(2)水表的选用

一般情况下,公称直径小于或等于50mm时,应采用旋翼式水表;公称直径大于50mm时,应采用螺翼式水表;当通过流量变化幅度很大时,应采用复式水表。在干式和湿式水表中,应优先采用湿式水表。

3. 浮球阀

浮球阀安装于水箱中,能自动控制水箱的水位。

(1)法兰接口浮球阀

法兰接口浮球阀如图3-7所示,其规格见表3-26。

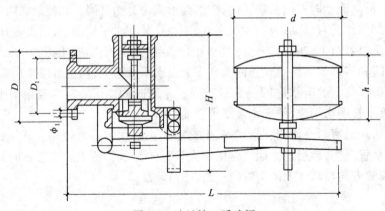

图3-7 法兰接口浮球阀

表3-26 法兰接口浮球阀规格及外形尺寸

DN (mm)	公称压力 (MPa)	外 形 尺 寸(mm)							孔数 n/个
		H	L	D	D₁	φ₁	d	h	
80		380	820	185	150	18	400	260	
100		440	1020	205	170	18	500	285	8
150	0.39	620	1280	315	280	18	620	440	8
200		670	1280	315	280	18	620	440	8
250		720	1300	370	335	18	625	440	12

(2)螺纹接口浮球阀

螺纹接口浮球如图 3-8 所示,其规格见表 3-27。

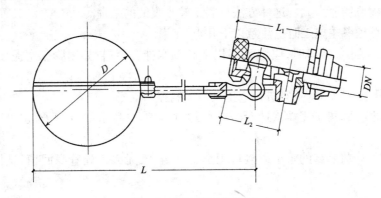

图 3-8　螺纹接口浮球阀

表 3-27　螺纹接口浮球阀规格及外形尺寸

DN(mm)	公称压力(MPa)	外　形　尺　寸(mm)			
		L_1	L_2	L	D
15		53	40	240	110
20		85	64	840	150
25		90	70	840	150
32	0.39	110	80	900	200
40		115	85	1050	200
50		140	100	1050	200
65		165	115	1050	200

【相关知识】

◆ 应注意的质量问题

在任何情况下,不允许沟内长时间积水,并应严防浮管现象。

阀门井深度不够,原因是埋地管道坐标及标高不准。

管道支(挡)墩不应建立在松土上,其后背应紧密地同原土相接触。如无条件靠在原土上,应采取相应措施保证支墩在受力情况下不致破坏管道接口。

注意给水铸铁管出现裂纹或破管。室外给水铸铁管在进行水压试验时或投入运行时,时常因管内空气排除不利而造成严重的水击现象,水击的冲击波往往足以在瞬间达到破坏铸铁管本身强度,造成管道的局部破裂。给水铸铁管在无坡度时,水压试验应设置排气装置;而在整个管网运行中,应随地形及敷设深度,在管系统的最高点设置双筒排气阀,或用室外消火栓代替排气装置,以保证系统在运行中不致出现管道破裂事故。

一旦出现管身破裂,首先应停水并将水排空,更换管道。

如果是局部小范围破裂时,可采用钢箍或打卡箍等进行处理。处理时,应将裂纹首尾各钻一小孔,主要目的是防止裂纹继续扩展。将内径大于铸铁管外径15～20mm的钢管(钢管长度应大于裂纹长度)一剖两半,扣紧在裂纹处,再将钢箍焊成一体;钢箍与铸铁管壁之间的间隙可填塞石棉水泥或膨胀水泥。这种方法只限于较小裂纹的处理。

室外给水管道冬季施工时应注意以下几点:

(1)进行石棉水泥接口时,应用50℃以上的温水拌合填料;如用膨胀水泥接口时,水温不应超过35℃。

(2)气温低于-5℃时,不宜进行以上两种填料接口。

(3)接口完毕后,可采用盐水拌合的粘泥封口养护,并覆盖好草帘子;也可用不冻土填埋接口处保温。

(4)试压时,应将暴露的管子或接口用草帘子盖严,无接口处管身回填,试压完毕应尽快将水放净。

六　冲洗消毒

【要　点】

鉴于用水的要求,给水管道的管道卫生要求高,在管道安装完毕后需要进行冲洗消毒,并应在消毒前两天与管理单位联系,取得配合。

【解　释】

◆接通旧管

给水接通旧管,无论接预留闸门、预留三通或切管新装三通,均必须事先与管理单位联系,取得配合。

凡需停水者,必须于前一天商定准确停水时间并严格按照执行。

接通旧管前,应做好以下准备工作,需要停水者,应在规定停水时间以前完成。

(1)挖好工作坑,根据需要做好支撑、栏杆和警示灯,保证安全。

(2)需要放出旧管中的存水者,应根据排水量挖好集水坑,准备好排水机具,清理排水路线,保证顺利排水。

(3)检查管件、闸门、接口材料、安装设备、工具等,必须使规格、质量、品种、数量均符合需要。

(4)如夜间接管,必须装好照明设备并做好停电准备。

(5)切管事先画出锯口位置,切管长度一般按换装管件有效长度(即不包括承口)再加管径的1/10。

接通旧管的工作应紧张而有序,明确分工,统一指挥,并与管理单位派至现场的人员密切配合。

需要停水关闸时,关闸、开闸的工作均由管理单位的人员负责操作,施工单位派人配合。

关闸后,应于停水管段内打开消火栓或用户水龙头放水,如仍有水压,应检查原因,采取措施。

预留三通、闸门的侧向支墩,应在停水后拆除。如不停水拆除闸门的支墩时,必须会同管理单位研究防止闸门走动的安全措施。

切管或卸盖堵时,旧管中的存水流入集水坑,应随即排除并调节从旧管中流出的水量,使水面与管底保持相当距离,以免污染通水管道。切管前,必须将所切管截垫好或吊好,防止骤然下落。调节水量时,可将管截上下或左右缓缓移动。卸法兰盖堵或承堵、插堵时,也必须吊好并将堵端支好,防止骤然把堵冲开。

接通旧管时,新装闸门及闸门与旧管之间的各项管件,除清除污物并冲洗干净外,还必须用1%～2%的漂粉溶液洗刷两遍,进行消毒后方可安装,在安装过程中还应注意防止再受污染。接口用的油麻应经蒸汽消毒,接口用的胶圈和接口工具也均应用漂粉溶液消毒。

接通旧管后,开闸通水时应采取必要的排气措施。

开闸通水后,应仔细检查接口是否漏水。直径400mm及大于400mm的干管,对接口观察应不小于半小时。

切管后新装的管件,应及时按设计标准或管理单位要求做好支墩。

◆ 放水冲洗

给水管道放水冲洗前应与管理单位联系,共同商定放水时间、取水样化验时间、用水流量及如何计算用水量等事宜。

管道冲洗水速一般应为1～1.5m/s。

放水前应先检查放水线路是否影响交通及附近建筑物的安全。

放水口四周应有明显标志或栏杆,夜间应点警示灯以确保安全。

放水时应先开出水闸口,再开来水闸门,做好排气工作。

放水时间以排水量大于管道总体积的3倍并使水质外观澄清为度。

放水后,应尽量使来水、出水闸门同时关闭。如做不到,可先关出水闸门,但留一两扣先不关死,待将来水闸门关闭后,再将出水闸门全部关闭。

放水完毕,管内存水达24h后,由管理单位取水样化验。

◆ 水管消毒

给水管道经放水冲洗后,检验水质不合格者,应用漂粉溶液消毒。在消毒前两天应与管理单位联系,取得配合。

给水管道消毒所用漂粉溶液浓度,应根据水质不合格的程度确定,一般采用100～200mg/L,即溶液内含有游离氯25～50mg/L。

漂粉在使用前应进行检验。漂粉纯度以含氯量25%为标准,当含氯量高于或低于标准时,应以实际纯度调整用量。

漂粉保管时,不得受热、受潮、日晒和火烤。漂粉桶盖必须密封。取用漂粉后,应随即将桶盖盖好。存放漂粉的室内不得住人。

取用漂粉时应戴口罩和手套,注意勿使漂粉与皮肤接触。

溶解漂粉时,先将硬块压碎,在小盆中溶解成糊状,直至残渣不能溶化为止,再用水冲入大桶内搅匀。

用泵向管道内压入漂粉溶液时,应根据漂粉的浓度,压入的速度,用闸门调整管内流速,以保证管内的游离氯含量符合要求。

当进行消毒的管段全部冲满漂粉溶液后,关闭所有闸门,浸泡24h以上,然后放净漂粉溶液,再放入自来水,等24h后由管理单位取水样化验。

◆ **水压试验**

(1)试压后背安装

给水管道水压试验的后背安装,应根据试验压力、管径大小、接口种类周密考虑,必须保证操作安全,保证试压时后背支撑及接口不被破坏。

水压试验,一般在试压管道的两端,各预留一段沟槽不开,作为试压后背。预留后背的长度和支撑宽度应进行安全核算。

预留土墙后背应使墙面平整,并与管道轴线垂直。后背墙面支撑面积应根据土质和水压试验压力而定,一般土质可按承压 1.5MPa 考虑。

试压后背的支撑,用一根圆木时,应支于管堵中心,方向与管中心线一致;使用两根圆木或顶铁时,前后应各放横向顶铁一根,支撑应与管中心线对称,方向与管中心线平行。

后背使用顶镐支撑时,宜在试压前稍加顶力,对后背预加一定压力,但应注意加力不可过大,以防破坏接口。

后背土质松软时,必须采取加固措施,保证试压工作安全进行。

刚性接口的给水管道,为避免试压时由于接口破坏而影响试压,管径 600mm 及大于 600mm 时,管端宜采用一个或两个胶圈柔口。采用柔口时,管道两侧必须与槽帮支牢,以防走动。管径 1000mm 及大于 1000mm 的管道,宜采用伸缩量较大的特制试压柔口盖堵。

管径 500mm 以内的承插铸铁管试压,可利用已安装的管段作为后背。作后背的管段长度不宜少于 30m,并必须填土夯实。纯柔性接口管段不得作为试压后背。

水压试验一般应在管件支墩做完并达到要求强度后进行。对未做支墩的管件应做临时后背。

(2)试压方法及标准

给水管道水压试验的管段长度一般不超过 1000m;如因特殊情况需要超过 1000m 时,应与设计单位、管理单位共同研究确定。

水压试验前应对压力表进行检验校正。

水压试验前应做好排水设施,以便于试压后管内存水的排除。

管道串水时,应认真进行排气。如排气不良(加压时常出现压力表表针摆动不稳且升压较慢),应重新进行排气。一般在管端盖堵上部设置排气孔。在试压管段中,如有不能自由排气的高点,宜设置排气孔。

串水后,试压管道内宜保持 0.2~0.3MPa 水压(但不得超过工作压力),浸泡一段时间,铸铁管 1 昼夜以上,预应力混凝土管 2~3 昼夜,使接口及管身充分吃水后,再进行水压试验。

水压试验一般应在管身胸腔填土后进行,接口部分是否填土,应根据接口质量、施工季节、试验压力、接口种类及管径大小等情况具体确定。

进行水压试验应统一指挥,明确分工,对后背、支墩、接口、排气阀等都应规定专人负责检查,并明确规定发现问题时的联络信号。

对所有后背、支墩必须进行最后检查,确认安全可靠时,水压试验方可开始进行。

开始水压试验时,应逐步升压,每次升压以 0.2MPa 为宜,每次升压后,检查没有问题再继续升压。

水压试验时,后背、支墩、管端等附近均不得站人,对后背、支墩、管端的检查,应在停止升压时进行。

水压试验压力应按表3-28的规定执行。

表 3-28　管道水压试验的实验压力　　　　　　　　　MPa

管 材 种 类	工 作 压 力 P	试 验 压 力
钢管	P	P+0.5 且不应小于0.9
铸铁及球墨铸铁管	≤0.5	2P
	>0.5	P+0.5
预应力、自应力混凝土管	≤0.6	1.5P
	>0.6	P+0.3
现浇钢筋混凝土管渠	≥0.1	1.5P

水压试验一般以测定渗水量为标准,但直径≤400mm 的管道,在试验压力下,如 10min 内落压不超过 0.05MPa 时,可不测定渗水量,即为合格。

水压试验采取放水法测定渗水量,实测渗水量不得超过表3-29 规定的允许渗水量。

表 3-29　压力管道严密性试验允许渗水量

管道内径(mm)	允许渗水量[L/(min·km)]		
	钢 管	铸铁管、球墨铸铁管	预(自)应力混凝土管
100	0.28	0.70	1.40
125	0.35	0.90	1.56
150	0.42	1.05	1.72
200	0.56	1.40	1.98
250	0.70	1.55	2.22
300	0.85	1.70	2.42
350	0.90	1.80	2.62
400	1.00	1.95	2.80
450	1.05	2.10	2.96
500	1.10	2.20	3.14
600	1.20	2.40	3.44
700	1.30	2.55	3.70
800	1.35	2.70	3.96
900	1.45	2.90	4.20
1000	1.50	3.00	4.42
1100	1.55	3.10	4.60
1200	1.65	3.30	4.70
1300	1.70	—	4.90
1400	1.75	—	5.00

管道内径大于表规定时,实测渗水量应不大于按下列各式计算的允许渗水量。

钢管:　　　　　　　　　　　　　　$Q = 0.05$

铸铁管、球磨铸铁管:　　　　　　$Q = 0.1\sqrt{D}$

预应力、自应力混凝土管： $Q = 0.14\sqrt{D}$

现浇钢筋混凝土管渠： $Q = 0.014D$

式中 Q——允许渗水量；

D——管道内径。

【相关知识】

◆ **消毒用漂白粉**

进行消毒处理时，先把消毒段所需的漂白粉放入水桶内，加水搅拌使之溶解，再随同管内充水一起加入到管段，浸泡24h。然后放水冲洗，并连续测定管内水的浓度和细菌含量，直至合格为止。

新安装的给水管道消毒时，每100m管道用水及漂白粉用量见表3-30。

表3-30 每100m管道消毒用水量及漂白粉用量

管径 DN(mm)	15 ~ 50	75	100	150	200	250	300
水用量(m³)	0.8 ~ 5	6	8	14	22	32	42
漂白粉用量(kg)	0.09	0.11	0.14	0.24	0.38	0.55	0.93

七 排水工程

【要 点】

公园中为满足游人及管理人员生活的需要，每天都会产生生活污水。此外，由于园林需要利用地形起伏创造环境空间，也会导致一些天然降水不能排出。为保持环境，应及时收集和排出这些污水，园林排水工程的主要任务就是排出生活污水和天然降水。

【解 释】

◆ **园林排水的特点**

根据园林环境、地形和内部功能等方面与一般城市给水工程情况的不同，可以看出其排水工程具有以下几个主要方面的特点：

(1)地形变化大，适宜利用地形排水

园林绿地中既有平地又有坡地，甚至还可有山地。地面起伏度大，就有利于组织地面排水。利用低地汇集雨雪水到一处，使地面水集中排除比较方便，也比较容易进行净化处理。地面水的排除可以不进地下管网而利用倾斜的地面和少数排水明渠直接排入园林水体中，这样可以在很大程度上简化园林地下管网系统。

(2)与园林用水点分散的给水特点不同，园林排水管网的布置却较为集中

排水管网主要集中布置在人流活动频繁、建筑物密集、功能综合性强的区域中，如餐厅、茶室、游乐场、游泳池、喷泉区等地方，而在林地区、苗圃区、草地区、假山区等功能单一而又面积广大的区域，则多采用明渠排水，不设地下排水管网。

(3)管网系统中雨水管多,污水管少

相对而言,园林排水管网中的雨水管数量明显多于污水管。这主要是因为园林产生污水比较少的缘故。

(4)园林排水成分中,污水少,雨雪水和废水多

园林内所产生的污水主要是餐厅、宿舍、厕所等的生活污水,基本上没有其他污水源。污水的排放量只占园林总排水量的很小一部分,占排水量大部分的是污染程度很轻的雨雪水和各处水体排放的生产废水及游乐废水。这些地面水常常不需进行处理就可直接排放,或者仅简单处理后再排除或再重新利用。

(5)园林排水的重复使用可能性很大

园林内大部分排水的污染程度不严重,因而基本上都可以在经过简单的混凝澄清、除去杂质后,用于植物灌溉、湖池水源补给等方面,水的重复使用效率比较高。一些喷泉池、瀑布池等,还可以安装水泵,直接从池中汲水并在池中使用,实现池水的循环利用。

◆ **园林排水一般规定**

排水工程必须按设计文件和施工图纸进行施工。

排水工程施工所用原材料和半成品、成品、设备及有关配件必须符合设计要求和有关技术标准,并有出厂合格证。

排水工程施工必须遵守国家和地方有关交通、安全、劳动保护、防火和环境保护等方面的法规。进入下水道管内作业(包括新旧管道)都要严格遵守管内作业安全操作规程(规定)。

施工中如发现有文物或古墓等,应妥善保护,并应报请有关部门处理。

在施工场地内,如有测量用的永久性标桩或地质、地震部门设置的观测设施应加以保护,对地上、地下各种设施及建筑如需要拆迁或加固时,都要按照城市拆迁法规办理。

在工程建设中应积极采用新工艺、新材料,应使用经过试验、鉴定的成果,并应根据工程实际需要制定相应的操作规程、质量指标,施工过程中应积累技术资料,保存好原始记录,工程竣工后要进行实测反馈技术数据。

排水工程在雨期及冬期施工时,应遵守有关规定及施工组织设计(方案)中的有关技术措施。

工程在开工前应做好工程前期工作,工程进行中应遵守各项技术规章制度,工程竣工后应按有关规定进行竣工验收。

如在工程实施过程中需要补充修订本规程,应由原主编单位核定。

◆ **园林排水施工准备**

排水工程施工前应由设计单位进行设计交底和现场交桩,施工单位应深入了解设计文件及要求,掌握施工特点及重点。如发现设计文件有错误或与施工实现条件无法相适应时,应及时与设计单位和建设单位联系解决。

施工前应根据施工需要进行调查研究,充分掌握下列情况和资料:

1)现场地形及地上、地下、水下现有建筑物的情况。

2)工程地质和水文地质有关资料。

3)气象资料,特别注意降水和冰冻资料。

4)工程用地情况,交通运输条件及施工排水条件。

5)施工所需供电、供水条件。

6）工程施工机械和工程材料供应落实。

7）在水体中或岸边施工时,应掌握水体的水位、流速、流量、潮汐、浪高、冲刷、淤积、漂浮物、冰凌和航运等情况,以及有关管理部门的法规和对施工的要求。

8）排水工程与农业所产生的各类问题,双方应事先签订协议后才能施工。

各项工程的每道工序施工操作都必须严格控制质量,严格贯彻执行小组自检、互检、工序交接验收、隐蔽工程验收、竣工验收等制度,上道工序不合格时,不得进行下道工序的施工。施工全面质量管理是提高工程质量的有力措施和保证。

◆ **排水类型及体制**

（1）污水

污水按照来源可分为生活污水和工业废水两类。

1）生活污水在园林中主要指从办公楼、小卖部、餐厅、茶室、公厕等排出的水。生活污水中多含酸、碱、病菌等有害物质,需经过处理后方能排放到水体,或用于灌溉等。

2）工业废水指工业生产过程中产生的废水,园林中一般没有。

（2）天然降水

主要指雨水和雪水,降水特点是比较集中,流量比较大,可直接排入园林水体或排水系统中。

（3）排水系统的体制

对生活污水、工业废水和降水采用不同的排除方式所形成的排水系统,称为排水体制,又称排水制度,可分为合流制和分流制两类。

1）合流制排水系统。将生活污水、工业废水和雨水混合在一个管渠内排除的系统称为合流制排水系统,又可细分为直排式合流制、截流式合流制和全处理合流制。

2）分流制排水系统。将生活污水、工业废水和雨水分别在两个或两个以上各自独立的管渠内排除的系统称为分流制排水系统,又可细分为完全分流制、不完全分流制和半分流制。

◆ **地面排水**

地面排水主要指排除天然降水。在园林竖向设计时,不但要考虑造景的需要,还要考虑园林排水的要求,尽量利用地形将降水排入水体以降低工程造价。地面排水最突出的问题是产生地表径流,冲刷植被和土壤。在设计时要减缓坡度,控制坡长或采取多坡的形式;在工程措施上利用景石、植被等,减缓水的流动力,减少冲刷。

对地面排水出水口的处理办法是:对于一些集中汇集的天然降水,主要是将一定的面积内的天然降水汇集到一起,由明渠等直接注入水体。由于出水口的水量和冲力都比较大,为保护水体的驳岸不受损坏,常采取一些工程措施。驳岸一般用砖砌或混凝土浇筑而成,对于地面与水面高差较大的,可将出水口做成台阶或礓磋状,不但可减缓水流速度,还能创造水的音响效果,增加游园情趣。

◆ **管渠排水**

公园绿地应尽可能利用地形排除雨水,但在某些局部如广场、主要建筑周围或难于利用地面排水的局部,可以设置暗管或暗渠排水。生活污水排入城市排水系统,这些管渠可根据分散和直接的原则,分别排入附近水体或城市雨水管,不必做完整的系统。

（1）雨水管渠的基本知识

1）管道的最小覆土深度应根据雨水井连接管的坡度、冰冻深度和外部荷载情况确定,雨水管的最小覆土深度不小于 0.7m。

2）最小坡度：

① 雨水管道的最小坡度规定见表3-31。

表3-31 雨水管道各种管径的最小坡度

管 径(mm)	最 小 坡 度
200	0.004
300	0.0033
350	0.003
400	0.002

② 道路边沟的最小坡度不小于0.002。

③ 梯形明渠的最小坡度不小于0.0002。

3）最小容许流速：

① 各种管道在自流条件下的最小容许流速不得小于0.75m/s。

② 各种明渠不得小于0.4m/s（个别地方可酌减）。

4）最小管径及沟槽尺寸：

① 雨水管最小管径不小于300mm，一般雨水口连接管最小管径为200mm，最小坡度为0.01。由于公园绿地的径流中挟带泥沙及枯枝落叶较多，容易堵塞管道，故最小管径限值可适当放大。雨水口连接管最小管径为200mm，最小坡度为0.01。

② 梯形明渠为了便于维修和排水通畅，渠底宽度不得小于30cm。

③ 梯形明渠的边坡，用砖石或混凝土块铺砌的一般采用(1：0.75)～(1：1)的边坡。边坡在无铺装情况下，根据其土壤性质可采用表3-32的数值。

表3-32 梯形明渠的边坡

明 渠 土 质	边 坡
粉砂	1：3～1：3.5
松散的细砂、中砂、粗砂	1：2～1：2.5
细实的细砂、中砂、粗砂	1：1.5～1：2.0
黏质砂土	1：1.5～1：2.0
砂质黏土和黏土	1：1.25～1：1.5
干砌块石	1：1.25～1：1.5
浆砌块石及浆砌砖	1：0.5～1：1

5）排水管渠的最大设计流速：

① 管道：金属管为10m/s，非金属管为5m/s。

② 明渠：水流深度 h 为0.4～1.0m 时，可按表3-33采用。

表3-33 明渠最大设计流速

明 渠 类 别	最大设计流速(m/s)
粗砂及贫砂质黏土	0.8
砂质黏土	1.0
黏土	1.2
石灰岩及中砂岩	4.0
草皮护面	1.6
干砌块石	2.0
浆砌块石及浆砌砖	3.0
混凝土	4.0

（2）管道的接口形式

排水管道的接口形式应根据管道材料、连接形式、排水性质、地下水位和地质条件等确定。排水管道的不透水性和耐久性，在很大程度上取决于敷设管道时接口的质量。管道接口应具有足够的强度，不透水，能抵抗污水和地下水的侵蚀并具有一定的弹性。

1）接口形式及适用条件。

室外排水管道最常用的为混凝土管和钢筋混凝土管。管口的形状有企口、平口、承插口，企口和平口又可直接连接或加套连接。根据接口的弹性，接口形式一般为柔性、刚性和半柔性三种。

① 柔性接口。柔性接口允许管道纵向轴线交错 3 ~ 5mm 或交错一个较小的角度，而不致引起渗漏。常用的柔性接口有石棉沥青接口、沥青麻布接口、沥青砂浆灌口接口和沥青油膏接口。柔性接口施工复杂，造价较高，但在地震区采用有其独特的优越性。

② 刚性接口。刚性接口不允许管道有轴向的交错，但比柔性接口施工简单，造价较低，因此采用较广泛。常用的刚性接口有水泥砂浆抹带接口、钢丝网水泥砂浆抹带接口、膨胀水泥砂浆抹带接口等。刚性接口抗震性能差，用在地基较好、有带形基础的无压管道上。

③ 半柔性接口。半柔性接口介于上述两种接口形式之间。使用条件与柔性接口类似。

2）几种常用的接口方法。

① 水泥砂浆抹带接口。在管的接口处用 1 : 2.5（重量比）水泥砂浆配比抹成半椭圆形或其他形状的砂浆带，带宽 120 ~ 150mm，带厚 30mm。抹带前保持管口洁净。一般适用于地基土质较好的雨水管道。企口管、平口管、承插管均可采用这种接口。

② 钢丝网水泥砂浆抹带接口。将抹带范围的管外壁凿毛，抹 1 : 2.5（重量比）水泥砂浆一层，厚 15mm，中间采用 20 号 10 × 10 钢丝网一层，两端插入基础混凝土中，上面再抹砂浆一层，厚 10mm，带宽 200mm。适用于地基土质较好的一般污水管道和内压低于 0.05MPa 的低压管道接口。

③ 石棉沥青卷材接口。石棉沥青卷材接口的构造是先将沥青、石棉、细砂按 7.5 : 1 : 1.5 的配合比制成卷材，并将接口处管壁刷净烤干，涂冷底子油一层，再刷沥青油浆作粘合剂（厚 3 ~ 5mm），包上石棉沥青卷材，外面再涂 3mm 厚的沥青砂浆。石棉沥青卷材带宽为 150 ~ 200mm。一般适用于无地下水的无压管道。

④ 沥青麻布接口。沥青麻布接口构造为管口外壁先涂冷底子油一遍，再在接口处涂四道沥青裹三层麻布（或玻璃布），再用 8 号铅丝绑牢。麻布宽度依次为 150mm，200mm，250mm，搭接长均为 150mm。适用于无地下水、地基良好的无压管道。

⑤ 沥青砂浆灌口接口。沥青砂浆灌口接口的做法为先将管口刷净，用 M13 水泥砂浆捻缝，刷冷底子油一遍，然后用预制模具定型，再在模具上部开口灌沥青砂浆（一般沥青砂浆配合比为沥青 : 石棉 : 沙 = 3 : 2 : 2）。该接口带宽 150 ~ 200mm，厚 20 ~ 25mm，适用于无地下水、地基无严重不均匀沉陷的无压管道。

⑥ 石棉水泥接口。石棉水泥接口为先将管口及套环刷净，接口用重量比为 1 : 3 的水泥砂浆捻缝，套环接缝处嵌入油麻（宽 20mm），再在两边填实石棉水泥。适用于地基较弱、可能产生不均匀沉陷且位于地下水位以下的排水管道。

⑦ 沥青砂浆接口。洗净管口和套环，接口用重量比为 1 : 3 的水泥砂浆捻缝，灌沥青砂浆，两端用绑扎绳扎牢填实。适用于地基不均匀地段，或地基经过处理后管道可能产生不均匀

沉陷且位于地下水位以下的排水管道。

⑧ 沥青油膏接口。洗净管口和套环,接口用质量比为 1∶3 的水泥砂浆捻缝,套环接缝处嵌入油麻两道,两边填沥青油膏。沥青油膏配比为石油沥青∶重松节油∶废机油∶石灰棉∶滑石粉 =100∶11.1∶44.5∶11∶90。该接口的适用条件同沥青砂浆灌口接口。

（3）排水管道基础

1）排水管道基础的组成及形式排水管道基础一般由地基、基础和管座三个部分组成。管道的地基与基础要有足够的承载力和可靠的稳定性,否则排水管道可能产生不均匀沉陷,造成管道错口、断裂、渗漏等现象,导致对附近地下水的污染,甚至影响附近建筑物的基础。根据管道的性质、埋深、土壤的性质、荷载情况选择管道基础,常用的形式有素土基础、灰土基础、砂垫层基础、混凝土枕基和带形基础。

2）基础选择根据地质条件、布置位置、施工条件、地下水位、埋深及承载情况确定。

① 干燥密实的土层、管道不在车行道下、地下水位低于管底标高且非几种管道合槽施工时可采用素土或灰土基础,但接口处必须做混凝土枕基。

② 岩土和多石地层采用砂垫层基础。砂垫层厚度不宜小于 200mm,接口处应做混凝土枕基。

③ 一般土层或各种混凝土层以及车行道下敷设的管道,应根据具体情况,采用 90°~180°混凝土带形基础。

④ 地基松软或不均匀沉降地段,管道基础和地基应采取相应的加固措施,管道接口应采用柔性接口。

3）常用的管道基础。

① 砂土基础。包括弧形素土基础、灰土基础及砂垫层基础。

弧形素土基础是在原土基础上挖一弧形管槽(通常采用 90°弧形),管道落在弧形管槽里,如图 3-9(a)所示。

灰土基础,即灰土的重量配合比(石灰∶土)为 3∶7,基础采用弧形,厚 150mm,弧中心角为 60°。

砂垫层基础是在挖好的弧形管槽上,用带棱角的粗砂填 10~15cm 厚的砂垫层,如图 3-9(b)所示。

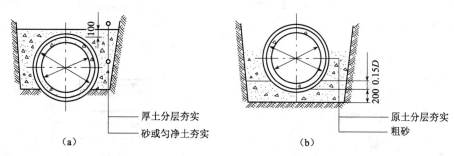

图 3-9　砂土基础

② 混凝土枕基。混凝土枕基也称混凝土垫块,是管道接口设置的局部基础,如图 3-10 所示。通常在管道接口下用 C7.5 或 C10 的混凝土做成枕块。

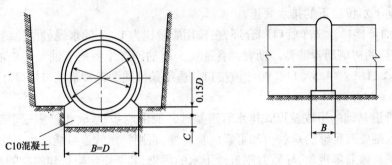

图 3-10　混凝土枕基

③ 混凝土带形基础。混凝土带形基础是沿管道全长铺设混凝土的基础。按管座的形式不同分为 90°,120°,135°,180°,360° 等多种管座基础,如图 3-11 所示。无地下水时,可直接在槽底老土上浇混凝土基础;有地下水时,常在槽底铺 10~15cm 厚的卵石或碎石垫层,然后再在上面浇筑混凝土基础。

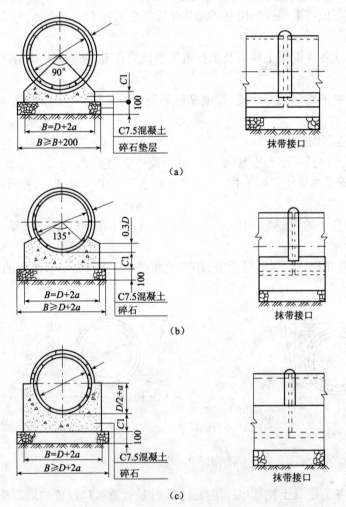

图 3-11　混凝土带形基础

(a) Ⅰ型基础(90°);(b) Ⅱ型基础(135°);(c) Ⅲ型基础(180°)

◆**雨水灌渠布置要点**

尽量利用地表面的坡度汇集雨水,以达到所需管线最短。在可以利用地面输送雨水的地方尽量不设置管道,使雨水能顺利地靠重力流排入附近水体。

当地形坡度较大时,雨水干管应布置在地形低的地方;在地形平坦时,雨水干管应布置在排水区域的中间地带,以尽可能地扩大重力流排除范围。

应结合区域的总体规划进行考虑,如道路情况、建筑物情况、远景建设规划等。

雨水口的布置应考虑到能及时排除附近地面的雨水,不致使雨水漫过路面而影响交通。

为及时快速地将雨水排入水体,若条件允许,应尽量采用分散出水口的布置形式。

在满足冰冻深度和荷载要求的前提下,管道坡度宜尽量接近地面坡度。

◆**暗渠排水**

暗渠又叫盲沟,是一种地下排水渠道,用以排除地下水,降低地下水位。在一些要求排水良好的活动场地和地下水位较高的地区,以及作为某些不耐水的植物生长区的一种工程措施,效果较好,如体育场、儿童游戏场等或地下水位过高影响植物种植和开展游园活动的地段,都可以采用暗渠排水。

(1)暗渠排水的优点

1)取材方便,可废物利用,造价低廉。

2)不需要检查井或雨水井之类的排水构筑物,地面不留"痕迹",从而保持了绿地或其他活动场地的完整性,尤其适用于公园草坪的排水。

(2)暗渠的布置

依地形及地下水的流动方向可做成干渠和支渠相结合的地下排水系统,暗渠渠底纵坡不小于5‰,只要地形等条件许可,纵坡坡度应尽可能取大些,以利地下水的排出。

(3)暗渠埋深和间距

暗渠的排水量与其埋置深度和间距有关,而暗渠的埋深和间距又取决于土壤的质地。

1)暗沟的埋置深度。

影响埋深的因素有如下几方面:

① 植物对水位的要求。例如草坪区的暗渠的深度不小于1m,不耐水的松柏类乔木,要求地下水距地面不小于1.5m。

② 受不同的植物根系的大小深浅破坏的影响各异。

③ 土壤质地的影响。土质疏松可浅,重黏土应该深些,见表3-34。

表3-34 土壤质地与暗渠的密度

土 壤 类 别	埋 深(m)
砂质土	1.2
壤土	1.4~1.6
黏土	1.4~1.6
泥炭土	1.7

④ 地面上有无荷载。

⑤ 在北方冬季严寒地区有冰冻破坏的影响。

暗渠埋置的深度不宜过浅,否则表土中的养分易流失。

2)支管的设置间距。

暗渠支管的数量和排水量与地下水的排除速度有直接的关系。在公园或绿地中如需设暗沟排地下水以降低地下水位,则暗渠的密度可根据表 3-34 和表 3-35 选择。

表 3-35　土壤质地与暗渠支管的管深、管距

土 壤 种 类	管　深(m)	管　距(m)
重黏土	1. 15 ~ 1. 30	8 ~ 9
致密黏土和泥炭岩黏土	1. 20 ~ 1. 35	9 ~ 10
沙质或黏壤土	1. 1 ~ 1. 6	10 ~ 12
致密壤土	1. 15 ~ 1. 55	12 ~ 14
沙质壤土	1. 15 ~ 1. 55	1. 4 ~ 1. 6
多砂壤土或砂质中含腐殖质	1. 15 ~ 1. 50	16 ~ 18
沙	—	20 ~ 24

因采用的透水材料多种多样,所以暗渠的类型也比较多。图 3-12 是排水暗渠的几种构造,可供参考。图 3-13 所示为为降低地下水而设置的一段排水暗沟,这种以透水材料和管道相结合的排水暗沟,能较快地将地下水排出。

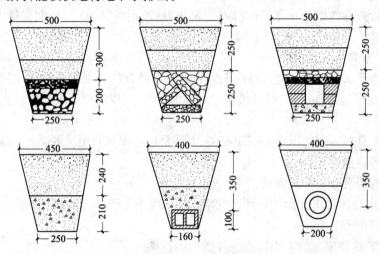

图 3-12　排水暗渠的几种构造(单位:mm)

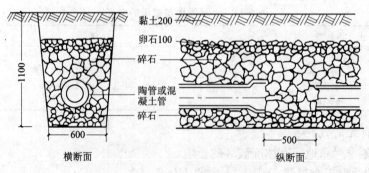

图 3-13　透水暗渠(单位:mm)

【相关知识】

◆地面排水与水土保持

雨水径流对地表的冲刷是地面排水所面临的主要问题。必须采取合理措施来防止冲刷，保持水土，维护园林景观。通常从以下四方面着手：

(1)地形设计时充分考虑排水要求

1)注意控制地面坡度，使之不至于过陡，否则应另采取措施以减少水土流失。

2)同一坡度(即使坡度不大)的坡面不宜延伸过长，应该有起伏变化以阻碍缓冲径流速度，同时也丰富了园林地貌景观。

3)用顺等高线的盘山道、谷线等拦截和组织排水。

(2)采取工程措施

园林中利用地面或明渠排水，在排入园内水体时，为了保护岸坡，出水口应做适当处理，常见的有以下两种方式：

1)"水簸箕"。它是一种敞口排水槽，槽身的加固可采用三合土、浆砌块石(或砖)或混凝土。

当排水槽上下口高差大时：①可在下口设栅栏起消力和防护作用，见图3-14(a)；②在槽底设置"消力阶"，见图3-14(b)；③槽底做成礓磋状(连续的浅阶)，见图3-14(c)；④在槽底砌消力块等，见图3-14(d)。

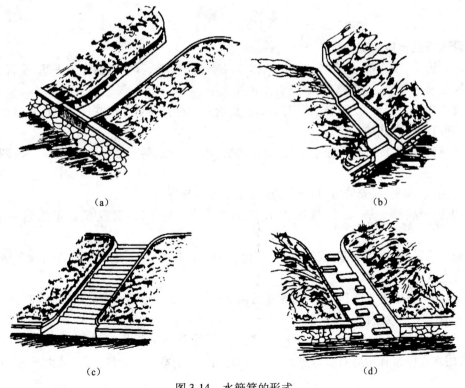

(a)

(b)

(c)

(d)

图3-14　水簸箕的形式

(a)栅栏式；(b)消力阶；(c)礓磋式；(d)消力块

115

2)埋管排水。利用路面或道路边沟将雨水引至濒水地段低处或排放点,设于水口埋置暗管将水排入水体。

(3)充分利用园路

园路和其他地面铺装具有较强的抗冲刷能力,而且很多园林中园路低于绿地,因此可利用园路引导和输送雨水径流。

(4)植物、山石的使用

地被植物具有对地表径流加以阻碍、吸收以及固土等诸多作用,因而通过加强绿化、合理种植、用植被覆盖地面是防止地表水土流失的有效措施与正确选择。

地表径流在谷线或山洼处汇集,形成大流速径流,为防止其对地表的冲刷,可在汇水线上布置一些山石,借以减缓水流冲力,降低流速,起到保护地表的作用。这些山石就叫"谷方"。谷方需深埋浅露加以稳固。"挡水石"则是布置在山道边沟坡度较大处,作用和布置方式同谷方相近。

八 排水管道安装

【要　点】

排水管道的铺设是排水施工过程中非常重要的一个步骤,施工质量关系到整个排水工程的施工质量。排水管道突出的特点是流量大,管径大,不使用管件。

【解　释】

◆**排水管道安装一般规定**

排水管道安装是指普通平口、企口、承插口混凝土管安装,其中包括浇筑平基、安管、接口、浇筑管座混凝土、闭水(闭气)试验、支管连接等工序。

铺设所用的混凝土管、钢筋混凝土管及缸瓦管必须符合质量标准并具有出厂合格证,不得有裂纹,管口不得有残缺。

刚性基础、刚性接口管道安装方法,分普通法、四合一法、前三合一法、后三合一法四种,其简化工序如下:

1)普通法:即平基、安管、接口、管座四道工序分四步进行。

2)四合一法:即平基、安管、接口、管座四道工序连续操作,以缩短施工周期,管道结构整体性好。

3)前三合一法:即将平基、安管、接口三道工序连续操作。待闭水(闭气)试验合格后,再浇筑混凝土管座。

4)后三合一法:即先浇筑平基,待平基混凝土达到一定强度后,再将安管、接口、浇筑管座混凝土三道工序连续进行。

管材必须具有出厂合格证。管材进场后,在下管前应进行外观检查(裂缝、缺损、麻面等)。采用水泥砂浆抹带应对管口进行凿毛处理(小于 $\phi800$ 外口处理,等于或大于 $\phi800$ 里口处理)。

如不采用四合一与后三合一铺管法时,做完接口,经闭水或闭气检验合格后,方能浇筑混凝土包管。

倒撑工作必须遵守以下规定:

1)倒撑之前应对支撑与槽帮情况进行检查,如有问题妥善处理后方可倒撑。

2)倒撑高度应距管顶20cm以上。

3)倒撑的立木应立于排水沟底,上端用撑杠顶牢,下端用支杠支牢。

排水管道安装质量,必须符合下列要求:

1)纵断高程和平面位置准确,对高程应严格要求。

2)接口严密坚固,污水管道必须经闭水试验合格。

3)混凝土基础与管壁结合严密、坚固稳定。

凡暂时不接支线的预留管口,应砌死并用水泥砂浆抹严,但同时应考虑以后接支线时拆除的方便。

新建排水管道接通旧排水管道时,必须事先与市政工程管理部门联系,取得配合。在接通旧污水或合流管道时,必须会同市政工程管理部门制定技术措施,以确保工程质量、施工安全及旧管道的正常运行。进入旧排水管道检查井内或沟内工作时,必须事先和市政工程管理部门联系,遵守其安全操作的有关规定。

◆管道的稳固

槽内运管,槽底宽度许可时,管子应滚运;槽底宽度不许可滚运时,可用滚杠或特制的运管车运送。在未打平基的沟槽内用滚杠或运管车运管时,槽底应铺垫木板。

稳管前应将管子内外清扫干净。

稳管时应根据高程线认真掌握高程,高程以量管内底为宜,当管子椭圆度及管皮厚度误差较小时,可量管顶外皮。调整管子高程时,所垫石子、石块必须稳固。

对管道中心线的控制,可采用边线法或中线法。采用边线法时,边线的高度应与管子中心高度一致,其位置以距管外皮10mm为宜。

在垫块上稳管时,应注意以下两点:

1)垫块应放置平稳,高程符合质量标准。

2)稳管时管子两侧应立保险杠,防止管子从垫块上滚下伤人。

稳管的对口间隙,管径700mm及大于700mm的管子按10mm掌握,便于管内勾缝;管径600mm以内者,可不留间隙。

在平基或垫块上稳管时,管子稳好后,应用干净石子或碎石从两边卡牢,防止管子移动。稳管后应及时灌注混凝土管座。

枕基或土基管道稳管时,一般挖弧形槽并铺垫砂子,使管子与土基接触良好。

稳较大的管子时,宜进入管内检查对口,减少错口现象。

稳管质量标准:

1)管内底高程允许偏差±10mm。

2)中心线允许偏差10mm。

3)相邻管内底错口不得大于3mm。

◆管道的安装

管材在施工现场内的倒运要求如下:

1)根据现场条件,管材应尽量沿线分孔堆放。

2)采用推土机或拖拉机牵引运管时,应用滑扛并严格控制前进速度,严禁用推土机铲推管。

3)当运至指定地点后,对存放的每节管应打眼固定。

平基混凝土强度达到设计强度的50%,且复测高程符合要求后方可下管。

下管常用方法有吊车下管、扒杆下管和绳索溜管等。

下管操作时要有明确分工,应严格遵守有关操作规程的规定施工。

下管时应保证吊车等机具及坑槽的稳定,起吊不能过猛。

槽下运管,通常在平基上通铺草袋和顺板,将管吊运到平基后,再逐节横向均匀摆在平基上,采用人工横推法。操作时应设专人指挥,保障人身安全,防止管之间互相碰撞。当管径大于管长时,不应在槽内运管。

管道安装,首先将管逐节按设计要求的中心线、高程就位,并控制两管口之间的距离(通常为1.0～1.5cm)。

管径在500mm以下普通混凝土管,管座为90°～120°,可采用四合一法安装;管座为180°或包管时,可采用前三合一法安管。管径在500mm以上的管道特殊情况下亦可采用。

管径500～900mm普通混凝土管可采用后三合一法进行安装。

◆**水泥砂浆接口的处理**

水泥砂浆接口可用于平口管或承插口管,用于平口管者,有水泥砂浆抹带和钢丝网水泥砂浆抹带。

水泥砂浆接口的材料,应选用强度等级为42.5的水泥,砂应过2mm孔径的筛子,砂含泥量不得大于2%。

接口用水泥砂浆配比应按设计规定,设计无规定时,抹带可采取水泥:砂=1:2.5(重量比),水灰比一般不大于0.5。

抹带应与灌注混凝土管座紧密配合,灌注管座后,随即进行抹带,使带与管座结合成一体;如不能随即抹带时,抹带前管座和管口应凿毛,洗净,以利于与管带结合。

管径700mm及大于700mm的管道,管缝超过10mm时,抹带应在管内管缝上部支一垫托(一般用竹片做成),不得在管缝填塞碎石、碎砖、木片或纸屑等。

水泥砂浆抹带操作程序如下:

1)先将管口洗刷干净并刷水泥浆一道。

2)抹第一层砂浆时,应注意找正,使管缝居中,厚度约为带厚的1/3,并压实使之与管壁粘结牢固,表面划成线槽,管径400mm以内者,抹带可一层成活。

3)待第一层砂浆初凝后,抹第二层,并用弧形抹子挼压成形。初凝后,再用抹子赶光压实。

钢丝网水泥砂浆抹带,钢丝网规格应符合设计要求并应无锈、无油垢。每圈钢丝网应按设计要求,留出搭接长度,事先截好。

钢丝网水泥砂浆抹带操作程序如下:

1)管径600mm及大于600mm的管子,抹带部分的管口应凿毛;管径500mm及小于500mm的管子应刷去浆皮。

2)将已凿毛的管口洗刷干净,刷水泥浆一道。

3)在灌注混凝土管座时,将钢丝网按设计规定位置和深度插入混凝土管座内,并另加适当抹带砂浆,认真捣固。

4)在带的两侧安装好弧形边模。

5)抹第一层水泥砂浆应压实,使与管壁粘结牢固,厚度为 15mm,然后将两片钢丝网包拢,用 20 号镀锌钢丝将两片钢丝网扎牢。

6)待第一层水泥砂浆初凝后,抹第二层水泥砂浆厚 10mm,同上法包上第二层钢丝网,搭茬应与第一层错开(如只用一层钢丝网时,这一层砂浆即与模板抹平,初凝后赶光压实)。

7)待第二层水泥砂浆初凝后,抹第三层水泥砂浆,与模板抹平,初凝后赶光压实。

8)抹带完成后,一般 4~6h 可以拆除模板,拆时应轻敲轻卸,不碰坏带的边角。

直径 700mm 及大于 700mm 的管子的内缝,应用水泥砂浆填实抹平,灰浆不得高出管内壁。管座部分的内缝,应配合灌注混凝土时勾抹。管座以上的内缝应在管带终凝后勾抹,也可在抹带以前,将管缝支上内托,从外部将砂浆填实,然后拆去内托,勾抹平整。

直径 600mm 以内的管子,应配合灌注混凝土管座,用麻袋球或其他工具,在管内来回拖动,将流入管内的灰浆拉平。

承插管铺设前应将承口内部及插口外部洗刷干净。铺设时应使承口朝着铺设前进方向。第一节管子稳好后,应在承口下部满座灰浆,随即将第二节管的插口挤入,注意保持接口缝隙均匀,然后将砂浆填满接口,填捣密实,口部抹成斜面。挤入管内的砂浆应及时抹光或清除。

水泥砂浆各种接口的养护均宜用草袋或草帘覆盖并洒水养护。

水泥砂浆接口质量标准:

1)抹带外观不裂缝,不空鼓,外光里实,宽度厚度允许偏差 0~+5mm。

2)管内缝平整严实,缝隙均匀。

3)承插接口填捣密实,表面平整。

◆ 止水带的施工

止水带用于大型管道需设沉降缝的部位,技术要点如下:

1)止水带的焊接:分平面焊接和拐角焊接两种形式。焊接时使用特别的夹具进行热合,截口应整齐,两端应对正,拐角处和丁字接头处可预制短块,亦可裁成坡角和 V 形口进行热合焊接,但伸缩孔应对准连通。

2)止水带的安装:安装前应保持表面清洁无油污。

就位时,必须用卡具固定,不得移位。伸缩孔对准油板,呈现垂直,油板与端模固定成一体。

3)浇筑止水带处混凝土:止水带的两翼板,应分别两次浇筑在混凝土中,镶入顺序与浇筑混凝土一致。

立向(侧向)部位止水带的混凝土应两侧同时浇灌,并保证混凝土密实而止水带不被压偏。水平(顶或底)部位止水带的下面混凝土先浇灌,保证浇灌饱满密实,略有超存。上面混凝土应由翼板中心向端部方向浇筑,迫使止水带与混凝土之间的气体挤出,以此保证止水带与混凝土成整体。

4)管口处理:止水带混凝土达到强度后,根据设计要求,为加强变形缝防水能力,可在混凝土的任何一侧,将油板整环剔深 3cm,清理干净后,填充 SWER 水膨胀橡胶胶体或填充 CM-R$_2$ 密封膏(也可以用 SWER 条与油板同时镶入混凝土中)。

5)止水带的材质分为天然橡胶、人工合成橡胶两种,选用时应根据设计文件或使用环境确定,但幅宽不宜过窄,并且有多条止水线为宜。

6)止水带在安装与使用中严禁破坏,要保证原体完整无损。

◆**与已通水管道的连接**

区域系统的管网施工完毕并经建设单位验收合格后,即可安排通水事宜。

通水前应周密安排及编写连接实施方案,做好落实工作。

对相接管道的结构形式、全部高程、平面位置、截面形状尺寸、水流方向、水量、全日水量变化、有关泵站与管网关系、停水截流降低水位的可能性、原施工情况、管内有毒气体与物质等资料,均应周密地调查与研究。

做好截流,降低相接通管道内水位的实际试验工作。

必须做到在规定的断流时间内完成接头、堵塞、拆堵,达到按时通水的要求。

为了保证操作人员的人身安全,除必须采取可靠措施外,还必须事先做好动物试验、防护用具性能试验,明确监护人,并遵守《排水管道维护安全技术规程》。

待人员培训、机具、器材、施工方案均确定,联席会议已召开时,报告上级安全部门,验收批准后方可动工。

常用几种接头的方式如下:

(1)与 ϕ1500mm 以下圆形混凝土管道连接

在管道相接处,挖开原旧管全部暴露,工作时按检查井开挖预留,而后以旧管外径作井室内宽,顺管道方向仍保持 1m 或略加大些,其他部分仍按检查井通用图砌筑,当井壁砌筑高度高出最高水位,抹面养护 24h 后,可将井室内的管身上半部砸开,即可拆堵通水。在施工中应注意以下要点:

1)开挖土方至管身两侧时,要求两侧同时下挖,避免因侧向受压造成管身滚动。

2)如管口漏水严重应采取补救措施。

3)要求砸管部位规则、整齐,清堵彻底。

(2)管径过大或异形管身相接

1)如果被接管道整体性好,是混凝土浇筑体时,开挖外露后采用局部砸洞将管道接入。

2)如果构筑物整体性差,不能砸洞,及新旧管道高程不能连接时,应会同设计和建设单位研究解决。

◆**平口、企口混凝土管柔性接口的处理**

排水管道 CM-R$_2$ 密封膏接口适用于平口、企口混凝土下水管道;环境温度 $-20 \sim 50$℃。管口粘结面应保持干燥。

应用 CM-R$_2$ 密封膏进行接口施工时,必须降低地下水位,至少低于管底 150mm,槽底不得被水浸泡。

应用 CM-R$_2$ 密封膏接口,需根据季节气温选择 CM-R$_2$ 密封膏黏度。其应用范围见表 3-36。

表 3-36　CM-R$_2$ 密封膏黏度应用范围

季　　　节	CM-R$_2$ 密封膏黏度(Pa·s)
夏季(20～50℃)	65000～75000
春、秋季(0～20℃)	60000～65000
冬季(-20～0℃)	55000～60000

当气温较低,CM-R$_2$密封膏黏度偏大不便使用时,可用甲苯或二甲苯稀释,并应注意防火安全。

CM-R$_2$密封膏应根据现场施工用量加工配制,必须将盛有CM-R$_2$密封膏的容器封严,存放在阴凉处,不得日晒,环境温度与CM-R$_2$密封膏存放期的关系,应符合表3-37的规定。

表3-37　环境温度与密封膏存放期

环境温度(℃)	存　放　期
20~40	<1个月
0~20	<2个月
-20~0	2个月以上

在安管前,应用钢丝刷将管口粘结端面及与管皮交界处清刷干净见新面,并用毛刷将浮尘刷净。管口不整齐亦应处理。

安装时,沿管口圆周应保持接口间隙8~12mm。

管道在接口前,间隙需嵌塞泡沫塑料条,成形后间隙深度约为10mm。

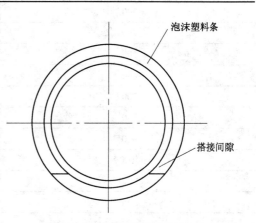

图3-15　沿上管口嵌其余间隙图

1)直径在800mm以上的管道,先在管内,沿管底间隙周长的1/4均匀嵌塞泡沫塑料条,两侧分别留30~50mm作为搭接间隙。在管外,沿上管口嵌其余间隙,应符合图3-15的规定。

2)直径在800mm以下的管道,在管底间隙1/4周长范围内,不嵌塞泡沫塑料条。但需在管外底沿接口处的基础上挖一深150mm,宽200mm的弧形槽,并做外接口。外接口做完后,要将弧形槽用砂填满。

用注射枪将CM-R$_2$密封膏注入管接口间隙,根据施工需要调整注射压力在0.2~0.35MPa。分两次注入,先做底口,后做上口。

1)CM-R$_2$密封膏一次注入量为注膏槽深的1/2。且在槽壁两侧均匀粘涂CM-R$_2$密封膏,表面风干后用压缝溜子和油工铲抹压修整。

2)24h后,二次注入CM-R$_2$密封膏将槽灌满,表面风干后压实。

上口与底口CM-R$_2$密封膏的连接:上口与底口CM-R$_2$密封膏在管底周长1/4衔接,CM-R$_2$密封膏必须充满搭接间隙并连为一体。

3)当管道直径小于800mm时,底口用载有密封膏的土工布条(宽80mm)在管外底包贴,必须包贴紧密,并与上口CM-R$_2$密封膏衔接密实。

施工注意事项:

1)槽内被水浸泡过或雨淋后,接口部位潮湿时,不得进行接口施工,应风干后进行。必要时可用"02"和"03"堵漏灵刷涂处理,再做CM-R$_2$密封膏接口。

2)接口时和接口后,应防止管子滚动以保证CM-R$_2$密封膏的粘结效果。

3)施工人员在作业期间不得吸烟,作业区严禁明火,并应遵照防毒安全操作规程。如进入管道内操作,要有足够通风环境,管道必须有两个以上通风口,并不得有通风死道。

外观检查：

1）CM-R$_2$密封膏灌注应均匀、饱满、连续，不得有麻眼、孔洞、气鼓及膏体流淌现象。

2）CM-R$_2$密封膏与注膏槽壁粘结应紧密连为一体，不得出现脱裂或虚贴。

3）当接口检查不合要求时，应及时进行修整或返工。

闭气检验：

闭气检验可按《混凝土排水管道工程闭气检验标准》规定进行。

不同管径每个接口 CM-R$_2$ 密封膏用量可参考表 3-38。

表 3-38　密封膏用量

管　　　径（mm）	密封膏用量（g）
300	560～750
400	750～1000
500	950～1300
600	1100～1500
700	1300～1800
800	1500～2000
900	1700～2300
1000	1900～2500
1100	2100～2800
1200	2300～3000

平口混凝土管柔性接口的管道基础与承插口管道的砂石基础相同。

◆ **承插口管的连接**

采用承插口管材的排水管道工程必须符合设计要求，所用管材必须符合质量标准并具有出厂合格证。

管材在安装前，应对管口、直径、椭圆度等进行检查，必要时应逐个检测。

管材在装卸和运输时，应保证其完整，插口端用草绳或草袋包扎好。包扎长度不小于25cm，并将管身平放在弧形垫木上，或用草袋垫好、绑牢，防止由于振动，造成管材破坏。装在车上管身在车外，最大悬臂长度不得大于自身长度的 1/5。

管材在现场应按类型、规格、生产厂地分别堆放，管径 1000mm 以上不应码放，管径小于900mm 的码垛层数应符合表 3-39 的规定。

表 3-39　堆放层数

管　内　径（mm）	堆　放　层　数
500～900	3
300～400	4

每层管身间在 1/4 处用支垫隔开，上下支垫对齐，承插端的朝向，应按层次调换朝向。

管材在装卸和运输时，应保证其完整。对已造成管身、管口缺陷又不影响使用、闭水闭气合格的管材，允许用环氧树脂砂浆或用其他合格材料进行修补。

吊车下管，在高压架空输电线路附近作业时，应严格遵守电业部门的有关规定，起吊平稳。

支撑槽,吊管下槽之前,根据立吊车与管材卸车等条件,一孔之中,选一处倒撑,为了满足管身长度需要,木顺水可改用工字钢代替,替撑后,其撑杠间距不得小于管身长度0.5m。

管道安装对口时,应保持两管同心插入,胶圈不扭曲,就位正确。

胶圈形式、截面尺寸、压缩率及材料性能必须符合设计规定,并与管材相配套。

砂石垫层基础施工中,槽底不得有积水、软泥,其厚度必须符合设计要求,腋角填充完整到位。

◆ **冬期、雨期的施工**

(1)雨期施工

1)雨期施工应采取以下措施,防止泥土随雨水进入管道,对管径较小的管道,应从严要求。

① 防止地面径流雨水进入沟槽。

② 配合管道铺设,及时砌筑检查井和连接井。

③ 凡暂时不接支线的预留管口,及时砌死抹严。

④ 铺设暂时中断或未能及时砌井的管口,应用堵板或干码砖等方法临时堵严。

⑤ 已做好的雨水口应堵好围好,防止进水。

⑥ 必须做好防止漂管的措施。

2)雨天不宜进行接口,如接口时,应采取必要的防雨措施。

(2)冬期施工

1)冬期进行水泥砂浆接口时,水泥砂浆应用热水拌合,水温不应超过80℃,必要时可将砂加热,砂温不应超过40℃。

2)对水泥砂浆有防冻要求时,拌合时应掺氯盐。

3)水泥砂浆接口应盖草帘养护。抹带者,应用预制木架架于管带上,或先盖松散稻草10cm厚,然后再盖草帘。草帘盖1~3层,根据气温选定。

◆ **闭水试验**

凡污水管道及雨、污水合流管道和倒虹吸管道均必须做闭水试验。雨水管道和与雨水性质相近的管道,除大孔性土壤及水源地区外,可不做闭水试验。

闭水试验应在管道填土前进行,并应在管道灌满水后浸泡1~2昼夜再进行。

闭水试验的水位应为试验段上游管内顶以上2m。如检查井高不足2m时,以检查井高为准。

闭水试验时应对接口和管身进行外观检查,以无漏水和无严重渗水为合格。

闭水试验应按附录闭水法试验进行,实测排水量应不大于表3-40规定的允许渗水量。

表3-40   无压力管道严密性试验允许渗水量

管　　材	管道内径(mm)	允许渗水量[m³/(24h·km)]
混凝土、钢筋混凝土管,陶管及管渠	200	17.60
	300	21.62
	400	25.00
	500	27.95
	600	30.60

管　　材	管道内径(mm)	允许渗水量[m³/(24h·km)]
混凝土、钢筋混凝土管，陶管及管渠	700	33.00
	800	35.35
	900	37.50
	1000	39.52
	1100	41.45
	1200	43.30
	1300	45.00
	1400	46.70
	1500	48.40
	1600	50.00
	1700	51.50
	1800	53.00
	1900	54.48
	2000	55.90

管道内径大于表 3-40 规定的管径时，实测渗水量应不大于按下式计算的允许渗水量：

$$Q = 1.25D$$

式中　Q——允许渗水量，$m^3/(24h \cdot km)$；

　　　D——管道内径，mm。

异形截面管道的允许渗水量可按周长折算为圆形管道计算。

在水源缺乏的地区，当管道内径大于 700mm 时，可按井段数量 1/3 抽验。

【相关知识】

◆排水管道常用管材

(1)对管材的要求

在选择管材时，应综合考虑技术、经济等方面的因素，降低工程造价。具体有以下几点要求：

1)满足强度要求。

2)耐水中杂物的冲刷和磨损，能抗腐蚀，避免因污水、雨水及地下水的酸碱腐蚀而破裂。

3)防水性能好，能防止污水、雨水及地下水相互渗透。

4)内壁光滑，减少阻力。

(2)排水管材

1)混凝土管、钢筋混凝土管、预应力钢筋混凝土管。混凝土管和钢筋混凝土管的管口通常为承插式、企口式、平口式。混凝土管多用于普通地段的自流管段，钢筋混凝土管多用于深埋或土质条件不良的地段。为抵抗外力，当直径大于 400mm 时，通常采用钢筋混凝土管。有压管段可采用钢筋混凝土管和预应力钢筋混凝土管。它们的优点是取材制造方便,强度高;缺点是抗酸、碱腐蚀性差,抗渗性较差,管节短(一般一节长 1m),节点多,施工复杂,在地震烈度大于 8 度的地区及松土、杂土地区不宜敷设,管自重大,搬运施工不便。

2)陶土管。普通的陶土管是由塑性黏土制成的,通常规格管径为 200 ~ 300mm,有效长度为 800mm,耐酸的管径可达 800mm。管节长一般为 300mm,500mm,700mm,1000mm 等几种,适用于排除含酸废水。

陶土管都具有内壁光滑,水流阻力小,不透水性好,耐磨、耐腐蚀等优点,缺点是质脆易碎,抗弯、抗压强度低,不宜敷设于松土或埋深较大的土层中。由于节短,接口多,施工难度和费用都较大。

3)金属管。常用的有铸铁管和钢管。由于金属管材造价高,现很少使用,但在高内压、高外压及对抗渗要求较高的管段必须采用金属管。如穿越铁路和河道的倒虹管、靠近给水管道或靠近房屋基础,地震烈度大于 8 度的地段、地下水位高或流沙严重的地段都应采用金属管。

金属管质地坚固,强度高,抗渗、抗震性均较好,且内壁光滑,水流阻力小,每节管的长度大、接头少;但造价高,抗酸碱及地下侵蚀能力较差,在使用时应涂刷耐腐涂料并注意绝缘。

4)其他材料排水管。随着新型材料的不断研制,用于排水的管材也日益增多,如玻璃纤维混凝土管、强化塑料管、离心混凝土管、玻璃纤维混凝土管、PVC 管等。这些管材都具有质轻,不渗漏,耐腐蚀,内壁光滑等优点,现在 PVC 波纹管在园林中运用较多。

九 排水工程附属构筑物施工

【要　　点】

排水工程构筑物包括雨水井、检查井、叠水井、倒虹管、盲渠等。

【解　　释】

◆一般规定

排水工程构筑物必须保证防水,做到不渗、不漏。

排水工程构筑物砌体中的预埋管、预埋件及预留洞口与砌体的连接应采取防渗漏措施。

排水工程各种构筑物,必须按设计图纸及有关规定施工。

砌筑或安装各型井,应在管道安装后立即进行。

排水工程构筑物所用材料应按设计及有关标准执行。

◆砌井方法

砌井前应检查基础尺寸及高程是否符合图纸规定。

用水冲净基础后,先铺一层砂浆,再压砖砌筑,必须做到满铺满挤,砖与砖间灰缝保持 1cm,拌合均匀,严禁水冲浆。

井身为方形时,采用满丁满条砌法;为圆形时,采用丁砖砌法,外缝应用砖渣嵌平,平整大面向外。砌完一层后,再灌一次砂浆,使缝隙内砂浆饱满,然后再铺浆砌筑上一层砖,上下两层砖间竖缝应错开。

砌至井深上部收口时,应按坡度将砖头打成坡茬以便于井里顺坡抹面。

井内壁砖缝应采用缩口灰,抹面时能抓得牢,井身砌完后,应将表面浮灰残渣扫净。

井壁与混凝土管接触部分必须坐满砂浆,砖面与管外壁留 1～1.5cm,用砂浆堵严并在井壁外抹管箍以防漏水,管外壁抹管箍处应提前洗刷干净。

支管或预埋管应按设计高程、位置、坡度随砌井随安好,做法与上条相同。管口与井内壁取齐。预埋管应在还土前用干砖堵抹面,不得漏水。

护底、流槽应与井壁同时砌筑。

井身砌完后,外壁应用砂浆搓缝,使所有外缝严密饱满,然后将灰渣清扫干净。

如井身不能一次砌完,在二次接高时,应将原砖面泥土杂物清除干净,然后用水清洗砖面并浸透。

砌筑方形井时,用靠尺线锤检查平直,圆井用轮杆,铁水平尺检查直径及水平。如墙面有鼓肚,应拆除重砌,不可砸掉。

井室内有踏步,应在安装前刷防锈漆,在砌砖时用砂浆埋固,不得事后凿洞补装,砂浆未凝固前不得踩踏。

◆ **砂浆**

水泥砂浆配制和应用应符合下列要求:

1)砂浆应按设计配合比配制。

2)砂浆应搅拌均匀,稠度符合施工设计规定。

3)砂浆拌合后,应在初凝前使用完毕。使用中出现泌水时,应拌合均匀后再用。

水泥砂浆使用的水泥不应低于 32.5 级,使用的砂应为质地坚硬、级配良好而洁净的中粗砂,其含泥量不应大于 3%;掺用的外加剂应符合国家现行标准或设计规定。

砂浆试块留置应符合下列规定:

每砌筑 100m³ 砌体或每砌筑段、安装段、砂浆试块不得少于一组,每组 6 块,当砌体不足 100m³ 时,亦应留置一组试块,6 个试块应取自同盘砂浆。

砂浆试块抗压强度的评定:同强度等级砂浆各组试块强度的平均值不应低于设计规定;任一组试块强度不得低于设计强度标准值的 0.75 倍。

当每单位工程中仅有一组试块时,其测得强度值不应低于砂浆设计强度标准值。

砂浆有抗渗、抗冻要求时,应在配合比设计中加以保证,并在施工中应按设计规定留置试块取样检验,配合比变更时应增留试块。

◆ **砌砖的一般要求**

砌筑用砖(或砌块)应符合国家现行标准或设计规定。

砌筑前应将砖用水浸透,不得有干心现象。

混凝土基础验收合格,抗压强度达到 1.2N/mm²,方可铺浆砌筑。

与混凝土基础相接的砌筑面应先清扫,并用水冲刷干净;如为灰土基础,应铲修平整并洒水湿润。

砌砖前应根据中心线放出墙基线,摞底摆缝,确定砌法。

砖砌体应上下错缝,内外搭接,一般宜采用一顺一丁或三顺一丁砌法,防水沟墙宜采用五顺一丁砌法,但最下一皮和最上一皮砖均应用丁砖砌筑。

清水墙的表面应选用边角整齐、颜色均匀、规格一致的砖。

砌砖时,砂浆应满铺满挤,灰缝不得有竖向通缝,水平灰缝厚度和竖向灰缝宽度一般以10mm 为标准,误差不应大于 ±2mm。弧形砌体灰缝宽度,凹面宜取 5~8mm。

砌墙如有抹面,应随砌随将挤出的砂浆刮平。如为清水墙,应随砌随搂缝,其缝深以 1cm 为宜,以便勾缝。

半头砖可作填墙心用,但必须先铺砂浆后放砖,然后再用灌缝砂浆将空隙灌平且不得集中使用。

◆ 方沟和拱沟的砌筑

砖墙的转角处和交接处应与墙体同时砌筑,如必须留置的临时间断处,砌成斜茬。接茬砌筑时,应先将斜茬用水冲洗干净,并注意砂浆饱满。

各砌砖小组间,每米高的砖层数应掌握一致,墙高超过 1.2m 的,宜立皮数杆,墙高小于1.2m 的,应拉通线。

砖墙的伸缩缝应与底板伸缩缝对正,缝的间隙尺寸应符合设计要求并砌筑齐整,缝内挤出的砂浆必须随砌随刮干净。

反拱砌筑应遵守下列规定:

1)砌砖前按设计要求的弧度制作样板,每隔10m 放一块;

2)根据样板挂线,先砌中心一列砖,找准高程后再铺砌两侧,灰缝不得凸出砖面,反拱砌完后砂浆强度达到 25% 时方准踩压;

3)反拱表面应光滑平顺,高程误差不应大于 ±10mm。

拱环砌筑应遵守下列规定:

1)按设计图样制作拱胎,拱胎上的模板应按要求留出伸胀缝,被水浸透后如有凸出部分应刨平,凹下部分应填平,有缝隙应塞严,防止漏浆。

2)支搭拱胎必须稳固,高程准确,拆卸简易。

3)砌拱前应校对拱胎高程并检查其稳固性,拱胎应用水充分湿润,冲洗干净后,在拱胎表面刷脱膜剂。

4)根据挂线样板,在拱胎表面上画出砖的行列,拱底灰缝宽度宜为 5~8mm。

5)砌砖时,自两侧同时向拱顶中心推进,灰缝必须用砂浆填满;注意保证拱心砖的正确及灰缝严密。

6)砌拱应用退茬法,每块砖退半块留茬,当砌筑间断,接茬再砌时,必须将留茬冲洗干净并注意砂浆饱满。

7)不得使用碎砖及半头砖砌拱环,拱环必须当日封顶,环上不得堆置器材。

8)预留户线管应随砌随安,不得预留孔洞。

9)砖拱砌筑后应及时洒水养护,砂浆达到 25% 设计强度时,方准在无振动条件下拆除拱胎。

方沟和拱沟的质量标准:

1)沟的中心线距墙底的宽度,每侧允许偏差 ±5mm。

2)沟底高程允许偏差 ±10mm。

3)墙高度允许偏差 ±10mm。

4)墙面垂直度,每米高允许偏差 5mm,全高 15mm。

5)墙面平整度(用 2m 靠尺检查)允许偏差,清水墙 5mm,混水墙 8mm。

6）砌砖砂浆必须饱满。

7）砖必须浸透（冬期施工除外）。

◆ **井室砌筑**

砌筑下水井时，对接入的支管应随砌随安，管口应伸入井内 3cm。预留管宜用低强度等级水泥砂浆砌砖封口抹平。

井室内的踏步，应在安装前刷防锈漆，在砌砖时用砂浆埋固，不得事后凿洞补装；砂浆未凝固前不得踩踏。

砌圆井时应随时掌握直径尺寸，收口时更应注意。收口每次收进尺寸，四面收口的不应超过 3cm；三面收口的最大可收进 4~5cm。

井室砌完后，应及时安装井盖。安装时，砖面应用水冲刷干净并铺砂浆按设计高程找平。如设计未规定高程时，应符合下列要求：

1）在道路面上的井盖面应与路面平齐。

2）井室设置在农田内，其井盖面一般可高出附近地面 4~5 层砖。

井室砌筑的质量标准：

1）方井的长与宽、圆井直径，允许偏差 ±20mm。

2）井室砖墙高度允许偏差 ±20mm。

3）井口高程允许偏差 ±10mm。

4）井底高程允许偏差 ±10mm。

◆ **砖墙勾缝**

勾缝前，检查砌体灰缝的搂缝深度应符合要求，如有瞎缝应凿开，并将墙面上粘结的砂浆、泥土及杂物等清除干净后，洒水湿润墙面。

勾缝砂浆塞入灰缝中，应压实拉平，深浅一致，横竖缝交接处应平整。凹缝一般比墙面凹入 3~4mm。

勾完一段应及时将墙面清扫干净，灰缝不应有搭茬、毛刺、舌头灰等现象。

◆ **浆砌块石及其勾缝**

（1）浆砌块石

浆砌块石应先将石料表面的泥垢和水锈清扫干净并用水湿润。

块石砌体应用铺浆法砌筑。砌筑时，石块宜分层卧砌（大面向下或向上），上下错缝，内外搭砌。必要时，应设置拉结石。不得采用外面侧立石块中间填心的砌筑方法，不得有空缝。

块石砌体的第一皮及转角处、交叉处和洞口处，应用较大较平整的块石砌筑。

在砌筑基础的第一皮块石时，应将大面向下。

块石砌体的临时间断处，应留阶梯形斜茬。

砌筑工作中断时，应将已砌好的石层空隙用砂浆填满，以免石块松动。再砌筑时，石层表面应仔细清扫干净并洒水湿润。

块石砌体每天砌筑的高度，不宜超过 1.2m。

浆砌块石的质量标准：

1）轴线位移允许偏差 ±10mm。

2）顶面高程允许偏差，料石 ±10mm；毛石 ±15mm。

3）断面尺寸允许偏差 ±20mm。

128

4）墙面垂直度，每米高允许偏差 10mm，全高 20mm。

5）墙面平整度（用 2m 靠尺检查）允许偏差 20mm。

6）砂浆强度符合设计要求，砂浆饱满。

（2）浆砌块石勾缝

勾缝前应将墙面粘结的砂浆、泥土及杂物等清扫干净，洒水湿润墙面。

块石砌体勾缝的形式及其砂浆强度应遵守设计规定；设计无规定时，可勾凸缝或平缝，砂浆强度不得低于 M80。

勾缝应保持砌筑的自然缝。勾凸缝时，要求灰缝整齐，拐弯圆滑，宽度一致，同时还要压光密实，不出毛刺，不裂不脱。

◆ **抹面**

1. 一般操作要求

（1）抹面的基层处理

1）砖砌体表面：

① 砌体表面粘结的残余砂浆应清除干净。

② 如已勾缝的砌体应将勾缝的砂浆剔除。

2）混凝土表面：

① 混凝土在模板拆除后，应立即将表面清理干净，用钢丝刷刷成粗糙面。

② 混凝土表面如有蜂窝、麻面、孔洞时，应先用凿子打掉松散不牢的石子，将孔洞四周剔成斜坡，用水冲洗干净，然后涂刷水泥浆一层，再用水泥砂浆抹平（深度大于 10mm 时应分层操作），并将表面扫成细纹。

（2）抹面前应将混凝土面或砖墙面洒水湿润。

（3）构筑物阴阳角均应抹成圆角。一般阴角半径不大于 25mm；阳角半径不大于 10mm。

（4）抹面的施工缝应留斜坡阶梯形茬，茬子的层次应清楚，留茬的位置应离开交角处 150mm 以上。接茬时，应先将留茬处均匀地涂刷水泥浆一道，然后按照层次操作顺序层层搭接，接茬应严密。

（5）墙面和顶部抹面时，应采取适当措施将落地灰随时拾起使用。

（6）抹面在终凝后，应做好养护工作：

1）一般在抹面终凝后，白天每隔 4h 洒水一次，保持表面经常湿润，必要时可缩短洒水时间。

2）对于潮湿、通风不良的地下构筑物，在抹面表面出现大量冷凝水时，可以不必洒水养护；而对出入口部位有风干现象时，应洒水养护。

3）在有阳光照射的地方，应覆盖湿草袋片等浇水养护。

4）养护时间，一般两周为宜。

（7）抹面质量标准

1）灰浆与基层及各层之间必须紧密粘结牢固，不得有空鼓及裂纹等现象。

2）抹面平整度用 2m 靠尺量，允许偏差 5mm。

3）接茬平整，阴阳角清晰顺直。

2. 水泥砂浆抹面

（1）水泥砂浆抹面，设计无规定时，可用 M15～M20 水泥砂浆。砂浆稠度，砖墙面打底宜用 12cm,其他宜用 7~8cm,地面宜用干硬性砂浆。

(2)抹面厚度,设计无规定时,可采用 15mm。

(3)在混凝土面上抹水泥砂浆,一般先刷水泥浆一道。

(4)水泥砂浆抹面一般分两道抹成。第一道砂浆抹成后,用扛尺刮平并将表面扫成粗糙面或划出纹道。第二道砂浆应分两遍压实赶光。

(5)抹水泥砂浆地面可一次抹成,随抹随用扛尺刮平,压实或拍实后,用木抹搓平,然后用铁抹分两遍压实赶光。

3. 防水抹面(五层做法)

(1)防水抹面(五层做法)的材料配比

1)水泥浆的水灰比。

第一层水泥浆,用于砖墙面者一般采用 0.8~1.0,用于混凝土面者一般采用 0.37~0.40。

第三、五层水泥浆一般采用 0.6。

2)水泥砂浆一般采用 M20,水灰比一般采用 0.5。

3)根据需要,水泥浆及水泥砂浆均可掺用一定比例的防水剂。

(2)砖墙面防水抹面五层做法

第一层刷水泥浆 1.5~2mm 厚,先将水泥浆甩入砖墙缝内,再用刷子在墙面上,先上下,后左右方向,各刷两遍,应刷密实均匀,表面形成布纹状。

第二层抹水泥砂浆 5~7mm 厚,在第一层水泥浆初干(水泥浆刷完之后,浆表面不显出水光即可)后,立即抹水泥砂浆,抹时用铁抹子上灰,并用木抹子找面,搓平,厚度均匀,且不得过于用力揉压。

第三层刷水泥浆 1.5~2mm 厚,在第二层水泥砂浆初凝后(不应等得时间过长,以免干皮),即刷水泥浆,刷的次序,先上下,后左右,再上下方向,各刷一遍,应刷密实均匀,表面形成布纹状。

第四层抹水泥砂浆 5~7mm 厚,在第三层水泥浆刚刚干时,立即抹水泥砂浆,用铁抹子上灰,并用木抹子找面,搓平,在凝固过程中用铁抹子轻轻压出水光,不得反复大力揉压,以免空鼓。

第五层刷水泥浆一道,在第四层水泥砂浆初凝前,将水泥浆均匀地涂刷在第四层表面上,随第四层压光。

(3)混凝土面防水抹面五层做法

第一层抹水泥浆 2mm 厚,水泥浆分两次抹成,先抹 1mm 厚,用铁抹子往返刮抹 5~6 遍,刮抹均匀,使水泥浆与基层牢固结合,随即再抹 1mm 厚,找平,在水泥浆初凝前,用排笔蘸水按顺序均匀涂刷一遍。

第二、三、四、五层与上条砖墙面防水抹面操作相同。

◆ 安装井盖、井箅

在安装或浇筑井圈前,应仔细检查井盖、井箅是否符合设计标准,检查有无损坏、裂纹。

井圈浇筑前,根据实测高程,将井框垫稳,里外模均,必须用定型模板。

检查井、收水井等砌完后,应立即安装井盖、井箅。

混凝土井圈与井口,可采用先预制成整体,坐灰安装方法施工。

检查井、收水井宜采用预制安装施工。

130

检查井位于非路面及农田内时,井盖高程应高出周围地面15cm。

当井身高出地面时,应将井身周围培土。

当井位于永久或半永久的沟渠、水坑中时,井身应里外抹面或采取其他措施处理,防止发生因水位涨落冻害破坏井身或淹没倒灌。

◆堵(拆)管道管口、堵(拆)井堵头

凡进行堵(拆)管道管口、井堵头以及进入管道内(包括新建和旧管道)都要遵守《排水管道维护安全技术规程》和有关部门的规定。

堵(拆)管堵前,必须查清管网高程,管内流水方向、流量等,确定管堵的位置、结构、尺寸及堵(拆)顺序,编制施工方案,严格按方案施工。

堵(拆)管道堵头均应绘制图表(内容包括:位置、结构、尺寸、流水方向、操作负责人等),工程竣工后交建设单位存查。

对已使用的管道,堵(拆)管堵前,必须经有关管理部门同意。

◆雨、冬期施工

雨期施工,刚砌好的砌体遇下雨时,砌体上面应采取覆盖措施,防止冲刷灰缝。

雨期砌砖沟,应随即安装盖板,以免因沟槽塌方挤坏沟墙。

砂浆受雨水浸泡时,未初凝的,可增加水泥和砂子重新调配使用。

当平均气温低于+50℃,且最低气温低于-3℃时,砌体工程的施工应符合本条冬期施工的要求。

冬期施工所用的材料应符合下列补充要求:

1)砖及块石不用洒水湿润,砌筑前应将冰雪清除干净。

2)拌制砂浆所用的砂中,不得含有冰块及大于1cm的冻块。

3)拌合热砂浆时,水的温度不得超过80℃;砂的温度不得超过40℃。

4)砂浆的流动性,应比常温施工时适当增大。

5)不得使用加热水的措施来调制已冻的砂浆。

冬期砌筑砖石一般采用抗冻砂浆。抗冻砂浆的食盐掺量可参照表3-41的规定。

表3-41 抗冻砂浆食盐掺量

最低温度(℃)	砌砖砂浆食盐掺量(按水量%)	砌块石砂浆食盐掺量(按水重%)
0~-5	2	5
-6~-10	4	8
-10以下	5	10

注:最低温度指一昼夜中最低的大气温度。

冬期施工时,砂浆标号应以标准条件下养护28d的试块试验结果为依据;每次宜同时制作试块和砌体同条件养护,供核对原设计砂浆标号的参考。

浆砌砖石不得在冻土上砌筑,砌筑前对地基应采取防冻措施。

冬期施工砌砖完成一段或收工时,应用草帘覆盖防寒;砌井时并应在两侧管口挂草帘挡风。

◆检查井

检查井的功能是便于管道维护人员检查和清理管道,另外它还是管段的连接点。检查井

通常设置在管道交汇及方向、坡度和管径改变的地方。井与井之间的最大间距见表3-42。检查井的分类见表3-43。

表 3-42　检查井的最大间距

管　　　别	管渠或暗渠净高(mm)	最大间距(m)
污水 管道	< 500 500 ~ 700 800 ~ 1500 > 1500	40 50 75 100
雨水 管渠 合流 管渠	< 500 500 ~ 700 800 ~ 1500 > 1500	50 60 100 120

表 3-43　检查井分类

类	别	井室内径(mm)	适用管径(mm)	备　　注
雨水检查井	圆形	700 1000 1250 1500 2000 2500	$D \leqslant 400$ $D = 200 \sim 600$ $D = 600 \sim 800$ $D = 800 \sim 1000$ $D = 1000 \sim 1200$ $D = 1200 \sim 1500$	表中检查井的设计条件为:地下水位在1m以下,地震烈度为9度以下
	矩形		$D = 800 \sim 2000$	
污水检查井	圆形	700 1000 1250 1500 2000 2500	$D \leqslant 400$ $D = 200 \sim 600$ $D = 600 \sim 800$ $D = 800 \sim 1000$ $D = 1000 \sim 1200$ $D = 1200 \sim 1500$	
	矩形		$D = 800 \sim 2000$	

圆形检查井的构造见图3-16。

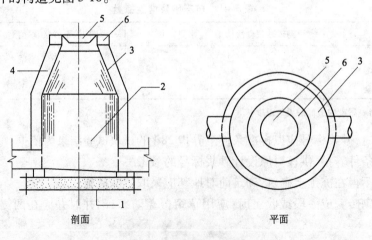

剖面　　　　　　　　平面

图 3-16　圆形检查井的构造
1—基础;2—井室;3—肩部;4—井颈;5—井盖;6—井口

132

井底材料一般采用 C10 或 C15 低等级混凝土,井壁一般用砖砌筑或混凝土、钢筋混凝土浇筑,井盖多为铸铁预制而成。

◆ 跌水井

跌水井是设有消能设施的检查井。一般在管道转弯处不宜设跌水井。在地形较陡处,为了保证管道有足够覆土深度设跌水井,跌水水头在 1m 以内的不做跌水设施,在 1~2m 宜做跌水设施,大于 2m 必做跌水设施。常用的跌水井有竖管式和溢流堰式两种类型。竖管式适用于直径等于或小于 400mm 的管道;大于 400mm 的管道中应采用溢流堰式跌水井。跌水井的结构形式见图 3-17。

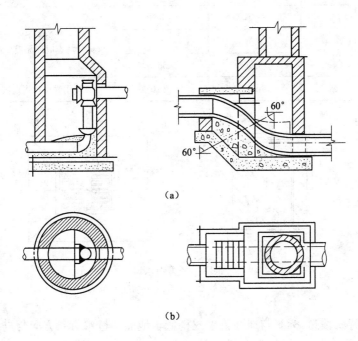

(a)

(b)

图 3-17 两种形式的跌水井
(a)竖管式跌水井;(b)溢流堰式跌水井

◆ 雨水口

雨水口通常设置在道路边沟或地势低洼处,是雨水排水管道收集地面径流的孔道。雨水口设置的间距,在直线上一般控制在 30~80m,它与干管常用 200mm 的连接管;其长度不得超过 25m。

雨水口的设置位置,应能保证迅速有效地收集地面雨水。一般应设在交叉路口、路侧边沟的一定距离处以及设有道路边石的低洼地区,防止雨水漫过道路或造成道路及低洼地区积水而妨碍交通。雨水口的形式和数量,通常应按汇水面积所产生的径流量和雨水口的泄水能力确定,一般一个平箅(单箅)雨水口可排泄 15~20L/s 的地面径流量。雨水口设置时宜低于路面 30~40mm,在土质地面上宜低于路面 50~60mm,道路上雨水口的间距一般为 20~40m(视汇水面积大小而定)。在路侧边沟上及路边低洼地点,雨水口的设置间距还要考虑道路的纵坡和路边的高度,同时应根据需要适当增加雨水口的数量。常用雨水口的泄水能力和适用条件见表 3-44。

平算雨水口的构造包括进水箅、井筒和连接管三部分，如图3-18。

表3-44 常用雨水口的泄水能力和使用条件

名 称	泄水能力(L/s)		适 用 条 件
边沟式雨水口	单箅	20	有道牙道路,纵坡平缓
	双箅	35	
联合式雨水口	单箅	30	有道牙道路,箅隙易被树叶堵塞时
	双箅	50	
平箅式雨水口	单箅	15~20	有道牙道路,比较低洼处且箅易被树叶堵塞时或无道牙道路、广场、地面
	双箅	35	
	三箅	50	
小雨水口	单箅	约10	降雨强度较小地区,有道牙道路

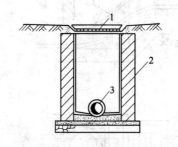 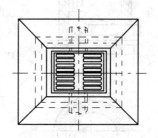

图3-18 平箅雨水口

1—进水箅;2—井筒;3—连接管

进水箅多为铸铁预制,标高与地面持平或稍低于地面。进水箅条方向与进水能力有关,箅条与水流方向平行进水效果好,因此进水箅条常设成纵横交错的形式,以便排泄从不同方向来的雨水,如图3-19所示。

雨水口的井筒可用砖砌筑或用钢筋混凝土预制,井筒的深度一般不大于1m,在高寒地区井筒四周应设级配砂石层,用以缓冲冻胀;在泥沙量较大地区,连接管底部应留有一定的高度,用以沉淀泥沙。

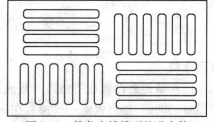

图3-19 箅条交错排列的进水箅

雨水口的连接管最小管径为200mm,坡度一般为1%,连接管长度不宜超过25m,连接在同一连接管上的雨水口一般不宜超过3个。

◆出水口

出水口是排水管道向水体排放污水、雨水的构筑物。排水管道出水口的设置位置应根据排水水质、下游用水情况、水文及气象条件等因素确定,并且还应征得当地卫生监督机关、环保部门、水体管理部门的同意。如在河渠的桥、涵、闸附近设置,应设在这些构筑物保护区内和游泳池附近,不能影响到下游居民点的卫生和饮用。

雨水排水口不低于平均洪水水位,污水排水口应淹没在水体水面以下。

常用出水口形式和适用条件见表3-45。

表 3-45　常用出水口形式和适用条件

名　称	适　用　条　件
一字出水口	排出管道与河渠顺接处,岸坡较陡时
八字出水口	排出管道与排入河渠岸坡较平缓时
门字出水口	排出管道与排入河渠岸坡较陡时
淹没出水口	排出管道末端标高低于正常水位时
跌水出水口	排出管道末端标高高出洪水位较大时

【相关知识】

◆**排水设施的日常管理和维护**

为保证整个给水排水网路的畅通,务必加强对各种设施的日常维护、保养。管理要点如下:

(1)对于给水排水管网、雨水口、出水口等设施要定期检查是否有损坏现象,如有应做出明显标示,并采取措施及时处理。

(2)采用沟渠排水的,要经常检查渠道的畅通情况,特别是查看是否有塌壁或泥石堵塞。

(3)管道给水排水应重点检查各管段的连接、渗漏、损坏等。露地排水铸铁管应隔一定时间进行防锈处理。所有管路如遇突发性事件(如暴风雪、洪水、台风等)都应重点考察,以便及时发现问题及时解决。

(4)雨水口、出水口要定期清淤和维护。

十　防水施工

【要　　点】

为防止排水管道中的污水发生渗漏,污染环境,应当做好管道及其附属设施的各项防水工作。

【解　　释】

◆**沥青卷材材料**

油毡应符合下列外观要求:

1)成卷的油毡应卷紧,玻璃布油毡应附硬质卷芯,两端应平整。

2)断面应呈黑色或棕黑色,不应有尚未被浸透的原纸浅色夹层或斑点。

3)两面涂盖材料均匀致密。

4)两面防粘层撒布均匀。

5)毡面无裂纹、孔眼、破裂、褶皱、疙瘩和反油等缺陷,纸胎油毡每卷中允许有 30mm 以下的边缘裂口。

麻布或玻璃丝布做沥青卷材防水时,布的质量应符合设计要求。在使用前先用冷底子油浸透,以使其均匀一致,颜色相同。浸后的麻布或玻璃丝布应挂起晾干,不得粘在一起。

存放油毡时,一般应直立放在阴凉通风的地方,不得受潮湿,亦不得长期暴晒。

铺贴石油沥青卷材,应用石油沥青或石油沥青玛琦脂;铺贴煤沥青卷材,应用煤沥青或煤沥青玛琦脂。

◆ **沥青卷材的铺贴**

地下沥青卷材防水层,内贴法操作程序如下(图3-20)。

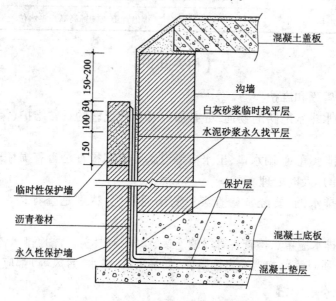

图3-20 地下沥青卷材防水层内贴法

1)基础混凝土垫层养护达到允许砌砖强度后,用水泥砂浆砌筑永久性保护墙,上部卷材搭接茬所需长度,可用白灰砂浆砌筑临时性保护墙或采取其他保护措施,临时性保护墙墙顶高程以低于设计沟墙顶150~200mm为宜。

2)在基础垫层面上和永久保护墙面上抹水泥砂浆找平层,在临时保护墙面上抹白灰砂浆找平层,在水泥砂浆找平层上刷冷底子油一道(但临时保护墙的白灰砂浆找平层上不刷),随即铺贴卷材。

3)在混凝土底板及沟墙施工完毕并安装盖板后,拆除临时保护墙,清理及整修沥青卷材搭茬。

4)在沟槽外侧及盖板上面抹水泥砂浆找平层,刷冷底子油,铺贴沥青卷材。

5)砌筑永久性保护墙。

地下卷材防水层外贴法,搭接茬留在保护墙底下,施工操作程序如图3-21所示。

1)基础混凝土垫层养护达到允许砌砖强度后,抹水泥砂浆找平层,刷冷底子油,随后铺贴沥青卷材。

2)在混凝土底板及沟墙施工完毕、安装盖板后,在沟墙外侧及盖板上面抹水泥砂浆找平层,刷冷底子油,铺贴沥青卷材。

136

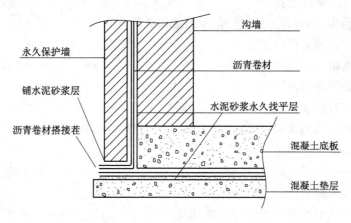

图 3-21　地下卷材防水层外贴法

3）砌筑永久保护墙。

沥青卷材必须铺贴在干燥清洁及平整的表面上。砖墙面,应用不低于 M5 的水泥砂浆抹找平层,厚度一般为 10 ~ 15mm。找平层应抹平压实,阴阳角一律抹成圆角。

潮湿的表面不得涂刷冷底子油,必要时应烤干再涂刷。冷底子油必须刷得薄而均匀,不得有气泡、漏刷等现象。

卷材在铺贴前,应将卷材表面清扫干净,并按防水面铺贴的尺寸先将卷材裁好。

铺贴卷材时,应掌握沥青或沥青玛琋脂的温度,浇涂应均匀,卷材应贴紧压实,不得有空鼓、翘起、撕裂或褶皱等现象。

卷材搭接茬处,长边搭接宽度不应小于 100mm,短边搭接宽度不应小于 150mm。接茬时应将留茬处清理干净,做到铺贴密实。各层的搭接缝应互相错开。底板与沟墙相交处应铺贴附加层。

拆除临时性保护墙后,对预留沥青卷材防水层搭接茬的处理,可用喷灯将卷材逐层轻轻烤热揭开,清除一切杂物,并在沟墙抹找平层时采取保护措施防止损坏。

需要在卷材防水层上面绑扎钢筋时,应在防水层上面抹一层水泥砂浆保护。

砌砖墙时,墙与防水层的间隙必须用水泥砂浆填实。

管道穿防水墙处,应铺贴附加层,必要时应用穿墙法兰压紧,以免漏水。

全部卷材铺贴完后,应全部涂刷沥青或沥青玛琋脂一道。

砖墙伸缩缝处的防水操作如下:

1）伸缩缝内必须清除干净,缝的两侧面在有条件时,应刷冷底子油一道。

2）缝内需要塞沥青油麻或木丝板条者应塞密实。

3）灌注沥青玛琋脂应掌握温度,用细长嘴沥青壶徐徐灌入,使缝内空气充分排出,灌注底板缝的沥青冷凝后,再灌注墙缝,并应一次连续灌实。

4）缝外墙面按设计要求铺贴沥青卷材。

冬期涂刷沥青或沥青玛琋脂,可在无大风的天气进行;当需在下雪或挂霜时操作时,必须备有防护设备。

夏期施工,最高气温宜在 30℃ 以下,同时采取措施,防止铺贴好的卷材因暴晒起鼓。

铺贴沥青卷材质量标准：

1）卷材贴紧压实，不得有空鼓、翘起、撕裂或褶皱等现象。

2）伸缩缝施工应符合设计要求。

◆**沥青玛琋脂的熬制**

石油沥青玛琋脂熬制程序：

1）将选定的沥青砸成小块，过秤后加热熔化。

2）如果用两种标号沥青时，则应先将较软的沥青加入锅中熔化脱水后，再分散均匀地加入砸成小块的硬沥青。

3）沥青在锅中熔化脱水时，应经常搅拌，防止油料受热不均和锅底局部过热现象，并用铁丝笊篱将沥青中混入的纸片、杂物等捞出。

4）当锅中沥青完全熔化至规定温度后，即将干燥的并加热到 105～110℃ 的填充料按规定数量逐渐加入锅中，应不断地搅拌，混合均匀后，即可使用。

煤沥青玛琋脂熬制程序：

1）如只用硬煤沥青时，熔化脱水方法与熬制石油沥青玛琋脂相同。

2）若与软煤沥青混合使用时，可采用两次配料法，即将软煤沥青与硬煤沥青分别在两个锅中熔化，待脱水完毕后，再量取所需用量的熔化沥青，倒入第三个锅中，搅拌均匀。

3）掺填充料操作方法与上条石油沥青玛琋脂熬制程序相同。

熬制及使用沥青或沥青玛琋脂的温度一般按表 3-46 控制。

表 3-46　沥青及沥青玛琋脂的控制温度

种　　类	熬制时最高温度（℃）		涂抹时最低温度（℃）
	常　　温	冬　　季	
石油沥青	170～180	180～200	160
煤沥青	140～150	150～160	120
石油沥青玛琋脂	180～200	200～220	160
煤沥青玛琋脂	140～150	150～160	120

注：在熬制时应随时测定温度，一般每 20min 测一次。

熬油锅应经常清理锅底，铲除锅底上的结渣。

选择熬制沥青锅灶的位置，应注意防火安全。其位置应离建筑物 10m 以外，并应征得现场消防人员的同意。沥青锅应用薄铁板锅盖，同时应准备消防器材。

◆**冷底子油的配制**

冷底子油配合比（重量比）一般用沥青 30%～40%，汽油 60%～70%。

冷底子油一般应用"冷配"方法配制。先将沥青块表面清刷干净，砸成小碎块，按所需重量放入桶内，再倒入所需重量的汽油浸泡，搅拌使其溶解均匀，即可使用。如加热配制时，应指定有经验的工人进行操作并采取必要的安全措施。

配制冷底子油，应在距明火和易燃物质远的地方进行，并应准备消防器材，注意防火。

◆**聚合物砂浆防水层的施工**

聚合物防水砂浆是水泥、砂和一定量的橡胶乳液或树脂乳液以及稳定剂、消泡剂等助剂经搅拌混合配制而成。它具有良好的防水性、抗冲击性和耐磨性，其配比参见表 3-47。

表 3-47 聚合物水泥砂浆参考配合比

用　途	水　泥	砂	聚合物	涂层厚度(mm)
防水材料	1	2~3	0.3~0.5	5~20
地板材料	1	3	0.3~0.5	10~15
防腐材料	1	2~3	0.4~0.6	10~15
粘结材料	1	0~3	0.2~0.5	—
新旧混凝土接缝材料	1	0~1	0.2 以上	—
修补裂缝材料	1	0~3	0.2 以上	—

拌制乳液砂浆时,必须加入一定量的稳定剂和适量的消泡剂,稳定剂一般采用表面活性剂。

聚合物防水砂浆还有:

1)有机硅防水砂浆。

2)阳离子氯丁胶乳防水砂浆。

3)丙烯酸酯共聚乳液防水砂浆。

【相关知识】

◆**排水管道漏水现象的原因**

产生排水管道漏水现象的原因有以下几点:

1)管沟超挖后,填土不实或沟底石头未打平,管道局部受力不均匀而造成管材或接口处断裂或活动。

2)管道接口养护不好,强度不够而又过早摇动,使接口产生裂纹而漏水。

3)未认真检查管材是否有裂纹、砂眼等缺陷,施工完毕又未进行闭水试验,造成通水后渗水、漏水。

4)管沟回填土未严格执行回填土操作程序,随便回填而造成局部土方塌陷或硬土块砸裂管道。

5)冬季施工做完闭水试验时未能及时放净水,以致冻裂管道造成通水后漏水。

十一　收水井、雨水支管、河道及闸门施工

【要　点】

排水工程中还应注意收水井、雨水支管、河道及闸门的施工。

【解　释】

◆**收水井施工方法**

井位放线在顶步灰土(或三合土)完成后,由测量人员按设计图纸放出侧石边线、钉好井位桩橛,其井位内侧桩橛沿侧石方向应设两个,要与侧石吻合以防错位,并定出收水井高程。

班组按收水井位置线开槽,井周每边留出 30cm 的余量,控制设计标高。检查槽深、槽宽,

清平槽底,进行素土夯实。

浇筑厚为10cm的C10强度等级的水泥混凝土基础底板,若基底土质软,可打一步15cm厚8%石灰土后再浇混凝土底板,捣实、养护达一定强度后再砌井体。遇有特殊条件带水作业,经设计人员同意后,可码砍砖并灌水泥砂浆,并将面上用砂浆抹平,总厚度13~14cm以代基础底板。

井墙砌筑:

1)基础底板上铺砂浆一层,然后砌筑井座。缝要挤满砂浆,已砌完的四角高度应在同一个水平面上。

2)收水井砌井前,按墙身位置挂线,先找好四角符合标准图尺寸,检查边线与侧石边线吻合后再向上砌筑,砌至一定高度时,随砌随将内墙用1:2.5水泥砂浆抹里,要抹两遍,第一遍抹平,第二遍压光,总厚1.5cm。做到抹面密实、光滑平整、不起鼓、不开裂。井外用1:4水泥砂浆搓缝,也应随砌随搓,使外墙严密。

3)常温砌墙用砖要洒水,不准用干砖砌筑,砌砖用1:4水泥砂浆。

4)墙身每砌起30cm及时用碎砖还槽并灌1:4水泥砂浆,亦可用C10水泥混凝土回填,做到回填密实,以免回填不实使井周路面产生局部沉陷。

5)内壁抹面应随砌井随抹面,但最多不准超过三次抹面,接缝处要注意抹好压实。

6)当砌至支管顶时,应使露在井内管头与井壁内口相平,用水泥砂浆将管口与井壁接好。周围抹平抹严。墙身砌至要求标高时,用水泥砂浆卧底安装铸铁井框、井箅,做到井框四角平稳。其收水井标高控制在比路面低1.5~3.0cm,收水井沿侧石方向每侧接顺长度为2m,垂直道路方向接顺长度为50cm,便于聚水和泄水。要从路面基层开始就注意接顺,不要只在沥青表面层找齐。

7)收水井砌完后,应将井内砂浆碎砖等一切杂物清除干净,拆除管堵。

8)井底用1:2.5水泥砂浆抹出坡向雨水管口的泛水坡。

9)多箅式收水井砌筑方法和单箅式同。

◆ **雨水支管施工方法**

雨水支管的施工有以下内容:

(1)挖槽

1)测量人员按设计图上的雨水支管位置、管底高程定出中心线桩橛并标记高程。根据开槽宽度,撒开槽灰线,槽底宽一般采用管径外皮之外每边各加宽3.0cm。

2)根据道路结构厚度和支管覆土要求,确定在路槽或一步灰土完成后反开槽,开槽原则是能在路槽开槽就不在一步灰土反开槽,以免影响结构层整体强度。

3)挖至槽底基础表面设计高程后挂中心线,检查宽度和高程是否平顺,修理合格后再按基础宽度与深度要求,立茬挖土直至槽底做成基础土模,清底至合格高程即可打混凝土基础。

(2)四合一法施工(即基础、铺管、八字混凝土、抹箍同时施工)

1)基础:浇筑强度为C10级水泥混凝土基础,将混凝土表面做成弧形并进行捣固,混凝土表面要高出弧形槽1~2cm,靠管口部位应铺适量1:2水泥砂浆,以便稳管时挤浆使管口与下一个管口粘结严密,防止接口漏水。

2)铺管:

① 在管子外皮一侧挂边线以控制下管高程顺直度与坡度,要洗刷管子保持湿润。

② 将管子稳在混凝土基础表面,轻轻揉动至设计高程,注意保持对口和中心位置的准确。雨水支管必须顺直,不得错口,管子间留缝最大不准超过1cm,灰浆如挤入管内用弧形刷刮除,如出现基础铺灰过低或揉管时下沉过多,应将管子撬起一头或起出管子,铺垫混凝土及砂浆且重新揉至设计高程。

③ 支管接入检查井一端,如果预埋支管位置不准时,按正确位置、高程在检查井上凿好孔洞、拆除预埋管,堵密实不合格空洞,支管接入检查井后,支管口应与检查井内壁齐平,不得有探头和缩口现象,用砂浆堵严管周缝隙,并用砂浆将管口与检查井内壁抹严、抹平、压光,检查井外壁与管子周围的衔接处,应用水泥砂浆抹严。

④ 靠近收水井一端在尚未安收水井时,应用干砖暂时将管口塞堵,以免灌进泥土。

3)八字混凝土:当管子稳好捣固后按要求角度抹出八字。

4)抹箍:管座八字混凝土灌好后,立即用1:2水泥砂浆抹箍。

① 抹箍的材料规格,水泥强度等级宜为32.5及以上,砂用中砂,含泥量不大于5%。

② 接口工序是保证质量的关键,不能有丝毫马虎。抹箍前先将管口洗刷干净,保持湿润,砂浆应随拌随用。

③ 抹箍时先用砂浆填管缝压实,使其略低于管外皮,如砂浆挤入管内用弧形刷随时刷净,然后刷水泥素浆一层宽约8~10cm,再抹管箍压实并用管箍弧形抹子赶光压实。

④ 为保证管箍和管基座八字连接成一体,在接口管座八字顶部预留小坑,当抹完八字混凝土立即抹箍,管箍灰浆要挤入坑内,使砂浆与管壁粘结牢固,见图3-22。

⑤ 管箍抹完初凝后,应盖草袋洒水养护,注意勿损坏管箍。

(3)凡支管上覆土不足40cm需上大碾碾压者,应做360°包管加固。在第一天浇筑基础下管,用砂浆填管缝压实略,使其低于管外皮并做好平管箍后,于次日按设计要求打水泥混凝土包管,水泥混凝土必须插捣振实,注意养护期内的养护,完工后支管内要清理干净。

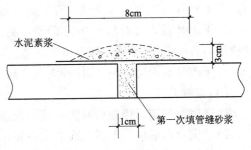

图3-22 水泥砂浆接口

(4)支管沟槽回填

1)回填应在管座混凝土强度达到50%以上方可进行。

2)回填应在管子两侧同时进行。

3)雨水支管回填要用8%灰土预拌回填,管顶40cm范围内用人工夯实,压实度要与道路结构层相同。

◆ 升降检查井

城市道路在路内有雨、污水等各种检查井,在道路施工中,为了保护原有检查井井身强度,一般不准采用砍掉井筒的施工方法。

开槽前用竹杆等物逐个在井位插上明显标记,堆土时要离开检查井0.6~1.0m距离,不准推土机正对井筒直推,以免将井筒挤坏。井周土方采取人工挖除,井周填石灰土基层时,要采用人力夯分层夯实。

凡升降检查井取下井圈后,按要求高程升降井筒,如升降量较大,要考虑重新收口,使检查井结构符合设计要求。

井顶高程按测量高程在顺路方向井两侧各 2m,垂直路线方向井每侧各 1m。挂十字线稳好井圈、井盖。

检查井升降完毕后,立即将井子内里抹砂浆面,在井内与管头相接部位用 1∶2.5 砂浆抹平压光,最后把井内泥土杂物清除干净。

井周除按原路面设计分层夯实外,在基层部位距检查井外墙皮 30cm 中间,浇筑一圈厚 20~22cm 的 C30 混凝土加固。顶面在路面之下以便铺筑沥青混凝土面层。在井圈外仍用基层材料回填,注意夯实。

◆ **河道工程**

(1)河道抛石工程应遵守下列规定:

1)抛石顶宽不得小于设计规定。

2)抛石时应对准标志,控制位置、流速、水深及抛石方法对抛石位置的影响,宜通过试抛确定。

3)抛石应有适当的大小尺寸级配。

4)抛石应由深处向岸坡进行。

5)抛石应及时观测水深,以防止漏抛或超高。

施工临时围堰(即打坝)应稳定、防冲刷和抗渗漏,并便于拆除。拆除时一定要清理坝根,堰顶高程应考虑水位壅高。

(2)干砌片石

1)干砌片石工程应遵照现行有关规范的规定施工。

2)干砌片石应大面朝下,互相间错咬搭,石缝不得贯通,底部应垫稳,不得有松动石块,大缝应用小石块嵌严,不得用碎石填塞,小缝应用碎石全部灌满,用铁钎捣固。

3)干砌片石河道护坡,应用较大石块封边。

(3)浆砌片石

1)浆砌片石应遵照现行有关规范的规定施工。

2)浆砌片石前应将石料表面的泥垢和水锈除净,并用水湿润。

3)片石砌体应用铺浆法砌筑。砌筑时,石块宜分层卧砌,由下错缝,内外搭砌,砂浆饱满,不得有空鼓。

4)砌筑工作中断时,应将已砌好的石层空隙用砂浆填满。

5)片石砌体使用砂浆强度等级应符合设计要求。

6)片石砌体勾缝形状及其砂浆强度等级应按设计规定。

7)浆砌片石不得在冻土上砌筑。

◆ **闸门工程**

闸门制造安装应按设计图纸要求,并参照《水工建筑物金属结构制造、安装与交接验收规程》的有关规定进行。

铸铁闸门必须根据设计要求的方位安装,不许反装。闸门的中心线应与闸门孔口中心线重合并保持垂直。门框须与混凝土墩墙接合紧密。安装时须采取可靠措施固定,防止浇筑混凝土时变形。闸门及启闭机安装后,须保证启闭自如。

平板闸门门槽埋件的安装须设固定的基准点,严格保证设计要求的孔口、门槽尺寸、垂直度和平整度。

门槽预埋件安装调整合格后,应采取可靠的加固措施。如采用一次浇筑混凝土的方法,门槽预埋件须与固定的不易变形的部位或专用支架可靠地连接固定,防止产生移位和变形;如采用二次混凝土浇筑的方法,对门槽预埋件必须与一次混凝土的外伸钢筋可靠连接固定。沿预埋件高度,工作面每 0.5m 不少于 2 根连接钢筋,侧面每 0.5m 不少于 1 根连接钢筋。一次混凝土与二次混凝土的接合表面须凿毛,保证接合良好。

门槽安装完毕,应将门槽内有碍闸门启闭的残留杂物清除干净后,方可将闸门吊入。

平板闸门在安装前,应先在平台上检查闸门的几何尺寸,如有变形应处理至合格后方可安装水封橡皮。水封橡皮表面应平整,不得有凹凸和错位,水封橡皮的接头应用热补法连接,不许对缝进行绑扎连接。

单吊点的闸门应做平衡试验,保证闸门起吊时处于铅直状态。

闸门安装好,处于关闭位置时,水封橡皮与门槽预埋件必须紧贴,不得有缝隙。

闸门启闭机的安装,按有关规定和要求进行。启闭机安装后,闸门在门槽内往返运行应自如。

闸门预埋件及钢闸门的制造,参照《水工建筑物金属结构制造、安装与交接验收规程》的有关规定执行。

【相关知识】

◆ 收水井

道路收水井是路表水进入雨水支管的构筑物。其作用是排除路面地表水。

收水井井型一般采用单箅式、双箅式及多箅式中型或大型平箅收水井。收水井为砖砌体,所用砖材不得低于 MU10。铸铁收水井井箅、井框必须完整无损,不得翘曲。井身结构尺寸、井箅、井框规格尺寸必须符合设计图纸要求。

收水井口基座外边缘与侧石距离不得大于 5cm,并不得伸进侧石的边线。

◆ 雨水支管

雨水支管是将收水井内的集水流入雨水管道或合流管道检查井内的构筑物。

雨水支管必须按设计图纸的管径与坡度埋设,管线要顺直,不得有拱背、洼心等现象,接口要严密。

十二　管道及设备的防腐

【要　　点】

无论给水或排水管道,都要进行防腐处理。

【解　　释】

◆ 常用材料

防锈漆、面漆、沥青等应按设计要求或规定选用,并应有出厂合格证。

常用的稀释剂有:汽油、煤油、醇酸稀料、松香水、香蕉水、酒精等。

其他材料:高岭土、七级石棉、石灰石粉、滑石粉、玻璃丝布、矿棉纸、牛皮纸、塑料布、油毡等。

◆**常用机具**

常用的机具主要有以下几种：空气压缩机、喷枪、砂轮机、除锈机、刮刀、锉刀、钢丝刷、砂布、砂纸、油漆刷、棉丝、沥青锅等。

◆**作业条件**

有码放管材、设备、容器及进行防腐操作的场地。

管道、设备、容器已安装完毕。

施工环境温度在 +5℃ 以上且通风良好，无煤烟、灰尘及水汽等。气温在 +5℃ 以下施工要采取防冻措施。

◆**管道、设备、容器的清理和除锈**

管道、设备、容器的清理和除锈主要有人工除锈、机械除锈和喷砂除锈三种方法。

（1）人工除锈

用刮刀、锉刀，将管道、设备及容器表面的氧化皮、铸砂除掉，再用钢丝刷将管道、设备及容器表面的浮锈除去，然后用砂纸磨光，最后用棉丝将表面擦净。

（2）机械除锈

先用刮刀、锉刀，将管道表面的氧化皮、铸砂去掉，然后一个人在除锈机前，一个人在除锈机后，将管道放在除锈机内反复除锈，直至露出金属本色为止。在刷油前，用棉丝再擦一遍，将管道表面的浮灰等去掉。

（3）喷砂除锈

喷砂除锈是用压力为 0.4~0.6MPa 的压缩空气将 1~2mm 的石英砂喷射到管道、设备及容器的表面上，靠砂的冲击力撞击金属表面，能除去表面的锈层氧化皮、旧漆层和其他污物，又能使金属表面形成均匀的小麻点。这样可增加油漆的附着力，提高防腐效果和使用寿命。操作过程中喷砂方向尽量与现场风向一致，喷嘴与管子、设备及容器表面成 70° 夹角，并距表面 100~150mm。

◆**管道、设备及容器防腐刷油**

（1）管道、设备及容器防腐刷油

一般按设计要求进行防腐刷油，当设计无要求时，应按下列规定进行：

1）明装管道、设备及容器必须先刷一道防锈漆，待交工前再刷两道面漆。如有保温和防结露要求刷两道防锈漆即可。镀锌钢管外露螺纹处刷 1~2 道防锈漆，交工前再刷 1~2 道面漆。

2）暗装管道、设备及容器刷两道防锈漆。镀锌钢管外露螺纹处刷两道防锈漆。

3）埋地钢管做防腐层时，其外壁防腐层的做法可按施工及验收规范的规定进行。

（2）防腐涂漆的方法

1）油漆使用前，应先搅拌均匀。表面已起皮的油漆，应加以过滤，除去小块漆皮，然后根据喷涂方法的需要，选择相应的稀释剂进行稀释至适宜稠度，调成的油漆应及时使用。

2）手工涂漆：手工涂漆是用刷子将油漆涂刷在金属表面，每层应往复进行，纵横交错并保持涂层均匀，不得漏涂或有流淌现象。对管道安装后不易涂漆的部位，应预先涂漆。第二道油漆必须待第一道漆干透后再刷。

3）机械喷涂：喷涂时喷射的漆流应和喷漆面垂直，喷漆面为平面时，喷嘴与喷漆面应相距

144

250~350mm;喷漆面如为圆弧面,喷嘴与喷漆面的距离应为400mm左右。喷涂时,喷嘴的移动应均匀,速度宜保持在10~18m/min,喷漆使用的压缩空气压力为0.2~0.4MPa。喷漆时,涂层厚度以0.3~0.4mm为宜。喷涂后,不得有流坠和漏喷现象。涂层干燥后,需用砂纸打磨后再喷涂下一层。这样的目的是打掉油漆层上的粒状物,使油漆层平整,并可增加与下一层油漆层之间的附着力。为了防止漏喷,前后两次油漆的颜色配比时可略有区别。

◆**埋地钢管的防腐**

埋地钢管的防腐层主要由冷底子油、石油沥青玛琋脂、防水卷材及牛皮纸等组成。

(1)冷底子油的成分

冷底子油的成分见表3-48。

表3-48 冷底子油的成分

使 用 条 件	气温在 +5℃以上	气温在 +5℃以下
沥青:汽油(重量比)	1:(2.25~2.5)	1:2
沥青:汽油(体积比)	1:3	1:2.5

调制冷底子油的沥青,应用30号甲建筑石油沥青。熬制前,将沥青打成1.5kg以下的小块,放入干净的沥青锅中,逐步升温和搅拌,并使温度保持在180~200℃范围内(最高不超过220℃)。一般应在这种温度下熬制1.5~2.5h,直到不产生气泡即表示脱水完毕。按配合比将冷却至100~120℃的脱水沥青缓缓倒入计量好的无铅汽油中,并不断搅拌至完全均匀混合为止。

在清理管道表面后24h内刷冷底子油,涂层应均匀,厚度为0.1~0.15mm。

(2)沥青玛琋脂的配合比

沥青:高岭土=3:1。沥青应采用30号甲建筑石油沥青或30号甲与10号建筑石油沥青的混合物。将温度在180~200℃的脱水沥青逐渐加入干燥并预制到120~140℃的高岭土中,不断搅拌使其混合均匀,然后测定沥青玛琋脂的软化点、延伸度、针入度三项技术指标,达到表3-49中的规定时为合格。

表3-49 沥青玛琋脂技术指标

施工气温(℃)	输送介质温度(℃)	软化点(环球法)(℃)	延伸度(+25℃)(cm)	针入度(0.1mm)
-25~+5	-25~+25	-56~+75	3~4	—
	+25~-56	-80~+90	2~3	25~35
	+56~+70	+85~+90	2~3	20~25
+5~+30	-25~+25	+70~+80	2.5~3.5	15~25
	+25~+56	+80~+90	2~3	10~20
	+56~+70	+90~+95	1.5~2.5	10~20
+30	-25~+25	+80~+90	2~3	—
	+25~+56	+90~+95	1.5~2.5	10~20
	+56~+70	+90~+95	1.5~2.5	10~20

涂抹沥青玛琋脂时,其温度应保持在160~180℃,施工气温高于30℃时,温度可降低到150℃。热沥青玛琋脂应涂在干燥清洁的冷底子油层上,涂层要均匀。最内层沥青玛琋脂和用人工或半机械化涂抹时,应分成两层,每层各厚1.5~2mm。

（3）防水卷材一般采用矿棉纸油毡或浸有冷底子油的玻璃网布，呈螺旋形缠包在热沥青玛琋脂层上，每层之间允许有不大于 5mm 的缝隙或搭边，前后两卷材的搭接长度为 80 ～100mm，并用热沥青玛琋脂将接头粘合。

（4）缠牛皮纸时，每圈之间应有 15 ～ 20mm 搭边，前后两卷的搭接长度不得小于 100mm，接头用热沥青玛琋脂或冷底子油粘合，也可用聚氯乙烯塑料布或浸有冷底子油的玻璃网布带代替牛皮纸。

（5）制作特强防腐层时，两道防水卷材的缠绕方向宜相反。

（6）已做了防腐层的管子在吊运时，应采用软吊带或不损坏防腐层的绳索，以免损坏防腐层。管子下沟前，要清理管沟，使沟底平整，无石块、砖瓦或其他杂物。上层较硬时，应先在沟底槽垫 100mm 厚的松软细土，管子下沟后，不许用撬杠移管，更不得直接推管下沟。

（7）防腐层上的一切缺陷，不合格处以及检查和下沟时弄坏的部位，都应在管沟回填前修补好。回填时，宜先用人工回填一层细土，埋过管顶，然后再用人工或机械回填。

◆ **成品保护**

已做好防腐层的管道及设备之间要隔开，以免互相粘连，破坏防腐层。

刷油前先清理好周围环境，防止尘土飞扬，保持场地清洁，如遇大风、雨、雾、雪等天气不得露天作业。

涂漆的管道、设备及容器，漆层在干燥过程中应防止冻结、撞击、振动和温度剧烈变化。

【相关知识】

◆ **容易出现的质量问题**

施工中容易出现的质量问题有以下内容：

1）管材表面脱皮、漆膜返锈。主要原因是管子表面除锈不净，有水分；涂刷过程中，漆皮有针孔等弊病或有漏涂的空白点；漆膜过薄。

2）管子涂漆后，有的部位漏刷。离地面或墙面较近，由于不便操作往往只刷表面，底面或背面刷不到造成漏刷；有些管道或设备安装后无法再补刷，如管子过墙处和安装好的箱、罐等。

3）管道、设备及容器表面油漆不均匀，有流淌现象。主要是刷子沾油太多；油漆中加稀释剂过多；涂刷的漆膜太厚；管子表面清理不彻底；有油、水等污物；喷涂时喷嘴口径太大，喷枪距喷涂面太近，喷漆的气压太大或过小等。

◆ **安全注意问题**

应注意的安全问题有以下几点：

1）在进行喷砂除锈时，应戴风镜、风帽和口罩等防护用品。

2）熬沥青要有专人负责，严守工作岗位。操作人员应随时注意火力和沥青的熬制温度，以防沥青着火燃烧。操作人员应穿戴好劳保用品并站在锅旁的上风处。

3）调制冷底子油时，沥青温度要符合规定，加入溶剂时如发现冒出大量蓝烟要立即停止加热。调制点应离明火 10m 以外。

4）涂刷冷底子油时，在 30m 以内不得进行电焊、气焊等工作。操作人员不得吸烟。

5）油漆类易燃物品应妥善保管。存放的库房应通风良好，并设置必要的消防设施。在室内进行油漆作业时，应保持室内通风良好。

十三　园林喷灌工程设施

【要　点】

喷灌是近年来发展较快的一种先进灌水技术,它是把有压力的水井喷头喷撒到地面,向降雨一样对植被进行灌溉。喷灌系统由水源、动力机、水泵、管道系统和喷头组成。喷灌与沟灌比较,有省水、省工、省地的优点,对盐碱土的改良也有一定作用,但基本建设投资高,受风的影响较大,超过 3~4 级风时不易进行。

【解　释】

◆喷灌系统的组成

喷灌系统的水源比较灵活,除市政供给的自来水水源外还可以利用河流、渠道、池塘等水和生活废水。常用的水泵有自吸式离心泵、长轴井泵和深水潜水泵等,要求水泵有 10~20m 的扬程。

动力机主要是在机压系统中使用,根据当地条件可以选用电动机、内燃机等,但要注意使动力机符合水泵的配套要求。

管道系统的作用是把经水泵加压后的灌溉水送到田间,所以要求管子能承受一定的压力($3~10kg/cm^2$),通过一定的流量(管径一般为 50~300mm 左右)。固定管的管材种类有铸铁管、钢管、钢筋混凝土管和硬聚氯乙烯塑料管。移动管道的管子材料有胶管、锦纶塑料管、维纶塑料管、软塑料管,还有硬塑料管、合金铝管和薄壁钢管等。管道附件有三通、变径管、弯头、接头、堵头和闸阀等。

喷头是喷灌的专用设备,它的作用是把管道中有压力的集中水分散成细小的水滴,均匀撒布到田间。

◆喷灌的形式

按照管道、机具的安装方式及其供水使用特点,园林喷灌系统可分为移动式、半固定式和固定式三种,见表 3-50。

表 3-50　不同形式喷灌系统优缺点比较

形　式		优　点	缺　点
固定式		使用方便,劳动生产率高,省劳力,运行成本低(高压除外),占地少,喷灌质量好	需要的管材多,投资大(每亩[①]200~500元)
半固定式		投资和用管量介于固定式与移动式之间,占地较少,喷灌质量好,运行成本低	操作不便,移管子时容易损坏作物
移动式	带管道	投资少,用管道少,运行成本低,动力便于综合利用,喷灌质量好,占地较少	操作不便,移管子时容易损坏作物
	不带管道	投资最少(每亩 20~50 元),不用管道,移动方便,动力便于综合利用	道路和渠道占地多,一般喷灌质量差

①1 亩 = 666.7m² 。

移动式喷灌系统:要求有天然水源,其动力(发电机)、水泵和干管支管是可移动的。使用特点是浇水方便灵活,能节约用水,但喷水作业时劳动强度稍大。

固定式喷灌系统:这种系统有固定的泵站,干管和支管都埋入地下,喷头可固定于竖管上,也可临时安装。固定式喷灌系统的安装要用大量的管材和喷头,需要较多的投资。但喷水操作方便,用人工很少,既节约劳动力,又节约用水,浇水实现了自动化,甚至还可能用遥控操作,因此,是一种高效低耗的喷灌系统。这种喷灌系统最适于需要经常性灌溉供水的草坪、花坛和花圃等。

半固定式喷灌系统:其泵站和干管固定,但支管与喷头可以移动,也就是一部分固定一部分移动。其使用上的优缺点介于上述两种喷灌系统之间,主要适用于较大的花圃和苗圃。

◆ **喷灌系统的分类**

喷灌系统有以下三种分类方法:

1)按系统获得压力的方式分机压式和自压式两种。机压式喷灌系统是靠机械加压来获得工作压力的。自压式喷灌系统是利用地形的自然落差来获得工作压力的。

2)按系统的喷洒特征分定喷式和行喷式两种。定喷式是喷洒设备(喷头)在一个位置上定点喷洒。行喷式是喷洒设备在行走移动过程中进行喷洒作业,有时针式和平移自走式之分。

3)按系统的设备组成分管道式和机组式两种。管道式喷灌系统是水源、喷灌泵与各喷头间由一级或数级压力管道连接,根据管道的可移程度,又分固定管道式、移动式和半固定式。机组式喷灌系统是将喷头、水泵、输水管和行走机构等连成一个可移动的整体,称为喷灌机组或喷灌机。

◆ **喷灌设备及布置**

喷灌机主要是由压水、输水和喷头三个主要结构部分构成。压水部分通常有发动机和离心式水泵,主要是为喷灌系统提供动力和为水加压,使管道系统中的水压保持在一个较高的水平。输水部分是由输水主管和分管构成的管道系统。喷头部分则有以下所述类别。

(1)喷头

按照喷头的工作压力与射程来分,可把喷灌用的喷头分为高压远射程、中压中射程和低压近射程三类喷头。根据喷头的结构形式与水流形状,则可把喷头分为旋转类、漫射类和孔管类三种类型。

1)旋转类喷头

又称射流式喷头,其管道中的压力水流通过喷头形成一股集中的射流喷射而出,再经自然粉碎形成细小的水滴洒落在地面。在喷洒过程中,喷头绕竖向轴缓缓旋转,使喷射范围形成一个半径等于其射程的圆形或扇形。其喷射水流集中,水滴分布均匀,射程达 30m 以上,喷灌效果比较好,所以得到了广泛的应用。这类喷头中,因其转动机构的构造不一,又可分为摇臂式、叶轮式、反作用式和手持式四种形式。还可根据是否装有扇形机构而分为扇形喷灌喷头和全圆周喷灌喷头两种形式。

摇臂式喷头是旋转类喷头中应用最广泛的喷头形式(图 3-23)。这种喷头的结构是由导流器、摇臂、摇臂弹簧、摇臂轴等组成的转动机构,和由定位销、拨杆、挡块、扭簧或压簧等构成的扇形机构,以及喷体、空心轴、套轴、垫圈、防沙弹簧、喷管和喷嘴等构件组成的。在转动机构作用下,可使喷体和空心轴的整体在套轴内转动,从而实现旋转喷水。

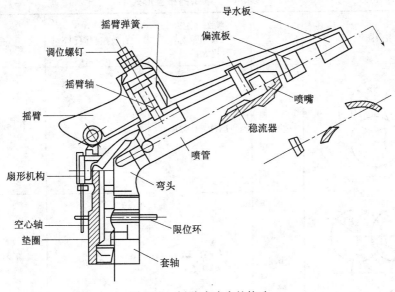

图 3-23 摇臂式喷头的构造

2）漫射类喷头

这种喷头是固定式的,在喷灌过程中所有部件都固定不动,而水流却是呈圆形或扇形向四周分散开。喷灌系统的结构简单,工作可靠,在公园苗圃或一些小块绿地有所应用。其喷头的射程较短,在 5~10m 之间,喷灌强度大,在 15~20mm/h 以上,但喷灌水量不均匀,近处比远处的喷灌强度大得多。

3）孔管类喷头

喷头实际上是一些水平安装的管子。在水平管子的顶上分布有一些整齐排列的小喷水孔（图 3-24）,孔径仅 1~2mm,喷水孔在管子上有排列成单行的,也有排列为两行以上的,可分别叫作单列孔管和多列孔管。

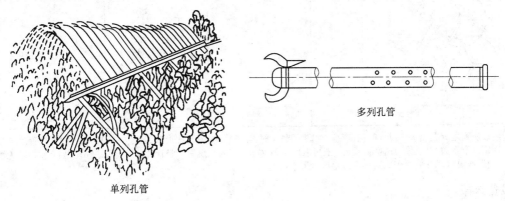

多列孔管

单列孔管

图 3-24 孔管式喷头喷灌示意图

（2）喷头的布置

喷头的布置形式有矩形、正方形、正三角形和等腰三角形四种。在实际工作中采用什么样的喷头布置形式,主要取决于喷头的性能和拟灌溉的地段情况。表 3-51 中所列四图,就主要表示出喷头的不同组合方式与灌溉效果的关系。

表 3-51　喷头的布置形式

喷头组合图形	喷洒方式	喷头间距 L 支管间距 b 与射程 R 的关系	有效控制面积 S	适用情况
正方形	全圆形	$L = b = 1.42R$	$S = 2R^2$	在风向改变频繁的地方效果较好
正三角	全圆形	$L = 1.73R$ $b = 1.5R$	$S = 2.6R^2$	在无风的情况下喷灌的均度最好
矩形	扇形	$L = R$ $b = 1.73R$	$S = 1.73R^2$	较本表前两项节省管道
等腰三角	扇形	$L = R$ $b = 1.87R$	$S = 1.865R^2$	同本表第三项

　　注:表所列之 R 是喷头的设计射程,应小于喷头的最大射程。根据喷灌系统形式、当地的风速、动力的可靠程度等来确定一个系数;对于移动式喷灌系统一般可采用0.9;对于固定式系统由于竖管装好后就无法移动,如有空白就无法补救,故可以考虑采用0.8;对于多风地区可采用0.7。

◆设备选择

　　喷头的选择应符合喷灌系统设计要求。灌溉季节风大的地区或树下喷灌的喷灌系统,宜采用低仰角喷头。

　　管及管件的选择,应使其工作压力符合喷灌系统设计工作压力的要求。

　　水泵的选择应满足喷灌系统设计流量和设计水头的要求。水泵应在高效区运行。对于采用多台水泵的恒压喷灌泵站来说,所选各泵的流量—扬程曲线,在规定的恒压范围内应能相互

150

搭接。

喷灌机应根据灌区的地形、土壤、作物等条件进行选择,并满足系统设计要求。

◆ **工程设施**

（1）水源工程

1）喷灌渠道宜进行防渗处理。行喷式喷灌系统,其工作渠内水深必须满足水泵吸水要求;定喷式喷灌系统,其工作渠内水深不能满足要求时,应设置工作池。工作池尺寸应满足水泵正常吸水和清淤要求;对于兼起调节水量作用的工作池,其容积应通过水量平衡计算确定。

2）机行道应根据喷灌机的类型在工作渠旁设置。对于平移式喷灌机,其机行道的路面应平直、无横向坡度;若主机跨渠行进,渠道两旁的机行道,其路面高程应相等。

3）喷灌系统中的暗渠或暗管在交叉、分支及地形突变处应设置配水井,其尺寸应满足清淤、检修要求。在水泵抽水处应设置工作井,尺寸应满足清淤、检修及水泵正常吸水要求。

（2）泵站

1）自河道取水的喷灌泵站,应满足防淤积、防洪水和防冲刷的要求。

2）喷灌泵站设置的水泵(及动力机)数,宜为 2～4 台。当系统设计流量较小时,可只设置一台水泵(及动力机),但应配备足够数量的易损零件。喷灌泵站不宜设置备用泵(及动力机)。

3）泵站的前池或进水池内应设置拦污栅,并应具备良好的水流条件。前池水流平面扩散角:对于开敞型前池,应小于 40°;对于分室型前池,各室扩散角应不大于 20°,总扩散角不宜大于 60°。前池底部纵坡不应大于 1/5。进水池容积应按容纳不少于水泵运行 5min 的水量确定。

4）水泵吸水管直径应不小于水泵口径。当水泵可能处于自灌式充水时,其吸水管道上应设检修阀。

5）水泵的安装高程,应根据减少基础开挖量,防止水泵产生汽蚀,确保机组正常运行的原则,经计算确定。

6）水泵和动力机基础的设计,应按现行《动力机器基础设计规范》的有关规定执行。

7）泵房平面布置及设计要求,可按现行《室外给水设计规范》的有关规定执行。对于半固定管道式或移动管道式喷灌系统,当不设专用仓库时,应在泵房内留出存放移动管道的面积。

8）出水管的设置,每台水泵宜设置一根,其直径不应小于水泵出口直径。当泵站安装多台水泵且出水管线较长时,出水管宜并联,并联后的根数及直径应合理确定。

9）泵站的出水池,水流应平顺,与输水渠应采用渐变段连接。渐变段长度应按水流平面收缩角不大于 50°确定。

出水池和渐变段应采用混凝土或浆砌石结构,输水渠首应采用砌体加固。出水管口应设在出水池设计水位以下。出水管口或池内宜设置断流设施。

10）装设柴油机的喷灌泵站,应设置能够储存 10～15d 燃料油的储油设备。

11）喷灌系统的供电设计,可按现行电力建设的有关规范执行。

（3）管网

1）喷灌管道的布置,应遵守下列规定:

① 应符合喷灌工程总体设计的要求。

② 应使管道总长度尽量短,有利于水锤的防护。

③ 应满足各用水单位的需要,管理方便,有利于组织轮灌和迅速分散流量。

④ 在垄作田内,应使支管与作物种植方向一致。在丘陵山区,应使支管沿等高线布置。在可能的条件下,支管宜垂直于主风向。

⑤ 管道的纵剖面应力求平顺,减少折点;有起伏时应避免产生负压。

2)自压喷灌系统的进水口和机压喷灌系统的加压泵吸水管底端,应分别设置拦污栅和滤网。

3)在各级管道的首端应设进水阀或分水阀。在连接地埋管和地面移动管的出地管上,应设给水栓。当管道过长或压力变化过大时,应在适当位置设置节止阀。在地埋管道的阀门处应建阀门井。

4)在管道起伏的高处应设排气装置;对自压喷灌系统,在进水阀后的干管上应设通气管,其高度应高出水源水面高程。在管道起伏的低处及管道末端应设泄水装置。

5)固定管道的末端及变坡、转弯和分叉处宜设镇墩。当温度变化较大时,宜设伸缩装置。

6)固定管道应根据地形、地基和直径、材质等条件来确定其敷设坡度以及对管基的处理。

7)在管网压力变化较大的部位,应设置测压点。

8)地埋管道的埋设深度应根据气候条件、地面荷载和机耕要求等确定。

【相关知识】

◆ 喷灌的技术要求

对喷灌的技术要求有三个:一是喷灌强度应该小于土壤的入渗(或称渗吸)速度,以避免地面积水或产生径流,造成土壤板结或冲刷;二是喷灌的水滴对作物或土壤的打击强度要小,以免损坏植物;三是喷灌的水量应均匀地分布在喷洒面,以使其能获得均匀的水量。下面对喷灌强度、水滴打击强度、喷灌均匀度进行说明。

(1)喷灌强度

单位时间喷洒在控制面的水深称为喷灌强度。喷灌强度的单位常用 mm/h 表示。计算喷灌强度应大于平均喷灌强度。这是因为系统喷灌的水不可能没有损失地全部喷洒到地面,喷灌时的蒸发、受风后雨滴的漂移以及作物茎叶的截留都会使实际落到地面的水量减少。

(2)水滴打击强度

水滴打击强度是指单位受雨面积内,水滴对土壤或植物的打击动能。它与喷头喷洒出来的水滴的质量、降雨速度和密度(落在单位面积上水滴的数目)有关。由于测量水滴打击强度比较复杂,测量水滴直径的大小也较困难,所以在使用或设计喷灌系统时多用雾化指标法。我国实践证明,质量好的喷头 p_d 值雾化指标在 2500 以上,可适用于一般大田作物,而对蔬菜及幼苗期大田作物,p_d 值应大于 3500。园林植物所需要的雾化指标可以参考使用。

(3)喷灌均匀度

喷灌均匀度是指在喷灌面积上水量分布的均匀程度,是衡量喷灌质量好坏的主要指标之一。它与喷头结构、工作压力、喷头组合形式、喷头间距、喷头转速的均匀性、竖管的倾斜度、地面坡度和风速、风向等因素有关。

◆ 喷头的基本参数

喷头基本参数有进水口直径、喷嘴直径(或喷孔截面积)、压力、喷水量和射程五项。

1)喷头的进水口直径:喷头的进水口直径是指喷头进口过水管道或空心轴的内径,单位

152

是 mm。我国各种喷头的进水口直径公称值为 10mm,15mm,20mm,30mm,40mm,50mm,60mm,80mm,100mm 九种。

2)喷嘴直径:喷嘴直径简称嘴径,单位是 mm。它反映喷头在一定压力下的过水能力。压力一定的情况下,嘴径大,喷水量也大,射程也远,但雾化程度相对要差;反之嘴径小,喷水量就少,射程近,但雾化程度好。有些喷头的喷嘴是非圆形断面,上述性质则用喷孔截面积来反映。

3)工作压力 p,H:工作压力是指喷头进水口前的压力,单位是 kg/cm^2 或米水柱,分别用符号 p,H 表示。工作压力通常用压力计直接在喷头进水口前竖管内测出。

4)喷水量 Q:喷水量即流量,是单位时间内喷头喷出的水体积,单位是 m^3/h 或 L/s。喷水量的测定可用体积法、重量法、流量计法等,在估算时可用下列公式:

$$Q_p = 3600\mu\omega\sqrt{2gH}$$

式中　Q_p——喷头喷水量,m^3/t;

　　　μ——流量系数;

　　　ω——喷嘴过水断面面积,m^2;

　　　g——重力加速度,为 $9.81 m/s^2$;

　　　H——工作压力,以米水柱表示,单位为 m。

在估算喷水量时,流量系数的范围是 0.85 ~ 0.95。建议按使用的喷嘴锥角选择。锥角大的(如 45°,50°等)取下限;锥角小的(如 15°,25°)取上限,因为流量系数是随喷嘴锥角增加而减小的。

5)射程 R:一般射程是指喷头喷出的水所能达到的最远距离。在做圆形(或扇形)喷洒时,也就是湿润圆的半径,单位是 m。这只有在无风条件下才成立,因为有风情况下,湿润圆的面积不能近似为圆形,各向射程就不一致了。另外,旋转的喷头由于受转速的影响,无风时转动的射程也总要比定向喷射的射程小。我国对射程的定义是在无风情况下,喷头正常工作时湿润圆的半径,即喷射水所能达到的最远距离。喷头的射程最好在室内试验场测取。如在室外测取时,应在无风条件下进行。射程是一项很重要的参数,在系统的规划设计中需要用到它。

以上这些基本参数,可从喷头的型号规格中查取,我国定型的 PY1 系列喷头的基本参数见表 3-52。

表 3-52　单喷嘴摇臂式喷头(PY1)的基本参数

喷头型号	进水口直径			喷嘴直径 d(mm)	工作压力 p(kg/cm²)	喷水量 Q_p(m³/h)	射程 R(m)	喷灌强度 p(mm/h)
	公称值(mm)	实际尺寸(mm)	接头管螺纹尺寸(in)					
PY10	10	10	1/2	3	1.0 2.0	0.31 0.44	10.0 11.0	1.00 1.16
				4 *	1.0 2.0	0.56 0.79	11.0 12.5	1.47 1.61
				5	1.0 2.0	0.87 1.23	12.5 14.0	1.77 2.00

喷头型号	进水口直径			喷嘴直径 d(mm)	工作压力 p(kg/cm²)	喷水量 Q_p(m³/h)	射程 R(m)	喷灌强度 p(mm/h)
	公称值 (mm)	实际尺寸 (mm)	接头管螺纹尺寸(in)					
PY15	15	15	3/4	4	2.0 / 3.0	0.79 / 0.96	13.5 / 15.0	1.38 / 1.36
				5*	2.0 / 3.0	1.23 / 1.51	15.0 / 16.5	1.75 / 1.76
				6	2.0 / 3.0	1.77 / 2.17	15.5 / 17.0	2.35 / 2.38
				7	2.0 / 3.0	2.41 / 2.96	16.5 / 18.0	2.82 / 2.92
PY20	20	20	1	6	3.0 / 4.0	2.17 / 2.50	18.0 / 19.5	2.14 / 2.10
				7*	3.0 / 4.0	2.96 / 3.41	19.0 / 20.5	2.63 / 2.58
				8	3.0 / 4.0	3.94 / 4.55	20.0 / 22.0	3.13 / 3.01
				9	3.0 / 4.0	4.88 / 5.64	22.0 / 23.5	3.22 / 3.26
PY30	30	30	1 1/2	9	3.0 / 4.0	4.88 / 5.64	23.0 / 24.5	2.94 / 3.00
				10*	3.0 / 4.0	6.02 / 6.96	23.5 / 25.5	3.48 / 3.42
				11	3.0 / 4.0	7.30 / 8.42	24.5 / 27.0	3.88 / 3.72
				12	3.0 / 4.0	8.69 / 10.0	25.5 / 28.0	4.25 / 4.07
PY40	40	40	2	12	3.0 / 4.5	8.69 / 10.5	26.5 / 29.5	3.04 / 3.85
				13	3.0 / 4.5	10.3 / 12.5	27.0 / 30.0	4.83 / 4.43
				14*	3.0 / 4.5	12.8 / 14.5	29.5 / 32.0	4.68 / 4.52
				15	3.0 / 4.5	14.7 / 16.6	30.5 / 33.0	5.05 / 4.86
				16	3.0 / 4.5	16.7 / 18.9	31.5 / 34.0	5.38 / 5.21
PY50	50	50	2 1/2	16	4.0 / 5.0	17.8 / 19.9	34.0 / 37.0	4.92 / 4.65
				17	4.0 / 5.0	20.2 / 22.4	35.5 / 38.5	5.12 / 4.81
				18*	4.0 / 5.0	22.6 / 25.2	36.5 / 39.5	5.42 / 5.15
				19	4.0 / 5.0	25.2 / 28.2	37.5 / 40.5	5.72 / 5.49

喷头型号	进水口直径			喷嘴直径 d(mm)	工作压力 p(kg/cm²)	喷水量 Q_p(m³/h)	射程 R(m)	喷灌强度 p(mm/h)
	公称值(mm)	实际尺寸(mm)	接头管螺纹尺寸(in)					
PY60	60	60	3	20	4.0 5.0	27.9 31.2	38.5 41.5	5.99 5.77
				20	5.0 6.0	31.2 34.2	42.5 45.5	5.51 5.23
				22 *	5.0 6.0	37.6 41.2	44.0 47.0	6.20 5.85
				24	5.0 6.0	44.8 49.1	46.5 50.5	6.59 6.15
PY80	80	80	4	26	6.0 7.0	57.6 62.4	51.5 54.5	6.91 6.72
				28	6.0 7.0	66.9 72.0	53.0 56.0	7.55 7.31
				30 *	7.0 8.0	83.0 88.6	57.0 60.0	8.15 7.85
				32	7.0 8.0	94.4 101.0	60.5 63.5	8.21 7.95
				34	7.0 8.0	106.0 114.0	64.0 68.0	8.23 7.89

注:1. 表中喷嘴直径后均有两行数据,第一行为起始工作压力及相应各参数,第二行为设计工作压力及相应各参数。

2. 注 * 号者为标准喷嘴直径。

3. 表中喷灌强度一项是指单喷头全圆喷灌时的计算喷灌强度。

十四 喷灌工程

【要 点】

对于不同形式的喷灌系统,其施工的内容也不同。移动式喷灌机只是在绿地内布置水源(井、渠、塘等),主要是土石方工程。固定式喷灌系统则还要进行泵站的施工和管道系统的铺设,其施工的技术要求较高,最好能组成专业队伍以保证施工质量。

【解 释】

◆工程施工一般规定

喷灌工程施工、安装应按已批准的设计进行,修改设计或更换材料设备应经设计部门同意,必要时需经主管部门批准。

工程施工应符合下列程序和要求:

1)施工放样:施工现场应设置施工测量控制网并将它保存到施工完毕;应定出建筑物的主轴线或纵横轴线、基坑开挖线与建筑物轮廓线等;应标明建筑物主要部位和基坑开挖的高程。

    2）基坑开挖：必须保证基坑边坡稳定。若基坑挖好后不能进行下道工序，应预留15～30cm土层不挖，待下道工序开始前再挖至设计标高。

    3）基坑排水：应设置明沟或井点排水系统，将基坑积水排走。

    4）基础处理：基坑地基承载力小于设计要求时，必须进行基础处理。

    5）回填：砌筑完毕，应待砌体砂浆或混凝土凝固达到设计强度后回填；回填土应干湿适宜，分层夯实，与砌体接触密实。

    在施工过程中，应做好施工记录。对于隐蔽工程，必须填写隐蔽工程记录，经验收合格后方能进入下道工序施工。全部工程施工完毕后应及时编写竣工报告。

◆设备安装一般规定

    喷灌系统设备安装应具备下列条件：

    1）安装人员已经了解设备性能，熟悉安装要求。

    2）安装用的工具、材料已准备齐全，安装用的机具经检查确认安全可靠。

    3）与设备安装有关的土建工程已经验收合格。

    4）待安装的设备已按设计核对无误，检验合格，内部清理干净，不存杂物。

    设备检验应按下列要求进行：

    1）应按设计要求核对设备数量、规格、材质、型号和连接尺寸，并应进行外观质量检查。

    2）应对喷头、管及管件进行抽检，抽检数量不少于三件，抽检不合格，再取双倍数量的抽查件进行不合格项目的复测。复测结果如仍有一件不合格，则全批不合格。

    3）检验用的仪器、仪表和量具均应具备计量部门的检验合格证。

    4）检验记录应归档。

    地理管道安装应符合下列要求：

    1）管道安装不得使用木垫、砖垫或其他垫块；不得安装在冻结的土基上。

    2）管道安装宜按从低处向高处，先干管后支管的顺序进行。

    3）管道吊运时，不得与沟壁或槽底相碰撞。

    4）管道安装时，应排净沟槽积水；管底与管基应紧密接触。

    5）脆性管材和塑料管穿越公路或铁路应加套管或筑涵洞保护。

    安装带有法兰的阀门和管件时，法兰应保持同轴、平行，保证螺栓自由穿入，不得用强紧螺栓的方法消除歪斜。

    管道安装分期进行或因故中断时，应用堵头将敞口封闭。

    在设备安装过程中，应随时进行质量检查，不得将杂物遗留在设备内。

◆管道安装方法

    管道的安装因管道类型的不同而不同，下面介绍几种安装方法：

    1）孔洞的预留与套管的安装。在绿地喷灌及其他设施工程中，钢筋混凝土构件内安装管道应在钢筋绑扎完毕时进行。工程施工到预留孔部位时，参照模板标高或正在施工的毛石、砖砌体的轴线标高确定孔洞模具的位置并加以固定。遇到较大的孔洞，模具与多根钢筋相碰时，需经土建技术人员校核，采取技术措施后进行安装固定。临时性模具应便于拆除，永久性模具应进行防腐处理。预留孔洞不能适应工程需要时，要通过机械或人工打孔洞，尺寸一般比管径大两倍左右。钢管套管应在管道安装时及时套入，放入指定位置，调整完毕后固定。铁皮套管在管道安装时套入。

　　2)管道穿基础或孔洞、地下室外墙的套管要预留好并校验符合设计要求。室内装饰的种类确定后,可以进行室内地下管道及室外地下管道的安装。安装前对管材、管件进行质量检查并清除污物,按照各管段排列顺序、长度,将地下管道试安装,然后动工,同时按设计的平面位置、与墙面间的距离分出立管接口。

　　3)立管的安装应在土建主体的基础上完成。沟槽按设计位置和尺寸留好。检验沟槽,然后进行立管安装,栽立管卡,最后封沟槽。

　　4)横支管安装。在立管安装完毕、卫生器具安装就位后可进行横支管安装。

◆ **泵站施工**

　　泵站机组的基础施工应符合下列要求:

　　1)基础必须浇筑在未经松动的基坑原状土上,当地基土的承载力小于 $0.05\mu Pa(0.5kg\cdot f/cm^2)$ 时,应进行加固处理。

　　2)基础的轴线及需要预埋的地脚螺栓或二期混凝土预留孔的位置应正确无误。

　　3)基础浇筑完毕拆模后,应用水平尺校平,其顶面高程应正确无误。

　　中心支轴式喷灌机的中心支座采用混凝土基础时,应按设计要求于安装前浇筑好。浇筑混凝土基础时,在平地上,基础顶面应呈水平;在坡地上,基础顶面应与坡面平行。

　　中心支轴式喷灌机中心支座的基础与水井或水泵的相对位置不得影响喷灌机的拖移。当喷灌机中心支座与水泵相距较近时,水泵出水口与喷灌机中心线应保持一致。

◆ **管网施工**

　　管道沟槽开挖应符合下列要求:

　　1)应根据施工放样中心线和标明的槽底设计标高进行开挖,不得挖至槽底设计标高以下。如局部超挖则应用相同的土壤填补夯实至接近天然密实度。沟槽底宽应根据管道的直径与材质及施工条件确定。

　　2)沟槽经过岩石、卵石等容易损坏管道的地方应将槽底至少再挖15cm,并用砂或细土回填至设计槽底标高。

　　3)管子接口槽坑应符合设计要求。

　　沟槽回填应符合下列要求:

　　1)管及管件安装完毕,应填土定位,经试压合格后尽快回填。

　　2)回填前应将沟槽内一切杂物清除干净,积水排净。

　　3)回填必须在管道两侧同时进行,严禁单侧回填,填土应分层夯实。

　　4)塑料管道应在地面和地下温度接近时回填;管周填土不应有直径大于2.5cm的石子及直径大于5cm的土块,半软质塑料管道回填时还应将管道充满水,回填土可加水灌筑。

◆ **机电设备安装**

　　直联机组安装时,水泵与动力机必须同轴,联轴器的端面间隙应符合要求。

　　非直联卧式机组安装时,动力机和水泵轴心线必须平行,皮带轮应在同一平面,且中心距符合设计要求。

　　柴油机的排气管应通向室外且不宜过长。电动机的外壳应接地,绝缘应符合标准。

　　电气设备应按接线图进行安装,安装后应对线检查并试运行。

　　中心支轴式、平移式喷灌机必须按照说明书规定进行安装调试并由专门技术人员组织实施。

机械设备安装的有关具体质量要求,应符合现行《机械设备安装工程施工及验收规范》的规定。

◆**管架支座安装**

管架支座的安装主要有以下几点内容:

(1)放样

在正式施工或制造之前,制成所需要的管架模型,作为样品。

(2)画线

检查核对材料;在材料上画出切割、刨、钻孔等加工位置;打孔;标出零件编号等。

(3)截料

将材料按设计要求进行切割。钢材截料的方法有氧割、机切、冲模落料和锯切等。

(4)平直

利用矫正机将钢材的弯曲部分调平。

(5)钻孔

将经过画线的材料利用钻机在有标记的位置制孔。有冲击和旋转两种制孔方式。

(6)拼装

把制备完成的半成品和零件按图纸的规定装成构件或部件,然后经过焊接或铆接等工序使之成为整体。

(7)焊接

将金属熔融后对接为一个整体构件。

(8)成品矫正

将不符合质量要求的成品经过再加工后达到标准,即为成品矫正。一般有冷矫正、热矫正和混合矫正三种。

◆**金属管道安装**

金属管道安装前应进行外观质量和尺寸偏差检查,并宜进行耐水压试验,其要求应符合《铸铁直管及管件》、《低压流体输送用镀锌焊接钢管》、《喷灌用金属薄壁管》等现行标准的规定。

镀锌钢管安装应按现行《工业管道工程施工及验收规范》(金属管道篇)执行。

镀锌薄壁钢管、铝管及铝合金管安装应按安装使用说明书的要求进行。

铸铁管的安装应按下列规定进行:

1)安装前,应清除承口内部及插口外部的沥青块及飞刺、铸砂和其他杂质;用小锤轻轻敲打管子,检查有无裂缝,如有裂缝应予更换。

2)铺设安装时,对口间隙、承插口环形间隙及接口转角,应符合表3-53的规定。

表3-53　对口间隙、承插口环形间隙及接口转角值

名　　　称		沿直线铺设安装	沿曲线铺设安装
对口最小间隙(mm)		3	3
对口最大间隙(mm)	$DN100 \sim DN250$	5	7 ~ 13
	$DN300 \sim DN350$	6	10 ~ 14

名　　称		沿直线铺设安装	沿曲线铺设安装
承口标准环形间隙(mm)	*DN*100 ~ *DN*200 标准	10	—
	允许偏差	+3 −2	—
	*DN*250 ~ *DN*350 标准	11	—
	允许偏差	+4 −2	—
每个接口允许转角(°)		—	2

注:*DN* 为管公称内径。

3)安装后,承插口应填塞,填料可采用膨胀水泥、石棉水泥和油麻等。

① 采用膨胀水泥和石棉水泥时,填塞深度应为接口深度的 1/2 ~ 2/3;填塞时应分层捣实,压平并及时湿养护。

② 采用油麻时,应将麻拧成辫状填入,麻辫中麻段搭接长度应为 0.1 ~ 0.15m。麻辫填塞时应仔细打紧。

◆塑料管道安装

塑料管道安装前应进行外观质量和尺寸偏差的检查,并应符合《硬聚氯乙烯管材》、《聚丙烯管材》、《喷灌用低密度聚乙烯管材》等现行标准的规定。涂塑软管不应有划伤、破损,不得夹有杂质。

塑料管道安装前宜进行爆破压力试验,并应符合下列规定:

1)试样长度采用管外径的 5 倍,但不应小于 250mm。

2)测量试样的平均外径和最小壁厚。

3)按要求进行装配,排除管内空气。

4)在 1min 内迅速连续加压至爆破,读取最大压力值。

5)瞬时爆破环向应力按下式计算,其值不得低于表 3-54 的规定。

表 3-54　塑料管瞬时爆破环向应力 σ 值

名　　称	硬聚氯乙烯管	聚丙烯管	低密度聚乙烯管
$\sigma(\mu Pa)[(kg \cdot f/cm^2)]$	45(450)	22(220)	9.6(96)

$$\sigma = P_{max} \cdot \frac{D - e_{min}}{2e_{min}} - K_t(20 - t)$$

式中　σ——塑料管瞬时爆破环向应力,$\mu Pa(kg \cdot f/cm^2)$;

　　P_{max}——最大表压力,$\mu Pa(kg \cdot f/cm^2)$;

　　　D——管平均外径,m(mm);

　　e_{min}——管最小壁厚,m(mm);

　　K_t——温度修正系数,$\mu Pa(kg \cdot f/cm^2 \cdot ℃)$;硬聚氯乙烯为 0.625(6.25),共聚聚丙烯为 0.30(3.0),低密度聚乙烯为 0.18(1.8);

　　　t——试验温度(一般为 5 ~ 35℃),℃。

6)对于涂塑软管,其爆破压力不得低于表 3-55 的规定。

表 3-55　涂塑软管爆破压力值

工作压力(μPa)[(kg·f/cm²)]	爆破压力(μPa)[(kg·f/cm²)]
0.4(4)	1.3(13)
0.6(6)	1.8(18)

塑料管粘结连接,应符合下列要求:

1)粘结前:

① 按设计要求,选择合适的胶粘剂。

② 按粘结技术要求,对管或管件进行预加工和预处理。

③ 按粘结工艺要求,检查配合间隙,并将接头去污、打毛。

2)粘结:

① 管轴线应对准,四周配合间隙应相等。

② 胶粘剂涂抹长度应符合设计规定。

③ 胶粘剂涂抹应均匀,间隙应用胶粘剂填满并有少量挤出。

3)粘结后:

① 固化前管道不应移位。

② 使用前应进行质量检查。

塑料管翻边连接,应符合下列要求:

1)连接前:

① 翻边前应将管端锯正、锉平、洗净、擦干。

② 翻边应与管中心线垂直,尺寸应符合设计要求。

③ 翻边正反面应平整并能保证法兰和螺栓或快速接头自由装卸。

④ 翻边根部与管的连接处应熔合完好,无夹渣、穿孔等缺陷;飞边、毛刺应剔除。

2)连接:

① 密封圈应与管同心。

② 拧紧法兰螺栓时扭力应符合标准,各螺栓受力应均匀。

3)连接后:

① 法兰应放入接头坑内。

② 管道中心线应平直,管底与沟槽底面应贴合良好。

塑料管套筒连接应符合下列要求:

1)连接前:

① 配合间隙应符合设计和安装要求。

② 密封圈应装入套筒的密封槽内,不得有扭曲、偏斜现象。

2)连接:

① 管子插入套筒深度应符合设计要求。

② 安装困难时,可用肥皂水或滑石粉作润滑剂;可用紧线器安装,也可隔一木块轻敲打入。

3)连接后:

密封圈不得移位、扭曲、偏斜。

塑料管热熔对接,应符合下列要求:

1)对接前:

① 热熔对接管子的材质、直径和壁厚应相同。

② 按热熔对接要求对管子进行预加工,清除管端杂质、污物。

③ 管端按设计温度加热至充分塑化而不烧焦;加热板应清洁、平整、光滑。

2)对接:

① 加热板的抽出及两管合拢应迅速,两管端面应完全对齐;四周挤出的树脂应均匀。

② 冷却时应保持清洁。自然冷却应防止尘埃侵入;水冷却应保持水质清净。

3)对接后:

① 两管端面应熔接牢固并按 10% 进行抽检。

② 若两管对接不齐应切开重新加工对接。

③ 完全冷却前管道不应移动。

◆水泥制品管道安装

水泥制品管道安装前应进行外观质量和尺寸偏差的检查,并应进行耐水压试验,其要求应符合现行《自应力钢筋混凝土输水管》标准的规定。

安装时应符合下列要求:

1)承口应向上。

2)套胶圈前,承插口应刷净,胶圈上不得粘有杂物,套在插口上的胶圈不得扭曲、偏斜。

3)插口应均匀进入承口,回弹就位后仍应保持对口间隙 10～17mm。

在沟槽土壤或地下水对胶圈有腐蚀性的地段,管道覆土前应将接口封闭。

水泥制品管配用的金属管件应进行防锈、防腐处理。

◆阀门安装

(1)螺纹阀门安装

1)场内搬运:场内搬运包括从机器制造厂把机器搬运到施工现场的过程。在搬运中要注意人身和设备安全,严格遵守操作规范,防止机器损坏、缺失及意外事故发生。

2)外观检查:外观检查是从外观上观察,看机器设备有无损伤、油漆剥落、裂缝、松动及不固定的地方,有效预防才能使施工过程顺利进行,并及时更换、检修缺损之处。

(2)螺纹法兰阀门安装

1)加垫:加垫指在阀门安装时,因为管材和其他方面的原因,在螺纹固定时,需要垫上一定形状大小的铁或钢垫,这样有利于固定和安装。垫料要按不同情况确定,其形状因需要而定,确保加垫之后安装连接处没有缝隙。

2)螺纹法兰:螺纹法兰即螺纹方式连接的法兰。这种法兰与管道不直接焊接在一起,而是以管口翻边为密封接触面,套法兰起紧固作用,多用于铜、铅等有色金属及不锈耐酸管道上。其最大优点是法兰穿螺栓时非常方便,缺点是不能承受较大的压力。也有的是用螺纹与管端连接起来,有高压和低压两种。其安装按活头连接项目要求执行。

(3)焊接法兰阀门安装

1)螺栓:在拧紧过程中,螺母朝一个方向(一般为顺时针)转动,直到不能再转动为止,有时还需要在螺母与钢材间垫上一垫片,有利于拧紧,防止螺母与钢材磨损及滑丝。

2)阀门安装:阀门是控制水流、调节管道内的水重和水压的重要设备。阀门通常放在分支管处、穿越障碍物和过长的管线上。配水干管上装设阀门的距离一般为 400~1000m,并不应超过三条配水支管。阀门一般设在配水支管的下游,以便关阀门时不影响支管的供水。在支管上也设阀门。配水支管上的阀门不应隔断五个以上消防栓。阀门的口径一般和水管的直径相同。给水用的阀门包括闸阀和蝶阀。

◆ **水表安装**

水表是一种计量建筑物或设备用水量的仪表。室内给水系统中广泛使用流速式水表。流速式水表是根据在管径一定时通过水表的水流速度与流量成正比的原理来量测的。

(1)流速式水表按叶轮构造不同,分旋翼式和螺翼式两种。旋翼式的叶轮转轴与水流方向垂直,阻力较大,起步流量和计量范围较小,多为小口径水表,用以测量较小流量。螺翼式水表叶轮转轴与水流方向平行,阻力较小,起步流量和计量范围比旋翼式水表大,适用于流量较大的给水系统。

1)旋翼式水表按计数机件所处的状态又分为干式和湿式两种。干式水表的计数机件和表盘与水隔开,湿式水表的计数机件和表盘浸没在水中,机件较简单,计量较准确,阻力比干式水表小,应用较广泛,但只能用于水中无固体杂质的横管上。湿式旋翼式水表,按材质又分为塑料表与金属表等。

2)螺翼式水表依其转轴方向又分为水平螺翼式和垂直螺翼式两种,前者又分为干式和湿式两类,但后者只有干式一种。湿式叶轮水表技术规格有具体规定。

(2)水表安装应注意表外壳上所指示的箭头方向与水流方向一致,水表前后需装检修门,以便拆换和检修水表时关断水流;对于不允许断水或设有消防给水系统的,还需在设备旁设水表检查水龙头(带旁通管和不带旁通管的水表)。水表安装在查看方便、不受暴晒、不致冻结和不受污染的地方,一般设在室内或室外的专门水表井中,室内水表井及安装在资料上有详细图示说明。为了保证水表计量准确,螺翼式水表的上游端应有 8~10 倍水表公称直径的直径管段;其他型水表的前后应有不小于 300mm 的直线管段。水表口径的选择如下:不均匀的给水系统,以设计流量选定水表的额定流量来确定水表的直径;用水均匀的给水系统,以设计流量选定水表的额定流量确定水表的直径;对于生活、生产和消防统一的给水系统,以总设计流量不超过水表的最大流量决定水表的口径。住宅内的单户水表,一般采用公称直径为 15mm 的旋翼式湿式水表。

◆ **管道水压试验**

(1)一般规定

施工安装期间应对管道进行分段水压试验,施工安装结束后应进行管网水压试验。试验结束后,均应编写水压试验报告。对于较小的工程可不做分段水压试验。

水压试验应选用 0.35 或 0.4 级标准压力表。被测管网应设调压装置。

水压试验前应进行下列准备工作:

1)检查整个管网的设备状况:阀门启闭应灵活,开度应符合要求;排、进气装置应通畅。

2)检查地理管道填土定位情况:管道应固定,接头处应显露并能观察清楚渗水情况。

3)通水冲洗管道及附件:按管道设计流量连续进行冲洗,直到出水口水的颜色与透明度和进口处目测一致。

(2)耐水压试验

管道试验段长度不宜大于 1000m。

管道注满水后,金属管道和塑料管道经24h、水泥制品管道经48h后,方可进行耐水压试验。试验宜在环境温度5℃以上进行,否则应有防冻措施。

试验压力不应小于系统设计压力的1.25倍。

试验时升压应缓慢,达到试验压力后,保压10min,无泄漏、无变形即为合格。

水压试验合格后,应立即泄水,进行泄水试验。

(3)渗水量试验

在耐水压试验保压10min期间,如压力下降大于0.05MPa(0.5kg/cm²),则应进行渗水量试验。

试验时应先充水,排净空气,然后缓慢升压至试验压力,立即关闭进水阀门,记录下降0.1μPa(1kg·f/cm²)压力所需的时间T_1(min);再将水压升至试验压力,关闭进水阀并立即开启放水阀,往量水器中放水,记录下降0.1MPa(1kg·f/cm²)压力所需的时间T_2(min),测量在T_2时间内的放水量W(L),按下式计算实际渗水量:

$$q_B = \frac{W}{T_1 - T_2} \times \frac{1000}{L}$$

式中　q_B——1000m长管道实际渗水量,L/min;

　　　L——试验管段长度,m。

允许渗水量按下式计算:

$$q_B = K_B \sqrt{d}$$

式中　q_B——1000m长管道允许渗水量,L/min;

　　　K_B——渗水系数;钢管为0.05,硬聚氯乙烯管、聚丙烯管为0.08,铸铁管为0.10,聚乙烯管为0.12,钢筋混凝土管、钢丝网水泥管为0.14。

实际渗水量小于允许渗水量即为合格。实际渗水量大于允许渗水量时,应修补后重测,直至合格为止。

(4)泄水试验

泄水时应打开所有的手动泄水阀,截断立管堵头,以免管道中出现负压,影响泄水效果。只要管道中无满管积水现象即为合格。一般采用抽查的方法检验。抽查的位置应选地势较低处,并远离泄水点。检查管道中有无满管积水情况的较好方法是排烟法:将烟雾从立管排入管道,观察临近的立管有无烟雾排出,以此判断两根立管之间的横管是否满管积水。

◆ 工程验收

(1)一般规定

喷灌工程验收前应提交下列文件:全套设计文件、施工期间验收报告、管道水压试验报告、试运行报告、工程决算报告、运行管理办法、竣工图纸和竣工报告。

对于较小的工程,验收前只需提交设计文件、竣工图纸和竣工报告。

(2)施工期间验收

喷灌系统的隐蔽工程,必须在施工期间进行验收,合格后方可进行下道工序。

应检查水源工程、泵站及管网的基础尺寸和高程,预埋铁件和地脚螺栓的位置及深度,孔、洞、沟以及沉陷缝、伸缩缝的位置和尺寸等是否符合设计要求;地埋管道的沟槽深度、底宽、坡向及管基处理,施工安装质量等是否符合设计要求和规范的规定。应对管道进行水压试验。

隐蔽工程检查合格后,应有签证和验收报告。

(3)竣工验收

应审查技术文件是否齐全、正确。

应检查土建工程是否符合设计要求和规范的规定。

应检查设备选择是否合理,安装质量是否达到规范的规定,并应对机电设备进行启动试验。

应进行全系统的试运行,并宜对各项技术参数进行实测。

竣工验收结束后,应编写竣工验收报告。

【相关知识】

◆管道布置及管径的确定

(1)管线定位

首先对喷灌地进行勘察,根据水源和喷灌地的具体情况、用水量和用水特点,确定主干管的位置,支管一般与干管垂直。

当喷头选定后,根据喷头的覆盖半径、喷洒方式,利用表 3-51 和表 3-56 中相应的公式,计算喷头间距(L)和支管间距(b),从而确定支管在图中的位置。距边缘最近的一条支管距边缘的间距为喷头的覆盖半径。

表 3-56 风速与喷头组合间距值

平均风速(m/s)	喷头间距 L	支管间距 b
<3.0	0.8R	1.3R
3.0~4.5	0.8R	1.2R
4.5~5.5	0.6R	R
>5.5	不宜喷灌	—

(2)管径的确定

1)立管直径。立管即为支管与喷头的连接段。现在有的喷灌系统的立管已缩入地下。它的管径确定以喷头上的标注为准,并且每个立管上均应设一阀门,用以调节水量和水压。

2)支管直径。将支管上的所有喷头流量相加,计算支管的总流量,根据支管流量和管道经济流速两项指标查水力计算表,确定管径。经济流速 v 可按下列经验数值采用:

小管径 $D_g100 \sim 400\mathrm{mm}$,$v$ 取 $0.6 \sim 10\mathrm{m/s}$

大管径 $D_g > 400\mathrm{mm}$,v 取 $1.0 \sim 1 \sim 4\mathrm{m/s}$

3)干管的管径。干管总流量为喷灌区内干管供水范围内的所有喷头流量之和。根据干管的总流量和经济流速,查水力计算表求得干管管径。

十五 微灌喷洒工程

【要 点】

微灌式喷洒供水系统用于园林浇水,技术来源于农田经济作物种植,如种植蔬菜、果树、花卉浇水和施肥。微灌式喷洒供水系统与固定式喷洒供水系统相比较,更具有低压节能、节水和高效率等优点,在我国一些城市的街心花园及园林景观工程中得到了推广应用。

【解 释】

◆ **系统供水方式**

园林微灌喷洒供水系统的水源可取自城市自来水或园林附近的地面水、地下水。

1)当水源取自城市自来水时,枢纽设备仅为水泵、贮水池(包括吸水井)及必要的施肥罐等。

2)如为园林附近的地面水,则根据水质悬浮固体情况除应有贮水池、泵房、水泵、施肥罐外,还应设置过滤设施。

◆ **供水管的布置**

微灌喷洒供水系统的输配管网有干管、支管和分支管之分,干管、支管可埋于地下,专用于输配水量,而分支管将根据情况或置于地下或置于地上,但出流灌水物宜置于地面上,以避免植物根须堵塞出流孔。

◆ **出流灌水器布置**

微灌出流灌水器有滴头、微喷头、涌水口和滴灌带等多种类型,其出流可形成滴水、漫射、喷水和涌泉。图 3-25 为几种常见的微灌出流灌水器。

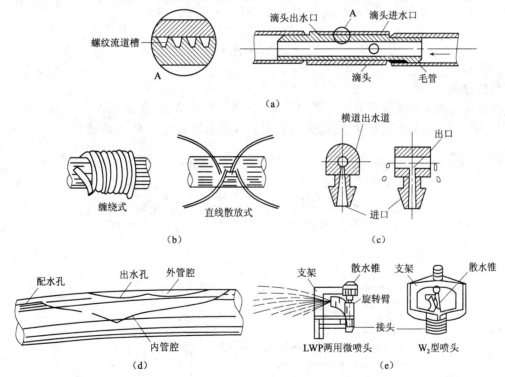

图 3-25 几种常见的微灌出流灌水器
(a)内螺纹管式滴头;(b)微灌灌水器;(c)孔口滴头构造;(d)双腔毛管;(e)射流旋转式微喷头

分支管上出流灌水器可布置成单行或双行,也可成环形布置,如图 3-26 所示。

微灌喷洒供水系统水力计算内容与固定或喷洒供水系统相同,在布置完成后选出设备和确定管径。

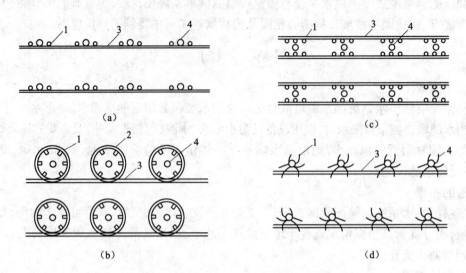

图 3-26　滴灌时毛管与灌水器的布置

(a)单行毛管直线布置;(b)单行毛管带环状布置;

(c)双行毛管平行布置;(d)单行毛管带微管布置

1—灌水器(滴头);2—绕树环状管;3—毛管;4—果树

【相关知识】

◆ 系统的分类

微灌喷洒供水系统根据其灌水器出流方式不同,有滴灌、微灌和涌泉之分,如图 3-27 所示。这类供水系统是由水源、枢纽设备、输配管网和灌水器组成,如图 3-28 所示。

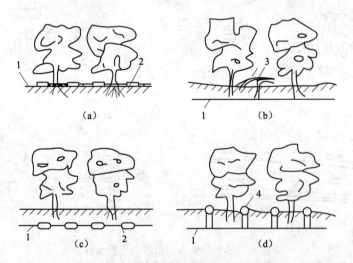

图 3-27　微灌出流方式

(a)滴灌;(b)微喷灌;(c)地下滴灌;(d)涌泉灌

1—分支管;2—滴头;3—微喷头;4—涌泉器

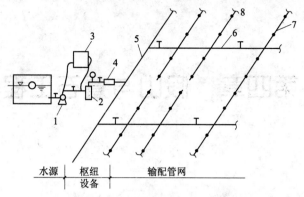

图 3-28　微灌喷洒供水系统示意图
1—水泵；2—过滤装置；3—施肥罐；4—水表；
5—干管；6—支管；7—分支管；8—出流灌水器

第四章　假山与置石工程

一　假山的材料

【要　点】

假山因使用的材料不同,分为土山、石山及土石相间的山。造假山用的材料主要有湖石、黄石、青石、石笋、石蛋、黄蜡石、水秀石和胶结材料。

【解　释】

1. 湖石

因原产太湖一带而得此名。这是在江南园林中运用最为普遍的一种,也是历史上开发较早的一类山石。我国历史上大兴掇山之风的宋代寿山艮岳也不惜民力从江南遍搜名石奇卉运到汴京(今开封),这便是"花石纲","花石纲"所列之石也大多是太湖石。于是,从帝王宫苑到私人宅园常以湖石炫耀家门,太湖石风靡一时。实际上湖石是经过溶融的石灰岩,在我国分布很广,只不过在色泽、纹理和形态方面有些差别。在湖石这一类山石中又可分为以下几种:

(1)太湖石

真正的太湖石原产在苏州所属太湖中的洞庭西山,据说以其中消夏湾一带出产的太湖石品质最优良。这种山石质坚而脆,由于风浪或地下水的溶融作用,其纹理纵横,脉络显隐。石面上遍多坳坎,称为"弹子窝",扣之有微声,还很自然地形成沟、缝、穴、洞,有时窝洞相套,玲珑剔透,有如天然的雕塑品,观赏价值比较高。因此,常选其中形体险怪、嵌空穿眼者作为特置石峰。此石在水中和土中皆有所产。产于水中的太湖石色泽于浅灰中露白色,比较丰润、光洁,也有青灰色的,具有较大的皱纹而少很细的皱褶。产于土中的湖石于灰色中带青灰色,性质比较枯涩而少有光泽,遍多细纹,好像大象的皮肤一样。其实这类湖石分布很广,如北京、济南、桂林一带都有所产。也有称为"象皮青"的,外形富于变化,青灰中有时还夹有细的白纹。太湖石大多是从整体岩层中选择采出来的,其靠山面必有人工采凿的痕迹。和太湖石相近的,还有宜兴石(即宜兴张公洞、善卷洞一带山中)南京附近的龙潭石和青龙山石,济南一带则有一种少洞穴、多竖纹、形体顽夯的湖石称为"仲宫石",如趵突泉、黑虎泉都用这种山岩掇山,色似象皮青而细纹不多,形象雄浑。

(2)房山石

产于北京房山大灰厂一带山上,因之得名。它也是石灰岩,但为红色山土所渍满。新开采的房山石呈土红色、橘红色或更淡一些的土黄色,日久以后表面带些灰黑色,质地不如南方的太湖石那样脆,但有一定的韧性。这种山石也具有太湖石的涡、沟、环、洞的变化,因此也有人称它们为北太湖石。它的特征除了颜色和太湖石有明显区别以外,密度比太湖石大,扣之无共鸣声,多密集的小孔穴而少有大洞,因此外观比较沉实、浑厚、雄壮,这和太湖石外观轻巧、清秀、玲珑是有明显差别的。和这种山石比较接近的还有镇江所产的砚山石,其形态颇多变化而色泽淡黄清润,也有灰褐色的,扣之微有声,石多穿眼相通,有外运至外省掇山的。

(3)英石

岭南园林中有用这种山石掇山,也常见于几案石品,原产广东省英德县一带。英石质坚而特别脆,用手指弹扣有较响的共鸣声,淡青灰色,有的间有白脉笼络。这种山石多为中小形体,大块少见。英石又可分白英、灰英和黑英三种,一般所见以灰英居多,白英和黑英均甚罕见,所以多用作特置或散点。

(4)灵璧石

原产安徽省灵璧县。石产土中,被赤泥渍满,刮洗方显本色,其石中灰色而甚为清润,质地亦脆,用手弹有共鸣声,石面有坳坎的变化,石形千变万化,但其眼少有婉转回折之势。这种山石可掇山石小品,更多的情况下是作为盆景石玩。

(5)宣石

产于宁国县。其色有如积雪覆于灰色石上,也由于为赤土积渍,因此又带些赤黄色,非刷净不见其质,所以愈旧愈白。由于它有积雪一般的外貌,扬州个园用它作为冬山的材料,效果颇佳。

2. 黄石

黄石是一种呈茶黄色的细砂岩,以其颜色而得名。质重,坚硬,形态浑厚沉实,拙重顽夯,具有雄浑挺括之美。其产于大多山区,但以江苏常熟虞山质地为最好。

采下的单块黄石多呈方形或长方墩状,少有极长或薄片状者。由于黄石节理接近于相互垂直,所形成的峰面具有棱角锋芒毕露,棱之两面具有明暗对比、立体感较强的特点,无论掇山、理水都能发挥出其石形的特色。

3. 青石

青石属于水成岩中呈青灰色的细砂岩,质地纯净而少杂质。由于是沉积而成的岩石,石内就有一些水平层理。水平层的间隔一般不大,所以石形大多为片状,而有"青云片"的称谓。石形也有一些块状的,但成厚墩状者较少。这种石材的石面有相互交织的斜纹,不像黄石那样一般是相互垂直的直纹。青石在北京园林假山叠石中较常见,在北京西郊洪山口一带都有出产。

4. 石笋

石笋即外形修长如竹笋的一类山石的总称。这类山石产地颇广,石皆卧于山土中,采出后直立地上。园林中常作独立小景布置,如个园的春山等。常见石笋又可分为以下四种:

(1)白果笋

是在青灰色的细砂岩中沉积了一些卵石,尤如银杏所产的白果嵌在石中,因以为名。北方则称白果笋为"子母石"或"子母剑"。"剑"喻其形,"子"即卵石,"母"是细砂母岩。这种山石在我国各园林中均有所见。有些假山师傅将大而圆的头向上的称为"虎头笋",上面尖而小的称为"凤头笋"。

(2)乌炭笋

顾名思义,这是一种乌黑色的石笋,比煤炭的颜色稍浅而无甚光泽。如用浅色景物作背景,这种石笋的轮廓就更清晰。

(3)慧剑

这是北京假山师傅的沿称,所指是一种净面青灰色、水灰青色的石笋,北京颐和园前山东腰有高达数丈的大石笋就是慧剑。

（4）钟乳石笋

多为乳白色、乳黄色、土黄色等颜色；质优者洁白如玉，作石景珍品；质色稍差者可作假山。钟乳石质重，坚硬，是石灰岩被水溶解后又在山洞、崖下沉淀生成的一种石灰华。石形变化大，石内较少孔洞，石的断面可见同心层状构造。这种山石的形状千奇百怪，石面肌理丰腴，用水泥砂浆砌假山时附着力强，山石结合牢固，山形可根据设计需要随意变化。钟乳石广泛出产于我国南方和西南地区。

5. 石蛋

石蛋即大卵石，产于河床之中，经流水的冲击和相互摩擦磨去棱角而成。大卵石的石质有花岗石、砂岩、流纹岩等，颜色有白、黄、红、绿、蓝等各色。

这类石多用作园林的配景小品，如路边、草坪、水池旁等的石桌石凳；棕树、蒲葵、芭蕉、海竽等植物处的石景。

6. 黄蜡石

黄蜡石是具有蜡质光泽，圆光面形的墩状块石，也有呈条状的。其产地主要分布在我国南方各地。此石以石形变化大而无破损、无灰砂，表面滑若凝脂、石质晶莹润泽者为上品。一般也多用作庭园石景小品，将墩、条配合使用，成为更富于变化的组合景观。

7. 水秀石

水秀石颜色有黄白色、土黄色至红褐色，是石灰岩的砂泥碎屑，随着含有碳酸钙的地表水，被冲到低洼地或山崖下沉淀凝结而成。石质不硬，疏松多空，石内含有草根、苔藓、枯枝化石和树叶印痕等，易于雕琢。其石面形状有纵横交错的树枝状、草秆化石状、杂骨状、粒状、蜂窝状等凹凸形状。

8. 胶结材料

胶结材料是指将山石粘结起来掇石成山的一些常用粘结性材料，如水泥、石灰、砂和颜料等，市场供应比较普遍。粘结时拌合成砂浆，受潮部分使用水泥砂浆，水泥与砂配合比为（1：1.5）～（1：2.5）；不受潮部分使用混合砂浆，水泥：石灰：砂＝1：3：6。水泥砂浆干燥比较快，不怕水；混合砂浆干燥较慢，怕水，但强度较水泥砂浆高，价格也较低廉。

◆**假山石料的选择**

假山石料的选择一般应注意以下几方面：

1）按设计图要求了解可能用石料的各种形态，可能拼凑哪些石料及用于何种部位，并通盘考虑山石的形状与用量。

2）相石在先。山石品种繁多，其形态、色泽、脉络、纹理、大小和质地各有不同，因此，掇山之前应先进行相石。相石应该遵循"源石之生，辨石之态，识石之灵"的原则，还要根据地质学上岩石产生状态来选石，要重视山石密度上的差异。

3）尽量采用当地的石料，注意地方特色，这样既方便运输，又能减少假山堆叠费用。

【相关知识】

◆**假山的分类**

假山是指用人工堆起来的山。随着叠石为山的技术愈来愈进步，应用在园林愈来愈普遍，人们在思想上便产生一种概念，好像所谓假山是专指叠石为山。其实无论是土山还是石山，只要它是人工堆成的,都是假山。我国园林中的假山,是一种具有高度艺术性的建设项目。作为中国自然山水园组成部分的假山,对于中国园林民族特色的形成有重要的作用。假山工程是园林建设的专项工程,已经成为中国园林的象征。

◆ **假山的特点**

一般地说,假山的体量大而集中,可观可游,使人有置身于自然山林之感。置石则主要以观赏为主,结合一些功能方面的作用,体量较小而分散。假山因材料不同可分为土山、石山和土石相间的山。置石则可分为特置、散置和群置。我国岭南的园林中早有灰塑假山的工艺,后来又逐渐发展为用水泥塑的置石和假山,成为假山工程的一种专门工艺。在我国悠久的历史中,历代假山匠师们吸取了土作、石作、泥瓦作等方面的工程技术和山水画的传统理论和技法,通过实践创造了我国独特、优秀的假山工艺,值得我们发掘、整理、借鉴,在继承的基础上把这一民族文化传统发扬光大。

◆ **假山的功能**

假山在我国山水园林中的布局多种多样,体量大小不一,形状千姿百态,堆叠的目的各有不同,其功能有如下几方面:

(1)构成主景

在采用主景突出的布局方式的园林中,或以山为主景,或以山石为驳岸的水池为主景,整个园子的地形骨架,起伏、曲折皆以此为基础进行变化。

(2)划分和组织园林空间

利用假山划分和组织空间主要是从地形骨架的角度来划分的。它具有自然灵活的特点,通过障景、对景、背景、框景、夹景等手法,灵活运用形成峰回路转、步移景异的游览空间。

(3)点缀和装饰园林景色

运用山石小品作为点缀园林空间、陪衬建筑和植物的手段,在园林中普遍运用,尤其以江南私家园林运用最为广泛。

(4)用山石作驳岸、挡土墙、护坡、花台和石阶等

在坡度较陡的土山坡地常布置山石,以阻挡和分散地表径流,降低其流速,减少水土流失,从而起到护坡作用。

利用山石作驳岸、花台、石阶、踏跺等,既坚固实用,又具有装饰作用。

(5)作为室内外自然式的家具或器设

利用山石作诸如石屏风、石桌、石凳、石几、石榻、石栏、石鼓、石灯笼等家具或器设,既为游人提供了方便,又不怕日晒夜露,并可为景观的自然美增色添辉。此外,山石还可用作室内外楼梯、园桥、汀步及镶嵌门、窗、墙等。

二 假山施工准备及基础施工

【要　点】

假山工程的材料相对特殊,在施工前应该做好施工准备工作。施工准备应包括石料的采购、运输以及辅助材料和施工机具等的准备。"假山之基,约大半在水中立起。先量顶之高大,才定基之浅深。掇石须知占天,围土必然占地,最忌居中,更宜散漫"说明基础是首位工

程,其质量的优劣直接影响假山艺术造型的使用功能,必须做好基础的施工。

【解　释】

◆石料的选购

石料的选购工作是假山工匠在充分理解设计意图后,根据假山造型规划设计的大体需要而决定的。假山工匠本人需要亲自到山石的产地进行选购,并依据山石产地的石料的各种形态,于想象中先行拼凑哪些石料可用于假山的何种部位,并要求通盘考虑山石的形状与用量。

假山工匠选购石料,必须熟悉各种石料的产地和石料的特点。在遵循"是石堪堆"的原则基础上,尽量采用工程当地的石料,这样可方便运输,减少假山堆叠的费用。

石料有新、旧和半新半旧之分。采自山坡的石料由于暴露于地面,经常年风吹雨打,天然风化明显,此石叠石造山,易得古朴美的效果。而从土中扒上来的石料,表面有一层土锈,用此石堆山,需经长期风化剥蚀后,才能达到旧石的效果。有的石头一半露出地面,一半埋于地下,则为半新半旧之石。

到山地选购石料,有通货石和单块峰石之别。通货石是指不分大小、好坏,混合出售之石。选购通货石无需一味求大、求整,因为石料过大过整,在叠石造山拼叠时将有很多技法用不上,最终反倒使山石造型过于平整而显呆板。过碎过小也不好,石料过碎过小,拼叠再好也难免有人工痕迹。所以,选购石料可以大小搭配,对于有破损的石料,只要能保证大面没有损坏就可以选用。在实际叠石造山时,大多情况下山石只有一个面向外,其他的面叠包在山体之中看不到。当然,如能尽量选择没有破损的山石料是最好的,至少可以有多几个面供具体施工时选择和合理使用。总之,选择通货石的原则大体上是大小搭配,形态多变,石质、石色、石纹应力求基本统一。

单块峰石造型以单块成形,单块论价出售。单块峰石四面可观者为极品,三面可赏者为上品,前后两面可看者为中品,一面可观者为末品。应根据假山山体的造型与峰石安置的位置综合考虑选购一定数量的峰石。

◆石料的运输

石料的运输,特别是湖石的运输,最重要的是防止石料被损坏。

通货石料最易被损坏的运输环节是装货时的吊装过程和运输车到达目的地的卸货过程。石料装车一般都是由小型起吊机械操作,工人通常将石料置于钢丝网中起吊至车中,松开两角,吊起另两角将石料倒下,此法极损石料。用汽车运输至施工现场时常常由于吊装机械尚未安装,这时下料,多是从车上向下翻,石料常常被砸坏。所以,应特别注意石料运输的各个环节,宁可慢一些,多费一些人力、物力,也要尽力想办法保护好石料。

峰石的运输更要求不受损。一般在运输车中放置黄沙或虚土,高约 20cm 左右,而后将峰石仰卧于沙土之上,这样可以保证峰石的安全。

◆施工工具

拥有并能正确、熟练地运用一整套适用于各种规模和类型的叠石造山的施工工具和机械设备,是保证叠石造山工程的施工安全、施工进度和施工质量的极其重要的前提。

叠石造山作为一门传统的技艺,历史上都是以人抬肩扛的手工操作进行施工的。今天,吊装机械设备的使用代替了繁重的体力劳动,但其他的手工操作部分却仍然离不开一些传统的操作方式及有关工具,所以从事叠石造山就不仅要掌握传统的手工操作工具的使用方法,还要正确熟练地使用机械吊装工具和设备。

(1)手工工具与操作

手工工具如铁铲、箩筐、镐、钯、灰桶、瓦刀、水管、锤、杠、绳、竹刷、脚手、撬棍、小抹子、毛竹片、钢筋夹、木撑、三角铁架、手拉葫芦等。

1)铁锤。在叠石造山施工中,铁锤主要用于敲打山石或取山石的刹石和石皮。刹石用于垫石,石皮用于补缝。最常用的锤是单手锤,即二磅左右的小锤,敲打山石或取刹石、石皮。石纹是石的表面纹理脉络,而石丝则是石质的丝路。石纹有时与石丝同向运动,但有时也不一样,所以要认真观察一下所要敲打的山石,找准丝向,而后顺丝敲剥,才能随心所欲。其次,在山石拼叠使用刹石时,一般避免用锤直接敲打刹石而用锤柄顶端敲打紧刹石就可以了。

2)竹刷。竹刷主要用于山石拼叠时水泥缝的扫刷,它要求在水泥未完全凝固前即扫刷缝口。一般工序是,第一天傍晚做的缝,第二天一早上工即先刷缝(也可在刚做完的缝口处用毛排刷沾清水洗涤)。

3)粗棕绳。搬运山石时可用粗绳结套,如一般常用的"元宝扣",使用方便,结活扣而靠山石自重将绳紧压,绳的长度可以调整。山石基本到位后因"找面"而最后定位称为"走石"。走石用铁撬棍操作,可前、后、左、右转动山石至理想位置。用粗棕绳捆绑山石进行吊装或搬运,其优点是抗滑、结实,只要不沾水,则比较柔软,易打结扣。尼龙化纤绳虽结实但伸缩性较大,钢丝绳结实但结扣较难打。山石的捆吊不是随意的,要根据山石在堆叠时放置的角度和位置进行捆吊。最后还要尽量使捆绑山石的绳子不能在山石拼叠时被石料压在下面,要好拿。绳子的结扣既要易打又要好松,还不能松开滑掉,而是要越抽越紧,即山石自身越重,绳扣越紧。

4)小抹子。是做山石拼叠缝口的水泥接缝的专用工具。

5)毛竹片、钢筋夹、撑棍与木刹。主要用于临时性支撑山石,以利于山石的拼接、拼叠和做缝,待混凝土凝固后或山石稳固后再行拆除。

6)脚手架与跳板。除了常用于山石的拼叠做缝外,做较大型的山洞或山石的拱券需要用脚手架与跳板再加以辅助操作,这是一种比较安全有效的方法。

(2)施工机械及操作

1)汽车起重机

汽车起重机是一种自行式全回转、起重机构安装在通用或特制汽车底盘上的起重机。汽车起重机具有行驶速度快、机动性能好、工作效率高的特点,在园林假山施工中已普遍采用。尤其是全液压传动伸缩臂式起重机,能无级变速,操纵轻便灵活,安全可靠。

使用起重机时应严格执行各项技术和安全操作规程。开始工作前要观察周围环境,看是否有各类高架线等障碍物,认真检查起重机的稳定性,并对机械试运转一次,正常后方能进行山石吊装。起重机不得荷载行驶,也不得不放下支脚就起重。伸出支脚时要先伸后支脚,收回支脚时则先回前支脚。支脚下方必须垫木块。山石吊装完毕后,要注意避免吊钩摇晃碰到已吊装的山石,在行驶之前将稳定器松开使四个支脚返回原位。

2)吊称起重架

这种杆架实际上是由一根主杆和一根臂杆组合成的可大幅度旋转的吊装设备。架设这种杆架时,先要在距离主山中心点适宜位置的地面挖一个深30～50cm的浅窝,然后将直径150mm以上的杉杆直立在其上作为主杆。主杆的基脚用较大石块围住压紧,使之不能移动;而杆的上端则用大麻绳或用8号铅丝拉向周围地面上的固定铁桩并拴牢绞紧。用铅丝时应该每 2 ～ 4 根为一股,用 6 ～ 8 股铅丝均匀地分布在主杆周围。固定铁桩粗度应在 30mm 以上,长 50cm 左右,其下端为尖头,朝着主杆的外方斜着打入地面,只留出顶端供固定铅丝。然后在主杆上部适当位置吊拴直径在 120mm 以上的臂杆,利用杠杆作用吊起大石并安放到合适的位置上。

3)绞磨机

在地上立一根杉杆,杆顶用四根大绳拴牢,每根大绳各由一人从四个方向拉紧并服从统一指挥,既扯住杉杆,又能随时松紧调整,以便吊起山石后能在水平方向移动。在杉杆的上部还要拴上一个滑轮,再用一根大绳或钢丝绳从滑轮穿过,绳的一端拴吊着山石,另一端再穿过固定在地面的第二滑轮,与绞磨机相连。转动绞磨,山石就被吊起来了。

4)手拉葫芦吊与电动葫芦吊

手拉葫芦吊是一种使用简易携带方便的环链式人力起重机械,特点是无需电源、吊装简易,适用于体量不大的山石吊装。电动葫芦吊由运行和起升两大部分组成,一般安装于直线的钢梁轨道上,用起来极为便利。主要型号有 CD 型和 MD 型等。

使用手拉葫芦吊应注意安全,临时用原木三角支撑架要捆绑结实牢固,移动山石时要多人操作并做到协同作业,拉链时时刻观察山石转动情况。吊装结束时注意避免吊钩碰到山石和施工人员。

◆ **施工常用构件**

平稳设施和填充设施假山施工中往往遇到底面不平的山石,为了使假山每一层都能平稳,在找平山石以后,于底下不平处垫以一至数块控制平稳和传递重力的垫片,称为"刹"、"重力石"或"垫片"。山石施工术语有"见缝打刹"之说。"刹"要选用坚硬的山石,在施工前将其打成不同大小的斧头状以备随时选用。打刹一定要找准位置,尽可能用数量最少的刹而求得稳定。至于两石之间不着力的空隙也应用块石填充。假山外围每做好一层,要用块石和灰浆填充其中,凝固后即成一个整体。

铁活加固设施用于在山石本身重心稳定的前提下的加固。铁活常用熟铁或钢筋制成。铁活要求用而不露。古典园林中常用的有以下几种:

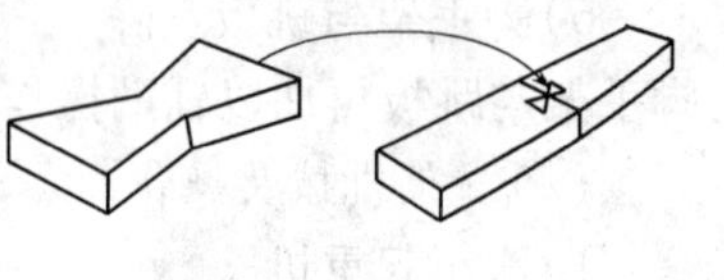

1)银锭扣为生铁铸成,有大、中、小三种规格,主要用以加固山石间的水平联系。先将石头水平向接缝作为中心线,再按银锭扣大小画线凿槽打下去,如图 4-1 所示。石作中有"见缝打卡"的说法,其上再接山石就不外露了。

2)铁耙钉或称"铁镯子",用熟铁制成,用以加固山石水平向及竖向的衔接,见图 4-2。

图 4-1 银锭扣

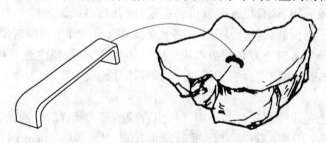

图 4-2 铁耙钉

3)铁扁担多用于加固山洞,作为石梁下面的垫梁。铁扁担的两端成直角上翘,翘头略高于所支撑石梁两端,见图4-3。

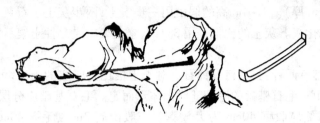

图4-3 铁扁担

4)马蹄形吊架和叉形吊架见于江南一带,扬州清代宅园寄啸山庄的假山洞底,由于用花岗石做石梁只能解决结构问题,外观极不自然。用这种吊架从条石上挂下来,架上再安放山石便可裹在条石外面,便接近自然山石的外貌,见图4-4。

5)模胚骨架岭南园林多以英石为山,因为英石很少有大块料,所以假山常以铁条或钢筋为骨架,称为模胚骨架,然后再用英石之石皮贴面,贴石皮时依皱纹、色泽而逐一拼接,石块贴上,待胶结料凝固后才能继续掇合。

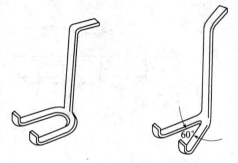

图4-4 吊架

◆**基础的类型及施工要点**

基础做法有如下几种:

(1)桩基

这是一种传统的基础做法,用于水中的假山或山石驳岸。木桩多选用柏木桩、松类桩或杉木桩,木桩顶面的直径约在10~15cm,平面布置按梅花形排列,故称梅花桩。桩边至桩边的距离约为20cm。其宽度视假山底脚的宽度而定。如做驳岸,少则三排,多则五排,大面积的假山即在基础范围内均匀分布。打到坚硬土层的桩,称为支撑桩;用以挤实土壤的桩,称为摩擦桩。

桩长一般有1m多。桩木顶端露出湖底十几厘米至几十厘米,其间用块石嵌紧,再用花岗石压顶,条石上面才是自然形态的山石,此即所谓"大块满盖桩顶"的做法,如图4-5所示。条石应置于低水位线以下,自然山石的下部亦在水位线下。这样不仅美观,也可减少桩木腐烂。江南园林还有打"石钉"挤实土壤的做法。

(2)灰土基础

北方地区地下水位一般不高,雨季比较集中,使灰土基础有比较好的凝固条件。灰土一旦凝固便不透水,可以减少土壤冻胀的破坏。北京古典园林中陆地假山基础多采用此种做法。

灰土基础的宽度应比假山底面积的宽度宽出

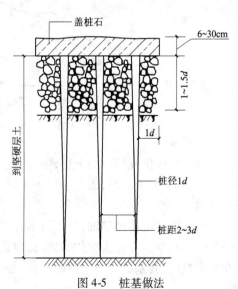

图4-5 桩基做法

0.5m 左右,术语称为宽打窄用,以保证假山的压力沿压力传递的角度均匀地分布到素土层。灰槽深度一般为 50 ~ 60cm。2m 以下的假山一般是打一步素土,一步灰土(一步灰土即布灰土 24cm 厚,夯实到 15cm 厚)。2 ~ 4m 高的假山用一步素土,两步灰土。石灰一定要选用新出窑的块灰,在现场泼水化灰。灰土的比例采用 3 : 7,素土要求是黏性土壤不含杂质。

(3)毛石基础

常用的毛石基础有两种:打石钉和铺石。对于土壤比较坚实的土层,可采用毛石基础,多用于中小型园林假山。毛石基础的厚度随假山体量而定。毛石基础应分层砌筑,每皮厚 40 ~ 50cm,上层比下层每侧应收回 40cm 为大放脚。一般山高 2m 砌毛石 40cm,山高 4m 砌毛石 50cm。毛石应选用质地坚硬未经风化的石料,用 M5 水泥砂浆砌筑,砂浆必须饱满,不得出现空洞和干缝,如图 4-6 所示。

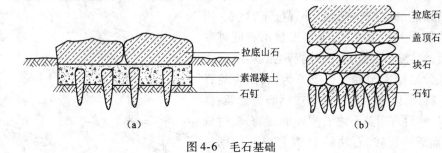

图 4-6　毛石基础
(a)打石钉;(b)铺石

(4)混凝土基础

现代假山多采用混凝土基础。混凝土基础耐压强度大,施工进度快。如基土坚实可利用素土槽浇灌。做法是基槽夯实后直接浇灌混凝土。混凝土厚度陆地上一般为 10 ~ 20cm,水中约 30cm,混凝土配合比常用水泥、砂和碎石的质量比为 1 : 2 : 4 或 1 : 2 : 6。对于大型假山,基础必须牢固,可采用钢筋混凝土替代混凝土加固,如图 4-7 所示。30cm 厚 C15 ~ C20 混凝土,配置 ϕ10 钢筋,双向分布,间距 200mm;应置于下部 1/3 处,养护 7d 后再砌毛石基础。

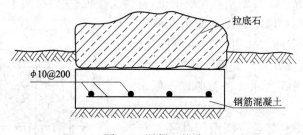

图 4-7　混凝土基础

如果地基为比较软弱的土层,要对基土进行特殊处理。做法是先将基槽夯实,在素土层上铺石钉(尖朝下)20cm 厚,入夯土中 6cm,其上铺混凝土(C15 或 C20)30cm 厚,养护 7d 后再砌毛石基础。

假山无论采用哪种基础,其表面不宜露出地表,最好低于地表 20cm。这样不仅美观,还易在山脚种植花草。在浇筑整体基础时,应留出种树的位置,以便树木生长,这就是俗称的留白。如在水中叠山,其基础应与池底同时做,必要时做沉降缝,防止池底漏水。

【相关知识】

◆ **石料的分类**

石料到工地后应分块平放在地面上以供"相石"之需。同时,还必须将石料分门别类,有序排列放置。一般可用如下方法进行:

1)上好的单块峰石,应放在最安全的地方。按施工造型的程序,峰石多是作为最后使用的,故应放于离施工场地稍远一点的地方,以防止其他石料在使用吊装的过程中与之发生碰撞而造成损坏。

2)其他石料可按其不同的形态、作用和施工造型的先后顺序合理安放。如拉底时先用,可放在前面一些;用于封顶的,可放在后面;石色纹理接近的放置一处,可用于大面的放置一处等。

3)要使每一块石料的大面,即最具形态特征的一面朝上,以便施工时不必翻动就能辨认而取用。

4)要有次序地进行排列式放置,2~3块为一排,成竖向条形置于施工场地。条与条之间需留有较宽裕的(约1.5m)通道,以供搬运石料之用。

5)从叠石造山大面的最佳观赏点到山石拼叠的施工场地,一定要保证其空间地面的平坦并无任何障碍物。观赏点又叫假山工匠的定点位置,假山工匠每堆叠一块石料,都要从堆叠山石处再退回到定点的位置上进行"相形",这是保证叠石造山大面不偏向的极其重要的细节。

6)每一块石料的摆放都力求单独,即石与石之间不能挤靠在一起,更不能成堆放置。

7)最忌讳是边施工边进料,使假山工匠无法将所有的石料按其各自的形态特征进行统筹计划和安排。

◆ **其他辅助工具**

除本节前述工具外,其他工具见表4-1。

表 4-1　其他工具

用　途	名　称	种　类	质　地	规　格	用　量
动土工具	锹	—	铁	圆头	5~6个
	镐	—	铁	双尖	3~4个
	夯	蛙式夯;木制立夯	—	—	3~5个;1个
	硪	6~8人操作	铁	—	1~2个
拌灰工具	筛子	细孔	—	—	1~2个
	筐	—	竹或荆条	—	1~4个
	手推车	—	—	—	1~2个
	水桶	—	铁木塑	—	1~4个
	灰桶	轻便运灰	—	直径30cm,深25~30cm	2~4个
	拌灰板	—	铁	—	1~2个
	灰池	—	砖砌	—	1~2个

用途	名称	种类	质地	规格	用量
抬石工具	扛	直扛(大、中、小)	松木	—	2~4个
		—	榆木	—	2~3个
		—	柏木	—	1~2个
		架扛:四人扛	松木	—	1~2个
		八人扛	榆木	—	1~2个
		十六人扛	柏木	—	1个
挪移石块	撬	长撬	铁	1.6m	2~4个
		手撬	—	60~70cm	4~8个
扎系石块	绳	扎把绳	粗麻	1.5~2cm粗	10~20条
		小绳	棕	4cm粗	3~5条
		大绳	黄麻	—	1~3条
	链	—	铁	—	1~2条

三 假山的施工

【要 点】

假山施工具有再创造的特点。在大中型的假山工程中,既要根据假山设计图进行定点放线以便控制假山各部分的立面形象及尺寸关系,又要根据所选用石材的形状、大小、颜色、皱纹等特点以及相邻、相对、遥对、互映位置、石材的局部和整体效果,在细部的造型和技术处理上有所创造,有所发挥。小型的假山工程和石景工程有时可不进行设计,而是在施工中临场发挥。

【解 释】

◆假山山脚的施工

假山山脚是直接落在基础之上的山体底层,包括拉底、起脚和做脚等施工内容。

1.拉底

拉底是指用山石做出假山底层山脚线的石砌层。

(1)拉底的方式

拉底的方式有满拉底和线拉底两种。

满拉底是将山脚线范围之内用山石满铺一层。这种方式适用于规模较小、山底面积不大的假山,或者有冻胀破坏的北方地区及有振动破坏的地区。

线拉底是按山脚线的周边铺砌山石,而内空部分用乱石、碎砖、泥土等填补筑实。这种方式适用于底面积较大的大型假山。

（2）拉底的技术要求

1）底层山脚石应选择大小合适、不易风化的山石。

2）每块山脚石必须垫平垫实，不得有丝毫摇动。

3）各山石之间要紧密咬合。

4）拉底的边缘要错落变化，避免做成平直和浑圆形状的脚线。

2. 起脚

拉底之后，开始砌筑假山山体的首层山石层叫起脚。

起脚时，定点、摆线要准确。先选到山脚突出点的山石，并将其沿着山脚线先砌筑上，待多数主要的凸出点山石都砌筑好了，再选择和砌筑平直线、凹进线处所用的山石。这样，既保证了山脚线按照设计而成弯曲转折状，避免山脚平直，又使山脚突出部位具有最佳的形状和最好的皴纹，增加了山脚部分的景观效果。

3. 做脚

做脚，就是用山石砌筑成山脚，它是在假山的上面部分山形山势大体施工完成以后，于紧贴起脚石外缘部分拼叠山脚，以弥补起脚造型不足的一种操作技法。所做的山脚石起脚边线的做法常用的有点脚法、连脚法和块面法。

（1）点脚法。即在山脚边线上，用山石每隔不同的距离做墩点，用片块状山石盖于其上，做成透空小洞穴，如图 4-8(a) 所示。这种做法多用于空透型假山的山脚。

（2）连脚法。即按山脚边线连续摆砌弯弯曲曲、高低起伏的山脚石，形成整体的连线山脚线，如图 4-8(b) 所示。这种做法各种山形都可采用。

（3）块面法。即用大块面的山石，连线摆砌成大凸大凹的山脚线，使凸出凹进部分的整体感都很强，如图 4-8(c) 所示。这种做法多用于造型雄伟的大型山体。

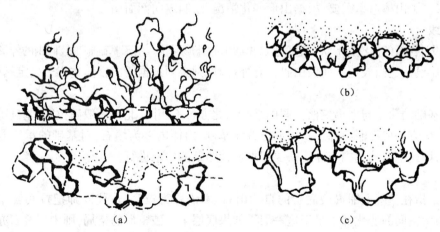

图 4-8　做脚的三种方法
(a)点脚法；(b)连脚法；(c)块面法

◆假山制模

假山预制木模板注意要求刨光，配制木模板尺寸时，要考虑模板拼装接合的需要，适当加长或缩短一部分长度，拼制木模板，板边要找平、刨直，接缝严密，使其不漏浆。木材上有节疤、缺口等疵病的部位，应放在模板反面或者截去。钉子长度一般宜为木板厚度的 2~2.5 倍。每块板在横档处至少要钉两个钉子，第二块板的钉子要朝向第一块模板方向斜钉，使拼缝严密。备用的模板要遮盖保护，以免变形。

拆模后注意模板的集中堆放,不仅利于管理,而且便于后续的运输工作顺利进行。场外运输在模板工程完工后统一进行,以便节约运费。

假山模型同其他雕塑一样,首先要按设计方案塑造好模型,使设计立意变为实物形象,再进一步完善设计方案。

模型常用(1：10)~(1：50)的石膏模型,其用料及制作工艺如表4-2所示。

表4-2 假山模型工艺表

工 序	用 料	操 作 方 法
底盘制作	木料(板)	按(1：10)~(1：50)的比例,用木板制作假山平面板一个,在板面上刻出纵横坐标(50mm×50mm方格网)
塑造	木柱 麻丝 石膏粉	假山平面板上,按山峰标高竖立木柱。将麻丝缠扎在木柱上,然后把石膏粉用水拌成糯糊状稠液涂抹其上。如此多次涂塑,使山体形成,再用刀具反复修整,假山模型就基本成功
刷浆	石膏浆	用排笔蘸石膏浆通刷模型
着色	铬绿 墨汁	将铬绿用水拌合,加入墨汁和少许石膏粉,然后用毛刷蘸颜色通刷模型和底盘
刻画坐标网	小刀 小钢条 锯条	按(1：10)~(1：50)的比例在山体刻画50mm×50mm坐标网

假山工程,一般要做两套模型,一套放在现场工作棚,一套按模型坐标分解成若干小块,作为施工临摹依据。另外根据模型绘制一套山体施工详图。绘图前,先对模型底盘方格网和山体竖向坐标网编号,确定坐标中心点,然后绘制分层水平剖面图,并用不同的颜色勾画出模板套装图和悬石部位。在悬石部位标明预留钢筋的位置及数量。

此外,为了山体造型需要,根据山形变化情况,绘制纵向剖面图。

◆ 施工放线

根据设计图纸的位置与形状在地面上放出假山的外形形状。由于基础施工较假山的外形要宽,故放线时应比设计适当放宽。如假山收顶有外挑时,则必须根据假山整体重心来确定基础大小。

◆ 挖槽

根据基础的深度与大小挖槽。假山堆叠南北方各不相同,北方一般满拉底,基础范围覆盖整个假山,南方一般沿假山外形及山洞位置设基础,山体内多为填石,对基础的承重能力要求相对较低,因此挖槽的范围与深度需要根据设计图纸的要求进行。

◆ 拉底

拉底是指在基础上铺置最底层的自然山石,术语称为拉底,古代匠师把拉底看作叠山之本,因为假山空间的变化都立足于这一层。如果底层未打破整形的格局,则中层叠石亦难于变化,因为这层山石大部分在地面以下,只有小部分露出地面以上,并不需要形态特别好的山石。但它是受压最大的自然山石层,要求有足够的强度,因此宜选用顽夯的大石拉底。底石的材料要求块大、坚实、耐压,不允许用风化过度的山石拉底。拉底的要点有:

(1)统筹向背

即根据立地的造景条件,特别是游览路线和风景透视线的关系,统筹确定假山的主次关系,根据主次关系安排假山组合的单元,从假山组合单元的要求来确定底石的位置和发展的体势。要精于处理主要视线方向的画面以作为主要朝向,然后再照顾到次要的朝向,简化地处理

180

那些视线不可及的面。

（2）曲折错落

假山底脚的轮廓线一定要破平直为曲折，变规则为错落。在平面上要形成具有不同间距、不同转折半径、不同宽度、不同角度和不同支脉的变化，或为斜八字形，或为各式曲尺形，为假山的虚实、明暗的变化创造条件。

（3）断续相间

假山底石所构成的外观不是连绵不断的，要为中层做出"一脉既毕，余脉又起"的自然变化进行准备。因此在选材和用材方面要灵活运用，或因需要选材，或因材施用。用石之大小和方向要严格地按照皱纹的延展来决定。大小石材成不规则的相间关系安置，或小头向下渐向外挑，或相邻山石小头向上预留空档以便往上卡接，或从外观上做出"下断上连"、"此断彼连"等各种变化。

（4）紧连互咬

外观上要有断续的变化而结构上却必须一块紧连一块，接口力求紧密，最好能互相咬住。要尽可能争取做到"严丝合缝"，因为假山的结构是"集零为整"，结构上的整体性最为重要，是影响假山稳定性的又一重要因素。假山外观所有的变化都必须建立在结构重心稳定、整体性强的基础上。实际上山石水平向之间是很难完全自然地紧密相连的，这就要借助于小块的石头打入石间的空隙部分，使其互相咬住，共同制约，最后连成整体。

（5）垫平安稳

基石大多数都要求以大而水平的面向上，这样便于继续向上垒接。为了保持山石上面水平，常需要在石之底部用"刹片"垫平以保持重心稳定。

北方的假山工匠掇山多采用满拉底石的办法，在假山的基础上满铺一层。而南方一带没有冻胀的破坏，常采用先拉周边底石再填心的办法。

◆ 中层施工

（1）概述

中层即底石以上，顶层以下的部分。这是占体量最大、触目最多的部分。用材广泛，单元组合和结构变化多端，可以说是假山造型的主要部分。假山的堆叠也是一个艺术创作的过程，对于中层施工来说也就是艺术创作的主要发挥部分。假山工匠对整个假山的艺术创作处理有更多的责任，假山的设计一方面要看设计者构思立意的好坏，另一方面也是对假山工匠的艺术修养的一个检验。

叠石造山无论规模大小都是由一块块形态、大小不一的山石拼叠起来的，对假山工匠来说，叠石造山造型技艺中的山石拼叠就是相石拼叠的技艺。相石就是假山工匠对堆叠假山的山石材料的目识心记，相石拼叠的过程依次是相石选石→想象拼叠→实际拼叠→造型相形，而后再从造型后的相形回到相石选石→想象拼叠→实际拼叠→造型相形，如此反复循环下去，直到整体的叠石造山完成。

叠山工匠应对每一块石料的特性有所了解，观察其形状、大小、重量、纹理、脉络、颜色等，并熟记在心，在堆叠时先在想象中进行组合拼叠，然后在施工时能熟练拿来并发挥灵活机动性，寻找合适的石料进行组合。

（2）中层施工的技术要点

除了底石所要求平稳等方面以外，还必须做到：

1）接石压茬。山石上下的衔接也要求严密。上下石相接时除了有意识地大块面闪进以外,避免在下层石上面闪露一些很破碎的石面,假山工匠称为"避茬",认为"闪茬露尾"会失去自然气氛而流露出人工的痕迹。这也是皴纹不顺的一种反映。但这也不是绝对的,有时为了做出某种变化,故意预留石茬,待更上一层时再压茬。

2)偏侧错安。即力求破除对称的形体,避免成四方形、长方形、正品形或等边、等角三角形。要因偏得致,错综成美。要掌握各个方向呈不规则的三角形变化,以便为向各个方向的延展创造基本的形体条件。

3)仄立避"闸"。山石可立、可蹲、可卧,但不宜像闸门板一样仄立。仄立的山石很难和一般布置的山石相协调,而且往上接山石时接触面往往不够大,因此也影响稳定。但这也不是绝对的,自然界也有仄立如闸的山石,特别是作为余脉的卧石处理等,但要求用得很严。有时为了节省石材而又能有一定高度,可以在视线不可及之处以仄立山石空架上层山石。

4)等分平衡。掇山到中层以后,平衡的问题就很突出了。《园冶》所谓"等分平衡法"和"悬崖使其后坚"是此法的要领。如理悬崖必一层层地向外挑出,这样重心就前移了。因此必须用数倍于"前沉"的重力稳压内侧,把前移的重心再拉回到假山的重心线上。

(3)叠山的技术措施

1)压:"靠压不靠拓"是叠山的基本常识。山石拼叠,无论大小,都是靠山石本身重量相互挤压而牢固的,水泥砂浆只起一种补强和填缝的作用。

2)剎:为了安置底面不平的山石,在找平石之上面以后,于底下不平处垫以一至数块控制平稳和传递重力的垫片,北方假山工匠称为"剎",江南假山工匠称为垫片或重力石。山石施工术语有"见缝打剎"之说。"剎"要选用坚实的山石,在施工前就打成不同大小的斧头形片以备随时选用。这块石头虽小,却承担了平衡和传递重力的要任,在结构上很重要。打"剎"也是衡量技艺水平的标志之一。打"剎"一定要找准位置,尽可能用数量最少的剎片而求得稳定,打"剎"后用手推试一下是否稳定,至于两石之间不着力的空隙也要适当地用块石填充。假山外围每做好一层,最好即用块石和灰浆填充其中,称为"填肚",凝固后便形成一个整体。

3)对边:叠山需要掌握山石的重心,应根据底边山石的中心来找上面山石的重心位置,并保持上下山石的平衡。

4)搭角:石工操作有"石搭角"的术语,这是指石与石之间的相接,特别是用山石发券时,只要能搭上角,便不会发生脱落倒塌的危险。搭角时应使两旁的山石稳固,以承受做发券的山石对两边的侧向推力。

5)防断:对于较瘦长的石料应注意山石的裂缝,如果石料间有夹砂层或过于透漏,则容易断裂,这种山石在吊装过程中会发生危险,另外此类山石也不宜作为悬挑石使用。

6)忌磨:"怕磨不怕压"是指叠石数层以后,其上再行叠石时如果位置没有放准确,需要就地移动一下,则必须把整块石料悬空起吊,不可将石块在山体上磨转移动去调整位置,否则会因带动下面石料同时移动,从而造成山体倾斜倒塌。

7)铁活加固设施:必须在山石本身重心稳定的前提下使用铁活用以加固。铁活常用熟铁或钢筋制成。铁活要求用而不露,因此不易发现。古典园林中常用的有银锭扣、铁爬钉、铁扁担、吊架等,在上节内容中已说明,在此不再赘述。

◆ 勾缝与胶结

古代假山结合材料主要是以石灰为主,用石灰作胶结材料时,为了提高石灰的胶合性并加入一些辅助材料,配制成纸筋石灰、明矾石灰、桐油石灰和糯米浆拌石灰等。纸筋石灰凝固后硬度和韧性都有所提高,且造价相对较低。桐油石灰凝固较慢,造价高,但粘结性能良好,凝固后很结实,适宜小型石山的砌筑。明矾石灰和糯米浆石灰的造价较高,凝固后的硬度很大,粘结牢固,是较为理想的胶合材料。

现代假山施工基本上全用水泥砂浆或混合砂浆来胶合山石。水泥砂浆的配制,是用普通灰色水泥和粗砂,按(1∶1.5)～(1∶2.5)比例加水调制而成,主要用来粘合石材、填充山石缝隙和为假山抹缝。有时,为了增加水泥砂浆的和易性和对山石缝隙的充满度,可以在其中加进适量的石灰浆,配成混合砂浆。

湖石勾缝再加青煤,黄石勾缝后刷铁屑盐卤,使缝的颜色与石色相协调。

胶结操作要点如下:

1)胶结用水泥砂浆要现配现用。

2)待胶合山石石面应事先刷洗干净。

3)待胶合山石石面应都涂上水泥砂浆(混合砂浆),并及时互贴合、支撑捆扎固定。

4)胶合缝应用水泥砂浆(混合砂浆)补平填平填满。

5)胶合缝与山石颜色相差明显时,应用水泥砂浆(混合砂浆硬化前)对胶合缝撒布同色山石粉或砂进行变色处理。

◆收顶

收顶即处理假山最顶层的山石。从结构上讲,收顶的山石要求体量大,以便合凑收压。从外观上看,顶层的体量虽不如中层大,但有画龙点睛的作用,因此要选用轮廓和体态都富有特征的山石。收顶一般分峰、峦和平顶三种类型。峰又可分为剑立式(上小下大,竖直而立,挺拔高矗)、斧立式(上大下小,形如斧头侧立,稳重而又有险意)、流云式(横向挑伸,形如奇云横空,参差高低)、斜劈式(势如倾斜山岩,斜插如削,有明显的动势)、悬垂式(用于某些洞顶,犹如钟乳倒悬,滋润欲滴,以奇制胜)、分峰式(山的顾盼)和合峰式(山的有形、节奏性组合)等,其他如莲花式、笔架式、剪刀式等,不胜枚举,如图4-9所示。

收顶往往是在逐渐合凑的中层山石顶面加以重力的镇压,使重力均匀地分层传递下去。往往用一块收顶的山石同时镇压下面几块山石,如果收顶面积大而石材不够完整时,就要采取"拼凑"的手法,并用小石镶缝使成一体。

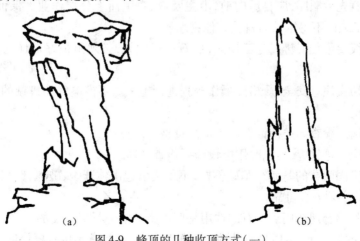

图4-9　峰顶的几种收顶方式(一)
(a)斧立式;(b)剑立式

(c)　　　　　　　　　　　　　(d)

图 4-9　峰顶的几种收顶方式(二)

(c)斜劈式;(d)流云式;(e)合峰式;(f)分峰式

◆**施工中应注意的问题**

在施工中应注意以下问题:

(1)做好施工前的准备工作。在假山施工开始之前,需要做好一系列的准备工作,才能保证工程施工的顺利进行。施工准备主要有备料、场地准备、人员准备及其他工作。

(2)工期及工程进度安排要适当。

(3)施工注意先后顺序,应自后向前,由主及次,自下而上分层作业。保证施工工地有足够的作业面,施工地面不得堆放石料及其他物品。

(4)交通路线要最佳安排。施工期间,山石搬运频繁,必须组织好最佳的运输路线,并保证路面平整。

(5)施工中切实注意安全,严格按操作规程进行施工。不懂电气和机械的人员,严禁使用和摆弄机电设备。

(6)持证上岗。检查各类持证上岗人员的资格。

(7)切实保证水电供应,对临时用电设施要检查、验收。

(8)必须有坚固耐久的基础。基础不好,不仅会引起山体开裂、破坏、倒塌,还会危及游客的生命安全,因此必须安全可靠。

(9)山石材料要合理选用。山石的选用是假山施工中一项很重要的工作。要将不同的山石选用到最合适的位点上,组成最和谐的山石景观,对于结构承重用石要保证有足够的强度。

(10)叠山要注意同质、同色、合纹,接形、过渡要处理好。

（11）在叠石造山施工中，忌对称居中、重心不稳、杂乱无章、纹理不顺、刀山剑树、铜墙铁壁、鼠洞蚁穴、叠罗汉等通病（图4-10）。

图4-10 假山与石景造型的忌病
(a)对称居中；(b)重心不稳；(c)刀山剑树；(d)铜墙铁壁；
(e)杂乱无章；(f)纹理不顺；(g)鼠洞蚁穴；(h)叠罗汉

（12）搭设或拆除的安全防护设施、脚手架、起重机械设备，如当天未完成，应做好局部的收尾，并设置临时安全措施。

（13）高处作业时，不准往下或向上乱抛材料和工具等物件。

（14）注意按设计要求边施工边预埋各种管线，切忌事后穿凿，松动石体。

（15）安石争取一次到位，避免在山石上磨动。

（16）掇山完毕后应重新复检设计（模型），检查各道工序，进行必要的调整补漏，冲洗石面，清理现场。如山上有种植池，应填土施底肥，种树、植草一气呵成。

【相关知识】

◆假山布置技巧

假山布置最根本的法则是"因地制宜，有真有假，做假成真"（《园冶》）。具体要注意以下几点：

（1）立地合宜，造山得体

在一个园址上，采用哪些山水地貌组合单元，都必须结合相地、选址，因地制宜，统筹安排。山的体量、石质和造型等均应与自然环境相互协调。例如，一座大中型园林可造游览之山，庭园多造观赏的小山。

（2）山水依存，相得益彰

水无山不流，山无水不活，山水结合可以取得刚柔共济、动静交呈的效果，避免"枯山"一座，形成山环水抱之势。苏州环秀山庄，山峦起伏，构成主体；弯月形水池环抱山体西、南两面，一条幽谷山涧，贯穿山体，再入池尾，是山水结合成功的佳例。

（3）巧于因借，混假于真

按照环境条件，因势利导，依境造山。如无锡的寄畅园，借九龙山、惠山于园内，在真山前面造假山，竟如一脉相贯，取得真假难辨的效果。

（4）宾主分明，"三远"变化

假山的布局应主次分明，互相呼应。先定主峰的位置和体量，后定次峰和配峰。主峰高耸、浑厚，客山拱伏、奔趋，这是构图的基本规律。画山有所谓"三远"。宋代郭熙《林泉高致》中说："山有三远，自山下而仰山巅，谓之高远；自山前而窥山后，谓之深远；自近山而望远山，谓之平远。"苏州环秀山庄的湖石假山，并不是以奇异的峰石取胜，而是从整体着眼，巧妙地运用了三远变化，在有限的地盘上，叠出逼似自然的山石林泉。

（5）远观山势，近看石质

这里所说的"势"，是指山水的轮廓、组合和所体现的态势。"质"指的是石质、石性、石纹、石理。叠山所用的石材、石质、石性须一致；叠时对准纹路，要做到理通纹顺。好比山水画中，要讲究"皴法"一样，使叠成的假山符合自然之理，做假成真。

（6）树石相生，未山先麓

石为山之骨，树为山之衣。没有树的山缺乏生机，给人以"童山"、"枯山"的感觉。叠石造山中有句行话"看山先看脚"，意思是看一个叠山作品，不是先看山堆叠如何，而是先看山脚是否处理得当，若要山巍，则需脚远，可见山脚造型处理的重要性。

（7）寓情于石，情景交融

叠山往往运用象形、比拟和激发联想的手法创造意境，所谓"片山有致，寸石生情"。扬州个园的四季假山，即是寓四时景色于一园的。春山选用石笋与修竹象征"雨后春笋"；夏山选用灰白色太湖石叠石，并结合荷、山洞和树阴，用以体现夏景；秋山选用富于秋色的黄石，以象征"重九登高"的民情风俗；冬山选用宣石和腊梅，石面洁白耀目，如皑皑白雪，加以墙面风洞之寒风呼啸，冬意更浓。冬山与春山，仅一墙之隔，墙开透窗，可望春山，有冬去春来之意。可见，该园的叠山耐人寻味，立意不凡。

◆假山山体局部理法

明清以来的叠山，重视山体局部景观创造。虽然叠山有定法而无定式，然而在局部山景（如崖、洞、涧、谷、崖下山道等）的创造上都逐步形成了一些优秀的程式。

（1）峰

掇山为取得远观山势以及加强山顶环境山林气氛而有峰峦的创作。人工堆叠的山除大山以建筑来突出高峻之势（如北海白塔、颐和园佛香阁）外，一般多以叠石来表现山峰的挺拔险峻之势。山峰有主次之分，主峰居于显著的位置，次峰无论在高度、体积还是姿态等方面均次于主峰。峰石可由单块石块形成，也可多块叠掇而成。"峰石一块者，……理宜上大下小，立之可观。或峰石两块三块拼缀，亦宜上大下小，似有飞舞势。或数块掇成，亦如前式，须得两三大石封顶"（《园冶·掇山》）。峰石的选用和堆叠必须和整个山形相协调，大小比例恰当。巍峨而陡峭的山形，峰态应尖削，具峻拔之势。以石横纹参差层叠而成的假山，石峰均横向堆叠，有如山水画的卷云皴，这样立峰有如祥云冉冉升起，能取得较好的审美效果。

峰顶峦岭岫的区分是相对而言的，相互之间的界限不是很分明。但峰峦连延，"不可齐，亦不可笔架式，或高或低，随致乱掇，不排比为妙"（《园冶·掇山》）。

（2）崖、岩

叠山而理岩崖，为的是体现陡险峻峭之美，而且石壁的立面上是题诗刻字的最佳处。诗词石刻为绝壁增添了锦绣，为环境增添了诗情。如崖壁上再有枯松倒挂，更给人以奇情险趣的美感。

关于岩崖的理法，早已有成功的经验。计成在《园冶·掇山》中有："如理悬岩，起脚宜小，渐理渐大，及高，使其后坚能悬。斯理法古来罕有，如悬一石，又悬一石，再之不能也。予以平衡法，将前悬分散后坚，仍以长条堑里石压之，能悬数尺，其状可骇，万无一失。"

（3）洞府

洞，深邃幽暗，具有神秘感或奇异感。岩洞在园林中不仅可以吸引游人探奇、寻幽，还可以起到打破空间的闭锁，产生虚实变化，丰富园林景色，联系景点，延长游览路线，改变游览情趣，扩大游览空间等作用。具体内容见第四节。

（4）谷

山谷是掇山中创作深幽意境的重要手法之一。山谷的创作，使山势婉转曲折，峰回路转，更加引人入胜。

大多数的谷，两崖夹峙，中间是山道或流水，平面呈曲折的窄长形。个园的秋山，在主山中部创造围谷景观而显得别具特色。人在围谷中，四面山景各不相同，而且此处是观赏主峰的极佳场所，空间的围合限定，使得"视距缩短，仰望主峰，雄奇挺拔，突兀惊人"。

凡规模较大的叠石假山，不仅从外部看具有咫尺山林的野趣，而且内部也是谷洞相连；不仅平面上看极尽迂回曲折，而且高程上力求回环错落，从而造成迂回不尽和扑朔迷离的幻觉。

（5）山坡、石矶

山坡是指假山与陆地或水体相接壤的地带,具平坦旷远之美。叠石山山坡一般山石与芳草嘉树相组合,山石大小错落,呈出入起伏的形状,并适当地间以泥土,种植花木藤萝,看似随意,实则颇具匠心。

石矶一般指水边突出的平缓的岩石。多数与水池相结合的叠石山都有石矶,使崖壁自然过渡到水面,给人以亲和感。

（6）山道

登山之路称山道。山道是山体的一部分,随谷而曲折,随崖而高下,虽刻意而为,却与崖壁、山谷融为一体,创造假山可游、可居之意境。

◆叠山的艺术处理

石料通过拼叠组合,或使小石变成大石,或使石形组成山形,这就需要进行一定的技术处理使石块之间浑然一体,做假成真。在叠山过程中要注意以下方面:

（1）同质

指山石拼叠组合时,其品种、质地要一致。如果石料的质地不同,品种不一样,就违反了自然山川岩石构成的规律,并且不同石料的石性特征不同,强行将两种石混在一起拼叠组合,必然是假气十足,无论怎样拼叠也不会成为整体的。

（2）同色

即使是同一种石质,其色泽相差也很大,如湖石种类中,就有发黑的、泛灰白色的、呈褐黄色的和发青色的等等。黄石也是如此,有淡黄、暗红、灰白等的变化。所以,同样品种质地的石料的拼叠在色泽上也应力求一致才好。

（3）接形

将各种形状的山石外形互相组合拼叠起来,既有变化而又浑然一体,这就叫接形。在叠石造山这门技艺中,造型的艺术性是第一位的,因此,用石决不能一味地求得石块形的大。但如果石料的块形太小了也不好,块形小,人工拼量的石缝就多,接缝一多,山石拼叠不仅费时费力,而且在观赏时易显得琐碎,这同样也是不可取的。

正确的接形除了石料的选择要有大有小、有长有短等变化外,石与石的拼叠面应变化一致。拼叠面如有凸凹不平处,应以垫刹石为主,万不得已才用铁锤击打进行拼叠。石形互接,如需变化,还是以石形进行自然变化,特别讲究顺势相接而变。如向左,则先用石造出左势;如向右,则用石造成右势;欲向高处先出高势;欲向低处先出低势。

（4）合纹

形是山石的外轮廓,纹是指山石表面的内在纹理脉络。当山石相互组合拼叠时,合纹就不仅是指山石原有的内在纹理脉络的沟通衔接,它实际上还应包括山石拼叠时的外轮廓的接缝处理。也就是说,当石料处于单独状态时,外形的变化是外轮廓;当石与石相互组合拼叠时,山石外轮廓的拼叠接形吻合面的石缝就变成了山石的内在纹理脉络。所以,在山石拼叠技法中,以石形代石纹的手法又叫缝纹。

1）横纹拼叠。

我们知道,石料的形与纹的变化之间常常具有一种随机性,如石形为横长形,石纹常常也呈横向纹理变化,所以叠石造山特别强调以形就纹,以纹放形。所谓横纹拼叠,指石纹呈横势,层层向上堆叠,类似山水画中的折带皴法。此法堆叠的山石,重心容易掌握,运用得好,可以产

188

生流动、飘逸、险峻之势。

2)竖纹拼叠。

竖纹拼叠的山体,脉络多呈竖向运动,运用得好,山石造型气势挺拔、刚劲有力。竖纹拼叠可分为立式和插式两种。

立式拼叠是将石料依石纹竖势直立拼叠,常以显示石缝来加强竖纹的挺拔和变化。

插式拼叠虽强调将山石竖向直立拼叠,但却是一层层向下插的,即上层的石料插在下层的空隙之中,这样的拼叠容易贴近自然,充分利用了石料本身的自然外形,以形代纹,其纹理变化如同国画中的"荷叶皴法""解索皴法"。南京瞻园叠石造山是竖纹拼叠的代表作。

运用竖纹拼叠时要注意,由于挑、飘、斗等手法很难同时表现和运用,因此,山形容易呈规律状,或大面过于平整而显得板,缺少透漏凸凹的层次变化。此法的操作,须边拼叠边用水泥砂浆进行凝固,即是用绳索临时捆绑,或用竹、木支撑好山石,并在石缝中灌进砂浆,待凝固后再继续拼叠。

3)环透拼叠。

环透拼叠多用于湖石类的造型,讲究顺着湖石的浑圆和弧形的环透之势进行拼叠,使山体及岩面能呈现透漏和涡洞感,形似山水画中的"卷云皴法"。

4)扭曲拼叠。

此法是技艺要求较高的一种山石拼叠技法,以欲擒故纵的手法为基调,特别强调"扭、转、弯"的形态变化。横向扭曲有左顾右盼之资;竖向扭曲有扶摇直上之势;旋转扭曲有龙腾浪卷之势。

(5)过渡

山石的"拼整"操作,常常是在千百块石料的拼整组合过程中进行的,即使是同一品质的石料也无法保证其色泽、纹理和形状上的统一,因此在色彩、外形、纹理等方面有所过渡,才能使山体具有整体性。

◆ **保养与开放**

掇山完毕后,重视粘结材料混凝土的养护期,没有足够的强度不允许拆模或拆支撑。在凝固期间,要加强管理,禁止游人靠近或爬上假山上游玩,一旦摇动则胶结料失效,山石脱落,易发生危险。凝固期过后,要冲洗石面,彻底清理现场,以待对外开放,接待游人。

四 假山洞的施工

【要　　点】

比较大型、复杂的假山一般都有山洞。洞的一般结构即梁柱式结构,整个假山洞壁实际上由柱和墙两部分组成。

【解　　释】

◆ **假山洞的分类与发展**

洞的一般结构即梁柱式结构,整个假山洞壁实际上由柱和墙两部分组成。柱受力而墙承受的荷载不大,因此洞墙部分用作开辟采光和通风的自然窗门。从平面上看,柱是点,同侧柱点的自然连线即洞壁。壁线之间的通道即是洞,见图4-11。

假山洞的另一结构形式为"挑梁式"或称"叠涩式"，即石柱渐起渐向山洞侧挑伸，至洞顶用巨石压合，见图4-12。这是吸取桥梁中之"叠梁"或称"悬臂桥"的做法。圆明园武陵春色之桃花洞，巧妙地于假山洞上结土为山，既保证结构上"镇压"挑梁的需要，又形成假山跨溪，溪穿石洞的奇观。

到了清代，出现了戈裕良创造的拱券式的假山洞结构。现存苏州环秀山庄之太湖石假山出自戈氏之手，其中山洞无论大小均采用拱券式结构。由于其承重是逐渐沿券成环拱挤压传递，因此不会出现梁柱式石梁压裂、压断的危险，而且顶、壁一气，整体感强，戈氏此举实为假山洞结构之革新，见图4-13。

图4-11　梁柱式山洞　　　　　图4-12　挑梁式山洞　　　　　图4-13　拱券式山洞

◆**假山洞的做法**

在一般地基上做假山洞，大多筑两步灰土，而且是"满打"，基础两边比柱和壁的外缘略宽出不到1m，承重量特大的石柱还可以在灰土下面加桩基。这种整体性很强的灰土基础，可以防止因不均匀沉陷造成局部坍倒甚至牵扯全局的危险。有不少梁柱式假山洞都采用花岗岩条石为梁，或间有"铁扁担"加固。这样虽然满足了结构上的要求，但洞顶外观极不自然，洞顶和洞壁不能融为一体，即便加以装饰，也难求全，以自然山石为梁，外观就稍好一些。

◆**下洞上亭结构**

下洞上亭的结构，所见两种。一为洞和亭之柱重合，重力沿亭柱至洞柱再传到基础上去，由于洞柱混于洞壁中而不甚显，如避暑山在烟雨楼假山洞和翼亭的结构。另一种是洞与亭貌似上下重合而实际上并不重合，如静心斋之枕峦亭。亭坐落于砖垛之上，洞绕砖垛边侧，由于砖垛以山石包镶，犹如洞在亭下一般。下洞上亭之法，亭因居洞上而增山势，洞因亭覆而防止雨水渗透。

◆**防渗做法**

假山洞结构要领是防渗漏，北方有打两步灰土以为预防的做法。而叠石的处理方法是："凡处块石，俱将四边或三边压掇。若压两边，恐石平中有损。如压一边，即罅稍有丝缝，水不能注。虽做灰坚固，亦不能止，理当斟酌。"

在做好防渗漏的同时要注意按设计要求边施工边预留水路孔洞。

【相关知识】

◆**假山洞的采光**

假山洞的结构也有互通之处。北京乾隆花园的假山洞在梁柱式的基础上，选拱形山石为梁，另外有些假山洞局部采用挑梁式等。一般来讲，黄石、青石等成墩状的山石宜采用梁柱式结构,天然的黄石山洞也是沿其相互垂直的节理面崩落、坍陷而成;湖石类的山石宜采用拱券式结构,具有长条而成薄片状的山石当以挑梁式结构为宜。假山洞还有单洞和复洞、水平洞和爬山洞、单层洞和多层洞、旱洞和水洞之分。复洞是单洞的分枝延伸,爬山洞具有上下坡的变化。北海琼华岛北面的假山洞兼有复洞、单洞、爬山洞的变化,地既广而景犹深,尤其和园林建筑巧妙地组合成一个富于变化的风景序列,洞口掩映于亭、屋中,沿山形而曲折蜿蜒,顺山势而起伏,时出时没,变化多端。多层洞可见于扬州个园秋山之黄石山洞,洞分上、中、下三层,中层最大,结构上采用螺旋上升的办法。苏州洽隐园仿洞庭西山之林屋洞建小林屋洞,水洞和旱洞结为一体,水源成伏流自洞壁流出,在洞中积水为潭。洞分东西两部分,洞口北向,自东洞口水池跨入,环池石板折桥紧贴水面,洞顶有钟乳下垂;桥尽,折西南石级转入西边的旱洞而出,立意新颖,结构精巧,是国内水洞之佳例。

假山洞利用洞口、洞间天井和洞壁采光洞采光。采光孔洞兼作通风。采光洞口皆坡向洞外,使之进光不进水。洞口和采光孔都是控制明暗变化的主要手段。环秀山庄在利用湖石自然透洞时,将其安置在比较低的洞壁位置上,使洞内地下稍透光,有现代地灯的类似效果,其洞府地面之西南角又有小洞可通水池,一方面可作采水面反光之用,同时也可排除洞内积水。承德避暑山庄在文津阁的假山洞坐落池边,洞壁之弯月形采光洞正好倒影池中,洞暗而"月"明,俨如水中映月而白昼不去,可谓匠心独运。

五 景石组景

【要 点】

景石组景的特点是以少胜多、以简胜繁、格局谨严、手法精炼。根据造景作用和观赏效果的不同,景石组景手法有特置、群置、散置、景石与植物及景石与建筑协调等。

【解 释】

◆ 特置

特置石也称孤赏石,即用一块出类拔萃的山石造景。也有将两块或多块色泽及纹理相类似的石头拼掇在一起,形成一个完整的孤赏石的做法。

特置石的自然依据就是自然界中著名的单体巨石。如神女峰——长江巫峰,在朝云峰和松峦峰间,海拔912m处,白云缭绕,纤奇秀丽。雨后初晴,常常有淡淡的彩云,缥缈在奇峰之间,就像仙女身披轻柔的纱,忽隐忽现。

自然界中还有许多花岗岩风化后形成的圆形孤石,如福州东山岛的摇摆石、千山的无恨石等。虎丘的白莲池中也有点头石与之类似。据说梁时高僧讲经说法,列坐于人,当时"生公说法,顽石点头"。虎丘白莲池中的点头石即是此意境的体现。

无论是自然界著名的孤立巨石还是园林里的特置石,都有题名、诗刻、历史传说等,以渲染意境,点明特征。

特置石一般是石纹奇异且有很高欣赏价值的天然石,如杭州的绉云峰,上海的玉玲珑,苏州的瑞云峰、冠云峰,北京的青芝岫等。比较理想的特置石每一面观赏性都很强。有的特置石与植物相结合也很美。

（1）特置的要求

1）特置石应选择体量大、造型轮廓突出、色彩纹理奇特、颇有动势的山石。

2）特置石一般置于相对封闭的小空间，成为局部构图的中心。

3）石高与观赏距离一般介于(1 : 2) ~ (1 : 3)。例如石高 3 ~ 6.5m，则观赏距离为 8 ~ 18m。在这个距离内才能较好地品玩石的体态、质感、线条、纹理等。为使视线集中，造景突出，可使用框景等造景手法，或立于空间中心使石位于各视线的交点上，或石后有背景衬托。

4）特置山石可采用整形的基座，也可以坐落于自然的山石面上，这种自然的基座称"磐"。带有整形基座的山石也称为台景石。台景石一般是石纹奇异，有很高欣赏价值的天然石。有的台景石基座与植物、山石相组合，仿佛大盆景，展示整体之美。

（2）特置峰石的结构

峰石要稳定、耐久，关键在于结构合理。传统立峰一般用石榫头固定，《园冶》有"峰石一块者，相形何状，选合峰纹石，令匠凿眼为座……"就是指这种做法。石榫头必须正好在峰石的重心线上，并且榫头周边与基磐接触以受力，榫头只定位，并不受力。安装峰石时，在榫眼中浇灌少量粘合材料即可(图4-14)。

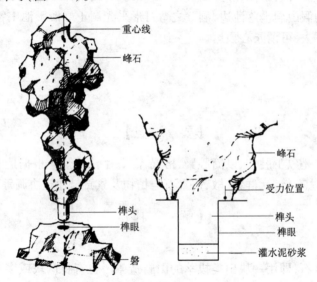

图 4-14　特置峰石的结构

◆ **对置**

以两块山石为组合，相互呼应，立于建筑门前两侧或立于道路出入口两侧，称对置。

◆ **群置**

由若干山石以较大的密度有聚有散地布置成一群，石群内各山石相互联系，相互呼应，关系协调，这种置石方式称群置(图4-15)。在一群山石中可以包含若干个石丛，每个石丛则分别由3、5、7、9块山石构成，见图4-16。

群置常用于廊间、粉墙前、路旁、山坡上、小岛上、水池中或与其他景物结合造景。如北京北海琼华岛南山西麓山坡上，用房山石"攒三聚五"，疏密有致地构成群置的石景，创造出较好的地面景观，处理得比较成功，不仅起到了护坡的作用，而且增强了山地地面的崎岖不平感和嶙峋之势。

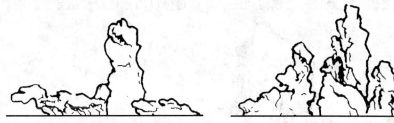

墩配：峰石下的山石，组成墩状　　　　剑配：峰石旁的山石，竖立呈剑状

卧配：峰石下的山石，横卧相配

图4-15　峰石与山石搭配模式图

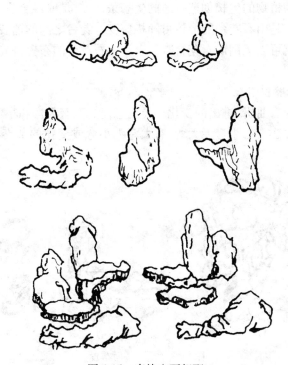

图4-16　多块山石相配

◆散置

散置即所谓"攒三聚五"、"散漫理之"的做法。这类置石对石材的要求相对比特置要低一些，但要组合得好，常用于园门两侧、廊间、粉墙前、山坡上、岛上、水池中或与其他景物结合造景，见图4-17。它的布置要点在于有聚有散、有断有续、主次分明、高低曲折、顾盼呼应、疏密有致、层次丰富。明代画家龚贤所著《画诀》说："石必一丛数块，大石间小石，然后联络。面宜一向，即不一向亦宜大小顾盼。石小宜平，或在水中，或从土出，要有着落。"又说："石有面、有

足、有腹。亦如人之俯、仰、坐、卧,岂独树则然乎。"这是可以用来评价和指导实践的。

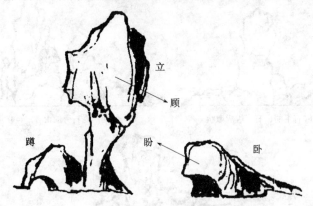

立
顾
蹲
盼
卧

图 4-17 散置

◆ **景石与植物**

山石花台即用自然山石叠砌的挡土墙,其内种植花草树木。作用主要为:一是降低地下水位,使土壤排水通畅,为植物的生长创造合适的生态条件;二是取得合适的观赏高度,免去躬身弯腰之苦,便于观赏;三是山石花台的形体可随机应变。花台之间的铺装地面即是自然形成的路面,这样,游览路线就可以运用山石花台来组合。山石花台的布置讲究平面上的曲折有致和立面上的起伏变化。

(1)花台的平面轮廓和组合

花台的平面轮廓应有曲折、进出的变化。要注意使之兼有大弯和小弯的凹凸面,而且弯的深浅和间距都要自然多变。有小弯无大弯、有大弯无小弯或变化的节奏单调都是要尽量避免的,如图 4-18 所示。

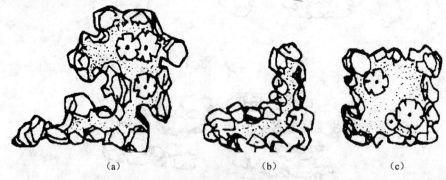

(a)   (b)   (c)

图 4-18 花台平面布置
(a)兼有大小弯;(b)有大弯无小弯;(c)有小弯无大弯

(2)花台的立面轮廓要有起伏变化

花台上的山石与平面变化相结合还应有高低的变化,一般是结合立峰来处理,但又要避免用体量过大的立峰堵塞院内的中心位置。花台除了边缘以外,花台中也可少量地点缀一些山石。花台边缘外面亦可埋置一些山石,使之有自然的变化。

(3)花台的断面和细部要有伸缩、虚实和藏露的变化

花台的断面轮廓既有直立,又有坡降和上伸下收等变化。这些细部技法很难用平面图或

194

立面图说明,具体做法就是使花台的边缘或上伸下缩,或下断上连,或旁断中连,化单面体为多面体,模拟自然界由于地层下陷、崩落山石沿坡滚下成自然围边、落石浅露等形式的自然种植地的景观,如图4-19所示。

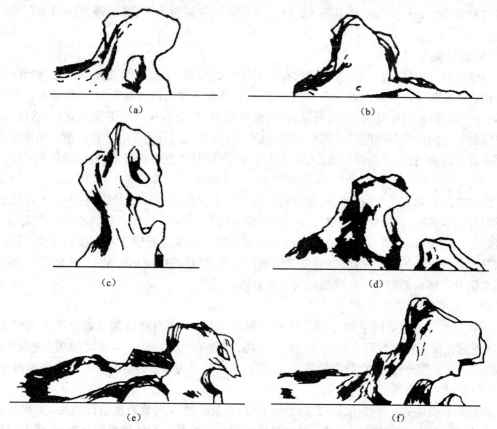

图4-19　花台立面设计
(a)直壁;(b)坡壁;(c)结合特置;(d)崩落于地(e)上伸下陷;(f)虚中有实

◆景石与建筑

用少量的山石在合适的部位装点建筑是一种很好的方法。所置山石模拟自然裸露的山岩,建筑则依岩而建,增添自然的气氛。常见的结合形式有以下几种:

(1)山石踏跺和蹲配

我国建筑多建于台基上,出入口的部位需要台阶作为室内外上下的衔接过渡。这时台阶做成整形的石级,而园林建筑常用自然山石做成踏跺。踏跺石材应选择扁平状的各种角度的梯形甚至是不等边的三角形,每级为10~30cm,有的还可以更高一些,每级的高度也不一定完全一样。山石每一级都向下坡方向有2%的倾斜坡度以便排水。石级断面要上挑下收,以免人们上台阶时脚尖碰到石级上沿。用小块山石拼合的石级,拼缝要上下交错,以上石压下缝。

蹲配常与踏跺结合使用。所谓蹲配以体量大而高者为"蹲",体量小而低者为"配"。实际上除了"蹲"以外,也可"立"、可"卧",以求组合上的变化,但务必使蹲配在建筑轴线两旁有均衡的构图关系。现代园林布置常在台阶两旁设花池,而把山石和植物结合在一起用以装饰建筑出入口。

（2）角隅理石

角隅理石包括抱角和镶隅。建筑或围墙的墙面多成直角转折，常以山石加以美化。用于外墙角的成环抱之势紧抱墙基的山石，称为抱角。墙内多留有一定空间，以山石点缀，有的还与观赏植物组合，花木扶疏，光影变化，打破了墙角的单调与平滞，这填镶其中的山石称为镶隅。

（3）粉壁置石

粉壁置石也称壁山，是用墙为背景，在面对建筑的墙面、建筑山墙或相当于建筑墙面前留出种植的部位布置石景或山景。有的结合花台、特置和各种植物进行布置，式样多变。如苏州留园鹤所墙前以山石作基础布置，高低错落，疏密相间，并用小石峰点缀建筑立面，这样一来，白粉墙和暗色的漏窗门洞的空处都形成衬托山石的背景，竹、石的轮廓非常清晰。粉壁置石一般要求背景简洁，置石要掌握好重心，不可依靠墙壁，同时注意山石排水，避免墙角积水。

（4）廊间山石小品

园林中的长廊为了争取空间的变化和使游人从不同角度去观赏景物，在平面上往往做成曲折回环的半壁廊，这样便会在廊与墙之间形成一些大小不一、形体各异的小天井空隙地。这是可以发挥用山石小品"补白"的地方，使之在很小的空间里也有层次和深度的变化。同时可以诱导游人按设计的游览序列入游，丰富沿途的景色，使建筑空间小中见大，活泼无拘，如上海豫园东园万花楼东南角有一处回廊小天井就处理得较好。

（5）"尺幅窗"和"无心画"

园林景色为了使室内空间互相渗透常用漏窗组景，即在内墙适当位置开成漏窗（"尺幅窗"），然后在窗外布置竹石小品之类，使景入画，亦称为"无心画"。以"尺幅窗"透取"无心画"是从暗处看明处，窗花有剪影的效果，加以石景以粉墙为背景，从早到晚，窗景因时而变。

（6）云梯

即以山石掇成的室外楼梯，既可节约使用室内建筑面积，又可成自然山石之景。如果只能在功能上作为楼梯而不能成景则不是上品。最容易犯的毛病是山石楼梯暴露无遗，和周围的景物缺乏联系和呼应。而做得好的云梯往往组合丰富，变化自如，如桂林七星公园月牙楼的云梯。

◆ 山石器设

用山石作室内外的家具或器设也是我国园林中的传统做法。山石几案不仅有实用价值，而且又可与造景密切结合，特别是用于有起伏地形的自然式布置地段，很容易和周围环境取得协调，既节省木材又能耐久，无需搬进搬出，也不怕日晒雨淋。

山石几案宜布置在林间空地或有树荫荫的地方，以免游人过于露晒。它在选材方面与一般假山用材并不相争。一般接近平板或方墩状的石材可能在掇山石不算良材，但作为山石几案却格外合适。即使用作几案也不必求其过于方整，要的就是有自然的外形，只要有一面稍平即可，而且在基本平的面上也可以有自然起层的变化。选用的材料应比一般家具的尺寸大一些，使之与室外空间相称。作为室内的山石器设则可适当小一些。山石器设可以独立布置，更可以结合挡土墙、花台、驳岸等统一设置。

山石几案虽有桌、几、凳之分，但在布置上却不能按一般木制家具那样对称安排。

江南园林常结合花台处理几案，可以说是一种无形的、附属于其他景物的山石器设。对于坡地几案来说，乍一看是山坡上用作护坡的散点山石，但需要休息的游人到此很自然地就坐下休息，才会意识到它的用处。

【相关知识】

◆**壁山**

壁山又叫粉壁理石,置于墙前壁下,体量可大可小。大的壁山施工可参照假山的施工技术操作要点,较小的壁山类似于置石,但比置石的层次要求要多一些。粉壁理石在施工方面的特殊要求是:

1)壁山与围墙或山墙的基础应是分开的,因为二者的地基荷载不同,沉降量也不同。

2)石块与墙体之间尽量留有空当,山石不倚墙、不欺墙,以免对墙产生侧向推移力而发生危险。

3)应处理好壁山的排水,在山石与墙体之间不宜留有可存水的坑窝,造成雨水渗入墙内的后果。

六 景石的施工

【要　点】

景石用的山石材料较少,结构比较简单,对施工技术也没有很特殊的要求,因此容易实现。主要包括选石、景石吊运、拼石、基座设置、景石吊装、修饰与支撑和成品保护。

【解　释】

◆**施工设备**

景石施工常常需要吊装一些巨石,因此其施工设备必须有汽车起重机、吊称起重架、起重绞磨机、葫芦吊等起重机械。除了大石采用机械设备进行吊装之外,多数中小山石还是常要以人抬肩扛的方式进行安装,因而还需一定数量的手工工具,详见本章前述内容。

◆**施工材料**

施工材料应在施工之前全部运进施工现场,主要材料见表4-3。

表4-3　主要材料表

名　称	规　格	用　途
假山石	通货石:大小搭配,但石材的质地、颜色应力求统一 峰石:质地、体态、纹样等均力求出类拔萃	用于堆叠山体; 用于置石、峰顶或其他重要位置
填充料	砂石 卵石 毛石、块石 碎砖石 桐油	配制各种砂浆、混凝土 配制混凝土或其他填充 用于基础或垫衬 填充基础 古代用料(已不用)
胶结料	水泥 白灰 糯米浆、纸筋	32.5～52.5级 — 古代用料(已不用)
着色料	青杰、煤黑、各色细石粉	—

◆**选石**

选石是景石施工中一项很重要的工作,其要点为:

1)选择具有原始意味的石材。如未经切割过并显示出风化痕迹的石头,被河流、海洋强烈冲击或侵蚀的石头和生有锈迹或苔藓的岩石。这样的石头能显示出平实、沉着的感觉。

2)最佳的石料颜色是蓝绿色、棕褐色、红色或紫色等柔和的色调。白色缺乏趣味性,金属色彩容易使人分心,应避免使用。

3)具有动物等象形的石头或具有特殊纹理的石头最为珍贵。

4)石形选择要选自然形态的,纯粹圆形或方形等几何形状的石头或经过机器打磨的石头均不是上品。

5)造景选石时无论石材的质量高低,石种必须统一,不然会使局部与整体不协调,导致总体效果不伦不类,杂乱不堪。

6)选石无贵贱之分,应该"是石堪堆",就地取材,有地方特色的石材最为可取。

总之,在选石过程中,应首先熟知石性、石形、石色等石材特性,其次应准确把握置石的环境,如建筑物的体量、外部装饰、绿化、铺地等诸多因素。

◆**景石吊运**

选好石品后,按施工方案准备好吊装和运输设备,选好运输路线,并查看整条运输线路有否桥梁,桥梁能否满足运输荷载需要。在山石起吊点采用汽车起重机吊装时,要注意选择承重点,做到起重机的平衡。景石吊到车厢后,要用软质材料,如黄泥、稻草、甘蔗叶等填充,山石上原有的泥土杂草不要清理。整个施工现场要注意工作安全。

◆**拼石**

当所选到的山石不够高大,或石形的某一局部有重大缺陷时,就需要使用几块同种的山石拼合成足够高大的峰石。如果只是高度不够,可按高差选到合适的石材,拼合到大石的底部,使大石增高。如果是由几块山石拼合成一块大石,则要严格选石,尽量选接口处形状比较吻合的石材,并且在拼合中特别要注意接缝严密和掩饰缝口,使拼合体完全成为一个整体。拼合成的山石形体仍要符合瘦、漏、透、皱的要求。

◆**基座设置**

基座可由砖石材料砌筑成规则形状,也可以采用稳实的墩状座石做成。座石半埋或全埋于地表,其顶面凿孔作为榫眼。

埋于地下的基座,应根据山石预埋方向及深度定好基址开挖面,放线后按要求挖方,然后在坑底先铺混凝土一层,厚度不得小于15cm,才准备吊装山石。

◆**景石吊装**

景石吊装常用汽车起重机或葫芦吊,施工时,施工人员要及时分析山石主景面,定好方向,最好标出吊装方向,并预先摆置好起重机,如碰到大树或其他障碍时,应重新摆置,使得起重机长臂能伸缩自如。吊装时要选派一人指挥,统一负责。当景石吊到预装位置后,要用起重机挂钩定石,不得用人定或支撑摆石定石。此时可填充块石,并浇筑混凝土充满石缝。之后将铁索与挂钩移开,用双支或三支方式做好支撑保护,并在山石高度的2倍范围内设立安全标志,保养7d后才能开放。

置石的放置应力求平衡稳定,给人以宽松自然的感觉。石组中石头的最佳观赏面均应朝向主要的视线方向。对于特置,其特置石安放在基座上固定即可。对于散置、群置一般应采取浅埋或半埋的方式安置景石。景石布置好后,应当像是地下岩石、岩石的自然露头,而不要像是临时性放在地面上。散置石还可以附属于其他景物而布置,如半埋于树下、草丛中、路边、水边等。

◆ **修饰与支撑**

一组置石布局完成后,可利用一些植物和石刻加以修饰,使之意境深邃,构图完整,充满诗情画意。但必须注意一个原则:尽量减少过多的人工修饰。石刻艺术是我国文化宝库中的重要组成部分,园林人文景观的意境多以石刻题咏来表现。石刻应根据置石来决定字体形式、字体大小、阴刻阳刻、疏密曲直,做到置石造景与石刻艺术互为补充,浑然一体。植物修饰的主要目的是采用灌木或花草来掩饰山石的缺陷,丰富石头的层次,使置石更能与周边环境和谐统一,但种植在石头中间或周围泥土中的植物应能耐高温、干旱,如丝兰、麦冬、苏铁、蕨类等。

◆ **成品与保护**

景石安置后,在养护期间,应支撑保护,加强管理,禁止游人靠近,以免发生危险。

【相关知识】

◆ **特置山石施工要点及注意事项**

特置山石布置的关键在于相石立意,山石体量与环境应协调。通过前置框景、背景衬托以及利用植物弥补山石的缺陷等手法表现山石的艺术特征。

1)特置石应选择体量大、造型轮廓突出、色彩纹理奇特、颇有动势的山石。

2)特置石一般置于相对封闭的小空间,成为局部构图的中心。

3)石高与观赏距离一般介于(1:2)~(1:3)之间。如石高3~6.5m则观赏距离为8~18m之间,在这个距离内才能较好地品玩石的体态、质感、线条及纹理等。

4)特置山石可采用整形的基座,也可以坐落于自然的山石面上,这种自然的基座称为磐。峰石要稳定、耐久,关键在于结构合理。传统立峰一般用石榫头固定。石榫头必须正好在峰石的重心线上,并且榫头周边与基磐接触以受力。榫头只定位,并不受力。安装峰石时,在榫眼中浇灌少量粘合材料(如纯水泥浆),待石榫头插入时,粘合材料便可自然充满空隙。

在没有合适的自然基座的情况下,亦可采用混凝土基础方法加固峰石,方法是:先在挖好的基础坑内浇筑一定体量的块石混凝土基础,并预留出榫眼,待基础完全干透后,再将峰石吊装,并用粘合材料粘合。

特置山石还可以结合台景布置。台景也是一种传统的布置手法。其做法为:用石料或其他建筑材料做成整形的台,内盛土壤,底部有排水设施,然后在台上布置山石和植物,模仿大盆景布置。

◆ **群置山石施工要点及注意事项**

布置时要主从有别,宾主分明,搭配适宜,根据"三不等"原则(即石之大小不等,石之高低不等,石之间距不等)进行配置。构成群置状态的石景,所用山石材料要求不高,只要是大小相间、高低不同、具有风化石面的同种岩石碎块即可。

◆ **散置山石施工要点及注意事项**

散置山石施工时造景目的性要明确,格局严谨。

手法洗练,寓浓于淡,有聚有散,有断有续,主次分明。

高低曲折,顾盼呼应,疏密有致,层次丰富,散而有物,寸石生情。

七 人工塑造山石

【要　点】

在传统灰塑山石和假山的基础上运用混凝土、玻璃钢、有机树脂等现代材料可以进行塑山塑石。塑山塑石可省采石、运石之工，造型不受石材限制。体量可大可小，适用于山石材料短缺、施工条件受到限制或结构承重条件受限的地方。塑山具有施工期短和见效快的优点，缺点在于混凝土硬化后表面有细小的裂纹，表面皱纹的变化不如自然山石丰富以及不如石材使用期长等。

【解　释】

◆ **基架设置**

可根据山形、体量和其他条件选择分别采用的基架结构，如砖基架、钢架、混凝土基架或者是三者的结合。坐落在地面的塑山要有相应的地基处理，坐落在室内的塑山则必须根据楼板的构造和荷载条件作结构计算，包括地梁和钢材梁、柱和支撑设计等。基架将自然山形概括为内接的几何形体的桁架，作为整个山体的支撑体系，并在此基础上进行山体外形的塑造。施工中应注意对山体外形的把握，因为基架一般都是几何形体，应在主基架的基础上加密支撑体系的框架密度，使框架的外形尽可能接近设计的山体的形状。

◆ **铺设钢丝网架**

砖基架可设或不设钢丝网。一般形体较大者都必须设钢丝网。钢丝网要选易于挂泥的材料。若为钢基架则还宜先做分块钢架，附在形体简单的基架上，变几何形体为凸凹的自然外形，其上再挂钢丝网。钢丝网根据设计模型用木锤和其他工具成型。

◆ **挂水泥砂浆以成石脉与皱纹**

水泥砂浆中可加纤维性附加料以增加表面抗拉的力量，减少裂缝。以往常用 M7.5 水泥砂浆作初步塑型，用 M15 水泥砂浆罩面作最后成型。现在多以特种混凝土作为塑型、成型的材料，其施工工艺简单，塑性良好。常见特种混凝土的配合比见表4-4。

表 4-4　常见特种混凝土的配合比（重量比）

原材料		聚酯混凝土		环氧混凝土	酚醛混凝土	聚氨基甲酸酯混凝土
胶结料		不饱和聚酯树脂 10	不饱和聚酯树脂 11.25	环氧树脂（含固化剂）10	酚醛树脂 10	聚氨基甲酸酯（含固化剂）、填料）20
填料		碳酸钙 12	碳酸钙 11.25	碳酸钙 10	碳酸钙 10	—
骨料 (mm)	细砂	(0.1~0.8)20	(<1.2)38.8	(<1.2)20	(<1.2)20	(<1.2)20
	粗砂	(0.8~4.8)25	(1.2~5)9.6	(1.2~5)15	(1.2~5)15	(1.2~5)15
	石子	(4.5~20)33	(5~20)29.1	(5~20)45	(5~20)45	(5~20)45
其他材料		短玻璃纤维（12.7mm）过氧化物促凝剂	过氧化甲基乙基甲酮	邻苯二甲酸二丁酯	—	—

◆ **上色**

根据设计对石色的要求,刷涂或喷涂非水溶性颜色,达到其设计效果。由于新材料、新工艺不断推出,第三四步(第三步是指挂水泥砂浆以成石脉与皱纹,第四步是指上色)往往合并处理。如将颜料混合于灰浆中,直接抹上加工成型。也有先在工场制作出一块块仿石料,运到施工现场缚挂或焊挂在基架上,当整体成型达到要求后,对接缝及石脉纹理进一步加工处理,即可成山。

◆ **塑石塑山注意事项**

石面形状的仿造是一项需要精心施工的工作。由于山的造型、皱纹等的表现要靠施工者的手上功夫,因此对操作者的个人修养和技术要求很高。

在配制彩色水泥砂浆时,颜色应比设计的颜色稍深一些,待塑成山石后其色度会稍稍变得浅淡,尽可能采用相同的颜色。

石面不能用铁抹子抹成光滑的表面,而应该用木制的砂板作为抹面工具。将石面抹成稍粗糙的磨砂表面,才能更加接近天然的石质。

石面的皱纹、裂缝、棱角应按所仿造岩石的固有棱缝来塑造。

如模仿的是水平的砂岩岩层,那么石面的皱裂及棱纹中,在横的方向上就多为比较平行的横向线纹或水平层理;而在竖向上,则一般是仿岩层自然纵裂形状,裂缝有垂直的也有倾斜的,变化就多一些。如果是模仿不规则的块状巨石,那么石面的水平或垂直皱纹裂缝就应比较少,而更多的是不太规则的斜线、曲线、交叉线形状。

假山内部钢骨架及一切外露的金属等均应涂防锈漆,并以后每年涂一次。

给水排水管道最好塑山时预埋在混凝土中,一定要进行防腐处理。

砂浆拌合必须均匀,随用随拌,存放不宜超过1h,初凝后的砂浆不能继续使用。

施工时不必做得太细致,可将山顶轮廓线渐收同时色彩变浅,以增加山体的高大和真实感。

应注意青苔和滴水痕的表现,时间久了,还会自然地长出真的青苔。

◆ **临时塑石施工**

临时用塑石体量要求不大,耐用性要求也不高,量轻便于移动,因此往往应用于某些临时展览会、展销会、节庆活动地、商场影剧院等。

(1)主要施工工具与材料

主要施工工具与材料见表4-5。

表4-5　临时塑石施工工具与施工材料

项　目	材　料　名　称	用　途
框架材料	白泡沫、砖、板条、大块煤渣等	基础构架
胶粘材料	白水泥、普通水泥、白胶、骨胶	胶粘泡沫
固定材料	竹签、回形针、细铁丝	加固构件
上色材料	红墨水、碳素墨水、氧化铁红、氧化铁黄、红黄广告色等	配色
主要工具	小桶、灰批、羊毛刷、割纸刀、手推车等	制作用
其他	电吹风	快速风干

(2)工艺过程

设计绘图→泡沫修形→加固胶粘→抹灰填缝→上色装饰→晾干保护。

（3）施工方法

1）根据设计意图,确定主景面,选择石体大小。

2）将泡沫逐一修形并正确对形,满意后可用固定件固定,注意编号。

3）所有泡沫修形后,组合在一起,再次与设计立面图、效果图比较,直至符合要求。用细铁线加固定形,并于缝中加入胶粘剂。

4）稍稳定后用白水泥浆(视景石需要色彩而定是用白水泥还是普通水泥)抹灰3~5遍,直到看不见泡沫为止。待干后(通常3h,如急用可用电吹风吹干),进入下道工序。

5）按设计要求配好色彩,无论哪种色彩均要加入少量红墨水和黑墨水作为色彩稳定剂。上色时,用羊毛刷蘸色料后在离塑石构件20~30cm处用手或铁件轻弹毛刷,使色料均匀撒于石上。要求轻弹色满,色点分布均匀,不得有大块及“流泪”现象。

6）上完色后,应将景石置于室外晾干(天气好时)。

【相关知识】

◆园林塑石塑山的特点

园林塑石塑山有以下特点:

（1）方便

指塑石塑山所用的砖、水泥等材料来源广泛,取用方便,可就地解决,无需采石、运石之烦。

（2）灵活

指塑石塑山在造型上不受石材大小和形态限制,可完全按照设计意图进行造型。

（3）省时

指塑石塑山的施工期短,见效快。

（4）逼真

好的塑山无论是在色彩还是质感上都能取得逼真的石山效果。

但由于塑山所用的材料毕竟不是自然山石,因而在神韵上还是不及石质假山,同时使用期限较短,需要经常维护。

◆FRP 工艺

FRP(Fiber Glass Reinforced Plastics 的缩写)是玻璃纤维强化树脂的简称,它是由不饱和聚酯树脂与玻璃纤维结合而成的一种重量轻、质地韧的复合材料。不饱和聚酯树脂由不饱和二元羧酸与一定量的饱和二元羧酸、多元醇缩聚而成。在缩聚反应结束后,趁热加入一定量的乙烯基单体配成黏稠的液体树脂,俗称玻璃钢。FRP 工艺的优点在于成型速度快,质薄而轻,刚度好,耐用,价廉,方便运输,可直接在工地施工,适用于异地安装的塑山工程。存在的主要问题是树脂液与玻纤的配比不易控制,对操作者的要求高;劳动条件差,树脂溶剂为易燃品;工厂制作过程中有毒和气味;玻璃钢在室外强日照下,受紫外线的影响,易导致表面酥化,寿命为20 年至30 年。

FRP 塑山施工程序为:

泥模制作→翻制石膏→玻璃钢制作→模件运输→基础和钢骨架制作→玻璃钢(预制件)元件拼装→修补打磨→油漆→成品。

（1）泥模制作

按设计要求足样制作泥模。一般在一定比例[多用(1 ∶ 15)~(1 ∶ 20)]的小样基础上制作。泥模制作应在临时搭设的大棚(规格可采用 50m×20m×10m)内进行。制作时要避免泥模脱落或冻裂。因此,温度过低时要注意保温,并在泥模上加盖塑料薄膜。

(2)翻制石膏

一般采用分割翻制,这主要是考虑翻模和今后运输的方便。分块的大小和数量根据塑山的体量来确定,其大小以人工能搬动为好。每块要按一定的顺序标注记号。

(3)玻璃钢制作

玻璃钢原料采用 191 号不饱和聚酯及固化体系,一层纤维表面毡和五层玻璃布,以聚乙烯醇水溶液为脱模剂。要求玻璃钢表面硬度大于 34,厚度 4cm,并在玻璃钢背面粘配 $\phi 8$ 的钢筋。制作时注意预埋铁件以便供安装固定之用。

(4)基础和钢框架制作

基础用钢筋混凝土,基础厚大于 80cm,双层双向 $\phi 18$ 配筋,C20 预拌混凝土。框架柱梁可用槽钢焊接,柱距 1m×(1.5～2.0)m。必须确保整个框架的刚度与稳定。框架和基础用高强度螺栓固定。

(5)玻璃钢预制件拼装

根据预制大小及塑山高度先绘出分层安装剖面图和立面分块图,要求每升高 1～2m 就要绘一幅分层水平剖面图,并标注每一块预制件四个角的坐标位置与编号,对变化特殊之处要增加控制点。然后按顺序由下往上逐层拼装,做好临时固定。全部拼装完毕后,由钢框架伸出的角钢悬挑固定。

(6)打磨、油漆

接装完毕后,接缝处用同类玻璃钢补缝、修饰、打磨,使之浑然一体。最后用水清洗,罩以土黄色玻璃钢油漆即成。

◆**GRC 工艺**

GRC(Glass Fiber Reinforced Cement 的缩写)是玻璃纤维强化水泥的简称。它是将抗碱玻璃纤维加入到低碱水泥砂浆中硬化后产生的高强度的复合物。随着科技的发展,20 世纪 80 年代在国际上出现了用 GRC 造假山,为假山艺术创作提供了更广阔的空间和可靠的物质保证,为假山技艺开创了一条新路,使其达到了"虽为人作,宛若天开"的艺术境界。

这种塑石的优点是:

1)用 GRC 造假山石,石的造型、皴纹逼真,具岩石坚硬润泽的质感,模仿效果好。

2)用 GRC 造假山石,材料自身质量轻,强度高,抗老化且耐水湿,易进行工厂化生产,施工方法简便、快捷、造价低,可在室内外及屋顶花园等处广泛使用。

3)GRC 假山造型设计、施工工艺较好,可塑性大,在造型上需要特殊表现时可满足要求,加工成各种复杂形体,与植物、水景等配合,可使景观更富于变化和表现力。

4)GRC 造假山可利用计算机进行辅助设计,结束过去假山工程无法做到石块定位设计的历史,使假山不仅在制作技术,而且在设计手段上取得了新突破。

5)具有环保特点,可取代真石材,减少对天然矿产及林木的开采。

GRC 造假山元件的制作主要有两种方法:一为席状层积式手工生产法;二为喷吹式机械生产法。现就喷吹式工艺简介如下:

1)模具制作:根据生产"石材"的种类、模具使用的次数和野外工作条件等选择制模的材料。常用模具的材料可分为软模(如橡胶膜、聚氨酯模、硅模等)和硬模(如钢模、铝模、GRC

模、FRP模、石膏模等)。制模时应以选择天然岩石皴纹好的部位为本和便于复制操作为条件,脱制模具。

2)GRC假山石块的制作:是将低碱水泥与一定规格的抗碱玻璃纤维以二维乱向的方式同时均匀分散地喷射于模具中,凝固成型。在喷射时应随吹射随压实,并在适当的位置预埋铁件。

3)GRC的组装:将GRC"石块"元件按设计图进行假山的组装,焊接牢固,修饰、做缝,使其浑然一体。

4)表面处理:主要是使"石块"表面具憎水性,产生防水效果,并具有真石的润泽感。

GRC塑山生产工艺流程如图4-20所示。

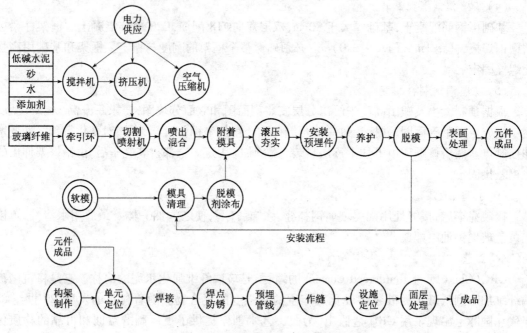

图4-20 GRC塑山生产工艺流程

第五章 水景工程

一 概 述

【要 点】

水是园林中的灵魂,有了水才能使园林拥有更多生机勃勃的景观。"仁者乐山,智者乐水",寄情山水的审美理想和艺术哲理深深地影响着中国园林。水是园林空间艺术创作的一个要素,并具有流动性和可塑性。水景工程是城市园林中与理水有关的工程的总称。

【解 释】

◆水景工程的作用

水景工程主要有以下几个作用:

(1)美化环境空间

人造水景是建筑空间和环境创作的一个组成部分,主要由各种形态的水流组成。水流的基本形态有镜池、溪流、叠流、瀑布、水幕、喷泉、涌泉、冰塔、水膜、水雾、孔流、珠泉等,若将上述基本形态合理组合,又可构成不同姿态的水景。水景配以音乐、灯光形成千姿百态的动态声光立体水流造型,不但能装饰、衬托并加强建筑物、构筑物、艺术雕塑和特定环境的艺术效果和气氛,而且有美化生活环境的作用。

(2)改善小区气候

水景工程可起到类似大海、森林、草原和河湖等净化空气的作用,使景区的空气更加清洁、新鲜、湿润,使游客心情舒畅、精神振奋、消除烦躁,这是由于:

1)水景工程可增加附近空气的湿度,尤其在炎热干燥地区,其作用更加明显。

2)水景工程可增加附近空气中的负离子浓度,减少悬浮细菌数量,改善空气的卫生条件。

3)水景工程可大大减少空气的含尘量,使空气清新洁净。

(3)综合利用资源

进行水景工程的策划时,除充分发挥前述作用外,还应统揽全局、综合考虑、合理布局,尽可能发挥以下作用:

1)利用各种喷头的喷水降温作用,使水景工程兼作循环冷却池。

2)利用水池容积较大,水流能起充氧防止水质腐败的作用,使之兼作消防水池或绿化贮水池。

3)利用水流的充氧作用,使水池兼作养鱼池。

4)利用水景工程水流的特殊形态和变化,适合儿童好动、亲水的特点,使水池兼作儿童戏水池。

5）利用水景工程可以吸引大批游客的特点，为公园、商场、展览馆、游乐场、舞厅、宾馆等招徕顾客进行广告宣传。

6）水景工程本身也可以成为经营项目，进行各种水景表演。

◆ **水景的类型**

按不同的划分方法可以把水景划分为不同的类型，主要有以下内容：

（1）按水景的形式分

1）自然式水景：指利用天然水面略加人工改造，或依地势模仿自然水体"就地凿水"的水景。这类水景有河流、湖泊、池沼、溪泉、瀑布等。

2）规则式水景：指人工开凿成几何形状的水体，如运河、几何形体的水池、喷泉、壁泉等。

（2）按水景的使用功能分

1）观赏的水景：其功能主要是构成园林景色，一般面积较小。如水池，一方面能产生波光倒影，另外又能形成风景的透视线；溪涧、瀑布、喷泉等除观赏水的动态外，还能聆听悦耳的水声。

2）供开展水上活动的水体：这种水体一般面积较大，水深适当，而且为静止水。其中供游泳的水体，水质一定要清洁，在水底和岸线最好有一层砂土，或人工铺设，岸坡坡度要和缓。当然，这些水体除了满足各种活动的功能要求外，也必须考虑到造型的优美及园林景观的要求。

（3）按水源的状态分

1）静态的水景：水面比较平静，能反映波光倒影，给人以明洁、清宁、开朗或幽深的感觉，如湖、池、潭等。

2）动态的水景：水流是运动着的，如涧溪、跌水、喷泉、瀑布等。它们有的水流湍急，有的涓涓如丝，有的汹涌奔腾，有的变化多端，使人产生欢快清新的感觉。

【相关知识】

◆ **水景在园林景观创作中的应用**

水景是园林绿地的重要组成部分。水景可以发挥多方面的造景作用和功能，如加强景深，丰富空间层次，烘托气氛，深化意境，降温吸尘，改善环境，并可以开展水上活动及种养水生动植物等。

由于水呈液体形态，使其在园林景观创作中具有诸多的特点。水受到重力、水压、流速及水流界面变化的作用，产生流动、下降、滑落、飞溅、漩涡、喷射、水雾等运动形式；同时，水还易受光线、风等的影响而具有倒影、波纹等特有的景观现象。因此，水是最活跃、最具设计灵活性的造园要素之一。

二 人工湖池施工

【要　点】

人工湖是人工依地势就低挖凿而成的水域，沿境设景，自成天然图画。湖的特点是水面宽阔平静，平原开朗，有好的湖岸线及周边的天际线。

水池在园林与城市景观中应用很广泛，它面积小，布置灵活多变并有较好的可接近性，给人亲切的感觉。

【解　　释】

◆ **人工湖底施工**

对于基址土壤抗渗性好、有天然水源保障条件的湖体,湖底一般不需特殊处理,只要充分压实,相对密实度达90%以上即可。否则,湖底需进行抗渗处理。

(1)开工前根据设计图纸结合现场调查资料(主要是基址土壤情况)确认湖底结构设计的合理性。

(2)施工前应考虑基址渗漏情况。好的湖底全年水量损失占水体体积的5% ~10%;一般湖底10% ~20%;较差湖底20% ~40%,以此制定施工方法及工程措施。

(3)施工前清除地基上面的杂物。压实基土时如杂填土或含水量过大或过小应采取措施加以处理。

(4)对于灰土层湖底[图5-1(a)],灰、土比例常用3 : 7。土料含水量要适当,并用16 ~20mm 筛子过筛。生石灰粉可直接使用,如果是块灰闷制的熟石灰要用6 ~10mm 筛子过筛。注意拌合均匀,最少翻拌两次。灰土层厚度大于200mm 时要分层压实。

(5)对于塑料薄膜湖底[图5-1(b)],应选用延展性强和抗老化能力好的塑料薄膜。铺贴时注意衔接部位要重叠0.5m 以上。摊铺上层黄土时动作要轻,切勿损坏薄膜。

(6)图5-1(c)是当小型湖底土质条件不是太好时所采取的施工方法。此法较图5-1(b)增加了200mm 厚碎石层、60mm 厚混凝土层及60 ~100mm 厚碎石混凝土层,有利于湖底加固和防渗,但投入比较大。图5-1(d)是旧水池翻新做法,对于发生渗漏的水池,或因为景观改造需要,可用此法进行施工。

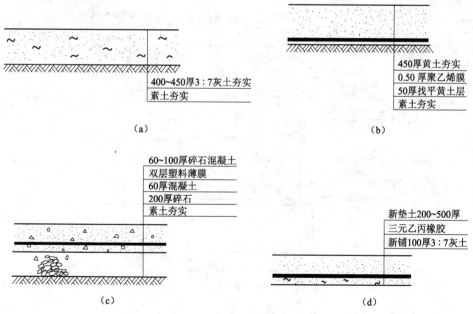

图5-1　常用湖底做法(单位:mm)
(a)灰土层湖底做法;(b)塑料薄膜湖底做法
(c)塑料薄膜防水层小湖底做法;(d)旧水池翻新新池底做法

（7）注意保护已建成设施。对施工过程中损坏的驳岸要进行整修,恢复原状。

◆**刚性材料水池**

刚性材料水池做法如图 5-2 ~ 图 5-4 所示,其一般施工工艺如下:

（1）放样

按设计图纸要求放出水池的位置、平面尺寸、池底标高定桩位。

（2）开挖基坑

一般可采用人工开挖,如水面较大也可采用机挖;为确保池底基土不受扰动破坏,机挖必须保留 200mm 厚度,由人工修整。需要设置水生植物种植槽的,在放样时应明确,以防超挖而造成浪费;种植槽深度应视设计种植的水生植物特性确定。

（3）做池底基层

一般硬土层上只需用 C10 素混凝土找平约 100mm 厚,然后在找平层上浇捣刚性池底;如土质较松软,则必须经结构计算后设置块石垫层、碎石垫层、素混凝土找平层后,方可进行池底浇捣。

（4）池底、池壁结构施工

按设计要求,用钢筋混凝土作结构主体的,必须先支模板,然后扎池底、池壁钢筋;两层钢筋间需采用专用钢筋撑脚支撑,已完成的钢筋严禁踩踏或堆压重物。

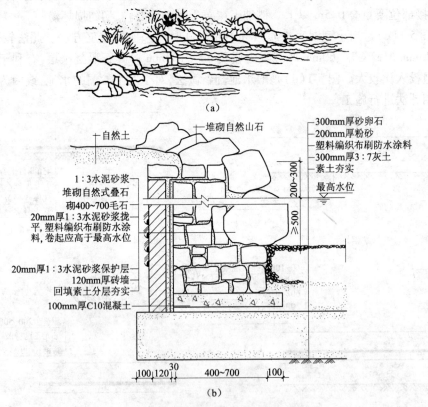

图 5-2　水池做法(一)
(a)堆砌山石水池池壁(岸)处理;(b)堆砌山石水池结构

208

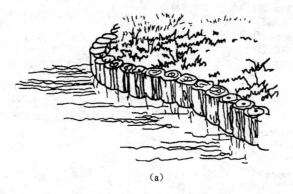

（a）

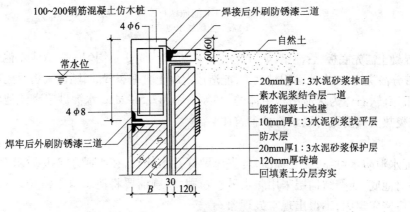

100~200钢筋混凝土仿木桩　　焊接后外刷防锈漆三道

4φ6

600

自然土

常水位

4φ8

焊牢后外刷防锈漆三道

20mm厚1:3水泥砂浆抹面
素水泥浆结合层一道
钢筋混凝土池壁
10mm厚1:3水泥砂浆找平层
防水层
20mm厚1:3水泥砂浆保护层
120mm厚砖墙
回填素土分层夯实

B　30　120

（b）

图 5-3　水池做法（二）
（a）混凝土仿木桩水池池壁（岸）处理；
（b）混凝土仿木桩水池结构

（a）

图 5-4　水池做法（三）
（a）混凝土铺底水池池壁（岸）处理；

209

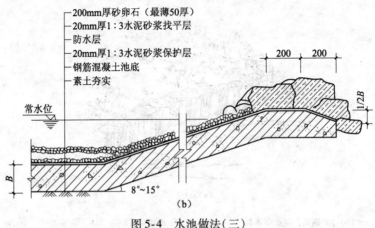

图 5-4　水池做法(三)
(b)混凝土铺底水池结构

浇捣混凝土需先底板、后池壁;如基底土质不均匀,为防止不均匀沉降造成水池开裂,可采用橡胶止水带分段浇捣;如水池面积过大,可能造成混凝土收缩裂缝的,则可采用后浇带法解决。

如要采用砖、石作为水池结构主体的,必须采用 M7.5 ~ M10 水泥砂浆砌筑池底,灌浆应饱满密实,在炎热天气要及时洒水养护砌筑体。

(5)水池粉刷

为保证水池防水可靠,在装饰前,首先应做好蓄水试验,在灌满水 24h 后未有明显水位下降后,即可对池底、池壁结构层采用防水砂浆粉刷,粉刷前要将池水放干清洗,不得有积水、污渍,粉刷层应密实牢固,不得出现空鼓现象。

◆ 柔性材料水池

柔性材料水池的结构见图 5-5 ~ 图 5-7,其一般施工工序如下:

(1)放样、开挖基坑要求与刚性水池相同。

(2)池底基层施工:在地基土条件极差(如淤泥层很深,难以全部清除)的条件下,才有必要考虑采用刚性水池基层的做法。

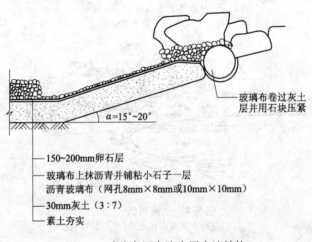

图 5-5　玻璃布沥青防水层水池结构

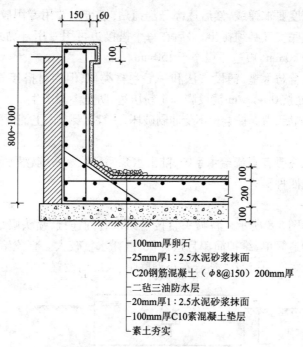

—100mm厚卵石
—25mm厚1:2.5水泥砂浆抹面
—C20钢筋混凝土（φ8@150）200mm厚
—二毡三油防水层
—20mm厚1:2.5水泥砂浆抹面
—100mm厚C10素混凝土垫层
—素土夯实

图5-6　油毡防水层水池结构

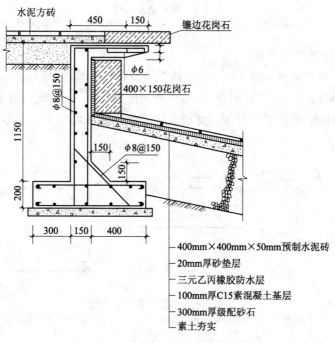

—400mm×400mm×50mm预制水泥砖
—20mm厚砂垫层
—三元乙丙橡胶防水层
—100mm厚C15素混凝土基层
—300mm厚级配砂石
—素土夯实

图5-7　三元乙丙橡胶防水层水池结构

　　不做刚性基层时,可将原土夯实整平,然后在原土上回填300～500mm的黏性黄土压实,即可在其上铺设柔性防水材料。

　　(3)水池柔性材料的铺设:铺设时应从最低标高开始向高标高位置铺设;在基层面应先按

照卷材宽度及搭接长度要求弹线,然后逐幅分割铺贴,搭接也要用专用胶粘剂满涂后压紧,防止出现毛细缝。卷材底空气必须排出,最后在每个搭接边再用专用自黏式封口条封闭。一般搭接边长边不得小于80mm,短边不得小于150mm。

如采用膨润土复合防水垫,铺设方法和一般卷材类似,但卷材搭接处需满足搭接200mm以上的需求,且搭接处按0.4kg/m铺设膨润土粉压边,防止渗漏产生。

(4)柔性水池完成后,为保护卷材不受冲刷破坏,一般需要在面上铺压卵石或粗砂作保护。

◆ **水池给水系统**

水池的给水系统主要有直流给水系统、陆上水泵循环给水系统、潜水泵循环给水系统和盘式水景循环给水系统四种形式。

(1)直流给水系统

直流给水系统如图5-8所示。将喷头直接与给水管网连接,喷头喷射一次后即将水排至下水道。这种系统构造简单、维护简单且造价低,但耗水量较大。直流给水系统常与假山、盆景配合,做小型喷泉、瀑布、孔流等,适合在小型庭院、大厅内设置。

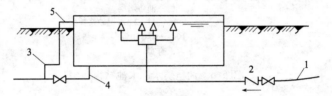

图5-8 直流给水系统
1—给水管;2—止回隔断阀;3—排水管;4—泄水管;5—溢流管

(2)陆上水泵循环给水系统

陆上水泵循环给水系统如图5-9所示。该系统设有贮水池、循环水泵房和循环管道,喷头喷射后的水多次循环使用,具有耗水量少、运行费用低的优点,但系统较复杂,占地较多,管材用量较大,投资费用高,维护管理麻烦。此种系统适合各种规模和形式的水景,一般用于较开阔的场所。

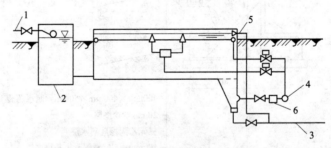

图5-9 陆上水泵循环给水系统
1—给水管;2—补给水井;3—排水管;4—循环水泵;5—溢流管;6—过滤器

(3)潜水泵循环给水系统

潜水泵循环给水系统如图5-10所示。该系统设有贮水池,将成组喷头和潜水泵直接放在水池内作循环使用。这种系统具有占地少、投资低、维护管理简单、耗水量少的优点,但是水姿花形控制调节较困难。潜水泵循环给水系统适用于各种形式的小型或中型喷泉、水塔、涌泉和水膜等。

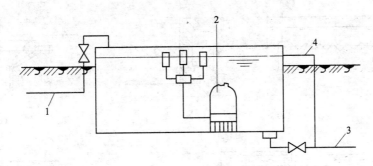

图 5-10 潜水泵循环给水系统
1—给水管;2—潜水泵;3—排水管;4—溢流管

（4）盘式水景循环给水系统

盘式水景循环给水系统,如图 5-11 所示。该系统设有集水盘、集水井和水泵房。盘内铺砌踏石构成甬路。喷头设在石隙间,适当隐蔽。人们可在喷泉间穿行,满足人们的亲水感,增添欢乐气氛。该系统不设贮水池,给水循环利用,耗水量少,运行费用低,但存在循环水易被污染、维护管理较麻烦的缺点。

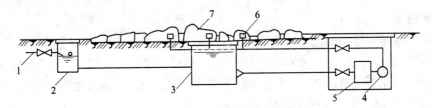

图 5-11 盘式水景循环给水系统
1—给水管;2—补给水井;3—集水井;
4—循环泵;5—过滤器;6—喷头;7—踏石

上述几种系统的配水管道宜以环状形式布置在水池内,小型水池也可埋入池底,大型水池可设专用管廊。一般水池的水深采用 $0.4 \sim 0.5m$,超高为 $0.25 \sim 0.3m$。水池充水时间按24 ~48h 考虑。配水管的水头损失一般为 $5 \sim 10mmH_2O/m$ 为宜。配水管道接头应严密平滑,转弯处应采用大转弯半径的光滑弯头。每个喷头前应有不小于 20 倍管径的直线管段;每组喷头应有调节装置,以调节射流的高度或形状。循环水泵应靠近水池以减少管道的长度。

◆ **水池排水系统**

为维持水池水位和进行表面排污,保持水面清洁,水池应有溢流口。常用的溢流形式有堰口式、漏斗式、管口式和联通管式等,如图 5-12 所示。大型水池宜设多个溢流口,均匀布置在水池中间或周边。溢流口的设置不能影响美观,并要便于清除积污和疏通管道。为防止漂浮物堵塞管道,溢流口要设置格栅,格栅间隙应不大于管径的1/4。

为便于清洗、检修和防止水池停用时水质腐败或池水结冰,影响水池结构,池底应有0.01的坡度,坡向泄水口。若采用重力泄水有困难时,在设置循环水泵的系统中,也可利用循环水泵泄水,并在水泵吸水口上设置格栅,以防水泵装置和吸水管堵塞,一般格栅条间隙不大于管道直径的1/4。

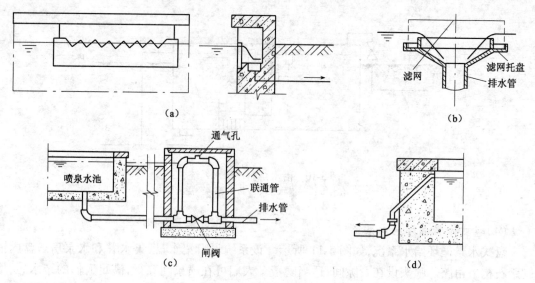

图 5-12　水池各种溢流口
(a)堰口式;(b)漏斗式;(c)联通管式;(d)管口式

◆室外水池防冻

我国北方冰冻期较长,对于室外园林地下水池的防冻处理,就显得十分重要了。若为小型水池,一般是将池水排空,这样池壁的受力状态是:池壁顶部为自由端,池壁底部铰接(如砖墙池壁)或固接(如钢筋混凝土池壁)。空水池壁外侧受土层冻胀影响,池壁承受较大的冻胀推力,严重时会使水池池壁产生水平裂缝或断裂。

冬季池壁防冻,可采取池壁外侧排水或设防冻沟等防冻措施(图 5-13)。池壁外侧防冻,可在池壁外侧采用排水性能较好的轻集料,如矿渣、焦渣或砂石等,并应解决地面排水,使池壁外回填土不发生冻胀情况,池底花管可解决池壁外积水(沿纵向将积水排除)。

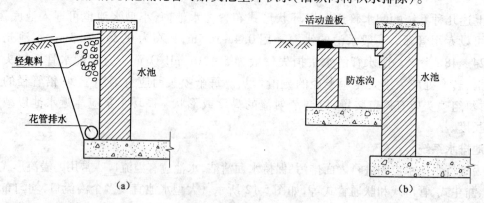

图 5-13　池壁防冻措施
(a)池壁外侧排水防冻;(b)防冻沟防冻

在冬季,大型水池为了防止冻胀推裂池壁,可采取冬季池水不撤空,池中水面与池外地坪相持平,使池水对池壁压力与冻胀推力相抵消。为了防止池面结冰,涨裂池壁,在寒冬季节,应将池边冰层破开,使池子四周为不结冰的水面。

214

◆ **湖的布置要点**

湖在布置上主要应注意以下几点：

(1)应充分利用湖的水景特色,应依山傍水,岸线曲折有致。

(2)湖岸线处理要讲究"线"形艺术,有凹有凸,不宜呈角度、对称、圆弧、直线等线型。园林湖面忌"一览无余",可用岛、堤、桥、舫等形成阴阳虚实、湖岛相间的空间分隔,使湖面有丰富的变化。同时,岸顶应有高低错落的变化,水位适当,使人有亲切感。

(3)开挖人工湖要注意地基情况,要选择土质细密、厚实的壤土,不选黏土或渗透性强的土。

◆ **水池的布置要点**

水池在布置时主要应注意以下几点：

(1)水池的平面形式及其体量应与环境相协调,轮廓要与广场走向、建筑外轮廓取得呼应与联系。要考虑前景、框景和背景的因素。池的造型应力求简洁大方而又具有个性特点。

(2)水池多玲珑小巧,因此其中或周围点缀的雕塑、小品等在尺度上要相宜。

(3)水池的水深多在 0.6 ~ 0.8m 之间,有时也可浅至 0.3 ~ 0.4m。池底可用鹅卵石装饰,加上池水清浅,可造成浮光掠影、鱼翔浅底之意境。

(4)无论何种形式的水池,池壁与地面的高差宜小,应控制在 0.45m 以内。自然形式的水池岸壁常采用块石、卵石饰面压顶或嵌置景石的方式。

(5)可适当点缀一些挺水植物和浮水植物,如荷花、水生鸢尾、水葱、睡莲等。

三 护坡与驳岸工程施工

【要　　点】

园林水体要求有稳定、美观的水岸来维持陆地和水面有一定的面积比例,防止陆地被淹或水岸塌陷而扩大水面。因此,在水体边缘必须建造驳岸与护坡。同时,作为水景组成的驳岸与护坡直接影响园景,必须从实用、经济、美观几个方面一起考虑。

【解　　释】

◆ **驳岸的定义与作用**

驳岸是一面临水的挡土墙,是支持和防止坍塌的水工构筑物。多用岸壁直墙,有明显的墙身,岸壁大于 45 度。

驳岸维系陆地与水面的界限,使其保持一定的比例关系,能保持水体岸坡不受冲刷,可强化岸线的景观层次。

常见的驳岸有以下几种形式：

(1)规则式:由块石、砖、混凝土砌筑的几何形式的岸壁,简洁明快,缺少变化,一般为永久性,要求好的砌筑材料和较高的施工技术。

(2)混合式:规则式与自然式驳岸相结合的驳岸造型。一般为毛石岸墙、自然山石岸顶,易于施工,具装饰性,适于地形许可并有一定装饰要求的湖岸。

（3）自然式：外观无固定形状或规格的岸坡处理，自然亲切、景观效果好，如假山石驳岸、卵石驳岸等。

◆ 护坡的定义与作用

护坡是保护坡面、防止雨水径流冲刷及风浪拍击对岸坡的破坏的一种水工措施。土壤斜坡在 45°内时可用护坡。

护坡可以防止滑坡，减少地面水和风浪的冲刷，保证岸坡稳定，自然的缓坡能产生自然亲水的效果。

常见的护坡有以下几种形式：

（1）草皮护坡：坡度在 1 ：5 ~ 1 ：20 之间的湖岸缓坡。可用假俭草、狗牙根。

（2）灌木护坡：适于大水面平缓的坡岸，可用沼生植物。

（3）铺石护坡：当坡岸较陡、风浪较大或造景需要时，可采用铺石护坡。护坡石料可用石灰岩、砂岩、花岗岩。

◆ 施工规定

（1）施工时应严格管理，并按工程规范严格施工。

（2）岸坡施工前，一般应放空湖水，以便于施工。新挖湖池应在蓄水之前进行岸坡施工。属于城市排洪河道、蓄洪湖泊的水体，可分段围堵截流，排空作业现场围堰以内的水。选择枯水期施工，如枯水位距施工现场较远，当然也就不必放空湖水再施工。岸坡采用灰土基础时，以干旱季节施工为宜，否则会影响灰土的凝结。浆砌块石施工中，砌筑要密实，要尽量减少缝穴，缝中灌浆务必饱满。浆砌石块缝宽应控制在 2 ~ 3cm，勾缝可稍高于石面。

（3）为防止冻凝，岸坡应设伸缩缝并兼作沉降缝。伸缩缝要做好防水处理，同时也可采用结合景观的设计使岸坡曲折有度，这样既丰富了岸坡的变化，又可减少伸缩缝的设置，使岸坡的整体性更强。

（4）为排除地面渗水或地面水在岸墙后的滞留，应考虑设置泄水孔。泄水孔可等距离分布，平均 3 ~ 5m 处可设置一个。在泄水孔后可设倒滤层以防阻塞（图 5-14）。

◆ 驳岸施工

驳岸施工前必须放干湖水或分段堵截围堰，逐一排空。现以砌石驳岸说明其施工要点。砌石驳岸施工工艺流程为：放线→挖槽→夯实地基→浇筑混凝土基础→砌筑岸墙→砌筑压顶。

（1）放线：布点放线应依据施工设计图上的常水位线来确定驳岸的平面位置，并在基础两侧各加宽 20cm 放线。

（2）挖槽：一般采用人工开挖，工程量大时可采用机械挖掘。为了保证施工安全，挖方时要保证足够的工作面，对需要放坡的地段，务必按规定放坡。岸坡的倾斜度可用木制边坡样板校正。

（3）夯实地基：基槽开挖完成后将基槽夯实，遇到松软的土层时，必须铺一层厚 14 ~ 15cm 灰土（石灰与中性黏土之比为 3 ：7）加固。

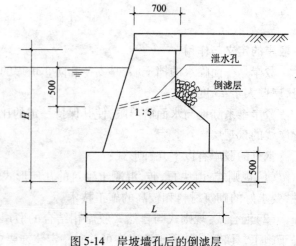

图 5-14 岸坡墙孔后的倒滤层

（4）浇筑基础：采用块石混凝土基础。浇筑时要将块石垒紧，不得列置于槽边缘。然后浇筑 M15 或 M20 水泥砂浆，基础厚度为 400～500mm，高度常为驳岸高度的 0.6～0.8 倍。灌浆务必饱满，要渗满石间空隙。北方地区冬季施工时，可在砂浆中加 3%～5% 的 $CaCl_2$，或 NaCl 用以防冻。

（5）砌筑岸墙：用 M5 水泥砂浆砌块石，砌缝宽 1～2cm，每隔 10～25m 设置伸缩缝，缝宽 3cm，用板条、沥青、石棉绳、橡胶、止水带或塑料等材料填充，填充时最好略低于砌石墙面。缝隙用水泥砂浆勾满。如果驳岸高差变化较大，应做沉降缝，宽 20mm。另外，也可在岸墙后设置暗沟并填置砂石用来排除墙后积水，保护墙体。

（6）砌筑压顶：压顶宜用大块石（石的大小可视岸顶的设计宽度选择）或预制混凝土板砌筑。砌筑时顶石要向水中挑出 5～6cm，顶面一般高出最高水位 50cm，必要时亦可贴近水面。

◆ **铺石护坡**

当坡岸较陡，风浪较大或造景需要时，可采用铺石护坡，如图 5-15 所示。铺石护坡施工容易，抗冲刷力强，经久耐用，因此护岸效果好，还能因地造景，灵活随意，是园林常见的护坡形式。

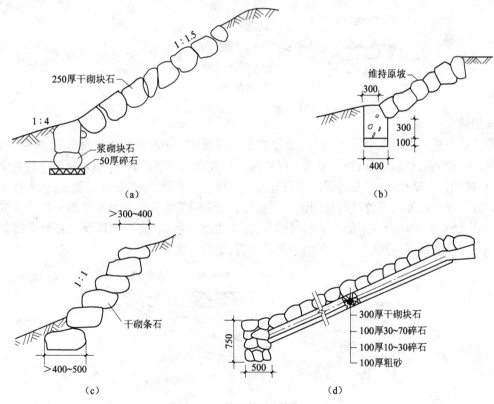

图 5-15　铺石护坡（单位：mm）

护坡石料要求吸水率低（不超过 1%）、密度大（大于 $2t/m^3$）和较强的抗冻性，如石灰岩、砂岩、花岗石等岩石，以块径 18～25cm、长宽比 1：2 的长方形石料最好。

铺石护坡的坡面应根据水位和土壤状况确定，一般常水位以下部分坡面的坡度小于 1：4，常水位以上部分采用 1：1.5～1：5。

施工方法如下：首先把坡岸平整好，并在最下部挖一条梯形沟槽，槽沟宽约 40～50cm，深

217

约50～60cm。铺石以前先将垫层铺好,垫层的卵石或碎石要求大小一致,厚度均匀,铺石时由下至上铺设,下部要选用大块的石料以增加护坡的稳定性。铺时石块摆成丁字形,与岸坡平行,一行一行往上铺,石块与石块之间要紧密相贴,如有突出的棱角,应用铁锤将其敲掉。铺后检查一下质量,即看当人在铺石上行走时铺石是否移动,如果不移动,则施工质量符合要求。下一步就是用碎石嵌补铺石缝隙,再将铺石夯实即成。

◆灌木护坡

灌木护坡较适于大水面平缓的坡岸。灌木有韧性,根系盘结,不怕水淹,能削弱风浪冲击力,减少地表冲刷,因而护岸效果较好。护坡灌木要具备速生、根系发达、耐水湿、株矮常绿等特点,可选择沼生植物护坡。施工时可直播,可植苗,但要求较大的种植密度。若因景观需要,强化天际线变化,可适量植草和乔木,如图5-16所示。

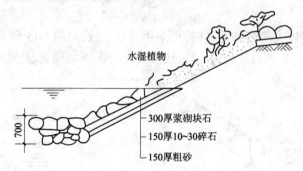

图5-16　灌木护坡(单位:mm)

◆草皮护坡

草皮护坡适于坡度在1：5～1：20之间的湖岸缓坡。护坡草种要求耐水湿,根系发达,生长快,生存力强,如假俭草、狗牙根等。护坡做法按坡面具体条件而定,如果原坡面有杂草生长,可直接利用杂草护坡,但要美观。也可直接在坡面上播草种,加盖塑料薄膜,还可先在正方砖、六角砖上种草,然后用竹签四角固定作为护坡,如图5-17所示。最为常见的是块状或带状种草护坡,铺草时沿坡面自下而上成网状铺草,用木方条分隔固定,稍加压踩。若要增加景观层次,丰富地貌,加强透视感,可在草地中散置山石,配以花灌木。

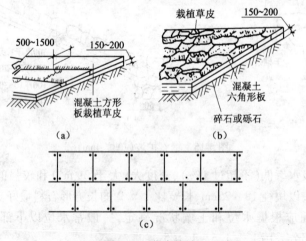

图5-17　草皮护坡
(a)方形板;(b)六角形板;(c)用竹签固定草砖

218

【相关知识】

◆破坏驳岸的因素

驳岸可以分成湖底以下基础部分、常水位以下部分、常水位与最高水位之间的部分和不淹没的部分，不同部分其破坏因素不同。

湖底以下驳岸的基础部分的破坏原因包括：

（1）由于池底地基强度和岸顶荷载不一而造成不均匀的沉陷使驳岸出现纵向裂缝甚至局部塌陷。

（2）在寒冷地区水深不大的情况下，可能由于冻胀而引起基础变形。

（3）木桩做的桩基因受腐蚀或水底一些动物的破坏而朽烂。

（4）在地下水位很高的地区会产生浮托力影响基础的稳定。

常水位以下的部分常年被水淹没，其主要破坏因素是水浸渗。在我国北方寒冷地区则因水渗入驳岸内再冻胀以后使驳岸胀裂，有时会造成驳岸倾斜或位移。常水位以下的岸壁又是排水管道的出口，如安排不当亦会影响驳岸的稳固。

常水位至最高水位这一部分经受周期性的淹没，如果水位变化频繁则也会对驳岸形成冲刷腐蚀的破坏。

最高水位以上不淹没的部分主要是浪激、日晒和风化剥蚀。驳岸顶部则可能因超重荷载和地面水的冲刷受到破坏。另外，由于驳岸下部的破坏也会使这一部分受到破坏。

了解破坏驳岸的主要因素以后，可以结合具体情况采取防止和减少破坏的措施。

四　瀑布与跌水的施工

【要　　点】

瀑布是水池或溪流的一种变形，增加了水池或溪流在竖向上的变化，是水在流动过程中经过较大的落差形成的景观。施工时，瀑布的落水线应注意标高严格一致，以保证瀑布水跌落时的形态。

跌水是指水流从高向低成台阶状分级跌落的动态水景。

【解　　释】

◆瀑布的构成与分类

1. 瀑布的构成

瀑布是一种自然现象，是河床造成陡坎，水从陡坎处滚落下跌时形成的优美动人或奔腾咆哮的景观，因遥望下垂如布，故称瀑布。

瀑布一般由背景、上游积聚的水源、落水口、瀑身、承水潭及下流的溪水组成。人工瀑布常以山体上的山石、树木组成浓郁的背景，上游积聚的水（或水泵动力提水）漫至落水口。落水口也称瀑布口，其形状和光滑程度影响到瀑布水态，其水流量是瀑布设计的关键。瀑身是观赏的主体，落水后形成深潭经小溪流出。其模式如图5-18所示。

2. 瀑布的分类

瀑布的设计形式比较多,如在日本园林中就有布瀑、跌瀑、线瀑、直瀑、射瀑、泻瀑、分瀑、双瀑、偏瀑、侧瀑等十几种。瀑布种类的划分依据一是从流水的跌落方式来划分,二是从瀑布口的设计形式来划分。

(1)按瀑布跌落方式分,有直瀑、分瀑、跌瀑和滑瀑四种。

1)直瀑:即直落瀑布。这种瀑布的水流是不间断地从高处直接落入其下的池、潭水面或石面。若落在石面,就会产生飞溅的水花并四散洒落。直瀑的落水能够造成声响喧哗,可为园林环境增添动态水声。

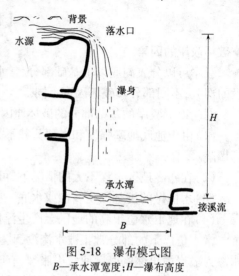

图 5-18 瀑布模式图
B—承水潭宽度;H—瀑布高度

2)分瀑:实际上是瀑布的分流形式,因此又叫分流瀑布。它是由一道瀑布在跌落过程中受到中间物阻挡一分为二,分成两道水流继续跌落。这种瀑布的水声效果也比较好。

3)跌瀑:也称跌落瀑布,是由很高的瀑布分为几跌,一跌一跌地向下落。跌瀑适宜布置在比较高的陡坡坡地,其水形变化较直瀑、分瀑都大一些,水景效果的变化也多一些,但水声要稍弱一点。

4)滑瀑:就是滑落瀑布。其水流顺着一个很陡的倾斜坡面向下滑落。斜坡表面所使用的材料质地情况决定着滑瀑的水景形象。斜坡是光滑表面,则滑瀑如一层薄薄的透明纸,在阳光照射下显示出湿润感和水光的闪耀。坡面若是凸起点(或凹陷点)密布的表面,水层在滑落过程中就会激起许多水花,当阳光照射时,就像一面镶满银色珍珠的挂毯。斜坡面上的凸起点(或凹陷点)若做成有规律排列的图形纹样,则所激起的水花也可以形成相应的图形纹样。

(2)按瀑布口的设计形式来分,有布瀑、带瀑和线瀑三种。

1)布瀑:瀑布的水像一片又宽又平的布一样飞落而下。瀑布口的形状设计为一条水平直线。

2)带瀑:从瀑布口落下的水流,组成一排水带整齐地落下。瀑布口设计为宽齿状,齿排列为直线,齿间距全部相等。齿间的小水口宽窄一致,都在一条水平线上。

3)线瀑:排线状的瀑布水流如同垂落的丝帘,这是线瀑的水景特色。线瀑的瀑布口形状设计为尖齿状。尖齿排列成一条直线,齿间的小水口呈尖底状。从一排尖底状小水口上落下的水,即呈细线形。随着瀑布水量增大,水线也会相应变粗。

◆瀑布的布置要点

瀑布的布置应遵循以下几点:

(1)规则式瀑布宜布置在视线集中、空间较开敞的地方。地势若有高差变化则更为理想。

(2)瀑布着重表现水的姿态、水声、水光,以水体的动态取得与环境的对比。

(3)水池平面轮廓多采用折线形式,便于与池中分布的瀑布池台(常为方形或长方形)协调。池壁高度宜小,最好采用沉床式或直接将水池置于低地中,有利于形成观赏瀑布的良好视

220

域。

（4）瀑布池台应有高低、长短、宽窄的变化，参差错落，使硬质景观和落水均有一种韵律的变化。

（5）考虑游人近水、戏水的需要，池中应设置汀步，使池、瀑成为诱人的游乐场所。

（6）无论瀑布池台、池壁还是汀步，质地宜粗糙、硬朗，以便与瀑布的滑润、柔美产生对比变化。

◆ 瀑布的营建

（1）顶部蓄水池的设计

蓄水池的容积应根据瀑布的流量来确定：要形成较壮观的景象，就要求其容积大；相反，如果要求瀑布薄如轻纱，蓄水池没有必要太深、太大。图5-19为蓄水池结构。

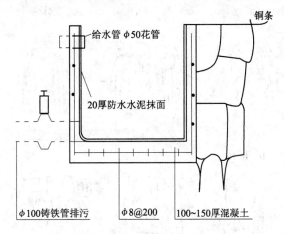

图5-19　蓄水池结构（单位：mm）

（2）堰口处理

所谓堰口就是使瀑布的水流改变方向的山石部位。其出水口应模仿自然，并以树木及岩石加以隐蔽或装饰，当瀑布的水膜很薄时，能表现出极其生动的水态。

（3）瀑身设计

瀑布水幕的形态也就是瀑身，它是由堰口及堰口以下山石的堆叠形式确定的。例如，堰口处的整形石呈连续的直线，堰口以下的山石在侧面图上的水平长度不超出堰口，此时形成的水幕整齐、平滑，非常壮丽。堰口处的山石虽然在一个水平面上，但水际线的伸出、缩进可以使瀑布形成的景观有层次感。若堰口以下的山石在水平方向上堰口突出较多，可形成两重或多重瀑布，这样瀑布就更加活泼而有节奏感。图5-20所示为瀑布不同的水幕形式。

瀑身设计能够表现瀑布的各种水态的性格。在城市景观构造中，注重瀑身的变化，可创造多姿多彩的水态。瀑布的水态是很丰富的，设计时应根据瀑布所在环境的具体情况、空间气氛，确定设计瀑布的性格。设计师应根据环境需要灵活运用。

（4）潭（受水池）

天然瀑布落水口下面多为一个深潭。在瀑布设计时，也应在落水口下面做一个受水池。为了防止落时水花四溅，一般的经验是使受水池的宽度不小于瀑身高度的2/3。

221

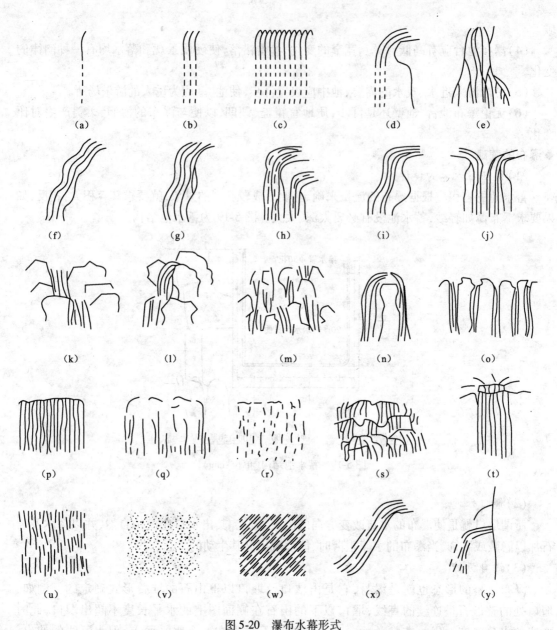

图 5-20　瀑布水幕形式

(a)泪落;(b)线落;(c)布落;(d)离落;(e)丝落;(f)段落;(g)披落;(h)二层落;
(i)二段落;(j)对落;(k)片落;(l)傍落;(m)重落;(n)分落;(o)连续落;
(p)帘落;(q)模落;(r)滴落;(s)乱落;(t)圆筒落;(u)雨落;
(v)雾落;(w)风雨落;(x)滑落;(y)壁落

(5)与音响、灯光的结合

利用音响效果渲染气氛,增强水声,产生如波涛翻滚的意境。也可以把彩灯安装在瀑布的对面,晚上就可以呈现出彩色瀑布的奇异景观。如南京北极阁广场瀑布就同时运用了以上两种效果。

◆ 跌水的形式

跌水的形式有多种,就其落水的水态可分为以下几种形式:

(1)单级式跌水

也称一级跌水。溪流下落时,如果无阶状落差,即为单级跌水。单级跌水由进水口、胸墙、消力池及下游溪流组成。

进水口是水源的出口,应通过某些工程手段使进水口自然化,如配饰山石。胸墙也称跌水墙,它能影响到水态、水声和水韵。胸墙要坚固、自然。消力池即承水池,其作用是减缓水流冲击力,避免下游受到激烈冲刷。消力池底要有一定厚度,一般认为,当流量达到 $2m^3/s$,墙高大于 2m 时,底厚要求达到 50cm。对消力池长度也有一定要求,其长度应为跌水高度的 1.4 倍。连接消力池的溪流应根据环境条件设计。

(2)二级式跌水

即溪流下落时,具有 2 阶落差的跌水。通常上级落差小于下级落差。二级跌水的水流量较单级跌水小,故下级消力池底厚度可适当减小。

(3)多级式跌水

即溪流下落时,具有 3 阶以上落差的跌水,如图 5-21 所示。多级跌水一般水流量较小,因而各级均可设置蓄水池(或消力池)。水池可为规则式,也可为自然式,视环境而定。水池内可点铺卵石,以防水闸海漫功能削弱上一级落水的冲击。有时为了造景需要和渲染环境气氛,可配装彩灯,使整个水景景观盎然有趣。

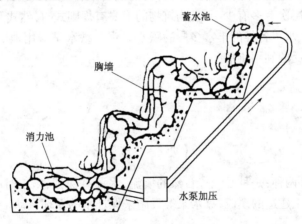

图 5-21 跌水(多级)

(4)悬臂式跌水

悬臂式跌水的特点是其落水口的处理与瀑布落水口泻水石处理极为相似,它是将泻水石突出成悬臂状,使水能泻至池中间,因而使落水更具魅力。

(5)陡坡跌水

陡坡跌水是以陡坡连接高、低渠道的开敞式过水构筑物。园林中多应用于上下水池的过渡。由于坡陡水流较急,需有稳固的基础。

【相关知识】

◆瀑布用水量的估算

人工建造瀑布用水量较大,因此多采用水泵循环供水,其用水量标准可参阅表 5-1。水源要达到一定的供水量,据经验,高 2m 的瀑布,每米宽度的流量约为 $0.5m^3/min$ 较为适宜。

表 5-1　瀑布用水量估算表(每米宽用水量)

瀑布落水高度(m)	蓄水池水深(cm)	用水量(L·s⁻¹)
0.30	6	3
0.90	9	4
1.50	13	5
2.10	16	6
3.00	19	7
4.50	22	8
7.50	25	10
>7.50	32	12

◆ **跌水的特点**

跌水本质上是瀑布的变异,它强调一种规律性的阶梯落水形式。跌水的外形就像一道楼梯,其构筑的方法和前面的瀑布基本一样,只是它所使用的材料更加自然美观,如经过装饰的砖块、混凝土、厚石板、条形石板或铺路石板,目的是要取得规则式设计所严格要求的几何结构。台阶有高有低,层次有多有少,并且构筑物的形式有规则式、自然式及其他形式,故产生了形式不同、水量不同、水声各异的丰富多彩的跌水景观。跌水是善用地形、美化地形的一种理想的水态,具有很广泛的利用价值。

五　溪流施工

【要　　点】

园林中的溪流有两种:一种是纯粹自然的溪流,水源有保证,施工时应充分保持溪流的自然外貌;另一种是人工建造的溪流,靠水泵等设施来保证水的循环流动。

【解　　释】

◆ **溪流施工的工艺流程**

溪流的施工可按以下步骤进行:

施工准备→溪道放线→溪槽开挖→溪底施工→溪壁施工→溪道装饰→试水。

◆ **施工准备**

主要环节是进行现场踏勘,熟悉设计图纸,准备施工材料、施工机具、施工人员,对施工现场进行清理平整,接通水电,搭建必要的临时设施等。

◆ **溪道放线**

依据已确定的小溪设计图纸,用石灰、黄沙或绳子等在地面上勾画出小溪的轮廓,同时确定小溪循环用水的出水口和承水池间的管线走向。由于溪道宽窄变化多,放线时应加密打桩量,特别是在转弯点。各桩要标注清楚相应的设计高程,变坡点(即设计跌水之处)要标特殊标记。

◆ **溪槽开挖**

小溪要按设计要求开挖,最好掘成 U 形坑。因小溪多数较浅,表层土壤较肥沃,要注意将表土堆放好,作为溪涧种植用土。溪道要求有足够的宽度和深度,以便安装散点石。值得注意的是,一般的溪流在落入下一段之前都应有至少增加 10cm 的水深,故挖溪道时每一段最前面的深度都要深些,以确保小溪的自然。溪道挖好后,必须将溪底基土夯实,溪壁拍实。如果溪底用混凝土结构,先在溪底铺 10～15cm 厚碎石层作为垫层。

◆ **溪底施工**

(1)混凝土结构施工

在碎石垫层上铺上沙子(中沙或细沙),垫层 2.5～5cm,盖上防水材料(EPDM、油毡卷材等),然后现浇混凝土(水泥标号、配比参阅水池施工),厚度 10～15cm(北方地区可适当加厚),其上铺水泥砂浆约 3cm,然后再铺素水泥浆 2cm,按设计放入卵石即可。

(2)柔性结构施工

如果小溪较小,水又浅,溪基土质良好,可直接在夯实的溪道上铺一层 2.5～5cm 厚的沙子,再将衬垫薄膜盖上。衬垫薄膜纵向的搭接长度不得小于 30cm,留于溪岸的宽度不得小于 20cm,并用砖、石等重物压紧,最后用水泥砂浆把石块直接粘在衬垫薄膜上。

◆ **溪壁施工**

溪岸可用大卵石、砾石、瓷砖、石料等铺砌处理。和溪道底一样,溪岸也必须设置防水层,防止溪流渗漏。如果小溪环境开朗,溪面宽、水浅,可将溪岸做成草坪护坡,且坡度尽量平缓。临水处用卵石封边即可。

◆ **溪道装饰**

为使溪流更自然有趣,可用较少的鹅卵石放在溪床上,这会使水面产生轻柔的涟漪。同时按设计要求进行管网安装,最后点缀少量景石,配以水生植物,饰以小桥、汀步等小品。

◆ **试水**

试水前应将溪道全面清洁并检查管路的安装情况。而后打开水源,注意观察水流及岸壁,如达到设计要求,说明溪道施工合格。

【相关知识】

◆ **溪流剖面构造图**

溪流剖面构造如图 5-22、图 5-23 所示。

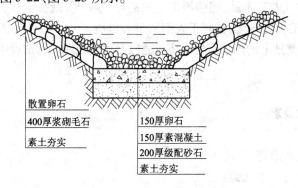

图 5-22　卵石护坡小溪结构图(单位:mm)

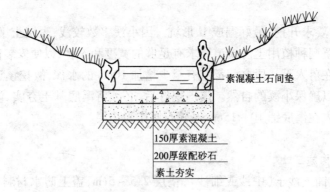

素混凝土石间垫

150厚素混凝土

200厚级配砂石

素土夯实

图 5-23　自然山石草护坡小溪结构图(单位:mm)

◆**溪流的布置要点**

溪流的布置要点如下:

(1)一般需要结合地貌的起伏变化进行布置。其平面应有自然的曲折变化和宽狭变化,其纵向断面有陡缓不一和高低不等的变化。溪流的宽度通常在 1～2m,水深 5～10cm。溪流的坡势依流势确定,一般急流处为 3% 左右,缓流处为 0.5%～1%。

(2)水流、水槽及沿岸的其他景物都应有一种节奏感,富于韵律的变化。

(3)水的形式可以交替采用缓流、急流、跌水、小瀑布、池等形式。

(4)溪中常布置有汀步、小桥、浅滩、点石等,沿水流安排时隐时现的小路。溪中宜栽种一些水生植物如鸢尾、石菖蒲、玉蝉花等,两侧则可配置一些低矮的花灌木如迎春、溲疏及其他野花杂草等。

(5)溪的末端宜用一稍大的水池收尾,符合自然之理。

(6)对于溪底,可选用大卵石、砾石、风化石、平板石、料石等铺砌处理,以美化景观。

六　喷泉施工

【要　　点】

喷泉是理水的手法之一,广泛应用于室内外空间,可以振奋精神,陶冶情操,丰富城市的面貌。喷泉又是一种独立的艺术品,能够增加空间的空气湿度,减少尘埃,增加空气中负氧离子的浓度,因而也有益于改善环境,有利于人们的身心健康。

喷泉是在水池的基础上增加了水的循环过滤以及供电照明的管道设施,增加了施工的难度。

【解　　释】

◆**喷泉的选址与环境要求**

(1)喷泉的分类

喷泉有多种种类和形态,见图 5-24。

喷泉大体上可分为以下几类:

1)普通装饰型喷泉:由各种花型图案组成固定的喷水型。

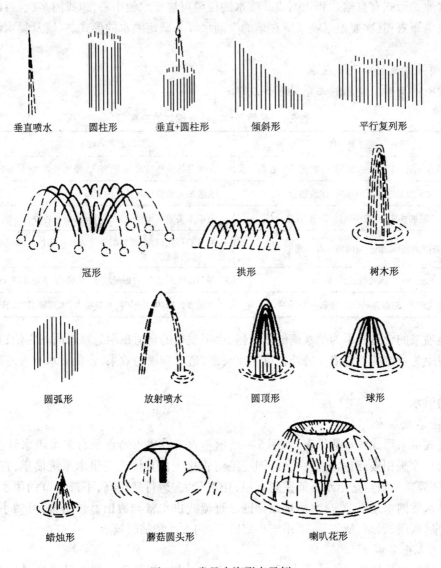

垂直喷水　　圆柱形　　垂直+圆柱形　　倾斜形　　平行复列形

冠形　　　　　　拱形　　　　　　树木形

圆弧形　　　放射喷水　　　圆顶形　　　　球形

蜡烛形　　　蘑菇圆头形　　　　喇叭花形

图 5-24　常见水姿形态示例

2）与雕塑结合的喷泉：喷泉的喷水形与柱式、雕塑等共同组成景观。

3）水雕塑：用人工或机械塑造出各种大型水柱的姿态。

4）自控喷泉：利用各种电子技术，按设计程序来控制水、光、音、色，形成变幻的、奇异的景观。

（2）喷泉的位置

在选择喷泉位置，布置喷水池周围的环境时，首先要考虑喷泉的主题、形式，要与环境协调，把喷泉与环境统一考虑，用环境渲染和烘托喷泉，以达到装饰环境的目的，或借助喷泉的艺术联想创造意境。

一般情况下，喷泉的位置多设于建筑、广场的轴线焦点或端点处，也可根据喷泉特点，做一些喷泉小景，自由地装饰室内外的空间。喷泉宜安置在避风的环境中以保持水型。

227

喷水池的形式有自然式和规则式。喷水的位置可居于水池中心,组成图案,也可以偏于一侧或自由地布置;其次要根据喷泉所在地的空间尺度来确定喷水的形式、规模及喷水池的比例大小。

(3)喷泉的选址与环境要求

环境条件与喷泉规划的关系见表5-2。

表5-2　环境条件与喷泉规划的关系

环 境 条 件	适宜的喷水规则
开阔的场地,如车站前、公园入口、街道中心岛	水池多选用整形式,水池要大,喷水要高,照明不要太华丽
狭窄的场地如街道转角、建筑物前	水池多为长方形或其他的变形
热闹的场所,如旅游宾馆、游乐中心	喷水水姿要富于变化,色彩华丽,如用各种音乐喷泉
寂静的场所,如公园内的一些小局部	喷泉的形式自由,可与雕塑等各种装饰性小品结合,变化不宜过多,色彩较朴素
中国传统式园林	多为自然式喷水,可做成跌水、滚水、涌泉等,以表现天然水态
现代建筑,如旅馆、饭店、展览会会场等	水池多为圆形、长形等,水量要大,水感要强烈,照明华丽

大型喷泉的合适视距为喷水高的3.3倍,小型喷泉的合适视距为喷水高的3倍;水平视域的合适视距为景宽的1.2倍。另外也可缩短视距,造成仰视的效果,强化喷水给人的高耸的感觉。

◆ 喷泉的供水

(1)直流式供水

直流式供水形式同水池供水,如图5-8所示。直流式供水特点是自来水供水管直接接入喷水池内与喷头相接,给水喷射一次后即经溢流管排走。其优点是供水系统简单,占地小,造价低,管理简单。缺点是给水不能重复利用,耗水量大,运行费用高,不符合节约用水要求;同时由于供水管网水压不稳定,水形难以保证。直流式供水常与假山盆景结合,可做小型喷泉、孔流、涌泉、水膜、瀑布、壁流等,适用于小庭院、室内大厅和临时场所。

(2)水泵循环供水

水泵循环供水形式同水池供水,如图5-9所示。水泵循环供水特点是另设泵房和循环管道,水泵将池水吸入后经加压送入供水管道至水池中,水经喷头喷射后落入池内,经吸水管再重新吸入水泵,使水得以循环利用。其优点是耗水量小,运行费用低,符合节约用水要求;在泵房内即可调控水形变化,操作方便,水压稳定。缺点是系统复杂,占地大,造价高,管理麻烦。水泵循环供水适用于各种规模和形式的水景工程。

(3)潜水泵供水

潜水泵供水形式同水池供水,如图5-10所示。潜水泵供水的特点是潜水泵安装在水池内与供水管道相连,水经喷头喷射后落入地面下,直接吸入泵内循环利用。其优点是布置灵活,系统简单,占地小,造价低,管理容易,耗水量小,运行费用低,符用节约用水要求。缺点是水形调整困难。潜水泵循环供水适用于中小型水景工程。

随着科学技术的日益发展,大型自控喷泉不断出现,为适应水形变化的需要,常常采取水泵和潜水泵结合供水,充分发挥各自特点,保证供水的稳定性和灵活性,并可简化系统,便于管理。

图 5-25 为一般喷泉的供水方式框图。

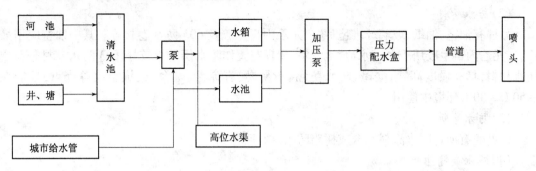

图 5-25　喷泉的供水方式框图

◆ **喷泉管道布置**

喷泉管道要根据实际情况布置。装饰性小型喷泉,其管道可直接埋入土中,或用山石、矮灌木遮盖。大型喷泉分主管和次管,主管要敷设在可通行人的地沟中,为了便于维修应设检查井;次管直接置于水池内。管网布置应排列有序,整齐美观。

环形管道最好采用十字形供水,组合式配水管宜用分水箱供水,其目的是要获得稳定等高的喷流。

为了保持喷水池正常水位,水池要设溢水口。溢水口面积应是进水口面积的 2 倍,要在其外侧配备拦污栅,但不得安装阀门。溢水管要有 3% 的顺坡,直接与泄水管连接。

补给水管的作用是启动前的注水及弥补池水蒸发和喷射的损耗,以保证水池正常水位。补给水管与城市供水管相连,并安装阀门控制。

泄水口要设于池底最低处,用于检修和定期换水时的排水。管径 100mm 或 150mm,也可按计算确定,安装单向阀门,和公园水体与城市排水管网连接。

连接喷头的水管不能有急剧变化,要求连接管至少有 20 倍其管径的长度。如果不能满足时,需安装整流器。

喷泉所有的管线都要具有不小于 2% 的坡度,便于停止使用时将水排空;所有管道均要进行防腐处理;管道接头要严密,安装必须牢固。

管道安装完毕后,应认真检查并进行水压试验,保证管道安全,一切正常后再安装喷头。为了便于水型的调整,每个喷头都应安装阀门控制。

◆ **喷水池基础施工**

基础是水池的承重部分,由灰土和混凝土层组成。施工时先将基础底部素土夯实(密实度不得小于 85%);灰土层一般厚 30cm(石灰与中性黏土比例 3:7);C10 混凝土垫层厚 10~15cm。

◆ **喷水池防水层**

水池工程中,防水工程质量的好坏对水池安全使用及其寿命有直接影响,因此正确选择和合理使用防水材料是保证水池质量的关键。

目前,水池防水材料种类较多,如按材料分,主要有沥青类、塑料类、橡胶类、金属类、砂浆、混凝土及有机复合材料等;如按施工方法分,有防水卷材、防水涂料、防水嵌缝油膏和防水薄膜等。

(1)沥青材料

主要有建筑石油沥青和专用石油沥青两种。专用石油沥青可在音乐喷泉的电缆防潮防腐中使用。建筑石油沥青与油毡结合形成防水层。

（2）防水卷材

品种有油毡、油纸、玻璃纤维毡片、三元乙丙再生胶及 603 防水卷材等。其中油毡应用最广，三元乙丙再生胶用于大型水池、地下室、屋顶花园作防水层效果较好；603 防水卷材是新型防水材料，具有强度高、耐酸碱、防水防潮、不易燃、有弹性、寿命长、抗裂纹等优点，且能在 −50℃ ~80℃ 环境中使用。

（3）防水涂料

常见的有沥青防水涂料和合成树脂防水涂料两种。

（4）防水嵌缝油膏

主要用于水池变形缝防水填缝，种类较多。按施工方法的不同分为冷用嵌缝油膏和热用灌缝胶泥两类。其中上海油膏、马牌油膏、聚氯乙烯胶泥、聚氯酯沥青弹性嵌缝胶等性能较好，质量可靠，使用较广。

（5）防水剂和注浆材料

防水剂常用的有硅酸钠防水剂、氯化物金属盐防水剂和金属皂类防水剂。注浆材料主要有水泥砂浆、水泥玻璃浆液和化学浆液三种。

水池防水材料的选用，可根据具体要求确定，一般水池用普通防水材料即可。钢筋混凝土水池也可采用抹五层防水砂浆（水泥加防水粉）做法。临时性水池还可将吹塑纸、塑料布、聚苯板组合起来使用，也有很好的防水效果。

◆ 喷水池底

池底直接承受水的竖向压力，要求坚固耐久。多用钢筋混凝土池底，一般厚度大于 20cm；如果水池容积大，要配双层钢筋网。施工时，每隔 20m 选择最小断面处设变形缝（伸缩缝、防震缝），变形缝用止水带或沥青麻丝填充；每次施工必须由变形缝开始，不得在中间留施工缝以防漏水，见图 5-26 ~ 图 5-28。

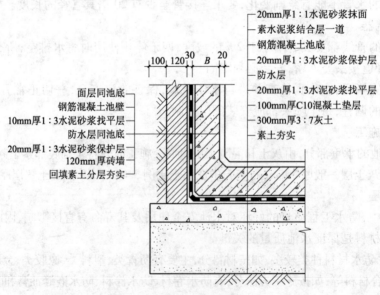

图 5-26 池底做法

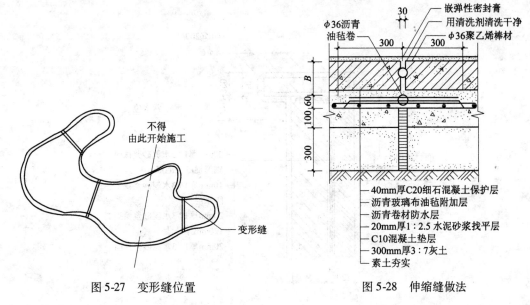

图 5-27　变形缝位置

图 5-28　伸缩缝做法

（图 5-28 标注）
- 30
- 嵌弹性密封膏
- 用清洗剂清洗干净
- φ36聚乙烯棒材
- φ36沥青油毡卷
- 300　300
- B
- 100 60
- 300
- 40mm厚C20细石混凝土保护层
- 沥青玻璃布油毡附加层
- 沥青卷材防水层
- 20mm厚1:2.5水泥砂浆找平层
- C10混凝土垫层
- 300mm厚3:7灰土
- 素土夯实

◆ **池壁**

池壁是水池的竖向部分,承受池水的水平压力,水愈深容积愈大,压力也愈大。池壁一般有砖砌池壁、块石池壁和钢筋混凝土池壁三种,见图 5-29。壁厚视水池大小而定,砖砌池壁一般采用标准砖、M7.5 水泥砂浆砌筑,壁厚不小于 240mm。砖砌池壁虽然具有施工方便的优点,但砌体多孔,接缝多,易渗漏,不耐风化,使用寿命短。块石池壁自然朴素,要求垒砌严密,勾缝紧密。混凝土池壁用于厚度超过 400mm 的水池,C20 混凝土现场浇筑。钢筋混凝土池壁厚度多小于 300mm,常用 150～200mm,宜配φ8、φ12 钢筋,中心距多为 200mm,见图 5-30。

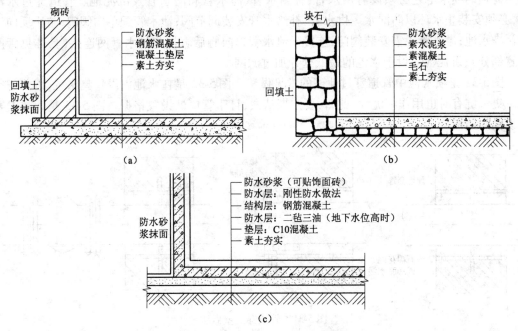

（a）
- 砌砖
- 防水砂浆
- 钢筋混凝土
- 混凝土垫层
- 素土夯实
- 回填土
- 防水砂浆抹面

（b）
- 块石
- 防水砂浆
- 素水泥浆
- 素混凝土
- 毛石
- 素土夯实
- 回填土

（c）
- 防水砂浆抹面
- 防水砂浆（可贴饰面砖）
- 防水层:刚性防水做法
- 结构层:钢筋混凝土
- 防水层:二毡三油（地下水位高时）
- 垫层:C10混凝土
- 素土夯实

图 5-29　喷水池池壁(底)构造
(a)砖砌喷水池结构;(b)块石喷水池结构;(c)钢筋混凝土喷水池结构

231

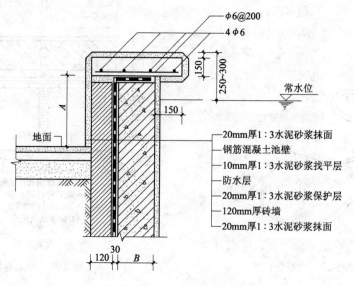

图 5-30　池壁常见做法

◆**压顶的做法**

　　属于池壁最上部分,其作用为保护池壁,防止污水泥沙流入池中或池水溅出。对于下沉式水池,压顶至少要高于地面 5~10cm;而当池壁高于地面时,压顶做法必须考虑环境条件,要与景观相协调,可做成平顶、拱顶、挑伸、倾斜等多种形式。压顶材料常用混凝土和块石。

　　完整的喷水池还必须设有供水管、补给水管、泄水管和溢水管及沉泥池。管道穿过水池时,必须安装止水环以防漏水。供水管、补给水管安装调节阀;泄水管配单向阀门,防止反向流水污染水池;溢水管无需安装阀门,连接于泄水管单向阀后直接与排水管网连接(具体见管网布置部分);沉泥池应设于水池的最低处并加过滤网。

　　图 5-31 是喷水池中管道穿过池壁的常见做法。图 5-32 是在水池内设置集水坑,以节省空间。集水坑有时也用作沉泥池,此时,要定期清淤,且于管口处设置格栅。图 5-33 是为防淤塞而设置的挡板。

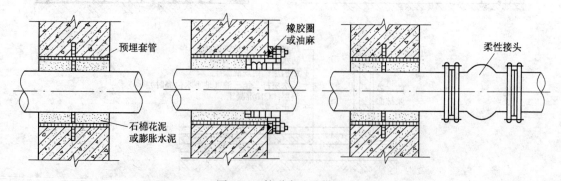

图 5-31　管道穿池壁做法

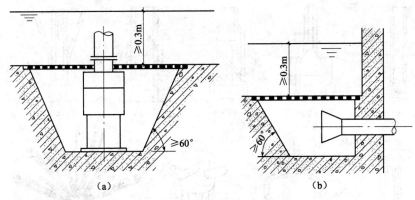

图 5-32　水池内设置集水坑

(a)潜水泵集水坑;(b)排水口集水坑

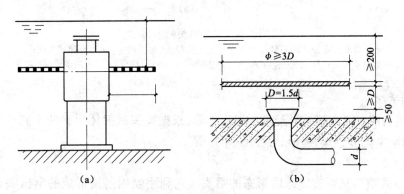

图 5-33　吸水口上设置挡板(单位:mm)

(a)潜水泵;(b)吸水管

【相关知识】

◆喷头的类型

　　喷头是喷射各种水柱的设备,其种类繁多,可根据不同的要求选用。常用喷头的形式如图 5-34 所示。

　　(1)直流式喷头

　　直流式喷头使水流沿圆筒形或渐缩形喷嘴直接喷出,形成较长的水柱,是形成喷泉射流的喷头之一。这种喷头内腔类似于消防水枪形式,构造简单,造价低廉,应用广泛。如果制成球铰接合,还可调节喷射角度,称为可转动喷头。

　　(2)旋流式喷头

　　旋流式喷头由于离心作用使喷出的水流散射成蘑菇圆头形或喇叭花形。这种喷头有时也用于工业冷却水池中。旋流式喷头也称水雾喷头,其构造复杂,加工较为困难,有时还可采用消防使用的水雾喷头代替。

　　(3)环隙式喷头

　　环隙式喷头的喷水口是环形缝隙,是形成水膜的一种喷头,可使水流喷成空心圆柱,使用较小水量获得较大的观赏效果。

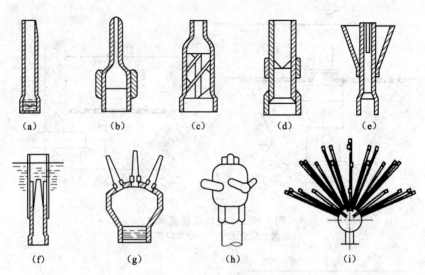

图 5-34　常用喷头的形式

(a)直流式喷头;(b)可转动喷头;(c)施转式喷头(水雾喷头);(d)环隙式喷头;
(e)散射式喷头;(f)吸气(水)式喷头;(g)多股喷头;(h)回转喷头(i)多层多股球形喷头

（4）散射式喷头

散射式喷头使水流在喷嘴外经散射形成水膜,根据喷头散射体形状的不同可喷成各种形状的水膜,如牵牛花形、马蹄莲形、灯笼形、伞形等。

（5）吸气(水)式喷头

吸气(水)式喷头是可喷成冰塔形态的喷头。它利用喷嘴射流形成的负压吸入大量空气或水,使喷出的水中掺气,增大水的表观流量和反光效果,形成白色粗大水柱,形似冰塔,非常壮观,景观效果很好。

（6）组合式喷头

用几种不同形式的喷头或同一形式的多个喷头组成组合式喷头,可以喷射出极其美妙壮观的图案。常用喷头的技术参数见表5-3。

表 5-3　常用喷头的技术参数

| 品　名 | 规　格 | 技　术　参　数 | | | | 水面立管高度（cm） | 接管 |
		工作压力（MPa）	喷水量（m²/h）	喷射高度（m）	覆盖直径（m）		
可调直流喷头	G½″	0.05~0.15	0.7~1.6	3~7		+2	外丝
	G¾″	0.05~0.15	1.2~3	3.5~8.5		+2	外丝
	G1″	0.05~0.15	3~5.5	4~11		+2	外丝
半球喷头	G″	0.01~0.03	1.5~3	0.2	0.7~1	+15	外丝
	G1½″	0.01~0.03	2.5~4.5	0.2	0.9~1.2	+20	外丝
	G2″	0.01~0.03	3~6	0.2	1~1.4	+25	外丝

| 品　名 | 规　格 | 技　术　参　数 | | | | 水面立管高度（cm） | 接管 |
		工作压力（MPa）	喷水量（m²/h）	喷射高度（m）	覆盖直径（m）		
牵牛花喷头	G1″	0.01~0.03	1.5~3	0.5~0.8	0.5~0.7	+10	外丝
	G1½″	0.01~0.03	2.5~4.5	0.7~1.0	0.7~0.9	+10	外丝
	G2″	0.01~0.03	3~6	0.9~1.2	0.9~1.1	+10	外丝
树冰型喷头	G1″	0.10~0.20	4~8	4~6	1~2	-10	内丝
	G1½″	0.15~0.30	6~14	6~8	1.5~2.5	-15	内丝
	G2″	0.20~0.40	10~20	5~10	2~3	-20	内丝
鼓泡喷头	G1″	0.15~0.25	3~5	0.5~1.5	0.4~0.6	-20	内丝
	G1½″	0.2~0.3	8~10	1~2	0.6~0.8	-25	内丝
加气鼓泡喷头	G1½″	0.2~0.3	8~10	1~2	0.6~0.8	-25	外丝
	G2″	0.3~0.4	10~20	1.2~2.5	0.8~1.2	-25	外丝
加气喷头	G2″	0.1~0.25	6~8	2~4	0.8~1.1	-25	外丝
花柱喷头	G1″	0.05~0.1	4~6	1.5~3	2~4	+2	内丝
	G1½″	0.05~0.1	6~10	2~4	4~6	+2	内丝
	G2″	0.05~0.1	10~14	3~5	6~8	+2	内丝
旋转喷头	G1″	0.03~0.05	2.5~3.5	1.5~2.5	1.5~2.5	+2	内丝
	G1½″	0.03~0.05	3~5	2~4	2~3	+2	外丝
摇摆喷头	G½″	0.05~0.15	0.7~1.6	3~7			外丝
	G¾″	0.05~0.15	1.2~3	3.5~8.5			外丝

◆喷泉的日常管理

喷泉的日常管理工作非常重要。特别是布置在重要场合作为核心景观的大型喷泉，日常管理的正规化是非常必要的。通过加强管理、及时维护能够保证喷泉经常处于良好的工作状态、延长设备的使用寿命和维持喷水景观。喷泉的日常管理制度和内容因喷泉的类型、规模、供水方式、设备选型及布置场合等情况而异。

以下简单说明较为常见的普通装饰性喷泉的管理工作。

（1）管理制度

制定制度并按制度进行管理是做好管理工作的前提。喷泉的管理制度主要包括工作制度、喷泉运行制度和设备设施维护制度等。

1）岗位工作制度和喷泉运行制度：规定管理人员的岗位职责和喷泉的运行方式。喷泉运行制度要切合实际，制定时应当考虑季节、气候、生活习惯、游人状况、社会需要以及运行费用等因素。

2)设备设施维护制度:根据设备类型及喷泉的运行制度制定相应的检查项目及检查方式,做好记录。

(2)喷泉日常管理工作的主要内容

1)喷泉的运行管理:启动前应事先查看喷水池的有关情况,如水位、喷头、照明灯具等是否正常,有无影响喷泉启动和喷水的其他异常情况。然后检查泵房或控制室的设备设施情况。一切正常后按预定的启动顺序启动各用电组。关闭喷泉时同样也要按预定顺序依次关闭各组控制开关。喷泉运行过程中要定期查看喷泉工作状况和设备的运行状况。注意天气的变化特别是风速和风向,超过设计风速时,应及时关闭喷泉。

2)清污、换水:池水中污物过多时,不仅污染环境、影响喷泉景观,还会威胁设备安全。清污、换水一般定期进行,一年至少两次(三月、九月),北方地区也可结合泄水防冻进行。同时,对所有设备设施进行全面清洁,特别是过滤装置。

3)设备检修:水下设备如潜水泵、管道、灯具、电缆等要定期检修,一般结合清污、换水进行。重点检查用电设备及电缆的绝缘状态是否良好。

4)冬季防冻:北方冬季严寒地区,为防止水池、管线等的冻胀破坏,应在封冻前泄水。打开所有泄水阀门,排除水池和所有管道中的积水并维持所有泄水阀门处于开启状态。

七 喷泉的照明

【要 点】

喷泉照明使夜间时的喷泉显得更美观,增加了其观赏性。根据灯具与水面的关系,喷泉照明可分为水上照明和水下照明两种方式。

【解 释】

◆喷泉照明线路

喷泉照明线路要采用水下防水电缆,其中一根要接地,且要设置漏电保护装置。照明灯具应密封防水,安装时必须满足施工相关技术规程。电源线要通过护缆塑管(或镀锌管)由池底接到安装灯具的地方,同时在水下安装接线盒,电源线的一端与水下接线盒直接相连,灯具的电缆穿进接线盒的输出孔并加以密封,并保证电缆护套管充满率不超过45%。为避免线路破损漏电,必须经常检查。各灯具要易于清洁,水池应常清扫换水,也可添加除藻剂。操作时要严格遵守先通水浸没灯具、后开灯及先关灯、后断水的操作规程。

◆施工要点

照明灯具应密封防水并具有一定的机械强度,以抵抗水浪和意外的冲击。

水下布线应满足水下电气设备施工相关技术规程规定,为防止线路破损漏电,需常检验。严格遵守先通水浸没灯具后开灯和再先关灯后断水的操作规程。

灯具要易于清扫和检验,防止异物水浮游生物的附着积淤。宜定期清扫换水,添加灭藻剂。

灯光的配色,要防止多种色彩叠加后得到白色光,造成消失局部的彩色。当在喷头四周配置各种彩灯时,在喷头背后色灯的颜色要比近在游客身边灯的色彩鲜艳得多,所以要将透射比高的色灯(黄色、玻璃色)安放到水池边近游客的一侧,同时也应相应调整灯对光柱照射部位,以加强表演效果。

电源线用水下电缆,其中一根应接地,并要求有漏电保护。在电源线通过镀锌铁管在水池底接到需要装灯的地方,将管子端部与水下接线盒输入端直接连接,再将灯的电缆穿入接线盒的输出孔中密封即可。

◆ **水上照明**

水上环境照明,灯具多安装于附近的建筑设备上。特点是水面照度分布均匀,色彩均衡、饱满,但往往使人们眼睛直接或通过水面反射间接地看到光源,眼睛会产生眩光。水体照明,灯具置于水中,多隐蔽,常安于水面以下5cm处,特点是可以欣赏水面波纹并能随水花的散落映出闪烁的光,但照明范围有限。喷泉配光时,其照射的方向、位置与喷水姿有关(图5-35)。喷泉照明要求比周围环境有更高的亮度,如周围亮度较大时,喷水的先端至少要有100～200lx的光照度;如周围较暗时,需要有50～100lx的光照度。照明用的光源以白炽灯为主,其次可用汞灯或金属卤化物灯。光的色彩以黄、蓝色为佳,特别是水下照明。配光时,还应注意防止多种色彩叠加后得到白色光,造成局部的色彩损失。一般主视面喷头背后的灯色要比观赏者旁边的灯色鲜艳,因而要将黄色等透射较高的彩色灯安装于主视面近游客的一侧,加强衬托效果。

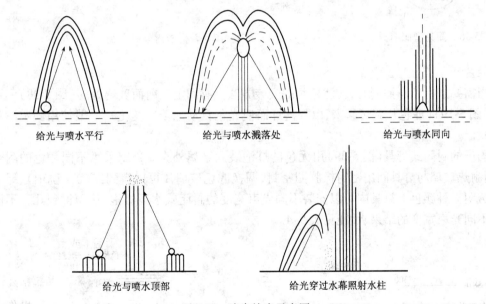

给光与喷水平行　　　　给光与喷水溅落处　　　　给光与喷水同向

给光与喷水顶部　　　　给光穿过水幕照射水柱

图5-35　喷泉给光示意图

◆ **水下照明**

水下照明,灯具多置于水中,导致照明范围有限。为隐蔽和发光正常,灯具安装于水面以下300～100mm为佳。水下照明可以欣赏水面波纹,并且由于光是由喷水下面照射的,当水花下落时,可以映出闪烁的光。

【相关知识】

◆ **照明灯具的选择**

喷泉常用的灯具,从外观和构造来分类,可以分为灯在水中露明的简易型灯具和密闭型灯具两种。

237

（1）简易型灯具如图 5-36 所示。灯的颈部电线进口部分备有防水机构,使用的灯泡限定为反射型灯泡,而且设置地点也只限于人们不能进入的场所。其特点是采用小型灯具,容易安装。

（2）密闭型灯具有多种光源的类型,而且每种灯具限定了所使用的灯。例如,有防护式柱形灯、反射型灯、汞灯、金属卤化物灯等光源的照明灯具等。一般密封型灯具见图 5-37。

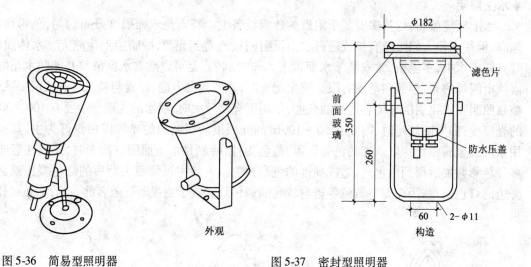

图 5-36　简易型照明器

图 5-37　密封型照明器

◆ **滤色片**

当需要进行色彩照明时,在滤色片的安装方法上有固定在前面玻璃处的(图 5-38)和可变换的(图 5-39)(滤色片旋转起来,由一盏灯而使光色自动地依次变化),一般使用固定滤色片的方式。

国产的封闭式灯具(图 5-39)用无色的灯泡装入金属外壳。外罩采用不同颜色的耐热玻璃,而耐热玻璃与灯具间用密封橡胶圈密封,调换滤色玻璃片可以得到红、黄(琥珀)、绿、蓝、无色透明五种颜色。灯具内可以安装不同光束宽度的封闭式水下灯泡,从而得到几种不同光强。不同光束宽度的结果、性能见表 5-4。

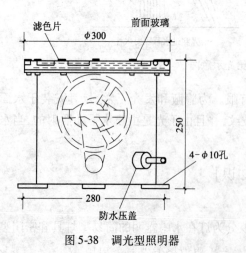

图 5-38　调光型照明器

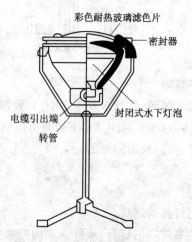

图 5-39　可变换的调光型照明器

238

表 5-4　配用不同封闭式水下灯泡后灯具的性能

光束类型	型号	工作电压（V）	光源功率（W）	轴向光强（cd）	光束发散角（°）	平均寿命（h）
狭光束	FSD200—300（N）	220		≥40000	25＜水平＞60	1500
宽光束	FSD220—300（W）	220	300	≥80000	垂直＞10	1500
狭光束	FSD220—300（H）	220		≥70000	25＜水平＞30	750
宽光束	FSD12—300（N）	12		≥10000	垂直＞15	1000

注:光束发散角是当光轴两边光强降至中心最大光强的 1/10 时的角度。

八　小型水闸的施工

【要　点】

为实现河,湖以及溪流的水位、水量控制,在园林水景工程中还有一项重要的内容,就是小型水闸。水闸的施工多有水利部门的参与。

【解　释】

◆小型水闸的结构

水闸结构由下到上可分为三部分:

（1）地基

为天然土层经处理加固而成。水闸基础部分必须保证在承受其上部全部压力后不发生超限度和不均匀的沉陷。

（2）闸的下层结构

即闸底,为闸身与地基相联系的部分。闸底必须经受由于上下游水位差造成的跌水急流的冲刷力,减免由于上下游水位差所造成的地基土壤管涌和经受渗流的浮托力。所以水闸下层结构要有一定厚度和长度的闸底。如果地基土壤渗水能力强,为保证水闸安全,应在闸底设一定深度的截水板或不透水的截水墙。除闸底外,比较正规的水闸自上游至下游还包括以下三部分:

1)铺盖:是位于上游和闸底相衔接的不透水层,长度约为上游水深的数倍。作用是放水以后使闸前底部不受冲刷,减少渗透流量,消耗部分渗透水流的水头。

2)护坦:是向下游与闸底相连接的不透水层,厚度与闸底相同。作用是减免闸后河床的冲刷和渗透。护坦还包括消力池。

3)海漫:向下游与护坦相连接的透水层。水流在护坦上仅消耗了 70% 动能,其余水流动能造成的破坏则靠海漫保护。海漫的末端宜加深、加宽使水流分散。海漫一般用干砌块石,下游再抛石。

（3）水闸的上层建筑

1)闸墙:亦称边墙,位于闸的两侧,构成水流范围,形成水槽并支撑岸土不坍。

2)翼墙:与闸墙相接的转头部分,使闸墙便于和上下游水渠边坡相衔接。

3)闸墩:分隔闸孔和安装闸门用,亦可支架工作桥及交通桥。

水闸除这些部分外,在水流入闸前应有拦污栅,在下游海漫后应有拦鱼栅。

◆**施工放样**

（1）中心轴线的确定

施工前，必须先将水闸的位置与方向根据规划设计意图确定于地面，而水闸的纵横中心轴线是丈量水闸各部尺寸的依据，因此施工放样工作的第一步是标定中心轴线。

根据工程布置图，求出纵横轴线与原测量的导线点或三角点或其他明显的地形地物点的相关位置，然后将其测放于闸址地面之上。一般中小型水闸可用钢尺量距，用罗盘或经纬仪测角；但对要求较低的小型水闸或在渠系已形成的条件下，也可用皮尺量距，用十字架或用皮尺以勾股弦法来确定直角。

应在基坑范围之外，所确定的纵横中心轴线的延长线上打设大木桩四个，桩顶钉以小钉，必要时也可浇置混凝土桩。

（2）闸底板的放样

由上述的四个标桩求出纵横轴线的交点，从这交点分别后视上下游顺水流方向的两个标桩定出水闸中孔的上下游两个中心点，令其距计划底板的上下游边线各 3～6m。此两点最好也用大木桩打设，以便随时校核据此测设的其他放样桩。

根据上述两个中心点，在每两块底板的接缝处分别距上下游边线 3～6m 各测设一点，这些点子均打以较小木桩，叫作底板样桩。

由于样桩距底板很近同时与底板边缘又保持有 3～6m 的距离，所以既使立模放样方便又不致妨碍模板支撑的架立。中小型水闸的底板宽度一般在 10m 左右，所以上下游两桩的间距可在 20m 左右，则施工人员随时可用 30m 的钢尺进行检查校核，很为方便。

（3）闸墩、工作桥等上层结构的放样

闸底板浇好后，可立即用木工线斗在底板上弹出墨线，作为闸墩、工作桥等放样的依据，这样闸基周围的样桩便可废弃，不必长期保留以致防碍下一阶段消力池与铺盖等的施工。

在混凝土初凝后不久，表面能站人工作时应立即进行弹线，这样墨色浓黑经久不褪。一般在每块底板上先弹墨线两根，垂直于水流方向靠底板上下游边线各弹一根，每线距底板边线约 30～40cm。弹线前，应从底板样桩量距，在底板上标出点子，然后弹线（如样桩距边线约 4m，则可从样桩量 4.30～4.40m 的点子标于底板之上）。不可从底板边线量距，因混凝土浇筑过程中模板总会有些走动，底板边线往往会有凹凸。这些点子宜用经纬仪及钢尺测放，点距可取 2m 左右。再在每一闸孔中心弹一线与前二线垂直。这样，每一闸孔可以三线作为控制线进一步弹出闸墩轮廓线、工作桥的中心线等，如图 5-40 所示。

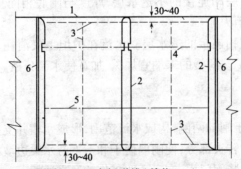

图 5-40　底板弹线（单位：cm）

1—底板边线；2—闸墩轮廓线；3—控制线；
4—工作桥中心线；5—交通桥中心线；6—沉陷缝

240

闸墩浇完后,用大垂球将测放在底板上的工作桥中心线移到边墩顶上,左右两边墩各放一点,然后架经纬仪于墩顶逐一在其余各闸墩顶上确定工作桥的中心线,以墨线或红漆标明。一般工作桥的墩子较薄,无法在墩顶架设仪器,此时只好逐孔用大垂球将工作桥中心线从底板吊引上去。桥面上其他尺寸便可根据所放的中心线以钢尺量放。如闸孔较小,闸身较短,只需在桥墩顶上拉一线使与边墩顶上所测放的中心点重合,便可在中间墩上定下桥梁的中心线。

(4)翼墙圆弧的放样

在小型水闸,如设计的翼墙为圆弧形,圆弧不长,半径亦不大,此时如基底地面较平,可用钢尺一端固定在圆心,另一端在地面上画圆弧,沿弧每 2~3m 打一木桩。

当圆弧的半径较大或地面高低不平时,可用路线测量中的切线支距法、偏角法或其他方法来放出圆弧。

(5)高程控制

开工之初,在正式水准标点尚未接测浇筑完成之前,可在基坑附近地基稳定且不易碰到之处打设大木桩,其上钉以圆头铁钉,作为临时水准标点。此类标点应经常检测以免发生错误。

在基坑开挖至接近计划高程时,可在坑内纵横每隔 4~6m 挖一小坑,每坑钉一小木桩,使桩顶恰在计划开挖高程,便于土方施工人员掌握标准。为了控制底板混凝土的浇筑高程,在浇筑前应在模板内面四壁上钉以铁钉,标出底板表面计划高程线,并在线上点以红漆。同时可在仓面普遍测设垂直于底板表面的木条,使木条下端即为混凝土面标高,此项木条称为高程点,用以控制整片混凝土面的高度,以免在底板中间部位发生高低不平的现象。木条大部分钉在底板的脚手架上,但不可在混凝土浇筑的早期就钉上,因为脚手架在浇筑的过程中必然会移动或沉陷而使标高变化,故这些高程点的测设应在混凝土浇筑的末期,能迟些则愈好。点子的密度视底板的大小而定,上层建筑物的高程控制,可用水准仪由水准标点接测高程至闸墩模板,在每一个闸墩模板上用铅笔画出视线高,并弹墨线同时注明高程。所有上层建筑物的高程即可依此线用钢尺向上量测。在测放模板上的视线高时,应同时测出埋在每块底板上的沉陷钉的高程,并将其数字记录保存。当模板拆除后,即可后视沉陷钉而将视线高重新测放于闸墩混凝土面上。这样,在以后用钢尺测放高度时,不致因底板沉陷的影响而变动建筑物的尺寸。

◆ 施工程序

在水闸的施工中,很好地了解和掌握各单项工程之间的关系,合理安排其施工程序是加快施工进度的重要环节之一。

一般水闸工程的施工程序大致如下:①导流工程;②基坑开挖;③基础处理;④混凝土工程;⑤砌石工程;⑥回填土工程;⑦闸门与启闭机的安装;⑧围堰或坝埂的拆除。

以上各个工程项目并不是单独的一项一项去完成,而是应该紧凑安排流水作业,如基坑开挖与基础处理可搭接施工,而有些混凝土工程如预制构件等又可与基坑开挖及基础处理套搭起来。所以在开挖基坑时应首先有计划地突击挖出需要基础处理与混凝土浇筑的部位,一般这些部位就是闸室室板的位置。首先挖出这些部位后在基坑土方尚未全部完成时就能进行基础处理,如基础不需处理则可立即进行底板的浇筑。这样,等到基坑全部挖好时,混凝土的浇筑已进入紧张的施工阶段了。

混凝土工程是水闸施工中的主要环节,它的施工组织是否平衡与紧凑,对缩短工期与降低造价有着很大的影响。

◆施工要点

1. 基坑保护与流砂处理

基坑开挖后,如不能立即进行底板混凝土浇筑或海漫等砌石工程,均应在挖至接近计划高程面时酌留0.2~0.3mm的保留层,待浇筑混凝土或砌石之前再最后挖除。如计划土面以上有砂石垫层者,应在保留层挖去后立即铺好并随即进行下一工序。这样做主要是使基土暴露时间尽量缩短,以免水分蒸发、冰冻或土壤被扰动变形。

为了防止地面雨水流入基坑,可在基坑外缘开挖截水沟,将水引至附近河道中(图5-41)。其断面大小可根据当地雨量资料进行估算,一般底宽用0.3m,深0.5m左右,边坡约1:2。如基坑处于砂土层中,则截水沟应开挖在上部黏性土壤的覆盖层上,不可开挖太深,否则截水沟嵌入砂土层后,沟中的雨水将大部分渗入下层,增加边坡内的渗水压力,很易导致边坡坍陷。如地面无覆盖层,则在砂层中挖沟后,应从别处取土在沟中做防渗层,防渗层用壤土或黏土铺筑,如用黏土则表面应再铺薄层砂土或壤土用以保护。

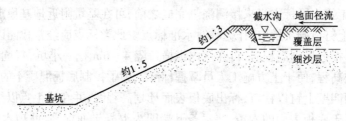

图5-41 基坑外缘的截水沟

位于细砂或粉砂层中的基坑,当挖至一定深度后,由于基坑的排水措施使原地下水位与坑内水位之间有相当高差,从而造成地下水渗透压力之差,当压力差达到一定程度后,砂层就会流动,产生所谓流砂现象。

产生流砂时,如基坑尚未到达计划深度,则必造成进一步开挖的困难。如基坑已挖至计划高程,则可能首先出现坡脚的坍陷,而后是边坡滑动,造成坑内流砂充塞,使下一工序的施工发生困难,甚至无法进行。

为了防治流砂,一般采用滤水拦砂的表面排水法或用预先降低地下水位的井点排水法。

2. 人工垫层的施工

软基的处理方法甚多,中小型水闸用人工垫层是较好的方法之一,因其设备简单,土料可就地取材,节省木料、钢筋、水泥三材。

垫层土料可用砂壤土或壤土等黏性土,也有一些工程用较纯的黏土,视当地能取得的合适土料而定。

现将黏性土垫层的施工要点说明如下:

所用土料应比较纯净,不允许含有贝壳、植物根茎等易碎、易腐物质。

黏性土垫层的施工是根据设计计算所定出的厚度和干重度而进行的,关键问题是将垫层压实到设计干重度。

黏性土压实的施工方法是控制"最优含水量",这种施工方法在土坝及土堤等填方工程中经验很多,垫层的施工一般可以参照进行。

土料进入基坑后必须当天或在雨前、冻前全部夯实完毕。严寒冰冻天气,每晚收工前应在夯实的土层上覆盖松土防冻,如次日此层松土严重冻结,必须全部铲除后再铺填上层松土。

3. 水闸施工中对各部位混凝土的要求

水闸各部位的尺寸不同,有厚有薄,布置的钢筋也有疏有密,因此在浇捣混凝土时,因各部位的工作条件不同,其所采用的振捣方法、混凝土的坍落度以及所用石子的最大粒径等也应不同。

现将水闸各部位所用石子最大粒径、混凝土的水灰比及坍落度等一般数据列于表5-5以供参考。

表5-5　水闸各部位混凝土施工的要求

工程部位		混凝土强度等级	坍落度(cm)	水灰比	石子最大粒径(cm)	备　注
闸室平底板		C15	4	0.65~0.70	10	厚度较大的底板,底层及上层水灰比用0.65,中间层水灰比可大些用0.70
闸室反拱底板		C20	4~5	0.55	10	
岸翼墙底板		C15	4	0.65	10	
混凝土护坦、消力池		C15~C20	4~5	0.55~0.65	10	
闸墩		C15	4~5	0.65	10	
胸墙		C15	4~6	0.65~0.70	5	底部薄壁,坍落度用6cm;上部及大梁用4cm
预制构件	交通桥空心梁	C23	6	0.45	3	
	交通桥拱圈	C23	5	0.45	10	
	工作桥	C18	5~6	0.50	5~3	大梁下层及桥面板用3cm石子,其余用中小石子二级级配
	岸翼墙侧拱	C20	6	0.57	5	
	工作桥排架	C15~C18	6	0.50~0.60	5	

注:本表数字来自某水闸的总结统计,仅供参考。

4. 平底板及消力池等的施工

水闸平底板一般依沉陷缝分成许多浇筑块,每一浇筑块的厚度不大而面积往往较大,在运输混凝土入仓时必须在仓面上搭设纵横交错的脚手架。在搭设脚手架前首先应预制很多混凝土柱(断面约为15cm×15cm的方形,高度应大致等于底板厚度,在浇制后次日用钢丝刷将其四周表面刷毛)。搭脚手架时,先在浇筑块的模板范围内竖立混凝土柱(柱的间距视脚手架横梁的跨度而定,可为2~3m),柱顶高程应略低于闸底板的表面,在混凝土柱顶上设立短木柱、斜撑、横梁等以组成脚手架。当底板浇筑接近完成时可将脚手架拆除,立即将表面混凝土抹平,这样混凝土柱便埋入浇筑块之内作为底板的一部分。

消力池及混凝土防渗铺盖的浇筑准备工作、脚手布置及浇筑方法,大致与底板相同,可参照进行。一般中型水闸的闸室部分包括底板、闸墩、胸墙及桥梁等,它在整个水闸中重量最大,沉陷亦大,而消力池为一混凝土板,相对来说重量较轻,沉陷量也较小。

5. 闸墩的立模与混凝土的浇筑

当水闸为三孔一块整体底板时,则中孔可不予支撑。这样除了节省人工及材料外,还可方便施工。

立模时,先立闸墩两侧的平面模板,然后立两端的圆头模板。在闸底板上架立第一层模板时,必须保持上口水平,如上口有倾斜不平时,应将模板下口与闸底板接触部分砍削一些或垫以木条,而后即可按层上升。

第一闸墩的两侧模板固定后,在闸墩与闸墩之间还需用对拉撑木将模板支撑,防止整套闸墩模板的歪斜与变形。

在双孔底板的闸墩上,则宜将两孔同时支撑,以便在一块底板上三个闸墩的混凝土可以同时浇筑。

浇筑闸墩混凝土时,为了保持各闸墩模板间的相对稳定和使底板受力均匀达到与设计条件相同,必须保护每块底板上各闸墩的混凝土均衡上升。因此,在运送混凝土入仓时,应很好地组织运料小车,使在同一时间内运到同一底板上各闸墩的混凝土量大致相同。

为了防止流态混凝土自 8~10m 高度下落时产生离析现象,必须在仓内设置导管,可每隔 2~3m 的间距设置一组,导管下端离浇筑面的距离应在 1.5m 以内。

小型水闸常用平面闸门,所以在闸墩立模浇筑时必须留出铅直的门槽位置,在门槽部位的混凝土中埋有导轨等铁件,如为滑动闸门则设滑动导轨,如为滚轮闸门则设主轮、侧轮及反轮导轨等。

导轨及底槛的装置精度要求较高,一般允许误差见表5-6。

表5-6　门槽导轨及底槛装置允许误差　　　　　　　　　　　　mm

项　　目	主轮导轨	侧轮导轨	反轮导轨	底槛导轨
工作表面前后位置的允许误差(工作范围内)	+2 -0	+5 -2	±5	高程允许误差:±10, 前后位置允许误差:±3
左右位置的允许误差	±5	±5	±5	

6. 水闸的预制吊装施工

(1)构件的预制及场地布置

1)单块的大小:预制构件的单块大小应根据运输及起重能力确定,在运输起重能力的限度内分块宜大不宜小,否则预制吊装均甚繁琐。

闸墩及岸墙的分块应力求形状简单、尺寸统一,以减少不同的规格品种。每一种预制块应编号并在施工详图上标明各号的位置,以免吊装时发生差错。

闸门门槽部位,需埋置较多铁件,其允许误差较小,采取分块预制往往达不到精度要求。如起重能力许可,可按照门槽全高将闸墩门槽部分整体预制、整体吊装。

梁板式结构的工作桥面也可取全宽整跨(一个闸孔)作为一个单块,整体预制吊装。

工作桥的高度较高,一般在闸墩以上再做排架式支墩,如起重能力许可,也应尽量整体预制,整片吊装,以免进行高空接头等作业。

2)预制场地的布置:预制构件应尽量在靠近闸室的场地浇制,以免不必要的转运。

预制场地的选择与布置一般遵循如下原则:

① 先近后远:按照吊装次序,先吊装的构件安排近处,后吊装的构件可放得远些。

② 重近轻远:重而大的构件应尽可能在靠近起吊位置预制以减少场内拖运,而轻便一些的构件因其转运较为方便便可布置稍远。

(2)吊装施工要点

1)起重设备:小型水闸工程中较多采用动臂扒杆(工地称台灵扒杆)作为主要的起重设备。它的构造简单,动作灵活,易于加工自制,是一种比较灵便、易于推广的起重装置。

2)构件拖运:在扒杆近旁的构件如闸门等可以就地起吊,但是不少构件必须通过场内拖运才能进入动臂吊距之内。因此场内运输方案必须经仔细研究确定。一般可布置轻便铁道,用平车运输,也可采用普通道路汽车拖运的方案,在装车处可另设较小的动臂扒杆进行提升。

3)吊装绑扎方法:构件的吊点位置及个数应通过计算确定,应避免起吊时的复杂受力情况,如扭曲等。一般在吊点上可预埋吊环,吊环在混凝土中锚固长度不应小于吊环钢材直径的30倍,见图5-42。但是焊在受力筋上的吊环可不受此限制。也可不设吊环,在吊点位置上直接用千斤索绑扎起吊,捆绑处应衬垫草包或麻袋片等以保护混凝土免受损坏。闸门起吊时也可利用原设计的吊耳,不再另埋吊环。

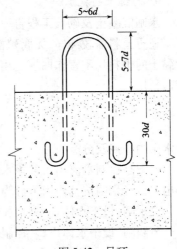

图5-42 吊环

4)墩墙预制块的砌筑注意事项:预制块的砌筑缝均要求作为施工缝处理,因此事先应将接触面打毛并冲洗干净。所有尺寸不合的预制块要求进行打凿修整,以使砌体灰缝平直。砌筑时砂浆必须饱满,挤紧后的灰缝保持在2cm左右。预制块一般用混凝土浇筑,在预留的空腔内要求填入细石混凝土并埋置设计规定的$\phi 8$或$\phi 6$插筋,使上下两层砌块接合紧密。

(3)吊装工作安全注意事项

1)扒杆在加工制作前必须进行详细的内力验算,必须有足够的安全系数,必须选用合乎规格的木材或钢材,加工完成后必须进行试吊以便及时发现问题采取补强措施。

2)应指定专人负责指挥操作人员进行协同的吊装作业。起重机、汽车、绞车等司机及其他操作人员必须按指挥人员的各种信号进行操作。信号必须事先统一规定。

3)吊装工作区应禁止非工作人员入内。起重扒杆工作时吊钩下不得有人停留。扒杆停止工作时吊钩上不得悬挂构件,吊钩必须提升到高处以免摆动碰击伤人。气候恶劣及风力过大时,应停止吊装工作。

7. 黏土防渗铺盖的施工

铺筑前必须首先清基,将地基范围内的草皮树根清除干净,凡地基上的试坑、洞穴、水井、泉眼等均应采取措施堵塞填平。

防渗铺盖的填筑与一般黏性土的压实方法相同,要求控制土料的含水量接近于最优含水量,每坯铺土厚度为20~30cm,按压实试验所规定的碾压遍数或夯实遍数进行压实。

铺盖与地基的接合应注意,如地基为黏性土壤,在铺填第一层松土之前应先检验基土表层的含水量是否接近填筑土料的含水量,如太干应洒水湿润,太湿应晾晒。如地基为砂土,应先将表面平整、洒水压实,然后开始铺土。

铺盖填筑完成后,在做砌石或混凝土防冲护面以前应尽快将砾石垫层及黄砂保护层做好,以免晒裂或冰冻。

铺盖主要是防渗,因此一般不宜留垂直的施工缝,应分层施工,不应分片施工。如无法避免施工接缝时,不许做垂直接头,应做斜坡接头,其坡度应不陡于1∶3。铺盖与底板接合处为防渗的薄弱环节,因此应根据设计要求加厚铺盖并做好止水设备。

8. 反滤层及砌石下面砂石垫层的施工

水闸底部,在渗流从土壤溢出处一般铺做反滤层。

9. 回填土的施工

水闸混凝土及砌石工程告一段落,应在两侧岸、翼墙之后还土填实。

还土土料需较纯净,无腐殖性的物质及碎砖、树根等杂物,土质宜为砂土或砂壤土,黏土或含黏土的土料均不宜作回填之用。土料含水量在 15% ~ 21% 左右,如含水量不合要求,应处理后再用。

【相关知识】

◆水闸的作用及分类

水闸是控制水流出入某段水体的水工构筑物,主要作用是蓄水和泄水,设于水体的进水口和出水口。水闸按其作用可分为:

进水闸:设于水体的入口,起着联系水源、调节进水量的作用。

节制闸:设于水体出口,控制出水量。

分水闸:在水体有支流而且需要控制支流水量的情况下设置。

九 临时水景施工

【要　点】

重要的节日、会展等会临时布置一些水景。临时水景的形式常采用中小型喷泉,水池和管路均为临时布设,材料的选择一般没有特殊要求,可根据条件选用一些废余料或代用品,但要保证工作可靠、安全。

【解　释】

◆施工程序

根据确定的临时水景方案准备设备、工具、材料→场地清理和放线→水池施工→铺贴防水层→管路安装→布设临时水电线路→水池充水→试喷→装饰→清理余料。

◆定位放线

用皮尺、测绳等在现场测出水池位置和形状,用灰粉或粉笔标明。

◆池壁施工

根据水池造型、场地条件和使用情况,池壁材料可使用土、石、砖等,或堆或叠或砌,也可用泡沫制作。

◆防水层施工

根据使用情况及防水要求,防水层可做成单层或双层。单层直接铺贴于水池表面。双层时先铺底层,其上铺 5 ~ 10cm 厚黄土作为垫层,再铺表层。防水层由池内绕过池壁至池外后用土或砖压牢。注意防水层与池底和池壁需密贴,不得架空。防水层尺寸不足时可用 502 胶接长。

◆管线装配

常用国标镀锌钢管及管件。钢管过丝要保证质量。

一般是先在池外进行部分安装:部分水平管,尽可能多的三通、四通、弯头、堵头等可事先进行局部连接,以减少池内的安装量。竖管和调节阀门也宜事先接好。

◆ **管线组装与就位**

局部安装完成后可移入池内进行最后组装。组装时动作要谨慎,避免损伤防水层。调整水泵位置和高度并与组装好的管道连接。

◆ **充水**

对于带有泵坑的水池,可分两次进行:先少量充水,然后试喷。较低的水位方便工作人员安装喷头和进行调试操作。但水量最少要保证水泵工作时处于被淹没状态。最后充水至设计水位。

◆ **冲洗和喷头安装**

充水后首先启动水泵 1~3min,把管路中的泥沙和杂物冲洗干净。然后安装喷头。

◆ **试喷与调试**

试喷启动后主要观察各喷头的工作情况。若发现有喷洒水型、喷射角度和方向、水压、射程等存在问题时,应停机进行修正和调节。

◆ **装饰**

为了掩饰防水层,通常需要在池壁顶部和外侧用盆花、景石等进行装点。

◆ **成品保护**

铺贴防水层应小心谨慎防止破损,管道系统的最后组装、就位和调试要注意保护防水层。此外,还要重点做好临时水景供电线路的保护工作,防止漏电、触电事故发生。

【相关知识】

◆ **施工常用材料**

黄土可用于堆塑池壁及垫层,黏土砖用于垒叠或砌筑池壁,PE 编织布(塑料彩条布)或塑料薄膜(一般需要做双层防水)用作防水层,镀锌钢管和管件用于池内管路等。

◆ **施工程序实例**

某临时水景位于某单位庭园广场,水池为 5m×7m 的长方形,池壁用机砖、石灰砂浆砌筑,表面用单层 PE 编织布防水,一个雪松喷头,四个涌泉喷头,四个牵牛花喷头和一台潜水泵。

1)选购设备和材料:潜水泵、镀锌钢管(DN25 和 DN15 各 20m)及管件、调节球阀、喷头、PE 编织布等。

2)根据设计尺寸锯截钢管并过丝。

3)用灰线表示水池位置和平面造型。

4)用机砖、混合砂浆砌筑池壁。

5)铺贴 PE 编织布防水层,注意与构筑物密贴、防止破损,压牢固定边沿。

6)管道系统在池外进行部分安装。

7)水泵和管道系统池内组装。

8)接临时水电管路。

9)充水。

10)冲洗管路。

11)喷头安装。

12)试喷、修正。

13)装饰。

14)场地清理、竣工。

第六章　绿　化　工　程

一　乔灌木栽植

乔灌木栽植工程是绿化工程中十分重要的部分,其施工质量直接影响到景观及绿化效果。只有在充分了解植物个体的生态习性和栽培习性的前提下,根据规划设计意图,按照施工的程序和具体实施要求进行操作,才能保证较高的成活率。树木栽植施工程序一般分为现场准备、定点放线、挖穴、起苗、包装与运输、苗木假植、栽植和养护管理等。

◆整地

1. 清理障碍物

在施工场地上,凡对施工有碍的一切障碍物如堆放的杂物、违章建筑、坟堆、砖石块等都要清除干净。一般情况下已有树木凡能保留的尽可能保留。

2. 整理现场

根据设计图纸的要求,将绿化地段与其他用地界限区划开来,整理出预定的地形,使其与周围排水趋向一致。整理工作一般应在栽植前三个月以上的时期内进行。

(1)对8°以下的平缓耕地或半荒地,应根据植物种植必需的最低土层厚度要求(表6-1),通常翻耕30~50cm深度,以利蓄水保墒,并视土壤情况,合理施肥以改变土壤肥性。平地、整地要有一定倾斜度,以利排除过多的雨水。

表6-1　绿地植物种植必需的最低土层厚度

植被类型	土层厚度(cm)
草木花卉	30
草坪地被	30
小灌木	45
大灌木	60
浅根乔木	90
深根乔木	150

(2)对工程场地宜先清除杂物、垃圾,随后换土。

种植地的土壤含有建筑废土及其他有害成分,如强酸性土、强碱土、盐碱土、重黏土、沙土等,均应根据设计规定,采用客土或改良土壤的技术措施。

248

（3）对低湿地区,应先挖排水沟降低地下水位防止返碱。通常在种植前一年,每隔20m左右就挖出一条深1.5～2.0m的排水沟,并将掘起来的表土翻至一侧培成垅台,经过一个生长季,土壤受雨水的冲洗,盐碱减少,杂草腐烂了,土质疏松,不干不湿,即可在垅台上种树。

（4）对新堆土山的整地,应经过一个雨季使其自然沉降,再进行整地植树。

（5）对荒山整地,应先清理地面,刨出枯树根,搬除可以移动的障碍物,在坡度较平缓、土层较厚的情况下,可以采用水平带状整地。

◆ **定点放线**

进行栽植放线前务必认真领会设计意图,并按设计图纸放线。由于树木栽植方式各不相同,定点放线的方法也有很多种,常用的有以下两种:

1. 规则式栽植放线

成行成列式栽植树木称为规则式栽植。规则式栽植的特点是行列轴线明显、株距相等,如行道树。

规则式栽植放线比较简单,可以选地面上某一固定设施为基点,直接用皮尺定出行位或列位,再按株距定出株位。为了保证规则式栽植横平竖直、整齐美观的特点,可于每隔10株株距中间钉一木桩,作为行位控制标记及确定单株位置的依据,然后用白灰点标出单株位置。

2. 自然式栽植放线

自然式栽植的特点是植株间距不等,呈不规则栽植,如公园绿地的种植设计。具体方法有:

（1）交会法

交会法是以建筑物的两个固定位置为依据,根据设计图上与该两点的距离相交会,定出植株位置,以白灰点表示。交会法适用于范围较小,现场内建筑物或其他标记与设计图相符的绿地。

（2）网格法

网格法是按比例在设计图上和现场分别找出距离相等的方格（边长5m,10m,20m）,在设计图上量出树木到方格纵横坐标的距离,再到现场相应的方格中按比例量出坐标的距离,即可定出植株位置,以白灰点表示。网格法适用于范围大而平坦的绿地。

（3）小平板定点法

小平板定点法依据基点,将植株位置按设计依次定出,用白灰点表示。小平板定点法适用于范围较大,测量基点准确的绿地。

（4）平行法

本法适用于带状铺地植物绿化放线,特别是流线形花带实地放线。需要用细绳、石灰或细砂、竹签等,放线时通过不断调整细绳子,使花带中线保证线形与流畅,定出中线后,用垂直中线法将花带边线放出,石灰定线。此法在园路施工放线中同样适用。

3. 设置标桩

为了保证施工质量,使栽植的树种、规格与设计一致,在定点放线的同时,应在白灰点处钉以木桩,标明编号、树种、挖穴规格。

◆ **挖穴**

挖穴的质量好坏对植株以后的生长有很大的影响。在栽植苗木之前应以所定的灰点为中心沿四周往下挖坑（穴）,栽植坑的大小,应按苗木规格的大小而定,一般应在施工计划中事先确定。如表 6-2、表 6-3 所示,一般穴径应大于根系或土球直径 0.3 ~ 0.5m。根据树种根系类型确定穴深。栽植穴的形状一般为圆形或正方形,但无论何种形状,其穴口与穴底口径应一致,不得挖成上大下小或锅底形,以免根系不能舒展或填土不实(见图 6-1)。

表 6-2　常绿乔木类栽植穴规格　　　　　　　　　　　　　　　（cm）

树高	土球直径	栽植穴深度	栽植穴直径
150	40 ~ 50	50 ~ 60	80 ~ 90
150 ~ 250	70 ~ 80	80 ~ 90	100 ~ 110
250 ~ 400	80 ~ 100	90 ~ 110	120 ~ 130
400 以上	140 以上	120 以上	180 以上

表 6-3　落叶乔木类栽植穴规格　　　　　　　　　　　　　　　（cm）

胸径	栽植穴深度	栽植穴直径
2 ~ 3	30 ~ 40	40 ~ 60
3 ~ 4	40 ~ 50	60 ~ 70
4 ~ 5	50 ~ 60	70 ~ 80
5 ~ 6	60 ~ 70	80 ~ 90
6 ~ 8	70 ~ 80	90 ~ 100
8 ~ 10	80 ~ 90	100 ~ 110

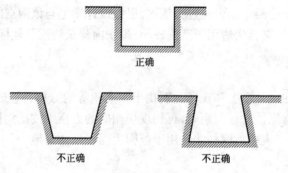

正确

不正确　　　　不正确

图 6-1　挖穴

1. 堆放

挖穴时,挖出的表土与底土应分别堆放,待填土时将表土填入下部,底土填入上部和作围堰用。

2. 地下物处理

挖穴时,如遇地下管线,应停止操作,及时找有关部门配合解决,以免发生事故。发现有严重影响操作的地下障碍物时,应与设计人员协商,适当改动位置。

3. 施肥与换土

土壤较贫瘠时,先在穴部施入有机肥料做基肥。将基肥与土壤混合后置于穴底,其上再覆盖 5cm 厚表土,然后栽树,可避免根部与肥料直接接触引起烧根。

土质不好的地段,穴内需换客土。如石砾较多,土壤过于坚实或被严重污染,或含盐量过高,不适宜植物生长时,应换入疏松肥沃的客土。

4. 注意事项

(1)当土质不良时,应加大穴径,并将杂物清走。如遇石灰渣、炉渣、沥青、混凝土等不利于树木生长的物质,将穴径加大1~2倍,并换入好土,以保证根部的营养面积。

(2)绿篱等株距较小者,可将栽植穴挖成沟槽。

◆**起苗**

起苗又称掘苗,起掘苗木是植树工程的关键工序之一。起苗的质量好坏直接影响树木的成活率和最终绿化成果,因此操作时必须认真仔细,按规定标准带足根系,不使其破损。

1. 准备工作

(1)选好苗木

苗木质量的好坏是影响其成活和生长的重要因素之一。为了提高栽植成活率,保证绿化效果,移植前必须对苗木进行严格的选择。苗木选择的依据是满足设计对苗木规格、树形及其他方面的要求,同时还要注意选择根系发达、生长健壮、无病虫害、无机械损伤、树形端正的苗木(见表6-4)。选定的苗木可采用系绳或挂牌等方法,标出明显标记,以免挖错,同时标明栽植朝向。

表6-4 苗木质量要求最低标准

苗木种类	质量要求
常绿树	主干不弯曲,无蛀干害虫,主轴明显的树种必须有领导干。树冠匀称茂密,有新生枝条,土球结实,草绳不松脱
落叶灌木、灌丛	灌木有短主干或灌丛有主茎3~6个,分布均匀。根际有分枝,无病虫害,须根良好
落叶乔木	树干:主干不得过于弯曲,无蛀干害虫,有明显主轴的树种应有中央领导枝 树冠:树冠茂密,各方向枝条分布均匀,无严重损伤及病虫害 根系:有良好的须根,大根不得有严重损伤,根际无肿瘤及其他病害。带土球的苗木,土球必须结实,捆绑的草绳不松脱

(2)灌水

当土壤较干时,为了便于挖掘,保护根系,应在起苗前2~3d进行灌水湿润。

(3)拢冠

为了便于起苗操作,对于侧枝低矮和冠丛庞大的苗,如松柏、龙柏、雪松等,掘前应先用草绳捆拢树冠,这样既可避免在掘取、运输、栽植过程中损伤树冠,又便于掘苗操作。

(4)断根

对于地径较大的苗木,起苗前可先在根系周边挖半圆预断根,深度根据苗木而定,一般挖深15~20cm即可。

2. 起苗方法

(1)裸根法

适用于处于休眠状态的落叶乔木、灌木和藤本。此法操作简便,节省人力、物力。但由于根系受损,水分散失,影响了成活率。为此,起苗时应尽量保留根系,留些宿土。为了避免风吹日晒,对不能及时运走的苗木,应埋土假植,土壤要湿润。

对于落叶乔木,为了减少水分蒸腾,促进分枝和便于运输,起苗后要进行修剪。

(2)带土球法

将苗木的根部带土削成球状,经包装后起出,称为带土球法。土球内须根完好,水分不易散失,有利于苗木成活和生长。但此法费工费料,适用于常绿树、名贵树木和较大的灌木、乔木。

土球大小的确定:土球直径应为苗木地径的7~10倍,为灌木苗高的1/3,土球高度应为土球直径的2/3。带土球苗的掘苗规格见表6-5。

表6-5　带土球苗的掘苗规格

苗木高度(cm)	土球规格(cm)	
	横径	纵径
<100	30	20
101~200	40~50	30~40
201~300	50~70	40~60
301~400	70~90	60~80
401~500	90~110	80~90

土球形状一般为苹果形,表面应光滑,包装要严密,严防土球松散。土球的包装方法见图6-2。

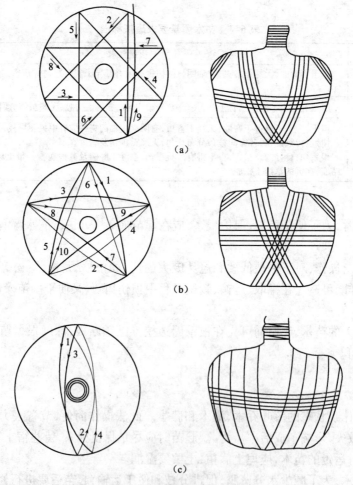

图6-2　土球包装方法示意图
(a)井字包;(b)五角包;(c)橘子包

3. 起苗时间

起苗时间因地区和树种不同而异，一般多在秋冬休眠以后或者在春季萌芽前进行，另外在各地区的雨季也可进行。

◆ 包装与运输

1. 包装

落叶乔木、灌木在掘苗后装车前应进行粗略修剪以便于装车运输和减少树木水分的蒸腾。

包装前应先对根系进行处理，一般是先用泥浆或水凝胶等吸水保水物质蘸根，以减少根系失水，然后再包装。泥浆一般是用黏度比较大的土壤，加水调成糊状。水凝胶是由吸水极强的高分子树脂加水稀释而成的。

包装要在背风庇荫处进行，有条件时可在室内、棚内进行。包装材料可用麻袋、蒲包、稻草包、塑料薄膜、牛皮纸袋、塑膜纸袋等。无论是包裹根系，还是全苗包装，包裹后要将封口扎紧，减少水分蒸发，防止包装材料脱落。将同一品种相同等级的存放在一起，挂上标签，便于管理和销售。

包装的程度视运输距离和存放时间确定。运距短，存放时间短，包装可简便一些；运距长，存放时间长，包装要细致一些。

2. 苗木运输

苗木运输环节也是影响树木成活率的因素。实践证明，"随起、随运、随栽"是保障成活率的有力措施。因此，应该争取在最短的时间内将苗木运到施工现场。条件允许时，尽量做到傍晚起苗，夜间运苗，早晨栽植。这样可以减少风吹日晒，防止水分散失，有利于苗木成活。苗木在装卸、运输过程中，应采取有效措施，避免造成损伤。

(1) 裸根苗木的装车

1) 装运乔木时，应树根朝前，树梢向后，顺序码放。灌木可直立排列。

2) 车后厢板应铺垫草袋、蒲包等物，以防碰伤树皮。

3) 树梢不得拖地，必要时要用绳子围拢吊起来，捆绳子的地方需用蒲包垫上。

4) 树根部位应用苫布遮盖、拢好，减少根部失水。

5) 装车不可超高，压得不要太紧。

(2) 带土球苗木的装车

1) 2m 高以下的苗木可以立装，2m 高以上的苗木应斜放或平放。土球朝前，树梢朝后，挤严捆牢，不得晃动。

2) 土球直径大于 60cm 的苗木只装一层，小土球可以码放 2~3 层，土球之间必须排码紧密以防摇摆。

3) 土球上不准站人或放置重物。

(3) 苗木运输

苗木在运输途中应经常检查苫布是否掀起，防止根部风吹日晒。短途运苗中途不要休息；长途运输时，应洒水淋湿树根，选择阴凉处停车休息。

(4) 苗木卸车

卸车时要爱护苗木，轻拿轻放。裸根苗木应顺序拿放，不准乱抽更不可整车推下。带土球苗木应双手抱土球拿放，不准提拉树干和树梢。较大的土球最好用起重机卸车，若没有条件时，应事先准备好一块长木板从车厢上斜放至地，将土球自木板上顺势慢慢滑下，绝不可滚动土球。

◆ **苗木假植**

苗木运到施工现场后,未能及时栽植或未栽完时,视离栽植时间长短应采取"假植"措施。

1. 裸根苗木的假植

(1)覆盖法裸根苗木需做短期假植时,可用苫布或草袋盖严,并在其上洒水。也可挖浅沟,用土将苗根埋严。

(2)沟槽法裸根苗木需做较长时间假植时,可在不影响施工的地方,挖出深0.3~0.5m,宽0.2~0.5m,长度视需要而定的沟槽,将苗木分类排码,树梢应向顺风方向,斜放一排苗木于沟中,然后用细土覆盖根部,依次层层码放,不得露根。若土壤干燥时,应浇水保持树根潮湿,但也不可过于泥泞以免影响以后操作。

2. 带土球苗木的假植

带土球的苗木,运到工地以后,如能很快栽完则可不假植;如1~2d内栽不完时,应集中放好,四周培土,树冠用绳拢好。如假植时间较长时,土球间隙也应填土。假植时,对常绿苗木应进行叶面喷水。

◆ **苗木种植前的修剪**

种植前应进行苗木根系修剪,宜将劈裂根、病虫根、过长根剪除,并对树冠进行修剪,保持地上地下平衡。

乔木类修剪应符合下列规定:

(1)具有明显主干的高大落叶乔木应保持原有树形,适当疏枝,对保留的主侧枝应在健壮芽上短截,可剪去枝条1/5~1/3。

(2)无明显主干、枝条茂密的落叶乔木,对干径10cm以上树木,可疏枝保持原树形;对干径为5~10cm的苗木,可选留主干上的几个侧枝,保持原有树形进行短截。

(3)枝条茂密具圆头形树冠的常绿乔木可适量疏枝。树叶集生树干顶部的苗木可不修剪。具轮生侧枝的常绿乔木用作行道树时,可剪除基部2~3层轮生侧枝。

(4)常绿针叶树不宜修剪,只剪除病虫枝、枯死枝、生长衰弱枝、过密的轮生枝和下垂枝。

(5)用作行道树的乔木,定干高度宜大于3m,第一分枝点以下枝条应全部剪除,分枝点以上枝条酌情疏剪或短截,并应保持树冠原形。

(6)珍贵树种的树冠宜作少量疏剪。

灌木及藤蔓类修剪应符合下列规定:

(1)带土球或湿润地区带宿土裸根苗木及上年花芽分化的开花灌木不宜作修剪,当有枯枝、病虫枝时应予剪除。

(2)枝条茂密的大灌木,可适量疏枝。

(3)对嫁接灌木,应将接口以下砧木萌生枝条剪除。

(4)分枝明显、新枝着生花芽的小灌木,应顺其树势适当强剪,促生新枝,更新老枝。

(5)用作绿篱的乔灌木,可在种植后按设计要求整形修剪。苗圃培育成型的绿篱,种植后应加以整修。

(6)攀缘类和蔓性苗木可剪除过长部分。攀缘上架苗木可剪除交错枝、横向生长枝。

苗木修剪质量应符合下列规定:

(1)剪口应平滑,不得劈裂。

(2)枝条短截时应留外芽,剪口应距留芽位置以上 1cm。

(3)修剪直径 2cm 以上大枝及粗根时,截口必须削平并涂防腐剂。

◆ **栽植**

1. **散苗**

将苗木按设计图纸或定点木桩散放在定植穴旁边的工序称为散苗。散苗时应注意:

(1)散苗人员要充分理解设计意图,统筹调配苗木规格。必须保证位置准确,按图散苗,细心核对,避免散错。

(2)要爱护苗木,轻拿轻放,不得伤害苗木。不准手持树梢在地面上拖苗,防止根部擦伤和土球破碎。

(3)在假植沟内取苗时应按顺序进行,取后应随时用土埋严。

(4)作为行道树、绿篱的苗木应于栽植前量好高度,按高度分级排列,以保证邻近苗木规格基本一致。

2. **栽苗**

栽苗即是将苗木直立于穴内,分层填土;提苗木到合适高度,踩实固定的工序。

(1)栽苗方法

1)裸根苗木的栽植。将苗木置于穴中央扶直,填入表土至一半时,将苗木轻轻提起,使根颈部位与地表相平,保持根系舒展,踩实,填土直到穴口处,再踩实,筑土堰。

2)带土球苗木的栽植。栽植前应度量土穴与土球的规格是否相适应(一般穴径比土球直径大 0.3 ~ 0.5m),如不妥,应修整土穴,不可盲目入穴。土球入穴后,填土固定,扶直树干,剪开包装材料并尽量取出。填土至一半时,用木棍将土球四周夯实,再填土到穴口,夯实(注意不要砸碎土球),筑土堰。

(2)栽苗的注意事项和要求

1)埋土前必须仔细核对设计图纸,看树种、规格是否正确,若发现问题应立即调整。

2)栽植深度对成活率影响很大,一般裸根乔木苗,应比根颈土痕深 5 ~ 10cm;灌木应与原土痕平齐;带土球苗木比土球顶部深 2 ~ 3cm。

3)注意树冠的朝向,大苗要按其原来的阴阳面栽植。尽可能将树冠丰满完整的一面朝主要观赏方向。

4)对于树干弯曲的苗木,其弯向应与当地主导风向一致;如为行植时,应弯向行内并与前后对齐。

5)行列式栽植,应先在两端或四角栽上标准株,然后瞄准栽植中间各株。左右错位最多不超过树干的一半。

6)定植完毕后应与设计图纸详细核对,确定没有问题后,可将捆拢树冠的草绳解开。

7)栽裸根苗最好每三人为一个作业小组,一人负责扶树、找直和掌握深浅度,两人负责埋土。

8)栽植带土球苗木,必须先量好坑的深度与土球的高度是否一致。若有差别应及时将树坑挖深或填土,必须保证栽植深度适宜。

9)城市绿化植树如遇到土壤不适,需进行客土改造。

◆ **栽植后的养护管理**

植树工程按设计定植完毕后,为了巩固绿化成果,提高植树成活率,还必须加强后期养护管理工作,一般应有专人负责。

1. 立支撑柱

较大苗木为防止被风吹倒或人流活动损坏,应立支柱支撑。沿海多台风地区,一般埋设水泥柱固定高大乔木。支柱的材料,各地有所不同。支柱一般采用木杆或竹竿,长度视树高而定,以能支撑树高1/3~1/2处即可。支柱下端打入土中20~30cm。立支柱的方式有单支式、双支式和三支式三种,一般常用三支式。支法有斜支和立支两种。支柱与树干间应用草绳隔开并将两者捆紧,如图6-3所示。

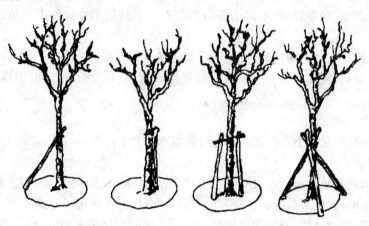

图6-3 立支撑柱

2. 浇水

水是保证植树成活的重要条件,定植后必须连续浇灌几次水,尤其是气候干旱、蒸发量大的地区更为重要。

(1)开堰苗木栽好后,应在穴缘处筑起高10~15cm的土堰,拍牢或踩实,以防漏水。

(2)浇水栽植后,应于当日内灌透水一遍。所谓透水,是指灌水分2~3次进行,每次都应灌满土堰,前次水完全渗透后再灌一次。隔2~3d后浇第二遍水,隔7d后浇第三遍水。以后14d浇一次,直到成活。对于珍贵和特大树木,应增加浇水次数并经常向树冠喷水,可降低植株温度,减少蒸腾。

3. 扶正封堰

(1)扶正在浇完第一遍水后的次日,应检查树苗是否歪斜,发现后应及时扶正,并用细土将堰内缝隙填严,将苗木固定好。

(2)中耕是指在浇三遍水之间,待水分渗透后,用小锄或铁耙等工具将土堰内的表土锄松。中耕可以切断土壤的毛细管,减少水分蒸发,有利保墒。

(3)封堰在浇完第三遍水并待水分渗入后,可铲去土堰,用细土填于堰内,形成稍高于地面的土堆。北方干旱多风地区秋季植树,应在树干基部堆成30cm高的土堆,以保持土壤水分,并能保护树根,防止风吹摇动。

4. 其他养护管理

(1)围护树木定植后务必加强管理,避免人为损坏,这是保证绿化成果的关键措施之一。即使没有围护条件的地方也必须经常派人巡查看管,防止人为破坏。

(2)复剪定植树木一般都应加以修剪,定植后还要对受伤枝条和栽前修复不够理想的枝

256

条进行复剪。

（3）植树工程竣工后（一般指定植灌完三次水后），应全面清扫施工现场，将无用杂物处理干净并注意保洁，真正做到场光地净文明施工。

【相关知识】

◆ **栽植对环境的要求**

（1）对温度的要求

植物的自然分布和气温有密切的关系，不同的地区就应选用能适应该区域条件的树种。栽植当日平均温度等于或略低于树木生物学最低温度时，栽植成活率高。

（2）对光的要求

一般光合作用的速度，随着光的强度的增加而增加。在光线强的情况下，光合作用强，植物生命特征表现强；反之，光合作用减弱，植物生命特征表现弱，故在阴天或遮光的条件下，对提高种植成活率有利。

（3）对土壤的要求

土壤是树木生长的基础，是通过其中水分、肥分、空气、温度等来影响植物生长的。

土壤水分和土壤的物理组成有密切的关系，对植物生长有很大影响。当土壤不能提供根系所需的水分时，植物就产生枯萎，当达到永久枯萎点时，植物便死亡。因此，在初期枯萎以前，必须开始浇水。掌握土壤含水率，即可及时补水。

土壤养分充足对于种植的成活率、种植后植物的生长发育有很大影响。

树木有深根性和浅根性两种。种植深根性的树木应有深厚的土壤，在移植大乔木时比小乔木、灌木需要更多的根土，所以栽植地要有较大的有效深度。具体可见表6-5和表6-6。

表6-6　植物生长所必需的最低限度土层厚度　　　　　　　　　　（cm）

种　别	植物生存的最小厚度	植物培育的最小厚度
草类、地被	15	30
小灌木	30	45
大灌木	45	60
浅根性乔木	60	90
深根性乔木	90	150

◆ **施工注意事项**

在施工中应注意以下几点：

（1）承担栽植工程施工的单位，在接受施工任务、工程开工之前，必须了解设计意图与工程概况。

（2）制订合理的施工方案。

（3）为确保工程质量，对栽植工程的主要项目应确定具体技术措施和质量要求。

（4）安全施工、文明施工，严格执行技术操作规程和规范。

（5）根据需要，搭盖好临时工棚，接通电源、水源，修通道路。

（6）开工之前,应对参加施工的全体人员(或骨干)进行一次技术培训。

◆ **突破季节限制的苗木选择**

在非适宜季节种树,需要选择合适的苗木才能提高成活率。选择苗木时,应从以下几方面入手:

（1）选移植过的树木

最近两年已经移植过的树木,其新生的细根都集中在根蔸部位,树木再移植时所受影响较小,在非适宜季节中栽植的成活率较高。

（2）采用假植的苗木

假植几个月以后的苗木,其根蔸处开始长出新根,根的活动比较旺盛,在不适宜的季节中栽植也比较容易成活。

（3）选土球最大的苗木

从苗圃挖出的树苗,如果是用于非适宜季节栽种,其土球应比正常情况下大一些;土球越大,根系越完整,栽植越易成功。如果是裸根的苗木,也要求尽可能带有心土,并且所留的根要长,细根要多。

（4）用盆栽苗木下地栽种

在不适宜栽树的季节,用盆栽苗木下地栽种,一般都很容易成活。

（5）尽量使用小苗

小苗比大苗的移栽成活率更高,只要不急于很快获得较好的绿化效果,都应当使用小苗。

二 大树移植

【要 点】

所谓大树是指树干的胸径在 10cm 以上,高度在 4m 以上的大乔木。树种不同,可有所差异。对这些树种进行移栽的过程称为大树移植工程。

大树由于年龄大、根深、干高、冠大,水分蒸发量较大,给移植工作带来了很大困难。因此为了保证移植后的成活率,在大树移植前,必须采取科学的方法,遵守一定的技术规程,以保证施工质量。

【解 释】

◆ **移植大树的选择**

根据设计图纸和说明所要求的树种规格、树高、冠幅、胸径、树形(需要注明观赏面和原有朝向)和长势等,到郊区或苗圃进行调查,选树并编号。选择时应注意以下几点:

（1）要选择接近新栽地环境的树木。野生树木主根发达,长势过旺的,适应能力也差,不易成活。

（2）不同类别的树木,移植难易不同。一般灌木比乔木移植容易;落叶树比常绿树容易;扦插繁殖或经多次移植须根发达的树比播种未经移植直根性和肉质根类树木容易;叶细小比叶少而大者容易;树龄小比树龄大的容易。

（3）一般慢生树选 20~30 年生;速生树种则选用 10~20 年生,中生树可选 15 年生,果树、花灌木为 5~7 年生,一般乔木树高在 4m 以上,胸径 12~25cm 的树木则最合适。

(4)应选择生长正常的树木以及没有感染病虫害和未受机械损伤的树木。

(5)选树时还必须考虑移植地点的自然条件和施工条件,移植地的地形应平坦或坡度不大,过陡的山坡,根系分布不正,不仅操作困难且容易伤根,不易起出完整的土球,因而应选择便于挖掘处的树木,最好使起运工具能到达树旁。

◆ **移植的时间**

移植期是指栽植树木的时间。树木是有生命的机体,在一般情况下,夏季树木生命活动最旺盛,冬天其生命活动最微弱或近乎休眠状态,可见,树木的种植是有季节性的。移植多选择树木生命活动最微弱的时候进行移植,也有因特殊需要进行非植树季节栽植树木的情况,但需经特殊处理。

华北地区大部分落叶树和常绿树在 3 月上中旬至 4 月中下旬种植。常绿树、竹类和草皮等,在 7 月中旬左右进行雨季栽植。秋季落叶后可选择耐寒、耐旱的树种,用大规格苗木进行栽植。这样可以减轻春季植树的工作量。一般常绿树、果树不宜秋天栽植。

华东地区落叶树的种植,一般在 2 月中旬至 3 月下旬,在 11 月上旬至 12 月中下旬也可以。早春开花的树木,应在 11 月至 12 月种植。常绿阔叶树以 3 月下旬最宜,6 至 7 月或 9 至10 月进行种植也可以。香樟、柑橘等以春季种植为好。针叶树春秋都可以栽种,但以秋季为好。竹子一般在 9 至 10 月栽植为好。

东北和西北北部严寒地区,在秋季树木落叶后,土地封冻前种植成活更好。冬季采用带冻土移植大树,其成活率也很高。

◆ **大树移植前预掘**

为了保证树木移植后能很好成活,可在移植前采取一些措施,促进树木的须根生长,这样也可以为施工提供方便条件,常用下列方法:

(1)多次移植

在专门培养大树的苗圃中多采用多次移植法,速生树种的苗木可以在头几年每隔 1 至 2年移植一次,待胸径达 6cm 以上时,可每隔 3 至 4 年再移植一次。而慢生树待其胸径达 3cm以上时,每隔 3 至 4 年移一次,长到 6cm 以上时,则隔 5 至 8 年移植一次,这样树苗经过多次移植,大部分的须根都聚生在一定的范围,因而再移植时可缩小土球的尺寸和减少对根部的损伤。

(2)预先断根法(回根法)

适用于一些野生大树或一些具有较高观赏价值的树木的移植。一般是在移植前 1 至 3 年的春季或秋季,以树干为中心,2.5~3 倍胸径为半径或以较小于移植时土球尺寸为半径画一个圆或方形,再在相对的两面向外挖 30~40cm 宽的沟(其深度则视根系分布而定,一般为50~80cm),对较粗的根应用锋利的锯或剪,齐平内壁切断,然后用沃土(最好是沙壤土或壤土)填平,分层踩实,定期浇水,这样便会在沟中长出许多须根。到第二年的春季或秋季再以同样的方法挖掘另外相对的两面,到第三年时,在四周沟中均长满了须根,这时便可移走(图6-4)。挖掘时应从沟的外缘开挖,断根的时间可按各地气候条件确定。

(3)根部环状剥皮法

同上法挖沟,但不切断大根而采取环状剥皮的方法,剥皮的宽度为 10~15cm,这样也能促进须根的生长。这种方法由于大根未断,树身稳固,可不加支柱。

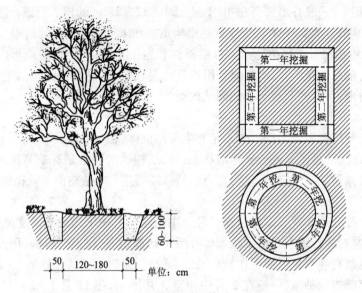

图 6-4　大树分期断根挖掘法示意

◆ **大树修剪**

为了保证大树冠形优美,减少养分消耗,移植前应适时适度修剪,修剪强度依树种而异,萌芽力强的,树龄大的,规格大的,叶薄稠密的应多剪;常绿树、萌芽力弱的宜少剪。修剪方法主要如下:

(1)剪枝:是大树修剪的主要内容,应剪去病枯枝、徒长枝、交叉枝、过密枝、干扰枝,使冠形匀称。

(2)摘叶:对于名贵树种,为了减少蒸腾,可摘去部分树叶,移植后即可萌发出新叶。

(3)摘心:为了促进侧枝生长,控制主枝生长,可摘去顶芽。

(4)摘花摘果:为了减少养分的消耗,移植前应适当地摘去一部分花、果。

◆ **编号**

编号是当移栽成批的大树时,为使施工有计划地进行,防止错栽,应将拟移植的大树统一编号注记,现场栽植时一一对号入座。

◆ **定向**

定向是在树干上标注南北方向,以利于栽植时定位,满足其对蔽荫及阳光的要求。

◆ **运输准备**

由于大树移植所带土球较大,人力装卸十分困难,一般应配备吊车。同时应事先查看运输路线,对低矮的架空线路应采取临时措施,防止事故发生。对需要进行病虫害检疫的树种,应事先办理检疫证明(当地林业部门、检疫部门、园林部门),取得通行证。

◆ **软材包装移植法**

软材包装法适用于移植胸径 10～15cm,土球直径不超过 1.3m 的大树。

软材包装移植法的步骤为:掘苗→吊装运输→卸车→栽植。

其中掘苗与运输已在第一节中介绍过,下面仅介绍后两个步骤。

1. 卸车

(1)卸车也应使用吊车,以利于安全和质量的保证。

（2）卸车后,如不能立即栽植,应将苗木立直、支稳,严禁苗木斜放或倒地。

2. 栽植

（1）挖穴:树坑的规格应大于土球的规格,一般坑径大于土球直径40cm,坑深大于土球高度20cm。遇土质不好时,应加大树坑规格并进行换土。

（2）施底肥:需要施用底肥时,将腐熟的有机肥与土拌匀,施入坑底和土球周围(随栽随施)。

（3）入穴:入穴时,应按原生长时的南北向就位,(可能时取姿态最佳一面作为主要观赏面)。树木应保持直立,土球顶面应与地面平齐。可事先用卷尺分别量取土球和树坑尺寸,如不相适应,应进行调整。

（4）支撑:树木直立平稳后,立即进行支撑。为了保护树干不受磨伤,应预先在支撑部位用草绳将树干缠绕一层,防止支柱与树干直接接触,并用草绳将支柱与树干捆绑牢固,严防松动。

（5）拆包:将包装草绳剪断,尽量取出包装物,实在不好取时可将包装材料压入坑底。如发现土球松散,严禁松解腰绳和下部包装材料,但腰绳以上的所有包装材料应全部取出,以免影响水分渗入。

（6）填土:应分层填土、分层夯实(每层厚20cm),操作时不得损伤土球。

（7）筑土堰:在坑外缘取细土筑一圈高30cm的灌水堰,用锹拍实,以备灌水。

（8）灌水:大树栽后应及时灌水,第一次灌水量不宜过大,主要起沉实土壤的作用,第二次水量要足,第三次灌水后即可封堰。

◆ 木箱包装移植法

木箱包装法适用于胸径15～30cm的大树,可以保证吊装运输安全而不散坨。它适用于雪松、华山松、白皮松、桧柏、龙柏、云杉、铅笔柏等常绿树。

1. 移植时间

由于利用木箱包装相对保留了较多根系,并且土壤与根系接触紧密,水分供应较为正常,除新梢生长旺盛期外,一年四季均可进行移植。但为了确保成活率,还是应该选择适宜季节进行移植。

2. 机具准备

掘苗前应准备好需用全部工具、材料、机械和运输车辆,并由专人管理。所需材料、工具、机械如表6-7所示。

表6-7　木箱包装移植法所需的材料、工具和机械

名　称		数量与数据	用　途
木板	大号	上板长2.0m,宽0.2m,厚3cm 底板长1.75m,宽0.3m,厚5cm 边板上缘长1.85m,下缘长1.75m,厚5cm 用3块带板(长50m,宽10～15cm)钉成高0.8m的木板,共4块	包装土球用
木板	小号	上板长1.65m,宽0.2m,厚5cm 底板长1.45m,宽0.3m,厚5cm 边板上缘长1.5m,下缘长1.4m,厚5cm 用3块带板(长50m,宽10～15cm)钉成高0.6m的木板,共4块	—

名　称	数量与数据	用　途
方木	10cm×(10~15)cm×15cm,长1.5~2.0m,需8根	吊运做垫木
木墩	10个,直径0.25~0.30m,高0.3~0.35m	支撑箱底
垫板	8块,厚3cm,长0.2~0.25m,宽0.15~0.2m	支撑横木、垫木墩
支撑横木	4根,10cm×15cm方木,长1.0m	支撑木箱侧面
木杆	3根,长度为树高	支撑树木
铁皮(铁腰子)	约50根,厚0.1cm,宽3cm,长50~80cm;每根打孔10个,孔距5~10cm	加固木箱钉钉用
铁钉	约500个,长3~3.5cm	钉铁腰子
蒲包片	约10个	包四角、填充上下板
草袋片	约10个	包树干
扎把绳	约10根	捆木杆起吊牵引用
尖锹	3~4把	挖沟用
平锹	2把	削土台,掏底用
小板镐	2把	掏底用
紧线器	2个	收紧箱板用
钢丝绳	2根,粗1.2~1.3cm,每根长10~12m,附卡子4个	捆木箱用
尖镐	2把,一头尖、一头平	刨土用
斧子	2把	钉铁皮,砍树根
小铁棍	2根,直径0.6~0.8cm,长0.4m	拧紧线器用
冲子、剁子	各1把	剁铁皮,铁皮打孔用
鹰嘴钳子	1把	调卡子用
千斤顶	1台,油压	上底板用
吊车	1台,载质量视土台大小而定	装卸用
货车	1台,车型、载质量视树大小而定	运输树木用
卷尺	1把,3m长	量土台用

3. 掘苗及包装

（1）土台（块）规格

土台大,固然有利于成活,但给起、运带来很大困难。因此,应在确保成活的前提下,尽量减小土台的大小。一般土台的上边长为树木胸径的7~10倍,具体见表6-8。

表6-8　土台规格

树木胸径（cm）	木箱规格（m）
15~18	1.5×0.6
18~24	1.8×0.7
25~27	2.0×0.7
28~30	2.2×0.8

（2）挖土台

1）画线。以树木为中心，以边长尺寸加大 5cm 画正方形，作为土台的范围。同时，做出南北方向的标记。

2）挖沟。沿正方形外线挖沟，沟宽应满足操作要求，一般为 0.6～0.8m，一直挖到规定的土台厚度。

3）去表土。为了减轻质量，可将根系很少的表层土挖去，以出现较多树根处开始计算土台厚度，可使土台内含有较多的根系。

4）修平挖掘到规定深度后，用锹修平土台四壁，并使四面中间部位略为凸出。如遇粗根可用手锯锯断，并使锯口稍陷入土台表面，不可外凸。修平后的土台尺寸应稍大于边板规格，以便续紧后使箱板（图 6-5）与土台靠紧。土台应呈上宽下窄的倒梯形，与边板形状一致。

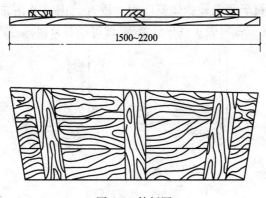

图 6-5　箱板图

（3）立边板

1）立边板。土台修好后，应立即上箱板，以免土台坍塌。先将边板沿土台四壁放好，使每块箱板中心对准树干中心，并使箱板上边低于土台顶面 1～2cm，作为吊装时土台下沉的余量。两块箱板的端头应沿土台四角略为退回，如图 6-6 所示。随即用蒲包片将土台四角包严，两头压在箱板下。然后在木箱边板距上、下口 15～20cm 处各绕钢丝绳一道。

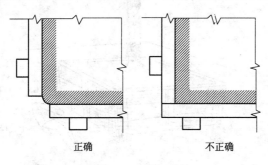

正确　　　　　　　不正确

图 6-6　箱板端部的安装位置

2）上紧线器。在上下两道钢丝绳各自接头处装上紧线器并使其处于相对方向（东西或南北）中间板带处（图 6-7），同时紧线器从上向下转动。先松开紧线器，收紧钢丝绳，使紧线器处于有效工作状态。紧线器在收紧时，必须两个同时进行，收紧速度下绳应稍快于上绳。收紧到一定程度时，可用木棍锤打钢丝绳，如发出嘣嘣的弦音表示已经收紧，即可停止。

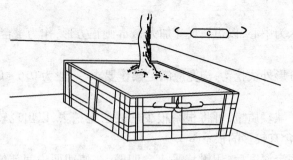

图 6-7　紧线器的安装位置

3）钉箱。箱板被收紧后，即可在四角钉上铁皮（铁腰子）8～10道。每条铁皮上至少要有两对铁钉钉在带板上。钉子稍向外侧倾斜以增加拉力，如图 6-8 所示。四角铁皮钉完后用小锤敲击铁皮，发出嗒嗒的弦音时表示铁皮已紧固，即可松开紧线器，取下钢丝绳。

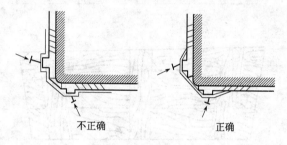

不正确　　　　　　　正确

图 6-8　铁皮的钉牢

加深边沟，沿木箱四周继续将边沟下挖 30～40cm，以便掏底。

4）支树干。用三根木杆（竹竿）支撑树干并绑牢，保证树木直立。

（4）掏底与上底板

用小板镐和小平铲将箱底土台大部掏挖空，称为"掏底"。这样便于钉封底板，如图 6-9 所示。

图 6-9　掏底作业

1）掏底应分次进行，每次掏底宽度应等于或稍大于欲钉底板每块木块的宽度。掏够一块木板宽度，应立即钉上一块底板。底板间距一般为 10～15cm，应排列均匀。

2）上底板之前，应按量取所需底板长度（与所对应木箱底口的外沿平齐）下料（锯取底板),并在每块底板两头钉铁皮。

3)上底板时,先将一端贴紧边板,将铁皮钉在木箱带板上,底面用圆木墩顶牢(圆木墩下可垫以垫木);另一头用油压千斤顶顶起与边板贴紧,用铁皮钉牢,撤下千斤顶,支牢下墩。两边底板上完后,再继续向内掏挖。

4)在掏挖箱底中心部位前,为了防止箱体移动,保证操作人员安全,将箱板的上部分别用横木支撑,使其固定。支撑时,先于坑边挖穴,穴内置入垫板,将横木一端支垫,另一端顶住木箱中间带板并用钉子钉牢。

5)掏中心底时要特别注意安全,操作人员身体严禁伸入箱底,并派人在旁监视,防止事故发生。风力达到四级以上时,应停止操作。

底部中心也应略凸成弧形,以利底板靠紧。粗根应锯断并稍陷入土内。

掏底过程中,如发现土质松散,应及时用窄板封底;如有土脱落时,马上用草袋、蒲包填塞,再上底板。

(5)上盖板

于木箱上口钉木板拉结,称为上盖板。上盖板前,将土台上表面修成中间稍高于四周,并于土台表面铺一层蒲包片。树干两侧应各钉两块木板,其间距为 15～20cm。木箱包装如图6-10所示。

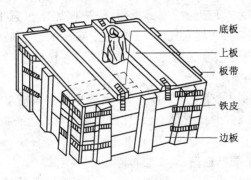

图6-10　木箱包装示意图

4. 吊装运输

木箱包装移植大树,因其质量较大(单株质量在 2t 以上),必须使用起重机械吊装。生产中常用汽车吊,其优点是机动灵活,行驶速度快,操作简单。

(1)装车

运输车辆一般为大型货车,树木过大时可用大型拖车。吊装前,用草绳捆拢树冠以减少损伤。

1)先用一根长度适当的钢丝绳,在木箱下部 1/3 处将木箱拦腰围住,将两头绳套扣在吊车的吊钩上,轻轻起吊,待木箱离地前停车。用蒲包片或草袋片将树干包裹起来,并于树干上系一根粗绳,另一端扣在吊钩上,防止树冠倒地。

2)继续起吊。当树身躺倒时,在分枝处拴 1～2 根绳子,以便用人力来控制树木的位置,避免损伤树冠,便于吊装作业。

3)装车时木箱在前,树冠在后,且木箱上口与后轴相齐,木箱下面用方木垫稳。为使树冠不拖地,在车厢尾部用两根木棍绑成支架将树木支起,并在支架与树干间塞垫蒲包或草袋并用绳子捆牢,防止树皮被擦伤。捆木箱的钢丝绳应用紧线器绞紧。

（2）运输

大树运输，必须有专人在车厢上押运，保护树木不受损伤。

1）开车前，押运人员必须仔细检查装车情况，如绳索是否牢固，树冠是否拖地，与树干接触的部位是否都用蒲包或草袋隔垫等。如发现问题，应及时采取措施解决。

2）对超长、超宽、超高的情况，事先应有处理措施，必要时，事先办理行车手续。对需要进行病虫害检疫的树木，应事先办理检疫证明。

3）押运人员应随车携带绝缘竹竿，以备途中支举架空电线。押运人员应站在车厢内，便于随时监视树木状态，出现问题及时通知驾驶员停车处理。通常一辆汽车只装一株树。

（3）卸车

1）卸车前，先解开捆拢树冠的小绳，再解开大绳，将车停在预定位置，准备卸车。

2）起吊用的钢丝绳和粗绳与装车时相同。木箱吊起后，立即将车开走。

3）木箱应呈倾斜状，落地前在地面上横放一根 40cm×40cm 的大方木，在木箱落地时作为枕木。木箱落地时要轻缓，以免振松土台。

4）用两根方木（10cm×10cm，长2m）垫在木箱下，方木间距为 0.8～1.0m，以便栽吊时穿绳操作。松缓吊绳，轻摆吊臂，使树木慢慢立直。

（4）栽植

1）用木箱移植大树，坑（穴）亦应挖成方形，且每边应比木箱宽出 0.5m，深度大于木箱高 0.15～0.20m。土质不好还应加大坑穴规格。需要客土或施底肥时，应事先备好客土和有机肥。

2）树木起吊前，检查树干上原包装物是否严密以防擦伤树皮。入坑时，用两根钢丝绳兜底起吊，注意吊钩不要擦伤树木枝干。

3）树木就位前，按原标记的南北方向找正，满足树木的生长需求。同时，在坑底中央堆起高 0.15～0.2m、宽 0.7～0.8m 的长方形土台，且使其纵向与木箱底板方向一致，便于两侧底板的拆除。

4）拆除中心底板，如土质已松散，可不必拆除。

5）严格掌握栽植深度，应使树干地痕与地面平齐，不可过深或过浅。木箱入坑后，经检查即可拆除两侧底板。

6）树木落稳后，抽出钢丝绳，把三根木杆或竹竿绑在树干分枝点以上部位，起支撑作用。为防止磨伤树皮，木杆与树干之间应以蒲包或草绳隔垫。

7）拆除木箱的上板及覆盖物。填土至坑深的 1/3 时，方可拆除四周边板，以防散坨。以后每层填土 0.2～0.3m 厚即夯实一遍，确保栽植牢固，并注意保护土台不受破坏。需要施肥时，应与填土拌匀后填入。

8）大树栽植应筑双层灌水堰（外层土堰筑在树坑外缘，内层土堰筑在土台四周），土堰高为 0.2m，拍实。内外堰同时灌水，以灌满土堰为止。水渗后，将堰内填平，紧接着灌第二遍水。以后灌水视需要而定，每次灌水后待表土稍干，均应松土以利保墒。

【相关知识】

◆大树移植注意事项

大树在移植时应注意以下几点内容：

（1）制订好施工作业计划。

（2）合理安排工程进度表。

（3）支撑树干。刚栽上的大树特别容易歪倒，要设立支架，把树牢固地支撑起来，确保大树不会歪斜。

（4）栽植后要立即浇一次透水，隔 2～3d 浇第二次水，隔一周后浇第三次水，以后浇水间隔可适当拉长。

（5）为了保持树干的湿度，减少树皮蒸腾水分，可用草绳将树干全部包扎起来，以后，可经常用喷雾器为树干喷水保湿。

（6）夏季应搭建荫棚以防过于强烈的日晒。

◆**大树移植后的养护管理**

已经定植的大树，必须在 1 至 2 年内加强管理，并采取一些保证成活的技术措施加以养护，才能最后移植成功。主要的养护管理措施如下：

（1）刚栽上的大树特别容易歪倒，要用结实的木杆搭在树干上构成三脚架，把树木牢固地支撑起来，确保大树不会歪斜。

（2）在养护期中，要注意平时的浇水，发现土壤水分不足要及时浇灌。在夏天，要多对地面和树冠喷洒清水，增加环境湿度，降低蒸腾作用。

（3）为了促进新根生长，可在浇灌的水中加入 0.02% 的生长素，使根系提早生长健全。

（4）移植后第一年秋天就应当施一次追肥。第二年早春和秋季，也至少要施肥 2～3 次，肥料的成分以氮肥为主。

（5）为了保持树干的湿度，减少从树皮蒸腾的水分，要对树干进行包裹。裹干时，可用浸湿的草绳从树基往上密密地缠绕树干，一直缠裹到主干顶部。接着，再将调制的黏土泥浆厚厚地糊满草绳裹着的树干。以后，可经常用喷雾器为树干喷水保湿。

三 风景树栽植

【要　点】

风景树的栽植程序和方法与上节大树移植基本相同，但也有一些特殊的要求，在施工中应加以注意。

【解　释】

◆**孤立树栽植**

孤立树可能被配植在草坪、岛、山坡等处，一般是作为重要风景树栽种的。选用作孤植的树木，要求树冠广阔或树势雄伟，或者树形美观、开花繁盛。栽植时，具体技术要求与一般树木栽植基本相同；但种植穴应挖得更大一些，土壤要更肥沃一些。根据构图要求，要调整好树冠的朝向，把最美的一面向着空间最宽最深的一方。还要调整树形姿态，树形适宜横卧、倾斜的，就要将树干栽成横、斜状态。栽植时对树形姿态的处理，一切以造景的需要为准。树木栽好后，要用木杆支撑树干，以防树木倒下，一年以后即可以拆除支撑。

◆**树丛栽植**

风景树丛一般是用几株或十几株乔木、灌木配植在一起；树丛可以由 1 个树种构成，也可以由多个树种(最多7~8个)构成。选择构成树丛的材料时,要注意选树形有对比的树木,如柱状、伞形、球形、垂枝形的树木,各自都要有一些,在配成完整树丛时才好使用。一般来说,树丛中央要栽最高的和直立的树木,树丛外沿可配较矮的和伞形、球形的植株。树丛中个别树木采取倾斜姿势栽种时,一定要向树丛以外倾斜,不得反向树丛中央斜去。树丛内最高最大的主树,不可斜栽。树丛内植株间的株距不应一致,要有远有近,有聚有散。栽得最密时,可以土球挨着土球栽,不留间距。栽得稀疏的植株,可以和其他植株相距5m以上。

◆ **风景林栽植**

风景林栽植施工中主要应注意下述三方面的问题:

(1)林地整理

在绿化施工开始的时候,首先要清理林地,地上地下的废弃物、杂物、障碍物等都要清除出去。通过整地,将杂草翻到地下,把地下害虫的虫卵、幼虫和病菌翻上地面,经过低温和日照将其杀死。减少病虫对林木危害,提高林地树木的成活率。土质瘦瘠密实的,要结合着翻耕松土,在土壤中掺进有机肥料。林地要略为整平,并且要整理出1%以上的排水坡度。

(2)林缘放线

林地准备好之后,应根据设计图将风景林的边缘范围线测设到林地地面上。放线方法可采用坐标方格网法。林缘线的放线一般所要求的精确度不是很高,有一些误差还可以在栽植施工中进行调整。林地范围内树木种植点的确定有规则式和自然式两种方式。规则式种植点可以按设计株行距以直线定点,自然式种植点的确定则允许现场施工中灵活定点。

(3)林木配植

风景林内,树木可以按规则的株行距栽植,这样成林后林相比较整齐,但在林缘部分,还是不宜栽得很整齐,不宜栽成直线形而要使林缘线栽成自然曲折的形状。树木在林内也可以不按规则的株行距栽,而是在2~7m的株行距范围内有疏有密地栽成自然式;这样成林后,树木的植株大小和生长表现就比较不一致,但却有了自然丛林般的景观。栽于树林内部的树,可选树干通直的苗木,枝叶稀少一点也可以;处于林缘的树木,则树干可不必很通直,但是枝叶还是应当茂密一些。风景林内还可以留几块小的空地不栽树木,铺种上草皮,作为林中空地通风透光。林下还可选耐阴的灌木或草本植物覆盖地面,增加林内景观内容。

◆ **水景树栽植**

用来陪衬水景的风景树,由于是栽在水边,就应当选择耐湿地的树种。如果所选树种并不能耐湿但又一定要用它,就要在栽植中进行一些处理。对这类树种,其种植穴的底部高度一定要在水位线之上。种植穴要比一般情况下挖得深一些,穴底可垫一层厚度5cm以上的透水材料,如炭渣、粗砂粒等;透水层之上再填一层壤土,厚度可在8~20cm之间;其上再按一般栽植方法栽种树木。树木可以栽得高一些,使其根颈部位高出地面,高出地面的部位进行壅土,把根颈旁的土壤堆起来,使种植点整个都抬高。水景树的这种栽植方法对根系较浅的树种效果较好,但对深根性树种来说,就只在两三年内有些效果,时间一长,效果就不明显了。

◆ **旱生植物栽植**

旱生植物大多数不耐水湿,因此,栽种旱生植物的基质就一定要透水性比较强。如栽植多浆植物或肉质根系的花木一般要用透水性好的砂土,且种植地排水要良好,不积水、不低洼。一些耐旱而不耐潮湿的树木,如马尾松、柚木、紫薇、紫荆、木兰等,一般都要将种植点抬高,或要求地面排水系统完善,保证不受水淹。

◆**风景林树种的选择**

风景林一般用树形高大雄伟的或树形比较独特的树种群植而成,如松树、柏树、银杏、樟树、广玉兰等就是常用的高大雄伟树种,而柳树、水杉、蒲葵、椰子树、芭蕉等则是树形比较奇特的风景林树种。

四 水生植物的栽植

【要　　点】

栽植水生植物有两种不同的技术途径:一是在池底铺至少 15cm 的培养土,将水生植物植入土中;二是将水生植物种在容器中,将容器沉入水中。

【解　　释】

◆**种植器的选择**

可结合水池建造时,在适宜的水深处砌筑种植槽,再加上腐殖质多的培养土。

应选用木箱、竹篮、柳条筐等在一年之内不致腐朽的材料,同时注意装土栽种以后,在水中不致倾倒或被风浪吹翻。一般不用有孔的容器,因为培养土及其肥效很容易流失到水里,甚至污染水质。

不同水生植物对水深要求不同,同时容器放置的位置也有一定的艺术要求,解决的方法之一是水中砌砖石方台,将容器顶托在适当的深度上,稳妥可靠。另一种方法是用两根耐水的绳索捆住容器,然后将绳索固定在岸边,压在石下,如水位距岸边很近,岸上又有假山石散点,较易将绳索隐蔽起来。否则会失去自然之趣,大煞风景。

◆**土壤的要求**

可用干净的园土,细细地筛过,去掉土中的小树枝、草根、杂草、枯叶等,尽量避免用塘里的稀泥,以免掺入水生杂草的种子或其他有害杂菌。以此为主要材料,再加入少量粗骨粉及一些慢性的氮肥。

◆**水生植物的管理**

水生植物的管理一般比较简单,栽植后,除日常管理工作之外,还要注意以下几点:

(1)检查有无病虫害。

(2)检查是否拥挤,一般过 3 至 4 年需要进行一次分株。

(3)定期施加追肥。

(4)清除水中的杂草。池底或池水过于污浊时要换水或彻底清理。

【相关知识】

◆**容器种植方法的特点**

一般认为容器栽植的优点较多:将水生植物种在容器中的做法位置上移动方便,在北方冬季取出防寒、收藏及换土加肥、春季分株等作业比较灵活省工,能保持池水及池底的清澈,同时,清理池底和换水也比较方便。

五 草坪建植

【要　点】

草坪是园林绿化材料的重要组成部分,它具有良好的生态效益,得到社会大众的认同和肯定,已成为现代文明城市的重要标志之一。草坪也是一些地块零星之处和特殊地段,如飞机场、足球场和高尔夫球场必不可少的绿化材料,因此,如何建植高质量的草坪是园林工程要解决的重要课题。

【解　释】

◆ 坪床的准备

(1)场地清理

1)在有树木的场地上,要全部或者有选择地把树和灌丛移走,也要把影响下一步草坪建植的岩石、碎砖瓦块以及所有对草坪草生长的不利因素清除掉,还要控制草坪建植中或建植后可能与草坪草竞争的杂草。

2)对木本植物进行清理,包括树木、灌丛、树桩及埋藏树根的清理。

3)清除裸露石块、砖瓦等,在35cm以内表层土壤中,不应有大的砾石瓦块。

(2)翻耕

1)面积大时,可先用机械犁耕,再用圆盘犁耕,最后耙地。

2)面积小时,用旋耕机耕一两次也可达到同样的效果,一般耕深10~15cm。

3)耕作时要注意土壤的含水量,土壤过湿或太干都会破坏土壤的结构。看土壤水分含量是否适于耕作,可用手紧握一小把土,然后用大拇指使之破碎,如果土块易于破碎,则说明适宜耕作。土太干会很难破碎,太湿则会在压力下形成泥条。

(3)整地

1)为了确保整出的地面平滑,使整个地块达到所需的高度,按设计要求,每相隔一定距离要设置木桩标记。

2)填充土壤松软的地方,土壤会沉实下降,填土的高度要高出所设计的高度,用细质土壤充填时,大约要高出15%;用粗质土时可低些。

3)在填土量大的地方,每填30cm就要镇压以加速沉实。

4)为了使地表水顺利排出场地中心,体育场草坪应设计成中间高、四周低的地形。

5)地形之上至少需要有15cm厚的覆土。

6)进一步整平地面坪床,同时也可把底肥均匀地施入表层土壤中。

① 在种植面积小、大型设备工作不方便的场地上,常用铁耙人工整地。为了提高效率,也可用人工拖耙耙平。

② 种植面积大应用专用机械来完成。与耕作一样,细整也要在适宜的土壤水分范围内进行,以保证良好的效果。

(4)土壤改良

土壤改良是把改良物质加入土壤中,从而改善土壤理化性质的过程。保水性差、养分贫乏、通气不良等都可以通过土壤改良得到改善。

大部分草坪草适宜的酸碱度在 6.5～7.0 之间。土壤过酸或过碱,一方面会严重影响养分有效性,另一方面,有些矿物质元素含量过高会对草坪草产生毒害,从而大大降低草坪质量。因此,对过酸或过碱的土壤要进行改良:对过酸的土壤,可通过施用石灰来降低酸度;对过碱的土壤,可通过加入硫酸镁等来调节。

(5)排水及灌溉系统

草坪与其他场地一样,需要考虑排除地面水,因此,最后平整地面时,要结合考虑地面排水问题,不能有低凹处以避免积水,做成水平面也不利于排水。草坪多利用缓坡来排水。在一定面积内修一条缓坡的沟道,其最低处的一端可设雨水口接纳排出的地面水,并经地下管道排走,或以沟直接与湖池相连。理想的平坦草坪的表面应是中部稍高,逐渐向四周或边缘倾斜。建筑物四周的草坪应比房基低 5cm,然后向外倾斜。

地形过于平坦的草坪或地下水位过高或聚水过多的草坪、运动场的草坪等均应设置暗管或明沟排水,最完善的排水设施是用暗管组成一系统与自由水面或排水管网相连接。

草坪灌溉系统是兴造草坪的重要项目。目前国内外草坪大多采用喷灌,为此,在场地最后整平前,应将喷灌管网埋设完毕。

(6)施肥

在土壤养分贫乏和 pH 值不适时,在种植前有必要施用底肥和土壤改良剂。施肥量一般应根据土壤测定结果来确定,土壤施用肥料和改良剂后,要通过耙、旋耕等方式把肥料和改良剂翻入土壤一定深度并混合均匀。

在细整地时一般还要对表层土壤少量施用氮肥和磷肥以促进草坪幼苗的发育。苗期浇水频繁,速效氮肥容易淋洗,为了避免氮肥在未被充分吸收之前出现淋失,一般不把它翻到深层土壤中,同时要对灌水量进行适当控制。施用速效氮肥时,一般种植前施氮量为 $50～80kg/hm^2$,对较肥沃土壤可适当减少,较瘠薄土壤可适当增加。如有必要,出苗两周后再追施 $25kg/hm^2$。施用氮肥要十分小心,用量过大会将子叶烧坏,导致幼苗死亡。喷施时要等到叶片干后进行,施后应立即喷水。如果施的是缓效性氮肥,施肥量一般是速效氮肥用量的 2～3 倍。

◆ **播种法植草**

利用播种法形成草坪具有均匀、整齐的外观和投资最少的优点,目前在园林绿化中已被广泛采用。

(1)选种

播种用的草种,必须选取能适合本地区气候条件的优良草种。选种时一要重视纯度,二要测定它的发芽率,必须在播种前做好这两项工作。纯度要求在 90% 以上,发芽率要求在 50% 以上,从市场购入的外来草籽必须严格检查。混合草籽中的粗草与细草、冷地型草与暖地型草,均应分别进行测定,以免造成不必要的损失。

(2)种子处理

有的种子发芽率不高并不是因为质量不好,而是因为种子形态、生理原因所致,为了提高发芽率,达到苗全、苗壮的目的,在播种前可对种子加以处理。种子处理的方法主要有三种:一是用流水冲洗,如细叶苔草的种子可用流水冲洗数十小时;二是用化学药物处理,如结缕草种子用 0.5% 的 NaOH 浸泡 48 小时,用清水冲洗后再播种;三是机械揉搓,如野牛草种子可用机械的方法揉搓掉硬壳。

（3）播种量和播种时间

草坪种子播种量越大，见效越快，播后管理越省工。单播时，一般用量为 $0.01 \sim 0.02 kg/m^2$，具体应根据草种、种子发芽率而定。

播种时间：暖季型草种为春播，可在春末夏初播种；冷季型草种为秋播，北方最适合的播种时间是 9 月上旬，详见表 6-9。

表 6-9　草坪的播种量和播种期

草种		播种量（kg/m^2）	播种期
狗牙根		0.01 ~ 0.015	春
羊茅		0.015 ~ 0.025	秋
翦股颖		0.005 ~ 0.001	秋
早熟禾		0.01 ~ 0.015	秋
黑麦草		0.02 ~ 0.03	春和秋
向阳地	野牛草 75% / 羊茅 25%	0.01 ~ 0.02	秋
向阴地	野牛草 25% / 羊茅 75%	0.01 ~ 0.02	秋

（4）草坪的混播

几种草坪混合播种，可以适应较差的环境条件，更快地形成草坪，并可使草坪的寿命延长，其缺点是不易获得颜色纯一的草坪。不同草种的配合依土壤及环境条件不同而异。在混播时，混合草种包含主要草种和保护草种。保护草种一般是发芽迅速的草种。作用是为生长缓慢和柔弱的主要草种遮阴及抑制杂草，并且在早期可以显示播种地的边沿以便于修剪。如草地早熟禾（占 80%）与翦股颖（占 20%）混播，前者为主要草种，单播时生长慢，易为杂草所侵占；后者为保护草种，生长快，在混播草坪中可逐渐被前者挤出，但在早期可防止杂草发生。

（5）播种方法

一般采用人工或机械播种两种方法。人工播种包括撒播和条播，其中撒播法出苗均匀整齐，易于迅速形成绿色草坪，条播有利于播后管理。

1）撒播法：种子撒播前一天，如能在平整的土地上灌一次透水，则能加快种子出苗。因为草籽细小，为了使撒播均匀，最好的办法是在草种中掺入 2 ~ 3 倍的细砂或细土。撒播时，先用细齿耙松表土，再将种子均匀地撒在耙松的表土上，并再次用细齿反复耙拉表土，然后用碾子碾压，或用脚并排踩压，使土层中的种子密切和土壤结合，同时播种人应做回纹式或纵横向后退撒播，如图 6-11 所示。

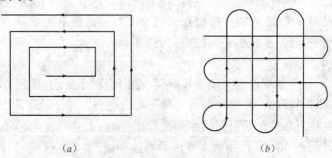

（a）　　　　　　　　　　（b）

图 6-11　草坪播种顺序示意图

272

2)条播法:是在整好的场地上开沟,沟深 0.05 ~ 0.1m,沟距 0.15m,用等量的细土或沙子与种子拌匀撒入沟内,播种后用碾子碾压稠水等。

机械播种法主要介绍草坪喷浆播种法。

草坪喷浆播种法是一种用机械播种的新方法,目前在我国已被广泛采用。它是利用装有空气压缩机的喷浆机组,通过较强的压力,将混合有草籽、肥料、保湿剂、除草剂、颜料以及适量的松软有机物及水等配制成的绿色泥漆液,直接均匀地喷送至已经平整的场地或者陡坡上。由于喷下的草籽泥浆具有良好的附着力及明显的颜色,施工操作时能做到不遗漏、不重复,而且均匀地将草籽喷播到目的地,并在良好的保湿条件下迅速萌芽,快速生长发育形成草坪。这种方法机械化程度高,容易完成陡坡处的播种工作,且种子不会流失,因此是公路、铁路、水库的护坡及飞机场等大面积播种草坪的好方法。

◆ **植草法**

植草法是直接利用草皮(全铺或分株)种植草坪的方法,具有操作简单、管理方便、成型快的优点,因此普遍应用于各类草坪栽植中。

(1)栽植时间

全年生长季均可进行,但最好于生长季的中期种植,此段时间栽植能确保草坪成型。种植时间过晚,因草当年不能长满栽植地将影响景观。

(2)栽植方法

目前草坪施工中多用点栽法、条栽法、密铺法、植生带栽植法和喷浆栽植法等几种方法。

1)点栽法。也称穴植法。种植时,一人用花铲挖穴,穴深 6 ~ 7cm,株距 15 ~ 20cm,呈三角形排列;另一人将草皮撕成小块栽入穴中,用细土填穴埋平、拍实,并随手搂平地面,最后碾压一遍,及时浇水。此法植草比较均匀,形成草坪迅速,但费工费时。

2)条栽法。条栽法比较省工、省草,施工速度快,但形成草坪时间慢,成草也不太均匀。栽植时,一人开沟,沟深 5 ~ 6cm,沟距 20 ~ 25cm;另一人将草皮撕成小块排于沟内,再埋土、踩实、碾压和灌水。

3)密铺法。密铺法是指用成块带土的草皮连续密铺形成草坪的方法。此法具有快速形成草坪且容易管理的优点,常用于要求施工工期短,成型快的草坪作业。密铺法作业除冻土期外,不受季节限制。铺草时,先将草皮切成方形草块,按设计标高拉线打桩,沿线铺草。铺草的关键在于草皮间应错缝排列,缝宽 2cm,缝内填满细土,用木片拍实。最后用碾子滚压,喷水养护,一般 10d 后形成草坪。

4)植生带栽植法。这是一种人工建植草坪的新方法,具有出苗整齐、密度均匀(2000 ~ 8000株/m²)、成坪迅速等优点,特别适用于斜坡、陡坡的草坪施工。它是先利用两层特制的无纺布作为载体,在其中放置优质草种并施入一定的肥料,经过机械复合、定位后成品。产品规格每卷长 50m,宽 1m,可铺设草坪 50m²。植生带铺设时,先将铺设地的土壤翻耕整平,将准备好的植生带铺于地上,再在上面覆盖 1 ~ 2cm 厚的过筛细土,用碾子压实,洒水保养,若干天后,无纺布慢慢腐烂,草籽也开始发芽,1 至 2 个月后即可形成草坪。

5)喷浆栽植法。喷浆栽植法既可用于播种法,也可用于植草法。用于播种时,是利用装有空气压缩机的喷浆机组,通过压力将混合有草籽、肥料、保湿剂、除草剂、颜料及适量的松软有机物和水等制成的绿色泥液,直接均匀地喷洒到已经整平的场地上而形成草坪的方法。由于喷洒的草籽泥浆具有较强的吸附力和明显的色彩,施工作业时可做到不重复、不遗漏,还能保湿,快速形成草坪。因其属于机械化作业,适于公路、铁路、水体护坡及飞机场等大面积草坪施工。

用于植草时,先将草皮分松洗净,切成小段,其长度视草种而定,一般4~6cm,但要保证每段芽的完整。然后在栽植地上喷洒泥浆(用塘泥或河泥、黄心土及适量肥料加水混合而成),再将草段均匀撒于泥浆上即可。此法成坪速度快,草坪长势良好。

◆ **草坪的修剪**

(1)修剪的作用

1)修剪的草坪显得均一、平整而更加美观,提高了草坪的观赏性。草坪若不修剪,草坪草容易生长得参差不齐,会降低其观赏价值。

2)在一定的条件下,修剪可以维持草坪草在一定的高度下生长,增加分蘖,促进横向匍匐茎和根茎的发育,增加草坪密度。

3)修剪可抑制草坪草的生殖生长,提高草坪的观赏性和运动功能。

4)修剪可以使草坪草叶片变窄,提高草坪草的质地,使草坪更加美观。

5)修剪能够抑制杂草的入侵,减少杂草种源。

6)正确的修剪还可以增加草坪抵抗病虫害的能力。修剪有利于改善草坪的通风状况,降低草坪冠层温度和湿度,从而减少病虫害发生的几率。

(2)修剪的高度

草坪实际修剪高度是指修剪后的植株茎叶高度。草坪修剪必须遵守1/3原则,即每次修剪时,剪掉部分的高度不能超过草坪草茎叶自然高度的1/3。每一种草坪草都有其特定的耐修剪高度范围,这个范围常常受草坪草种及品种生长特性、草坪质量要求、环境条件、发育阶段、草坪利用强度等诸多因素的影响,根据这些因素可以大致确定某一草种的耐修剪高度范围(表6-10)。多数情况下,在这个范围内可以获得令人满意的草坪质量。

表6-10 主要草坪草的参考修剪高度(个别品种除外)

草　种	修剪高度(cm)
巴哈雀稗	5.0~10.2
普通狗牙根	2.1~3.8
杂交狗牙根	0.6~2.5
结缕草	1.3~5.0
匍匐翦股颖	0.3~1.3
细弱翦股颖	1.3~2.5
细羊茅	3.8~7.6
草地早熟禾	3.8~7.6*
地毯草	2.5~5.0
假俭草	2.5~5.0
钝叶草	5.1~7.6
多年生黑麦草	3.8~7.6*
高羊茅	3.8~7.6
沙生冰草	3.8~6.4
野牛草	1.8~7.5
格兰马草	5.0~6.4

注:"*"某些品种可忍受更低的修剪高度。

274

（3）修剪的频率

修剪频率是指在一定的时期内草坪修剪的次数,主要取决于草坪草的生长速率和对草坪的质量要求。冷季型庭院草坪在温度适宜和保证水分的春、秋两季,草坪草生长旺盛,每周可能需要修剪两次,而在高温胁迫的夏季生长受到抑制,每两周修剪一次即可;相反,暖季型草坪草在夏季生长旺盛,需要经常修剪,在温度较低、不适宜生长的其他季节则需要降低修剪频率。

1）对草坪的质量要求越高,养护水平越高,修剪频率也越高。

2）不同草种的草坪其修剪频率也不同。

3）表6-11给出了几种不同用途草坪的修剪频率和次数,仅供参考。

表6-11　草坪修剪的频率及次数

应用场所	草坪草种类	修剪频率（次/月）			年修剪次数
		4～6月	7～8月	9～11月	
庭院	细叶结缕草	1	2～3	1	5～6
	翦股颖	2～3	8～9	2～3	15～20
公园	细叶结缕草	1	2～3	1	10～15
	翦股颖	2～3	8～9	2～3	20～30
竞技场、校园	细叶结缕草、狗牙根	2～3	8～9	2～3	20～30
高尔夫球场发球台	细叶结缕草	1	16～18	13	30～35
高尔夫球场果岭区	细叶结缕草	38	34～43	38	110～120
	翦股颖	51～64	25	51～64	120～150

◆ 草坪的施肥

1. 草坪生长需要的营养元素

在草坪草的生长发育过程中必需的营养元素有碳（C）、氢（H）、氧（O）、氮（N）、磷（P）、钾（K）、钙（Ca）、镁（Mg）、硫（S）、铁（Fe）、锰（Mn）、铜（Cu）、锌（Zn）、硼（B）、钼（Mo）、氯（Cl）等16种。草坪草的生长对每一种元素的需求量有较大差异,通常按植物对每种元素需求量的多少,将营养元素分为三组,即大量元素、中量元素和微量元素（表6-12）。

表6-12　草坪草生长所需要的营养元素

分　类	元素名称	化学符号	有效形态
大量元素	氮	N	NH_4^+,NO_3^-
	磷	P	HPO_4^{2-},$H_2PO_4^-$
	钾	K	K^+
中量元素	钙	Ca	Ca^{2+}
	镁	Mg	Mg^{2+}
	硫	S	SO_4^{2-}
微量元素	铁	Fe	Fe^{2+},Fe^{3+}
	锰	Mn	Mn^{2+}
	铜	Cu	Cu^{2+}
	锌	Zn	Zn^{2+}
	钼	Mo	MoO_4^{2-}
	氯	Cl	Cl^-
	硼	B	$H_2BO_3^-$

无论是大量、中量还是微量营养元素,只有在适宜的含量和适宜的比例时才能保证草坪草的正常生长发育。根据草坪草的生长发育特性,进行科学的、合理的养分供应,即按需施肥,才能保证草坪各种功能的正常发挥。

2. 草坪合理施肥

草坪施肥是草坪养护管理的重要环节。通过科学施肥,不但为草坪草生长提供所需的营养物质,还可增强草坪草的抗逆性,延长绿色期,维持草坪应有的功能。

对草坪质量的要求决定肥料的施用量和施用次数。对草坪质量要求越高,所需求的养分供应也越高。如运动场草坪、高尔夫球场果岭、发球台和球道草坪以及作为观赏用草坪对质量要求较高,其施肥水平也比一般绿地及护坡草坪要高得多。表6-13 和表6-14 分别列出了暖季型草坪草和冷季型草坪草作为不同用途时对氮元素的需求状况以供参考。

表 6-13　不同暖季型草坪草对氮元素的需求状况

暖季型草坪草		每个生长月的需氮量(kg/hm²)		
中文名	英文名	一般绿地草坪	运动场草坪	需氮情况
美洲雀稗	Bahiagrass	0.0 ~ 9.8	4.9 ~ 24.4	低
狗牙根	Bermudagrass	—	—	—
普通狗牙根	—	9.8 ~ 19.5	19.5 ~ 34.2	低 ~ 中
杂交狗牙根	—	19.5 ~ 29.3	29.3 ~ 73.2	中 ~ 高
格兰马草	Blue grama	0.0 ~ 14.6	9.8 ~ 19.5	很低
野牛草	Buffalograss	0.0 ~ 14.6	9.8 ~ 19.5	很低
假俭草	Centipedegrass	0.0 ~ 14.6	14.6 ~ 19.5	很低
铺地狼尾草	Kikuyu	9.8 ~ 19.5	14.6 ~ 29.3	低 ~ 中
海滨雀稗	Seashore paspalum	9.8 ~ 19.5	19.5 ~ 39.0	低 ~ 中
钝叶草	St. Augustnegrass	14.6 ~ 24.2	19.5 ~ 29.3	低 ~ 中
结缕草	Zoysiagrass	—	—	—
普通品种		4.9 ~ 14.6	14.6 ~ 24.4	低 ~ 中
改良品种	—	9.8 ~ 14.6	14.6 ~ 29.3	低 ~ 中

表 6-14　不同冷季型草坪草对氮元素的需求状况

冷季型草坪草		每个生长月的需氮量(kg/hm²)		
中文名	英文名	一般绿地草坪	运动场草坪	需氮情况
碱茅	Alkaligrass	0.0 ~ 9.8	9.8 ~ 19.5	很低
一年生早熟禾	Annual bluegrass	14.6 ~ 24.4	19.5 ~ 39.0	低 ~ 中
加拿大早熟禾	Canada bluegrass	0.0 ~ 9.8	9.8 ~ 19.5	很低
细弱翦股颖	Colonial bentgrass	14.6 ~ 24.4	19.5 ~ 39.0	低 ~ 中
匍匐翦股颖	Creeping bentgrass	14.6 ~ 29.3	14.6 ~ 48.8	低 ~ 中
邱氏羊茅	Chewing fescue	9.8 ~ 19.5	14.6 ~ 24.4	低
匍匐紫羊茅	Creeping red fescue	9.8 ~ 19.5	14.6 ~ 24.4	低
硬羊茅	Hard fescue	9.8 ~ 19.5	14.6 ~ 24.4	低

冷季型草坪草		每个生长月的需氮量(kg/hm²)		
中文名	英文名	一般绿地草坪	运动场草坪	需氮情况
草地早熟禾	Kentucky bluegrass			
普通品种		4.9~14.6	9.8~29.3	低~中
改良品种		14.6~19.5	19.5~39.0	中
多年生黑麦草	Perennial ryegrass	9.8~19.5	19.5~34.2	低~中
粗茎早熟禾	Rough bluegrass	9.8~19.5	19.5~34.2	低~中
高羊茅	Tall fescue	9.8~19.5	14.6~34.2	低~中
冰草	Wheatgrass	4.9~9.8	9.8~24.4	低

3. 施肥方案的制定

草坪施肥的主要目标是:①补充并消除草坪草的养分缺乏;②平衡土壤中各种养分;③保证特定场合、特定用途草坪的质量水平,包括密度、色泽、生理指标和生长量。此外,施肥还应该尽可能地将养护成本和潜在的环境问题降至最低。因此,制定合理的施肥方案,提高养分利用率,无论对草坪草本身还是对经济和环境都十分重要。

(1)施肥量确定

确定草坪肥料施用量主要应考虑下列因素:

1)草种类型和所要求的质量水平。

2)气候状况(温度、降雨等)。

3)生长季长短。

4)土壤特性(质地、结构、紧实度、pH 值有效养分等)。

5)灌水量。

6)碎草是否移出。

7)草坪用途等。

气候条件和草坪生长季节的长短也会影响草坪需肥量的多少。在我国南方和北方地区气候条件差异较大,温度、降雨、草坪草生长季节的长短都存在很大不同,甚至栽培的草种也完全不同。因此,施肥量计划的制定必须依据其具体条件加以调整。

(2)施肥时间

根据草坪管理者多年的实践经验,认为当温度和水分状况均适宜草坪草生长的初期或期间是最佳的施肥时间,而当有环境胁迫或病害胁迫时应减少或避免施肥。

1)对于暖季型草坪草来说,在打破春季休眠之后,以晚春和仲夏时节施肥较为适宜。

2)第一次施肥可选用速效肥,但夏末秋初施肥要小心,防止草坪草受到冻害。

3)对于冷季型草坪草而言,春、秋季施肥较为适宜,仲夏应少施肥或不施。晚春施用速效肥应十分小心,这时速效氮肥虽促进了草坪草快速生长,但有时会导致草坪抗病性下降而不利于越夏。这时如选用适宜释放速度的缓释肥可能会帮助草坪草经受住夏季高温高湿的胁迫。

(3)施肥次数

1)根据草坪养护管理水平

草坪施肥的次数或频率常取决于草坪养护管理水平,并应考虑以下因素:

① 对于每年只施用一次肥料的低养护管理草坪,冷季型草坪草每年秋季施用,暖季型草坪草在初夏施用。

② 对于中等养护管理的草坪,冷季型草坪草在春季与秋季各施肥一次,暖季型草坪草在春季、仲夏、秋初各施用一次即可。

③ 对于高养护管理的草坪,在草坪草快速生长的季节,无论是冷季型草坪草还是暖季型草坪草至少每月施肥一次。

④ 当施用缓效肥时,施肥次数可根据肥料缓效程度及草坪反应作适当调整。

2)少量多次施肥方法

少量多次的施肥方法在那些草坪草生长基质为砂性土壤、降水丰沛、易发生氮渗漏的种植地区或季节非常实用。少量多次施肥方法特别适宜在下列情况下采用:

① 在保肥能力较弱的砂质土壤上或雨量丰沛的季节。

② 以沙为基质的高尔夫球场和运动场。

③ 夏季有持续高温胁迫的冷季型草坪草种植区。

④ 处于降水丰沛或湿润时间长的气候区。

⑤ 采用灌溉施肥的地区。

◆ **草坪的灌溉**

对刚完成播种或栽植的草坪,灌溉是一项保证成坪的重要措施。灌溉有利于种子和无性繁殖材料的扎根和发芽。水分供应不足往往是造成草坪建植失败的主要原因。随着新建草坪草的逐渐成长,灌溉次数应逐渐减少,但灌溉强度应逐渐加强。随着单株植物的生长,其根系占据更大的土壤空间,枝条变得更加健壮。只要根区土壤持有足够的有效水分,土壤表层不必持续保持湿润。

随着灌溉次数的减少,土壤通气状况得到改善,当水分蒸发或排出时,空气进入土壤。生长发育中和成熟的草坪植物根区都需要有较高的氧浓度以便于呼吸。

(1)水源与灌水方法

1)水源没有被污染的井水、河水、湖水、水库存水、自来水等均可作灌水水源。国内外目前试用城市"中水"作绿地灌溉用水。随着城市中绿地不断增加,用水量大幅度上升,城市供水压力也越来越大,"中水"不失为一种可靠的水源。

2)灌水方法有地面漫灌、喷灌和地下灌溉等。地面漫灌是最简单的方法,其优点是简单易行,缺点是耗水量大,水量不够均匀,坡度大的草坪不能使用。采用这种灌溉方法的草坪表面应相当平整且具有一定的坡度,理想的坡度是 0.5% ~ 1.5%。这样的坡度用水量最经济,但大面积草坪要达到以上要求较为困难,因而有一定的局限性。

喷灌是使用喷灌设备令水像雨水一样淋到草坪上。其优点是能在地形起伏变化大的地方或斜坡使用,灌水量容易控制,用水经济,便于自动化作业。主要缺点是建造成本高,但此法仍为目前国内外采用最多的草坪灌水方法。

地下灌溉是靠毛细管作用从根系层下面设的管道中的水由下向上供水。此法可避免土壤紧实,并使蒸发量及地面流失量减到最小程度。节水是此法最突出的优点,然而由于设备投资大,维修困难,使用此法灌水的草坪甚少。

(2)灌水时间

在生长季节,根据不同时期的降水量及不同的草种适时灌水是极为重要的。一般可分为

三个时期:

1)返青到雨季前。这一阶段气温高,蒸腾量大,需水量大,是一年中最关键的灌水时期。根据土壤保水性能的强弱及雨季来临的时期可灌水2~4次。

2)雨季基本停止灌水。这一时期空气湿度较大,草的蒸腾量下降,而土壤含水量已提高到足以满足草坪生长需要的水平。

3)雨季后至枯黄前这一时期降水量少,蒸发量较大,而草坪仍处于生命活动较旺盛阶段,与前两个时期相比,这一阶段草坪需水量显著提高,如不能及时灌水,不但影响草坪生长,还会引起提前枯黄进入休眠。在这一阶段,可根据情况灌水4~5次。此外,在返青时灌返青水,在北方封冻前灌封冻水也都是必要的。草种不同,对水分的要求不同,不同地区的降水量也有差异。因而,必须根据气候条件与草坪植物的种类来确定灌水时期。

(3)灌水量

每次灌水的水量应根据土质、生长期、草种等因素而确定,以湿透根系层、不发生地面径流为原则。如北京地区的野牛草草坪,每次灌水的用水量为$0.04~0.10t/m^2$。

◆**病虫及杂草的清除**

在新建植的草坪中,很容易出现杂草。大部分除草剂对幼苗的毒性比对成熟草坪草的毒性大。有些除草剂还会抑制或减慢无性繁殖材料的生长。因此,大部分除草剂要推迟到绝对必要时才能施用,以便留下充足的时间使草坪成坪。在第一次修剪前,对于耐受能力一般的草坪草也不要施用萌后型的2,4-滴丁酯(2,4-D)、二甲四氯和麦草畏等。由于阔叶性杂草幼苗期对除草剂比成熟的草敏感,使用量可以减半,这样可以尽量减小对草坪草的危险性。对于控制马唐和其他夏季一年生杂草,施有机砷化物时要推迟得更晚一些(第二次修剪之后),并且也要施用正常量的一半。在新铺的草坪中,需要用萌前除草剂来防治春季和夏季出现于草坪卷之间缝隙中的杂草马唐等,但为了避免抑制根系的生长,要等到种植后3~4周才能施用。如果有恶性多年生杂草出现,但不成片时,在这些地方就要尽快用草甘膦点施。如果蔓延范围直径达到10~15cm时,必须在这些地方重新播种。

过于频繁的灌溉和太大的播种量造成的草坪群体密度过大,也容易引起病害发生。因而,控制灌溉次数和控制草坪群体密度可避免大部分苗期病害。一般情况下,建议使用拌种处理过的种子。如用甲霜灵处理过的种子可以控制枯萎病病菌。当诱发病害的条件出现时,可于草坪草萌发后施用农药来预防或抑制病害的发生。

在新建草坪中,蝼蛄常在幼苗期危害草坪。当这种昆虫处于活动期时,可把苗株连根拔起,或挖洞导致土壤干燥,严重损坏草坪。蚂蚁的危害主要是移走草坪种子,使蚁穴周围缺苗。常用的方法是播种后立即掩埋草种或撒毒饵驱赶害虫。

◆**松土通气**

为了防止草坪被践踏和碾压后造成的土壤板结,应当经常进行松土通气,松土还可以促进水分渗透,改善根系通气状况,保持土壤中水分和空气的平衡,促进草坪生长。松土即是在草坪上扎孔打洞,宜在春季土壤湿度适宜时进行。人工松土可用带钉齿的木板、多齿的钢叉等扎孔,大面积松土可采用草坪打孔机进行。一般要求50穴$/m^2$,穴间距15cm,穴直径1.5~3.5cm,穴深8cm左右。

【相关知识】

◆园林草坪的分类

草坪主要由绿色的禾本科多年生草本植物组成,这种草本植被的覆盖度很大,形成郁闭像绿毯一样致密的地面覆盖层。草坪必须有茂密的覆盖度,才能在卫生保健、体育游戏、水土保持、美观以及促进土壤有机质的分解与生产化等方面,起到最良好的效果。

1. 根据草坪于园林中的应用

(1)游憩草坪

供散步、休息、游戏及户外活动用的草坪,称为游憩草坪,这类草坪在绿地中没有固定的形状,面积大小不等,管理粗放,一般允许人们入内游憩活动。也可在草坪内配置孤立树,点缀石景或栽植树群,亦可以在周围边缘配置花带、林丛。大面积的休息草坪中间所形成的空间,能够分散人流,此类草坪一般多铺装在大型绿地之中,在公园内应用最多,其次在植物园、动物园、名胜古迹园、游乐园、风景疗养度假区内建成生机勃勃的绿茵芳草地,供游人游览、休息、文化娱乐。也可在机关、学校、医院内等建立,应选用生长低矮、纤细、叶质高、草姿美的草种。

(2)运动草坪

供体育活动用的草坪,如足球场草坪、网球场草坪、高尔夫球场草坪、滚木球场草坪、武术场草坪、儿童游戏场草坪等。各类运动场,均需选用适于体育活动的耐践踏、耐修剪、有弹性的草坪植物。

(3)观赏草坪

这种草地或草坪不允许游人入内游憩或践踏,专供观赏用。封闭式草坪,如铺设在广场雕像、喷泉周围和纪念物前等处,作为景前装饰或陪衬景观。一般选用低矮、纤细、绿期长的草坪植物。栽培管理要求精细,严格控制杂草生长。

(4)花坛性质草坪

混栽在花坛中的草坪,作为花坛的填充材料或镶边,起装饰和陪衬的作用,烘托花坛的图案和色彩,一般应用细叶低矮草坪植物。在管理上要求精细,严格控制杂草生长,并要经常修剪和切边处理以保持花坛的图案和花纹线条平整清晰。

(5)牧草草坪

以供放牧为主,结合园林游憩的草地,普遍多为混合草地,营养丰富的牧草为主,一般多在森林公园或风景区等郊区园林中应用。应选用生长健壮的优良牧草,利用地形排水,具有自然风趣。

(6)飞机场草坪

在飞机场铺设草地。用草坪覆盖机场,减轻尘沙飞扬,提高能见度,保持环境清新优美。飞机场草坪由于飞机高速冲击力强,质量大,因此要求草坪平坦坚实,密生高弹性,粗放管理,应选用繁殖快抗逆性强,耐瘠薄、干旱、耐践踏的草种。

(7)森林草坪

郊区森林公园及风景区在森林环境中自然生长的草地称为森林草地,一般不加修剪,允许游人活动。

(8)林下草坪

在疏林下或郁闭度不太大的密林下及树群乔木下的草地称为林下草地。一般不加修剪,应选耐阴、低矮的草坪植物。

(9)护坡护岸草坪

在坡地、水岸为保护水土流失而铺的草地,称为护坡护岸草地。一般应用适应性强,根系发达,草层紧密,抗病性强的草种。

2. 依据草坪植物于园林中的不同组合

(1)单纯草坪

由一种草本植物组成的草地,称单一草地或单纯草地,例如草地早熟禾草坪、结缕草草坪、狗牙根草草坪等。在我国北方系选用野牛草、草地早熟禾、结缕草等植物来铺设单一草坪。在我国南方等地则选用马尼拉草、中华结缕草、假俭草、地毯草、草地早熟禾、高羊茅等。由于单一草坪生长整齐、美观,低矮、稠密、叶色等一致,养护管理要求精细。

(2)混合草坪

由好几种禾本科多年生草本植物混合播种而形成,或禾本科多年生草本植物中混有其他草本植物的草坪或草地,称为混合草坪或混合草地。可按草坪功能性质、抗性不同和人们的要求,合理地按比例配比混合以提高草坪效果。例如,在我国北方草地早熟禾 + 紫羊茅 + 多年生黑麦草进行组合,在我国南方狗牙草 + 地毯草或结缕草 + 多年生黑麦草进行组合,这种配置为混合草坪。

(3)缀花草坪

在以禾本科植物为主体的草坪或草地上(混合的或单纯的),配置一些开花华丽的多年生草本花卉,称为缀花草坪。例如在草地上,自然疏落地点缀有番红花、水仙、鸢尾、石蒜、丛生福禄考、马蔺、玉簪类、葱兰、韭兰、二月兰、红花酢浆草等花卉。这些植物的种植数量一般不超过草地总面积的 1/4 ~ 1/3,分布有疏有密,自然错落,但主要用于游憩草坪、森林草地、林下草地、观赏草地及护岸护坡草地上。在游憩草坪上,球根花卉分布于人流较少的地方。这些花卉,有时发叶,有时开花,有时花与叶均隐没于草地之中,地面上只见一片草地,远望绿茵似毯,别具风趣,供人欣赏休息。

3. 根据草地与树木于园林中的组合情况

(1)空旷草坪

草地上不栽植任何乔灌木或少量在周边种一些。这种草地由于比较开旷,主要是供体育游戏、群众活动用的草坪,平时供游人散步、休息,节日可作演出场地。在视觉上比较单一,一片空旷,在艺术效果上具有单纯而壮阔的气势,缺点是遮阴条件较差。

(2)闭锁草坪

空旷草地的四周,如果为其他乔木、建筑、土山等高于视平线的景物包围起来,这种四周包围的景物不管是连接成带的或是断续的,只要占草地四周的周界达 3/5 以上,同时屏障景物的高度在视平线以上,其高度大于草地长轴的平均长度的 1/10 时,称为闭锁草坪。

(3)开朗草坪

草坪四周边界的 3/5 范围以内,没有被高于视平线的景物屏障时,这种草坪称为开朗草坪。

(4)稀树草坪

草坪上稀疏地分布一些单株乔灌木,株行距很大,当这些树木的覆盖面积(郁闭度)为草坪总面积的 20% ~ 30% 时,称为稀树草坪。稀树草坪主要是供大量人流活动游憩用的草坪,又有一定的蔽荫条件,有时则为观赏草坪。

（5）疏林草坪

在草地上布置有高大乔木，株距在 10m 左右，其郁闭度在 30% ~60%。空旷草坪，适于春秋假日或亚热带地区冬季的群众性体育活动或户外活动；稀树草坪适于春季假日及冬季的一般游憩活动。但到了夏日炎热的季节，由于草地上没有树木庇荫，因而无法利用。这种疏林草坪，由于林木的庇荫性不大，可种植禾本科草本植物，因草坪绝对面积较小，既可进行小型活动，也可供游人在林阴下游憩、阅读、野餐、进行空气浴等。

（6）林下草坪

在郁闭度大于 70% 的密林地或树群内部林下，由于林下透光系数很小，阳性禾本科植物很难生长，只能种植一些含水量较多的阴性草本植物。这种林地和树群，由于树木的株行距很密，不适于游人在林下活动，过多的游人入内会影响树木的生长，同时林下的阴性草本植物组织内含水量很高，不耐踩踏，因而这种林下草地以观赏和保持水土流失为主，不允许游人进入。

4. 根据园林规划的形式不同

（1）自然式草坪

充分利用自然地形或模拟自然地形起伏，创造原野草地风光，这种大面积的草坪有利于修剪和排水。无论是经过修剪的草坪或是自然生长的草地，只要在地形面貌上是自然起伏的，在草地上和草地周围布置的植物是自然式的，草地周围的景物布局、草地上的道路布局、草地上的周界及水体均为自然式时，这种草地或草坪就是自然式草地或草坪。游憩草地、森林草地、牧草地、自然地形的水土保持草地、缀花草地，多采用自然式的形式。

（2）规则式草坪

草坪的外形具有整齐的几何轮廓，多用于规则式园林中，如花坛、路边、衬托主景等。凡是地形平整或为具有几何形的坡地，阶地上的草地或草坪与其配合的道路、水体、树木等布置均为规则式时，则称为规则式草地或草坪。足球场、网球场、飞机场、规则式广场上的草坪及街道上的草坪，多为规则式草地。

◆园林草坪质量评定

草坪在生长季内的质量是草坪实用功能的综合体现。草坪的基本生长状况是草坪生长的客观表现。草坪的基本生长状况和质量是了解草坪、改良草坪的基础，是草坪养护管理技术决策与实施的客观依据。草坪的基本生长状况可用草坪诊断的方法来确定，草坪的质量则可用质量分级的方法来实现。

1. 草坪的等级

草坪诊断时，在踏勘的基础上，草坪专家可用定性或定量的方法，从草坪的草种组成、表现特性、利用程度、养护管理水平等方面综合评价草坪的等级。通常草坪可简单地分为不加利用的观赏型草坪（一级）、应用适当的利用型草坪（二级）和利用过度的损坏型草坪（三级）。

（1）一级草坪（观赏型草坪）

亦称高级草坪。该草坪具有细叶结缕草般纤细的叶和滚木球场草坪的外观。这种草坪的感观效果主要取决于两个因素：一是草坪应是由具纤细叶子的翦股颖属和羊茅属的草坪植物构成；二是草坪需得到精细管理和频繁的修剪，使草坪面维持在地毯绒般的高度。

一级草坪为典型的装饰草坪，主要建在房前屋后，用于观赏，很少践踏。因此，该草坪不应有过多的踏压，必须有相当规律的完善管理。由于草种组成的差异，该类草坪要比一般草坪价格高，由于草坪生长缓慢，建成草坪需相当长的时间，建坪前的床土准备要求较高。

构成装饰草坪的草坪植物通常有细弱翦股颖、匍茎翦股颖、绒毛翦股颖、匍匐紫羊茅、羊茅、硬羊茅等种类。

（2）二级草坪（利用型草坪）

利用型草坪多为由多年生黑麦草与其他禾草构成的草坪，在外观上无法与高级型草坪相媲美，作为非观赏而重利用的草坪则是适当的。

二级草坪的基本特点是能承受诸如车轮碾压、高密踏压和多用途利用的较大强度使用。更为可贵是它较耐粗管理，一般不易损坏，即便损坏也因种价较低和建植容易而较易恢复。不足之点是晚春草坪生长过快，整个夏季需频繁修剪；坪面质地较差，若要维持天鹅绒草坪的外观，则需加强养护管理的投入力度。

二级草坪通常由密生型草坪植物组成，主要有翦股颖或羊茅属与粗糙的草坪植物混播组合。常使用的草种有肯塔基草地早熟禾、粗茎早熟禾、林地早熟禾、一年生早熟禾、多年生黑麦草、洋狗尾草等。

（3）三级草坪（利用过度的损坏型草坪）

这类草坪极易与一级、二级草坪相区分。其基本特征是优良草坪植物的比例降低，草坪盖度变小，出现秃斑或裸地。通常表现为苔藓、劣质禾草、宽叶杂草或裸地占主导地位。

三级草坪如损坏严重，改造的办法是清理地面，重新建植。如部分损坏且程度较轻，可进行局部改良。对面积较大主要控制裸地扩大的草坪，可在晚春首先割除藓类和杂草，三周后用补播的方法进行改良。重建和修补是改良三级草坪的直接方法。若找出草坪恶化的原因，对制定重建和修补改良的方案是十分重要的。

草坪质量评定的结果会依目的、季节、方法及重点不同而异，但构成草坪质量的基本要素是一致的，因此，为草坪质量正确评定提供了可能。草坪质量评定的基本要素包括草坪自身的均一性、密度、叶宽和触感、生育型、光滑度、颜色和与使用有关的刚性、弹性、回弹力、产量和恢复力等，这也是草坪质量的基本评定指标和重点。

2. 评定项目和方法

（1）均一性

是对草坪平坦表面的估价。高质量的草坪应是高度均一，无裸露地、杂草、病虫害污点，生育型一致的草坪。均一性包含组成草坪的地上枝条和草坪表面平坦性表面特征两个方面。草坪的均一性受质地、密度、组成草坪的草坪植物的种类、颜色、修剪高度等因素的影响，可用目测法确定等级，亦可用样方点测法确定各草种分布频率、裸地率、杂草化率等方法间接表示。

（2）盖度

是草坪植物覆盖地面的面积与总面积之比。草坪盖度越大，草坪质量越高。当然，出现秃斑和裸地的草坪是质量低下的草坪。盖度可用目测法估计，亦可用点测法测定。

（3）密度

指单位面积上的植株（或枝条）个数，是草坪质量表述的重要指标之一。草坪的密度与草坪植物种的遗传特性、草坪建植技术、草坪养护水平密切相关。草坪的密度等级可用目测法来确定，也可根据单位面积上的地上部枝条或叶片个数，用刈割计数法来表示密度，还可在草坪刈割后用密度测定器来确定盖度。

（4）质地

是对叶宽和触感的量度，可用对同叶龄在相同着生部位的叶取样用测量法统计确定。通常认为叶越窄品质越优。在生产中,以叶宽1.5~3.3mm为优,也依据草种大体确定草坪的质地。极细:细叶羊茅、绒毛翦股颖、非洲狗牙根。细:狗牙根、草地早熟禾、细弱翦股颖、匍茎翦股颖、马尼拉草。中等:细叶结草、一年生黑麦草、小糠草。宽:草地羊茅、结缕草。极宽:高羊茅、狼尾草、雀稗。

(5)生长型

是描述草坪植物枝条生长特性的指标。草坪植物的枝条包括丛生型(密丛型和疏丛型)、根颈型和匍匐型三种类型。草坪植物的生长型可用单株观察法确定。草坪总体的生长型应视各生长型在草坪总体中所占的比例而定。

(6)平滑度

是草坪的表面质量特征,是运动场草坪质量评定的重要指标。草坪的平滑度可用在一定坡度、长度和高度的助滑道上把球向下滚动,记录滑过草坪表面时球运动状态的方法测定。

(7)绿度

是对草坪反射光特性的量度,是草坪外观质量的重要指标。草坪的绿度可用目测法分级,亦可用色卡法、叶绿素含量测定法或反射光测定法来间接确定。

(8)刚性和柔软性

刚性是草坪植物叶的抗压性,它与草坪的抗磨性相关,其大小受草坪植物的化学成分、水分、温度、植株大小及密度影响。柔软性是草坪植物抗压性的另一种表示方式。草坪的刚性或柔软性可通过人踏在草坪上的质感或草坪耐磨性试验来测定并分级。

(9)弹性

是草坪植物在外力一旦去掉后恢复原形的能力。对草坪的修剪、踏压等活动是不可避免的,所以弹性是草坪的一个基本特征。草坪的弹性可用确定草坪耐践踏强度的测定来分级。

(10)产草量

产草量是草坪修剪时所剪去的草量,用单位时间内草坪植物的生长量表示。产草量表示草坪植物的生长速度和再生能力特性,可用样方刈割法确定并分级。

(11)回弹力

草坪的回弹力是指草坪承受冲击力而不改变其表面特性的能力。它与草坪覆盖的派生物及床土类型有关。草坪的回弹力可用标准球从标准高度落下的回弹高度和反射角度的量度来测定。

(12)恢复力

是指草坪植物受病源物、昆虫、交通工具等伤害后恢复原来状况的能力。草坪的恢复力可用固定样方法测定,通常用恢复速度来描述。

(13)草皮强度

是指草坪耐受机械冲击、拉张、践踏能力的指标,可用草皮强度计测定。

(14)有机质层

是指草坪地表未分解枯枝落叶等有机质的累积程度。必要的有机质积累对草坪的恢复是需要的,但过多的积累是草坪退化的象征。有机质层通常可用草坪床土剖面法来测定,用有机质层厚度来表示。

3. 目测评定分级

草坪质量等级的评定通常用目测法进行,它是通过一定数量技术熟练的专业人员,对草坪的若干质量指标同时进行观测、比较、评估、排定名次。最优者为1,次者为2,依此类推,有时则相反,优者给高分值,劣者给低分值,然后进行各项目的综合评价,以排出优劣次序。质量指标有:草种组成、盖度、生育型、光滑度、绿度、恢复力、夏枯、病害、杂草、虫害、分蘖能力、抗积水能力等。

◆ **草种的选择**

影响草坪草种或具体品种选择的因素很多,要在了解掌握各草坪草生物学特性和生态适应性的基础上,根据当地的气候、土壤、用途、对草坪质量的要求及管理水平等因素,进行综合考虑后加以选择。具体步骤包括确定草坪建植区的气候类型,分析掌握其气候特点,决定可供选择的草坪草种,选择具体的草坪草种。

1. 确定草坪建植区的气候类型

(1)确定草坪建植区的气候类型。

(2)分析当地气候特点以及小环境条件。

(3)要以当地气候与土壤条件作为草坪草种选择的生态依据。

2. 决定可供选择的草坪草种

(1)在冷季型草坪草中,草坪型高羊茅抗热能力较强,在我国东部沿海可向南延伸到上海地区,但是向北达到黑龙江南部地区即会产生冻害。

(2)多年生黑麦草的分布范围比高羊茅要小,其适宜范围在沈阳和徐州之间的广大过渡地带。

(3)草地早熟禾则主要分布在徐州以北的广大地区,是冷季型草坪草中抗寒性最强的草种之一。

(4)正常情况下,多数紫羊茅类草坪草在北京以南地区难以度过炎热的夏季。

(5)暖季型草坪草中,狗牙根适宜在黄河以南的广大地区栽植,但狗牙根种内抗寒性变异较大。

(6)结缕草是暖季型草坪草中抗寒性较强的草种,沈阳地区有天然结缕草的广泛分布。

(7)野牛草是良好的水土保持用草坪草,同时也具有较强的抗寒性。

(8)在冷季型草坪草中,匍匐剪股颖对土壤肥力要求较高,而细羊茅较耐瘠薄;暖季型草坪草中,狗牙根对土壤肥力要求高于结缕草。

3. 选择具体的草坪草种

(1)草种选择要以草坪的质量要求和草坪的用途为出发点。

1)用于水土保持和护坡的草坪,要求草坪草出苗快,根系发达,能快速覆盖地面以防止水土流失,但对草坪外观质量要求较低,管理粗放,在北京地区高羊茅和野牛草均可选用。

2)对于运动场草坪,则要求有低修剪、耐践踏和再恢复能力强的特点,由于草地早熟禾具有发达的根颈,耐践踏和再恢复能力强,应为最佳选择。

(2)要考虑草坪建植地点的微环境。

1)在遮阴情况下,可选用耐阴草种或混合种。

2)多年生黑麦草、草地早熟禾、狗牙根、日本结缕草不耐阴,高羊茅、匍匐剪股颖、马尼拉结缕草在强光照条件下生长良好,但也具有一定的耐阴性。

3)钝叶草、细羊茅则可在树阴下生长。

(3)管理水平对草坪草种的选择也有很大影响。

管理水平包括技术水平、设备条件和经济水平三个方面。许多草坪草在低修剪时需要较高的管理技术,同时也需用较高级的管理设备。例如匍匐剪股颖和改良狗牙根等草坪草质地细,可形成致密的高档草坪,但养护管理需要滚刀式剪草机、较多的肥料,需要及时灌溉和病虫害防治,因而养护费用也较高。而选用结缕草时,养护管理费用会大大降低,这在较缺水的地区尤为明显。

◆ **草坪修剪机械**

(1)滚刀式剪草机

滚刀式剪草机的剪草装置由带有刀片的滚筒和固定的底刀组成,滚筒的形状像一个圆柱形鼠笼,切割刀呈螺旋形安装在圆柱表面上。滚筒旋转时,把叶片推向底刀,产生一个逐渐切割的滑动剪切将叶片剪断,剪下的草屑被甩进集草袋。由于滚刀剪草机的工作原理类似于剪刀的剪切,只要保持刀片锋利,剪草机调整适当,其剪草质量是几种剪草机中最佳的。滚刀式剪草机主要有手推式、坐骑式和牵引式。

其缺点主要表现为:对具有硬质穗和茎秆的禾本科草坪草的修剪存在一定困难;无法修剪某些具有粗质穗部的暖季型草坪草;无法修剪高度超过 10.2 ~ 15.2cm 的草坪草;价格较高。因此,只有在具有相对平整表面的草坪上使用滚刀式剪草机才能获得最佳的效果。

(2)旋刀式剪草机

旋刀式剪草机的主要部件是横向固定在直立轴末端上的刀片。剪草原理是通过高速旋转的刀片将叶片水平切割下来,为无支撑切割,类似于镰刀的切割作用,修剪质量不能满足较高要求的草坪。旋刀式剪草机主要有气垫式、手推式和坐骑式。

旋刀式剪草机不宜用于修剪低于 2.5cm 的草坪草,因为难以保证修剪质量;当旋刀式剪草机遇到跨度较小的土墩或坑洼不平表面时,由于高度不一致极易出现"剪秃"现象;刀片高速旋转,易造成安全事故。

(3)甩绳式剪草机

甩绳式剪草机是割灌机附加功能的实现,即将割灌机工作头上的圆锯条或刀片用尼龙绳或钢丝代替,高速旋转的绳子与草坪茎叶接触时将其击碎从而实现剪草的目的。

这种剪草机主要用于高速公路路边绿化草坪、护坡护提草坪以及树干基部、雕塑、灌木、建筑物等与草坪临界的区域。在这些地方其他类型的剪草机难以使用。

甩绳式剪草机缺点是操作人员要熟练掌握操作技巧,否则容易损伤树木和灌木的韧皮部以及出现"剪秃"现象,而且转速要控制适中,否则容易出现"拉毛"现象或硬物飞弹伤人事故。更换甩绳或排除缠绕时必须先切断动力。

(4)甩刀式剪草机

甩刀式剪草机的构造类似于旋刀式剪草机,但工作原理与连枷式剪草机相似。它的主要工作部件是横向固定于直立轴上的圆盘形刀盘,刀片(一般为偶数个)对称地铰接在刀盘边缘上。工作时旋转轴带动刀盘高速旋转,离心力使刀片绷直,以端部冲击力切割草坪草茎叶。由于刀片与刀盘铰接,当碰到硬物时可以避让而不致损坏机械,也降低了伤人的可能性。

甩刀式剪草机的缺点是剪草机无刀离合装置,草坪密度较大和生长较高情况下,启动机械有一定阻力,而且修剪质量较差,容易出现"拉毛"现象。

(5)连枷式剪草机

连枷式剪草机的刀片铰接或用铁链连接在旋转轴或旋转刀盘上,工作时旋转轴或刀盘高速旋转,离心力使刀片绷直,端部以冲击力切割草坪茎叶。由于刀片与刀轴或刀盘铰接,当碰到硬物时可以避让而不致损坏机器。连枷式剪草机适用于杂草和灌木丛生的绿地,能修剪30cm高的草坪。缺点是研磨刀片很费时间,而且修剪质量也较差。

(6)气垫式剪草机

气垫式剪草机的工作部分一般也采用旋刀式,特殊的部分在于它是靠安装在刀盘内的离心式风机和刀片高速转动产生的气流形成气垫托起剪草机修剪,托起的高度就是修剪高度。气垫式剪草机没有行走机构,工作时悬浮在草坪上方,特别适合于修剪地面起伏不平的草坪。

六 花坛栽植

【要　　点】

在不同的园林环境中,花坛种类往往不同。从设计形式来看,花坛主要有盛花花坛、模纹花坛、标题式花坛、立体模型式花坛四个基本类型。在同一个花坛群中,也可以有不同类型的若干个体花坛。

把花坛及花坛群搬到地面上去,就必须经过定点放线、砌筑边缘石、填土整地、图案放样、花卉栽种等几道工序。

【解　　释】

◆ **整地**

开辟花坛之前,一定要先整地,将土壤深翻40~50cm,挑出草根、石头及其他杂物。如果栽植深根性花木,还要翻得更深一些;如土质很坏,则应全都换成好土。应根据需要施加适量肥性平和、肥效长久、经充分腐熟的有机肥作底肥。

为便于观赏和有利排水,花坛表面应处理成一定坡度,可根据花坛所在位置,决定坡的形状,若从四面观赏,可处理成尖顶状、台阶状、圆丘状等形式;如果只单面观赏,则可处理成一面坡的形式。

花坛的地面应高出所在地平面,四周地势较低之处更应该如此,同时应作边界以固定土壤。

◆ **定点放线**

根据设计图和地面坐标系统的对应关系,用测量仪器把花坛群中主花坛中心点坐标测设到地面上,再把纵横中轴线上的其他中心点的坐标测设下来,将各中心点连线即在地面上放出了花坛群的纵横轴线。据此可量出各处个体花坛的中心点,最后将各处个体花坛的边线放到地面上就可以了。

◆ **砌筑边缘石**

花坛工程的主要工序就是砌筑边缘石。放线完成后,应沿着已有的花坛边线开挖边缘石基槽;基槽的开挖宽度应比边缘石基础宽10cm左右,深度可在12~20cm之间。槽底土面要整平、夯实;有松软处要进行加固,不得留下不均匀沉降的隐患。在砌基础之前,槽底还应做一个3~5cm厚的粗砂垫层,供基础施工找平用。

边缘石一般是用砖砌筑的矮墙,高15~45cm,其基础和墙体可用1:2水泥砂浆或M2.5混合砂浆砌,MU7.5标准砖做成。矮墙砌筑好之后,回填泥土将基础埋上并夯实泥土。再用水泥和粗砂配成1:2.5的水泥砂浆,对边缘石的墙面抹面,抹平即可,不要抹光。最后,按照设计,用磨制花岗石石片、釉面墙地砖等贴面装饰,或者用彩色水磨石、干粘石米等方法饰面。

有些花坛边缘还可能设计有金属矮栏花饰,应在边缘石饰面之前安装好。矮栏的柱脚要埋入边缘石,用水泥砂浆浇注固定。待矮栏花饰安装好后,再进行边缘石的饰面工序。

◆ 种植床的整理

在已完成的边缘石圈子内进行翻土作业,一面翻土,一面挑选、清除土中杂物。若土质太差,应当将劣质土全清除掉,另换新土填入花坛中。花坛栽种的植物都是需要大量消耗养料的,因此花坛内的土壤必须很肥沃。在花坛填土之前,最好先填进一层肥效较长的有机肥作为基肥,然后再填进栽培土。

一般的花坛中央部分填土应该比较高,边缘部分填土则应低一些。单面观赏的花坛,前边填土应低些,后边填土则应高些。花坛土面应做成坡度为5%～10%的坡面。在花坛边缘地带,土面高度应填至边缘石顶面以下2～3cm;以后经过自然沉降,土面即降到比边缘石顶面低7～10cm处,这就是边缘土面的合适高度。花坛内土面一般要填成弧形面或浅锥形面,单面观赏花坛的上面则要填成平坦土面或向前倾斜的直坡面。填土达到要求后,要把上面的土粒整细、耙平,以备栽种花卉植物。

花坛种植床整理好之后,应当在中央重新打好中心桩,作为花坛图案放样的基准点。

◆ 图案放样

花坛的图案、纹样,要按照设计图放大到花坛土面上。放样时,若要等分花坛表面,可从花坛中心桩牵出几条细线,分别拉到花坛边缘各处,用量角器确定各线之间的角度,就能够将花坛表面等分成若干份。以这些等分线为基准,比较容易放出花坛面上对称、重复的图案纹样。有些比较细小的曲线图样,可先在硬纸板上放样,然后将硬纸板剪成图样的模板,再依照模板把图样画到花坛土面上。

◆ 花坛的栽植

从花圃挖起花苗之前,应先灌水浸湿圃地,起苗时根土才不易松散。同种花苗的大小、高矮应尽量保持一致,过于弱小或过于高大的都不要选用。

花卉栽植时间,在春、秋、冬三季基本没有限制,但夏季的栽种时间最好在上午11时之前和下午4时以后,要避开太阳暴晒。花苗运到后,应即时栽种,不要放了很久才栽。栽植花苗时,一般的花坛都从中央开始栽,栽完中部图案纹样后,再向边缘部分扩展栽下去。在单面观赏花坛中栽植时,则要从后边栽起,逐步栽到前边。若是模纹花坛和标题式花坛,则应先栽模纹、图线、字形,后栽底面的植物。在栽植同一模纹的花卉时,若植株稍有高矮不齐,应以矮植株为准,对较高的植株则栽得深一些,以保持顶面整齐。

花坛花苗的株行距应随植株大小而确定。植株小的,株行距可为15cm×15cm;植株中等大小的,可为20cm×20cm至40cm×40cm;对较大的植株,则可采用50cm×50cm的株行距,五色苋及草皮类植物是覆盖型的草类,可不考虑株行距,密集铺种即可。

花坛栽植完成后,要立即浇一次透水,使花苗根系与土壤密切接合。

【相关知识】

◆ 花坛的养护管理

(1)浇水

花苗栽好后,要不断浇水以补充土中水分之不足。浇水的时间、次数、灌水量则应根据气候条件及季节的变化灵活掌握。每天浇水时间,一般应安排在上午 10 时前或下午 2~4 时以后。如果一天只浇一次,则应安排傍晚前后为宜;忌在中午气温正高、阳光直射的时间浇水。浇水量要适度,避免花根腐烂或水量不足;浇水水温要适宜,夏季不能低于 15℃,春秋两季不能低于 10℃。

(2)施肥

草花所需要的肥料,主要依靠整地时所施入的基肥。在定植的生长过程中,也可根据需要进行几次追肥。追肥时,千万注意不要污染花、叶。施肥后应及时浇水。

对球根花卉,不可使用未经充分腐熟的有机肥料,否则会造成球根腐烂。

(3)中耕除草

花坛内发现杂草应及时清除,以免杂草与花苗争肥、争水、争光。另外,为了保持土壤疏松,有利花苗生长,还应经常中耕、松土。但中耕深度要适当,不要损伤花根,中耕后的杂草及残花、败叶要及时清除掉。

(4)修剪

为控制花苗的植株高度,促使茎部分蘖,保证花丛茂密、健壮以及保持花坛整洁、美观,应随时清除残花、败叶,经常修剪,以保持图案明显、整齐。

(5)补植

花坛内如果有缺苗现象应及时补植,以保持花坛内的花苗完整。补植花苗的品种、规格都应和花坛内的花苗一致。

(6)立支柱

生长高大以及花朵较大的植株,为防止倒伏、折断,应设立支柱,将花茎轻轻绑在支柱上。支柱的材料可用细竹竿或定型塑料杆。有些花朵多而大的植株,除立支柱外,还应用铅丝编成花盘将花朵托住。支柱和花盘都不可影响花坛的观瞻,最好涂以绿色。

(7)防治病虫害

花苗生长过程中,要注意及时防治地上和地下的病虫害,由于草花植株娇嫩,所施用的农药要掌握适当的浓度,避免发生药害。

(8)更换花苗

由于草花生长期短,为了保持花坛经常性的观赏效果,要做好经常更换花苗的工作。

七 坡面绿化

【要 点】

挖土或堆土而形成的人工斜面叫坡面。如果坡面一直处于裸露状态,便会因长期受到雨水的冲击和洗刷而侵蚀。为了防止坡面的侵蚀和风化,必须用植物或者人工材料覆盖坡面,对坡面进行绿化。

【解 释】

◆植草

用短草保护坡面的工作叫植草。裸露着的坡面,缺乏土粒间的粘结性能,如任凭植物自然生长就会很慢。植草就是人为地、强制性地一次栽种植物群落,使坡面迅速覆盖上植物。

植草有各种方法,每种方法都各有优点,所以应该选择适应当地条件和施工时期的方法,如表6-15所示。

表6-15　植草方法的种类和特征

工　种	主　要　方　法	特　征
喷种方法	将种子、肥料、土和水混合成泥浆状,然后用泥浆喷洒器喷到坡面上,用沥青覆膜养护	1. 能在陡坡上施工 2. 全面绿化,最快 3. 如不追肥,容易发生缺肥现象
	将种子、肥料、稻草等在水中拌匀,用泵撒布在坡面上	1. 能大面积迅速施工 2. 全面绿化,最快 3. 如不追肥,容易发生缺肥现象
平铺状植草方法	用平铺状人工植草,覆盖坡面	1. 主要是堆土时使用 2. 冬夏都能施工 3. 施工开始后有保护效果
盘状植草方法	将肥沃土壤制成盘状,表面上栽植草种,贴到坡面的水平沟上	1. 主要使用在不良土质的挖掘面上 2. 有客土效果 3. 如果草的生长不好,容易引起沟间侵蚀
网带植草方法	把种子和肥沃土壤装在网带里,贴在坡面的水平沟上	1. ~3. 与盘状植草的1. ~3. 同 4. 因为是装在网带里,种子和肥沃土壤不易流失
挖穴植草方法	在坡面上挖穴,放入固体肥料,加土,再放上种子,培土,用沥青覆膜保护	1. 主要使用在不良土质的挖掘面上 2. 覆盖坡面的速度慢,但肥效长
带状植草方法	在水平面插入草根时,按水平方向插入带状的人工培育草	1. 代替条状植草方法 2. 草生长不繁茂时,条行之间易受侵蚀
条状植草方法	在坡面上,按水平条状插入各种花样的草	1. 过去常用的方法 2. 草的生长不繁茂,条行之间易受侵蚀
铺砌草块方法	将草块贴到坡面上	1. 过去常用的方法 2. 草块之间如有空隙容易侵蚀,所以应连续平铺

首先,为了判断植草是否可能,应用山中式土壤硬度计算测定土壤硬度。土壤硬度23mm以下时容易扎根,超越23mm扎根就逐渐困难起来,超过27mm则完全不能扎根。

在土壤硬度在27mm以下的挖土坡面和堆土坡面上,如用人力施工植草,则以采用喷种方法为宜。

土壤硬度超越27mm的坚硬坡面,多在挖土坡面上出现。这时,要使用网带植草方法或挖穴植草方法,在坡面挖沟或者挖抗,随后填入客土再植草。倘若在坚硬的坡面都挖沟填土的话,也可以使用喷种方法。

红色黏土(风化花岗岩层的砂质或其堆积土)、白色硬质火山灰土、页岩(裂隙很多,破碎成小碎片)、褐黏土(带蓝色的暗色黏性土)、黏土、砂砾土等,都是不容易植草的土质。在这样的土质坡面上要充分植草,应该事先制作混凝土框,在框内用肥沃土质作客土,采用喷种方法或者平铺状植草方法。但坡面框的坡度小于1∶1.2,否则客土易流失。

简单的方法是不装配坡面框,而是架上细网,使用喷种方法,也能收到较好的植草效果。

◆植树

为了使坡面和周围环境融为一体,坡面上也应适当种植树木。坡面上植树一般采用栽植树苗的方式,混播树籽和草籽的方式值得商榷,因为,从一开头就是混播树籽和草籽,如果对草的生长株数不加以限制,则发芽和生长缓慢的树木就会受其压抑而不能成长。如果把草的株数减少到树木能够成长的程度,则很难充分保护坡面。

在坡面上植树,最好使用比草高的树苗,并在不使坡面滑坍的程度内,在树根的周围挖坡度平缓的蓄水沟。自然播种生长起来的高树,因为根扎得深,即使在很陡的坡面上也很少发生被风吹倒的现象。可是,直接栽植的高树,因为在树坑附近根系扎得不太深,所以比较容易被风吹倒。为了防止这种现象,必须设置支柱,充分配备坡度平缓的蓄水沟(见表6-16)。

表 6-16　坡面坡度

		硬岩	1 : 0.3 ~ 1 : 0.3(1 : 0.5)
安定的坡面	挖土	软岩	1 : 0.5 ~ 1 : 1.2(1 : 0.8)
		砂	小于1 : 1.5
		土	1 : 0.8 ~ 1 : 1.5(1 : 1)
	堆土		1 : 1.5 ~ 1 : 1.2(1 : 1.5)
安全行车	防止颠覆 紧急时进入		小于1 : 4 小于1 : 6
维持管理	防止路面积雪 防止植物群落由于冰冻而剥落 使用割草机		小于1 : 4 小于1 : 2 小于1 : 3
植树	灌木 小乔木		小于1 : 2 小于1 : 3
看台	观览席 休息		1 : 6 1 : 6 ~ 1 : 10

注:( )内是标准坡度。

◆ **边坡施工安全事项**

坡面保护工程的施工是以使边坡稳定为最大目的的,在施工完毕以前出现许多非常危险的地方,更需要进一步的安全管理。

必须特别注意的事项如下:

(1)在高地作业:设置脚手架时的安全对策包括脚手架本身的检查,上方浮石、土砂崩落的事前排除,防止降雨、强风时脚手架、材料、工具的落下,边坡崩落的土砂及喷射嘴的处理等。

(2)在坡面下面作业:坡面及上方的落石、土砂崩落,高处作业材料工具的掉落,道路上汽车的跳进,向坡面提送材料的散落等。

(3)机械附近作业:机械的固定与处理,物资材料的装卸与放置,自行式机械的运行,软管类的放置,空袋等的整理,油脂类的放置地点,污水、排水的处置等。

(4)其他:标志、路障、护栏等的设置,交通指挥等,以及紧急时的联络方式、作业人员的作业训练与安全教育等。

◆ **覆盖完成前的保护、管理**

坡面绿化工程中,除按耐侵蚀的绿化施工法进行施工外,均需首先尽快使边坡全面覆盖,防止降雨、冻胀、冻结等的侵蚀。

一般使用外来草种,2 至 3 个月就可完成全面覆盖,但坡面的条件差时,有时不发芽、生长。

发芽条件有水分、氧、温度和时间,生长条件则还需要光、二氧化碳和养分。

不发芽时,多是由于干旱缺乏水分或在低温期施工。若水分缺乏,通常进行 $3 \sim 5L/m^2$ 的洒水,如超过土壤的吸水能力,浇水过多时,余剩的水顺边坡流下,易侵蚀边坡。

浇水,夏季宜在早晨或日落后的低温时进行,冬季宜在中午高温时进行,但进行一次浇水后,必须连续浇水直到有降雨为止,如中途停止浇水,反而容易受到干害,应对植被状态加以注意。种子因耐干旱,一般可不浇水,任其自然即可。

对于低温,可考虑铺席及洒布沥青乳液等,必须事先把施工法、选定的植物和工期研究好。

对养分不足的问题,通常进行氮量为 $5 \sim 10g/m^2$ 左右的追肥,一次施肥量多时,反而会产生障碍,在坡度陡急的坡面上肥料效果的持续时间为:合成肥料每 2 至 3 个月追肥一次,缓效性肥料每 2 至 3 年追肥一次,可参照表 6-17。

表 6-17 施工后的保护管理

状态 　　　　区分	覆盖完成前的植被管理	覆盖完成后的植被管理
发芽、生长不良发生裸地状态	谋求生长基础的改良、造成研究追肥追播 研究再施工(适用施工法)	植被迁移的观察 草本类的变化与木本类的管理 高树类的密度管理
木本类的幼树侵入状态	施用磷酸肥料 林床植被的消失(长成密度、上层被压)	植物体防止滑落、采伐 用追肥等的植被管理 侵蚀沟等的修补
引进植被的急剧衰退现象正在进行的状态	谋求用追肥使覆盖力恢复(一年两次左右) 研究追播	—
生长良好、稳定的植被状态	维持草本类 引进低树类	
砂质土 亚黏土 黏性土	裸地发生、容易侵蚀、使早期完成全面覆盖 容易引起霜柱、冻涨、冻结、溶解等产生的植物体的滑落、崩落	为了不引起植被的衰退,早期进行追肥 高木类的密度管理
硬质土 石灰岩质	容易引起缺肥、干害等 重视对生长基盘的绿化基础工程及追肥	稳定的植被构成,需要长时间计划,长期追肥

◆ 全面覆盖完成后的保护、管理

一般坡面播种工程,经过 2 至 3 个月就可全面覆盖,但以后根据边坡的地点条件及土壤条件,其生长状态及种类就发生变化,其过程是以外来草种为主的播种植物开始逐渐衰退,如不伴有侵入种等引起的植物转变,就将出现裸地化。

绿化目标如是让外来草种持续生长时,就必须连续进行割草、追肥、防除病虫害、补播草种等管理工作。

外来草种衰退,外来草种与木本类的混合生长期过渡到木本类时,用 PK 肥料(仅有磷和钾的肥料)进行追肥。

使用于混播的木本类多用先驱植物,演替成先锋群落,为促进顶级群落木本类生长,可促进群落演替状况,逐步将先驱植物伐除。

另外,为了与周围景观协调,除修剪、除草、施肥、防除病虫害外,还必须追播必要的植物和补植苗木。

一般向以乡土木本类为主体的坡面的过渡非常困难,必须进行长期细致的管理。

【相关知识】

◆**选择坡面草的条件**

用于坡面上的植草,最好具有下列性质:

(1)耐干旱,即使在瘠薄的土壤上也能很好地生长。

(2)发芽早,生长旺盛,能尽快覆盖地表。树籽与草籽相比,在这一点上是不利的。在强调美观的地方,坡面的坡度要平缓,植草全部覆盖以后,高度剪成 30~50mm。

(3)根部连土性强,能制止表层砂土的流动,最好是耐干旱且能扎深根的植物。

(4)必须是多年生的植物。因为改善土地条件需要许多年月,所以一年生的草是不适合的。

(5)必须是适合本地区的健壮品种。从这点来说,土生土长的野草最好,但大量得到很困难。外来品种只要使用起来适应我国的气候土壤条件,就可以使用。在坡面草上,还没有听到过植物群落紊乱的现象。

(6)必须是容易大量获得的草籽,价格要便宜。

八 立体绿化

【要 点】

立体绿化主要包括垂直绿化、屋顶绿化和城市桥体绿化。

【解 释】

◆**垂直绿化**

垂直绿化就是使用藤蔓植物在墙面、阳台、窗台、棚架等处进行绿化。许多藤蔓植物对土壤、气候的要求并不苛刻,而且生长迅速,可以当年见效,因此垂直绿化具有省工、见效快的特点。

1.阳台、窗台绿化

在城市住宅区内,多层与高层建筑逐渐增多,尤其在用地紧张的大城市,住宅的层数不断增多,使住户远离地面,心理上产生与大自然隔离的失落感,渴望借助阳台、窗台的狭小空间创造与自然亲近的"小花园"。

阳台、窗台绿化不仅便于生活,而且能够增加家庭生活的乐趣,对建筑立面与街景亦可起到装饰美化作用。在国外绿化水平相当高的城市,也极为重视这方面的绿化。

(1)阳台绿化

阳台是居住空间的扩大部分,首先要考虑满足住户生活功能的要求,把狭小空间布置成符合使用功能、美化生活的阳台花园。阳台的空间有限,常栽种攀缘或蔓生植物,采用平行垂直绿化或平行水平绿化。

1)常见阳台绿化方式。可通过盆栽或种植槽栽植。在阳台内和栏板混凝土扶手上,除摆放盆花外,值得推广的种植方式是与阳台建筑工程同步建造各种类型的种植槽。它可设置在阳台板的周边上和阳台外沿栏杆上。当然,还可结合阳台实心栏板做成花斗槽形,这样既丰富了阳台栏板的造型,又增加了种植花卉的功能。在阳台的栏杆上悬挂各种种植盆。可采用方形、长方形、圆形花盆。近年来各种色彩的硬塑料盆已普遍应用于阳台绿化。悬挂种植盆既能满足种植要求,又能起到装饰的作用。

2)垂直绿化植物牵引方法。

① 用建筑材料做成简易的棚架形式。棚架耐用且本身具有观赏价值,在色彩与形式上较讲究,冬季植物落叶后也可观赏。这种方法适宜攀缘能力较弱的植物。

② 以绳、铁丝等牵引。可按阳台主人的设想牵引。有的从底层庭院向上牵引,也有从楼层向上牵引,将阳台绿化与墙面绿化融为一体,丰富建筑立面的美感。常用的攀缘植物有常春藤、地锦、金银花、葡萄、丝瓜、茑萝等。

阳台绿化除攀缘植物、蔓生植物外,还可在花槽中采用一年生或多年生草花,如天竺葵、美女樱、金盏花、半枝莲等以及其他低矮木本花卉或盆景。在光线不好的北阳台则可选择耐阴植物,如八角金盘、桃叶珊瑚或多年生草本植物绿箩、春芋、龟背竹等。

3)阳台绿化基质的选择。无论是花盆还是阳台所设的固定式种植槽、池,在种植土的选择上,应采用人工配置的基质为好,这样可以减轻质量,人工合成的各类种植土含有植物生长所必需的各种营养,还可以延长种植土的更换年限。

(2)窗台绿化

窗台绿化往往易被忽视,但在国外居住建筑中,对于长期居住在闹市的居民来说,它却是一处丰富住宅建筑环境景观的"乐土"。当人们平视窗外时,可以欣赏到窗台的"小花园",感受到接触自然的乐趣。窗台是建筑立面美化的组成部分,也是建筑纵向与横向绿化空间序列的一部分。

1)窗台种植池的类型。

窗台种植池的类型应根据窗台的形式、大小而定,设置的位置取决于开窗的形式。当窗户为外开式时,种植池可以用金属托座固定在墙上或窗上;当窗户为内开式时,种植池可以在窗两边拉撑臂连接。外开式的窗户,种植池中植物生长的空间不得妨碍窗户的开关。种植池安置在墙上,如果在视平线或视线以下观赏,种植池的托座可安置在池的下方,或托座位置在池后方;如果从下面观看种植池,最好安装有装饰性的托座。最简单的窗台种植是将盆栽植物放置于窗台上,盆下用托盘防止漏水。

2)窗台种植池的土肥与排水。

种植池使用肥沃的混合土肥,以含有机质丰富和保持湿度较好的泥炭为培养土。在植物生长期需要定期供给液体肥料补充养料。

种植池底设有排水孔,使浇水时过剩的水流出。为保证充分排水,可用装有塑料插头的排水孔排出剩余水。在种植池里用金属托盘衬里,这样在重新种植时便于搬动。

3)窗台绿化材料与配置方式。

可用于窗台绿化的材料较为丰富,有常绿的、落叶的,有多年生的与一二年生的,有木本、草本与藤本的。如木本的小檗、橘类、栀子、胡颓子、欧石南、茉莉、忍冬等;草本的天竺葵、勿忘草、西番莲、费莱、矮牵牛等;常绿藤本的如常春藤;落叶木质藤本的如爬山虎(地锦)、猕猴桃、凌霄等;草藤本的如香豌豆、啤酒花、牵牛、茑萝、文竹等。应根据窗台的朝向等自然条件和住户的爱好选择适合的植物种类和品种。有的需要有季节变化,可选择春天开花的球根花卉,如风信子,然后夏秋换成秋海棠、天竺葵、碧冬茄、藿香蓟、半枝莲等,使窗台鲜花络绎不绝,五彩缤纷。这些植物材料也用于阳台绿化。

植物配置方式,有的采用单一种类的栽培方式,用一种植物绿化多层住宅的窗台。有的采用常绿的与落叶的、观叶的与观花的相搭配,窗台上种植常春藤、秋海棠、桃叶珊瑚等。有的则用一种藤本或蔓生的花灌木,姿态秀丽,花香袭人。

2. 墙面绿化

居住区建筑密集,墙面绿化对居住环境质量的改善十分重要。早在 17 世纪,俄国就已将攀缘植物用于亭、廊绿化,后将攀缘植物引向建筑墙面,欧美各国也广泛应用。尤其在近十年来,不少城市已将墙面绿化列为绿化评比的标准之一。

墙面绿化是垂直绿化的主要绿化形式,是利用具有吸附、缠绕、卷须、钩刺等攀缘特性的植物绿化建筑墙面的绿化形式。

(1)墙面绿化种植要素

墙面绿化是一种占地面积少而绿化覆盖面积大的绿化形式,其绿化面积为栽植占地面积的几十倍以上。墙面绿化要根据居住区的自然条件、墙面材料、墙面朝向和建筑高度等选择适宜的植物材料。

1)墙面材料。

我国住宅建筑常见的墙面材料多为水泥墙面或拉毛、清水砖墙、石灰粉刷墙面及其他涂料墙面等。经实践证明,墙面结构越粗糙越有利于攀缘植物的蔓延与生长,反之,植物的生长与攀缘效果较差。为了使植物能附着墙面,欧美一些国家常用木架、金属丝网等辅助植物攀缘墙面,经人工修剪,将枝条牵引到木架、金属网上,使墙面得到绿化。

2)墙面朝向。

墙面朝向不同,适宜于采用不同的植物材料。一般来说,朝南、朝东的墙面光照较充足,而朝北和朝西的光照较少,有的住宅墙面之间距离较近,光照不足,因此要根据具体条件选择对光照等生态因子相适合的植物材料。如在朝南墙面,可选择爬山虎、凌霄等,朝北的墙面可选择常春藤、薜荔、扶芳藤等。在不同地区,适于不同朝向墙面的植物材料不完全相同,要因地制宜,选择植物材料。

3)墙面高度。

攀缘植物的攀缘能力不尽相同,要根据墙面高度选择适合的植物种类。高大的多层住宅建筑墙面可选择爬山虎等生长能力强的种类;低矮的墙面可种植扶芳藤、薜荔、常春藤、络石、凌霄等。

4)墙面绿化的种植形式。

① 地栽。常见的墙面绿化种植多采用地栽。地栽有利于植物生长,便于养护管理。一般沿墙种植,种植带宽 0.5～1m,土层厚为 0.5m。种植时,植物根部离墙 15cm 左右。为了较快地产生绿化效果,种植株距为 0.5～1m。如果管理得当,当年就可见效。

② 容器种植。在不适宜地栽的条件下,砌种植槽,一般高 0.6m,宽 0.5m。根据具体要求决定种植池的尺寸,不到半立方米的土壤即可种植一株爬山虎。容器需留排水孔,种植土壤要求有机质含量高、保水保肥、通气性能好的人造土或培养土。在容器中种植能达到与地栽同样的绿化效果,欧美国家应用容器种植绿化墙面,形式多样。

③ 堆砌花盆。国外应用预制的建筑构件——堆砌花盆。在这种构件中可种植非藤本的

各种花卉与观赏植物,使墙面构成五彩缤纷的植物群体。在市场上可以选购到各式各样的构件,砌成有趣的墙体表面,让植物茂密生长构成立体花坛,为建筑开拓新的空间。

随着技术的发展,居住环境质量要求不断提高,这种建筑技术与观赏园艺的有机结合使墙面绿化更受欢迎。

（2）围墙与栏杆绿化

居住区用围墙、栏杆来组织空间,也是环境设计中的建筑小品,常与绿化相结合,有时采用木本或草本攀缘植物附着在围墙和栏杆上,有时采用花卉美化围墙栏杆。既增加绿化覆盖面积,又使围墙、栏杆更富有生气,扩大了绿化空间,使居住区增添了生活气氛。

在高低错落、地形起伏变化的居住区有挡土墙。将这些挡土墙与绿化有机结合,能够使居住环境呈现丰富的自然景色。另外,在一些建筑上,还可通过对女儿墙的绿化来达到美化环境的目的。屋檐女儿墙的绿化多运用于沿街建筑物屋顶外檐处。平屋顶建筑的屋顶,檐口处通常采用挑檐和建女儿墙两种做法。屋顶檐口处建女儿墙是建筑立面艺术造型的需要,同时也起到了屋顶护身栏杆的安全作用。沿屋顶女儿墙建花池既不会破坏屋顶防水层,又不会增加屋顶楼板荷载,管理浇水养护均十分方便。同时,还可在楼下观赏垂落的绿色植物,在屋顶上观看条形花带。

（3）墙面绿化的养护与管理

墙面绿化的养护管理一般较其他立体绿化形式简单,因为用于立体绿化的藤本植物大多适应性强,极少发生病虫害。但在城市中实施墙面绿化后也不能放任不管。随着绿化养护管理的逐步规范和专业化,人们也越来越重视墙面绿化的养护工作,从改善植物生长条件、加强水肥管理、修剪、人工牵引和种植保护篱等几项措施着手,全面提高了墙面绿化的养护技术。只有经过良好绿化设计和精心的养护管理才能保持墙面绿化的恒久效果。

1）改善植物生长条件。

对藤本植物所生长的环境要加强管理。在土壤中拌入猪粪、锯末和蘑菇肥等有机质,改善贫瘠板结的土壤结构,为植物提供良好的生长基质。同时,在光滑的墙面上拉铁网或农用塑料网或用锯末、沙、水泥按2：3：5的比例混合后刷到墙上,以增加墙面的粗糙度,有利于攀缘植物向上攀爬和固定。

2）加强水肥管理。

在立体墙面上可以安装滴灌系统,一方面保证植物的水分供应,另一方面又提高了墙面的湿润程度而更利于植物的攀爬。同时,通过每年春秋季各施一次猪粪、锯末等有机肥,每月薄施复合肥,保证植物有足够的水肥供应。

3）修剪。

改变传统的修剪技术,采取保枝、摘叶修剪等方法,该方法主要用于那些有硬性枝条的树种,如藤本月季等。适当对下垂枝和弱枝进行修剪,促进植株生长,防止因蔓枝过重过厚而脱落或引发病虫害。

4）人工牵引。

对于一些攀缘能力较弱的藤本植物,应在靠墙处插放小竹片,牵引和按压蔓枝,促使植株尽快往墙上攀爬,也可以避免基部叶片稀疏,横向分枝少的缺点。

5）种植保护篱。

在垂直绿化中人为干扰常常成为阻碍藤本植物正常生长的主要因素之一。种植槽外可以栽植杜鹃篱、迎春、连翘、剑麻等植物,既防止了人行践踏和干扰破坏,又解决了藤本植物下部光秃不够美观的问题。

◆ **屋顶绿化**

在屋顶上面进行绿化,要严格按照设计的植物种类、规格和对栽培基质的要求而施工。施工前,要了解屋顶的承重量,合理建造花池和给排水系统。土壤的深度根据树木种类及大小确定。种植池中的土壤要选用肥沃、排水性能好的壤土,或用人工配制的轻型土壤,如壤土1份、多孔页岩砂土1份和腐殖土1份的混合土,也可用腐熟过的锯末或蛭石土等。紧贴屋面应垫一层厚度3~7cm的排水层。排水层用透水的粗颗粒材料如炭渣、豆石等平铺而成,其上还要铺一层塑料窗纱纱网或玻璃纤维作为滤水层。滤水层上就可填入栽培基质。

要施用足够的有机肥作为基肥,必要时也可追肥,氮、磷、钾的配比为2：1：1。草坪不必经常施肥,每年只需覆一、二次肥土,方法是将壤土1份和腐殖土1份混合晒干后打碎,用筛子均匀地撒在草坪上。

给水的方式有土下给水和土上表面给水两种。一般草坪和较矮的花草可用土下管道给水,利用水位调节装置把水面控制在一定位置,利用毛细管原理保证花草水分的需要。土上给水可用人工喷浇,也可用自动喷水器,平时注意土中含水量,依土壤湿度的大小决定给水的多少。要特别注意土下排水必须流畅,绝不能在土下局部积水,以免植物受涝。

植物种类一般选择姿态优美、矮小、浅根、抗风力强的花灌木和球根花卉及竹类等。

屋顶绿化不同于平地绿化,从设计到施工都必须综合考虑,所有的因素都要计算在屋顶的载荷范围内。维护屋顶绿化的成果关系到屋顶绿化综合效益的发挥,只有合理的设计,正确的管理,才能达到设计的要求,充分发挥屋顶绿化的效益。

(1)屋顶绿化的施工管理

在屋顶绿化或造园,必须严格按照设计的方案执行,植物的选择和屋顶的排水、防水都要与屋顶的载荷相一致。在屋顶花园进行平面规划及景点布置时,应根据屋顶的承载构件布置,使附加荷载不超过屋顶结构所能承受的范围,确保屋顶的安全。

屋顶花园工程施工前,灌水试验必不可少。为确保屋顶不渗(漏)水,施工前,将屋顶全部下水口堵严后,在屋顶放满100mm深的水,待24h后检查屋顶是否漏水,经检查确定屋顶无渗漏后,才能进行屋顶花园施工。

屋顶的排水系统设计除要与原屋顶排水系统保持一致外,还应设法阻止种植物枝叶或泥沙等杂物流入排水管道。大型种植池排水层下的排水管道要与屋顶排水口相配合,使种植池内多余的浇灌水顺畅排出。

(2)屋顶绿化植物的养护管理

屋顶绿化建成后的日常养护管理关系到植物材料在屋顶上能否存活。粗放式绿化屋顶实际上并不需要太多的维护与管理。在其上栽植的植物都比较低矮,不需要剪枝,抗性比较强,适应性也比较强。如果是屋顶花园式的绿化类型,绿化屋顶作为休息、游览场所,种植较多的花卉和其他观赏性植物,需要对植物进行定期浇水、施肥等维护和管理工作。屋顶绿化养护管理的主要工作有:

1)浇水和除草。

屋顶上因为干燥,高温,光照强,风大,植物的蒸腾量大,失水多,夏季较强的日光还使植物易受到日灼,枝叶焦边或干枯,必须经常浇水或者喷水,达到较高的空气湿度。一般应在上午

9 时以前浇 1 次水,下午 4 时以后再喷 1 次水,有条件的应在设计施工的时候安装滴灌或喷灌。发现杂草要及时拔除,以免杂草与植物争夺营养和空间,影响花园的美观。

2)施肥、修剪。

在屋顶上,多年生的植物在较浅的土层中生长,养分较缺乏,施肥是保证植物正常生长的必要手段。目前应采用长效复合肥或有机肥,但要注意周围的环境卫生,最好用开沟埋施法进行。要及时修剪枯枝、徒长枝,这样可以保持植物的优美外形,减少养分的消耗,也有利于根系的生长。

3)补充人造种植土。

经常浇水和雨水的冲淋会使人造种植土流失,体积日渐缩小,导致种植土厚度不足,一段时期后应添加种植土。另外,要注意定期测定种植土的 pH 值,使其不超过所种植物能忍受的 pH 范围,超出范围时要施加相应的化学物质予以调节。

4)防寒、防风。

对易受冻害的植物种类,可用稻草进行包裹防寒,盆栽的搬入温室越冬。屋顶上风力比地面上大,为了防止植物被风吹倒,要对较大规格的乔灌木进行特殊的加固处理。

5)其他管理。

浇水可以采用人工浇水或滴灌、喷灌。应当把给水管道埋入基质层中。

除此之外,还要对屋顶绿化经常进行检查,包括植物的生长情况、排水设施的情况,尤其是检查落水口是否处于良好工作状态,必要时应进行疏通与维修。雕塑和园林小品也要经常清洗以保持干净,只有这样才可能保持屋顶花园的良好状况。

◆**桥体绿化**

1. 桥体绿化的方法

(1)桥体种植

桥侧面的绿化类似于墙面的绿化。桥体绿化植物的种植位置主要是在桥体的下面或者是桥体上。在桥梁和道路建设时,在高架路或者立交桥体的边缘预留狭窄的种植槽,填上种植土,藤本植物可在其中生长,其枝蔓从桥体上垂下,由于枝条自然下垂,基本不需要各种固定方法。

另外的种植部位是在沿桥面或者高架路下面种植藤本植物,在桥体的表面上设置一些辅助设施,钉上钉子或者利用绳子牵引,让植物从下往上攀缘生长,这样也可以覆盖整个桥侧面。这类绿化常用一些吸附性的藤本植物。对于那些没有预留种植池的高架桥体或者立交桥体,可以在道路的边缘或者隔离带的边缘设置种植槽。

桥体绿化还可以在桥梁的两侧栏杆基部设置花槽,种上木本或草本攀缘植物,如蔷薇、牵牛花或者金银花等,使植物的藤蔓沿栅栏缠绕生长。由于铁栏杆要定期维护,这种绿化方式不适用于铁栏杆,适用于钢筋混凝土、石桥及其他用水泥建造的桥栅栏。

在桥面两侧栏杆的顶部设计长条形小型花槽,长 1m,深 30~50cm,宽 30cm 左右。主要栽种草本花卉和矮生型的木本花卉,如一年或多年生草本花卉、矮生型的小花月季或迎春、云南迎春等中小灌木,这种绿化方式特别适用于钢筋混凝土的桥体。

(2)桥侧面悬挂

一些过街天桥和立交桥,由于桥体的下方是和桥体交叉的硬化道路,所以没有植物生存的土壤,桥下又不能设置种植池。对这类桥梁的绿化可以采取悬挂和摆放的形式。在桥梁的护栏上设置活动种植槽并把它固定在栏杆上,也可以在护栏的基部设置种植池或者种植槽。在种植池内种植地被植物,在种植槽内种植一些垂枝的植物,让植物的枝条自然下垂。植物材料的选择要考虑种植环境,采用的植物的抗病性要强。另外也可以采取摆设的方式进行绿化,在天桥的桥面边缘设置固定的槽或者平台,在上面摆设一些盆花。在桥面配置开花植物,要注意避免花色与交通标志的颜色混淆,应以浅色为好,既不刺激驾驶员的眼睛,也可以减轻司机的视觉疲劳。

（3）立体绿化

高架路众多的立柱为桥体垂直绿化提供了许多可以利用的载体。高架路上有各种立柱,如电线杆、路灯灯柱、高架路桥柱。另外立交桥的立柱也在不断增加,对它们的绿化已经成为垂直绿化的重要内容之一。绿化效果最好的是边柱、高位桥柱以及车辆较少的地段。从一般意义上讲,吸附类的攀缘植物最适于立柱造景,不少缠绕类植物也可应用。上海的高架路立柱主要选用五叶地锦、常春油麻藤、常春藤等,另外,还可选用木通、南蛇藤、络石、金银花、爬山虎、蝙蝠葛、小叶扶芳藤等耐阴植物。

柱体绿化时,对那些攀缘能力强的树种可以任其自由攀缘,而对吸附能力不强的藤本植物,可以在立柱上用塑料网和铁质线围起来,让植物沿网自行攀爬。对处于阴暗区的立柱的绿化,可以采取贴植方式,如用3.5～4m以上的女贞或罗汉松。考虑到塑料网的老化问题,为了达到稳定依附目的,可以在立柱顶部和中部各加一道用铁质线编结的宽30cm的网带。铁质线是外包塑料的铁丝,具有较长的使用寿命。

（4）中央隔离带的绿化

在大型桥梁上通常建造有长条形的花坛或花槽,可以在上面栽种园林植物,如黄杨球,还可以间种美人蕉、藤本月季等作为点缀。也有在中央隔离带上设置栏杆的,可以种植藤本植物任其攀缘,既能防止绿化布局呆板,又能起到隔离带的作用。中央隔离带的主要功能是防止夜间灯光眩目,起到诱导视线以及美化公路环境,提高车辆行驶的安全性和舒适性,缓和道路交通对周围环境的影响以及保护自然环境和沿线居民的生活环境的作用。

中央隔离带的土层一般比较薄,所以绿化时应该采用那些浅根性的植物,同时植物必须具有较强抗旱、耐瘠薄能力。

（5）桥底绿化

立交桥部分桥底部也需要绿化。因光线不足、干旱,所以栽植的植物必须具有较强的耐阴、抗旱、耐瘠薄能力。常用的植物有八角金盘、桃叶珊瑚、各种麦冬等耐阴性植物。

2. 桥体绿化的养护与管理

桥体绿化后养护与管理的得当与否,不仅关系到交通功能能否全面发挥,而且也关系到桥体绿化在美学功能全方位的体现。由于桥体绿化大多位于比较特殊的环境,尽管采用的一些抗性较强的藤本植物也应该比较适合桥体的环境,但仍给绿化后的养护与管理带来了一定困难。立交桥的桥面绿化与墙面绿化类似,管理也基本相同,值得注意的是由于植物生长的环境较差,同时关系到交通安全问题,所以要加强桥体绿化后的养护与管理。

（1）水肥分管理

高架路、立交桥具有特殊的小气候环境,主要是在夏季路面高温和高速行车中所形成的强大风力对植物的影响,使得高架路绿化的植物蒸发量更大,自然降水量根本无法满足绿化植物生长的需要,只能依靠人工灌水补足。灌水量因树种、土质、季节以及树木的定植年份和生长状况等的不同而有所不同。一般当土壤的含水量小于田间最大持水量的70%以下时需要灌水。

在桥体绿化植物栽植时,只要施足基肥,正确运用栽植技术,浇足定根水,就可确保较高的成活率和幼树的正常生长。在桥体绿化中,植物生长的土壤都比较薄,土壤养分有限,当营养缺乏时,会影响植物的正常生长;另外中央分隔带的树种是多年生长在同一地点的,经过长期的生长后肯定会造成土壤营养元素的缺乏。所以要使桥体绿化的植物维持正常的生长,必须定期定量施肥,否则植物会因环境比较恶劣,缺乏养分而不能正常生长,甚至死亡。

（2）修剪与整形

是桥体绿化植物养护与管理中一项不可缺少的技术措施,也是一项技术性很强的管理措施。高架路、立交桥藤本植物的攀附式的绿化,由于植物生长迅速,藤本植物枝条不免会有些下垂,遮挡影响司机、行人视线,不利于交通安全,所以要约束植物生长的范围,不断地进行枝蔓修剪。对于中央隔离带的植物,通过修剪整形,不仅可以起到美化树形、协调树体比例的作用,而且可以改善树体间的通风透光条件,从而增强树木抗性,充分发挥绿化植物的防眩、诱导视线以及美化公路环境的作用。因此,中央分隔带树木也必须进行细致的修剪,以达到整齐、美观的效果。

（3）病虫害防治

在桥体绿化中,虽然选择的大多数藤本植物或坡面绿化植物的抗性比较强,但在植物生长过程中,也随时会遭到各种病虫害的侵袭,使树木的枝叶出现畸形、生长受阻甚至干枯死亡的现象,从而影响整个绿化效果。为了使植物能够正常地生长发育,必须对绿化植物的病虫害进行及时的防治。植物的病虫害防治自始至终应贯彻"预防为主,综合防治"的原则,只有这样才能成本低、见效快。

（4）安全检查

桥体绿化要经常检查植物的生长状况、病虫害是否发生,还要经常检查绿化植物固定是否安全牢固,是否遮挡司机的视线,以保证交通安全和行人安全,同时维护绿化的整体效果。

【相关知识】

◆**阳台绿化植物的选择**

南阳台和西阳台夏季日晒严重,采用平行垂直绿化较适宜。植物形成绿色帘幕,遮挡着烈日直射,可起到隔热降温的作用,使阳台形成清凉舒适的小环境。在朝向较好的阳台,可采用平行水平绿化。为了不影响生活功能要求,要根据具体条件选择适合的构图形式和植物材料,如选择落叶观花观果的攀缘植物,不影响室内采光,栽培管理好的可采用观花观果的植物,如金银花、葡萄等。

◆**墙面绿化植物的种类**

墙面绿化植物绝大多数为攀缘植物。攀缘植物的种类按其攀缘方式分为:

（1）自身缠绕植物

不具有特殊的攀缘器官,而是依靠植株本身的主茎缠绕在其他植物或物体上生长,这种茎称为缠绕茎。其缠绕的方向,有向右旋的,如啤酒花、葎草等;有向左旋的,如紫藤、牵牛花等;还有左右旋、缠绕方向不断变化的植物。

（2）依附攀缘植物

具有明显的攀缘器官,利用这些攀缘器官把自身固定在支持物上,向上方或侧方生长。常

见的攀缘器官有:

1)卷须:形成卷须的器官不同,有茎(枝)卷须,如葡萄;有叶卷须,如豌豆、铁线莲等。

2)吸盘:由枝端变态而成的吸附器官,其顶端变成吸盘,如爬山虎。

3)吸附:根节上长出许多能分泌胶状物质的气生不定根吸附在其他物体上,如常春藤。

4)倒钩刺:生长于植物体表面的向下弯曲的镰刀状逆刺(枝刺或皮刺),将植株体钩附在其他物体上向上攀缘,如藤本月季、葎草等。

(3)复式攀缘植物

具有两种以上攀缘方式的植物,称为复式攀缘植物,如既有缠绕茎又有攀缘器官的葎草。

◆城市桥体绿化环境及植物的选择

对立交桥、高架路和立柱等的绿化,要充分考虑光照、汽车废气、粉尘污染、土壤质地,水分供应以及人为践踏等因素的影响。

在植物选择上,依据立交桥、高架路特殊的生态条件,应选择具有较强抗逆性的植物。首先应以乡土树种、草种为主,主要树种应有较强的抗污染能力,以适应高速公路绿地特点。还应选用适应性强并且耐阴植物的种类。例如,针对土层薄的特点,要选耐瘠薄、耐干旱植物;针对立柱和桥底光线条件比较差的特点,在柱体绿化时,首先要求选择耐阴植物。

在立柱绿化中,可以选择五叶地锦、常春藤、常春油麻藤、腺萼南蛇藤、鸡血藤、爬行卫矛等藤本植物,这些植物都具有较强的耐阴能力。另外,五叶地锦抗逆性和速生性也非常好,如养护管理较好,年最大生长量可以达到6~7m,当年可以爬上柱顶。五叶地锦具有吸盘和卷须双重固定功能,但吸盘没有爬山虎发达,墙面固着力较差。

对于其他的绿化方式,可以采用一些地被植物和盆花。桥侧面绿化的植物选择与墙面绿化的选择基本一致,即应该选择抗性强的藤本植物,具体可以参照墙面绿化选择适当植物。

九 绿化工程的养护管理

【要　点】

俗话说"三分种,七分管",可见养和管的重要性。养护与管理是一项经常性的工作,即一年四季均要进行,又是一项无尽无休的长期性工作,施工后头几年的养护管理尤为重要。园林植物养护管理工作,其内容主要有灌水、排水、除草、中耕、施肥、整形修剪、防风防寒、病虫害防治等。

【解　释】

◆灌水与排水

水分是植物体的基本组成部分,植物体重量的40%~80%是水分,树叶的含水量高达80%,树木体内的一切活动都是在水的参与下进行的。水能维持细胞膨压,使枝条伸直,叶片展开,花朵丰满、挺立、鲜艳,使园林植物充分发挥其观赏效果和绿化功能。如果土壤水分不足,地上部分将停止生长,土壤含水量低于7%时,根系停止生长,且因土壤浓度增加,根系发生外渗现象,会引起烧根而死亡。

同种植物在一年中不同的生育期内,对水分的需求量也不同。早春植株萌发需水量不多;

枝叶盛长期,需水较多;花芽分化期及开花期,需水较少;结实期要求水分较多。

（1）灌溉时期

用人工方法向土壤内补充水分为灌溉。新建园林植物绿地往往栽植的是大苗或大树,带有较多的地上部分,蒸腾量大。栽植后为了保持地上、地下部分水分平衡,促发新根,保证成活,必须经常灌溉,使土壤处于湿润状态。在5～6月气温升高、天气干旱时,还需向树冠和枝干喷水保湿,此项工作于清晨或傍晚进行。灌水大致分为三个时期:

1）保活水:即在新植株定植后（北方地区往往以春季栽植为主）,为了养根保活,必须滋足大量水分,加速根系与土壤的结合,促进根系生长,保证成活。

2）生长水:夏季是植株生长旺盛期,大量干物质在此时间形成,需水量大,此时气温高,蒸腾量也大,雨水不充沛时要灌水,如夏季久旱无雨更应勤灌。

3）冬水:由于北方地区冬季严寒多风,为了防寒,于入冬前应灌一次冬水。冬水作用有三:一是水的比热大,热容量高,可适当提高地温、保护树木免受冻害;二是较高地温可推迟根系休眠,使根系能吸收充足的水分,供蒸腾消耗需要,可免于枯梢;三是灌足冬水,使土壤有充足的贮备水,翌年春干旱时也不致受害。

除上述三大时期灌水外,如给植株施肥,施肥后应立即灌水,促使肥料渗透至土壤内成水溶液状态为根系所吸收,同时灌水可使肥料浓度稀释而不致烧根。

（2）灌水次数和灌水量

1）灌水次数:植株一年中需灌水的次数,因种类、地区和土质而异。北方地区因干旱、多风、寒冷,灌水次数要增加,尤其新植树木,每年至少集中灌水6次以上,即4、5、6、9、10和11月。所谓集中灌水并非灌溉一次,如春季新植时的一段时间内要每隔1～2天灌一次,在这段时期内的灌水就是集中灌水,只能算作一次。

2）灌水量:耐干旱的种类灌水量少些,反之则多些。灌水时做到灌透,切忌仅灌湿表层。灌透是浇灌到栽植层,但又不可过量,如水量过多,会减少土壤空气,根系生长会受到抑制。灌水以土壤中达到田间持水量的60%～80%最合适。

（3）灌水方法

灌水方法较多,城市中用水紧张,应注意节约用水。

1）沟灌:于栽植行间开沟,引水灌溉。这种方法省工省力,但用水量较大。

2）盘灌:向定植盘内灌水,此法省水、经济。

3）喷灌:属机械化作业,适用于大面积绿地草坪和苗圃。

4）润灌:将一定粗度的水管安在土壤中或植株根部,将水一滴一滴地注入根系分布范围内。此法省工、省水、省时,是一种科学合理的灌溉方法,但一次性投资较大。

灌水还必须注意,水源有河水、井水、自来水、生活污水等,无论何种水,必须无毒害。灌水前做到土壤疏松,灌水后用干土覆盖之后再进行中耕,切断土壤毛细管,减少水分蒸发。

（4）排水

土壤出现积水时,如不及时排出,会严重影响植株生长。这是因为土壤积水过多时,土壤中严重缺氧,此时根系只能进行无氧呼吸,会产生和积累酒精,使细胞内的蛋白质凝固,引起死亡。土壤通气不良,好气性细菌活动受阻,嫌气性细菌大量活动,会影响土壤内营养元素的有效度。土壤缺氧时,还会产生毒害根系的还原性物质。北方7月份为夏季多雨期,排水工作主要在这一季节。

排水方法:一是可以利用自然坡度排水,如修建和铺装草坪时即安排好0.1%~0.3%的坡度;另一种是开设排水沟,将其作为工程设计的一项内容,可设计明沟,在地表上挖明沟,或设暗沟,在地下埋设管道,无论明沟还是暗沟,均要安排好排水出处。

◆ 施肥

栽植的各种园林植物,尤其是木本植物,将长期从一个固定点吸收养料,即使原来肥力很高的土壤,肥力也会逐年消耗而减少,因此应不断增加土壤肥力,确保所栽植株旺盛生长。

(1)肥料种类

施肥要有针对性,即因植物种类、年龄、生育期等不同,要施用不同性质的肥料,才能收到最好的效果。肥料通常分速效肥和迟效肥(长效肥)两大类。速效肥多系人工合成的化学肥,迟效肥多系厩肥、堆肥等农家肥。前者一般作追肥用,后者多作基肥用。肥料按所含的营养元素可分为氮肥、磷肥、钾肥以及微量元素肥料。含有不同元素的肥料对植物生长的作用不同,施用也不同。氮肥能促进细胞分裂和伸长,促进枝叶快长,并有利于叶绿素形成,使植株青翠挺拔。氮肥或含氮为主的肥料应在春季植物发叶、发梢、扩大冠幅之际大量施入。花芽分化时期,如氮肥过多,枝叶旺长,会影响花芽分化,故此时应多施以磷为主的肥料,促进花芽分化,为开花打下基础。为了防止植株徒长,能安全越冬,秋季应使植株能按时结束生长,所以要加施磷肥、钾肥,停止使用氮肥。

基肥一般在栽植前施入土壤中或施入栽植穴中,且应是腐熟好的,切忌用生粪。此外,还可在早春和深秋土壤结冻前给大树施农家肥,即刨开树盘,将农家肥施入,再覆土盖上,春夏之际,随灌水及降雨,使肥分逐渐渗入植株根部为其吸收利用。

(2)施肥方法

1)环状沟施肥法:秋冬季的树木休眠期,依树冠投影地面的外缘,挖30~40cm的环状沟,深度20~50cm(可根据树木大小而定),将肥料均匀撒入沟内,然后填土平沟。

2)放射状开沟施肥法:以根际为中心,向外缘顺水平根系生长方向开沟,由浅至深,每株树开5~6条分布均匀的放射沟,施入肥料后填平。

3)穴施法:以根际为中心,挖一圆形树盘,施入肥料后填土。也有的在整个圆盘内隔一定距离挖小穴,一个大树盘挖5~6个小穴,施入肥料后填平。

4)全面施肥法:整个绿地秋后翻地普遍施肥。

肥料除了施入土壤中可被根系吸收利用外,随着植物生长素的开发应用,已试验成功根外施肥法,即将事先配制好的营养元素喷洒到植株枝叶上,被其吸收利用,制造有机物质,促使植株生长。根外追肥要严格掌握浓度,应参考配比说明操作,切勿盲目,以免烧伤叶片。

◆ 中耕除草

中耕是指采用人工方法促使土壤表层松动,从而增加土壤透气性,提高土温,促进肥料的分解,以利于根系生长。中耕还可切断土壤表层毛细管,增加孔隙度,减少水分蒸发和增加透水性,因此有人称中耕为不浇水的灌溉。园林绿地需经常进行中耕土,尤其是街头绿地、小游园等,游人多,土壤受践踏会板结,久之则影响植物正常生长。

中耕深度依栽植物及树龄而定,浅根性的中耕深度宜浅,深根性的则宜深,一般为5cm以上,如结合施肥则可加深深度。

中耕宜在晴天或雨后2~3天进行,土壤含水量在50%~60%时最好。中耕次数:花灌木一年内至少1~2次,小乔木一年至少一次,大乔木至少隔年一次。夏季中耕同时结合除草,一举两得,宜浅些;秋后中耕宜深些,且可结合施肥进行。

杂草消耗大量水分和养分,影响园林植物生长,同时还会传播各种病虫害,一块好的园林绿地如杂草滋生,令人有荒芜凋零之感,降低了观赏价值,故对园林绿地内的杂草要经常灭除。除草要本着"除早、除小、除了"原则。初春杂草生长时就要除,但杂草种类繁多,不是一次可除尽的,春夏季要进行 2~3 次,切勿让杂草结籽,否则翌年又会大量滋生。

风景林或片林内以及保护自然景观的斜坡上的杂草,可增加地表绿地覆盖度,使黄土不见天,减少灰尘,也可减少地表径流,防止水土流失,同时还保持了田野风光,增添自然风韵,可以不除。但应进行适当修剪,尤其是剪掉过高的杂草,保证高度在 15~20cm 之间,使之整齐美观。

除草是一项繁重的工作,一般用手拔除或用小铲、锄头除草,结合中耕也可除去杂草。用化学除草剂除草方便、经济、除净率高。除草剂有灭生性和内吸性两类。灭生性除草剂能杀死所有杂草,内吸选择性除草剂有 2.4-DJ 酯等,往往只能杀死双子叶植物,如灰菜、猪芽菜等,而对单子叶植物如禾本科杂草则无效。除草剂应在晴天喷洒。

◆ 整形修剪

整形与修剪是园林植物栽培过程中一项十分重要而又很有情趣的养护管理措施。整形修剪除了可以调节和控制园林植物生长与开花结果、生长与衰老更新之间的矛盾外,重要的在于能够满足观赏的要求,达到美的效果。整形往往通过修剪,故通常将二者称整形修剪。

园林植物整形修剪受植物自身和外界环境等诸多因素制约,是一项理论性和实践性都很强的工作,这里仅就以下方面作简单介绍。

1. 整形修剪的方式

整形修剪主要针对室外木本植物而言,由于各种树木生长的自身特点以及对其预期达到的观赏要求不同,整形修剪的方式也不同,大体可分为人工式修剪、自然式修剪和自然、人工混合式修剪。

2. 整形修剪的时期

园林树木的整形修剪可常年进行,如结合抹芽、摘心、除蘖、剪枝等,但大规模整形修剪在休眠期进行为好,以免伤流过多,影响树势。

3. 各种用途树木的整形修剪

园林绿地中栽植着各种用途的树木,即使是同一种树木,由于园林用途不同,其修剪整形的要求也是不同的,下面分别将其要点叙述于下。

(1)松柏类的整形修剪

一般言之,对松柏类树种多不整形修剪或仅采取自然式整形的方式,每年仅将病枯枝剪除即可。

对园林中独植的针叶树而言,除有特殊要求是自然风致形者外,由于绝大多数均有主导枝且生长较慢,故应注意小心保护中央领导干,勿使其受伤害。

(2)庭荫树与行道树的整形修剪

一般言之,对树冠不加专门的整形工作而多采用自然树形。庭荫树的主干高度应与周围环境的要求相适应,一般无固定的规定而主要视树种的生长习性而定。行道树的主干高度以不妨碍车辆及行人通行为主,普通以 2.5~4m 为宜。

(3)灌木类的整形修剪

按树种的生长发育习性,可分为下述几类剪整方式:

1)先开花后发叶的种类:可在春季开花后修剪老枝并保持理想树姿。

2)花开于当年新梢的种类:可在冬季或早春剪整。

3)观赏枝条及观叶的种类:应在冬季或早春施行重剪,以后行轻剪,使萌发多数枝及叶。

4)萌芽力极强的种类或冬季易干梢的种类:可在冬季自地面刈去,使来年春天重新萌发新枝。

(4)藤木类的整形修剪

在自然风景区中,对藤本植物很少加以修剪管理,但在一般的园林绿地中则有以下几种处理方式:

1)棚架式:对于卷须类及缠绕类藤本植物多用此种方式进行剪整。

2)凉廊式:常用于卷须类及缠绕类植物,亦偶尔用于吸附类植物。

3)篱垣式:多用于卷须类及缠绕类植物。

4)附壁式:多用吸附类植物为材料。方法很简单,只需将藤蔓引至墙面即可自行依靠吸盘或吸附根而逐渐布满墙面。修剪时应注意使壁面基部全部覆盖,各蔓枝在壁面上应分布均匀,勿使互相重叠交错为宜。在本式剪整中,最易发生的问题为基部空虚,不能维持基部枝条长期密茂。对此,可配合轻、重修剪以及曲枝诱引等综合措施,并加强栽培管理工作。

5)直立式:对于一些茎蔓粗壮的种类,可以剪整成直立灌木式。

(5)植篱整形修剪

植篱又称绿篱、生篱,剪整时应注意设计意图和要求。自然式植篱一般可不行专门的剪整措施,仅在栽培管理过程中将病老枯枝剪除即可。对整形式植篱则需施行专门的整形修剪工作。

(6)桩景树的剪整

植物造景有许多方法,其中之一即运用桩景树,现在概括地讲树木的剪整技术有多种,可概括如下:

1)盘扎。对较柔韧或比较细的干及枝条可用此法。

枝条的盘扎时期,以在休眠期施行为好,一般在秋末落叶后或早春萌芽前施行,应避免在芽已萌发长大后施行,否则芽易被碰掉。对于当年生长的新梢,可以随其生长长度适时加以盘扎。已盘扎完毕的枝条,视其固定的程度,一般经过一个生长季后,在次年生长期开始前解除盘扎物,以免嵌入枝内。

2)刻拧。对粗硬不易弯曲的干或枝条,或者欲做成硬线条姿态的树木常用本法。本做法可产生浑厚有力、刚劲古朴的艺术效果,树艺者在传统上称为"硬式"技法。

对欲使之弯曲的粗干,可用利刃纵穿枝干,使之劈裂,即易扭曲而不会折断。

3)撬树皮。为使树干上某个部分有疙隆起有如高龄老树状,可以在生长最旺盛的时期,用小刀插入树皮下轻轻撬动,使皮层与木质部分离,经几个月后这个部分就会呈疙状隆起。

4)撕裂枝条。主干上的侧枝如欲去除时,不必用剪剪截,可用手撕除。施用本法的树木最后均应在断损处涂上具有自然枯木色彩的防腐剂。

5)枯古木的利用。做法是首先将枯木进行杀虫杀菌和防腐处理以及必要的安全加固处理,然后在老干内方边缘适当位置纵刻裂沟,补植幼树并使幼树主干与枯木干沟嵌合,外面用水苔缠好,再加细竹,然后用绳绑紧。如此经过数年,幼树长粗,嵌入部长得很紧,未嵌入部被迫向外增粗遮盖了切刻的痕迹而宛若枯木回春一般。

值得注意的是有一种观念认为桩景树只能盆栽不能地栽,这是不正确的。实际上在中国园林中早有运用大的桩景树进行造景配植的手法。地栽的桩景树与盆栽是同源的,均是园林树木栽培技术的重要组成部分。

◆防寒

某些园林植物,尤其是南种北移的树种,难以适应北方的严寒冬季,或早春树木萌发后,遭受晚霜之害而使植株枯萎。为防止上述冻害发生,常采取以下措施:

(1)加强栽培管理,提高树木抗寒能力

在生长期适时适量施肥、灌水,促进树木健壮生长,使树体内积累较多的营养物质与糖分,可以增强树体的抗寒能力。但秋季必须尽早停止施肥,以免徒长,枝梢来不及木质化,反受冻害。

(2)灌冻水与春灌

北方地区冬季寒冷,土壤冻层较深,根系有受冻的危险。可在土壤封冻前灌一次透水,称冬灌或灌冻水,这样可使土壤中有较多水分,土温波动较小,冬季土温不致下降过低,早春不致很快升高。早春土壤解冻及时灌水(灌春水),能降低土温,推迟根系的活动期,延迟花芽萌动和开花,免受冻害。

(3)保护根颈和根系

在严寒的北方,灌冬水之后在根颈处堆土防寒效果较好,一般堆土40~50cm高并堆实。

(4)保护树干

1)包裹:入冬前用稻草或草绳将不耐寒树木的主干包起来,包裹高度1.5m或包至分枝处。

2)涂白:用石灰水加盐或石硫合剂对主干涂白,可反射阳光,减少树干对太阳辐射热的吸收,降低树体昼夜温差,避免树干冻裂,还可杀死在树皮内越冬的害虫。涂白要均匀,不可漏涂,一条干道上的树木或成群成片树木,涂白高度要一致。

(5)搭风障

对新引进树种或矮小的花灌木,在主风侧可搭塑料防寒棚,或用秫秸设防风障防寒。

(6)打雪与堆雪

北方冬季多雪,降雪之后,应及时组织人力打落树冠上的积雪,特别是冠大枝密的常绿树和针叶树,要防止发生雪压、雪折、雪倒。

降雪后将雪堆在树根周围处,可防止根部受冻害。春季雪化后,可增加土壤水分,降低土温,推迟根系活动与萌芽的时期,避免遭受晚霜或春寒危害。

◆病虫害防治

绿化植物在生长发育过程中,时常遭到各种病、虫危害,轻者造成生长不良,失去观赏价值,重者植株死亡,损失惨重。因此,有效地保护观赏植物,使其减轻或免遭各种病、虫危害,是园林绿化工作者的重要任务之一。

(1)绿化植物病害及其防治

绿化植物病害可按其性质分为传染性病害和非传染性病害两大类。由生物性病原如真菌、细菌、病毒、类菌质体、线虫、螨类、寄生性种子植物等引起的病害具有传染性,称为传染性病害;由非传染性病原如营养物质缺乏或过剩、水分供应失调、温度过高或过低、光照不足、环境过湿、土壤中有害盐类含量过高或过低、空气中存在有毒气体以及药害、肥害等引起的病害不具有传染性,称非传染性病害或称生理性病害,如缺铁常造成叶黄化,缺磷影响花蕾开花,施肥过多易造成植株徒长。

传染性病害,绝大多数是由真菌引起的,其次是由病毒和细菌引起的,而由其他病原物引起的病害占少数。这类病害主要是借风、雨水、流水、昆虫、种苗、土壤、病株残体以及人类活动等传播,不断地侵染。

总之,绿化植物病害的发生是在一定的环境条件下受病原物的侵染造成的。病原物传染植物使其发病的过程称为病程,病程可分为接触期、侵入期、潜育期和发病期四个时期。病害发展到最后一个时期病原物就可以进行繁殖、传播和扩大蔓延。

(2)绿化植物虫害防治

绿化植物在生长发育过程中,根、茎、叶、花、果实、种子都可能遭受害虫的危害,虫害发生严重时会使种苗及观赏植物资源受到巨大损失。人们根据害虫食性及为害部位,将绿化植物害虫分为五大类,即苗圃害虫、枝梢害虫、食叶害虫、蛀干害虫及种实害虫。

常见的苗圃害虫有地老虎、蝼蛄、金针虫和脐螬等,它们栖居于土壤中,危害种子或幼苗的根部、嫩茎和幼芽。

枝梢害虫多为蛾类和甲虫类。它们钻蛀、啃食植株的枝梢及幼茎,直接影响主梢的生长。另外还有蚜虫及蚧壳虫,它们用刺吸式的口器吸取枝梢汁液,消耗营养,影响生长,有时还传播病毒,引起病害。

食叶害虫是以植株的叶片为营养的害虫。它们中有枯叶蛾、毒蛾、舟蛾、刺蛾等,种类颇多。由于这些害虫大量食害叶片,造成植株生长衰弱,失去观赏价值。

蛀干害虫有天牛、吉丁虫类和象甲类,其中以天牛危害最大。它可在植株的本质部、韧皮部钻蛀取食,严重阻碍养分和水分的输导,造成植株生长衰弱,甚至成片死亡。

种子、果实害虫多属螟蛾、卷蛾、象甲、花蝇、小蜂类害虫。它们以种子、果食为食,严重时可导致植株种子颗粒无收,对种苗影响最大。

害虫对绿化植物的危害是相当惊人的,必须引起足够的重视,努力做好虫害防治工作。

【相关知识】

◆ 树木生长的土壤条件及其改良与管理

土壤是树木生长的基地,也是树木生命活动所需求的水分、各种营养元素和微量元素的源泉。因此,土壤的好坏直接关系着树木的生长。不同的树种对土壤的要求是不同的,但是一般言之,树木都要求保水保肥能力好的土壤,同时在雨水过多或积水(除耐水湿的以外)时,往往易烂根,故下层排水良好非常重要,因此下层土壤富含沙砾时最为理想。此外,又要求栽植地的土壤应充分风化,才能提供需要的养分。

(1)树木生长地的土壤条件

园林树木生长地的土壤条件十分复杂。据调查园林树木生长地的土壤大致可分为以下几类:

1)荒山荒地。荒山荒地的土壤尚未深翻熟化,肥力低。

2)平原肥土。平原肥土最适合园林树木生长,但这种条件不多。

3)水边低湿地。水边低湿地一般土壤紧实,水分多,通气不良,土质多带盐碱(北方)。

4)煤灰土或建筑垃圾土。在居住区由生活活动产生的废物,如煤灰、垃圾、瓦砾、动植物残骸等形成的煤灰土，以及建筑后留下的灰槽、灰渣、煤屑、砂石、砖瓦块、碎木等建筑垃圾堆积而成的土壤。

5）市政工程施工后的场地。在城市中，如地铁、人防工程等处由于施工，将未熟化的心土翻到表层，使土壤肥力降低。而且机械施工和辗压土地会造成土壤坚硬，土壤通气不良。

6）人工土层。天然土地热容量大，所以地温的变化受气温变化的影响小，土层越深，变化幅度越小，达到一定深度后，地温就几乎不变了，是恒定的。人工土层则有所不同，因为上层很薄，受到外界气温的变化和从下部结构传来的热变化两种影响，土壤温度的变化幅度较大。所以天然土地上面的树木根系能够从地表向下生长到一定深度，而不直接受到气温变化的影响，从这一点来看，人工土层的栽植环境是不够理想的。

人工土层的土壤容易干燥，温度变化大，土壤微生物的活动易受影响，腐殖质的形成速度缓慢，因此人工土层的土壤选择很重要，特别是屋顶花园，要选择保水和保肥能力强的土壤，同时应施用腐熟的肥料。如果保水保肥能力不强，灌水后都漏走流失，其中的养分也会随着流失，因此如果不经常补充肥料，土壤就会逐渐贫瘠，不利于植物的生长。为减轻建筑的负荷，减少经济开支，采用的土壤要轻，因此需要混合各种多孔性轻量材料，选用的植物材料体量要小，重量要轻。

7）沿海地区的土壤。滨海填筑地，因受填筑土的来源和海潮及海潮风影响，如果是沙质土壤，盐分被雨水溶解后能够迅速排出，如果是黏性土壤，因透水性小，便会长期残留盐分。为此，应设法排洗盐分，如"淡水洗盐"和施有机肥等。

8）酸性红壤。红壤呈酸性反应，土粒细，土壤结构不良，水分过多时，土粒吸水成糊状，干旱时水分容易蒸发散失，土块易变得紧实坚硬，又常缺乏氮、磷、钾等元素。许多植物不能适应这种土壤，因此需要改良。

9）工矿污染地。由矿山和工厂排出的废水里面含有害成分，污染土地，致使树木不能生长，此类情况，除用良好的土壤替换外别无他法。

10）紧实的土壤。园林绿地常常受人流的践踏和车辆的辗压，使土壤密度增加，孔隙度降低，通透性不良，因而对树木生长发育相当不利。

除上述以外，园林绿地的土壤有可能是盐碱土、重黏土、砂砾土等，因此，在种植前应施有机肥进行改良。

（2）树木生长地的土壤改良及管理

园林绿地土壤改良不同于农作物的土壤改良。农作物土壤改良可以经过多次深翻、轮作、休闲和多次增施有机肥等手段，而城市园林绿地的土壤改良，不可能采用轮作、休闲等措施，只能采用深翻、增施有机肥等手段来完成，以保证树木能正常生长几十年至百余年。

园林绿地土壤改良和管理的任务，是通过各种措施提高土壤的肥力，改善土壤结构和理化性质，不断供应园林树木所需的水分与养分，为其生长发育创造良好的条件。同时还可以结合实行其他措施，维持地形地貌整齐美观，减少土壤冲刷和尘土飞扬，增强园林景观效果。

园林绿地的土壤改良多采用深翻熟化、客土改良、培土与掺沙和施有机肥等措施。

1）深翻熟肥。深翻结合施肥，可改善土壤结构和理化性质，促使土壤团粒结构形成，增加孔隙度，故深翻后土壤含水量大为增加。

深翻后土壤的水分和空气条件得到改善，使土壤微生物活动加强，可加速土壤熟化，使难溶性营养物质转化为可溶性养分，相应地提高了土壤肥力。

深翻的时间一般以秋末冬初为宜。此时,地上部生长基本停止或趋于缓慢,同化产物消耗减少,并已经开始回流积累,深翻后正值根部秋季生长高峰,伤口容易愈合;同时容易发出部分新根,吸收和合成营养物质,在树体内进行积累,有利于树木翌年的生长发育;深翻后经过冬季,有利于土壤风化积雪保墒;同时,深翻后经过大量灌水,土壤下沉,土粒与根系进一步密接,有助于根系生长。早春土壤化冻后应当及早进行深翻,此时地上部尚处于休眠期,根系刚开始活动,生长较为缓慢,但伤根后除某些树种外也较易愈合再生。但是,春季劳力紧张,往往受其他工作冲击影响此项工作的进行。

深翻的深度与地区、土质、树种、砧木等有关,黏重土壤深翻应较深,沙质土壤可适当浅耕,地下水位高时宜浅,下层为半风化的岩石时则宜加深以增厚土层;深层为砾石,也应翻得深些,拣出砾石并换好土,以免肥、水流失;地下水位低,上层厚,栽植深根性树木时则宜深翻,反之则浅。下层有黄淤土、白干土、胶泥板或建筑地基残存物等时,深翻深度则以打破此层为宜,以利渗水。可见,深翻深度要因地、因树而异,在一定范围内,翻得越深效果越好,一般为 60 ~ 100cm,最好距根系主要分布层稍深、稍远一些,以促进根系向纵深生长,扩大吸收范围,提高根系的抗逆性。

深翻后的作用可保持多年,因此,不需要每年都进行深翻。深翻效果持续年限的长短与土壤有关,一般黏土地、涝洼地翻后易恢复紧实,保持年限较短;疏松的沙壤土保持年限则长。据报道,地下水位低,排水好,翻后第二年即可显示出深翻效果,多年后效果尚较明显;排水不良的土壤保持深翻效果的年限较短。

深翻应结合施肥、灌溉同时进行。深翻后的土壤,须按土层状况加以处理,通常维持原来的层次不变,就地耕松后掺和有机肥,再将心土放在下部,表土放在表层。有时为了促使心土迅速熟化,也可将较肥沃的表土放置沟底,而将心土覆在上面,但应根据绿化种植的具体情况从事,以免引起不良副作用。

2)客土栽培。园林树木有时必须实行客土栽培,主要在以下情况下进行:

① 树种需要有一定酸度的土壤,而本地土质不合要求,应将局部地区的土壤全换成酸性土,至少也要加大种植坑,放入山泥、泥炭土、腐叶土等,并混拌有机肥料,以符合酸性树种的要求。

② 栽植地段的土壤根本不适宜园林树木生长的土壤如坚土、重黏土、砂砾土及被有毒的工业废水污染的土壤等,或在清除建筑垃圾后仍然板结,土质不良,这时亦应酌量增大栽植面,全部或部分换入肥沃的土壤。

3)培土(壅土、压土与掺沙)。我国南北各地区普遍采用这种改良的方法。它具有增厚土层,保护根系,增加营养,改良土壤结构等作用。我国南方的高温多雨地区,由于降雨多、土壤淋洗流失严重,多把树种种在墩上,以后还大量培土。在土层薄的地区也可采用培土的方法,以促进树木健壮生长。

压土掺沙的时期,北方寒冷地区一般在晚秋、初冬进行,可起保温防冻、积雪保墒的作用。压土掺沙后,土壤熟化、沉实,有利树木的生长。

压土厚度要适宜,过薄起不到压土作用,过厚对树木生育不利,"砂压黏"或"黏压砂"时要薄一些,一般厚度为 5 ~ 10cm;压半风化石块可厚些,但不要超过 15cm。连续多年压土,土层过厚会抑制树木根系呼吸,从而影响树木的生长和发育,造成根颈腐烂,树势衰弱。所以,一般压土时,为了防止接穗生根或对根系的不良影响,亦可适当扒土露出根颈。

4) 应用土壤结构剂改良土壤。土壤管理包括松土透气、控制杂草及地面覆盖等工作，在这里只介绍下面两种管理措施：

① 松土透气、控制杂草可以切断土壤表层的毛细管，减少土壤蒸发，防止土壤泛碱。改良土壤通气状况，促进土壤微生物活动，有利于难溶养分的分解，提高土壤肥力。同时除去杂草，可减少水分、养分的消耗，并可使游人踏紧的园土恢复疏松，改善通气和水分状态。早春松土，还可提高土温，有利于树木根系生长和土壤微生物的活动，清除杂草又可增进风景效果，减少病虫害，做到清洁美观。

松土、除草应在天气晴朗时或者初晴之后，要选土壤不过干又不过湿时进行，才可获得最大的保墒效果。松土、除草时不可碰伤树皮，生长在地表的树木浅根，则可适当削断。如我国某地方园林局规定：市区级主干道的行道树，每年松土、除草应不少于 4 次，市郊每年不少于 2 次……，对新栽 2～3 年生的风景林木，每年应该松土、除草 2～3 次。松土深度，大苗 6～9cm，小苗 3cm。

松土、除草和园林花木生长有密切关系，花农对此有丰富的经验。如山东荷泽牡丹花农每年解冻后至开花前松土 2～3 次，开花后至白露止约松土 6～8 次，总之，见草就除，除草随即松土，每次雨后要松土 1 次，当地花农认为松土有"地湿锄干，地干锄湿"之效，又认为在头伏、二伏、三伏中锄地 2 次，其效果不亚于上草粪 1 次。对于人流密集地方的树木每年应松土 1～2 次，以疏松土壤，改善土壤通气状况。

② 利用有机物或活的植物体覆盖土面，可以防止或减少水分蒸发，减少地面径流，增加土壤有机质。调节土壤温度，减少杂草生长，为树木生长创造良好的环境条件。若在生长季进行覆盖，以后把覆盖的有机物随即翻入土中，还可增加土壤有机质，改善土壤结构，提高土壤肥力。覆盖的材料以就地取材，经济适用为原则，如水草、谷草、豆秸、树叶、树皮、锯屑、马粪、泥炭等均可应用。在大面积粗放管理的园林中还可将草坪上或树旁刈割下来的草头随手堆于树盘附近，用以进行覆盖。一般对于幼龄的园林树木或草地疏林的树木，多仅在树盘下进行覆盖，覆盖的厚度通常以 3～6cm 为宜，鲜草约 5～6cm，过厚会有不利的影响。一般均在生长季节土温较高而较干旱时进行土壤覆盖。

地被植物可以是紧伏地面的多年生植物，也可以是一二年生的较高大的绿肥作物。前者除覆盖作用之外，还可以减免尘土飞扬，增加园景美观，又可占据地面，竞争掉杂草，降低园林树木养护的工本，后者除覆盖作用之外，还可在开花期翻入土内，收到施肥的效用。对地被植物的要求是适应性强，有一定的耐阴力，覆盖作用好，繁殖容易，与杂草竞争的能力强，但与树木矛盾不大，同时还要有一定的观赏或经济价值。

第七章 园路、园桥与广场工程

一 概述

【要　　点】

园林中的道路即为园路,它是构成园林的基本组成要素之一,包括道路、广场、游憩场地等一切硬质铺装。

【解　　释】

◆ **园路的功能**

(1)划分、组织空间

园路是贯穿全园的交通网络,是联系若干个景区和景点的纽带,是组成园林景观的要素之一,是为游人提供活动和休息的场所。园林功能分区的划分多是利用地形、建筑、植物、水体或道路。对于地形起伏不大、建筑比重小的现代园林绿地,用道路围合来分隔不同景区是主要方式。同时,借助道路面貌(线形、轮廓、图案等)的变化可以暗示空间性质、景观特点的转换以及活动形式的改变,从而起到组织空间的作用。尤其在专类园中,划分空间的作用十分明显。

(2)组织交通和导游

首先,经过铺装的园路能耐践踏、碾压和磨损,可满足各种园务运输的要求,并为游人提供舒适、安全、方便的交通条件;其次,园林景点间的联系是依托园路进行的,为动态序列的展开指明了游览的方向,引导游人从一个景点进入另一个景点;再次,园路还为欣赏园景提供了连续的不同的视点,可以取得步移景异的效果。

(3)提供活动场地和休息场地

在建筑小品周围、花坛边、水旁、树下等处,园路可扩展为广场(可结合材料、质地和图案的变化),为游人提供活动和休息的场所。

(4)参与造景

园路作为空间界面的一个方面而存在,自始至终伴随着游览者,影响着风景的效果,它与山、水、植物、建筑等,共同构成了优美丰富的园林景观。主要表现在:

1)创造意境:如中国古典园林中园路的花纹和材料与意境相结合,有其独特的风格与完善的构图,很值得学习。

2)构成园景:主要是通过园路的引导,将不同角度,不同方向的地形地貌、植物群落等园林景观一一展现在眼前,形成一系列动态画面,此时园路也参与了风景的构图,即因景得路。再者,园路本身的曲线、质感、色彩、纹样、尺度等与周围环境的协调统一,也是园林中不可多得的风景。

3)统一空间环境:即通过与园路相关要素的协调,在总体布局中,使尺度和特性上有差异的要素处于共同的铺装地面,相互间连接成一体,在视觉上统一起来。

4)构成个性空间:园路的铺装材料及其图案和边缘轮廓,具有构成和增强空间个性的作用,不同的铺装材料和图案造型,能形成和增强不同的空间感,如细腻感、粗犷感、安静感、亲切感等。并且,丰富而独特的园路可以创造视觉趣味,增强空间的独特性和可识性。

(5)组织排水

道路可以借助其路缘或边沟组织排水。一般园林绿地都高于路面,方能实现以地形排水为主的原则。道路汇集两侧绿地径流之后,利用其纵向坡度即可按预定方向将雨水排除。

◆ **园路的分类**

(1)根据构造形式分

1)路堑型:道牙位于道路边缘,路面低于两侧地面,利用道路排水。

2)路堤型:道牙位于道路靠近边缘处,路面高于两侧地面,利用明沟排水。

3)特殊型:包括步石、汀步、蹬道、攀梯等。

(2)按面层材料分

1)整体路面:包括现浇水泥混凝土路面和沥青混凝土路面。特点是平整、耐压、耐磨,适用于通行车辆或人流集中的公园主路和出入口。

2)块料路面:包括各种天然块石、陶瓷砖及各种预制水泥混凝土块料路面等。块料路面坚固、平稳,图案纹样和色彩丰富,适用于广场、游步道和通行轻型车辆的路段。

3)碎料路面:用各种石片、砖瓦片、卵石等碎石料拼成的路面,特点是图案精美,表现内容丰富,做工细致,主要用于各种游步小路。

4)简易路面:由灰土、煤屑、钢渣、三合土等组成的路面,多用于临时性或过渡性园路。

(3)按使用功能划分

1)主干道:园子主要出入口、园内各功能分区、主要建筑物和重点广场游览的主线路,是全园道路系统的骨架,多呈环形布置。其宽度视公园性质和游人量而定,一般为 3.5 ~ 6.0m。

2)次干道:贯穿各功能分区、联系景点和活动场所的道路,为主干道的分支。宽度一般为 2.0 ~ 3.5m。

3)游步道:景区内连接各个景点、深入各个角落的游览小路。宽度一般为 1 ~ 2m,有些游览小路宽度为 0.6 ~ 1m。

◆ **园桥工程**

步桥是指建造在庭园内的主桥孔洞直径在 5m 以内供游人通行兼有观赏价值的桥梁。园桥最基本的功能就是联系园林水体两岸上的道路,使园路不至于被水体阻断。由于它直接伸入水面,能够集中视线,就自然而然地成为了某些局部环境的一种标识点,因而园桥能够起到导游作用,可作为导游点进行布置。低而平的长桥、栈桥还可以作为水面的过道和水面游览线,把游人引到水上,拉近游人与水体的距离,使水景更加迷人。

【相关知识】

◆ **园路的走向与线形**

园林道路的走向和线形,不仅受到地形、地物、水文、地质等因素的影响和制约,更重要的是要满足园林功能的需要,如串联景点、组织景观、扩大视野等。道路的平面线形是由直线和曲线组成,曲线包括圆曲线、复曲线等,如图7-1(a)所示直线道路在拐弯处应由曲线连接,最简单的曲线就是具有一定半径的圆曲线。在道路急转弯处,可加设复曲线(即由两个不同半径的圆曲线组成)或回头曲线。道路的剖面(竖向)线形则由水平线路、上坡、下坡以及在变坡处加设的竖曲线组成,如图7-1(b)所示。

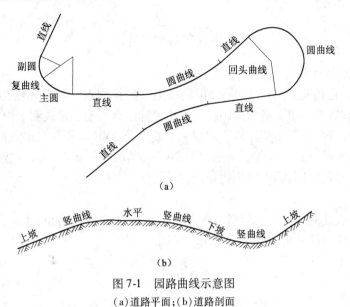

(a)

(b)

图7-1　园路曲线示意图
(a)道路平面;(b)道路剖面

二　园路施工测量

【要　　点】

在园路工程施工前,应先做好测量工作,为以后的基础施工做好准备。

【解　　释】

◆恢复中线

道路中线即道路的中心线,用于标志道路的平面位置。道路中线在道路勘测设计的定测阶段已经以中线桩(里程桩)的形式标定在线路上,此阶段的中线测量配合道路的纵、横断面测量,用来为设计提供详细的地形资料,并可以根据设计好的道路,来计算施工过程中需要填挖土方的数量。设计阶段完成后,在进行施工放线时,由于勘测与施工有一定的间隔时间,定测时所设中线桩点可能丢失、损坏或移位,所以这时的中线测量主要是对原有中线进行复测、检查和恢复,保证道路按原设计施工。

恢复中线是将道路中心线具体恢复到原设计的地面上。

道路中线的平面线形由直线和曲线组成,如图7-2所示。

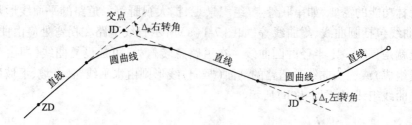

图 7-2　恢复中线测量示意

（1）路线交点和转点的恢复

路线的交点（包括起点和终点）是详细测设中线的控制点。一般先在初测的带状地形图上进行纸上定线，然后将图上确定的路线交点位置标定到实地。定线测量中，当相邻两交点互不通视或直线较长时，需要在其连线上测定一个或几个转点，以便在交点测量转角和直线量距时作为照准和定线的目标。直线上一般每隔 200～300m 设一转点，另外在路线与其他道路交叉处以及路线上需设置桥、涵等构筑物处，也要设置转点。

（2）路线转角的恢复

在路线的交点处应根据交点前后的转点或交点，测定路线的转角，通常测定路线前进方向的右角 β 来计算路线的转角，如图 7-3 所示。

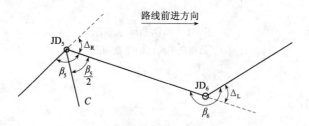

图 7-3　路线转角的定义

当 $\beta < 180°$ 时为右偏角，表示线路向右偏转；当 $\beta > 180°$ 时为左偏角，表示线路向左偏转。转角的计算公式为：

$$\begin{cases} \Delta_R = 180° - \beta \\ \Delta_L = \beta - 180° \end{cases}$$

在 β 角测定以后，直接定出其分角线方向 C（见图 7-3），在此方向上钉临时桩，以作此后测设道路的圆曲线中点之用。

◆ **施工控制桩的测设**

由于中桩在施工中要被挖掉，为了在施工中控制中线位置，就需要在不易受施工破坏、便于引用、易于保存桩位的地方，测设施工控制桩。测设方法有以下两种：

（1）平行线法

如图 7-4 所示，平行线法是在路基以外测设两排平行于中线的施工控制桩。该方法多用于地势平坦、直线段较长的线路。为了施工方便，控制桩的间距一般取 10～20m。

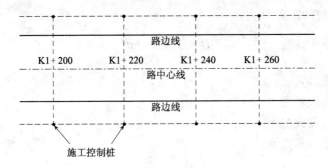

图 7-4　平行线法定施工控制桩

（2）延长线法

如图 7-5 所示,延长线法是在道路转折处的中线延长线上以及曲线中点(QZ)至交点(JD)的延长线上打下施工控制桩。延长线法多用于地势起伏较大、直线段较短的山地公路。主要控制 JD 的位置,控制桩到 JD 的距离应量出。

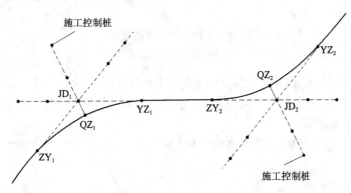

图 7-5　延长线法定施工控制桩

◆路基边桩的测设

路基施工前,应把路基边坡与原地面相交的坡脚点(或坡顶点)找出来,以便施工。路基边桩的位置按填土高度或挖土深度、边坡坡度及断面的地形情况而定。常用的路基边桩测设方法如下:

（1）图解法

在勘测设计时,地面横断面图及路基设计断面都已绘在毫米方格纸上,所以当填挖方不很大时,路基边桩的位置可采用简便的方法求得,即直接在横断面图上量取中桩至边桩的距离,然后到实地用皮尺测设其位置。

（2）解析法

通过计算求出路基中桩至边桩的距离。

1）平坦地段路基边桩的测设。

如图 7-6(a)所示,填方路基称为路堤;如图 7-6(b)所示,挖方路基称为路堑。路堤边桩至中桩的距离 D 为:

$$D = \frac{B}{2} + mH$$

路堑边桩至中桩的距离 D 为:

$$D = \frac{B}{2} + S + mH$$

式中 B——路基设计宽度;

　　　　m——路基边坡坡度;

　　　　H——填土高度或挖土高度;

　　　　S——路堑边沟顶宽度。

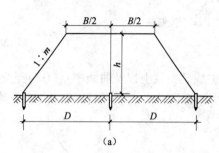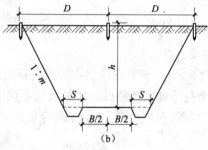

图 7-6   平坦地段路基边桩测设
(a)路堤;(b)路堑

　　根据算得的距离从中桩沿横断面方向量距,打上木桩即得路基边桩。若断面位于弯道上有加宽或有超高时,按上述方法求出 D 值后,还应在加宽一侧的 D 值上加上加宽值。

　　2)倾斜地段边桩测设。

　　如图 7-7 所示,路基坡脚桩至中桩的距离 D_1 , D_2 分别为:

$$D_1 = \frac{B}{2} + m(H - h_1)$$

$$D_2 = \frac{B}{2} + m(H + h_2)$$

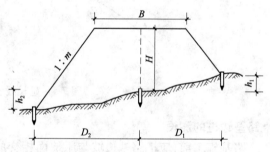

　　如图 7-8 所示,路堑坡顶至中桩的距离 D_1 , D_2 分别为:

图 7-7   倾斜地段填方路基边桩测设

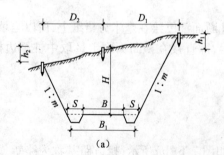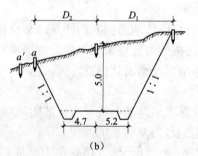

图 7-8   倾斜地段挖方路基边桩测设
(a)倾斜地段挖方路基边桩测设;(b)实例图

$$D_1 = \frac{B}{2} + S + m(H + h_1)$$

$$D_2 = \frac{B}{2} + S + m(H - h_2)$$

式中 h_1, h_2 分别为上、下侧坡脚(或坡顶)至中桩的高差。其中 B, S 和 m 为已知,故 D_1, D_2 随着 h_1, h_2 的变化而变化。由于边桩未定,所以 h_1, h_2 均为未知数,实际工作中可采用"逐次趋近法"。

◆ **路基边坡的测设**

有了边桩,还要按照设计的路基的横断面进行边坡的测设。

(1)竹竿、绳索测设边坡

1)一次挂线:当填土不高时,可按图7-9(a)的方法一次把线挂好。

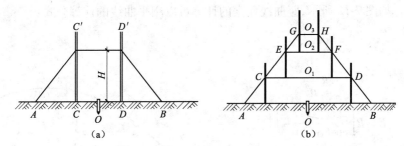

图7-9　路基边桩测设

(a)一次挂线放边坡;(b)多次挂线放边坡

2)分层挂线:当路堤填土较高时,采用此法较好。在每层挂线前应当标定中线并抄平。如图7-9(b)所示,O 为中桩,A, B 为边桩。先在 C, D 处定杆、带线。C, D 线为水平,$D_{O_1C} = D_{O_1D}$,根据 CD 线的高程,O 点位置,计算 O_1C 与 O_1D 距离,使之满足填土宽度和坡度要求。

(2)用边坡尺测设边坡

1)用活动边坡尺测设边坡。如图7-10(a)所示,三角板为直角架,一角与设计坡度相同,当水准气泡居中时,边坡尺的斜边所示的坡度正好等于设计边坡的坡度,可依此来指示与检核路堤的填筑或检查路堑的开挖。

2)用固定边坡样板测设边坡。如图7-10(b)所示,在开挖路堑时,于顶外侧按设计坡度设定固定样板,施工时可随时指示并检核开挖和修整情况。

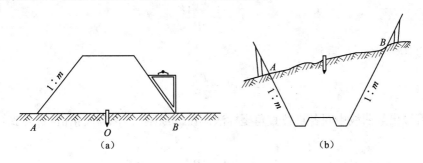

图7-10　边坡尺测设边坡

(a)活动边坡尺;(b)固定边坡样板

◆**竖曲线的测设**

在线路纵坡变更处,考虑视距要求和行车的平稳,在竖直面内用圆曲线连接起来,这种曲线称为竖曲线。如图 7-11 所示,竖曲线有凹形和凸形两种。

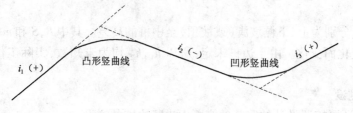

图 7-11　竖曲线

竖曲线设计时,根据路线纵断面设计中所设计的竖曲线半径 R 和相邻坡道的坡度 i_1, i_2 计算测设数据。如图 7-12 所示,竖曲线元素的计算可以用平曲线的计算公式:

$$T = R\tan\frac{\alpha}{2}$$

$$L = R\frac{\alpha}{\rho''}$$

$$E = R\left[\frac{1}{\cos(\alpha/2)} - 1\right]$$

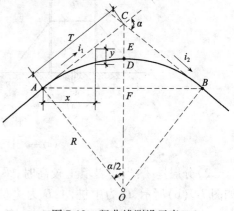

但是竖曲线的坡度转角 α 很小,计算公式可以简化。由于:

$$\alpha \approx (i_1 - i_2)\rho'', \quad \tan\frac{\alpha}{2} \approx \frac{\alpha}{2\rho''}$$

因此

图 7-12　竖曲线测设元素

$$T = \frac{1}{2}R(i_1 - i_2)$$

$$L = R(i_1 - i_2)$$

对于 E 值也可以按下面推导的近似公式计算。因为 $DF \approx CD = E$,$\triangle AOF \backsim \triangle CAF$,则 $R : AF = AC : CF = AC : 2E$,因此:

$$E = \frac{AC \cdot AF}{2R}$$

又因为 $AF \approx AC = T$,得到:

$$E = \frac{T^2}{2R}$$

同理可导出竖曲线中间各点按直角坐标法测设的纵距(即标高改正值)计算式:

$$y_i = \frac{x_i^2}{2R}$$

上式中 y_i 值在凹形竖曲线中为正号,在凸形竖曲线中为负号。

318

【相关知识】

◆园路中线定线的原则

园路的选线定点,要充分考虑环境与地形因素及各方面的技术经济条件,本着美观、舒适、方便、节约和安全的基本原则,认真选择路线。在具体操作时,应综合考虑以下几个方面:

1)选择路线要做到因景制宜,因势造景。园路的走向要以景区(或景点)的分布为依据,发挥园路对游人游园的引导作用,使游人不漏掉游览的内容;同时要充分利用各种地形的有利条件,挖掘地形要素的实用功能和造景潜力。例如,在水边的园路,其路线要注意与岸边地形结合,路线与岸边时分时合,路面可低平一些(但应高于洪水位+0.5m),使临水的意趣更加浓郁;在山地的园路,可选定合理的线位,使路线能依山随势,平面上有适当的曲折,竖面上又有所起伏变化;庭院内的园路,既要有一定的自然弯曲变化,又要用一些直线路段与建筑边线、围墙等互相平行或垂直,使线型既协调又富有变化。

2)选择路线应顺从自然地形,一般不进行大填大挖,以减少土石方工程量;不破坏附近的天然水体、山丘、植被(需改造的除外)和古树(或大树)名木,保持园林绿地的自然景观。

3)选择路线要满足游人的游园需要。要充分分析游人的行为规律,照顾游人游览和散步的习惯,园路线形既要有曲折起伏,达到步移景异、路景变换的效果,又不能矫揉造作,故意过度弯曲,使游人感到别扭和单调平淡。

4)选择路线要结合其他园林组成要素综合考虑。要处理好园路与园桥、广场和建筑物、水体、山石及园林植物、园林小品之间的关系,分清主景与配景,切勿喧宾夺主,实现整体的风景构图。

5)尽量避开滑坡、泥石流、软土、地形陡峭和泥沼等不良地质地段,减少人工构造物节约工程投资,并确保游人的游览安全。

6)选择路线要与管线布置综合考虑。在选择路线的同时,应考虑电力线、电信线路和给排水设施、供冷供热管道、有线广播电视线的布置和走向。

7)尽量不占或少占景观用地。

总之,定线时,应根据园内的地形地貌,充分利用原有道路,做到技术上可行、经济上合理、生产上安全,并满足游人游园、公园造景、森林防护和公园职工的生产生活等方面的需要。

三 园路施工

【要 点】

园路工程的重点在于控制好施工面的高程并注意与园林其他设施在高程上相协调。施工中,园路路基和路面基层的处理只要达到设计要求的牢固和稳定性即可;而路面面层的施工则要求精细,更加强调对质量的要求。

<h1 style="text-align:center">【解　释】</h1>

◆园路路面的特殊要求

园路路面应具有装饰性或称地面景观作用,它以多种多样的形态、花纹来衬托景色,美化环境。在进行路面图案设计时,应与景区的意境相结合,即要根据园路所在的环境,选择路面的材料、质感、形式、尺度与研究路面的寓意、趣味,使路面更好地成为园景的组成部分。

园路路面应有柔和的光线和色彩,减少反光、刺眼感觉。如广州园林中采用各种条纹水泥混凝土砖,按不同方向排列,产生很好的光彩效果,使路面既朴素又丰富,并且减少了路面的反光强度。

路面应与地形、植物、山石相配合。在进行路面设计时,应与地形、置石等很好地配合,共同构成景色。园路与植物的配合,不仅能丰富景色,使路面变得生气勃勃,而且嵌草的路面可以改变土壤的水分和通气的状态,为广场的绿化创造有利的条件,并能降低地表温度,为改善局部小气候创造条件。

◆放线

按路面设计的中线,在地面上每 20～50m 放一中心桩,在弯道的曲线上应在曲线头、曲线中和曲线尾各放一中心桩。在各中心桩上写明桩号,再以中心桩为准,根据路面宽度定边桩,最后放出路面的平曲线,一般采用的工具是麻绳和白散灰。

◆修筑路槽

在修建各种路面之前,应在要修建的路面下先修筑铺路面用的浅槽,经碾压后使路面更加稳定坚实。

一般路槽有挖槽式、培槽式和半挖半培式三种,参见图7-13,修筑时可由机械或人工进行。

1. 挖槽式

(1)机械施工

1)平地机开挖土路槽。

① 施工程序:测量放线→放平桩→开挖→整修→碾压。

② 操作工艺:

a. 测量放样。路槽开挖前,应沿道路中心线测定路线边缘位置和开挖深度,按间距 20～50m 钉入小木桩,用麻绳挂线撒石灰放出纵向边线,再将小木桩移到路槽两侧一定距离处,以利机械操作。在路槽范围内的树木、电杆、人工建筑物和影响挖槽的地下管线,都应迁移到路槽以外或降低到路槽以下一定深度。

b. 放平桩(即样槽)。沿边线每隔 5～10m (变坡点和超高部分应加桩)在路肩部位挖一个 50～100cm 宽的横槽,槽底深度即为路槽槽底标高。考虑到路槽土开挖后压实可能下沉,故开挖深度应较设计规定深度有所减少,一般路槽深度减少开挖参考值见表7-1。

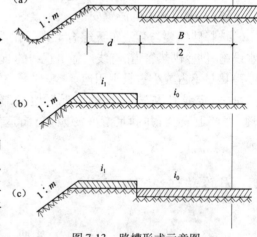

图7-13　路槽形式示意图

(a)挖槽式;(b)培槽式;(c)半挖半培式

注:B—路面宽;d—路肩宽;m—边坡坡度;
i_0—路面坡度;i_1—路肩坡度

表 7-1　路槽深度减少开挖值

路槽种类及性质	减少开挖深度（cm）	
	机械施工	人工施工
碎砖旧路面	1～3	2～3
碴石底层	5～10	5～7
坚硬土	3～5	3～5
松软土	8～10	5～10

c. 开挖。先将平地机的铲刀水平旋转到适当的位置,然后往返将路槽土铲切并推移到路肩上。堆弃的土可用于整个路肩或运走。

d. 整修。路槽挖出后,用路拱板进行检查,然后经人工整修,适当铲平和培填至符合要求为止。对于路槽范围内的新建桥涵,各类管沟和挖出的树坑等,都应整修时分层填土夯实。

e. 碾压。路槽经整修后,用 10～12t 压路机碾压,直线路段由路边逐渐移向中心,曲线路段由弯道内侧向外侧进行,以便随时掌握质量。碾压至规定密度无明显轮迹即可。

2)松土机与推土机联合开挖路槽。

① 施工程序与平地机施工同。

② 操作工艺:

a. 测量放样、放平桩、整修和碾压与平地机施工同。

b. 开挖。先由松土机沿路槽边缘起,按螺旋形行驶路线,由一侧开始逐渐将全路翻松。翻松后的渣土由推土机以十字形或之字形推土方式将渣土推到路肩上,直至将路槽按设计要求开挖出来。

（2）人工施工

1)施工程序。

人工开挖路槽的施工程序与机械施工基本相同。

2)操作工艺。

① 测量放样。操作工艺与机械施工相同,只是小木桩可不必移到路槽以外。

② 放平桩。操作工艺与机械施工基本相同,只是平桩（横向样槽）要求放在路槽以内（样槽槽底应显示出路槽的横断面）,间距以 3～5m 为宜。为便利施工人员操作,放平桩后还应冲筋（即放纵向样槽）,在路槽中心和两侧沿线路纵向开挖样槽,使纵横向连通（构成整个路槽纵横断面的形状）,样槽的宽度为 30cm。施工人员即可用镐和铁锹在样槽间进行全面开挖或培填。

③ 整修与碾压。施工操作与机械施工相同。

2. 培槽式

（1）施工程序

测量放样→培肩→碾压（夯实）→恢复边线→清槽→整修→碾压。

（2）操作工艺

1)测量放样。路槽培肩前,应沿道路中心线测定路槽边缘位置和培垫高度,按间距 20～25m 钉入小木桩,用麻绳挂线撒石灰放出纵向边线。桩上应按虚铺度标出明显标记,虚铺系数根据所用材料通过试验确定。

2）培肩。根据所放的边线先将培肩部位的草和杂物清除掉，然后用机械或人工进行培肩。培肩宽度应伸入路槽内 15～30cm，每层虚厚以不大于 30cm 为宜。

3）碾压。路肩培好后，应用履带拖拉机往返压实。

4）恢复边线。操作工艺与测量放线基本相同，将路槽边线基本恢复。

5）清槽。根据恢复的边线，按挖槽式操作工艺，用机械或人工将培肩时多余部分的土清除，经整修后，用压路机对路槽进行碾压。

6）整修、碾压操作工艺与挖槽式相同。

3. 半挖半培式

半挖半培式施工程和操作工艺与挖槽式基本相同，可参照挖槽式施工部分进行。

4. 质量标准

（1）试验鉴定

1）压实度应符合要求，参见表 7-2。

表 7-2　不同路面等级的路基压实标准

路槽底以下的深度（cm） 要求的压实系数 K		路　面　等　级					
		次高级路面		中级路面		低级路面	
		0～80	>80	0～80	>80	0～80	>80
路基类别	一般填方路基	0.95	0.90	0.85	0.90	0.85	
	受浸水影响的填方路基，由计算水位以上 $H = H_2 - 80cm$ 起算至路槽底	0.90		0.90		0.85～0.90	
	零填、挖方路基 0～30cm	0.95		0.90		0.85～0.90	

注：1. 按标准试验法求得的最佳密实度 $K = 1.0$；

　　2. H_2 为中湿路段临界高度；

　　3. H 不能为负值，并不得小于 30cm。

2）各部分试验鉴定参见表 7-3。

表 7-3　各部分试验鉴定

项　目	允许偏差	检验范围	检验方法
压实度	见表 7-2	每 50m 为一段	每段最少试验 1 次
平整度	不大于 1cm	每 50m 为一段	以 2m 靠尺检验每段至少 5 处
纵横断	±2cm	每 50m 为一段	按桩号用 5 点法检验横断
宽度	不小于设计宽度	每 50m 为一段	用皮尺丈量，每段抽查 2 处

（2）外观鉴定

碾压无颤动，没有翻浆，表面无明显轮迹，无起皮现象。路槽边线顺直。

5. 低温和雨季施工

修筑路槽的季节性施工，其程序和操作工艺与正常季节基本相同，只是要根据季节情况采取一定措施以保证工程质量。

（1）低温施工

1）必须编制低温施工组织设计或施工方案。

2）根据集中兵力打歼灭战的原则，尽量做到当日挖至规定深度或培垫高度，及时碾压成活。

3）尽量利用土壤的天然含水量进行压实，不要另行洒水，以免土壤受冻，影响压实质量。

4）培槽式的路肩培土，应在培垫前清除原地面冰雪，并不能用冻土壤填筑。若条件限制只能用冻土块填筑时，冻土块间的空隙应用余土灌满填实，超过 15cm 的冻土块需打碎后再用。冻土块含量超过 10% 时，每层压实厚度还应预留沉落度 3~5cm（实厚）。

（2）雨季施工

1）雨前预防

① 安排计划应集中力量，采取分段突击方法，在雨前碾压坚实。

② 为了防止施工期间路槽积水，应每隔 6~10m 在路肩处挖一道横沟以便排水，逐层铺筑路面，逐层填实。

③ 挖方路段应注意疏通边沟以利路槽积水能通过横沟排除。

2）雨后措施

① 随时疏通横沟、边沟，保证排水良好。

② 如路槽因雨造成翻浆时，应即挖除换土或用石灰土、砂石等进行处理。

③ 处理翻浆应分段进行，切忌全线挖开。

④ 挖翻浆应彻底，全部挖出软泥。小片翻浆相距较近时，应一次挖通处理。

⑤ 路槽在雨后严格断绝交通，施工人员也不能乱踩，以免扩大破坏范围。

◆ **地基与路面基层施工**

（1）放线

按路面设计中的中线，在地面上每 20~50m 放一中心桩，在弯道的曲线上，应在曲线的两端及中间各放一中心桩。在每一中心桩上写上桩号，然后以中心桩为基准，定出边桩。沿着两边的边桩连成圆滑的曲线，这就是路面的平曲线。

（2）准备路槽

按设计路面的宽度，每侧放出 20cm 挖槽。路槽的深度应与路面的厚度相等，并且要有 2%~3% 的横坡度，使其成为中间高、两边低的圆弧形或折线形。

路槽挖好后，洒上水，使土壤湿润，然后用蛙式跳夯夯 2~3 遍，槽面平整度允许误差在 2cm 以下。

（3）地基施工

首先确定路基作业使用的机械及其进入现场的日期，重新确认水准点，调整路基表面高程与其他高程的关系，然后进行路基的填挖、整平、碾压作业。按已定的园路边线每侧放宽 200mm 开挖路基的基槽，路槽深度应等于路面的厚度。按设计横坡度进行路基表面整平，再碾压或打夯，压实路槽地面；路槽的平整度允许误差不大于 20mm。对填土路基，要分层填土分层碾压；对于软弱地基，要做好加固处理。施工中注意随时检查横断面坡度和纵断面坡度。其次，要用暗渠、侧沟等排除流入路基的地下水、涌水和雨水等。

（4）垫层施工

运入垫层材料，将灰土、砂石按比例混合，进行垫层材料的铺垫、刮平和碾压。如用灰土做垫层,铺垫一层灰土就叫一步灰土,一步灰土的夯实厚度应为150mm;而铺填时的厚度根据土质不同,在210~240mm之间。

（5）路面基层施工

确认路面基层的厚度与设计标高;运入基层材料,分层填筑。基层的每层材料施工碾压厚度是:下层为200mm以下,上层150mm以下;基层的下层要进行检验性碾压。基层经碾压后,没有到达设计标高的,应该翻起已压实部分,一面摊铺材料,一面重新碾压,直到压实为设计标高的高度。施工中的接缝,应将上次施工完成的末端部分翻起来,与本次施工部分一起滚碾压实。

（6）面层施工准备

在完成的路面基层上,重新定点、放线,放出路面的中心线及边线。设置整体现浇路面边线处的施工挡板,确定砌块路面的砌块行列数及拼装方式。面层材料运入现场。

◆ 结合层的铺筑

一般用水泥（325号或以上）、白灰、砂混合砂浆或1:3白灰砂浆。砂浆摊铺宽度应大于铺装面5~10cm,已拌好的砂浆应当日用完。也可以用3~5cm厚的粗砂均匀摊铺。结合层的选择要根据面层的厚度决定:面层薄,如瓷砖、较薄的大理石片等需要用粘结性好的结合层材料,如水泥砂浆或水泥、白灰、砂混合砂浆;块大而厚重的面层可用粘结性差的结合层材料,如彩色混凝土板和广场砖可用粗砂。当然,还要考虑园路的其他因素。

◆ 水泥路面的普通抹灰与纹样处理

用普通灰色水泥配制成1:2或1:2.5水泥砂浆,在混凝土面层浇筑后尚未硬化时进行抹面处理,抹面厚度为10~15mm。当抹面层初步收水、表面稍干时,再用下面的方法进行路面纹样处理。

1）滚花:用钢丝网做成的滚筒,或者用模纹橡胶裹在直径300mm的铁管外做成的滚筒,在经过抹面处理的混凝土面板上滚压出各种细密纹理。滚筒长度在1m以上比较好。

2）压纹:利用一块边缘有许多整齐凸点或凹槽的木板或木条,在混凝土抹面层上挨着压下,一面压一面移动,就可以将路面压出纹样,起到装饰作用。用这种方法时要求抹面层的水泥砂浆含砂量较高,水泥与砂的配合比可为1:3。

3）锯纹:在新浇的混凝土表面,用一根直木条如同锯割一般来回动作,一面锯一面前移,既能够在路面锯出平行的直纹,有利于路面防滑,又有一定的路面装饰作用。

4）刷纹:最好使用弹性钢丝做成刷纹工具。刷子宽450mm,刷毛钢丝长100mm左右,木把长1.2~1.5m。用这种钢丝在未硬化的混凝土面层上可以刷出直纹、波浪纹或其他形状的纹理。

◆ 散料类面层铺砌

（1）土路

完全用当地的土加入适量砂和消石灰铺筑,常用于游人少的地方或作为临时性道路。

（2）嵌草路面

无论用预制混凝土铺路板、实心砌块、空心砌块,还是用顶面平整的乱石、整形石块或石板,都可以铺装成砌块嵌草路面。

施工时,先在整平压实的路基上铺垫一层栽培壤土作垫层。填土要求比较肥沃,不含粗颗粒物,铺垫厚度为 100 ~ 150mm。然后在垫层上铺砌混凝土空心砌块或实心砌块,其缝中半填壤土,并播种草籽。

实心砌块的尺寸较大,草皮嵌种在砌块之间预留的缝中。草缝设计宽度可在 20 ~ 50mm 之间,缝中填土达砌块的 2/3 高。砌块下面如上所述用壤土作垫层并起到找平作用,砌块要铺装得尽量平整。实心砌块嵌草路面上,草皮形成的纹理是线网状的。

空心砌块的尺寸较小,草皮嵌种在砌块中心预留的孔中。砌块与砌块之间不留草缝,常用水泥砂浆粘接。砌块中心孔填土亦为砌块的 2/3 高;砌块下面仍用壤土作垫层找平,使嵌草路面保持平整。空心砌块嵌草路面上,草皮呈点状而有规律地排列。空心砌块的设计制作,一定要保证砌块的结实坚固和不易损坏,因此,其预留孔径不能太大,孔径最好不超过砌块边长的 1/3。

采用砌块嵌草铺装的路面,砌块和嵌草是道路的结构面层,其下面只能有一个壤土垫层,在结构上没有基层,只有这样的路面结构才能有利于草皮的存活与生长。

(3)碎料路面

地面镶嵌与拼花施工前,要根据设计的图样,准备镶嵌地面用的砖石材料。施工时,先要在细密质地的青砖上放好大样,再细心雕刻,做好雕刻花砖,在施工时可嵌入铺地图案中。要精心挑选铺地用的石子,挑选出的石子应该按照不同颜色、不同大小、不同长扁形状分类堆放,铺地拼花时才能方便使用。

施工时,先要在已做好的道路基层上铺垫一层结合材料,厚度一般可在 40 ~ 70mm 之间。垫层结合材料主要用 1:3 石灰砂、3:7 细灰土、1:3 水泥砂等,用干法砌筑或湿法砌筑都可以,但干法施工更为方便一些。在铺平的松软垫层上,按照预定的图样开始镶嵌拼花。一般用立砖、小青瓦瓦片来拉出线条、纹样和图形图案,再用各色卵石、砾石镶嵌做花或拼成不同颜色的色块,以填充图形大面。然后,经过进一步修饰和完善图案纹样并尽量整平铺地,就可以定稿了。定稿后的铺地地面仍要用水泥干砂、石灰干砂撒布其上,并扫入砖石缝隙中填实。最后,除去多余的水泥石灰干砂,清扫干净;再用细孔喷壶对地面喷洒清水,稍使地面湿润即可,不能用大水冲击或使路面有水流淌。完成后,养护 7 ~ 10d。

◆ 块料类面层铺砌

用石块、砖、预制水泥板等做路面的,统称为块料路面。此类路面花纹变化较多,铺设方便,因此在园林中应用较广。

施工总的要求是要有良好的路基并加砂垫层,块料接缝处要加填充物。

(1)砖铺路面

目前我国机制标准砖的大小为 240mm × 115mm × 53mm,有青砖和红砖之分。园林铺地多用青砖,风格朴素淡雅,施工简便,可以拼凑成各种图案,以席纹和同心圆弧放射式排列为多(图7-14)。砖铺地适于庭院和古建筑物附近。因其耐磨性差,容易吸水,适用于冰冻不严重和排水良好之处;坡度较大和阴湿地段不宜采用,因易生青苔而行走不便。目前已有采用彩色水泥仿砖铺地,效果较好。日本、欧美等国家尤喜用红砖或仿缸砖铺地,色彩明快艳丽。

大青方砖规格为 500mm × 500mm × 100mm,平整、庄重、大方,多用于古典庭院。

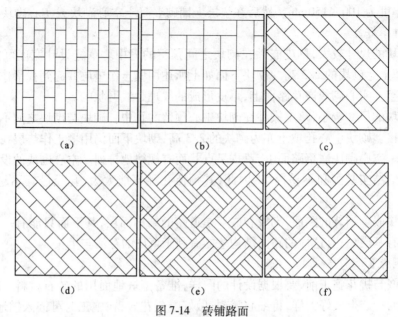

图 7-14　砖铺路面

(a)联环锦纹(平铺);(b)包袱底纹(平铺);(c)席纹(平铺);
(d)人字纹(平铺);(e)间方纹(仄铺);(f)丹墀(仄铺)

(2)冰纹路面

冰纹路面是用边缘挺括的石板模仿冰裂纹样铺砌的地面。石板间接缝呈不规则折线,用水泥砂浆勾缝,多为平缝和凹缝,以凹缝为佳。也可不勾缝,便于草皮长出成冰裂纹嵌草路面(图 7-15)。还可做成水泥仿冰纹路,即在现浇混凝土路面初凝时,模印冰裂纹图案,表面拉毛,效果也较好。冰纹路适用于池畔、山谷、草地、林中的游步道。

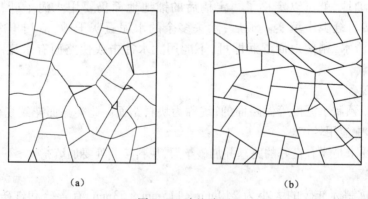

图 7-15　冰纹路面
(a)块石冰纹;(b)水泥仿冰纹

(3)混凝土预制块铺路

用预先模制成的混凝土方砖铺砌的路面,形状多变,图案丰富(如各种几何图形、花卉、木纹、仿生图案等)。也可添加无机矿物颜料制成彩色混凝土砖,色彩艳丽。路面平整、坚固、耐久,适用于园林中的广场和规则式路段上,也可做成半铺装留缝嵌草路面,见图 7-16。

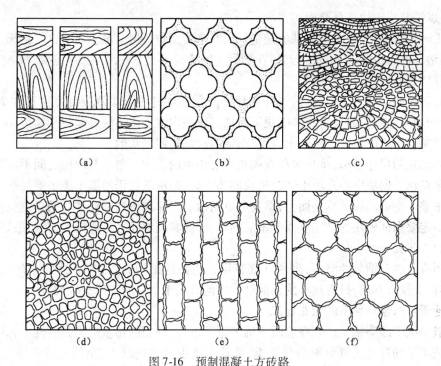

图 7-16　预制混凝土方砖路

(a)仿木纹混凝土嵌草路;(b)海棠纹混凝土嵌草路;(c)彩色混凝土拼花纹;

(d)仿块石地纹;(e)混凝土花砖地纹;(f)混凝土基砖地纹

◆**胶接料类的面层施工**

（1）水泥混凝土面层施工

1）核实,检验和确认路面中心线、边线及各设计标高点的正确无误。

2）若是钢筋混凝土面层,则按设计选定钢筋并编扎成网。钢筋网应在基层表面以上架离,架离高度应距混凝土面层顶面 50mm。钢筋网接近顶面设置要比在底部加筋更能保证防止表面开裂,也更便于充分捣实混凝土。

3）按设计的材料比例配制、浇筑、捣实混凝土,并用长 1m 以上的直尺将顶面刮平。顶面稍干一点,再用抹灰砂板抹平至设计标高。施工中要注意做出路面的横坡与纵坡。

4）混凝土面层施工完成后,应即时开始养护。养护期应为 7d 以上,冬期施工后的养护期还应更长些。可用湿的织物、稻草、锯木粉、湿砂及塑料薄膜等覆盖在路面上进行养护。冬季寒冷,养护期中要经常用热水浇洒,要对路面保温。

5）混凝土路面因热胀冷缩可能造成破坏,故应在施工完成、养护一段时间后用专用锯割机按 6~9m 间距割伸缩缝,深度约 50mm。缝内要冲洗干净后用弹性胶泥嵌缝。园林施工中也常用楔形木条预埋、浇捣混凝土后拆除的方法留伸缩缝,还可免去锯割手续。

（2）简易水泥路

底层铺碎砖瓦 6~8cm 厚,也可用煤渣代替。压平后铺一层极薄的水泥砂浆（粗砂）,抹平、浇水、保养 2~3d 即可。此法常用于小路,也可在水泥路上划成方格或各种形状的花纹,既增加艺术性,也增强实用性。

◆**嵌草路面的铺砌**

无论用预制混凝土铺路板、实心砌块、空心砌块,还是用顶面平整的乱石、整形石块或石板,都可以铺装成砌块嵌草路面。

施工时,先在整平压实的路基上铺垫一层栽培壤土作垫层。壤土要求比较肥沃,不含粗颗粒物,铺垫厚度为100～150mm。然后在垫层上铺砌混凝土空心砌块或实心砌块,砌块缝中半填壤土并播种草籽。

实心砌块的尺寸较大,草皮嵌种在砌块之间预留的缝中。草缝设计宽度可在20～50mm之间,缝中填土达砌块的2/3高。砌块下面如上所述用壤土作垫层并起找平作用,砌块要铺装得尽量平整。实心砌块嵌草路面上,草皮形成的纹理是线网状的。

空心砌块的尺寸较小,草皮嵌种在砌块中心预留的孔中。砌块与砌块之间不留草缝,常用水泥砂浆粘结。砌块中心孔填土亦为砌块的2/3高;砌块下面仍用壤土作垫层找平,使嵌草路面保持平整。空心砌块嵌草路面上,草皮呈点状而有规律地排列。要注意的是,空心砌块的设计制作一定要保证砌块的结实坚固和不易损坏,因此其预留孔径不能太大,孔径最好不超过砌块直径的1/3长。

采用砌块嵌草铺装的路面,砌块和嵌草层是道路的结构面层,其下面只能有一个壤土垫层,在结构上没有基层,只有这样的路面结构才能有利于草皮的存活与生长。

◆ **特殊地质及气候条件下的园路施工**

一般情况下园路施工适宜在温暖干爽的季节进行,理想的路基应当是砂性土和砂质黏土。但有时施工活动却无法避免雨季和冬季,路基土壤也可能是软土、杂填土或膨胀土等不良类型,在施工时就要求采取相应措施以保证工程质量。

（1）不良土质路基施工

1）软土路基:先将泥炭、软土全部挖除,使路堤筑于基底或尽量换填渗水性土,也可采用抛石挤淤法、砂垫层法等对地基进行加固。

2）杂填土路基:可选用片石表面挤实法、重锤夯实法、振动压实法等方法使路基达到相应的密实度。

3）膨胀土路基:膨胀土是一种易产生吸水膨胀、失水收缩两种变形的高液性黏土。对这种路基应先尽量避免在雨季施工,挖方路段也先做好路堑堑顶排水,并保证在施工期内不得沿坡面排水;其次要注意压实质量,最宜用重型压路机在最佳含水量条件下碾压。

4）湿陷性黄土路基:这是一种含易溶盐类,遇水易冲蚀、崩解、湿陷的特殊性黏土。施工中关键是做好排水工作,对地表水应采取拦截、分散、防冲、防渗、远接远送的原则,将水引离路基,防止黄土受水浸而湿陷;路堤的边坡要整平拍实;基底采用重机碾压、重锤夯实、石灰桩挤密加固或换填土等,以提高路基的承载力和稳定性。

（2）特殊气候条件下的园路施工

1）雨季路槽施工:先在路基外侧设排水设施(如明沟或辅以水泵抽水)及时排除积水。雨前应选择因雨水易翻浆处或低洼处等不利地段先行施工,雨后要重点检查路拱和边坡的排水情况、路基渗水与路床积水情况,注意及时疏通被阻塞、溢满的排水设施,以防积水倒流。路基因雨水造成翻浆时,要立即挖出或填石灰土、砂石等,刨挖翻浆要彻底干净,不留隐患。所需处理的地段最好在雨前做到"挖完、填完、压完"。

2）雨季基层施工:当基层材料为石灰土时,降雨对基层施工影响最大。施工时,应先注意天气预报情况,做到"随拌、随铺、随压";其次注意保护石灰,避免被水浸或成膏状;对于被水浸泡过的石灰土,在找平前应检查含水量,如含水量过大,应翻拌晾晒达到最佳含水量后才能继续施工。

3）雨季路面施工：对水泥混凝土路面施工应注意水泥的防雨防潮，已铺筑的混凝土严禁雨淋，施工现场应预备轻便易于挪动的工作台雨篷；对被雨淋过的混凝土要及时补救处理。此外要注意排水设施的畅通。如为沥青路面，要特别注意天气情况，尽量缩短施工路段，各工序紧凑衔接，下雨或面层的下层潮湿时均不得摊铺沥青混合料。对未经压实即遭雨淋的沥青混合料必须全部清除，更换新料。

4）冬季路槽施工：应在冰冻之前进行现场放样，做好标记；将路基范围内的树根、杂草等全部清除。如有积雪，在修整路槽时先清除地面积雪、冰块，并根据工程需要与设计要求决定是否刨去冰层。严禁用冰土填筑，且最大松铺厚度不得超过30cm，压实度不得低于正常施工时的要求，当天填方的土务必当天碾压完毕。

5）冬季面层施工：沥青类路面不宜在5℃以下的温度环境下施工，否则要采取以下工程措施：

① 运输沥青混合料的工具须配有严密覆盖设备以保温。

② 卸料后应用苫布等及时覆盖。

③ 摊铺时间宜于上午9时至下午4时进行，做到三快两及时（快卸料、快摊铺、快搂平，及时找细、及时碾压）。

④ 施工做到定量定时，集中供料，避免接缝过多。

水泥混凝土路面或以水泥砂浆做结合层的块料路面，在冬季施工时应注意提高混凝土（或砂浆）的拌合温度（可用加热水、加热石料等方法）；并注意采取路面保温措施，如选用合适的保温材料（常用的有麦秸、稻草、塑料薄膜、锯末、石灰等）覆盖路面。此外，应注意减少单位用水量，控制水灰比在0.54以下，混料中加入合适的速凝剂；混凝土搅拌站要搭设工棚，最后可延长养护和拆模时间。

【相关知识】

◆ 园路铺装质量标准

各层的坡度、厚度、标高和平整度等应符合设计规定。

各层的强度和密实度应符合设计要求，上下层结合应牢固。

变形缝的宽度和位置、块材间缝隙的大小以及填缝的质量等应符合要求。

不同类型的面层的结合以及图案应正确。

各层表面对水平面或对设计坡度的允许偏差，不应大于30mm。供排除液体用的带有坡度的面层应做泼水试验，以能排除液体为合格。

块料面层相邻两块料间的高差，不应大于表7-4的规定。

表7-4　各种块料面层相邻两块料的高低允许偏差

块料面层名称	允许偏差（mm）
条石面层	2
普通黏土砖、缸砖和混凝土板面层	1.5
水磨石板、陶瓷地砖、陶瓷锦砖、水泥花砖和硬质纤维板面层	1
大理石、花岗石、木板、拼花木板和塑料地板面层	0.5

水泥混凝土、水泥砂浆、水磨石等整体面层和铺在水泥砂浆上的板块面层以及铺贴在沥青胶结材料或胶粘剂上的拼花木板、塑料板、硬质纤维板面层与基层的结合应良好,应用敲击方法检查,不得空鼓。

面层不应有裂纹、脱皮、麻面和起砂等现象。

面层中块料行列(接缝)在5m长度内直线度的允许偏差不应大于表7-5的规定。

表7-5　各类面层块料行列(接缝)直线度的允许偏差

面层名称	允许偏差(mm)
缸砖、陶瓷锦砖、水磨石砖、水泥花砖、塑料板和硬质纤维板	3
活动地板面层	2.5
大理石、花岗石面层	2
其他块料面层	8

在铺设时应检查各层厚度对设计厚度的偏差,在个别地方偏差不得大于该层厚度的10%。

各层的表面平整度,应用2m长的直尺检查,如为斜面,则应用水平尺和样尺检查。各层表面对平面的偏差,不应大于表7-6的规定。

表7-6　各层表面平整度的允许偏差

层　次	材　料　名　称		允许偏差(mm)
基　土	土		15
垫层	砂、砂石、碎(卵)石、碎砖		15
	灰土、三合土、炉渣、水泥混凝土		10
	毛地板	拼花木板面层	3
		其他各类面层	5
		木隔栅	3
结合层	用沥青玛琋脂做结合层铺设拼花木板、板块和硬质纤维板面层		3
	用水泥砂浆做结合层铺设板块面层以及铺设隔层、填充层		5
	用胶粘剂做结合层铺设拼花木板、塑料板和硬质纤维板面层		2
面　层	条石、块石		10
	水泥混凝土、水泥砂浆、沥青砂浆、沥青混凝土、水泥钢(铁)屑不发火(防爆)、防油渗等面层		4
	缸砖、混凝土块面层		4
	整体及预制普通水磨石、碎拼大理石、水泥花砖和木板面层		3
	整体及预制高级水磨石面层		2
	陶瓷锦砖、陶瓷地砖、拼花木板、活动地板、塑料板、硬质纤维板等面层		2
	大理石、花岗石面层		1

◆ 现代园路材料的应用

园路材料是园路建设的物质基础,也是表达设计理念的客观载体。我国古代园路铺装材料选用有两种基本方式:一是以对天然材料的利用和简单加工为主的就地取材方式;二是依靠当时工程技术条件研发出满足要求的材料的取材方式。随着园林艺术的发展和科技水平的提高,现代园路铺装材料的运用和发展也呈现出了新面貌。

（1）对传统材料的扬弃

传统材料是指古代园林中常用的材料,如石材、鹅卵石、青砖等。这些常见材料在现代园林中依然焕发生命力,且应用领域越来越广泛。经过加工处理后不同色彩和质感的花岗岩板材作为铺装材料,能使整个环境显得整洁、优雅。随着时代发展,新材料不断涌现,如近年来出现的陶瓷透水砖,由于其铺设的场地能使雨水快速渗透到地下,增加地下水含量,因此在缺水地区应用前景广阔。

混凝土有良好的可塑性和经济实用性等优点,受到使用者的青睐,适用于装饰路面的有彩色混凝土、压印混凝土、混凝土路面砖、彩色混凝土连锁砖、仿毛石砌块等。

（2）科技含量不断提高

技术水平的不断提高大大增强了材料的景观表现力,使现代园林景观更富生机与活力。

压印混凝土又称"强化路艺系统",是在施工阶段运用彩色强化剂、彩色脱模剂、无色密封剂三种化学原料对未硬化的混凝土进行固色、配色和表面强化处理后得到的一种混凝土,其强度优于其他材料的路面,甚至优于一般的混凝土路面;其图案、色彩的可选择性强,可以根据需要压印出各种图案,产生美观的视觉效果。

与传统沥青路面不同,表面用树脂黏附荧光玻璃珠的沥青路面,在夜晚既有助于行车安全,也为原本平淡的道路增色不少。

随着科技的进步,园林材料种类不断丰富、应用不断拓展是一种必然趋势。园林建设者在选用材料的过程中,一方面要坚持因地制宜、就地取材的基本原则;另一方面,要有与时俱进的精神,勇于推陈出新,不断探索和尝试新材料的使用和推广。

四 园路附属工程施工

【要　点】

附属工程是园路工程中不可缺少的内容,包括内容多、范围广,能起到对园路美化的效果。主要包括道牙、边条、明沟、雨水井和台阶等。

【解　释】

◆道牙

道牙一般分为立道牙和平道牙两种形式,其构造如图 7-17 所示。它们安置在路面两侧,使路面与路肩在高程上起衔接作用,并能保护路面,便于排水。道牙一般用砖或混凝土制成,在园林中也可以用瓦、大卵石、切割条石等。

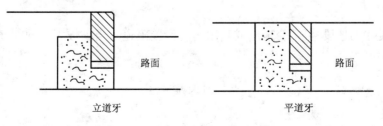

图 7-17　道牙结构图

◆**边条**

边条用于较轻的荷载处,且尺寸较小,一般5cm宽,15～20cm高,特别适用于步行槽、草地或铺砌场地的边界。施工时应减轻它作为垂直阻拦物的效果,增加它对地基的密封深度。边条铺砌的深度相对于地面应尽可能低些,如广场铺地,边条铺砌可与铺地地面相平。槽块分凹面槽和空心槽块,一般紧靠道牙设置,以利于地面排水,路面应稍高于槽块。

◆**明沟和雨水井**

明沟和雨水井是为收集路面雨水而建的构筑物,在园林中常用砖块砌成。

◆**台阶**

台阶是解决地形变化、造园地坪高差的重要手段。建造台阶除了必须考虑在机能上及实质上的有关问题外,也要考虑美观与调和的因素。

许多材料都可以做成台阶,以石材来说就有自然石,如六方石、圆石、鹅卵石及整形切石、石板等。木材则有杉、桧等的角材或圆木柱等。其他材料还包括红砖、水泥砖、钢铁等。除此之外还有各种贴面材料,如石板、洗石子、瓷砖、磨石子等。选用材料时要从各方面考虑,基本条件是坚固耐用,耐湿耐晒。此处,材料的色彩必须与构筑物调和。

台阶的标准构造是踢面高度,在8～15cm之间,长的台阶则宜取10～12cm上下为好;台阶之踏面宽度宜不小于28cm;台阶的级数宜在8～11级左右,最多不超过19级,否则就要在这中间设置休息平台,平台宽度不宜小于1m。使用实践表明,台阶尺寸以15cm×35cm为佳,至少不宜小于12cm×30cm。

◆**礓磋、磴道**

(1)礓磋

在坡度较大的地段上,一般纵坡超过17%时,本应设台阶,但为了能通过车辆,将斜面做成锯齿形坡道,称为礓磋,其形式和尺寸如图7-18所示。

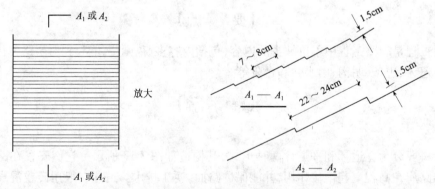

图7-18　常用礓磋做法

(2)磴道

在地形陡峭的地段,可结合地形或利用露岩设置磴道。当纵坡大于60%时,应做防滑处理并设扶手栏杆等。

【相关知识】

◆**种植池**

在路边或广场上栽种植物,一般应留种植池。种植池的大小应由所栽植物的要求而定,在栽种高大乔木的种植池上应设保护栅。种植池的施工材料,特别是外池壁的贴面砖材料最好与园路面层材料一致,色彩或质地略有区别,但反差不宜太大。

五　园路照明

【要　点】

园路照明一是能创建明亮的园林环境,确保安全,二是能起到创造园林景观、烘托环境气氛的作用。照明的方式通常有一般照明、局部照明和混合照明。照明的平面布置由园路的使用性质、宽度、临近景物设置的特点决定。

【解　释】

◆ **园路照明的原则**

园路照明应遵循以下原则:

1)照明要充分结合园林景观特点,应以最能体现园景在灯光下的视觉效果为布置原则。

2)灯杆形式、高度、位置、光源类型、色调等应与环境相协调,兼顾交通和造景。

3)园路类型多样,路面色调、质地差异大,除保证一定的照度要求外,还应考虑具有适当的平均亮度和均匀度(如白纸、黑绒布、镜子照度相同时,亮度却很不同,亮度反映了视面给人的视觉感受程度)。园路照度标准一般为2～5lx,广场照度标准选用5～15lx。

◆ **园路照明的方式**

园路的照明一般有以下几种方式:

(1)一般照明

这种照明方式不考虑局部的特殊需要,为整个被照场所而设置,特点是一次投资少,照度均匀。

(2)局部照明

即对于景区或景点某一局部的照明。当局部地点需要高照度并对照明方向有所要求而突出铺装面层局部特色时,采用局部照明。但园林中不应只设局部照明而无一般照明。

(3)混合照明

由一般照明和局部照明共同组成。园路中对需要较高照度并对照射方向有特殊要求的场所,采用混合照明。

◆ **园路照明的平面布置**

照明系统的平面布置方式,通常是由园路的使用性质、宽度、临近景物设置的特点决定的。

(1)在路段上的照明布置

1)沿道路两侧对称布置照明效果好,反光影响小,适用于风景名胜区的游览大道,如图7-19(a)所示。

2)沿道路两侧交错布置其优点是可使路面得到较高的照度和较好的均匀度,适用场合同上,如图7-19(b)所示。

3)沿道路中线布置的优点是照度均匀,且可解决行道树对照明的干扰,其缺点是路面的反光正对车、人的前行方向,易产生眩光,如图7-19(c)所示。

4)沿道路单侧布置照度及均匀度都较低。因一般园路宽度较小,故也能满足其需要。多数园路采用此种方式,简单、经济节省,如图7-19(d)所示。

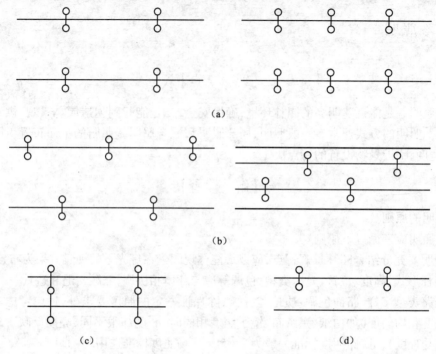

图7-19 直线路段上照明的布置

(a)沿道路两侧对称布置;(b)沿道路两侧交错布置;(c)沿道路中线布置;(d)沿道路单侧布置

(2)特殊地点的照明布置

1)曲线路段。在园路的弯道地带,采用单侧布置时,路灯应尽量安置在弯道的外侧,同时缩小间距,增加照度,如图7-20所示。灯距一般为直线路段上的0.5~0.75倍。

2)交叉路口。道路交叉口的照明除满足一般道路的要求外,还有担负转向、交会的明显指示作用。可采用与道路光色不同的光源、不同形式的灯具或不同的布置方式,也可另行安装偏离规则排列的附加灯具,如图7-21所示。

3)园桥。园桥的照明应能保证桥面在灯光下轮廓清晰可见,最好两侧对称布置。曲桥可采用栏杆灯布置在每一转折处。对于较高大的拱桥,桥顶部也需设置照明灯具以使各台阶踏面明显易辨。

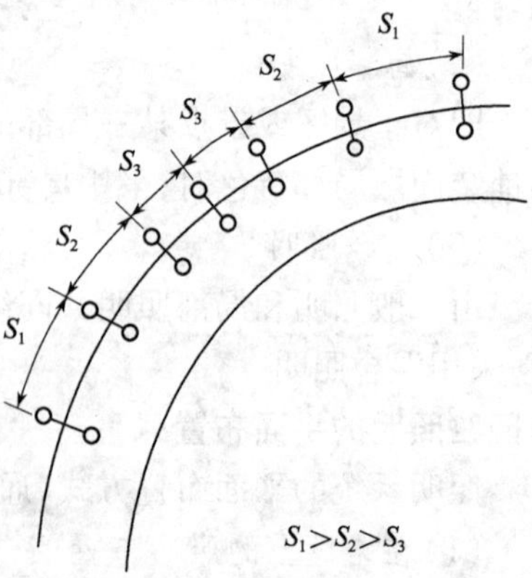

$S_1 > S_2 > S_3$

图7-20 弯道上照明的布置

(3)广场的照明布置

一般为周边式,照射方向多射向广场中心。对于大型广场也采用周边式结合中心式进行布置,或采用悬索形进行照明。灯具应选发光效果强的直射光源。

(4)庭园、草坪的照明布置

以采用局部照明方式为宜,围绕景色秀美处布置,以突显庭园布局层次、景物质感及山石

334

树木花草的特色。

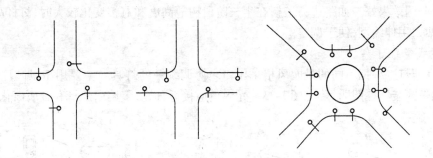

图 7-21　交叉路口照明布置

◆ **照明器的安装高度和纵向间距**

路灯一般为 4 ~ 5m;广场则为 8 ~ 10m;庭园灯杆高度一般不超过 4m;草坪灯则不超过 2m,通常为 0.4 ~ 0.7m;在路边、台阶处、小溪边也可布置地灯。

景园道路照明主要为装饰、点缀、美化环境,但也需要一定的地面照明度,确保游人安全。为此,园灯间距一般为 20 ~ 25m,杆式路灯间距可大一些,草坪灯间距可小一些。

◆ **线路施工**

(1)施工过程

准备工作→选线放线→线槽开挖→线路埋设→灯柱安装→调试。

(2)施工要点

1)先根据设计总平面图结合现场选定灯柱安装线路及灯柱安装点,设计灯柱间距为25m,定出安装点后用石灰标示。

2)选有经验的施工人员进行线路开挖,挖深30cm,安装灯柱处适当加宽。挖方时,注意沿线施工条件及所穿过的硬质铺装地,如需穿过,安排平行施工或交叉作业,在面层施工前预留穿线孔。所有挖方均放置于沟一侧,以利回填。

3)线槽开挖完毕后,及时进到下道工序。拉线时先将电缆穿于 PVC 管内,再连同 PVC 管埋于沟槽中。放置好后回填土,适当人工踩实。灯柱安装处预留出线孔及接头。

4)灯柱安装:于出线口处根据灯柱样式与安装要求,浇筑混凝土块墩,墩上预留螺孔以便与灯柱相接。指派有经验的人员安装灯柱,安装时扶稳上螺栓,检查是否稳固。待所有灯柱安装完毕,再检查一遍。安装控制箱,控制箱安装高度≥1.6m。

5)将线头与灯柱接线端连接好,保证不漏电。检查后调试一次,看是否每根灯柱均通电,同时查检控制箱。一切正常后再安装上灯泡,最后开闸试灯。

【相关知识】

◆ **景园路灯形式选择**

景园路灯形式很多,通常是根据灯杆高度不同分为杆式道路灯、柱式道路灯和短柱式草坪灯。

(1)杆式道路灯

简称路灯。一般采用镀锌钢管,底部管径为 160 ~ 180mm,高 H 为 5 ~ 8m,伸臂长度 B 为 1 ~ 2m,灯具仰角 $\alpha \leqslant 15°$,推荐采用 0°、5°、10°和 15°,见图 7-22。杆式路灯多用于有机动车辆行驶的主园路上,以给道路交通提供照明为主。其光源多采用高压钠灯或高压汞灯,光较亮,使用期长,照明效果好。如路边行道树在生长阶段树冠高度和冠幅变化较大时,灯杆高度或横向悬挑支架采用伸缩型,便于调整。

(2)柱式道路灯

简称庭园灯。根据不同的景园风格采用与之协调统一的灯具。主要用于景园广场、游览步道、绿化带或装饰性照明等,见图7-23。光源色应接近日光,多用白炽灯和金属卤化物灯等。

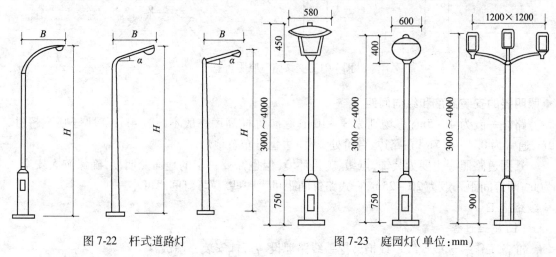

图7-22 杆式道路灯　　　　　　　　图7-23 庭园灯(单位:mm)

(3)短柱式草坪灯

简称草坪灯。主要用于园林广场、绿化草地等作为装饰照明。灯具应选用质地坚硬的,以防受到破坏,如图7-24所示。一般采用白炽灯或紧凑型节能荧光灯。

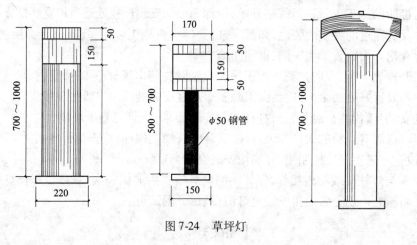

图7-24 草坪灯

◆ 园林场地照明

(1)大面积园林场地设置园灯

面积广大的园林场地如园景广场、门景广场、停车场等,一般选用钠灯、氙灯、高压汞灯、卤钨灯等功率大、光效高的光源,采用杆式路灯的方式布置广场的周围,间距为10～15m。若在特大的广场中以氙灯为光源,也可在广场中心设立钢管灯柱,直径25～40cm,高20m以上。对大型广场的照明可以不要求照度均匀。对重点照明对象,可以采用大功率的光源和直接型灯具,进行突出性的集中照明。面对一般的或次要的照明对象,则可采用功率较小的光源和漫射型、半间接型灯具,实行装饰性的照明。

（2）小面积园林场地设置园灯

在对小面积的园林场地进行照明设计时,要考虑场地面积大小和场地形状对照明的要求。小面积场地的平面形状若是矩形的,则灯具最好布置在两个对角上或四个角上都布置;灯具布置最好要避开矩形边的中段。圆形的小面积场地,灯具可布置在场地中心,也可对称布置在场地边沿。面积较小的场地一般可选用卤钨灯、金属卤化物和荧光高压汞灯等作为光源。休息场地面积一般较小,可用较矮的柱式庭园灯布置在四周,灯的间距可以小一些,在10～15m之间即可。光源可采用白炽灯或卤钨灯,灯具则既可采用直接型的,也可采用漫射型的。直接型灯具适宜于阅读、观看和观影要求的场地,漫射型灯具则宜设置在不必清楚分辨环境的一些休息场地。

（3）游乐或运动场地设置园灯

游乐或运动场地因动态物多,运动性强,在照明设计中要注意不能采用频闪效应明显的光源如荧光高压汞灯、高压钠灯、金属卤化物灯等,而要采用频闪效应不明显的卤钨灯和白炽灯。灯具一般以高杆架设方式布置在场地周围。

（4）园林草坪场地的照明

园林草坪场地的照明一般以装饰性为主,但为了体现草坪在晚间的景色,也需要有一定的照度。对草坪照明和装饰效果最好的是矮柱式灯具和低矮的石灯、球形地灯、水平地灯等,由于灯具比较低矮,能够很好地照明草坪,并使草坪具有柔和的、朦胧的夜间情调。灯具一般布置在距草坪边线1.0～2.5m的草坪上;若草坪很大,也可在草坪中部均匀地布置一些灯具。灯具的间距可在8～15m之间,其光源高度可在0.5～15m之间。灯具可采用均匀漫射型和半间接型的,最好在光源外设有金属网状保护罩,以保护光源不受损坏。光源一般要采用照度适中、光线柔和、漫射型的类型,如装有乳白玻璃灯照的白炽灯、装有磨砂玻璃罩的普通荧光灯和各种彩色荧光灯、异型的高效节能荧光灯等。

六　园桥施工

【　要　点　】

园桥工程可大致分为桥基和桥面两个部分。桥基是介于墩身与地基之间的传力结构。桥身指桥的上部结构,包括人行道、栏杆与灯柱等部分。桥面指桥梁上构件的上表面。通常布置要求为线形平顺,与路线顺利搭接。

【　解　释　】

◆**基础与拱砌工程施工**

（1）模板安装

模板是施工过程中的临时性结构,对梁体的制作十分重要。桥梁工程中常用空心板梁的木制芯模构造。

模板在安装过程中,为避免壳板与混凝土粘结,通常均需在壳板面上涂以隔离剂,如石灰乳浆、肥皂水或废机油等。

(2)钢筋成型绑扎

在钢筋绑扎前要先拟定安装顺序。一般的梁肋钢筋,先放箍筋,再安下排主筋,后装上排钢筋。

(3)混凝土搅拌

混凝土一般应采用机械搅拌,上料的顺序一般是先石子,次水泥,后砂子。人工搅拌只许用于少量混凝土工程的塑性混凝土或硬性混凝土。不管采用机械或人工搅拌,都应使石子表面包满砂浆、拌合料混合均匀、颜色一致。人工拌合应在铁板或其他不渗水的平板上进行,先将水泥和细骨料拌匀,再加入石子和水,拌至材料均匀、颜色一致为止,如需掺外加剂,应先将外加剂调成溶液,再加入拌合水中,与其他材料拌匀。

(4)浇捣

当构件的高度(或厚度)较大时,为了保证混凝土能振捣密实,就应采用分层浇筑法。浇筑层的厚度与混凝土的稠度及振捣方式有关,在一般稠度下,用插入式振捣器振捣时,浇筑层厚度为振捣器作用部分长度的1.25倍;用平板式振捣器时,浇筑厚度不超过20cm。薄腹T梁或箱形的梁肋,当用侧向附着式振捣器振捣时,浇筑层厚度一般为30~40cm。采用人工捣固时,视钢筋密疏程度,通常取浇筑厚度为15~25cm。

(5)养护

在混凝土终凝后,在构件上覆盖草袋、麻袋、稻草或砂子,经常洒水,以保持构件经常处于湿润状态。这是5℃以上桥梁施工的自然养护。

(6)灌浆

石活安装好后,先用麻刀灰对石活接缝进行勾缝(如缝子很细,可勾抹油灰或石膏)以防灌浆时漏浆。灌浆前最好先灌注适量清水,以湿润内部空隙,利于灰浆的流动。灌浆应在预留的"浆口"进行,一般分三次灌入,第一次要用较稀的浆,后两次逐渐加稠,每次相隔约3~4h左右。灌完浆后,应将弄脏的石面洗刷干净。

◆ **桥基细石的安装**

石活的连接方法一般有三种,即构造连接、铁件连接和灰浆连接。

构造连接是指将石活加工成公母榫卯、做成高低企口的"磕绊"、剔凿成凸凹企口等形式,进行相互咬合的一种连接方式。

铁件连接是指用铁制拉接件将石活连接起来,如铁"拉扯"、铁"银锭"、铁"扒锔"等。铁"拉扯"是一种长脚丁字铁,将石构件打凿成丁字口和长槽口,埋入其中,再灌入灰浆。铁"银锭"是两头大中间小的铁件,需将石构件剔出大小槽口,将银锭嵌入。铁"扒锔"是一种两脚扒钉,将石构件凿眼钉入。

灰浆连接是最常用的一种方法,即采用铺垫坐浆灰、灌浆汁或灌稀浆灰等方式进行砌筑连接。灌浆所用的灰浆多为桃花浆、生石灰浆或江米浆。

(1)砂浆

一般用水泥砂浆,指水泥、砂、水按一定比例配制成的浆体。配制构件的接头、接缝加固、修补裂缝应采用膨胀水泥。运输砂浆时,要保证砂浆具有良好的和易性,和易性良好的砂浆容易在粗糙的表面抹成均匀的薄层。砂浆的和易性包括流动性和保水性两个方面。

（2）金刚墙

金刚墙是指券脚下的垂直承重墙，即现代的桥墩，又叫平水墙。梢孔（即边孔）内侧以内的金刚墙一般做成分水尖形，故称为分水金刚墙。梢孔外侧的叫两边金刚墙。

（3）碹石

碹石古时多称券石，在碹外面的称碹脸石，在碹脸石内的叫碹石，主要是加工面的多少不同，碹脸石可雕刻花纹，也可加工成光面。

（4）檐口和檐板

建筑物屋顶在檐墙的顶部位置称檐口。钉在檐口处起封闭作用的板称为檐板。

（5）型钢

型钢指断面呈不同形状的钢材的统称。断面呈 L 形的叫角钢，呈 U 形的叫槽钢，呈圆形的叫圆钢，呈方形的叫方钢，呈工字形的叫工字钢，呈 T 形的叫 T 字钢。

将在炼钢炉中冶炼后的钢水注入锭模，烧铸成柱状的是钢锭。

◆桥基混凝土构件

混凝土构件制作的工程内容有模板制作、安装、拆除、钢筋成型绑扎及混凝土搅拌运输、浇捣、养护等全过程。

（1）模板制作

1）木模板配制时要注意节约，考虑周转使用以及以后的适当改制使用。

2）配制模板尺寸时，要考虑模板拼装结合的需要。

3）拼制模板时，板边要找平刨直，接缝严密，不漏浆；木料上有节疤、缺口等疵病的部位，应放在模板反面或者截去，钉子长度一般宜为木板厚度的 2~2.5 倍。

4）直接与混凝土相接触的木模板宽度不宜大于 20cm；工具式木模板宽度不宜大于 15cm 梁和板的底板，如采用整块木板，其宽度不加限制。

5）混凝土面不做粉刷的模板，一般宜刨光。

6）配制完成后，不同部位的模板要进行编号，写明用途，分别堆放，备用的模板要遮盖保护，以免变形。

（2）拆模

模板安装主要是用定型模板和配制以及配件支承件根据构件尺寸拼装成所需模板。及时拆除模板将有利于模板的周转和加快工程进度。拆模要把握时机，应使混凝土达到必要的强度。拆模时要注意以下几点：

1）拆模时不要用力过猛过急，拆下来的木料要及时运走、整理。

2）拆模程序一般是后支的先拆，先支的后拆，先拆除非承重部分，后拆除承重部分，重大复杂模板的拆除，事先应预先制定拆模方案。

3）定型模板，特别是组合式钢模板要加强保护，拆除后逐块传递下来，不得抛掷，拆下后即清理干净，板面涂油，按规格堆放整齐，以利于再用。如背面油漆脱落，应补刷防锈漆。

◆桥面铺装

桥面铺装的作用是防止车轮轮胎或履带直接磨耗行车道板；保护主梁免受雨水侵蚀，分散车轮的集中荷载。因此桥面铺装的要求是具有一定强度，耐磨，防止开裂。

桥面铺装一般采用水泥混凝土或沥青混凝土，厚 6~8cm，混凝土强度等级不低于行车道板混凝土的强度等级。在不设防水层的桥梁上，可在桥面上铺装厚 8~10cm 有横坡的防水混凝土,其强度等级亦不低于行车道板的混凝土强度等级。

◆**桥面排水和防水**

桥面排水是借助于纵坡和横坡的作用,使桥面水迅速汇向集水碗,并从泄水管排出桥外。横向排水是在铺装层表面设置 1.5% ~ 2% 的横坡,横坡的形成通常是铺设混凝土三角垫层构成,对于板桥或就地建筑的肋梁桥,也可在墩台上直接形成横坡,做成倾斜的桥面板。

当桥面纵坡大于 2% 而桥长小于 50m 时,桥上可不设泄水管而在车行道两侧设置流水槽以防雨水冲刷引道路基;当桥面纵坡大于 2%,但桥长大于 50m 时,应沿桥长方向 12 ~ 15m 设置一个泄水管,如桥面纵坡小于 2%,则应将泄水管的距离减小至 6 ~ 8m。

桥面防水是将渗透过铺装层的雨水挡住并汇集到泄水管排出。一般可在桥面上铺 8 ~ 10cm 厚的防水混凝土,其强度等级一般不低于桥面板混凝土强度等级。当对防水要求较高时,为了防止雨水渗入混凝土微细裂纹和孔隙,保护钢筋,可以采用"三油三毡"防水层。

◆**伸缩缝的施工**

为了保证主梁在外界变化时能自由变形,就需要在梁与桥台之间,梁与梁之间设置伸缩缝(也称变形缝)。伸缩缝的作用除保证梁自由变形外,还能使车辆在接缝处平顺通过,防止雨水及垃圾泥土等渗入,其构造应方便施工安装和维修。

常用的伸缩缝有:U 形镀锌薄钢板式伸缩缝、钢板伸缩缝、橡胶伸缩缝。

◆**梁桥的支座**

梁桥支座的作用是将上部结构的荷载传递给墩台,同时保证结构的自由变形,使结构的受力情况与计算简图相一致。

梁桥支座一般按桥梁的跨径、荷载等情况分为:简易垫层支座、弧形钢板支座、钢筋混凝土摆柱、橡胶支柱。桥面的一般构造详见图 7-25。

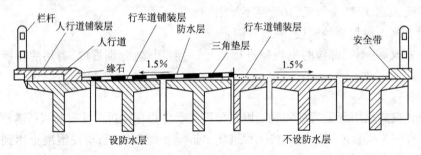

图 7-25　桥面的一般构造

◆**栏杆的安装**

(1)栒杖栏板

栒杖栏板是指在两栏杆柱之间的栏板中,最上面为一根圆形模杆的扶手,即为栒杖,其下由雕刻云朵状石块承托,此石块称为云扶,再下为瓶颈状石件称为瘿项,支立于盆臀之上,再下为各种花饰的板件。

(2)罗汉板

罗汉板是指只有栏板而不用望板的栏杆,在栏杆端头用抱鼓石封头。

位于雁翅桥面里端拐角处的柱子叫"八字折柱",其余的栏杆柱都叫"正柱"或"望柱",简称栏杆柱。

340

（3）栏杆地袱

栏杆地袱是栏杆和栏板最下面一层的承托石，在桥长正中带弧形的叫"罗锅地袱"，在桥面两头的叫"扒头地袱"。

【相关知识】

◆ 人行道、栏杆和灯柱的设置

城市桥梁一般均应设置人行道，人行道一般采用肋板式构造。

栏杆是桥梁的防护设备，城市桥梁栏杆应该美观实用、朴素大方，栏杆高度通常为 $1.0 \sim 1.2m$，标准高度是 $1.0m$。栏杆柱的间距一般为 $1.6 \sim 2.7m$，标准设计为 $2.5m$。

城市桥梁应设照明设备，照明灯柱可以设在栏杆扶手的位置上，也可靠近边缘石处，其高度一般高出车道 $5m$ 左右。

◆ 桥面的设置

桥面指桥梁上构件的上表面。通常布置要求为线形平顺，与路线顺利搭接。城市桥梁在平面上宜做成直桥，特殊情况下可做成弯桥，如采用曲线形时，应符合线路布置要求。桥梁平面布置应尽量采用正交方式，避免与河流或桥上路线斜交。若受条件限制时，允许适当偏离，在通航河流上的桥面正交偏离不宜超过 $15°$。

七 广场施工

【要 点】

广场工程的施工程序基本与园路工程相同，但由于广场上还往往存在着花坛、草坪、水池等地面景物，因此，它又比一般的道路工程内容更复杂。

【解 释】

◆ 施工准备

（1）材料准备

准备施工机具、基层和面层的铺装材料，以及施工中需要的其他材料；清理施工现场。

（2）场地放线

按照广场设计图所绘施工坐标方格网，将所有坐标点测设到场地上并打桩定点。然后以坐标桩点为准，根据广场设计图，在场地地面上放出场地的边线、主要地面设施的范围线和挖方区、填方区之间的零点线。

（3）地形复核

对照广场竖向设计图，复核场地地形。各坐标点、控制点的自然地坪标高数据，有缺漏的要在现场测量补上。

◆ 场地平整与找坡

挖、填方工程量较小时，可用人力施工；工程量较大时，应该进行机械化施工。预留作草坪、花坛及乔灌木种植地的区域，可暂时不开挖。水池区域要同时挖到设计深度。填方区的堆填顺序，应当是先深后浅；先分层填实深处，后填浅处。每填一层就夯实一层，直到设计的标高处。挖方过程中挖出的适宜栽植的肥沃土壤,要临时堆放在广场外边,以后再填入花坛、种植地中。

挖、填方工程基本完成后,对挖填出的新地面进行整理。要铲平地面,使地面平整度变化限制在 2cm 以内。根据各坐标桩标明的该点填挖高度数据和设计的坡度数据,对场地进行找坡,保证场地内各处地面都基本达到设计的坡度。土层松软的局部区域还要进行地基加固处理。

根据场地周边与建筑、园路、管线等的连接条件,确定边缘地带的竖向连接方式,调整连接点的地面标高,还要确认地面排水口的位置,调整排水沟管底部标高,使广场地面与周围地坪的连接更自然,排水、通道等方面的矛盾降到最低。

◆ **地面施工**

(1)基层的施工

按照设计的广场地面层次结构与做法进行施工,可参照前面关于园路地基与基层施工的内容,结合地坪面积更宽大的特点,在施工中注意基层的稳定性,确保施工质量,避免今后广场地面发生不均匀沉降。

(2)面层的施工

采用整体现浇面层的区域,可把该区域分成若干规则的地块,每一地块面积在 7m×9m 至 9m×10m 之间,然后一个地块一个地块施工。地块之间的缝隙做成伸缩缝,用沥青棉纱等材料填塞。采用混凝土预制块铺装的,可按照前面园路工程施工的有关部分进行施工。

(3)地面的装饰

依照设计的图案、纹样、颜色、装饰材料等进行地面装饰性铺装,其铺装方法也请参照前面有关内容。

【相关知识】

◆ **广场的布置要求**

世界上许多著名的广场都因其精美的铺装而给人留下深刻的印象。铺装设计虽应突出醒目、新颖,但首先必须与整体环境相匹配,它的形状、颜色、质地都要与所处的环境协调一致,而不是片面追求材料的档次。从美学上看,质感来自对比,如果没有衬托,再高档的材料也很难发挥出效果。只要通过不同铺装材料的运用,就可划分地面的不同用途,界定不同的空间特征,标明前进的方向,暗示游览的速度和节奏。同时选择一种价廉物美使用方便的铺装材料,通过图案和色彩的变化,界定空间的范围,能够达到意想不到的效果。如利用混凝土也可创造出许多质感和色彩的搭配,并无不协调或不够档次的感觉。

广场的铺装施工和材料的应用可以结合前面园路的铺装运用,在此不再重复。但是,在广场设计时要考虑以下因素:

(1)整体统一原则

无论是铺装材料的选择还是铺装图案的设计,都应与其他景观要素同时考虑,以便确保铺装地面无论从视觉上还是功能上都被统一在整体之中。随意变化铺装材料和图案只会增加空间凌乱感。

(2)安全性

做到铺面无论在干燥或潮湿的条件下都同样防滑,避免游人发生危险。

(3) 外观

外观包括色彩、尺度和质感。色彩要做到既不暗淡到令人烦闷，又不鲜明到俗不可耐。色彩或质感的变化,只有在反映功能的区别时才可使用。尺度的考虑会影响色彩和质感的选择以及拼缝的设计。路面砌块的大小、色彩和质感等,都要与场地的尺度相匹配。

第八章　园林供电工程

一　施工现场临时电源设施的安装与维护

【要　点】

现场施工时,施工人员的日常生活、照明以及现场设备都需要用电作为动力源。为保证施工现场工作人员的生活及工作能够顺利进行,需要在施工现场配备临时的用电设施。

【解　释】

◆**施工现场的低压配电线路**

施工现场的低压配电线路,绝大多数是三相四线制供电,可提供 380V 和 220V 两种电压,供不同负荷选用,也便于变压器中性点的工作接地,用电设备的保护接零和重复接地,利于安全用电。

施工现场的低压配电线路,一般采用架空敷设,基本要求如下:

1)电杆应完好无损,不得有倾斜、下沉和杆基积水等现象。

2)不得架设裸导线。线路与施工建筑物的水平距离不得小于 10m;与地面的垂直距离不得小于 6m;跨越建筑物时与其顶部的垂直距离不得小于 2.5m。

3)各种绝缘导线均不得成束架空敷设。无条件做架空线路的工程地段,应采用护套电缆线。

4)配电线路禁止敷设在树上或沿地面明敷设。埋地敷设必须穿管。

5)建筑施工用的垂直配电线路,应采用护套缆线,每层不少于在两处固定。

6)暂时停用的线路应及时切断电源,竣工后随即拆除。

◆**配电箱的安装**

配电箱是为现场施工临时用电设备,如动力、照明和电焊等设备,而设置的电源设施。凡是用电的场所,无论负荷大小,均应按用电情况安装适宜的配电箱。

动力和照明用的配电箱应分别设置。箱内必须装设零线端子板。

施工现场用的配电箱结构简单,盘面以整齐、安全、维修方便和美观为原则。可不装测量仪表。

配电箱的箱体可以是木制的,在现场可就地制作。也有定型的产品可供使用,如专供动力设备用的 XL 系列,供照明和小型动力用的 XM 系列,还有 A 型暗设插座箱和 M 型明设插座箱等。

配电箱可以立放在地上,也可挂在墙上、柱上,要具备防雨、防水的功能,室内外均可使用,箱体外要涂防腐油。放置地点既要方便使用,又要较为隐蔽。箱体应有接地线并设有明显的标记。

配电箱盘面上的配线应排列整齐,横平竖直,绑扎成束,并用长钉固定在盘板上。盘后引出或引入的导线应留出适当的余量,以利检修。

◆ **照明设备的安装**

施工现场常用的电光源有白炽灯、荧光灯、卤钨灯、荧光高压汞灯和高压钠灯。不同的电光源配备有不同的灯具,可根据对照明的要求和使用的环境进行选择。

在正常情况下,一般施工的场所应采用敞露式照明灯具,以获得较高的光效率;在潮湿场所可选用防潮的瓷灯头,并使其引入线用绝缘套管从两侧引入,也可使用低电压的安全灯;在易遭碰击场所,应使用带罩网的灯具;在沟道内、容器内照明应采用 36V 及以下电压的安全灯;道路、庭院、广场的照明宜使用安全、防爆型投光灯。

安装要求如下:

1)施工现场的照明线路,除护套缆线外,应分开设置或穿管敷设;便携式局部照明灯具用的导线,宜使用橡胶套软线,接地线或接零线应在同一护套内。

2)灯具距地面不应低于 2.5m;投光灯、碘钨灯与易燃物应保持安全距离;流动性碘钨灯采用金属支架安装时应保持稳固并采取接地或接零保护。

3)每个照明回路的灯和插座数不宜超过 25 个,且应有 15A 以下的熔丝保护。

4)插座接线应符合下列要求:

① 单相两孔插座:面对插座的右极接相线,左极接零线。

② 单相三孔及三相四孔的保护接地线或保护接零线均应在上孔。

③ 交流、直流或不同电压的插座安装在同一场所时,应有明显区别,且插头与插座不能相互插入。

5)螺口灯头的中心触点应接相线(火线),螺纹接零线。

6)每套路灯的相线上应装熔断器,线路入灯具处应做防水弯。

7)接线时应注意使三相电源尽量对称。

◆ **电气设备的安装**

露天使用的电气设备,应采取妥善的防雨措施,使用前须测绝缘,合格后方可使用。

每台电动机均应装设控制和保护设备,不得用一个开关同时控制两台及以上的电气设备。

电焊机一次电源线宜采用橡胶套电缆,长度一般不应大于 3m。露天使用的电焊机应有防潮措施,机下用干燥物件垫起,机上设防雨罩。

施工现场移动式用电设备及手持式电动工具,必须装设漏电保护装置,而且要定期检查,以保持其动作灵敏可靠。其电源线必须使用三芯(单相)或四芯(三相)橡胶套电缆;接线时,护套应进入设备的接线盒并固定。

【相关知识】

◆ **工地用电量计算**

施工现场用电量大体上可分为动力用电量和照明用电量两类。在计算用电量时,应考虑以下几点:

1)全工地使用的电力机械设备、工具和照明的用电功率。

2)施工总进度计划中,施工高峰期同时用电数量。

3)各种电力机械的利用情况。

◆**确定配电导线截面积**

配电导线要正常工作,必须具有足够的力学强度、耐受电流通过所产生的温升并且使得电压损失在允许范围内,因此,选择配电导线有以下三种方法:

(1)按机械强度确定

导线必须具有足够的机械强度以防止受拉或机械损伤而折断。在各种不同敷设方式下,导线按机械强度要求所必需的最小截面可参考有关资料。

(2)按允许电流强度选择

导线必须能承受负荷电流长时间通过所引起的温升。

1)三相四线制线路上的电流强度可按下式计算:

$$I = \frac{P}{\sqrt{3} \cdot V \cdot \cos\varphi}$$

2)二线制线路的电流强度可按下式计算:

$$I = \frac{P}{V \cdot \cos\varphi}$$

式中　I——电流强度,A;

　　　P——功率,W;

　　　V——电压,V;

　　$\cos\varphi$——功率因数,临时电网取 0.7 ~ 0.75。

(3)按容许电压降确定

导线上引起的电压降必须限制在一定限度内,配电导线的截面可用下式确定:

$$S = \frac{\sum P \cdot L}{C \cdot \varepsilon}$$

式中　S——导线断面积,mm^2;

　　　P——负荷电功率或线路输送的电功率,kW;

　　　L——送电路的距离,m;

　　　C——系数,视导线材料、送电电压及配电方式而定;

　　　ε——容许的相对电压降(即线路的电压损失百分比),照明电路中容许电压降不应超过 2.5% ~ 5% 。

所选用的导线截面应同时满足以上三项要求,即以求得的三个截面积中最大者为准,从导线的产品目录中选用线芯。通常先根据负荷电流的大小选择导线截面,然后再以机械强度和允许电压降进行复核。

二　架空线路及杆上电气设备安装

【要　　点】

公园的种类很多,公园内的各种建筑、广场及各种娱乐设施等所需线路架设方式和设备也不同,由于照明和景观的需要,架空线路及杆上电气设备的安装是必不可少的。

【解　释】

◆材料(设备)进场验收

(1)钢筋混凝土电杆和其他混凝土制品的进场验收

1)在工程规模较大时,钢筋混凝土电杆和其他混凝土制品常常是分批进场的,所以要按批查验合格证。

2)外观检查要求钢筋混凝土电杆和其他混凝土制品表面平整,无缺角露筋,每个制品表面有合格印记;钢筋混凝土电杆表面光滑,无纵向、横向裂纹,杆身平直,弯曲不大于杆长的1/1000。

(2)镀锌制品和外线金具的进场验收

1)镀锌制品(支架、横担、接地极、防雷用型钢等)和外线金具应按批查验合格证或镀锌厂出具的质量证明书。对进入现场已镀好锌的成品,只要查验合格证书即可;对进货为未镀锌的钢材,经加工后,出场委托进行热浸镀锌后再进现场,这样就既要查验钢材的合格证,又要查验镀锌厂出具的镀锌质量证明书。

2)电气工程使用的镀锌制品,在许多产品标准中均规定为热浸镀锌工艺制成。热浸镀锌的工艺镀层厚,制品的使用年限长,虽然外观质量比镀锌工艺差一些,但电气工程中使用的镀锌横担、支架、接地极和避雷线等以使用寿命为主要考虑因素,况且室外和埋入地下时较多,故要求使用热浸镀锌的制品。外观检查要求镀锌层覆盖完整、表面无锈斑,金具配件齐全,无砂眼。

3)当对镀锌质量有异议时,按批抽样送有资质的试验室检测。

(3)裸导线的进场验收

1)裸导线应查验合格证。

2)外观检查应包装完好,裸导线表面无明显损伤,不松股、扭折和断股(线),测量线径符合制造标准。

◆安装工序的交接确认

(1)定位

架空线路的架设位置既要考虑到地面道路照明、线路与两侧建筑物和树木之间的安全距离以及接户线接引等因素,又要顾及到电杆杆坑和拉线坑下有无地下管线,且要留出必要的各种地下管线检修移位时因挖土防电杆倒伏的位置,只有这样才能满足功能要求,才是安全可靠的。因而在架空线路施工时,线路方向及杆位、拉线坑位的定位是关键工作,如不依据设计图纸位置埋桩确认,后续工作是无法展开的。因此,必须在线路方向和杆位及拉线坑位测量埋桩后,经检查确认后,才能挖掘杆坑和拉线坑。

(2)核图

杆坑、拉线坑的深度和坑型关系到线路抗倒伏能力,所以必须按设计图纸或施工大样图的规定进行验收,经检查确认后,才能立杆和埋设拉线盘。

(3)交接试验

杆上高压电气设备和材料均要按分项工程中的具体规定进行交接试验,合格后才能通电,即高压电气设备和材料不经试验不准通电。至于在安装前还是安装后试验,可视具体情况而定。通常的做法是在地面试验后再安装就位,但必须注意在安装的过程中不应使电气设备和材料受到撞击和破损,尤其要注意防止电瓷部件的损坏。

(4)架空线路绝缘检查

架空线路的绝缘检查主要是目视检查,检查的目的是要查看线路上有无树枝、风筝和其他杂物悬挂在上面,经检查无误后,必须采用单相冲击试验合格后,才能三相同时通电。这一操作要求是为了检查每相对地绝缘是否可靠,在单相合闸的涌流电压作用下是否会击穿绝缘,如首次三相同时合闸通电,万一发生绝缘击穿,事故的危害后果要比单相合闸绝缘击穿大得多。

(5)相位检查

架空线路的相位检查确认后,才能与接户线连接。这样才能使接户线在接电时不致接错,不使单相220V入户的接线错接成380V入户,也可对有相序要求的保证相序正确,同时对三相负荷的均匀分配有好处。

◆ 电杆埋设

架空线路的杆型、拉线设置及两者的埋设深度,在施工设计时是依据所在地的气象条件、土壤特性、地形情况等因素综合考虑确定的。埋设深度是否足够,涉及线路的抗风能力和稳固性,太深会浪费材料。

单回路的配电线路,电杆埋深不应小于表8-1所列数值。一般电杆的埋深基本上(除15m杆以外)可为电杆高度的1/10加0.7m;拉线坑的深度不宜小于1.2m。

电杆坑、拉线坑的深度允许偏差,应不深于设计坑深100mm、不浅于设计坑深50mm。

表8-1 电杆埋设深度

杆　　高(m)	埋　　深(m)
8	1.50
9	1.60
10	1.70
11	1.80
12	1.90
13	2.00
15	2.30

◆ 横担安装

(1)横担安装技术要求

1)横担的安装应根据架空线路导线的排列方式而定,具体要求如下:

① 钢筋混凝土电杆使用 U 形抱箍安装水平排列导线横担。在杆顶向下量200mm,安装 U 形抱箍,用 U 形抱箍从电杆背部抱过杆身,抱箍螺扣部分应置于受电侧,在抱箍上安装好 M 形抱铁,在 M 形抱铁上再安装横担,在抱箍两端各加一个垫圈用螺母固定,先不要拧紧螺母,留有调节的余地,待全部横担装上后再逐个拧紧螺母。

② 电杆导线进行三角排列时,杆顶支持绝缘子应使用杆顶支座抱箍。由杆顶向下量取150mm,使用 Ω 形支座抱箍时,应将角钢置于受电侧,将抱箍用 M16mm×70mm 方头螺栓穿过抱箍安装孔,用螺母拧紧固定。安装好杆顶抱箍后,再安装横担。横担的位置由导线的排列方式来决定,导线采用正三角排列时,横担距离杆顶抱箍为0.8m;导线采用扁三角排列时,横担

距离杆顶抱箍为0.5m。

2)横担安装应平整,安装偏差不应超过下列规定数值:

① 横担端部上下歪斜:20mm。

② 横担端部左右扭斜:20mm。

3)带叉梁的双杆组立后,杆身和叉梁均不应有鼓肚现象。叉梁铁板、抱箍与主杆的连接应牢固,局部间隙不应大于50mm。

4)导线水平排列时,上层横担距杆顶距离不宜小于200mm。

5)10kV线路与35kV线路同杆架设时,两条线路导线之间垂直距离不应小于2m。

6)高、低压同杆架设的线路,高压线路横担应在上层。架设同一电压等级的不同回路导线时,应把线路弧垂较大的横担放置在下层。

7)同一电源的高、低压线路宜同杆架设。为了维修和减少停电,直线杆横担数不宜超过4层(包括路灯线路)。

(2)绝缘子的安装规定

1)安装绝缘子时,应清除表面灰土、附着物及不应有的涂料,还应根据要求进行外观检查和测量绝缘电阻。

2)安装绝缘子采用的闭口销或开口销不应有断裂缝等现象。工程中使用闭口销比开口销具有更多的优点,当装入销口后,能自动弹开,不需将销尾弯成45°,拔出销孔时也比较容易。它具有销住可靠、带电装卸灵活的特点。当采用开口销时应对称开口,开口角度应为30°~60°。工程中严禁用线材或其他材料代替闭口销、开口销。

3)绝缘子在直立安装时,顶端顺线路歪斜不应大于10mm;在水平安装时,顶端宜向上翘起5°~15°,顶端顺线路歪斜应不大于20mm。

4)转角杆安装瓷横担绝缘子,顶端竖直安装的瓷横担支架应安装在转角的内角侧(瓷横担绝缘子应装在支架的外角侧)。

5)全瓷式瓷横担绝缘子的固定处应加软垫。

◆ **电杆组立**

立杆的方法很多。立杆前应检查所用工具。立杆过程中要有专人指挥,随时检查立杆工具受力情况,遵守有关规定。常用的立杆有汽车起重机立杆、人字抱杆立杆、三角架立杆、倒落式立杆等。下面仅介绍杆身调整方法和误差要求。

(1)调整方法

一人站在相邻未立杆的杆坑线路方向上的辅助标桩处(或其延长线上),面对线路向已立杆方向观测电杆,或通过垂球观测电杆,指挥调整杆身,或使与已立正直的电杆重合。如为转角杆,观测人站在与线路垂直方向或转角等分角线的垂直线(转角杆)的杆坑中心辅助桩延长线上,通过垂球观测电杆,指挥调正杆身,此时横担轴向应正对观测方向。

调整杆位,一般可用杠子拨,或用杠杆与绳索联合吊起杆根,使其移至规定位置。调整杆面,可用转杆器弯钩卡住,推动手柄使杆旋转。

(2)杆身调整误差

1)直线杆的横向位移不应小于50mm;电杆的倾斜不应使杆梢的位移大于半个杆梢。

2)转角杆应向外角预偏,紧线后不应向内角倾斜,向外角的倾斜不应使杆梢位移大于一个杆梢。转角杆的横向位移不应大于50mm。

3）终端杆立好后应向拉线侧预偏，紧线后不应向拉线反方向倾斜，向拉线侧倾斜不应使杆梢位移大于一个杆梢。

4）双杆立好后应正直，位置偏差不应超过下列数值：

① 双杆中心与中心桩之间的横向位移：50mm。

② 迈步：30mm。

③ 两杆高低差：20mm。

④ 根开：±30mm。

◆ **导线架设**

导线架设时，线路的相序排列应统一，对设计、施工、安全运行都是有利的。高压线路面向负荷，从左侧起，导线排列相序为 L_1，L_2，L_3 相；低压线路面向负荷，从左侧起，导线排列相序为 L_1，N，L_2，L_3 相。电杆上的中性线（N）应靠近电杆，如线路沿建筑物架设时，应靠近建筑物。

（1）导线架设技术要求

1）架空线路应沿道路平行敷设，并要避免通过各种起重机频繁活动的地区。应尽可能减少同其他设施的交叉和跨越建筑物。

2）架空线路导线的最小截面为：

6～10kV 线路：铝绞线居民区 35mm²；非居民区 25mm²。

　　　　　　　钢芯铝绞线居民区 25mm²；非居民区 16mm²。

　　　　　　　铜绞线居民区 16mm²；非居民区 16mm²。

1kV 以下线路：铝绞线 16mm²。

　　　　　　　钢芯铝绞线 16mm²。

　　　　　　　钢绞线 10mm²（绞线直径 3.2mm）。

但 1kV 以下线路与铁路交叉跨越档处，铝绞线最小截面应为 35mm²。

3）6～10kV 接户线的最小截面为：

铝绞线 25mm²；铜绞线 16mm²

4）接户线对地距离，不应小于下列数值：

6～10kV 接户线 4.5m；低压绝缘接户线 2.5m

5）跨越道路的低压接户线至路中心的垂直距离，不应小于下列数值：

通车道路 6m；通车困难道路、人行道 3.5m

6）架空线路的导线与建筑物之间的距离，不应小于表 8-2 所列数值。

表 8-2　导线与建筑物间的最小距离

线路经过地区	线 路 电 压	
	1～10kV	1kV 以下
导线与建筑物的垂直距离在最大计算弧垂情况下（m）	3	2.5
线路边线与永久建筑物之间的距离在最大风偏情况下（m）	1.5	1

注：1. 在无风情况下，导线与不在规划范围内城市建筑物之间的水平距离，不应小于上述数值的一半。

　　2. 导线与城市多层建筑物或规划建筑线间的距离，指水平距离。

　　3. 导线与不在规划范围内的城市建筑物间的距离，指净空距离。

7）架空线路的导线与道路行道树间的最小距离，不应小于表8-3所列数值。

表8-3　导线与道路行道树间的最小距离

线路经过地区	线　路　电　压	
	1～10kV	<1kV
最大弧垂情况的最小垂直距离(m)	1.5(0.8)	1.0(0.2)
最大风偏情况的最小水平距离(m)	2.0(1.0)	1.0(0.5)

注：括号内为绝缘导线数值。

8）架空线路的导线与地面或水面的最小距离，不应小于表8-4所列数值。

表8-4　导线与地面或水面的最小距离

线路经过地区	线　路　电　压	
	1～10kV	<1kV
居民区(m)	6.5	6
非居民区(m)	5.5	5
不能通航也不能浮运的河、湖(至冬季冰面)	5	5
不能通航也不能浮运的河、湖(至50年一遇洪水位)	3	3
交通困难地区(m)	4.5(3)	4(3)

注：括号内为绝缘导线数值。

9）架空线路的导线与山坡、峭壁、岩石之间的最小距离，在最大计算风偏情况下，不应小于表8-5所列数值。

表8-5　导线与山坡、峭壁岩石间的最小距离

线路经过地区	线　路　电　压	
	1～10kV	<1kV
步行可以到达的山坡(m)	4.5	3
步行可以到达的山坡、峭壁和岩石(m)	1.5	1

10）架空线路与甲类火灾危险的生产厂房，甲类物品库房及易燃、易爆材料堆场，以及可燃或易燃液(气)体贮罐的防火间距，不应小于电杆高度的1.5倍。

11）在离海岸5km以内的沿海地区或工业区，视腐蚀性气体和尘埃产生腐蚀作用的严重程度，选用不同防腐性能的防腐型钢芯铝绞线。

（2）紧线

紧线前必须先做好耐张杆、转角杆和终端杆的本身拉线，然后再分段紧线。首先，将导线的一端套在绝缘子上固定好，再在导线的另一端开始紧线工作。

在展放导线时，导线的展放长度应比档距长度略有增加，平地时一般可增加2%；山地可增加3%。还应尽量在一个耐张段内，导线紧好后再剪断导线，避免造成浪费。

在紧线前，在一端的耐张杆上，先把导线的一端在绝缘子上做终端固定，然后在另一端用紧线器紧线。

紧线前在紧线段耐张杆受力侧除有正式拉线外，应装设临时拉线。一般可用钢丝绳或具有足够强度的钢线，拴在横担的两端，以防紧线时横担发生偏扭。待紧完导线并固定好以后，才可拆除临时拉线。

紧线时在耐张段操作端直接或通过滑轮组来牵引导线,导线收紧后再用紧线器夹住导线。

根据每次同时紧线的架空导线根数,紧线方式有单线法、双线法和三线法等,施工时可根据具体条件采用。

紧线方法有两种,一种是导线逐根均匀收紧,另一种是三线同时收紧或两线同时收紧。后一种方法紧线速度快,但需要有较大的牵引力,如利用卷扬机或绞磨机的牵引力等。紧线时,一般应做到每根电杆上有人,以便及时松动导线,使导线接头能顺利地越过滑轮和绝缘子。

一般中小型铝绞线和钢芯铝绞线可用紧线钳紧线,先将导线通过滑轮组,用人力初步拉紧,然后将紧线钳上钢丝绳松开,固定在横担上,另一端夹住导线(导线上包缠麻布)。紧线时,横担两侧的导线应同时收紧,以免横担受力不均而歪斜。

◆ 导线连接

架空线路导线连接,必须可靠地将导线连接起来,连接后的握着力与母体导线拉断力比,应符合设计要求的静载和动载的握着力,确保架空配电线路正常运行。

导线连接质量直接影响导线的机械强度和电气性能,所以,必须严格按照工艺标准,精心操作,认真仔细做好接头。

(1)架空导线连接方式

1)跳线处接头,常规采用线夹连接法。

2)其他位置接头,通常采用钳接(压接)法、单股线缠绕法和多股线交叉缠绕法,特殊地段和部位利用爆炸压接法。

(2)架空导线连接要求

架空导线连接应符合以下要求:

1)不同金属、不同规格、不同绞向的导线,严禁在档距内连接。

2)在一个档距内,每根导线不应超过 1 个接头。跨越线(道路、河流、通信线路、电力线路)和避雷线均不允许有接头。

3)接头距导线的固定点不应小于 500mm。

4)导线接头处的机械强度不应低于原导线强度的 90%,电阻不应超过同长度导线的 1.2 倍。

(3)导线采用压接法的操作要求

1)接续管:接续管的型号与导线的规格必须匹配。

2)导线端头处理应先将导线压接的端头部位用绑线扎紧并将导线端部锯齐。

3)穿线与压接

① 先用钢刷清除压接管内以及导线和压条表面的氧化膜,涂一度中性凡士林。

② 将导线穿入管内夹上压条,将两端导线头伸出管外 20～30mm,导线端头的绑线不应拆除。

③ 压接后的接续管弯曲度不应大于管长的 2%。压接或校正调直后的接续管不得有裂纹。

④ 压接后接续管两端附近的导线不应有灯笼、抽筋等现象。

⑤ 压接后接续管两端的出口处、合缝处及外露部分均应涂刷油性涂料。

⑥ 压接后尺寸的允许误差为：铜钳接管 ±0.5mm，铝钳接管 ±1.0mm。

4）导线打绕接点

① 铝绞线、钢芯铝绞线的打绕接点，可采用并沟线夹连接。连接处须包缠铝包带。

② 并沟线夹的标号与导线标号必须相同，线夹内的导线表面应清除氧化膜，并涂一度中性凡士林。

③ 拧紧线夹时应用锤子敲打几遍再拧紧螺栓，直至拧不动为止。

④ 线夹内导线不得有破股或叠股现象。

⑤ 线夹两端应留出线头 30mm 左右。

⑥ 当两根导线截面不同时，应按大截面导线选用线夹，在小截面导线上用铝包带缠到与大截面导线相同的粗度。

（4）导线连接做法

1）压接管。根据导线截面选择压接管，调整压接钳上支点螺钉，使之适合压接深度。压接接管选择及压接尺寸如图 8-1 和表 8-6 所示。

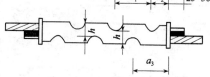

图 8-1　压接部位尺寸（单位：mm）

表 8-6　导线压接规格表

导线名称	安装导线型号	钳压部位尺寸（mm）			钳压处高度 h（mm）	钳压口数	钳压管型号	钳压模型号
		a_1	a_2	a_3				
钢芯铝绞线	LGJ-16	28	14	28	12.5	12	QLG-16	—
	LGJ-25	32	15	31	14.5	14	QLG-25	—
	LGJ-35	34	42.5	93.5	17.5	14	QLG-35	QMLG-35
	LGJ-50	38	48.5	105.5	20.5	16	QLG-50	QMLG-50
	LGJ-70	46	54.5	123.5	25.0	16	QLG-70	QMLG-70
	LGJ-95	54	61.5	142.5	29.0	20	QLG-95	QMLG-95
	LGJ-120	62	67.5	160.5	33.0	24	QLG-120	QMLG-120
	LGJ-150	64	70	166	36.0	24	QLG-150	QMLG-150
	LGJ-185	66	74.5	173.5	39.0	26	QLG-185	QMLG-185
	LGJ-240	62	68.5	161.5	43.0	2×14	QLG-240	QMLG-240
铝绞线	LJ-16	28	20	34	10.5	6	QL-16	QML-16
	LJ-25	32	20	36	12.5	6	QL-25	QML-25
	LJ-35	36	25	43	14.0	6	QL-35	QML-35
	LJ-50	40	25	45	16.5	8	QL-50	QML-50
	LJ-70	44	28	50	19.5	8	QL-70	QML-70
	LJ-95	48	32	56	23.0	10	QL-95	QML-95
	LJ-120	52	33	59	26.0	10	QL-120	QML-120
	LJ-150	56	34	62	30.0	10	QL-150	QML-150
	LJ-185	60	35	65	33.5	10	QL-185	QML-185

2）压接顺序。压接钢芯铝绞线时，压接的顺序是从中间开始分别向两端进行，如图 8-2 所示。

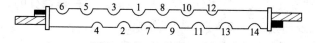

图 8-2　钢芯铝绞线压接顺序

压接铝绞线时,压接顺序从导线接头端开始,按顺序交错向另一端进行,如图8-3 所示。

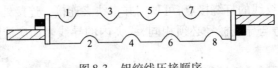

图8-3 铝绞线压接顺序

当压接240mm² 钢芯铝绞线时,可用两根压接管串联进行,两压接相距不小于15mm。每根压接管压接顺序都是从内端向外端交错进行,如图8-4 所示。

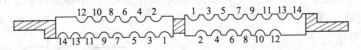

图8-4 240mm² 钢芯铝绞线压接顺序

钳压后导线端头露出长度不应小于20mm。压接后的接线管弯曲度不应大于管长的2%。压接后或校正后的接线管不应有裂纹。

3)单股线的缠绕。适用于单股直径2.6~5.0mm 的裸铜线。缠绕前先把两线头拉直,除去表面铜锈。

4)多股线交叉缠绕法。适用于35mm² 以下的裸铝或铜导线。缠绕前先按表8-7 的规定量好接头长度,把接头处导线拆开拉直并用砂纸打光洁,做成伞骨架形状,然后将两根多股导线相互交叉插到一起,束合成一块,中间段用绑线缠紧,再用本身股线一一缠绕,每股剩余下来的线头和下一股交叉后作为被裹的线压在下面,最后一股缠完后拧成小辫。缠绕时应缠紧并排列整齐。

表8-7 多股线交叉缠绕的接头长度和绑线直径

导线直径或截面积	接头长度(mm)	绑线直径(mm)	中间绑线长度(mm)
φ2.6~φ3.2	80	1.6	—
φ4.0~φ5.0	120	2.0	—
16mm²	200	2.0	50
25mm²	250	2.0	50
35mm²	300	2.3	50
50mm²	500	2.3	50

5)爆炸压接法。是利用炸药爆炸时产生的高温高压气体,使接线管(压接管)产生塑性变形,把导线牢固地连接起来。炸药的配制用量要按计算确定值严格控制,不能使导线发生损伤(如断股、折裂等)。

(5)导线连接质量的规定

1)压接后尺寸的允许误差,铝绞线钳接管为±1.0mm;钢芯铝绞线钳接管为±0.5mm。

2)10kV 及以下架空线路的导线,采用缠绕方法连接时,连接部分的线缠绕紧密、牢固,不应有断股、松股等,以及连接处严禁有损伤导线的缺陷。

3)压接后接线管两端出口处、合缝处及外露部分,应涂刷电力复合脂。导线的压接管在压接或校直后严禁有裂纹。

4)钳压后导线露出的端头绑扎线不应拆除。

◆杆上电气设备安装

电杆上电气设备安装应牢固可靠;电气连接应接触紧密;不同金属连接应有过渡措施;瓷件表面光洁,无裂缝、破损等现象。

杆上变压器及变压器台的安装,其水平倾斜不大于台架根开的1/100;一、二次引线排列整齐、绑扎牢固;油枕、油位正常,外壳干净。

接地可靠,接地电阻值符合规定;套管压线螺栓等部件齐全;呼吸孔道畅通。

跌落式熔断器的安装,要求各部分零件完整;转轴光滑灵活,铸件不应有裂纹、砂眼锈蚀现象。

瓷件良好,熔丝管不应有吸潮膨胀或弯曲现象。

熔断器安装牢固、排列整齐,熔管轴线与地面的垂线夹角为15°~30°。

熔断器水平相间距离不小于500mm,操作时灵活可靠,接触紧密。

合熔丝管时上触头应有一定的压缩行程;上、下引线压紧;与线路导线的连接紧密可靠。

杆上断路器和负荷开关的安装,其水平倾斜不大于担架长度的1/100。

引线连接紧密,当采用绑扎连接时,长度不小于150mm。

外壳干净,不应有漏油现象,气压不低于规定值;操作灵活,分、合位置指示正确可靠;外壳接地可靠,接地电阻值符合规定。

杆上隔离开关的瓷件良好,操作机构动作灵活,隔离刀刃合闸时接触紧密,分闸后应有不小于200mm的空气间隙;与引线的连接紧密可靠。

水平安装的隔离刀刃,分闸时,宜使静触头带电。

三相运动隔离开关的三相隔离刀刃应分、合同期。

杆上避雷器的瓷套与固定抱箍之间加垫层;安装排列整齐、高低一致;相间距离为:1~10kV时,不小于350mm;1kV以下时,不小于150mm。避雷器的引线短而直,连接紧密,采用绝缘线时,其截面要求为:

1)引上线:铜线不小于16mm²,铝线不小于25mm²。

2)引下线:铜线不小于25mm²,铝线不小于35mm²,引下线接地可靠,接地电阻值符合规定。与电气部分连接,不应使避雷器产生外加应力。

低压熔断器和开关安装要求各部分接触应紧密,便于操作。低压保险丝(片)安装要求无弯折、压偏、伤痕等现象。

变压器中性点应与接地装置引出干线直接连接。

由接地装置引出的干线,以最近距离直接与变压器中性点(N端子)可靠连接,以确保低压供电系统可靠、安全地运行。

◆杆上低压配电箱和馈电线路的检查

杆上低压配电箱的电气装置和馈电线路交接试验应符合下列规定:

1)每路配电开关及保护装置的规格、型号应符合设计要求。

2)相间和相对地间的绝缘电阻值应大于0.5MΩ。

3)电气装置的交流工频耐压试验电压为1kV,当绝缘电阻值大于10MΩ时,可采用2500V兆欧表摇测替代,试验持续时间1min,无击穿闪络现象。

【相关知识】

◆ **电气设备安装的检查试验要求**

架空线及杆上电气设备、绝缘子、高压隔离开关、跌落式熔断器等对地的绝缘电阻,须在安装前逐个(逐相)用2500V兆欧表摇测。高压的绝缘子、高压隔离开关、跌落式熔断器还要做交流工频耐压试验,试验数据和时间按现行国家标准《电气设备交接试验标准》(GB 50150—2006)执行。

低压部分的交接试验分为线路和装置两个单元,线路仅测量绝缘电阻,装置既要测量绝缘电阻又要做工频耐压试验。测量和试验的目的是对出厂试验进行复核,以使通电前对供电的安全性和可靠性进行判断。

◆ **高压隔离开关及高压熔断器试验项目**

隔离开关、高压熔断器的试验项目:

1)测量绝缘电阻。

2)测量高压限流熔丝管熔丝的直流电阻。

3)测量负荷开关导电回路的电阻。

4)交流耐压试验。

5)检查操动机构线圈的最低动作电压。

6)操动机构的试验。

◆ **高压悬式绝缘子和支柱绝缘子试验项目**

悬式绝缘子和支柱绝缘子的试验项目:

1)测量绝缘电阻。

2)交流耐压试验。

◆ **1kV 以上架空电力线路试验项目**

1kV 以上架空电力线路的试验项目:

1)测量绝缘子和线路的绝缘电阻。

2)测量 35kV 以上线路的工频参数。

3)检查相位。

4)冲击合闸试验。

5)测量杆塔的接地电阻。

三 变压器的安装

【要 点】

一些小型公园、游园的用电量比较小,也常常直接接用附近街区原有变压器提供的电源。但在一些大型、多功能性园林中,园内有娱乐机械和喷泉等设施需要动力供电,故一般大中型公园都要求装有自己的配电变压器,做到独立供电。

【解　　释】

◆ **变压器进场验收**

变压器应查验合格证和随带技术文件,还应有出厂试验记录。

外观检查应有铭牌,附件齐全,绝缘件无缺损、裂纹,从而判断到达施工现场前有否因运输、保管不当而遭到损坏。尤其是电瓷、充油、充气的部位更要认真检查,充油部分应不渗漏,充气高压设备气压指示应正常,涂层完整。

◆ **变压器安装的工序交接确认**

变压器的基础验收是土建工作和安装工作的中间工序交接,只有基础验收合格,才能开展安装工作。验收时应该依据施工设计图纸核对位置及外形尺寸,并判断混凝土强度、基坑回填、集油坑卵石铺设等是否具备可以进行安装的条件。在验收时,对埋入基础的电线、电缆导管和变压器进出线预留孔及相关预埋件进行检查,经核对无误后,才能安装变压器、箱式变电所。

杆上变压器的支架紧固检查后,才能吊装变压器且就位固定。

变压器及接地装置交接试验合格,才能通电。除杆上变压器可以视具体情况在安装前或安装后做交接试验外,其他的均应在安装就位后做交接试验。

◆ **变压器安装基础验收**

变压器就位前,要先对基础进行验收并填写设备基础验收记录。基础的中心与标高应符合工程设计需要,轨距应与变压器轮距互相吻合。具体要求是:

1)轨道水平误差不应超过 5mm。

2)实际轨距不应小于设计轨距,误差不应超过 +5mm。

3)轨面对设计标高的误差不应超过 ±5mm。

◆ **变压器开箱检查**

开箱后,应重点检查下列内容,并填写设备开箱检查记录。

1)设备出厂合格证明及产品技术文件应齐全。

2)设备应有铭牌,型号规格应和设计相符,附件、备件核对装箱单应齐全。

3)变压器、电抗器外表无机械损伤,无锈蚀。

4)油箱密封应良好,带油运输的变压器,油枕油位应正常,油液应无渗漏。

5)变压器轮距应与设计相符。

6)油箱盖或钟罩法兰连接螺栓齐全。

7)充氮运输的变压器及电抗器,器身内应保持正压,压力值不低于 0.01MPa。

◆ **器身检查**

变压器、电抗器到达现场后,应进行器身检查。器身检查可分为吊罩(或吊器身)或不吊罩直接进入油箱内进行。

(1)免除器身检查的条件

当满足下列条件之一时,可不必进行器身检查:

1)制造厂规定可不做器身检查者。

2)容量为 1000kVA 及以下、运输过程中无异常情况者。

3)就地生产仅短途运输的变压器、电抗器,如果事先参加了制造厂的器身总装,质量符合要求,且在运输过程中进行了有效的监督,无紧急制动、剧烈震动、冲撞或严重颠簸等异常情况者。

（2）器身检查要求

1）周围空气温度不宜低于0℃,变压器器身温度不宜低于周围空气温度。当器身温度低于周围空气温度时,应加热器身,宜使其温度高于周围空气温度10℃。

2）当空气相对湿度小于75%时,器身暴露在空气中的时间不得超过16h。

3）调压切换装置吊出检查、调整时,暴露在空气中的时间应符合表8-8的规定。

表8-8　调压切换装置露空时间

环境温度（℃）	>0	>0	>0	<0
空气相对湿度（%）	<65	65~75	75~85	不控制
持续时间（h）	≤24	≤16	≤10	≤8

4）时间计算规定:带油运输的变压器、电抗器,由开始放油时算起;不带油运输的变压器、电抗器,由揭开顶盖或打开任一堵塞算起,到开始抽真空或注油为止。空气相对湿度或露空时间超过规定时,必须采取相应的可靠措施。

5）器身检查时,场地四周应清洁和有防尘措施;雨雪天或雾天,不应在室外进行。

（3）器身检查的主要项目

1）运输支撑和器身各部位应无移动现象,运输用的临时防护装置及临时支撑应予拆除,并经过清点做好记录以备查。

2）所有螺栓应紧固并有防松措施;绝缘螺栓应无损坏,防松绑扎完好。

3）铁芯应无变形,铁轭与夹件间的绝缘垫应良好;铁芯应无多点接地;铁芯外引接地的变压器,拆开接地线后铁芯对地绝缘应良好;打开夹件与铁轭接地片后,铁轭螺杆与铁芯、铁轭与夹件、螺杆与夹件间的绝缘应良好;当铁轭采用钢带绑扎时,钢带对铁轭的绝缘应良好;打开铁芯屏蔽接地引线,检查屏蔽绝缘应良好;打开夹件与线圈压板的连线,检查压钉绝缘应良好;铁芯拉板及铁轭拉带应紧固,绝缘良好(无法打开检查铁芯的可不检查)。

4）绕组绝缘层应完整,无缺损、变位现象;各绕组应排列整齐,间隙均匀,油路无堵塞;绕组的压钉应紧固,防松螺母应锁紧。

5）绝缘围屏绑扎牢固,围屏上所有线圈引出处的封闭应良好。

6）引出线绝缘包扎紧固,无破损、折弯现象;引出线绝缘距离应合格,固定牢靠,其固定支架应紧固;引出线的裸露部分应无毛刺或尖角,且应焊接良好;引出线与套管的连接应牢靠,接线正确。

7）无励磁调压切换装置各分接点与线圈的连接应紧固正确;各分接头应清洁,且接触紧密,引力良好;所有接触到的部分,用规格为0.05mm×10mm塞尺检查,应塞不进去;转动接点应正确地停留在各个位置上,且与指示器所指位置一致;切换装置的拉杆、分接头凸轮、小轴、销子等应完整无损;转动盘应动作灵活,密封良好。

8）有载调压切换装置的选择开关、范围开关应接触良好,分接引线应连接正确、牢固,切换开关部分密封良好。必要时抽出切换开关芯子进行检查。

9）绝缘屏障应完好且固定牢固,无松动现象。

10）检查强油循环管路与下轭绝缘接口部位的密封情况;检查各部位应无油泥、水滴和金属屑末等杂物。

注:变压器有围屏者,可不必解除围屏,由于围屏遮蔽而不能检查的项目可不检查。

◆ 变压器的干燥

(1)新装变压器是否干燥判定

1)带油运输的变压器及电抗器:

① 绝缘油电气强度及微量水试验合格。

② 绝缘电阻及吸收比(或极化指数)符合现行国家标准《电气装置安装工程电气设备交接试验标准》的相应规定。

③ 介质损耗角正切值 $\tan\delta(\%)$ 符合规定(电压等级在 35kV 以下及容量在 4000kVA 以下者,可不要求)。

2)充气运输的变压器及电抗器:

① 器身内压力在出厂至安装前均保持正压。

② 残油中微量水不应大于 30×10^{-6}(即 30ppm)。

③ 变压器及电抗器注入合格绝缘油后,绝缘油电气强度微量水及绝缘电阻应符合现行国家标准《电气设备交接试验标准》(GB 50150—2006)的相关规定。

3)当器身未能保持正压而密封无明显破坏时,则应根据安装及试验记录全面分析,综合判断是否需要干燥。

(2)干燥时各部温度监控

1)当为不带油干燥利用油箱加热时,箱壁温度不宜超过 110℃,箱底温度不得超过 100℃,绕组温度不得超过 95℃。

2)带油干燥时,上层油温不得超过 85℃。

3)热风干燥时,进风温度不得超过 100℃。

4)干式变压器进行干燥时,其绕组温度应根据其绝缘等级而定:

A 级绝缘　80℃

B 级绝缘　100℃

E 级绝缘　95℃

F 级绝缘　120℃

H 级绝缘　145℃

5)干燥过程中,在保持温度不变的情况下,绕组的绝缘电阻下降后再回升,110kV 及以下的变压器、电抗器持续 6h 保持稳定且无凝结水产生时,可认为干燥完毕。

6)变压器、电抗器干燥后应进行器身检查,所有螺栓压紧部分应无松动,绝缘表面应无过热等异常情况。如不能及时检查时,应先注以合格油,油温可预热至 50~60℃,绕组温度应高于油温。

◆ 变压器、电抗器搬运就位

变压器、电抗器搬运就位操作由起重工为主,电工配合。搬运最好采用吊车和汽车,如机具缺乏或距离很短而道路又有条件时,也可以用倒链吊装、卷扬机拖运、滚杠运输等。

变压器在吊装时,索具必须检查合格。钢丝绳必须系在油箱的吊钩上,变压器顶盖上盘的吊环只可作吊芯用,不得用此吊环吊装整台变压器。

变压器就位时,应注意其方法和施工图相符,变压器距墙尺寸按施工图规定,允许偏差

±25mm。图纸无标注时,纵向按轨道定位,横向距墙不小于800mm,距门不小于1000mm。同时适当照顾到屋顶吊环的铅垂线位于变压器中心以便于吊芯。

◆ **变压器本体及附件安装**

变压器安装位置应正确,变压器基础的轨道应水平,轮距与轨距应配合;装有气体继电器的变压器、电抗器,应使其顶盖沿气体继电器气流方向有1%~1.5%的升高坡度(制造厂规定不须安装坡度者除外)。当要与封闭母线连接时,其套管中心线应与封闭母线安装中心线相符。

(1)冷却装置安装

1)冷却装置在安装前应按制造厂规定的压力值用气压或油压进行密封试验,并应符合下列要求:

① 散热器可用0.05MPa表压力的压缩空气检查,应无漏气;或用0.07MPa表压力的变压器油进行检查,持续30min,应无渗漏现象。

② 强迫油循环风冷却器可用0.25MPa表压力的气压或油压,持续30min进行检查,应无渗漏现象。

③ 强迫油循环水冷却器用0.25MPa表压力的气压或油压进行检查,持续1h应无渗漏;水、油系统应分别检查渗漏。

2)冷却装置安装前应用合格的绝缘油经净油机循环冲洗干净并将残油排尽。

3)冷却装置安装完毕后应即注满油,以免由于阀门渗漏造成本体油位降低,使绝缘部分露出油面。

4)风扇电动机及叶片应安装牢固,并应转动灵活,无卡阻现象;试转时应无震动、过热;叶片应无扭曲变形或与风筒擦碰等情况,转向应正确;电动机的电源配线应采用具有耐油性能的绝缘导线;靠近箱壁的绝缘导线应用金属软管保护;导线排列应整齐;接线盒密封良好。

5)管路中的阀门操作应灵活,开闭位置应正确;阀门及法兰连接处应密封良好。

6)外接油管在安装前,应彻底除锈并清洗干净;管道安装后,油管应涂黄漆,水管涂黑漆,并应有流向标志。

7)潜油泵转向应正确,转动时应无异常噪声、震动和过热现象;其密封应良好,无渗油或进气现象。

8)差压继电器、流速继电器应经校验合格,且密封良好,动作可靠。

9)水冷却装置停用时,应将存水放尽以防天寒冻裂。

(2)储油柜(油枕)安装

1)储油柜安装前应清洗干净,除去污物,并用合格的变压器油冲洗。隔膜式(或胶囊式)储油柜中的胶囊或隔膜式储油柜中的隔膜应完整无破损,并应和储油柜的长轴保持平行、不扭偏。胶囊在缓慢充气胀开后应无漏气现象。胶囊口的密封应良好,呼吸应畅通。

2)储油柜安装前应先安装油位表;安装油位表时应注意保证放气和导油孔的畅通;玻璃管要完好。油位表动作应灵活,油位表或油标管的指示必须与储油柜的真实油位相符,不得出现假油位。油位表的信号接点位置正确,绝缘良好。

3)储油柜利用支架安装在油箱顶盖上。油枕和支架、支架和油箱均用螺栓紧固。

(3)套管安装

1)套管在安装前要按下列要求进行检查:

① 瓷套管表面应无裂缝、伤痕。

② 套管、法兰颈部及均压球内壁应清擦干净。

③ 套管应经试验合格。

④ 充油套管的油位指示正常,无渗油现象。

2)当充油管介质损失角正切值 tanδ(%)超过标准且确认其内部绝缘受潮时,应予干燥处理。

3)高压套管穿缆的应力锥进入套管的均压罩内,其引出端头与套管顶部接线柱连接处应擦拭干净,接触紧密;高压套管与引出线接口的密封波纹盘结构(魏德迈结构)的安装应严格按制造厂的规定进行。

4)套管顶部结构的密封垫应安装正确,密封良好;连接引线时,不应使顶部结构松扣。

(4)升高座安装

1)升高座安装前,应先完成电流互感器的试验;电流互感器出线端子板应绝缘良好,其接线螺栓和固定件的垫块应紧固,端子板应密封良好,无渗油现象。

2)安装升高座时,应使电流互感器铭牌位置面向油箱外侧,放气塞位置应在升高座最高处。

3)电流互感器和升高座的中心应一致。

4)绝缘筒应安装牢固,其安装位置不应使变压器引出线与之相碰。

(5)气体继电器(又称瓦斯继电器)安装

1)气体继电器应做密封试验、轻瓦斯动作容积试验和重瓦斯动作流速试验,各项指标合格并有合格检验证书后方可使用。

2)气体继电器应水平安装,观察窗应装在便于检查一侧,箭头方向应指向储油箱(油枕),其与连通管连接应密封良好,内壁应擦拭干净,截油阀应位于储油箱和气体继电器之间。

3)打开放气嘴,放出空气,直到有油溢出时,将放气嘴关上,以免有空气进入使继电保护器误动作。

4)当操作电源为直流时,必须将电源正极接到水银侧的接点上,接线应正确,接触良好,以免断开时产生飞弧。

(6)干燥器(吸湿器、防潮呼吸器、空气过滤器)安装

1)检查硅胶是否失效(对浅蓝色硅胶,变为浅红色即已失效;对白色硅胶一律烘烤)。如已失效,应在 115～120℃温度下烘烤 8h,使其复原或换新。

2)安装时,必须将干燥器盖子处的橡皮垫取掉使其畅通,并在盖子中装适量的变压器油,起滤尘作用。

3)干燥器与储气柜间管路的连接应密封良好,管道应通畅。

4)干燥器油封油位应在油面线上,但隔膜式储油柜变压器应按产品要求处理(或不到油封,或少放油,以便胶囊易于伸缩呼吸)。

(7)净油器安装

1)安装前先用合格的变压器油冲洗净油器,然后同安装散热器一样,将净油器与安装孔的法兰连接起来。其滤网安装方向应正确并在出口侧。

2)将净油器容器内装满干燥的硅胶粒后充油。油流方向应正确。

（8）温度计安装

1）套管温度计安装，应直接安装在变压器上盖的预留孔内，并在孔内适当加些变压器油，刻度方向应便于观察。

2）电接点温度计安装前应进行计量检定，合格后方能使用。油浸变压器一次元件应安装在变压器顶盖上的温度计套筒内，并加适当变压器油；二次仪表挂在变压器一侧的预留板上。干式变压器一次元件应按厂家说明书位置安装，二次仪表装在便于观测的变压器护网栏上。软管不得有压扁或死弯，余下部分应盘圈并固定在温度计附近。

3）干式变压器的电阻温度计，一次元件应预埋在变压器内，二次仪表应安装在值班室或操作台上，温度补偿导线应符合仪表要求，并加以适当的附加温度补偿电阻校验调试后方可使用。

（9）压力释放装置安装

1）密封式结构的变压器、电抗器，其压力释放装置的安装方向应正确，使喷油口不要朝向邻近的设备，阀盖和升高座内部应清洁，密封良好。

2）电接点应动作准确，绝缘应良好。

（10）电压切换装置安装

1）变压器电压切换装置各分接点与线圈的连线压接正确，牢固可靠，其接触面接触紧密良好，切换电压时，转动触点停留位置正确并与指示位置一致。

2）电压切换装置的拉杆、分接头的凸轮、小轴销子等应完整无损，转动盘应动作灵活，密封良好。

3）电压切换装置的传动机构（包括有载调压装置）的固定应牢靠，传动机构的摩擦部分应有足够的润滑油。

4）有载调压切换装置的调换开关触头及铜辫子软线应完整无损，触头间应有足够的压力（一般为 8~10kg）。

5）有载调压切换装置转动到极限位置时，应装有机械联锁与带有限开关的电气联锁。

6）有载调压切换装置的控制箱，一般应安装在值班室或操作台上，联线应正确无误并应调整好，手动、自动工作正常，档位指示准确。

（11）整体密封检查

1）变压器、电抗器安装完毕后，应在储油柜上用气压或油压进行整体密封试验，所加压力为油箱盖上能承受 0.03MPa 的压力，试验持续时间为 24h，应无渗漏。油箱内变压器油的温度不应低于 10℃。

2）整体运输的变压器、电抗器可不进行整体密封试验。

◆ **变压器的接地**

变压器的接地既有高压部分的保护接地，又有低压部分的工作接地；而低压供电系统在建筑电气工程中普遍采用 TN-S 或 TN-C-S 系统，即不同形式的保护接零系统，且两者共用同一个接地装置，在变配电室要求接地装置从地下引出的接地干线，以最近的路径直接引至变压器壳体和变压器的中性母线 N（变压器的中性点）及低压供电系统的 PE 干线或 PEN 干线，中间尽量减少螺栓搭接处，决不允许经其他电气装置接地后，串联连接过来，以确保运行中人身和电气设备的安全。油浸变压器箱体、干式变压器的铁芯和金属件以及有保护外壳的干式变压器金属箱体，均是电气装置中重要的经常与人接触的非带电可接近裸露导体，为了人员和设备的安全,其保护接地要十分可靠。

接地装置引出的接地干线与变压器的低压侧中性点直接连接;变压器箱体、干式变压器的支架或外壳应接 PE 线。所有连接应可靠,紧固件及防松零件齐全。

◆ **变压器的交接试验**

(1)变压器的交接试验

变压器安装好后,必须经交接试验合格并出具报告后,才具备通电条件。交接试验的内容和要求,即合格的判定条件。

(2)电力变压器检查试验

1)1600kVA 及以下油浸式电力变压器试验项目:

① 测量绕组连同套管的直流电阻。

② 检查所有分接头的变压比。

③ 检查变压器的三相接线组别和单相变压器引出线的极性。

④ 测量绕组连同套管的绝缘电阻、吸收比或极化指数。

⑤ 绕组连同套管的交流耐压试验。

⑥ 测量与铁芯绝缘的各紧固件及铁芯接地线引出套管对外壳的绝缘电阻。

⑦ 非纯瓷套管的试验。

⑧ 绝缘油试验。

⑨ 有载调压切换装置的检查和试验。

⑩ 检查相位。

2)干式变压器的试验项目:

① 测量绕组连同套管的直流电阻。

② 检查所有分接头的变压比。

③ 检查变压器的三相接线组别和单相变压器引出线的极性。

④ 测量绕组连同套管的绝缘电阻、吸收比或极化指数。

⑤ 绕组连同套管的交流耐压试验。

⑥ 测量与铁芯绝缘的各紧固件及铁芯接地线引出套管对外壳的绝缘电阻。

⑦ 有载调压切换装置的检查和试验。

⑧ 额定电压下的冲击合闸试验。

⑨ 检查相位。

◆ **变压器送电前的检查**

变压器试运行前应做全面检查,确认符合试运行条件时方可投入运行。

变压器试运行前,必须由质量监督部门检查合格。

变压器试运行前的检查内容:

1)各种交接试验单据齐全,数据符合要求。

2)变压器应清理、擦拭干净,顶盖上无遗留杂物,本体及附件无缺损且不渗油。

3)变压器一、二次引线相位正确,绝缘良好。

4)接地线良好。

5)通风设施安装完毕,工作正常;事故排油设施完好;消防设施齐备。

6)油浸变压器油系统油门应打开,油门指示正确,油位正常。

7)油浸变压器的电压切换装置及干式变压器的分接头位置放置正常电压档位。

8)保护装置整定值符合设计规定要求;操作及联动试验正常。

9)干式变压器护栏安装完毕。各种标志牌挂好,门装锁。

◆**变压器送电试运行**

变压器第 1 次投入时,可全压冲击合闸,冲击合闸时一般可由高压侧投入。

变压器第 1 次受电后,持续时间应不少于 10min,无异常情况。

变压器应进行 3~5 次全压冲击合闸并无异常情况,励磁涌流不应引起保护装置误动作。油浸变压器带电后,检查油系统不应有渗油现象。

变压器试运行要注意冲击电流,空载电流,一、二次电压和温度,并做好详细记录。

变压器并列运行前,应核对好相位。

变压器空载运行 24h,无异常情况,方可投入负荷运行。

【相关知识】

◆**公园绿地变压器的选择**

在一般情况下,公园内照明供电和动力负荷可共用同一台变压器供电。

应根据公园、绿地的总用电量的估算值和当地高压供电电压值选择变压器的容量和确定变压器高压侧的电压等级。

在确定变压器容量的台数时,要从供电的可靠性和技术经济的合理性综合考虑,具体可根据以下原则:

1)变压器的总容量必须大于或等于该变电所的用电设备总计算负荷,即:

$$S_额 \geq S_{选用}$$

式中　$S_额$——变压器额定容量;

　　$S_{选用}$——实际的估算选用容量。

2)一般变电所只选用 1~2 台变压器,且其单台容量一般不应超过 100kVA,尽量以 750kVA 为宜。这样可使变压器接近负荷中心。

3)当动力和照明共用一台变压器时,若动力严重影响照明质量时,可考虑单独设一照明变压器。

4)在变压器型号方面,如供一般场合使用时,可选用节能型铝芯变压器。

5)在公园绿地考虑变压器的进出线时,为不破坏景观和游人安全,应选用电缆,以直埋的方式敷设。

四　动力、照明配电箱(盘)的安装

【要　点】

动力、照明配电箱(盘)可以起到对动力、照明电源的供电控制作用,同时,还方便了对电源的检查与维修。其本体具有较好的防雨雪和通风的性能,但其底部不是全密闭的,要注意防止积水入侵。其基础的高度及周围排水通道的设置应符合要求。

动力、照明配电箱(盘)的安装可以包括材料设备的进场验收、弹线定位和固定等步骤。

【解　释】

◆柜(屏、台、箱)类设备的进场验收

应查验动力照明配电箱(盘)等设备的合格证和随带技术文件,实行生产许可证和安全认证制度的产品,有许可证编号和安全认证标志。为了在设备进行交接试验时作对比,成套柜要有出厂试验记录。

配电箱、盘在运输过程中,因受振动使螺栓松动或导线连接脱落脱焊是经常发生的,所以进场验收时要注意检查,以利于采取措施使其正确复位。在外观检查时应验有无铭牌,柜内元器件应无损坏丢失、接线无脱落脱焊,蓄电池柜内壳体无碎裂、漏液,充油、充气设备无泄漏,涂层完整,无明显碰撞凹陷。

◆安装使用材料的进场验收

型钢表面无严重锈斑,无过度扭曲、弯折变形,焊条无锈蚀,有合格证和材质证明书。

镀锌制品螺栓、垫圈、支架、横担表面无锈斑,有合格证和质量证明书。

其他材料,如铅丝、酚醛板、油漆、绝缘胶垫等均应符合质量要求。

配电箱体应有一定的机械强度,周边平整无损伤。铁制箱体二层底板厚度不小于1.5mm,阻燃型塑料箱体二层底板厚度不小于8mm,木制板盘的厚度不应小于20mm,并应刷漆做好防腐处理。

导线电缆的规格型号必须符合设计要求,有产品合格证

◆施工作业条件

土建工作应具备下列条件:

1)屋顶、楼板施工完毕,不得有渗漏。

2)结束室内地面工作。

3)预埋件及预留孔符合设计要求,预埋件应牢固。

4)门窗安装完毕。

5)凡进行装饰工作时有可能损坏已安装设备或设备安装后不能再进行施工的装饰工作全部结束。

必须具有全套正式施工图纸(包括施工说明和有关施工规程、规范、标准、标准图册等)。

凡所使用的设备和器材,均应符合国家或部颁的现行技术标准,并有合格证件;设备应有铭牌。

设备到达现场后应做下列验收检查,并填写设备开箱检查记录。

1)制造厂的技术文件应齐全。

2)型号、规格应符合设计要求,附件备件齐全,元件无损坏情况。

与盘、柜安装有关的建筑物、构筑物的土建工程质量应符合国家现行的建筑工程施工及验收规范中的规定。

◆设备开箱检查

设备开箱检查应符合以下要求:

1)设备开箱检查由安装施工单位执行,供货单位、建设单位、监理单位参加,并做好检查

记录。

2）按设计图纸、设备清单核对设备件数。按设备装箱单核对设备本体及附件,备件的规格、型号。核对产品合格证及使用说明书等技术资料。

3）柜内电器装置及元件齐全,安装牢固,无损伤,无缺失。

4）柜（屏、台、盘）体外观检查应无损伤及变形,油漆完整,色泽一致。

5）开箱检查应配合施工进度计划,结合现场条件,吊装手段和设备到货时间的长短可灵活安排。设备开箱后应尽快就位,缩短现场存放时间和开箱后保管时间。可先进行外观检查,柜内检查待就位后进行。

◆ **设备搬运**

设备的搬运应符合以下要求:

1）柜（屏、台）搬运,吊装由起重工作业,电工配合。

2）设备吊点、柜顶设吊点者,吊索应利用柜顶吊点;未设有吊点者,吊索应挂在四角承力结构处。吊装时宜保留并利用包装箱底盘,避免索具直接接触柜体。

3）柜（屏、台）室内搬运、位移应采用手动插车,卷扬机、滚杠和简易马凳式吊装架配倒链吊装,不应采用人力撬动方式。

◆ **弹线定位**

在照明配电箱（盘）安装的施工过程中,配电箱（盘）的设置位置是十分重要的,位置不正确不但会给安装和维修带来不便,安装配电箱还会影响建筑物的结构强度。

根据设计要求找出配电箱（盘）位置,按照箱（盘）外形尺寸进行弹线定位。配电箱安装底口距地一般为 1.5m,明装电度表板底口距地不小于 1.8m。在同一建筑物内,同类箱盘高度应一致,允许偏差 10mm。为了保证使用安全,配电箱与采暖管距离不应小于 300mm;与给排水管道不应小于 200mm;与煤气管、表不应小于 300mm。

◆ **配电箱盘安装的一般规定**

照明配电箱（盘）安装还应符合下列规定:

1）箱（盘）不得采用可燃材料制作。

2）箱体开孔与导管管径适配,边缘整齐,开孔位置正确,电源管应在左边,负荷管在右边。照明配电箱底边距地面为 1.5m,照明配电板底边距地面不小于 1.8m。

3）箱（盘）内部件齐全,配线整齐,接线正确,无绞接现象。回路编号齐全,标识正确。导线连接紧密,不伤芯线,不断股。垫圈下螺丝两侧压的导线的截面积相同,同一端子上导线连接不多于 2 根,防松垫圈等零件齐全。

箱（盘）内接线整齐,回路编号、标识正确是为了方便使用和维修,防止误操作而发生触电事故。

4）配电箱（盘）上电器、仪表应牢固,平正,整洁,间距均匀。铜端子无松动,启闭灵活,零部件齐全。其排列间距应符合表 8-9 的要求。

表 8-9　电器、仪表排列间距要求

间　　距	最小尺寸（mm）
仪表侧面之间或侧面与盘边	60
仪表顶面或出线孔与盘边	50

间　　距	最小尺寸(mm)		
闸具侧面之间或侧面与盘边	30		
上下出线孔之间	40(隔有卡片柜);20(不隔卡片柜)		
插入式熔断器顶面或底面与出线孔	插入式熔断器规格(A)	10 ~ 15	20
		20 ~ 30	30
		60	50
仪表、胶盖闸顶间或底面与出线孔	导线截面(mm^2)	10	80
		16 ~ 25	100

5)箱(盘)内开关动作灵活可靠,带有漏电保护的回路,漏电保护装置的设置和选型由设计确定,保护装置动作电流不大于30mA,动作时间不大于0.1s。

6)照明箱(盘)内,分别设置中性线(N)和保护线(PE)汇流排,N线和PE线经汇流排配出。

因照明配电箱额定容量有大小,小容量的出线回路少,仅2~3个回路,可以用数个接线柱(如绝缘的多孔瓷或胶木接头)分别组合成PE线和N接线排,但决不允许两者混合连接。

7)箱(盘)安装牢固,安装配电箱箱盖紧贴墙面,箱(盘)涂层完整,配电箱(盘)垂直度允许偏差为1.5‰。

◆明装配电箱(盘)的固定

在混凝土墙上固定时,有暗配管及暗分线盒和明配管两种方式。如有分线盒,先将分线盒内杂物清理干净,然后将导线理顺,分清支路和相序,按支路绑扎成束。待箱(盘)找准位置后,将导线端头引至箱内或盘上,逐个剥削导线端头,再逐个压接在器具上。同时将保护地线压在明显的地方,并将箱(盘)调整平直后用钢架或金属膨胀螺栓固定。在电具、仪表较多的盘面板安装完毕后,应先用仪表核对有无差错,调整无误后试送电,并将卡片柜内的卡片填写好部位,编上号。如在木结构或轻钢龙骨护板墙上固定配电箱(盘)时,应采用加固措施。配管在护板墙内暗敷设并有暗接线盒时,要求盒口应与墙面平齐,在木制护板墙处应做防火处理,可涂防火漆进行防护。

◆暗装配电箱的固定

在预留孔洞中将箱体找好标高及水平尺寸。稳住箱体后用水泥砂浆填实周边并抹平齐,待水泥砂浆凝固后再安装盘面和贴脸。如箱底与外墙平齐时,应在外墙固定金属网后再做墙面抹灰,不得在箱底板上直接抹灰。安装盘面要求平整,周边间隙均匀对称,贴脸(门)平正,不歪斜,螺栓垂直受力均匀。

◆配电箱盘的检查与调试

柜内工具、杂物等清理出柜,将柜体内外清扫干净。

电器元件各紧固螺栓牢固,刀开关、空气开关等操作机构应灵活,不应出现卡滞或操作力用力过大现象。

开关电器的通断是否可靠,接触面接触良好,辅助接点通断准确可靠。

指示仪表与互感器的变比及极性应连接正确可靠。

母线连接应良好,其绝缘支撑件、安装件及附件应安装牢固可靠。

熔断器的熔芯规格选用是否正确,继电器的整定值是否符合设计要求,动作是否准确可靠。

绝缘电阻摇测,测量母线线间和对地电阻,测量二次接线间和对地电阻,应符合现行国家施工验收规范的规定。在测量二次回路电阻时,不应损坏其他半导体元件,摇测绝缘电阻时应将其断开并进行记录。

【相关知识】

◆ 安装时应注意的问题

安装时应注意以下问题:

1)配电箱(盘)的标高或垂直度超出允许偏差:由于测量定位不准确或者是地面高低不平造成,应及时进行修正。

2)铁架不方正:在安装铁架之前未进行调直找正或安装时固定位置偏移造成的,应用吊线重新找正后再进行固定。

3)盘面电具、仪表不牢固、平整或间距不均匀,压头木不牢、压头伤线芯,多股导线压头未装压线端子,闸具下方未装卡片框:螺丝不紧的应拧紧,间距应按要求调整均匀,找平整;伤线芯的部分应剪掉重接;多股线应装上压线端子;卡片框应补装。

4)保护地线截面不够,保护地线串接:应按规范要求纠正。

5)配线排列不整齐:应按支路绑扎成束,固定美观。

6)配电箱(盘)缺零部件:应配齐各种安装所需零部件。

7)铁制箱用电、气焊开长孔:应一管一孔,不应用电、气焊开孔,管入箱应整齐,锁母、护口齐全。

8)箱体稳注周边缝隙过大:应用水泥砂浆将箱、管注实,牢固。

9)铁箱内壁焊点锈蚀:应补刷防锈漆。

◆ 照明光量

常用的照明管线度量单位有光通量、发光强度、照度和亮度。

(1)光通量

光通量说明发光体发出的光能数量有多少,其符号为 F_0。光通量的单位是流明(lm)。

(2)发光强度

是发光体在某方向发出的光通量的密度,表征光能在空间的分布状况,用符号 I 来表示。发光强度的单位是坎德拉(cd),它表示在以球面立体角内均匀发出 1lm 的光通量。

(3)照度

照读表示了被照物表面接受的光通量密度,可用来判定被照物的照明情况,表示符号为 E。照明的照度按如下系列分级:

1)简单视觉照明应采用:0.5lx,1lx,2lx,3lx,5lx,10lx,15lx,20lx,30lx。

2)一般视觉照明应采用:50lx,75lx,100lx,150lx,200lx,300lx。

3)特殊视觉照明应采用:500lx,750lx,1000lx,1500lx,2000lx,3000lx。

(4)亮度

表示发光体单位面积上的发光强度,表征一个物体的明亮程度,用符号 L 来表示。亮度的单位是坎德拉每平方米(cd/m²)。

五 电缆敷设

【要　点】

电缆敷设是整个园林供电工程相当重要的一部分,关系到整个供电工程能否顺利进行,同时对园林的环境亦有一定影响。

【解　释】

◆电缆进场验收

查验合格证,合格证有生产许可证编号,按《额定电压450/750V及以下聚氯乙烯绝缘电缆》(GB 5023.1~5023.7)标准生产的产品有安全认证标志。

外观检查包装完好,电缆无压扁、扭曲,铠装不松卷。耐热阻燃的电缆外护层有明显标识和制造厂标。

按制造标准现场抽样检测绝缘层厚度和圆形线芯的直径;线芯直径误差不大于标称直径的1%。

仅从电缆的几何尺寸不足以说明其导电性能、绝缘性能一定能满足要求。电缆的绝缘性能和阻燃性能,除与几何尺寸有关外,更重要的是与构成的化学成分有关,这在进场验收时是无法判断的。对电缆绝缘性能、导电性能和阻燃性能有异议时,按批抽样送有资质的试验室进行检测。

电缆的其他附属材料如电缆盖板、电缆标示桩、电缆标示牌、油漆、酒精、汽油、硬酸酯、白布带、电缆头附件等均应符合要求。

◆电缆沟内和电缆竖井内电缆敷设的工序交接确认

电缆在沟内、竖井内支架上敷设,需要等待电缆沟、电气竖井内的施工临时设施、模板及建筑废料等清除完毕并测量定位后,才能安装电缆支架。

电缆沟、电气竖井内支架及电缆导管安装结束后,进行电缆支架及导管与PE线或PEN线连接完成。经过检查确认,才能敷设电缆。

无论高压、低压建筑电气工程,施工的最后阶段,一般都做交接试验,电缆在沟内,电气竖井内敷设前,应经绝缘测试合格后才能进行敷设。

◆施工作业条件

与电缆线路安装有关的建筑物、构筑物的土建工程质量,应符合国家现行的建筑工程施工及验收规范中的有关规定。

电缆线路安装前,土建工作应具备下列条件:

1)预埋件符合设计要求并埋置牢固。

2)电缆沟、隧道、竖井及人井孔等处的地坪及抹面工作结束。

3)电缆层、电缆沟、隧道等处的施工临时设施、模板及建筑废料等清理干净,施工用道路畅通,盖板齐备。

4)电缆线路铺设后,不能再进行土建施工的工程项目应结束。

5)电缆沟排水畅通。

电缆线路敷设完毕后投入运行前,土建应完成的工作如下:

1)由于预埋件补遗、开孔、扩孔等需要而由土建完成的修饰工作。

2)电缆室的门窗。

3)防火隔墙。

◆ **材料(设备)的准备工作**

敷设前,应对电缆进行外观检查及绝缘电阻试验。6kV 以上电缆应做耐压和泄漏试验。1kV 以下电缆用高阻计(摇表)测试,不低于 10MΩ。

所有试验均要做好记录,以便竣工试验时对比参考并归档。

电缆敷设前应准备好砖、砂,并运到沟边待用。准备好方向套(铅皮、钢字)标桩。

工具及施工用料的准备。施工前要准备好架电缆的轴辊、支架及敷设用电缆托架,封铅用的喷灯、焊料、抹布、硬脂酸以及木、铁锯,铁剪,8 号、16 号铅丝,编织的钢丝网套,铁锹、榔头、电工工具,汽油、沥青膏等。

电缆型号、规格及长度均应与设计资料核对无误。电缆不得有扭绞、损伤及渗漏油现象。

电缆线路两端连接的电气设备(或接线箱、盒)应安装完毕或已就位,敷设电缆的通道应无堵塞。

◆ **电缆的搬运**

电缆敷设搬运前,检查电缆外观应无损伤、绝缘良好。当对电缆的密封有怀疑时,应进行潮湿判断,直埋电缆应经过试验合格。注意电缆的规格、型号是否符合要求,尤其应注意电压等级和线芯截面。

电缆盘不应平放贮存和平放运输。盘装电缆在运输或滚动电缆盘前,必须检查电缆盘的牢固性,电缆两端应固定,电缆线圈应绕紧不松弛。

在装卸电缆过程中,不应使电缆及电缆盘受到损伤,装卸车时应尽可能使用汽车吊。用吊车装卸时,吊臂下方不得站人。用人力装卸时,可用跳板斜搭在汽车上,在电缆盘轴心穿一根钢管,两端用绳子牵着,使电缆盘在跳板上缓慢地滚下,滚动时必须顺着电缆盘上的箭头指示或电缆的缠紧方向。严禁将电缆盘直接由车上推下。

用汽车搬运时,电缆线轴不得平放,应用垫木垫牢并绑扎牢固,防止线盘滚动。行车时线盘的前方不得站人。

电缆运到现场后,应尽量放在预定的敷设位置,尽量避免二次搬运。

对充油电缆若运输和滚动方式不当,会引起电缆损坏或油管破裂。对充油电缆油管的保护,应在运输滚运过程中检查是否漏油,压力油箱是否固定牢固,压力指示是否符合要求等。否则电缆因漏油、压力降低会使电缆受潮以致不能使用。

当电缆需要短距离搬运时,允许将电缆盘滚到敷设地点,但应注意以下事项:

1)应按电缆线盘上所标箭头指示或电缆的缠紧方向滚动,防止因电缆松脱而互相绞在一起。

2)电缆线盘的护板应齐全,当护板不全时,只是在外层电缆与地面保持 100mm 及以上的距离而且路面平整时才能滚动。

3)在滚动电缆线盘前,应清除道路上的石块、砖头等硬物,防止刺伤电缆,若道路松软则应铺垫术板等,以防线轴陷落压伤电缆。

4)滚动电缆线盘时,应戴帆布手套,在电缆滚动的前方不得站人以防伤人。

◆电缆的加热

电缆允许敷设的最低温度,在敷设前24h内的平均温度以及电缆敷设现场的温度不低于表8-10的规定。当施工现场的温度低于规定不能满足要求时,应采取适当的措施,避免损坏电缆,如采取加热法或躲开寒冷期敷设等。

表8-10　电缆允许敷设最低温度

电 缆 类 型	电 缆 结 构	允许敷设最低温度(℃)
油浸纸绝缘电力电缆	充油电缆	-10
	其他油纸电缆	0
橡皮绝缘电力电缆	橡皮或聚氯乙烯护套	-15
	裸铅套	-20
	铅护套钢带铠装	-7
塑料绝缘电力电缆	—	0
控制电缆	耐寒护套	-20
	橡皮绝缘、聚氯乙烯护套	-15
	聚氯乙烯绝缘、聚氯乙烯护套	-10

电缆加热方法通常有两种:

1)提高室内温度。将加热电缆放在暖室里,用热风机或电炉及其他方法提高室内周围温度,对电缆进行加热。但这种方法需要时间较长,当室内温度为5～10℃时,需42h;如温度为25℃时,则需24～36h;温度在40℃时需18h左右。有条件时可将电缆放在烘房内加热4h之后即可敷设。

2)电流加热法。电流加热法是将电缆线芯通入电流,使电缆本身发热。电流加热的设备可采用小容量三相低压变压器,一次电压为220V或380V,二次能供给较大的电流即可,但加热电流不得大于电缆的额定电流。也可采用交流电焊机进行加热。

用电流法加热时,将电缆一端的线芯短路并加铅封以防潮气侵入。铅封端时,应使短路的线芯与铅封之间保持50mm的距离。接入电源的一端可先制成终端头,在加热时注意不要使其受损伤,敷设完后就不要重新封端了。当电缆线路较长,所加热的电缆放在线路中间,可临时做一支封端头。通电电源部分应有调节电压的装置和适当的保护设备,防止电缆过载而损伤。

电缆在加热过程中,要经常测量电流和电缆的表面温度。测量电流可用钳型电流表,10kV以下的三芯统包型电缆所需的加热电流和时间见表8-11。

表8-11　电缆加热所需的电流及加热时间

电 缆 规 格	加热最大允许电流(A)	温度在下列数值时的加热时间(min)			加热时所用电压(V) 电缆长度(m)				
		0℃	-10℃	-20℃	100	200	300	400	500
3×10	72	59	76	97	23	46	69	92	115
3×16	102	56	73	74	19	39	58	77	96
3×25	130	71	88	106	16	32	48	64	80
3×35	160	74	93	112	14	28	42	56	70

电缆规格	加热最大允许电流(A)	温度在下列数值时的加热时间(min)			加热时所用电压(V) 电缆长度(m)				
		0℃	−10℃	−20℃	100	200	300	400	500
3×50	190	90	112	134	12	23	35	46	58
3×70	230	97	122	149	10	20	30	40	50
3×95	285	99	124	151	9	19	27	36	45
3×120	330	111	138	170	8.5	17	25	34	42
3×150	375	124	150	185	8	15	23	31	38
3×185	425	134	163	208	6	12	17	23	29
3×240	490	152	190	234	5.1	11	16	21	27

测量温度可用水银温度计,测温时,将温度计的水银头用油泥粘在电缆外皮上。加热后电缆的表面温度应根据各地的气候条件决定,但不得低于5℃。在任何情况下,电缆的表面温度不应超过下列数值:

3kV及以下的电缆　　　　40℃;

6~10kV的电缆　　　　　35℃;

20~35kV的电缆　　　　　25℃。

经过加热后的电缆应尽快敷设。敷设前放置的时间一般不超过1h,当电缆已冷却到低于表8-10中所列的允许敷设最低温度时,就不宜在敷设中进行弯曲了。

◆ 电缆敷设

电缆敷设时,不应破坏电缆沟和隧道的防水层。

在三相四线制系统中使用的电力电缆,不应采用三芯电缆另加一根单芯电缆或导线,以电缆金属护套等作中性线等方式。

在三相系统中,不得将三芯电缆中的一芯接地运行。

三相系统中使用的单芯电缆,应组成紧贴的正三角形排列(充油电缆及水底电缆可除外),并且每隔1m应用绑带扎牢。

并联运行的电力电缆,其长度应相等。

电缆敷设时,在电缆终端头与电缆接头附近可留有备用长度。直埋电缆尚应在全长上留出少量裕度,并作波浪形敷设。

电缆各支持点间的距离应遵守设计规定,当设计无规定时,则不应大于表8-12中所列数值。

表8-12　电缆各支持点间的距离　　　　　　　　　　　　　　　mm

电缆种类		敷设方式	
		水平	垂直
电力电缆	全塑型	400	1000
	除全塑型外的中低压电缆	800	1500
	35kV及以上高压电缆	1500	2000
控制电缆		800	1000

注:全塑型电力电缆水平敷设沿支架能把电缆固定时,支持点间的距离允许为800mm。

电缆的弯曲半径不应小于表 8-13 的规定。

表 8-13　电缆最小允许弯曲半径与电缆外径的比值（倍数）

电缆种类	电缆护层结构	单　芯	多　芯
油浸纸绝缘电力电缆	铠装或无铠装	20	15
橡皮绝缘电力电缆	橡皮或聚氯乙烯护套	—	10
	裸铅护套	—	15
	铅护套钢带铠装	—	20
塑料绝缘电力电缆	铠装或无铠装	—	10
控制电缆	铠装或无铠装	—	10

油浸纸绝缘电力电缆最高与最低点之间的最大位差不应超过表 8-14 的规定。

表 8-14　油浸纸绝缘电力电缆最大允许敷设位差

电压等级(kV)		电缆护层结构	铅套(m)	铝套(m)
黏性油浸纸绝缘电力电缆	1～3	无铠装	20	25
		有铠装	25	25
	6～10	无铠装或有铠装	15	20
	20～36	无铠装或有铠装	5	—
充油电缆			按产品规定	—

注:1. 不滴流油浸纸绝缘电力电缆无位差限制;
　　2. 水底电缆线路的最低点是指最低水位的水平面。

当不能满足要求时,应采用适应于高位差的电缆,或在电缆中间设置塞止式接头。

电缆敷设时,电缆应从盘的上端引出,避免电缆在支架上及地面摩擦拖拉。电缆上不得有未消除的机械损伤,如铠装压扁、电缆绞拧、护层折裂等。

用机械敷设电缆时的牵引强度不宜大于表 8-15 中的数值。

表 8-15　电缆最大允许牵引强度

牵引方式	牵引头		钢丝网套	
受力部位	铜芯	铝芯	铅套	铝套
允许牵引强度(MPa)	0.7	0.4	0.1	0.4

油浸纸绝缘电力电缆在切断后,应将端头立即铅封;塑料绝缘电力电缆也应有可靠的防潮封端。充油电缆在切断后还应符合下列要求:

1)在任何情况下,充油电缆的任一段都应设有压力油箱以保持油压。

2)连接油管路时,应排除管内空气并采用喷油连接。

3)充油电缆的切断处必须高于邻近两侧的电缆,避免电缆内进气。

4)切断电缆时应防止金属屑及污物侵入电缆。

敷设电缆时,如电缆存放地点在敷设前 24h 内的平均温度以及敷设现场的温度低于表 8-16 的数值时,应采取电缆加温措施,否则不宜敷设。

表 8-16　电缆最低允许敷设温度

电　缆　类　别	电　缆　结　构	最低允许敷设温度(℃)
油浸纸绝缘电力电缆	充油电缆	-10
	其他油浸纸绝缘电缆	0
橡皮绝缘电力电缆	橡皮或聚氯乙烯护套	-15
	裸铅套	-20
	铅护套钢带铠装	-7
塑料绝缘电力电缆		0
控制电缆	耐寒护套	-20
	橡皮绝缘聚氯乙烯护套	-15
	聚氯乙烯绝缘、聚氯乙烯护套	-10

电力电缆接头盒的布置应符合下列要求:

1)并列敷设电缆,其接头盒的位置应相互错开。

2)电缆明敷时的接头盒须用托板(如石棉板等)托置,并用耐电弧隔板与其他电缆隔开,托板及隔板伸出接头两端的长度应不小于0.6m。

3)直埋电缆接头盒外面应有防止机械损伤的保护盒(环氧树脂接头盒除外)。位于冻土层内的保护盒,盒内宜注以沥青以防水分进入盒内因冻胀而损坏电缆接头。

电缆敷设时,不宜交叉,电缆应排列整齐,加以固定并及时装设标志牌。

标志牌的装设应符合下列要求:

1)在下列部位,电缆上应装设标志牌:电缆终端头、电缆中间接头处;隧道及竖井的两端;人井内。

2)标志牌上应注明线路编号(当设计无编号时,则应写明电缆型号、规格及起始和结束地点);并联使用的电缆应有顺序号;字迹应清晰,不易脱落。

3)标志牌的规格宜统一;标志牌应能防腐且挂装牢固。

直埋电缆沿线及其接头处应有明显的方位标志或牢固的标桩。

电缆固定时,应符合下列要求:

1)在下列地方应将电缆加以固定:

① 垂直敷设或超过45°倾斜敷设的电缆,在每一个支架上。

② 水平敷设的电缆,在电缆首末两端及转弯、电缆接头两端处。

③ 充油电缆的固定应符合设计要求。

2)电缆夹具的形式宜统一。

3)使用于交流的单芯电缆或分相铅套电缆在分相后的固定,其夹具的所有铁件不应构成闭合磁路。

4)裸铅(铝)套电缆的固定处应加软垫保护。

沿电气化铁路或有电气化铁路通过的桥梁上明敷电缆的金属护层(包括电缆金属管道),应沿其全长与金属支架或桥梁的金属构件绝缘。

电缆进入电缆沟、隧道、竖井、建筑物、盘(柜)以及穿入管子时,出入口应封闭,管口应密封。

对于有抗干扰要求的电缆线路,应按设计规定采取抗干扰措施。

装有避雷针和避雷线的构架上的照明灯电源线,必须采用直埋于地下的带金属护层的电缆或穿入金属管的导线。电缆护层或金属管必须接地,埋地长度应在 10m 以上,方可与配电装置的接地网相连或与电源线、低压配电装置相连接。

◆**电缆支架安装**

(1)电缆沟内电缆支架安装

1)电缆在沟内敷设,要用支架支持或固定,因而支架的安装是关键,其相互间距离是否恰当,将影响通电后电缆的散热状况是否良好、对电缆的日常巡视和维护检修是否方便,以及在电缆弯曲处的弯曲半径是否合理。

2)电缆支架自行加工时,钢材应平直,无显著扭曲。下料后长短差应在 5mm 范围内,切口无卷边、毛刺。钢支架采用焊接时,不要有显著的变形。支架上各横撑的垂直距离,其偏差不应大于 2mm。支架应安装牢固,横平竖直,同一层的横撑应在同一水平面上,其高低偏差不应大于 5mm。在有坡度的电缆沟内,其电缆支架也要保持同一坡度(此项也适用于有坡度的建筑物上的电缆支架)。

3)当设计无要求时,电缆支架最上层至沟顶的距离不小于 150~200mm;电缆支架最下层至沟底的距离不小于 50~100mm。

4)当设计无要求时,电缆支架层间最小允许距离应符合表 8-17 的规定。

表 8-17　电缆支架层间最小允许距离

电 缆 种 类	支架层间最小距离(mm)
控制电缆	120
10kV 及以下电力电缆	150~200

5)支架与预埋件焊接固定时,焊缝应饱满;用膨胀螺栓固定时,选用螺栓要适配,连接紧固,防松零件齐全。

6)当设计无要求时,电缆支持点间距不小于表 8-18 的规定。

表 8-18　电缆支持点间距　　　　　　　　　　　　　　　　　　　　　　mm

电 缆 种 类		敷 设 方 式	
		水平	垂直
电力电缆	全塑型	400	1000
	除全塑型外的电缆	800	1500
控制电缆		800	1000

(2)电气竖井支架安装

电缆在竖井内沿支架垂直敷设,可采用扁钢支架,如图 8-5 所示。支架的长度 W 应根据电缆直径和根数的多少而定。

扁钢支架与建筑物的固定应采用 M10 × 80 的膨胀螺栓紧固。支架每隔 1.5m 设置一个,竖井内支架最上层距竖井顶部或楼板的距离不小于 150~200mm,底部与楼(地)面的距离不小于 300mm。

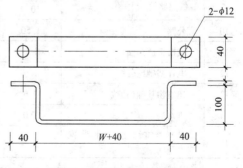

图 8-5　竖井内电缆扁钢支架

◆ **电缆在支架上敷设**

在电缆沟内和竖井内的支架上敷设电缆,其外观检查,可以在全部敷设完后进行。

(1)敷设在支架上的电缆,按电压等级排列,高压在上面,低压在下面,控制与通信电缆在最下面。如两侧装设电缆支架,则电力电缆与控制电缆、低压电缆应分别安装在沟的两边。电缆支架横撑间的垂直净距,无设计规定时,一般对电力电缆不小于150mm;对控制电缆不小于100mm。

(2)在电缆沟内敷设电缆时,要注意以下几点:

1)电缆敷设在沟底时,电力电缆间为35mm,但不小于电缆外径尺寸;不同级电力电缆与控制电缆间为100mm;控制电缆间距不作规定。

2)电缆表面距地面的距离不应小于0.7m,穿越农田时不应小于1m;66kV及以上的电缆不应小于1m。只有在引入建筑物、与地下建筑交叉及绕过地下建筑物处,可埋设浅些,但应采取保护措施。

3)电缆应埋设于冻土层以下。当无法深埋时,应采取措施,防止电缆受到损坏。

(3)电缆之间,电缆与其他管道、道路、建筑物等之间平行和交叉时的最小距离,应符合表8-19的规定。严禁将电缆平行敷设于管道的上面或下面。

表8-19 电缆之间,电缆与管道、道路、建筑物之间平行和交叉时的最小允许净值

序号	项 目		最小允许净距(m)		备 注
			平行	交叉	
1	电力电缆间及其与控制电缆间				(1)控制电缆间平行敷设的间距不作规定;序号1、3项,当电缆穿管或用隔板隔开时,平行净距可降为0.1m (2)在交叉点前后1m范围内,如电缆穿入管中或用隔板隔开,交叉净距可降低为0.25m
	(1)10kV及以下		0.10	0.50	
	(2)10kV及以上		0.25	0.50	
2	控制电缆		—	0.50	
3	不同使用部门的电缆间		0.50	0.50	
4	热力管道(管沟)及热力设备		2.0	0.50	(1)虽净距能满足要求,但检修管路可能伤及电缆时,在交叉点前后1m范围内,尚应采取保护措施 (2)当交叉净距不能满足要求时,应将电缆穿入管中,则其净距可减为0.25m (3)对序号第4项,应采取隔热措施,使电缆周围土壤的温升不超过10℃ (4)电缆与管径大于800mm的水管,平行间距应大于1m,如不能满足要求,应采取适当防电化腐蚀措施,特殊情况下,平行净距可酌减
5	油管道(管沟)		1.0	0.50	
6	可燃气体及易燃液体管道(管沟)		1.0	0.50	
7	其他管道(管沟)		0.50	0.50	
8	铁路路轨		3.0	1.0	
9	电气化铁路路轨	交流	3.0	1.0	
		直流	10.0	1.0	
10	公路		1.50	1.0	
11	城市街道路面		1.0	0.7	
12	电杆基础(边线)		1.0	—	
13	建筑物基础(边线)		0.6	—	
14	排水沟		1.0	0.5	
15	独立避雷针集中接地装置与电缆间		5.0		—

注:当电缆穿管或者其他管道有防护设施(如管道保温层等)时,表中净距应从管壁或防护设施的外壁算起。

376

（4）竖井内电缆敷设应注意以下几点：

敷设在竖井内的电缆，电缆的绝缘或护套应具有非延燃性。通常采用较多的为聚氯乙烯护套细钢丝铠装电力电缆，因为此类电缆能承受的拉力较大。

在多层、高层建筑中，一般低压电缆由低压配电室引出后，沿电缆隧道、电缆沟或电缆桥架进入电缆竖井，然后沿支架或桥架垂直上升。

电缆在竖井内沿支架垂直布线所用支架可在现场加工制作，其长度应根据电缆直径及根数的多少确定。

扁钢支架与建筑物的固定应采用 M10×80 的膨胀螺栓紧固。支架设置距离为 1.5m，底部支架距楼（地）面的距离不应小于 300mm。支架上电缆的固定采用管卡子固定，各电缆之间的间距不应小于 50mm。

电缆在穿过楼板或墙壁时，应设置保护管，并用防火隔板、防火堵料等做好密封隔离，保护管两端管口空隙应做密封隔离。

电缆沿支架的垂直安装，小截面电缆在电气竖井内布线，也可沿墙敷设，此时可使用管卡子或单边管卡子用 φ6×30 塑料胀管固定。

电缆布线过程中，垂直干线与分支干线的连接，通常采用"T"接方法。为了接线方便，树干式配电系统电缆应尽量采用单芯电缆。

电缆敷设过程中，固定单芯电缆应使用单边管卡子以减少单芯电缆在支架上的感应涡流。

对于树干式电缆配电系统，为了"T"接方便，也应尽可能采用单芯电缆。

◆ 电缆支架的接地

为避免电缆产生故障时危及人身安全，电缆支架全长均应有良好的接地，电缆线路较长时，还应根据设计多点接地。

接地线宜使用直径不小于 12mm 的镀锌圆钢，并应在电缆敷设前与支架焊接。当电缆支架利用电缆沟或电缆隧道的护边角钢或预埋的扁钢接地线作为接地线时，不需再敷设专用的接地线。

【相关知识】

◆ 供电线路导线截面的选择

公园绿地的供电线路，应尽量选用电缆线。市区内一般的高压供电线路均采用 10kV 电压级。高压输电线一般采用架空敷设方式，但在园林绿地附近应要求采用直埋电缆敷设方式。

电缆、电线截面选择的合理性直接影响到有色金属的消耗量、线路投资以及供电系统的安全经济运行，因而在一般情况下，可采用铝芯线，在要求较高的场合下，则采用铜芯线。电缆、导线截面的选择可以按以下原则进行：

1）按线路工作电流及导线型号，查导线的允许载流量表，使所选的导线发热不超过线芯所允许的强度，因而所选的导线截面的载流量应大于或等于工作电流，即：

$$I_\text{载} \geqslant KI_\text{工}$$

式中　$I_\text{载}$——导线、电缆按发热条件允许的长期工作电流，A；

　　　$I_\text{工}$——线路计算电流；

　　　K——考虑到空气温度、土壤温度、安装敷设等情况的校正系数。

2)所选用导线截面应大于或等于机械强度允许的最小导线截面。

3)验算线路的电压偏移,要求线路末端负载的电压不低于其额定电压的允许偏移值,一般工作场所的照明允许电压偏移相对值是 5% ,道路、广场照明允许电压偏移相对值为 10% ,一般动力设备为 5% 。

◆ 配电线路的布置

公园绿地布置配电线路时,要全面统筹安排考虑,应注意以下原则,主要是:经济合理,使用维修方便,不影响园林景观;从供电点到用电点,要尽量取近,走直路,并尽量敷设在道路一侧,但不要影响周围建筑及景色和交通;地势越平坦越好,要尽量避开积水和水淹地区,避开山洪或潮水起落地带。在各具体用电点,要考虑到将来发展的需要,留足接头和插口,尽量经过能开展活动的地段。因而,对于用电问题,应在公园绿地平面设计时全面安排。

1)线路敷设形式可分为两大类:架空线和地下电缆。架空线工程简单,投资费用少,易于检修,但影响景观,妨碍种植,安全性差;地下电缆的优缺点正与架空线相反。目前在公园绿地中都尽量采用地下电缆,尽管它一次性投资大些,但从长远的观点和发挥园林功能的角度出发,还是经济合理的。架空线仅常用于电源进线侧或在绿地周边不影响园林景观处,而在公园绿地内部一般均采用地下电缆。当然,最终采用什么样的线路敷设形式,应根据具体条件,进行技术经济的评估之后才能确定。

2)线路组成:

① 对于一些大型公园、游乐场、风景区等,因用电负荷大,常需要独立设置变电所,主接线可根据其变压器的容量进行选择,具体设计应由电力部门的专业电气人员设计。

② 变压器——干线供电系统。

对于大型园林及风景区,常在负荷中心附近设置独立的变压器、变电所,但对中小型园林而言,常常不需设置单独的变压器,而是由附近的变电所、变压器通过低压配电盘直接由一路或几路电缆供给。当低压供电采用放射式系统时,照明供电线可由低压配电屏引出。

中小型园林常在进园电源的首端设置干线配电板,并配备进线开关、电度表以及各出线支路,以控制全园用电。动力、照明电源一般单独设回路,仅对远离电源的单独小型建筑物才考虑照明和动力合用供电线路。

在低压配电屏的每条回路供电干线上所连接的照明配电箱一般不超过三个。每个用电点(如建筑物)进线处应装刀开关和熔断器。

一般园内道路照明可设在警卫室等处进行控制,道路照明除各回路有保护外,灯具也可单独加熔断器进行保护。

大型游乐场的一些动力设施应有专门的动力供电线路,并有相应的措施保证安全、可靠供电,保证游人的生命安全。

六 电气配管、配线工程

【要 点】

配管、配线是将电线穿在管子中的一种线路敷设方法,用管子将电线保护起来,使电线免受外界影响而损坏,使用电实现安全、可靠和美观的要求。

378

【解　释】

◆ **配管、配线工程的一般要求**

无论配管工程为明配管或暗配管,都有一些共同的技术质量要求,主要包括:

(1)线路为暗配管时,暗配管宜沿最近的路线敷设,并应尽量减少弯曲。在建筑物、构筑物中的暗配管,与建筑物、构筑物表面的距离不应小于15mm。

(2)暗配管不宜穿越设备或建筑物、构筑物的基础。否则,应采取保护措施,防止基础下沉或设备运转时的振动影响管线的正常工作。

(3)弯管时,管子的弯曲处不应有褶皱、凹陷和裂缝,弯扁程度不应大于管外径的10%。

(4)当线路明配时,管子的弯曲半径不宜小于管子外径的6倍;当两个接线盒间只有一个弯曲时,其弯曲半径不宜小于管子外径的4倍。

(5)当线路为暗配时,弯曲半径不应小于管子外径的6倍;当埋设于地下或混凝土内时,其弯曲半径不应小于管子外径的10倍。

(6)配管遇到下列情况之一时,中间应增设接线盒或拉线盒,且接线盒或拉线盒的位置应处于便于穿线的地方:

1)管长度每超过30m,无弯曲时。

2)管长度每超过20m,有一个弯时。

3)管长度每超过15m,有两个弯时。

4)管长度每超过8m,有三个弯时。

(7)垂直敷设的管子,遇到下列情况之一时,应增设过路盒,作为固定导线用的拉线盒:

1)管内穿线截面在50mm² 以下时,长度每超过30m。

2)管内穿线截面在70～95mm² 时,长度每超过20m。

3)管内穿线截面在120～240mm² 时,长度每超过18m。

(8)配管进入落地式配电箱时,管子应排列整齐,管口应高出基础面50～80mm。

(9)当金属管、金属盒(或箱)与塑料管、塑料盒(或箱)混合使用时,金属管与金属盒(或箱)必须做可靠地接地连通。

◆ **导管和线槽进场验收**

导管应按批查验合格证。

电气安装用导管现场验收时应注意以下几点:

1)硬质阻燃塑料管(绝缘导管):凡所使用的阻燃型(PVC)塑料管,其材质均应具有阻燃、耐冲击性能,其氧指数不应低于27%的阻燃指标,并应有检定检验报告单和产品出厂合格证。

阻燃型塑料管外壁应有间距不大于1m 的连续阻燃标记和制造厂厂标,管子内外壁应光滑,无凸棱、凹陷、针孔及气泡,内外径的尺寸应符合国家统一标准,管壁厚度应均匀一致。

2)塑料阻燃型可挠(波纹)管:塑料阻燃型可挠(波纹)管及其附件必须阻燃,其管外壁应有间距不大于1m 的连续阻燃标记和制造厂厂标,产品有合格证。管壁厚度均匀,无裂缝、孔洞、气泡及变形现象。管材不得在高温及露天场所存放。

管箍、管卡头、护口应使用配套的阻燃型塑料制品。

3)钢管:镀锌钢管(或电线管)壁厚均匀,焊缝均匀规则,无劈裂、砂眼、棱刺和凹扁现象。除镀锌钢管外其他管材的内外壁需预先进行除锈防腐处理,埋入混凝土内可不刷防锈漆,但应进行除锈处理。镀锌钢管或刷过防腐漆的钢管表层完整,无剥落现象。

管箍丝扣要求是通丝,丝扣清晰,无乱扣现象,镀锌层完整无剥落,无劈裂,两端光滑无毛刺。

护口有用于薄、厚壁管之区别,护口要完整无损。

4)可挠金属电线管:可挠金属电线管及其附件,应符合国家现行技术标准的有关规定,并应有合格证,同时还应具有当地消防部门出示的阻燃证明。

可挠金属电线管配线工程采用的管卡、支架、吊杆、连接件及盒箱等附件,均应镀锌或涂防锈漆。

可挠金属电线管及配套附件器材的规格型号应符合国家规范的规定和设计要求。

线槽查验合格证。

线槽外观检查应部件齐全,表面光滑、不变形。塑料线槽有阻燃标记和制造厂标。

◆ **配管、配线工程的基本工序**

要使室内电气配管、配线工程达到设计要求和规范要求,应按以下的工作程序进行。

1)弄懂弄清设计图纸,明确配管工作内容和土建结构。

2)暗配管工程在施工时,应配合土建工程的进度进行施工,包括土建墙体的定位及灯具、开关、插座、配电箱的定位等;根据起讫位置,通过实测实量,进行管子的加工预制工作;根据土建进度要求,及时在现场敷设、连接和固定管子;作跨接接地焊接。

3)明配管工程施工,一般在土建主体工程完成后,同时又在粉刷装饰工程之前进行,基本工作包括测量并定位灯具、开关、插座、配电箱等的位置;根据起讫位置,通过实测实量,加工预制管子;根据现场安装位置及规范要求,加工制作支架、吊架等;用膨胀螺栓固定支架、吊架等;在支架或吊架上固定管子;焊接跨接接地。

4)根据工程特点和总体进度要求,及时准确地穿线和接线。

决定配管、配线工程是否达到要求,关键在于是否弄懂弄清图纸以及在施工的全过程中是否精心。

◆ **敷设工序交接确认**

电线、电缆导管敷设,除埋入混凝土中的非镀锌钢导管外壁不做防腐处理外,其他场所的非镀锌钢导管内外壁均做防腐处理,经检查确认,才能在配管工程中使用。

室外直埋导管的路径、沟槽深度、宽度及垫层处理经检查确认,才能埋设导管(但电线钢导管在室外埋地敷设的长度不应大于15m)。

砖混结构墙体内导管敷设,导管经弯曲加工及管与盒(箱)连接后,经检查确认合格才能配合土建在砌体墙内敷设。

敷设的盒(箱)及隐蔽的导管,在扫管及修补后,经检查确认,才能进行装修施工。

在梁、板、柱、墙等部位明配管的导管套管、埋件、支架等检查合格,土建装修工程完成后,才能进行导管敷设。

吊顶上的灯位及电气器具位置先确定,且与土建及各专业商定并配合施工,才能在吊顶内敷设导管,导管敷设完成(或施工中)经检查确认,才能安装顶板。

顶棚和墙面土建装修工程基本完成后,才能敷设线槽。

◆ **钢导管加工**

钢导管在加工前,施工人员要对导管进行外观检查,不合标准的管材不能再加工,更不能用到工程中去。

要先清除导管内的毛刺和杂物,消除管内缺陷,以免电线穿管时损伤电线的绝缘层。还要根据敷设部位的要求,进行防腐处理和导管加工。

(1)钢管除锈与涂漆

钢管内如果有灰尘、油污或受潮生锈,不但穿线困难,而且会造成导线的绝缘层损伤,使绝缘性能降低。因此,在敷设电线管前,应对线管进行除锈涂漆。

钢管内外均应刷防腐漆,埋入混凝土内的管外壁除外;埋入土层内的钢管,应刷两度沥青或使用镀锌钢管;埋入有腐蚀性土层内的钢管,应按设计规定进行防腐处理。使用镀锌钢管时,在锌层剥落处,也应刷防腐漆。

(2)切断钢管

可用钢锯(最好选用钢锯条)切断或管子切割机割断。

钢管不应有折扁和裂缝,管内无铁屑及毛刺,切断口应锉平,管口应刮光。

(3)套丝

丝口连接时管端套丝长度不应小于管接头长度的1/2;在管接头两端应焊接跨接接地线。

薄壁钢管的连接必须用丝扣连接。薄壁钢管套丝一般用圆板牙扳手和圆板牙铰制。

厚壁钢管,可用管子铰板和管螺纹板牙铰制。铰制完螺纹后,随即清修管口,将管口端面和内壁的毛刺锉光,使管口保持光滑,以免割破导线绝缘层。

(4)弯管

钢管明配需随建筑物结构形状进行立体布置,但要尽量减少弯头。

钢管弯制常用的弯管方法有以下几种:

1)弯管器弯管:在弯制管径为50mm及以下的钢管时,可用弯管器弯管。制作时,先将管子弯曲部位的前段放入弯管器内,管子焊缝放在弯曲方向的侧面,然后用脚踩住管子,手扳弯管器柄,适当加力,使管子略有弯曲,再逐点移动弯管器,使管子弯成所需的弯曲半径。

2)滑轮弯管器弯管:当钢管弯制的外观、形状要求较高时,特别是弯制大量相同曲率半径的钢管时,要使用滑轮弯管器,固定在工作台上进行弯制。

3)气焊加热弯制:厚壁管和管径较粗的钢管可用气焊加热进行弯制。需注意掌握火候,钢管加热不足(未烧红)则弯不动;加热过火(烧得太红)或加热不均匀,容易弯瘪。此外,对预埋钢管露出建筑物以外的部分不直或位置不正时,也可以用气焊加热整形。

对弯管的要求:

1)钢管弯曲处不应出现凹凸和裂缝,弯扁程度不应大于管外径的10%。

2)被弯钢管的弯曲半径应符合表8-20的规定,弯曲角度一定要大于90°。

表8-20 钢管允许弯曲半径

条 件	弯曲半径与钢管外径之比
明配时	6
明配只有一个弯时	4
暗配时	6
埋设于地下或混凝土楼板内时	10

3)钢管弯曲时,焊缝如放在弯曲方向的内侧或外侧,管子容易出现裂缝。当有两个以上弯时,更要注意管子的焊缝位置。

4)管壁薄、直径大的钢管弯曲时,管内要灌满砂且应灌实,否则钢管容易弯瘪。如果用加热弯曲,要灌用干燥砂。灌砂后,管的两端塞上木塞。

◆ **钢导管的连接**

钢管之间的连接,一般采用套管连接。套管连接宜用于暗配管,套管长度为连接管外径的1.5~3倍;连接管的对口处应在套管的中心,焊口应焊接牢固、严密。

用丝扣连接时,管端套丝长度不应小于管接头长度的1/2;在管接头两端应焊接跨接接地线。薄壁钢管的连接必须用丝扣连接。

钢管与接线盒、开关盒的连接,可采用螺母连接或焊接。采用螺母连接时,先在管子上拧一个锁紧螺母(俗称根母),然后将盒上的敲落孔打掉,将管子穿入孔内,再用手旋上盒内螺母(俗称护口),最后用扳手把盒外锁紧螺母旋紧。

◆ **钢导管的接地**

金属的导管必须与 PE 线或 PEN 线可靠连接,这是用电安全的基本要求,以防产生电击现象,并应符合下列规定:

1)镀锌钢导管和壁厚 2mm 及以下的薄壁钢导管,不得熔焊跨接接地线。

2)镀锌钢导管的管与管之间采用螺纹连接时,连接处的两端应该用专用的接地卡固定。

3)以专用的接地卡跨接的管与管及管与盒(箱)间跨接线为黄绿相间色的铜芯软导线,截面积不小于 4mm^2。

4)当非镀锌钢导管采用螺纹连接时,连接处的两端用专用接地卡固定跨接线,也可以焊接跨接接地线,焊接跨接接地线的做法如图 8-6 所示。

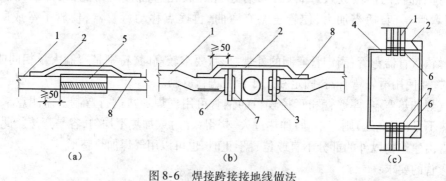

图 8-6 焊接跨接接地线做法

(a)管与管连接;(b)管与盒连接;(c)管与箱连接

1—非镀锌钢导管;2—圆钢跨接接地线;3—器具盒;4—配电箱;
5—全扣管接头;6—根母;7—护口;8—电气焊处

当非镀锌钢导管与配电箱箱体采用间接焊接连接时,可以利用导管与箱体之间的跨接接地线固定管、箱。

跨接接地线直径应根据钢导管的管径来选择,如表 8-21 所示。管接头两端跨接接地线焊接长度,不小于跨接接地线直径的 6 倍,跨接接地线在连接管焊接处距管接头两端不宜小于50mm。

表 8-21　跨接接地线选择表

公称直径(mm)		跨接接地线(mm)	
电线管	厚壁钢管	圆钢	扁钢
≤32	≤25	φ6	—
38	≤32	φ8	—
51	40～50	φ10	—
64～76	≤65～80	φ10 及以上	25×4

连接管与盒(箱)的跨接接地线,应在盒(箱)的棱边上焊接,跨接接地线在箱棱边上焊接的长度不小于跨接接地线直径的 6 倍,在盒上焊接不应小于跨接接地线的截面积。

5)套接压扣式薄壁钢导管及其金属附件组成的导管管路,当管与管及管与盒(箱)连接符合规定时,连接处可不设置跨接接地线,管路外壳应有可靠接地;导管管路不应作为电气设备接地线使用。

6)套接紧定式钢导管及其金属附件组成的导管管路与第 5 条套接压扣式薄壁钢导管及其金属附件组成的导管管路要求相同。

◆暗配钢管敷设

在建筑物的楼板内、墙柱内、地面内敷设的电气管线属于暗配管线。

(1)钢管在楼板内的暗配

当楼板为预制楼板时,钢管一般配置于楼板的夹缝或水泥垫层内,如图 8-7 所示。当楼板为现浇楼板时,其做法如图 8-8 所示。

有预制钢筋混凝土楼板上暗配的钢管,采用图 8-7 的做法时,钢管的固定可采用楼板上打膨胀螺栓固定(把钢管与膨胀螺栓焊接连接)。

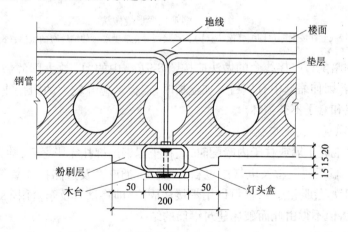

图 8-7　预制楼板钢管暗配及灯头盒安装

在现浇钢筋混凝土楼板上暗配钢管时,应在土建的底层钢筋绑扎结束,并在上层钢筋还未绑扎时及时准确地敷设暗配管,暗配管和暗配箱盒的固定,可用φ8～φ10mm 的钢筋跨接焊接在钢管(箱盒)与钢筋之间。焊接时,既不可以损伤钢管与箱盒内部,也不得破坏钢筋结构。

当钢管在楼板内要跨越伸缩缝,应尽可能将用于管线伸缩的过路接线盒设置于墙上(图8-9),以便于维修时更换线路。

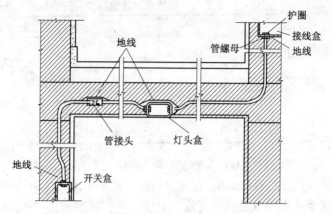

图 8-8　现浇楼板钢管暗配及灯头盒安装

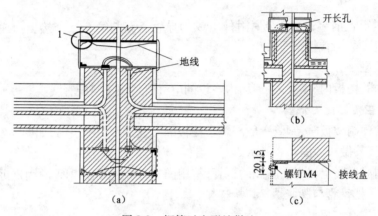

图 8-9　钢管过变形缝做法

(a)二式接线盒在墙上部过伸缩缝做法;(b)普通接线盒在墙上部过伸缩缝时的做法;(c)"1"放大图

用于伸缩的暗配过路接线盒的做法应按图 8-9(c)中的"1"放大图的做法,盒子靠伸缩缝侧可没有盖板,若因伸缩缝中有填料需加盖板时,盖板上应开较大的圆孔或长条孔,以使伸缩缝或沉降时管线和盒子不被损坏。

(2)钢管在现浇混凝土墙柱内暗配

钢管在现浇混凝土墙或柱子内暗配时,应在土建钢筋绑扎完毕之后,并在土建浇筑混凝土之前进行施工。暗配的钢管及电气配电箱、开关盒、插座盒及过路接线盒等的固定方法有两种。可以是用细铁丝绑扎固定,也可以用焊接法固定,即将钢管及箱盒用 $\phi 8 \sim \phi 10\text{mm}$ 钢筋跨接于结构钢筋上,但不得由此而破坏建筑钢筋的结构。

(3)钢管在砖墙内的暗配

钢管暗配于砖墙内的施工方法,可以在土建砌墙时敷设钢管及电气配电箱、开关盒、插座盒等,也可以在砌墙之后在砖墙上开槽敷设钢管。

当采用在砖墙上开槽敷设钢管时,应在土建抹灰之前进行,切不可在土建抹灰之后进行。

在砖墙上开槽应使用专用的开槽机开槽,避免破坏砖墙结构。钢管在槽内敷设时应该用高标号的水泥砂浆稳牢。

（4）钢管在土质地面内暗配

当钢管在水泥地面下的土层上敷设时，应敷设在被夯实的土层上。钢管按设计敷设后，可在其旁边打入膨胀螺栓、角钢或者钢筋等，再将敷设的钢管与其焊接连接，以便固定被敷设的钢管。

钢管油漆完整，安装固定牢靠后，即可由土建制作水泥地面。

（5）暗配钢管的连接和接地

国家施工及验收规范要求，暗配的黑色钢管与盒箱连接可以采用焊接连接，焊接钢管的连接可采用套管焊接连接；镀锌钢管与盒箱的连接和明配钢管一样，应采用锁紧螺母连接，镀锌钢管与薄皮管（电线管）应采用螺纹连接，不应采用焊接。

钢管用套管焊接连接时，套管与钢管连接部位的四周要全部焊接严密无遗漏，必须防止水泥砂浆灌入钢管内凝结成一体，堵塞钢管而无法穿线。

钢管是一种良好的导体。国家有关规范标准规定：钢管可以作为接地线的部分；由于管内有带电的导线或电缆等，钢管本身也需要作接地处理，即钢管要通过其他金属材料与主接地体连通；暗配钢管跨越电气箱盒时，钢管要作跨接接地焊接处理，箱盒与钢管之间应采用焊接，如果采用螺丝连接时，箱盒外壳与钢管之间也需要作跨接接地处理。

钢管作跨接接地时，跨接接地线一般用圆钢材料。在地下土层中配管时，若管内为交流回路的导线，接地圆钢直径应≥10mm；若管内为直流回路导线时，接地圆钢直径应≥12mm。当在地上配管时，室内的跨接接地圆钢直径应≥6mm，室外应≥8mm。

为保证整个接地系统的安全可靠，跨接接地所使用的圆钢与箱盒两侧的钢管的焊接，施工中不可进行点接触焊接，应保证足够的焊接长度。

◆ **明配钢管敷设**

钢管明配敷设一般包括沿墙明配、沿楼板明配和沿空间某一位置标高的明配管，主要安装材料包括钢管、支架或吊架、管卡和明配接线盒管。钢管明配的基本要求为横平竖直，钢管排列整齐，钢管的固定点的间距应均匀，钢管管卡间的最大距离应符合表8-22的规定，并且要求在管路距终端、距弯头中点、距接线盒或过路盒、距电器器具等的边缘距离在150～500mm范围应对钢管予以固定。

表8-22　钢管管卡间的最大距离

敷设方式	钢管种类	钢管直径（mm）			
		15～20	25～32	40～50	65以上
		管卡间最大距离（m）			
吊架、支架或沿墙敷设	厚壁钢管	1.5	2.0	2.5	3.5
	薄壁钢管	1.0	1.5	2.0	—

当钢管直接明敷于墙上、楼板上或柱子上时，可以在墙上、楼板上或柱子上打入塑料胀管，然后将钢管连同管卡子固定于塑料胀管上。当成排管子或管径较大、重量很重时，应在墙上安装"L"形或"U"形支架，在支架上用管卡子或管卡固定钢管。支架在墙上、楼板上或者柱子上的生根固定用膨胀螺栓。

当钢管敷设在某一标高位置的空间位置时，和在吊顶内敷设钢管基本上是一样的（在吊顶内走向可按设计图沿最短路线斜向敷管，其他明配管不允许斜向敷管，其余要求均相同）。

这时,管子和管卡必须安装在吊杆支架上。吊架的形式有单吊杆式和双吊杆架式两种,吊杆的材料可以用 $\phi8 \sim \phi10$mm 的圆钢,也可用—25mm×4mm 的扁钢(仅适用于单吊杆吊架),吊杆的上部与楼板或大梁上的膨胀螺栓相连,因此,对于圆钢吊架,上部应焊 30～50mm 长的 L30×30×3(mm)或 L40×40×4(mm)的角钢,而扁钢吊架的上部可焊角钢,亦可将扁钢上部弯成直角来代替,应视管线的重量而定。

单吊杆用圆钢制作时,下部应焊约 100mm 长的扁钢,以便打孔安装管卡(打孔、焊接组对应在安装前完成)。

暗配钢管的连接可以采用套管连接,明配钢管的连接除管径太大、无法套丝者外,应采用专用管接头(管箍)连接,即螺纹连接。因此,明配钢管的两端应在安装前用套丝机套丝,套丝长度不应小于管接头长度的1/2,并且要求钢管用管接头连接以后,宜外露螺纹2～3扣。无论是管接头或是钢管的丝扣螺纹都应表面光滑无缺损。

明配钢管与电气箱盒连接时,钢管端头也应套丝,与电气箱盒连接前,应在箱盒上用开孔器开规格与钢管外径匹配的圆孔,钢管与电气箱盒连接时,应在箱盒两侧的管子上各装一锁紧螺母,以便将管子与箱盒连接固定。要求锁母固定后,箱盒内的管端螺纹宜外露2～3扣。明配钢管过建筑物伸缩沉降缝时的做法如图8-10所示。为满足伸缩和沉降两个方面的要求,在该图中的拉线盒右侧应开设竖向的长条孔或者大圆孔。

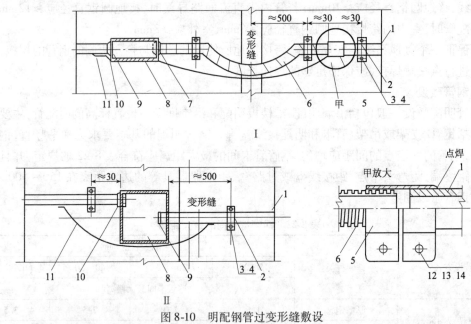

图 8-10　明配钢管过变形缝敷设

1—钢管或电线管;2—管卡子;3—木螺钉;4—塑料胀管;5—过渡接头;6—金属软管;
7—金属软管接头;8—拉线箱;9—护口;10—锁母;11—跨接线;12—半圆头螺钉;13—螺母;14—垫圈

注:1. 本图所示为单管沿墙过变形缝,当管子数量较多时,拉线箱的高度应加大。
　　2. 接线箱的长度一般为管径的8倍。
　　3. 为了便于拉线,可先将导线从钢管右侧穿出然后穿入金属软管内,再将5、7装上。

明配钢管的跨接接地包括:管接头两侧钢管的跨接接地焊接;箱盒两侧的钢管跨接接地焊接;钢管与箱盒的跨接地焊接。接地圆钢的最大规格的规定及焊接长度的规定与暗配钢管的要求相同。

◆管内穿线与接线

无论是钢管还是塑料管,尤其是暗配工程,在管路敷设完成后,所有的管口必须作封堵处理。封堵要严实,不能让水泥砂浆、雨水及其他杂物进入,以便穿线方便,线路运行也能安全可靠。

管内穿线前应先对管路进行检查,如果有杂物或水等进入,要及时清理。有水泥砂浆进入时,如果水泥砂浆已固化,必须采取措施,根据现场实际条件,另外补敷管子以实现用电功能。

穿线时,钢管管口不得有毛刺,否则应用钳子或圆锉等将管口的毛刺打掉,保证管口光滑平整,防止毛刺伤坏电线绝缘。穿线工作包括管内穿钢丝(或铁丝)和管内穿线两项基本工作。管内穿钢丝在施工条件许可时,宜越早进行越好,这样可以在没有粉刷地面或墙时,及早发现管内不通的问题,以便提前处理。

管子钢丝穿完后,如果暂时不准备穿线,应在电气盒(箱)内对每个管内进行封堵,防止土建粉刷墙时水泥砂浆等杂物进入管内。

管内穿线工作宜在建筑物抹灰、粉刷及地面工程结束后进行;穿线前,应将管内积水及杂物清除干净。清理积水及杂物一般可用吹风机对着较高一端的管口吹洗,也可在钢丝上固定拖布清扫,直至管内无积水和杂物为止。

穿线工作应严格按照设计图纸和国家施工及验收规范的要求,所使用的电线应为合格产品,电线的型号和规格应符合设计要求,并根据以下规定选用电线的色标:

1)相线的颜色色标规定为L_1(U)相电线用黄色线,L_2(V)相电线用绿色线,L_3(W)相电线用红色线。

2)零线(N)使用淡蓝色线,地线(PE)用黄绿线。

穿线的电线一定要按上述规定分清电线的色标,给接线及校线、维修等提供方便。

管内穿线是用钢丝将其拉入管子内实现穿线目的的。为便于日后维修中查线及换线,电线在管内不允许有绞股现象,因此要边穿线边放线,消除电线的弯曲。同时,在穿线的过程中,要避免电线在管口直接摩擦,防止破坏电线的绝缘层。

在管内穿线工作结束后,应立即进行校线和接线,校线和接线应同时进行。校线的方法有两种,一种是根据管子两端的色标,将电气回路接通;另一种校线办法是采用电话校线。

对于配管配线,电线接头不允许在管子中间,应在管子与管子之间的接线盒中接线,并由接线盒将电源引向用电器具或开头、插座等。

在接线盒中连接导线前,应在每个盒子的管口套入与管径匹配的塑料或橡皮护圈,防止电线与管口直接接触,保护电线的绝缘层。

接线完毕后,用500V兆欧表检查每个回路电线的对地电阻(钢管、金属箱外壳均为地绝缘电阻),绝缘电阻应符合要求。例如,对动力或照明线路,绝缘电阻应≥0.5MΩ;对于火灾报警线路,未接任何元件时,单纯线路的绝缘电阻应≥20MΩ。

当线路绝缘测试完毕且符合要求后,管子与管子之间的接线盒应加盖封闭,使电线及接头不外露。要求铁皮盒子加铁皮盖板,塑料接线盒(包括过路盒)加塑料盖板。禁止塑料盒子加铁皮盖板,防止内部电线绝缘破坏时使未接地的盒子铁皮盖板带电伤人。

◆绝缘导管敷设

绝缘导管是指刚性绝缘导管,也称为刚性 PVC 管。

绝缘导管在民用建筑电气安装工程中被广泛用作电线导管。

由于绝缘导管在高温下机械强度下降,老化迅速且徐变量大,环境温度在40℃以上的高温场所不应敷设;绝缘导管在经常发生机械冲击、碰撞、摩擦等易受机械损伤的场所也不应使用。

(1)导管的选择

在施工中一般都采用热塑性塑料(受热时软化,冷却时变硬,可重复受热塑制的称为热塑性塑料,如聚乙烯、聚氯乙烯等)制成的硬塑料管。硬塑料管有一定的机械强度。明敷设塑料管壁厚度不应小于2mm,暗敷设的不应小于3mm。

(2)导管的连接

加热直接插接法。适用于ϕ50mm及以下的硬塑料管。操作步骤如下:

1)将管口倒角,外管倒内角,内管倒外角,见图8-11。

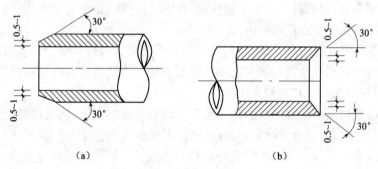

图8-11 管口倒角(塑料管)(mm)

(a)内管;(b)外管

2)将内管、外管插接段的尘埃等污垢擦净,如有油污时可用二氯乙烯、苯等溶剂擦净。

3)插接长度应为管径的1.1~1.8倍,用喷灯、电炉、炭化炉加热,也可浸入温度为130℃左右的热甘油或石蜡中加热至软化状态。

4)将内管插入段涂上胶合剂(如聚乙烯胶合剂)后,迅速插入外管,待内外管线一致时,立即用湿布冷却。

模具胀管插接法。适用于ϕ65及以上的硬塑料管。操作步骤如下:

① 将管口倒角。

② 清除插接段的污垢。

③ 加热外管插接段。

④ 待塑料管软化后,将已被加热的金属模具插入,待冷却(可用水冷)至50℃脱模,模具外径需比硬管外径大2.5%左右。当无金属模具时,可用木模代替。

⑤ 在内、外插接面涂上胶合剂后,将内管插入外管,插入深度为管内径的1.1~1.8倍,加热插接段,使其软化后急速冷却(可浇水),收缩变硬即连接牢固。

此道工序也可改用焊接连接,即将内管插入外管后,用聚氯乙烯焊条在接合处焊2~3圈。

套管连接法:

① 从需套接的塑料管上截取长度为管内径的1.5~3倍(管径为50mm及以下者取上限值,50mm以上者取下限值)。

② 将需套接的两根塑料管端头倒角,涂上胶合剂。

③ 加热套管温度取130℃左右。

④ 将被连接的两根塑料管插入套管并使连接管的对口处于套管中心。

（3）导管的揻弯

1）直接加热揻弯。管径 20mm 及以下可直接加热揻弯。加热时均匀转动管身，到适当温度，立即将管放在平木板上揻弯。

2）填砂揻弯。管径在 25mm 及以上，应在管内填砂揻弯。先将一端管口堵好，然后将干砂灌入管内敦实，将另一端管口堵好后，用热砂加热到适当温度，即可放在模型上弯制成型。

3）揻弯技术要求。明管敷设弯曲半径不应小于管径的 6 倍；埋设在混凝土内时应不小于管径的 10 倍。塑料管加热不得将管烤伤、烤变色以及有明显的凹凸变形等现象。凹偏度不得大于管径的 1/10。

（4）塑料管的敷设

硬塑料管与钢管的敷设方法基本相同，敷设硬塑料管的特殊要求如下：

1）固定间距：明配硬塑料管应排列整齐，固定点的距离应均匀；管卡与终端、转弯中点、电气器具或接线盒边缘的距离为 150～500mm；中间的管卡最大间距应符合表 8-23 的规定。

表 8-23　硬塑料管中间管卡最大间距

敷设方法	内径（mm）		
最大允许距离（m）	20 以下	25～40	50 以上
吊架、支架或沿墙敷设	1.0	1.5	2.0

2）易受机械损伤的地方：明管在穿过楼板易受机械损伤的地方应用钢管保护，其保护高度距楼板面不应低于 500mm。

3）与蒸汽管距离：硬塑料管与蒸汽管平行敷设时，管间净距不应小于 500mm。

4）热膨胀系数：硬塑料管的热膨胀系数[0.08mm/（m·℃）]要比钢管大 5～7 倍。如 30m 长的塑料管，温度升高 40℃，则长度增加 96mm。因此，塑料管沿建筑物表面敷设时，直线部分每隔 30m 要装设补偿装置（在支架上架空敷设除外）。

5）配线：塑料管配线，必须采用塑料制品的配件，禁止使用金属盒。塑料线入盒时，可不装锁紧螺母和管螺母，但暗配时须用水泥筑牢。在轻质壁板上采用塑料管配线时，管入盒处应采用胀扎管头绑扎。

6）使用保护管：硬塑料管埋地敷设（在受力较大处，宜采用重型管）引向设备时，露出地面 200mm 段，应用钢管或高强度塑料管保护。保护管埋地深度不少于 50mm。

（5）保护接零线

用塑料管布线时，如用电设备需接零装置时，在管内必须穿入接零保护线。

利用带接地线型塑料电线管时，管壁内的 1.5mm² 铜接地导线要可靠接通。

◆ 可挠金属电线保护敷设

可挠金属电线保护管也称普利卡金属套管。此管种类很多，其基本结构是由镀锌钢带卷绕成螺纹状，属于可挠性金属套管，具有搬运方便、施工容易等特点。

可挠金属电线保护管性能优越，不但适用于建筑和装饰工程中，还可在机电、铁路、交通、石油、化工、航空、船舶、电力等行业的电气布线工程中应用。

（1）管子的切断

可挠金属电线保护管，不须预先切断，在管子敷设过程中，需要切断时，应根据每段敷设长度,使用可挠金属电线保护管切割刀进行切断。

切管时用手握住管子或放在工作台上用手压住,将可挠金属电线保护管切割刀刀刃,轴向垂直对准可挠金属电线保护管螺纹沟,尽量成直角切断。如放在工作台上切割时要用力边压边切。

可挠金属电线保护管也可用钢锯进行切割。

可挠金属电线保护管切断后,应清除管口处毛刺,使切断面光滑。在切断面内侧用刀柄绞动一下。

(2)管子弯曲

可挠金属电线保护管在管子敷设时,可根据弯曲方向的要求,不需任何工具用手自由弯曲。

可挠金属电线保护管的弯曲角度不宜小于90°。明配管管子的弯曲半径不应小于管外径的3倍。在不能拆卸、检查的场所使用时,管的弯曲半径不应小于管外径的6倍。

可挠金属电线保护管在敷设时应尽量避免弯曲。明配管直线段长度超过30m时,暗配管直线长度超过15m或直角弯超过3个时,均应装设中间拉线盒或放大管径。

若管路敷设中出现有4处弯曲,且弯曲角度总和不超过270°时,可按3个弯曲处计算。

(3)可挠金属电线保护管的连接

1)管的互接。

可挠金属电线保护管敷设,中间需要连接时,应使用带有螺纹的 KS 型直接头连接器进行互接。

2)可挠金属电线保护管与钢导管连接。

可挠金属电线保护管在吊顶内敷设中,有时需要与钢导管直接连接,可挠金属电线保护管的长度在电力工程中不大于0.8m,在照明工程中不大于1.2m。管的连接可使用连接器进行无螺纹和有螺纹连接。

可挠金属电线保护管与钢导管(管口无螺纹)进行连接时,应使用 VKC 型无螺纹连接器进行连接。VKC 型无螺纹连接器共有两种型号:VKC-J 型和 VKC-C 型,分别用于可挠金属电线保护管与厚壁钢导管和薄壁钢导管(电线管)的连接。

(4)可挠金属电线保护管的接地和保护

1)可挠金属电线保护管必须与 PE 线或 PEN 线有可靠的电气连接,可挠金属电线保护管不能做 PE 线或 PEN 线的接续导体。

2)可挠金属电线保护管,不得熔焊跨接接地线,以专用接地卡跨接的两卡间连线为铜芯软导线,截面积不小于$4mm^2$。

3)当可挠金属电线保护管及其附件穿越金属网或金属板敷设时,应采用经阻燃处理的绝缘材料将其包扎,且应超出金属网(板)10mm 以上。

4)可挠金属电线保护管不宜穿过设备或建筑物、构筑物的基础,当必须穿过时,应采取保护措施。

◆**电线、电缆穿管**

(1)画线定位

用粉线袋按照导线敷设方向弹出水平或垂直线路基准线,同时标出所有线路装置和用电设备的安装位置,均匀地画出导线的支持点。导线沿门头线和线脚敷设时,可不必弹线,但线卡必须紧靠门头线和线脚边缘线上。支持点间的距离应根据导线截面大小而定,一般为150~200mm。在接近电气设备或接近墙角处间距有偏差时,应逐步调整均匀以保持美观。

(2)固定线卡

在安装好的木砖上,将线卡用铁钉钉在弹线上,勿使钉帽凸出,以免划伤导线的外护套。在木结构上,可直接用钉子钉牢。

在混凝土梁或预制板上敷设时,可用胶粘剂粘贴在建筑物表面上。粘结时,一定要用钢丝刷将建筑物上粘结面上的粉刷层刷净,使线卡底座与水泥直接粘结。

(3)放线

放线是保证护套线敷设质量的重要一步。整盘护套线不能搞乱,不可使线产生扭曲,所以放线时需要操作者合作,一人把整盘线套入双手中,另一人握住线头向前拉。放出的线不可在地上拖拉,以免擦破或弄脏电线的护套层。线放完后先放在地上,量好长度并留出一定余量后剪断。如果将电线弄乱或扭弯,要设法校直。其方法为:

1)把线平放在地上(地面要平),一人踩住导线一端,另一人握住导线的另一端拉紧,用力在地上甩直。

2)将导线两端拉紧,用木柄沿导线全长来回刮(赶)直。

3)将导线两端拉紧,再用破布包住导线,用手沿电线全长捋直。

(4)直敷导线

为使线路整齐美观,必须将导线敷设得横平竖直。几条护套线成排平行敷设时,应上下左右排列紧密,不能有明显空隙。敷线时,应将线收紧。短距离的直线部分先把导线一端夹紧,然后再夹紧另一端,最后再把中间各点逐一固定。长距离的直线部分可在其两端的建筑构件的表面上临时各装一幅瓷夹板,把收紧的导线先夹入瓷夹中,然后逐一夹上线卡。在转角部分,戴上手套用手指顺弯按压,使导线挺直平顺后夹上线卡。中间接头和分支连接处应装置接线盒,接线盒固定应牢固。在多尘和潮湿的场所应使用密闭式接线盒。

(5)弯敷导线

塑料护套线在同一墙面上转弯时,必须保持垂直。导线弯曲半经应不小于护套线宽度的3倍。弯曲时不应损伤护套和芯线外的绝缘层。铅皮护套线弯曲半经不得小于其外经的10倍。

◆ **护套线配线**

塑料护套线是一种具有塑料保护层的双芯或多芯绝缘导线,具有一定的防潮、耐酸和耐腐蚀等性能,可以直接敷设在空心楼板、墙壁以及建筑物上,用铝片卡(也叫钢精扎头)作为导线的支持固定物。塑料护套线的施工方法如下:

(1)定位划线

定位划线工作与其他配线方法一样,先确定起点和终点位置,然后用粉线袋按导线走向划出正确的水平线和垂直线,再按护套线安装要求,每隔150~200mm划出固定铝片卡的位置。距开关、插座、灯具的木台50mm处和导线转弯两边的80mm处,都为设置铝片卡的固定点。

(2)铝片卡的固定

在混凝土结构上,可采用环氧树脂粘接或打塑料胀塞;在木结构上,可用钉子钉牢;在有抹灰层的墙上,可用鞋钉直接钉住铝片卡。

（3）导线敷设

在水平方向敷设护套线时，如线路较短，为便于施工，可按实际需要长度将导线剪断。敷线时，一只手扶持导线，另一只手将导线固定在铝片卡上；如线路较长，又有数根导线平行敷线时，可用绳子把导线吊挂起来，使导线的重量不完全承受在铝片卡上，然后把导线逐根排平并扎牢，再轻轻拍平，使其与墙面紧贴，垂直敷线时，应自上而下，以便操作。

转角处敷线时弯曲护套线用力均匀，其弯曲半径不应小于导线宽度的 3 倍。导线通过墙壁楼板也应穿在保护管中，具体要求同前所述。

塑料护套线的接头，最好放在开关、灯头或插座处，以求整齐美观；如不可能做到，则应加装接线盒，将接头放在接线盒内。

导线敷设完后，需检查所敷的线路是否横平竖直，方法是用一根平直的木板条靠在敷设线路的旁边，如果线不完全紧靠在板条上，可用螺丝刀柄轻轻敲击，让导线的边缘紧靠在板条上，使线路整齐美观。

◆ **塑料护套线配线施工要求**

塑料护套线配线施工应符合以下要求：

1）塑料护套线不应直接敷设在抹灰层、吊顶、护墙板、灰幔角落内。室外受阳光直射的场所，不应明配塑料护套线。

2）塑料护套线与接地导体或不发热管道等的紧贴交叉处，应加套绝缘保护管；敷设在易受机械损伤场所的塑料护套线，应增设钢管保护。

3）塑料护套线的弯曲半径不应小于其外径的 3 倍；弯曲处护套和线芯绝缘层应完整无损伤。

4）塑料护套线进入接线盒（箱）或与设备、器具连接时，护套层应引入接线盒（箱）内或设备、器具内。

5）沿建筑物、构筑物表面明配的塑料护套线应符合下列要求：

① 应平直，不应松弛、扭绞和曲折。

② 应采用线卡固定，固定点间距应均匀，其距离宜为 150～200mm。

③ 在终端、转弯和进入盒（箱）、设备或器具处，均应装设线卡固定导线，线卡距终端、转弯中点、盒（箱）、设备或器具边缘的距离宜为 50～100mm。

④ 接头应设在盒（箱）或器具内，在多尘和潮湿场所应采用密闭式盒（箱）；盒（箱）的配件应齐全，并固定可靠。

6）塑料护套线或加套塑料护层的绝缘导线在空心楼板板孔内敷设时，应符合下列要求：

① 导线穿入前，应将板孔内积水、杂物清除干净。

② 导线穿入时，不应损伤导线的护套层，并便于更换导线。

③ 导线接头应设在盒（箱）内。

【相关知识】

◆ **电气配线使用钢管的种类与质量要求**

电气配线保护使用的钢管，一般多选用焊接钢管，有时也选用镀锌钢管，施工中应按设计图纸确定使用的钢管类型或规格。

焊接钢管有薄钢管和厚钢管两种。薄钢管也称电线管，厚钢管焊接钢管就是常用的低压流体输送钢管（俗称水煤气管），焊接钢管的管壁和管径尺寸如表 8-24 所示。

表 8-24　钢管管壁和管径尺寸

种　　类	公　称　口　径		外径(mm)	壁厚(mm)	内径(mm)
	(mm)	(in)			
薄钢管	15	5/8	15.87	1.6	12.67
	20	3/4	19.05	1.6	15.85
	25	1	25.4	1.6	22.2
	32	1¼	31.75	1.6	28.55
	40	1½	38.1	1.6	34.9
	50	2	50.8	1.6	47.6
厚钢管	15	5/8	21.25	2.75	15.75
	20	3/4	26.75	2.75	21.25
	25	1	33.5	3.25	27
	32	1¼	42.25	3.25	35.75
	40	1½	48	3.5	41
	50	2	60	3.5	53
	70	2½	75.5	3.75	68
	80	3	88.5	4	80.5
	100	4	114	4	106

钢管采购后运抵施工现场时,应对钢管进行检查,检查的项目一般包括:

1)钢管应有材质证明文件和生产合格证。

2)钢管的型号、规格符合施工的需要。

3)钢管的壁厚及外观质量符合要求,管内外不应有严重的锈蚀现象。

4)钢管不应有折扁和裂缝,管内应无铁屑及毛刺,切断口应平整,管口应光滑。

焊接钢管在使用前应除锈并刷防腐漆。暗敷在混凝土内的钢管,钢管外壁一般不刷防腐漆,因为油漆会影响混凝土和钢管的结合,影响土建结构。但是,混凝土中敷设的钢管内壁仍应刷防腐漆。除直埋设于混凝土内的钢管,只对钢管内壁刷防腐漆外,其他无论是明配还是暗配的所有焊接钢管,均应在钢管的内壁和外壁刷防腐油漆。

除埋于土层内的焊接钢管外壁刷两度沥青漆外,其余情况下,均应刷红丹防锈漆。

当采用镀锌钢管时,如果锌层有剥落,也应补刷防腐漆。如果设计中对防腐施工有特殊要求时,应依照设计进行防腐处理。

七　避雷装置的安装

【要　　点】

园林项目中的许多景点,建筑物等的防雷、接地系统,对于其安全性、稳定性以及设备和人员的安全都具有重要的保证作用,必须采取有效措施进行防护。通过防雷、接地系统,将雷电(直击雷、感应雷、雷电波)放电,强大的雷电流接收输入接地体,释放在地中。

【解　　释】

◆**避雷针**(网、带)**的安装**

(1)避雷针的制作安装

避雷针制作一般按施工图或标准图,通常高度由设计图纸规定。针尖部分用φ22～φ25

圆钢锻尖后镀锌或搪锡,针尖锥角为 21°~25°,长度为 500mm。针尖以下接长部分依次选用 Dg25,Dg40,Dg50,Dg80,Dg100 镀锌钢管,各段长度从 500~1500mm(第一段),以后每段可采用 1500~3000mm,以保证避雷针的强度。

下料时,除最下段长度外,均按图中尺寸增加 250mm。按图示尺寸打好 φ12 穿钉孔,两孔空间成 90°直角。用 M12 螺栓螺母连接好,调整垂直后方可焊接。

各段焊接前,可用 φ8 钢丝弯成与插入段外径相同的铁圈放在焊口外,利于焊缝的形成。焊完后将穿钉处螺栓卸掉,用电焊点牢内外钢管,再用银粉漆涂刷焊接处。

避雷针在平屋顶上的安装:通常制作一块 300~500mm 见方、6mm 厚的钢板底座,用 4 只 M25×250 螺栓固定于屋顶混凝土梁板内,亦可以预埋底座,避雷针与底座之间采用 6mm 厚钢筋板焊接固定。若高度大于 6m 时,根据风力情况可设置拉线,具体固定位置、角度应通过设计计算确定。

避雷针在山墙上安装:根据避雷针的长短在山墙上预埋上下间距为 600~1000mm 的两根 ∟50×50×5 的角钢,避雷针用 U 形卡固定在角钢支架上,下端面落在下支架侧面上。

避雷针在女儿墙上安装:可直接用预埋的底脚螺栓加抱箍固定在墙侧面,如女儿墙部分用混凝土现浇的,可以在土建施工中直接插在其中。

(2)避雷网(带)的安装

屋顶上安装的避雷带一般采用(20×4)~(25×4)镀锌扁钢,或 φ8~φ10 镀锌圆钢,明设。它在屋面上的固定方式有两种:其一为预制混凝土块支座,正四棱台形,底面 150~200mm 见方,顶面 100~150mm 见方,高度为 100~150mm,预埋一根 φ8 镀锌圆钢,埋入 50mm,伸出 100mm,支座间距为 2m;其二为在屋顶女儿墙或山墙上预埋支架,支架材料及埋深露高同前述。支架间距为 1~1.5m。

这里要说明,无论何种安装方法,避雷针安装必须拉置正确,固定牢靠,防腐良好,针体垂直,避雷针及支持件的制作质量符合设计要求。

避雷网可以明敷,也可以暗配。暗配时,应和柱内主筋及避雷带的引上接地线焊在一起。

◆ **避雷针(网、带)安装应注意的问题**

(1)避雷针制作与安装

1)焊接处不饱满,焊药处理不干净,漏刷防锈漆。应及时予以补焊,将药皮敲净,刷上防锈漆。

2)针体弯曲,安装的垂直度超出允许偏差。应将针体重新调直,符合要求后再安装。

(2)避雷网(带)敷设

1)焊接面不够,焊口有夹渣、咬肉、裂纹、气孔及药皮处理不干净等现象。应按规范要求修补更改。

2)防锈漆不均匀或有漏刷处,应刷均匀,漏刷处补好。

3)避雷线不平直、超出允许偏差,调整后应横平竖直,不得超出允许偏差。

4)卡子螺丝松动,应及时将螺丝拧紧。

5)变形缝处未做补偿处理,应补做。

(3)漏刷防锈漆处,应及时补刷。

◆ **避雷引下线暗敷设**

首先将所用扁钢(或圆钢)用手锤等进行调直或抻直。

将调直的引下线运到安装地点,按设计要求随建筑物引上,挂好。

及时将引下线的下端与接地体焊接好,或与接地卡子连接好。随着建筑物的逐步增高,将引下线埋设于建筑物内至屋顶为止。如需接头则需进行焊接,焊接后应敲掉药皮并刷防锈漆(现浇混凝土除外),并请有关人员进行隐检验收,做好记录。

利用主筋(直径不小于 $\phi 16mm$)做引下线时,应按设计要求找出全部主筋位置,用油漆标好标记,设计无要求时应于距室外地面 0.5m 处焊好测试点,随钢筋逐层串联焊接至顶层,焊接出一定长度的引下线,搭接长度不小于 100mm,做完后请有关人员进行隐检,做好隐检记录。

◆ **避雷引下线明敷设**

引下线如为扁钢,可放在平板上用手锤调直;如为圆钢最好选用直条,如为盘条则需将圆钢放开,用倒链等进行冷拉直。

将调直的引下线搬运到安装地点。

自建筑物上方向下逐点固定,直至安装断接卡子处,如需接头或焊接断接卡子,则应进行焊接,焊好后清除药皮,局部调直并刷防锈漆。

将引下线地面上 2m 段套上保护管,卡接固定并刷红白油漆。

用镀锌螺栓将断接卡子与接地体连接牢固。

◆ **引下线的检查**

检查引下线装设的牢固程度;引下线应无急弯;检查引下线与接闪器和接地装置的焊接情况、锈蚀情况及近地面的保护设施。

首次检测时应用卷尺测量每相邻两根引下线之间的距离,记录引下线布置的总根数,每根引下线为一个检测点,按顺序编号检测。

首次检测时应用游标卡尺测量每根引下线的尺寸规格。

检查引下线上有无附着的其他电气线路。测量引下线与附近其他电气线路的距离,一般不应小于 1m。

检查断接卡的设置是否符合标准的要求。

◆ **防止直击雷的保护措施**

防止直击雷的保护措施有以下几点:

1)一般应采用独立避雷针或避雷线保护,接地电阻应小于 10Ω。

2)避雷线距离屋顶和各种突出屋面物体的距离不得小于 3m,同时还应满足下式的规定:

$$s \geqslant 0.08R + 0.05(h + l)$$

式中　s——距离,m;

　　　R——避雷线的冲击接地电阻,Ω;

　　　h——避雷线立杆的高度,m;

　　　l——避雷线水平长度,m。

3)避雷针地上部分距建筑物和各种金属物(管道、电缆、构架等)的距离不得小于 3m。避雷针接地装置距地下金属管道、电缆以及与其有联系的其他金属物体的距离均不得小于 3m。

◆ **难于装设独立避雷针保护的措施**

当建筑物太高或由于建筑艺术造型的要求,很难装置与建筑物隔开的独立避雷针或架空

避雷线保护时应采取以下措施:

1)允许将避雷针直接装在建筑物上,或利用金属屋顶作为接闪器。

2)应把防雷接地装置与其他接地装置以及自然接地体(金属水管、电缆金属外皮)全部连接在一起,以降低接地电阻和均衡电位,防雷接地装置应围绕建筑物构成闭合回路,其接地电阻不得大于 5Ω。

3)屋面上的全部避雷针用导线连接起来。其引下线的间距为15m,应沿建筑物外墙均匀布置。

在每隔15m高度处,还应敷设水平的闭合接地环路,将每条引下线在同一标高处连接起来,作为所在高度的设备、管道、构架等金属物的接地线以均衡电位,避免发生闪路。

4)金属结构物体距引下线不足1500mm时,应与引下线就近相连。

5)避雷针安装的位置距煤气管道的水平距离不应小于3000mm,并应高出煤气管道3000mm。

◆ **防止感应雷的措施**

防止感应雷的措施有以下几点:

1)建筑物为金属结构和钢筋混凝土屋面时,应将所有的金属物体焊接成闭合回路后直接接地。

2)建筑物屋面为非金属结构时,如有必要应在屋面敷设一个网格不大于 8～10m 的金属网(一类民用建筑物的金属网格为5m×5m),再直接接地。

3)自房屋两端起,每隔18～24m设置一根引下线。

4)接地装置应围绕建筑物构成闭合回路,并应与自然接地体(金属结构物体)全部连在一起,以降低接地电阻和均衡电位。

5)室内外一切金属设置,包括外墙上设置的金属栏杆、金属门窗、金属管道均应与防止感应雷击的接地装置相连。

① 金属管道的两端及出入口处应接地,其接地电阻值应小于 20Ω。

② 相距小于100mm 的管道平行时,应每隔20～30m用金属线跨接。

③ 管道交叉距离小于100mm 时,不应用金属线跨接。

④ 管道各连接处(弯头、阀门、法兰盘等)应用金属线跨接,不允许有开口环路。

6)感应雷击装置与独立避雷针或架空避雷线系统相互间不得用金属连接,其地下相互间的距离应尽量远,至少不得小于3m。

【相关知识】

◆ **直击雷**

直击雷是指雷电直接击在建筑物构架、动植物上,因电效应、热效应和机械效应等造成建筑物等损坏以及人员的伤亡。一般防直击雷是通过避雷装置,即接闪器(针、带、网、线)引下线构成完整的电气通路后,将雷电流泄入大地。

接闪器、引下线和接地装置的导通只能保护建筑物本身免受直击雷的损毁。

◆ **感应雷**

感应雷是雷电在雷云之间或雷云对地放电时,在附近的户外传输信号线路、埋地电力线、设备间连接线产生电磁感应并侵入设备,使串联在线路中间或终端的电子设备遭到损害。

感应雷虽然没有直击雷猛烈,但其发生的几率比直击雷高得多。

直击雷只发生在雷云对地闪击时才会对地面造成灾害,而感应雷则无论雷云对地闪击或者雷云对雷云之间闪击,都可能发生并造成灾害。

此外直击雷一次只能袭击一个小范围的目标,而一次雷闪击都可以在较大的范围内多个小局部同时产生感应雷过电压现象,并且这种感应高压可以通过电力线、电话线等传输到很远,致使雷害范围扩大。

◆ 雷电波

由于雷电电流有极大峰值和陡度,在它周围出现瞬变电磁场,处在这瞬变电磁场中的导体会感应出较大的电动势,而此瞬变电磁场都会在空间一定的范围内产生电磁作用,也可以是脉冲电磁波辐射,而这种空间雷电电磁脉冲波(LEMP)是在三维空间范围里,对一切电子设备发生作用。

八 接地装置的安装

【要　点】

由上一节内容可知,接地装置是防雷系统安全地将雷电流泄放在大地中的必要途径,是能否有效防雷的关键。同时各种电气装置带电后对其可能产生极大的危害,也需要通过接地装置导出。

【解　释】

◆ 接地装置安装基本规定

接地装置的安装有以下规定:

1)接地装置的埋设深度,其顶部不应小于0.6m,角钢及钢管接地极应垂直配置。

2)垂直接地极长度不应小于2.5m,其相互之间的间距如设计无要求,一般不小于5m。

3)接地装置埋设位置距建筑物不宜小于1.5m,遇在垃圾、灰渣等处埋设接地装置时,应换土并分层夯实。

4)当接地装置必须埋设在距建筑物出入口或人行道小于3m时,应采用均压带做法或在接地装置上面0.2m处敷设50~90mm厚的沥青层,其宽度应超过接地装置2m。通过人行通道的接地装置的埋深大于3m时,可不设沥青层。

5)接地干线的连接应采用焊接,焊接处焊缝应饱满并有足够的机械强度,不得有夹渣、咬肉、裂纹、虚焊、气孔等缺陷,焊接处的皮敲净后,刷沥青做防腐处理。

6)明敷设接地干线穿墙时,应加套管保护,跨越伸缩缝时,应做搣弯补偿。

7)接地干线跨越门口时,应暗敷设于地面内(做地面以前埋设好)。

8)接地干线距地面应不小于200mm,距墙面应不小于10mm,支持件应采用40mm×40mm的扁钢,尾端应制成燕尾状,人孔宽度与深度各为50mm,总长度为70mm,支持件间的水平直线距离一般为1m,垂直部分为1.5m,转弯部分为0.5m。

9)明敷设接地干线敷设应平直,水平度与垂直度允许偏差2‰,但全长不超过10mm。

10)转弯处接地干线的弯曲半径不得小于扁钢厚度的2倍。

11）全部人工接地装置接地干线支持件等金属钢材一律镀锌，铜材应做刷锡处理。

◆ **人工接地体的施工**

人工接地体是专门为接地而装设的接地体。接地材料一般用L 50×5 角钢或 Dg50，长度为 2.5m，如图 8-12 所示。

钢管接地极尖端的做法是：在距管口 120mm 长的一段，锯成四块锯齿形，按图 8-12 将各锯齿形片与钢管合焊成一体。

接地极制作后，便可以将其用重锤击入深度不小于 0.6m 的地沟内，如图 8-13 所示。接地体的位置和多个接地极之间的间距应符合设计要求。如果设计中没有规定时，接地极之间的间距不宜小于其长度的 2 倍，如接地极长度为 2.5m 时，宽度宜为 5m。

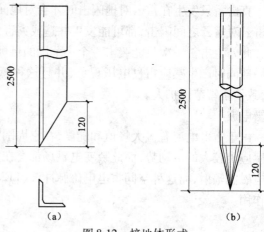

图 8-12　接地体形式
(a)角钢接地体制作图；(b)钢管接地体制作图

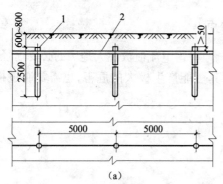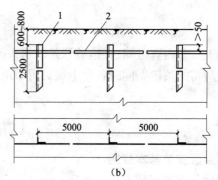

图 8-13　接地体安装
(a)钢管接地体；(b)角钢接地体
1—接地体；2—接地线

接地极被击入地沟下部大地后，应按图 8-13 所示，然后根据设计要求的扁钢规格（一般为—40×4 或—25×4），将扁钢与被击入的接地极焊接连接，焊缝应完整牢靠。

接地极连接的扁钢接地线焊接完成以后，用接地电阻测试仪测试接地电阻，接地电阻值符合要求后，请建设单位、监理单位等有关方联合进行隐蔽工程验收，满足要求后，可回填土并分层夯实。回填土中不应夹有石块和建筑垃圾等。

◆ **接地干线施工**

接地干线施工包括室内接地干线和自接地装置至室内接地干线的施工。

接地干线应在不同的两点及以上接地网相连接。明敷接地线的安装应符合下列要求：

1）便于检查。

2）敷设位置不应妨碍设备的拆卸与检修。

3）支持件间的距离，在水平直线部分宜为 0.5～1.5m；垂直部分宜为 1.5～3m；转弯部分宜为 0.3～0.5m。

4）接地线应横平竖直，亦可与倾斜结构的建筑物平行敷设；在直线段，接地线不应高低起伏或弯曲。

5）接地线沿墙水平安装时,离地面距离宜为 250～300mm;接地线与墙壁间间隙宜为 10～15mm。

6）跨越伸缩沉降缝处时,接地线应弯成圆弧状,以便于伸缩。

◆ **自然基础接地体安装**

（1）利用无防水底板钢筋或深基础做接地极

按设计图纸尺寸、位置要求,标好位置,将底板钢筋搭接焊好。再将柱主筋（不少于两根）底部与底板钢筋搭接焊好,并在室外地面以下,将主筋与接地连接板焊接好,清除药皮,将两根主筋用色漆记好标记以便引出和检查。应及时请质检部门进行隐检,同时做好隐检记录。

（2）利用柱形桩基及平台钢筋做接地极

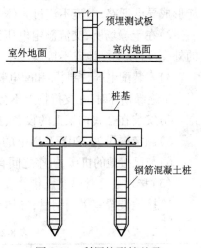

图 8-14　利用柱形桩基及
平台钢筋做接地极

按设计图纸尺寸位置要求,找好桩基组数位置,把每组桩基四角钢筋搭接封焊,再与柱主筋（不少于两根）搭接焊好。在室外地面 800mm 以下,将主筋与接地连接板焊接好,清除药皮,并将两根主筋用色漆记好标记以便引出和检查,见图 8-14。应及时请质检部门进行隐检,同时做好隐检记录。

◆ **电气装置的接地原因**

当带电设备带电后,如果因某种原因造成下列状况之一时,带电设备的金属外壳将可能带电。

1）导线绝缘破坏,使不该带电的金属外壳带电。

2）导线接线线头脱落,碰到不应带电的金属外壳上,使外壳带电。

3）高压载流导线或高压设备带电后,使周围的不应带电的金属体处于高压导线或高压设备所产生的强电场中,使金属外壳因静电感应而带电。

如果不应带电的金属外壳带电,而金属外壳没有接地措施时,一旦被人触及到,将会发生触电事故。

◆ **电气装置接地的一般规定**

（1）应予接地或接零的金属部分

1）电机、变压器、电器、携带式或移动式用电器具等的金属底座和外壳。

2）电气设备的传动装置。

3）屋内外配电装置的金属或钢筋混凝土构架以及靠近带电部分的金属遮栏和金属门。

4）配电、控制、保护用的屏（柜、箱）及操作台等的金属框架和底座。

5）交流、直流电力电缆的接头盒、终端头和膨胀器的金属外壳和电缆的金属护层,可触及的电缆金属保护管和穿线的钢管。

6）电缆桥架、支架和井架。

7）装有避雷线的电力线路杆塔。

8）装在配电线路杆上的电力设备。

9）在非沥青地面的居民区内,无避雷线的小接地电流架空线路的金属杆塔和钢筋混凝土杆塔。

10）电除尘器的构架。

11）封闭母线的外壳及其他裸露的金属部分。

12）SF_6 封闭式组合电器和箱式变电站的金属箱体。

13）电热设备的金属外壳。

（2）可以不接地或不接零的金属部分

1）在木质、沥青等不良导电地面的干燥房间内，对于交流额定电压为 380V 及以下的电气设备外壳，或者直流额定电压为 440V 及以下的电气设备外壳，如不可能同时触及这些设备的外壳和其他接地物体（或设备）时，这些设备的外壳可以不接地或不接零。原因是当上述设备外壳带电时，如果不同时接触带电外壳和其他接地物体时，由于地面也不导电，通过人体不可能形成导电通路，电流不流过人体，因此对人体无害。

2）在干燥场所，交流额定电压为 127V 及以下或直流额定电压为 110V 及以下的电气设备的外壳，可以不接地或不接零。

3）安装配电屏、控制屏和配电装置的电气测量仪表、继电器和其他低压电器等的外壳，以及当发生绝缘损坏时，在支持物上不会引起危险电压的绝缘子金属底座等，可不接地或不接零。

4）安装在金属构架上的设备，如果金属构架已经接地，那么设备外壳可不接地或不接零。

5）额定电压为 220V 及以下的蓄电池室内的金属支架，可不接地或不接零。

6）与已接地的机床、机座之间有可靠电气接触的电动机和电器的外壳，可不接地或不接零。

（3）接地装置材料及规格

1）接地装置宜采用钢材，导体截面不应小于表 8-25 的规格。

表 8-25　钢接地体和接地线的最小规格

种类、规格及单位		地　上		地　下	
		室内	室外	交流电流回路	直流电流回路
圆钢直径（mm）		6	8	10	12
扁钢	截面（mm²）	60	100	100	100
	厚度（mm）	3	4	4	6
角钢厚度（mm）		2	2.5	4	6
钢管管壁厚度（mm）		2.5	2.5	3.5	4.5

注：电力线路杆塔的接地体引出线的截面不应小于 50mm²，引出线应热镀锌。

2）用铜或铝导体作低压电气设备的接地线时，最小截面应符合表 8-26 的规格。

表 8-26　低压电气设备地面上外露的铜和铝接地线的最小截面

名　称	铜（mm²）	铝（mm²）
明敷的裸导线	4	6
绝缘导体	1.5	2.5
电缆的接地芯或相线包在同一保护外壳内的多芯导线的接地芯	1	1.5

3）交流电气设备的接地线可利用下列金属材料：

建筑物的金属结构（如金属梁、柱等）及设计规定的钢筋混凝土结构内部的钢筋等，可以作为接地线使用。

配电装置的外壳以及金属结构,可以作为接地线使用。

配线用的钢管可以作为接地线使用。

◆ **电气装置的接地**

电气装置的接地是通过导线或金属材料,使需要接地的设备或器材外壳与接地网之间形成可靠的导体连接通路。电气装置的接零是要在被接地(零)设备或器材外壳与变压器中性线之间,形成可靠的导体连接通路。形成接地通路或接零通路的导体常称为接地线。如上所述,接地线可以用扁钢或圆钢材料专门敷设,或者专门引入接地用导线,也可以借助钢管或建筑钢筋等作为接地线。根据施工现场特点,接地或接零通路也可以将上述材料混用。例如:电动机接地一般用钢管作为其接地线的一部分,在钢管两端各焊接一个不小于ϕ6的螺栓,再用软铜线或编织软铜线将钢管与配电设备接地端子、电机外壳分别连接起来,便实现了电动机的接地。如果要将电机底座接地时,应用扁钢接地。

用钢管作接地线时,管箍连接处、接线盒两端、配电箱两端的钢管都必须用不小于表8-25规格的圆钢进行跨接焊接,焊接长度应≥30mm。

电气设备底座、支架、吊架等的接地一般用不小于表8-25规格的扁钢或圆钢进行连接,支架、吊架采用焊接,设备底座允许采用焊接时,宜焊接连接。如果底座材料与扁钢或圆钢不适宜焊接时,可以用螺丝压接在底座上,如图8-15所示。

电气盘、柜的接地,除了用不小于表8-25所示规格的扁钢或圆钢将盘、柜基础底座与接地网焊接连接外,如果盘、柜门上装有电器元件时,可以开启的门与盘、柜本体之间需用规格不小于表8-26的软导线连接,软导线应拧紧并搪锡。

在门绞链两侧采用螺丝压接,两端导线应予固定,使线头压接处不受外力。

在变配电室内,沿墙均明敷有接地干线(按图纸施工),高压柜、低压柜及变压器的基础底座或变压器轨道基础的接地,应自接地干线沿地面垫层敷设,如图8-16所示,应分别引入两条接地支线。

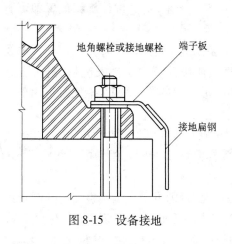

图8-15 设备接地

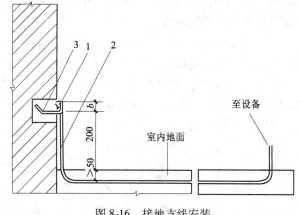

图8-16 接地支线安装

1—接地干线;2—接地支线;3—支架

◆ **接地电阻的测试**

接地装置的接地电阻是接地体对地电阻和接地线电阻的总和。接地电阻的数值等于接地装置对地电压与通过接地体流入地中电流的比值。表8-27是有关规程对部分电气设备接地电阻的规定数值。

表 8-27　部分电气设备要求的接地电阻值

接　地　类　别		接地电阻(Ω)
TN、TT 系统中变压器中性点接地	单台容量小于100kVA	10
	单台容量在 100kVA 及以上	4
0.4kV、PE 线重复接地	电力设备接地电阻为100Ω	30
	电力设备接地电阻为4Ω	10
IT 系统中,钢筋混凝土杆、铁杆接地		50
柴油发电机组接地	中性点接地　100kVA 以下	10
	中性点接地　100kVA 及以上	4
	防雷接地	10
	燃油系统设备及管道防静电接地	30
电子设备接地	直流地	1 ~ 4
	其他交流设备的中性点接地(功率地)	4
	保护地	4
	防静电接地	30
建筑物用避雷带做防雷保护时	一类防雷建筑物的防雷接地	10
	二类防雷建筑物的防雷接地	20
	三类防雷建筑物的防雷接地	30
采用公用接地装置,且利用建筑物基础钢筋做接地装置时		1

(1)绝缘电阻表测试

使用电位计型接地电阻测量仪测量接地电阻的原理:手摇发电机以大约120r/min 的转速转动手柄,产生 110 ~ 115Hz 的交流电,沿被测接地体、大地和电流极流动,与此同时,调节粗、细旋钮,逐步使电位计上的电压与被测电压平衡,指针指零。于是,由电位计旋钮位置即可直接读出被测的接地电阻值。

传统的接地电阻测量仪有 ZC-8 型、ZC-29 型两种。在接地电阻测试前,要先拧开接地线或防雷接地引下线断接卡子的紧固螺栓。ZC-8 型接地电阻测量仪由手摇发电机、电流互感器、滑线变阻器及检流器等组成。三个端钮仪表仅用于流散电阻的测量,四个端钮既可用于流散电阻测量,也可用于土壤电阻率的测量。

使用接地电阻测量仪时,沿被测接地体 E′,将电位探测针 P′和电流探测针 C′,依直线彼此相距 20m 插入地下,电位探测针 P′插在接地体 E′和电流探测针 C′之间。用专用导线将 E′,P′和 C′连在仪表相应的端钮上,如图 8-17 所示。

将仪表水平放置,检查检流计的指针是否指于中心线上,否则可用零位调整器将其调到指针中心线。将“倍率标度”置于最大倍数,慢慢地转动发电机的摇把,同时旋动“测量标度盘”,使检流计的指针指于中心线。当检流计的指针接近平衡时,加快发电机摇把的转速,使其达到120r/min 以上,调正“测量标度盘”使指针指于中心线上。如“测量标度盘”的读数小于 1 时,应将“倍率标度”置于较小的倍数,再重新调正“测量标度盘”以得到正确读数。用“测量标度盘”的读数乘以“倍率标度”的倍数,即为所测的接地电阻值。

用所测的接地电阻值,乘以季节系数,所得结果即为实测接地电阻值。

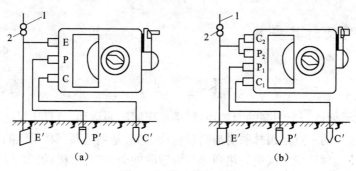

图 8-17　接地摇表连接

(a)3 个端钮的测量接地线路；(b)4 个端钮的绝缘电阻表接地测量电阻线路

1—至被保护的电气设备；2—断接卡子

(2)钳式接地电阻测试仪测试

测量接地电阻的新方法——非接触测量法。使用的测量仪器为钳形接地电阻测试仪，由绕在仪器钳口内的发生器线圈及绕在钳口内的接收线圈组成，两线圈之间具有良好的电磁屏蔽。测量时钳口闭合，只需将钳口夹住被测接地电阻的引线就可立即测得被测接地电阻值，而且由于不必断开接地线即可测量，所以所测值准确反映了设备运行情况下的接地状况。

【相关知识】

◆工作接地

为保证电力设备和设备达到正常工作要求而进行的接地，称为工作接地，如电源中中性点的直接接地或经消弧圈的接地以及防雷设备的接地等。各种工作接地都有各自的功能。电源中性点的直接接地，能在运行中维持三相系统中相线对地电压不变；电源中性点经消弧线圈的接地，能在单相接地时消除接地点的断续电弧，防止系统出现过电压。至于防雷设备的接地，其功能是为了将雷电流引入大地，避免被保护区感应过高的电压。

◆保护接地

为保障人身安全、防止间接触电而将设备的外露可导电部分进行接地，称为保护接地。保护接地的形式有两种：一种是设备的外露可导电部分经各自的接地线(PE 线)直接接地。另一种是设备的外露可导电部分经公共的 PE 线或 PEN 线接地，前者习惯称为"保护接地"，而后者习惯称为"保护接零"。

低压配电系统按保护接地的形式不同，分为 TN 系统、TT 系统和 IT 系统。

◆重复接地

在电源中性点直接接地的 TN 系统中，为确保公共 PE 线或 PEN 线安全可靠，除在电源中性点进行工作接地外，还必须在 PE 线或 PEN 线的下列地方进行必要的重复接地：

1)在架空线路的干线和分支线的终端及沿线每 1km 处。

2)电缆和架空线在引入车间及主要建筑物处。

否则，在 PEN 线发生断线并有设备发生一相接地故障时，接在断线后面的所有设备的外露可导电部分都将呈现接近于相电压的对地电压，这是很危险的。

九 园林照明及灯具安装

【要　点】

园林照明除了创造一个明亮的园林环境,满足夜间游园活动、节日庆祝活动以及保卫工作的需要之外,最重要的一点是园林照明与园景密切相关,是创造新园林景色的手段之一。绚丽明亮的灯光,可使园林环境气氛更为热烈、生动,欣欣向荣,富有生机;柔和、轻微的灯光又会使园林环境更加宁静、舒适、亲切宜人。

【解　释】

◆ 园林照明的方式和质量

(1)照明方式

进行园林照明设计必须对照明方式有所了解,方能正确规划照明,其方式参见第七章第五节的园路照明的方式划分。

(2)照明质量

良好的视觉效果不仅是单纯地依靠充足的光通量,还要有一定的光照质量要求。

1)合理的照度。照度是决定物体明亮程度的间接指标。在一定范围内,照度增加,视觉能力也相应提高。表8-28为各类建筑物、道路、庭园等设施一般照明的推荐照度。

表 8-28　各类设施一般照明的推荐照度

照　明　地　点	推荐照明度(lx)
国际比赛足球场	1000～1500
综合性体育正式比赛大厅	750～1500
足球场、游泳池、冰球场、羽毛球场、乒乓球场、台球场	200～500
篮球场、排球场、网球场、计算机房	150～300
绘图室、打字室、字画商店、百货商场、设计室	100～200
办公室、图书馆、阅览室、报告厅、会议室、博览馆、展览厅	75～150
一般性商业建筑(钟表、银行等)、旅游饭店、酒吧、咖啡厅、舞厅、餐厅	50～100
更衣室、浴室	15～30
库房	10～20
厕所、盥洗室、热水间、楼梯间、走道	5～10
广场	1～15
大型停车场	3～10
庭院道路	2～5
住宅小区道路	0.2～1

2)照明均匀度。游人置身园林环境中,如果有彼此亮度不相同的表面,当视觉从一个面转到另一个面时,眼睛被迫经过一个适应过程。当适应过程经常反复时,就会导致视觉的疲劳。在考虑园林照明中,除力图满足景色的需要外,还要注意周围环境中的亮度分布,应力求均匀。

3)眩光限制。眩光是影响照明质量的主要因素。所谓眩光是指由于亮度分布不适当或亮度的变化幅度大,或由于在时间上相继出现的亮度相差过大所造成的观看物体时感觉不适或视力降低的视觉条件。为防止眩光产生,常采用的方法是:

① 注意照明灯具的最低悬挂高度。

② 力求使照明光源来自优越方向。

③ 使用发光表面面积大、亮度低的灯具。

◆ 照明网络的布置

照明网络一般采用 380/220V 中性点接地的三相四线制系统,灯用电压 220V。

为了便于检修,每回路供电干线上连接的照明配电箱一般不超过 3 个,室外干线向各建筑物等供电时不受此限制。

室内照明支线每一单相回路一般采用不大于 15A 的熔断器或自动空气开关保护,对于安装大功率灯泡的回路允许增大到 20~30A。

每一条单相回路(包括插座)一般不超过 25 个,当采用多管荧光灯具时,允许增大到 50 根灯管。

照明网络零线(中性线)上不允许装设熔断器,但在办公室、生活福利设施及其他环境正常场所,当电气设备无接零要求时,其单相回路零线上宜装设熔断器。

一般配电箱的安装高度为中心距地 1.5m,若控制照明是在配电箱内进行,则配电箱的安装高度可以提高到 2m 以上。

拉线开关安装高度一般在距地面 2~3m(或者距顶棚 0.3m),其他各种照明开关安装高度宜为 1.3~1.5m。

一般室内暗装的插座,安装高度为 0.3~0.5m(安全型)或 1.3~1.8m(普通型);明装插座安装高度为 1.3~1.8m,低于 1.3m 时应采用安全插座;潮湿场所的插座,安装高度距地面不应低于 1.5m;儿童活动场所(如住宅、托儿所、幼儿园及小学)的插座,安装高度距地面不应低于 1.8m(安全型插座例外)。同一场所安装的插座高度应尽量一致。

◆ 灯光造景

园林的夜间形象主要是在园林固有景观的基础上,利用夜间照明和灯光造景来塑造的。

(1)用灯光强调主景

为了突出园林的主景或各个局部空间中的重要景点,我们可以采用直接性的灯具从前侧对着主景照射,使主景的亮度明显大于周围环境的亮度,从而鲜明突出地表现主景。灯具不宜设在正前方,正前方的投射光对被照物的立面有一定削弱作用。一般也不设在主景的后面,若在后面,将会造成眩光并使主景正面落在阴影中,不利于主景的表现,除非是特意为了用灯光来勾勒主景的轮廓,否则都不要从后面照射主景。园林中的雕塑、照壁、主体建筑等,常强调用以上方法进行照明。

在对园林主体建筑或重要建筑加以强调时,也可以采用灯光照射来实现。如果充分利用建筑物的形象特点和周围环境的特点,有选择地进行照明,就能够获得建筑立面照明的最大艺术效应。如建筑物的水平层次形状、竖向垂直线条、长方体形、圆柱体形等形状要素,都可以通过一定方向光线的投射、烘托而得到富于艺术性的表现。又如,利用建筑物近旁的水池、湖泊作为夜间一个黑色投影面,使被照明的建筑物在水中倒影出来,可获得建筑物与水景交相映衬的效果。或者将投光灯设置在稀树之后,透过稀疏枝叶向建筑照射,可在建筑物墙面投射出许多光斑、黑影,也进一步增强了建筑物的光影表现。

(2)用色光渲染氛围

利用灯光对园林夜间景物以及园林空间进行照射赋色,能够很好地渲染氛围和夜间情调。这种渲染可以从地面、夜空和动态音画三个方面进行。

1)地面色光渲染

园林中的草坪、花坛、树丛、亭廊、曲桥、山石甚至铺装地面等,都可以在其边缘设置投射灯具,利用灯罩上不同颜色的透色片透出各色灯光,为地面及其景物赋色。亭廊、曲桥、地面用各种色光都可以,但草坪、花坛、树丛则不能用蓝、绿色光,因为在蓝、绿色光照射下,生活的植物却仿佛成了人造的塑料植物,给人虚假的感觉。

2)夜空色光渲染

对园林夜空的色彩渲染有漫射型渲染和直射型渲染两种方式。漫射型渲染是用大功率的光源置于漫射型材料制作的灯罩内,向上空发出色光。这种方式的照射距离比较短,因此只能在较小范围内造成色光氛围。直射型渲染则是用方向性特强的大功率探照灯,向高空发射光柱,若干光柱相互交叉晃动、扫射,形成夜空中的动态光影景观。探照灯光一般不加色彩,若成为彩色光柱,则照射距离就会缩短了。对夜空进行色光渲染,在灯具功能上还可以改进,如旋转、摇摆、闪烁和定时亮灭等,使夜空中的光幕、光柱、光带等具有各种形式的动态效果。

3)动态音画渲染

在园景广场、公园大门内广场以及一些重点的灯展场地,采用巨型电视屏播放电视节目、园景节目或灯展节目,以音画结合的方式来渲染园林夜景,能够增强园林夜景的动态效果。此外,也可以对园林中一些照壁或建筑山墙墙面进行灯光投影,在墙面投影出各种图案、文字、动物、人物等简单的形象,进一步丰富园林夜间景色。

◆灯光造型

灯光、灯具还有装饰和造型的作用,特别是在灯展、灯会上,灯的造型千变万化,绚丽多彩,成了夜间园林的主要景观。

(1)装饰彩灯造型

用各种形状的微光源和各色彩灯以及定时亮灭灯具,可以制成装饰性很强的图形、纹样、文字及其他多种装饰物。

1)装饰灯的种类。

专供装饰造型用的灯饰种类较多,下面列举其中一些比较常见者。

① 满天星。是用软质的塑料电线间隔式地串联起低压微型灯泡,然后接到220V电源上使用。这种灯饰价格低、耗电少、灯光繁密,能组成光丛、光幕和光塔等。

② 美耐灯。商业名称又叫水管灯、流星灯、可塑电虹灯等,是将多数低压微型灯泡按2.5cm或5cm的间距串联起来,并封装于透明的彩色塑料软管内制成的装饰灯。如果配以专用的控制器,则可以实现灯光明暗、闪烁、追逐等多种效果。在灯串中如有一两个灯泡烧坏,电路能够自动接通,不影响其他灯泡发光,在制作灯管图案时,可以根据所需长度在管外特殊标记处剪断;如果需要增加长度,也可使用特殊连接件进行有限加长。

③ 小带灯。是以特种耐用微型灯泡在导线上连接成串,然后镶嵌在带形的塑料内做成的灯带。灯带一般宽10cm,额定电压有24V和22V两种。小带灯主要用于建筑、大型图画和商店橱窗的轮廓显示,也可以拼制成简单的直线图案装饰环境。

④ 电子扫描霓虹灯。这也是一种现形装饰灯,是利用专门的电子程序控制器来发光控制,使灯管内发光段能够平滑地伸缩、流动,动态感很强,可以装饰图案。这种灯饰要根据设计要求交由灯厂加工定做,市面上难以购到合用的产品。

⑤ 变色灯。在灯罩内装有红、绿、蓝三种灯泡,通过专用的电子程序控制器控制三种颜色灯泡的发光,在不同颜色灯泡发光强弱变化中实现灯具的不断变色。

⑥ 彩虹玻璃灯。这种灯饰利用光栅技术开发,可以在彩虹玻璃灯罩内产生色彩缤纷的奇妙光效果,显得神奇迷离,灿烂夺目。

2)图案与文字造型。

用灯饰制作图案与文字,应采用美耐灯、霓虹灯等管状的易于加工的装饰灯。先要设计好图案和文字,然后根据图案文字制作其背面的支架,支架一般用钢筋和角钢焊接而成。将支架焊稳焊牢之后,再用灯管照着设计的图样做出图案和文字来。为了以后更换烧坏的灯管方便,图样中所用灯管的长度不必要求很长,短一点的灯管多用几根也是一样的。由于用作图案文字造型的线形串灯具有管体柔软、光色艳丽、绝缘性好、防水节能、耐寒耐热、适用环境广、易于安装和维护方便等优点,在字形显示、图案显示、造型显示和轮廓显示等多种功能中应用十分普遍。

3)装饰物造型。

利用装饰灯还可以做成一些装饰物,用来点缀园林环境。例如,用满天星串灯,组成一条条整齐排列的下垂的光串,可做成灯瀑布,布置于园林环境中或公共建筑的大厅内,能够获得很好的装饰效果。在园路路口、桥头、亭子旁、广场边等环境中,可以在4~7m高的钢管灯柱顶上安装许多长度相等的美耐灯软管,从柱顶中心向周围披散展开,组成如椰子树般的形状,这是灯树。用不同颜色的灯饰,还可以组合成灯拱门、灯宝塔、灯花篮、灯座钟、灯涌泉等多姿多彩的装饰物。

(2)灯展中的灯组造型

在公园内举办灯展灯会,不但要准备许许多多造型各异的彩灯灯饰,而且还要制作许多大型的造型灯组。每一灯组都是由若干的造型灯形象构成的。

在用彩灯制作某种形象时,一般先要按照该形象的大致形状做出骨架模型,骨架材料的选择视该形象体量的大小轻重而定。大而重的要用钢筋、铁丝焊接做成骨架;小而轻的则可用竹木材料编扎、捆绑成为骨架。骨架做好后,进行蒙面或铺面工作。蒙面或铺面的材料多种多样,常用的有色布、捐绸、有色塑料布、油布、碗碟、针药瓶、玻璃片等,也有直接用低压灯泡的。如果是供室内展出的灯组,还可以用彩色纸作为蒙面材料。

灯组造型所用题材范围十分广泛。有反映工农业生产成就和科技成果的,如"城乡新貌"、"花果农庄"、"人造卫星"等;有展现地方民情风俗的,如"侗乡风雨桥"、"巴蜀女儿节"等;有民间工艺品题材的,如宫灯、跑马灯、风车灯、花篮灯、彩船灯等;有历史、宗教、神话、传说题材的,如三国故事、观音菩萨、大肚罗汉、西游记故事、大禹治水、愚公移山等;有艺术题材的,如"红楼梦"人物、"西厢记"人物、"白毛女"、"红色娘子军"等;有塑造动植物或塑造幻想动物形象的,如荷花灯、芙蓉灯、牡丹灯、桃花灯、迎客松、长生果、孔雀开屏、丹凤朝阳、二龙戏珠、仙鹤、雄狮、大熊猫以及十二生肖动物等。

(3)激光照射造型

在应用探照灯等直射光源以光柱照射夜空的同时,还可以使用新型的激光射灯,在夜空中创造各种光的形状。激光发射器可发出各种可见的色光,并且可随意变化光色。各种色光可以在天空中绘出多种曲线、光斑、图案、花形、人形甚至写出一些文字来,使园林的夜空显得无比奇幻和奥妙,具有很强的观赏性。

◆ **植物的饰景照明**

树叶、灌木丛林以及花草等植物以其舒心的色彩、和谐的排列和美丽的形态成为园林装饰不可缺少的组成部分。在夜间环境下,通过照明能够创造出或安逸祥和、或热情奔放、或绚丽多彩的氛围。

(1)对植物的照明应遵循的原则

1)要研究植物的一般几何形状(圆锥形、球形、塔形等)以及植物在空间所展示的程度。照明类型必须与各种植物的几何形状相一致。

2)对淡色的和耸立空中的植物,可以用强光照明,得到一种轮廓的效果。

3)不应使用某些光源去改变树叶原来的颜色,但可以用某种颜色的光源去加强某些植物的外观。

4)许多植物的颜色和外观是随着季节的变化而变化的,照明也应适于植物的这种变化。

5)可以在被照明物附近的一个点或许多点观察照明的目标,要注意消除眩光。

6)从远处观察,成片树木的投光照明通常作为背景而设置,一般不考虑个别的目标而只考虑其颜色和总的外形大小。从近处观察目标并需要对目标进行直接评价的,则应该对目标进行单独的光照处理。

7)对未成熟的及未伸展开的植物和树木,一般不加装饰照明。

(2)树木的投光照明

向树木投光的方法是:

1)投光灯一般是放置在地面上,根据树木的种类和外观确定排列方式,有时为了更突出树木的造型和便于人们观察欣赏,也可将灯具放在地下。

2)如果想照明树木上的一个较高的位置(如照明一排树的第一根树叉及其以上部位),可以在树的旁边放置一根高度等于第一根树叉的小灯杆或金属杆来安装灯具。

3)在落叶树的主要树枝上,安装一串串低功率的白炽灯泡,可以获得装饰的效果。但这种安装方式一般在冬季使用,因为在夏季,树叶会碰到灯泡,灯泡会烧伤树叶,对树木不利,也会影响照明的效果。

4)对必须安装在树上的投光灯,其系在树叉上的安装环必须能按照植物的生长规律进行调节。

5)对树木的投光造型是一门艺术,布灯方式有以下几种:

① 对一片树木的照明。用几只投光灯具,从几个角度照射过去。照射的效果既有成片的感觉,也有层次、深度的感觉。

② 对一棵树的照明。用两只投光灯具从两个方向照射,成特写景头。

③ 对一排树的照明。用一排投光灯具,按一个照明角度照射。既有整齐感,也有层次感。

④ 对高低参差不齐的树木的照明。用几只投光灯,分别对高、低树木投光,给人以明显的高低、立体感。

⑤ 对两排树形成的绿荫走廊照明。对于由两排树形成的绿荫走廊,采用两排投光灯相对照射,效果很好。

⑥ 对树叉、树冠的照明。在大多数情况下,对树木的照明,主要是照射树叉与树冠,这样不仅层次丰富、效果明显,而且光束的散光也会将树杆显示出来,起衬托作用。

◆ **花坛的照明**

对花坛的照明方法:由上向下观察处在地平面上的花坛,采用称为蘑菇式灯具向下照射。这些灯具放置在花坛的中央或侧边,高度取决于花的高度。图 8-18(a)为观察点为花坛的前方的布灯实例,图 8-18(b)的观察点为花坛四周。

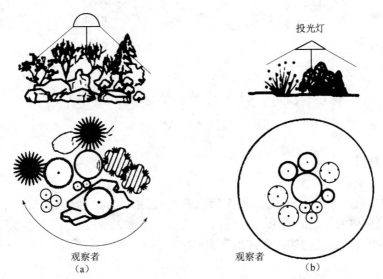

图 8-18 花坛照明

(a)布灯实例(观察点为花坛前方);(b)布灯实例(观察点为花坛四周)

◆ **喷水池和瀑布的照明**

(1)对喷射的照明

在水流喷射的情况下,将投光灯具装在水池内的喷口后面或装在水流重新落到水池内的落下点下面,或者在这两个地方都装上投光灯具。

水离开喷口处的水流密度最大,当水流通过空气时会产生扩散,由于水和空气有不同的折射率,使投光灯的光在进出水柱时产生二次折射,在"下落点",水已变成细雨一般。投光灯具装在离下落点大约 10cm 的水下,使下落的水珠产生闪闪发光的效果。

(2)瀑布的照明

1)对于水流和瀑布,灯具应装在水流下落处的底部。

2)输出光通应取决于瀑布的落差和与流量成正比的下落水层的厚度,还取决于流出口的形状所造成水流的散开程度。

3)对于流速比较缓慢,落差比较小的阶梯式水流,每一阶梯底部必须装有照明。线状光源(荧光灯、线状的卤素白炽灯等)最适合于这类情形。

4)由于下落水的重量与冲击力可能冲坏投光灯具的调节角度和排列,所以必须牢固地将灯具固定在水槽的墙壁上或加重灯具。

5)具有变色程序的动感照明,可以产生一种固定的水流效果,也可以产生变化的水流效果。

图 8-19 是不同流水效果的灯具安装方法。

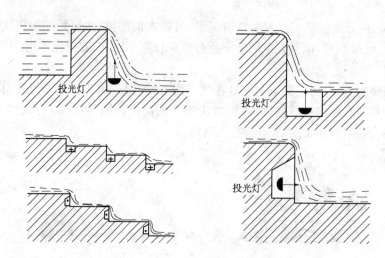

图 8-19　瀑布与水流的投光照明

◆静水和湖的照明

投光照明方法是：

1)所有静水或慢速流动的水,比如水槽内的水、池塘、湖或缓慢流动的河水,会产生镜面效果,所以只要照射河岸边的景象,必将在水面上反射出来,分外具有吸引力。

2)对岸上引人注目的物体或者伸出水面的物体(如斜倚着的树木等),都可用浸在水下的投光灯具来照明。

3)对由于风等原因而使水面汹涌翻滚的景象,可以通过岸上的投光灯具直接照射水面来得到令人感兴趣的动态效果。此时的反射光不再均匀,照明提供的是一系列不同亮度区域中呈连续变化的水的形状。

◆溶洞照明

(1)显示照明

为了向游客介绍溶洞内的景观和导游线路,一般在溶洞口设置游览路线景观活动显示屏,这种显示屏采用电子程控器控制,按照路径方向逐段显示。显示方式有两种:一种为每段从起点逐个亮到终点,最后全部发光;另一种也是每段从起点亮到终点,亮的方式似小溪流水,有动态感。当每一起点的灯开始亮时,下一个景观点上的红灯便开始闪烁。当路线指向灯亮至一个景观时,该点的红灯便常亮。待游览路线亮过一趟之后,所有的指示灯便全部熄灭,机器自动暂停一段时间(时间可随意调整),然后重新启动(机器还设有人工启动开关),在每个景观上都配有彩色的景观图片,形象生动逼真。

溶洞口还设有洞名和"欢迎来宾"灯光显示屏,这是一种文字和图形活动显示屏,它由控制器、存储器、显示器和电源装置组成。

在使用前,要把需要显示的文字和图形写入存储器中,在控制器的控制下按不同显示方式把文字或图形的指令输入显示器,从而显示出所示的文字和图形。需要更换所显示的内容时,只需将不同内容的可编程序续入存储器即可。

(2)明视照明

明视照明是以溶洞通道为中心进行活动和工作所需的照明,它包括常见光和附加灯光两部分。当导游介绍景观时,两种灯光同时亮,而导游离开该景观时,附加的那部分灯光便自动熄灭,这样做可以省电,更重要的是能够通过灯光的明暗变化烘托气氛,给游客以动感,提高欣赏情趣。

通道照明灯具不宜安装过高,以距底部200mm为宜,为了保证必要的照度值(≮0.5lx),每4～6m应设置60W照明灯具1盏。

（3）饰景照明

饰景照明是用于烘托景物的,利用灯光布景,表现各种主题,如"仙女下凡"、"金鸡报晓"、"大闹天宫"等景观,给游客以丰富的艺术想象,得到美的享受。

为了得到较好的烘托效果,饰景照明不宜采用大功率的灯光,同时还要求灯具能够满足调光的可能性。对于目标较远的钟乳等,可以采用150W或200W投光灯,灯光上下部位可变,又能调整焦点。在目标附近还可增设其他灯具,以亮度对比方式突出目标的艺术形象。

为了表现一种艺术构思,饰景用的灯光的颜色应根据特定的故事情节进行设计,而不能像一般游艺场、舞厅的灯光那样光怪陆离,使景观的意境受到干扰和破坏。

（4）应急照明

应急照明是当一般照明因故断电时为了疏散溶洞内游客而设置的一种事故照明装置。这种灯一般设置于溶洞内通道的转角处,为人员疏散的信号指示提供一定的照度。

通常采用的灯内电池型应急照明装置是一种新颖的照明灯具,其内部装有小型密封蓄电池、充放电转换装置、逆变器和光源等部件。交流电源正常供电时,蓄电池被缓缓充电;当交流电源因故中断时,蓄电池通过转换电路自动将光源点亮。应急照明应采用能瞬时点亮的照明光源,一般采用白炽灯,每盏功率取30W。

（5）灯光的控制

明视照明和饰景照明的控制有红外光控和干簧管磁控两种方式。一般以采用红外光控方式居多,这种遥控器包括发射器和接收器两部分。导游人员利用发射器发射控制信号,通过接收器通、断照明线路,启闭灯光。红外光为不可见光,不受外界干扰时其射程可达7～10m。

对于需要经常变幻的灯光,可以利用可控硅调光器进行调光。

（6）安全措施

1）由于溶洞内潮湿,容易触电,为了保证安全可靠,溶洞供电变压器应采用380V中性点不接地系统,最好能用双回路供电。

2）溶洞内的通道照明和饰景照明,在特别潮湿的场所,其使用电压不应超过36V。

3）根据安全要求,溶洞内的供电和照明线路,不允许采用黄麻保护层的电缆。固定敷设的照明线路,可以采用塑料绝缘塑料护套铝芯电缆或普通塑料绝缘线。非固定敷设时宜采用橡胶或氯丁橡胶套电缆。

4）在溶洞内,凡是由于绝缘破坏而可能带电的用电设备金属外壳,均要接地保护。将所有电缆的金属的金属外皮不间断地连接起来构成接地网,并与洞内水坑的接地板(体)相连。

接地板装于水坑内,其数量不得少于两个,以便在检修和清洗接地板时互为备用。接地体采用厚度不少于5mm,面积不少于0.75m² 的钢板制作。

◆ 园灯的安装

园灯在功能上一方面是保证园路夜间交通安全,另一方面也可结合造景,尤其对于夜景,园灯是重要的造景要素。

园灯的布置,在公园入口及开阔的广场,应选择发光效果较好的直射光源,灯杆的高度应根据广场的大小而定,一般为5～10m。灯的间距为35～40m。在园路两旁的灯光要求照度均匀。由于树木的遮挡,灯不宜悬挂过高,一般为 4~6m。灯杆的间距为 30~60m,如为单杆顶灯,则悬挂高度为 2.5~3m,灯距为 20~25m。在道路交叉口或空间的转折处应设指示园灯。在某些环境如踏步、草坪、小溪边可设置地灯,特殊处还可采用壁灯。在雕塑等处,可使用探照灯、聚光灯、霓虹灯等。景区、景点的主要出入口、广场、林荫道等处,可结合花坛、雕塑、水池、步行道等设置庭院灯。庭院灯多为 1.5~4.5m 的灯柱,灯柱多采用钢筋混凝土或钢制成,基座常用砖或混凝土、铸铁等制成,灯型多样,不仅能起到照明、美化的作用,而且还有指示作用,便于夜间识别。

(1)灯架、灯具安装

按设计要求测出灯具(灯架)安装高度,在电杆上画出标记。

将灯架、灯具吊上电杆(较重的灯架、灯具可使用滑轮、大绳吊上电杆),穿好抱箍或螺栓,按设计要求找好照射角度,调好平整度后,将灯架紧固好。

成排安装的灯具其仰角应保持一致,排列整齐。

(2)配接引下线

将针式绝缘子固定在灯架上,将导线的一端在绝缘子上绑好回头,并分别与灯头线、熔断器进行连接。将接头用橡胶布和黑胶布半幅重叠各包扎一层,然后将导线的另一端拉紧,并与路灯干线背扣后进行缠绕连接。

每套灯具的相线应装有熔断器,且相线应接螺口灯头的中心端子。

引下线与路灯干线连接点距杆中心应为 400~600mm,且两侧对称一致。

引下线凌空段不应有接头,长度不应超过 4m,超过时应加装固定点或使用钢管引线。

导线进出灯架处应套软塑料管并做防水弯。

(3)试灯

全部安装工作完毕后应送电、试灯,并进一步调整灯具的照射角度。

◆ **霓虹灯的安装**

(1)霓虹灯管安装

霓虹灯管由 φ10~φ20mm 的玻璃管弯制而成。灯管两端各装一个电极,玻璃管内抽成真空后,再充入氖、氩等惰性气体作为发光的介质,在电极的两端加上高压,电极发射电子激发管内惰性气体,使电流导通灯管发出红、绿、蓝、黄、白等不同颜色的光束。

霓虹灯管本身容易破碎,管端部还有高电压,因此应安装在人不易触及的地方,并不应和建筑物直接接触。固定后的灯管与建筑物、构筑物表面的最小距离不宜小于 20mm。

安装霓虹灯灯管时,一般用角铁做成框架,框架要既美观又牢固,在室外安装时还要经得起风吹雨淋。

安装时,应在固定霓虹灯管的基面上(如立体文字、图案、广告牌和牌匾的面板等),确定霓虹灯每个单元(如一个文字)的位置。灯体组装时要根据字体和图案的每个组成件(每段霓虹灯管)所在位置安设灯管支持件(也称灯架),灯管支持件要采用绝缘材料制品(如玻璃、陶瓷、塑料等),其高度不应低于 4mm,支持件的灯管卡接口要和灯管的外径相匹配。支持件宜用一个螺钉固定,以便调节卡接口与灯管的衔接位置。灯管和支持件要用绑线绑扎牢靠,每段霓虹灯管其固定点不得少于两处,在灯管的较大弯曲处(不含端头的工艺弯折)应加设支持件。霓虹灯管在支持件上装设不应承受应力。

霓虹灯管要远离可燃性物质,其距离至少应在 30cm 以上;和其他管线应有 15cm 以上的间距,并应设绝缘物隔离。

霓虹灯管出线端与导线连接应紧密可靠以防打火或断路。

安装灯管时应用各种玻璃或瓷制、塑料制的绝缘支持件固定。有的支持件可以将灯管直接卡入,有的则可用φ0.5mm的裸细铜线扎紧,如图8-20所示。安装灯管时切不可用力过猛,再用螺钉将灯管支持件固定在木板或塑料板上。

室内或橱窗里的霓虹灯管安装时,在框架上拉紧已套上透明玻璃管的镀锌钢丝,组成200~300mm间距的网格,然后将霓虹灯管用φ0.5mm的裸铜丝或弦线等与玻璃管绞紧即可,如图8-21所示。

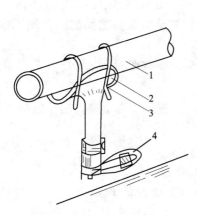

图 8-20　霓虹灯管支持件固定
1—霓虹灯管;2—绝缘支持件;
3—φ0.5mm裸铜丝扎紧;4—螺钉固定

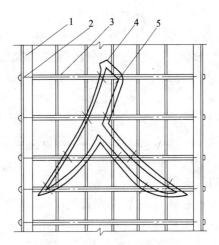

图 8-21　霓虹灯管绑扎固定
1—型钢框架;2—φ1.0mm镀锌钢丝;3—玻璃套管;
4—霓虹灯管;5—φ0.5mm铜丝扎紧

（2）变压器安装

变压器应安装在角钢支架上,其支架宜设在牌匾、广告牌的后面或旁侧的墙面上。支架如埋入固定,埋入深度不得少于120mm;如用胀管螺栓固定,螺栓规格不得小于M10。角钢规格宜在∟35mm×35mm×4mm以上。

变压器要用螺栓紧固在支架上,或用扁钢抱箍固定。变压器外皮及支架要做接零(地)保护。

变压器在室外明装,其高度应在3m以上,距离建筑物窗口或阳台也应以人不能触及为准,如上述安全距离不足或将变压器明装于屋面、女儿墙、雨篷等人易触及的地方,均应设置围栏并覆盖金属网进行隔离、防护,确保安全。

为防雨雪和尘埃的侵蚀,可将变压器装于不燃或难燃材料制作的箱内加以保护,金属箱要保护接零(地)处理。

霓虹灯变压器应紧靠灯管安装,一般隐蔽在霓虹灯板之后,可以减短高压接线,但要注意切不可安装在易燃品周围。安装在室外的变压器,离地高度不宜低于3m,离阳台、架空线路等距离不应小于1m。

霓虹灯变压器的铁芯、金属外壳、输出端的一端以及保护箱等均应进行可靠的接地。

（3）霓虹灯低压电路的安装

对于容量不超过4kW的霓虹灯,可采用单相供电,对超过4kW的大型霓虹灯,需要提供三相电源,霓虹灯变压器要均匀分配在各相上。

在霓虹灯控制箱内一般装设有电源开关、定时开关和控制接触器。

控制箱一般装设在邻近霓虹灯的房间内。为防止在检修霓虹灯时触及高压,在霓虹灯与控制箱之间应加装电源控制开关和熔断器,在检修灯管时,先断开控制箱开关再断开现场的控制开关,以防止误合闸而使霓虹灯管带电。

霓虹灯通电后,灯管内会产生高频噪声电波,它将辐射到霓虹灯的周围,会严重干扰电视机和收音机的正常使用。为了避免这种情况发生,只要在低压回路上接装一个电容器就可以了。

(4)霓虹灯高压线的连接

霓虹灯专用变压器的二次导线和灯管间的连接线,应采用额定电压不低于 15kV 的高压尼龙绝缘线。霓虹灯专用变压器的二次导线与建筑物、构筑物表面之间的距离均不应大于 20mm。

高压导线支持点间的距离,在水平敷设时为 0.5m;垂直敷设时,支持点间的距离为 0.75m。

高压导线在穿越建筑物时,应穿双层玻璃管加强绝缘,玻璃管两端要露出建筑物两侧,长度各为 50～80mm。

◆ 彩灯的安装

安装彩灯时,应使用钢管敷设,严禁使用非金属管作敷设支架。

管路安装时,首先按尺寸将镀锌钢管(厚壁)切割成段,端头套丝,缠上油麻,将电线管拧紧在彩灯灯具底座的丝孔上,勿使漏水,这样将彩灯一段一段连接起来,然后按画出的安装位置线就位,用镀锌金属管卡将其固定,固定在距灯位边缘 100mm 处,每管设一卡就可以了。固定用的螺栓可采用塑料胀管或镀锌金属胀管螺栓,不得打入木楔用木螺钉固定,否则容易松动脱落。

管路之间(即灯具两旁)应用不小于 φ6 的镀锌圆钢进行跨接连接。

彩灯装置的配管本身也可以不进行固定而固定彩灯灯具底座。在彩灯灯座的底部原有圆孔部位的两侧,顺线路的方向开一长孔,以便安装时进行固定位置的调整和管路热胀冷缩时有自然调整的余地,见图8-22。

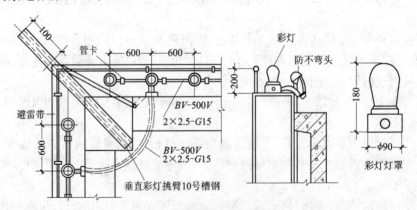

图 8-22　固定式彩灯装置做法(单位:mm)

土建施工完成后,在彩灯安装部位,顺线路的敷设方向拉通线定位。根据灯具位置及间距要求,沿线打孔埋入塑料胀管。把组装好的灯底座及连接钢管一起放到安装位置(也可边固定边组装),用膨胀螺钉将灯座固定。

彩灯穿管导线应使用橡胶铜导线敷设。

彩灯装置的钢管应与避雷带(网)进行连接,并应在建筑物上部将彩灯线路线芯与接地管路之间接以避雷器或放电间隙,借以控制放电部位,减少线路损失。

较高的主体建筑,垂直彩灯的安装一般采用悬挂方法,安装较方便。但对于不高的楼房、塔楼、水箱间等垂直墙面也可采用镀锌管沿墙垂直敷设的方法。

彩灯悬挂敷设时要制作悬具。悬具制作较繁复,主要材料是钢丝绳、拉紧螺栓及其附件,导线和彩灯设在悬具上。彩灯是防水灯头和彩色白炽灯泡。

悬挂式彩灯多用于建筑物的四角无法装设固定式的部位。采用防水吊线灯头连同线路一起悬挂于钢丝绳上,悬挂式彩灯导线应采用绝缘强度不低于 500V 的橡胶铜导线,截面不应小于 $4mm^2$。灯头线与干线的连接应牢固,绝缘包扎紧密。导线所载灯具重量的拉力不应超过该导线的允许机械强度,灯的间距一般为 700mm,距地面 3m 以下的位置上不允许装设灯头。

◆ **雕塑、雕像的饰景照明灯具安装**

对高度不超过 5~6m 的小型或中型雕塑,其饰景照明的方法如下:

照明点的数量与排列取决于被照目标的类型。要求是照明整个目标,但不要均匀,其目的是通过阴影和不同的亮度,再创造一个轮廓鲜明的效果。

根据被照明目标的位置及其周围的环境确定灯具的位置:

1)处于地面上的照明目标,孤立地位于草地或空地中央。此时灯具的安装应尽可能与地面平齐,以保持周围的外观不受影响和减少眩光的危险。也可装在植物或围墙后的地面上。

2)坐落在基座上的照明目标,孤立地位于草地或空地中央。为了控制基座的亮度,灯具必须放在更远一些的地方。基座的边不能在被照明目标的底部产生阴影。

3)坐落在基座上的照明目标,位于行人可接近的地方。通常不能围着基座安装灯具,因为从透视上说距离太近。只能将灯具固定在公共照明杆上或装在附近建筑的立面上,但必须注意避免眩光。

对于塑像,通常照明脸部的主体部分以及像的正面。背部照明要求低得多,或在某些情况下,一点都不需要照明。

虽然从下往上的照明是最容易做到的,但要注意,凡是可能在塑像脸部产生不愉快阴影的方向都不能施加照明。

对某些塑像,材料的颜色是一个重要的要素。一般来说,用白炽灯照明有好的显色性。通过使用适当的灯泡,如汞灯、金属卤化物灯、钠灯,可以增加材料的颜色。采用彩色照明最好能做一下光色试验。

◆ **旗帜的照明灯具安装**

由于旗帜会随风飘动,应该始终采用直接向上的照明,以避免眩光。

对于装在大楼顶上的一面独立的旗帜,在屋顶上布置一圈投光灯具,圈的大小是旗帜能达到的极限位置。将灯具向上瞄准并略微向旗帜倾斜,根据旗帜的大小及旗杆的高度,可以用 3~8 只宽光束投光灯照明。

当旗帜插在一个斜的旗杆上时,从旗杆两边低于旗帜最低点的平面上分别安装两只投光灯具,这个最低点是在无风情况下确定来的。

当只有一面旗帜装在旗杆上,也可以在旗杆上装一圈 PAR 密封型光束灯具。为了减少眩光,这种灯组成的圆环离地至少 2.5m 高,为了避免烧坏旗帜布料,在无风时,圆环离垂挂的旗帜下面至少有 40cm。

对于多面旗帜分别升在旗杆顶上的情况,可以用密封光束灯分别装在地面上进行照明。为了照亮所有的旗帜,无论旗帜飘向哪一方向,灯具的数量和安装位置取决于所有旗帜覆盖的空间。

【相关知识】

◆公园、绿地的照明原则

公园、绿地的室外照明,由于环境复杂,用途各异,变化多端,因而很难硬性规定,仅提出以下一般原则供参考:

1)不要泛泛设置照明设施,而应结合园林景观的特点,以其在灯光下能最充分体现景观效果为原则来布置照明措施。

2)关于灯光的方向和颜色的选择,应以能增加树木、灌木和花卉的美观为主要前提。如针叶树在强光下才反应良好,一般只宜于采取暗影处理法。又如,阔叶树种白桦、垂柳、枫树等对泛光照明有良好的反映效果;白炽灯包括反射型,卤钨灯却能增加红、黄色花卉的色彩,使它们显得更加鲜艳,使用小型投光器会使局部花卉色彩绚丽夺目;汞灯使树木和草坪绿色鲜明夺目等。

3)对于水面、水景照明景观的处理上,注意如以直射光照在水面上,对水面本身作用不大,但却能反映其附近被灯光所照亮的小桥、树木或园林建筑呈现出波光粼粼的梦幻似的意境。而瀑布和喷水池却可用照明处理得很美观,不过灯光需透过流水以造成水柱的晶莹剔透、闪闪发光。所以,无论是在喷水的四周,还是在小瀑布流入池塘的地方,均宜将灯光置于水面之下。在水下设置灯具时,应注意使其在白天难于发现隐藏在水中的灯具,但也不能埋得过深,否则会引起光强的减弱。一般安装在水面以下 30~100mm 为宜。进行水景的色彩照明时,常使用红、蓝、黄三原色,其次使用绿色。

某些大瀑布采用前照灯光的效果很好,但如让设在远处的投光灯直接照在瀑布上,效果并不理想。潜水灯具的应用效果颇佳,但需特殊的设计。

4)对于公园和绿地的主要园路,宜采用低功率的路灯装在 3~5m 高的灯柱上,柱距20~40m,效果较好,也可每柱两灯,需要提高照度时,两灯齐明。也可隔柱设置控制灯的开关来调整照明,还可利用路灯灯柱装以 150W 的密封光束反光灯来照亮花圃和灌木。

在一些局部的假山、草坪内可设地灯照明,如要在内设灯杆装设灯具时,其高度应在 2m 以下。

5)在设计公园、绿地、园路等照明灯时,要注意路旁树木对道路照明的影响,为防止树木遮挡可以采取适当减少灯间距,加大光源的功率以补偿由于树木遮挡所产生的光损失,也可以根据树形或树木高度不同,在安装照明灯具时,采用较长的灯柱悬臂,使灯具突出树缘外或改变灯具的悬挂方式等以弥补光损失。

6)无论是白天或黑夜,照明设备均需隐蔽在视线之外,最好全部敷设电缆线路。

7)彩色装饰灯可创造节日气氛,反映在水中更为美丽,但是这种装饰灯光不易获得宁静、安详的气氛,也难以表现出大自然的壮观景象,只能有限度地调剂使用。

◆ **门灯的种类**

庭院出入口与园林建筑的门上安装的灯具为门灯,包括在矮墙上安装的灯具。门灯还可以分为门顶灯、门壁灯、门前座灯等。

(1)门顶灯

门顶灯竖立在门框或门柱顶上,灯具本身并不高,但与门柱等混成一体就显得比较高大雄伟,使人们在踏进大门时,抬头望灯,会感到建筑物的气派非凡。

(2)门壁灯

门壁灯分为枝式壁灯与吸壁灯两种。枝式壁灯的造型类似室内壁灯,可称得上千姿百态,只是灯具总体尺寸比室内壁灯大,因为户外空间比室内大得多,灯具的体积也要相应增大,才能匹配。室外吸壁灯的造型也相似于室内吸壁灯,安装在门柱(或门框)上时往往采取半嵌入式。

(3)门前座灯

门前座灯位于正门两侧(或一侧),高约2~4m,其造型十分讲究,无论是整体尺寸、形象,还是装饰手法等,都必须与整个建筑物风格完全一致,特别是要与大门相协调,使人们一看到门前座灯,就会知道建筑物的整体风格,而留下难忘的印象。

◆ **庭院灯的种类**

庭院灯用在庭院、公园与大型建筑物的周围,既是照明器材,又是艺术欣赏品。因此庭院灯在造型上美观新颖,给人们以心情舒畅之感。庭院中有树木、草坪、水池,因此各处的庭院灯的形态、性能也各不相同。

1)园林小径灯

园林小径灯竖在庭园小径边,与树木、建筑物相衬,灯具功率不大,使庭园显得幽静舒适。园林小径灯的造型有西欧风格的,有日本和式风格的,也有中国民族风格的。选择园林小径灯时必须注意灯具与周围建筑物相和谐。小径灯的高度要根据小径边树木与建筑物的高度来确定。

2)草坪灯

草坪灯放置在草坪边。为了保持草坪宽广的气氛,草坪灯一般都比较矮,一般为40~70cm高,最高不超过1m。灯具外形尽可能艺术化,有的像大理石雕塑,有的像亭子,有的小巧玲珑,讨人喜爱。有些草坪灯还会放悦耳的音乐,使人们在草坪上休息散步时心情更加舒畅。

◆ **水池灯**

水池灯具有良好的水密性,灯具中的光源一般选用卤钨灯,这是因为卤钨灯的光谱呈连续性,光照效果很好。当灯具放光时,光经过水的折射会产生色彩艳丽的光线,特别是照射在喷水池中水柱时,水柱会呈现五彩缤纷的光色。

◆ **道路灯具**

道路灯具既照明着城市园林,又美化着城市。道路灯具可分成两类:一是功能性道路灯具,二是装饰性道路灯具。

(1)功能性道路灯具

功能性道路灯具有良好的配光,使灯具发出的大部分光能比较均匀地投射在道路上。

功能性道路灯具可分横装灯式与直装灯式两种。横装灯式在近十年来风行世界。此种灯反射面设计比较合理，光分布情况良好。在外形的造型方面有方盒形、流线形、琵琶形等，美观大方，深受喜欢。直装灯式路灯可分老式与新式两种，老式直装灯式造型很简单，多数用玻璃罩、搪瓷罩或铁皮涂漆罩加上一只灯座，因其配光不合理，在直射下的路面很亮，而道路中央及周围反而显得暗了，因此，这种灯已被逐渐淘汰。新式直装灯式道路灯具有设计合理的反光罩，能使灯光有良好的分布。由于直装灯式道路灯具换灯泡方便，且高压汞灯、高压钠灯等在直立状态下工作情况比较好，因此，新式直装灯式道路灯具发展比较迅速。但这种灯的反射器设计比较复杂，加工比较困难。

(2)装饰性道路灯具

装饰性道路灯具主要安装在园内主要建筑物前与道路广场上，灯具的造型讲究，风格与周围建筑物相称。这种道路灯具不强调配光，主要以外表的造型艺术美来美化环境。

◆ 广场照明灯具

广场照明灯具是一种大功率投光类灯具，具有镜面抛光的反光罩，采用高强度气体电光源，光效高，照射面大。灯具都装有转动装置，能调节灯具照射方向。灯具采用全封闭结构，玻璃与壳体间用橡胶密封。这类灯配有触发器与镇流器，由于灯管启动电压很高，达数千伏，有的甚至上万伏，因此灯具的电气部分的绝缘性能要好，安装时要特别注意这一点。

(1)旋转对称反射面广场照明灯具

灯具采用旋转对称反射器，因而照射出去的光斑呈现为圆形。灯具造型比较简单，价格比较低。缺点是用这种灯斜照时(从广场边向广场中央照射)，照度不均匀。

此种灯具用于停车场以及广场中电杆较多的场合。

(2)竖面反射器广场照明灯具

高强度气体放电光源大多是一发光柱，要使照射光比较均匀地分布，特别是在一些需要灯具斜照向工作面的场所(如体育比赛场地等，中间不能竖电杆，灯具是从场地四周向中间照射)，就必须选用竖面反射面广场照明灯具。这类灯具装有竖面反射器，反射器经过抛光处理，反射效率很高，能比较准确地把光均匀地投射到人们需要照射的区域。

竖面反射器广场照明灯具适宜于体育及广场中不能竖电杆的场合。

◆ 霓虹灯具

(1)霓虹灯工作原理

霓虹灯是一种低气压冷阴极辉光放电灯。辉光放电空间可明显地划分成阿斯顿暗区、阴极辉区、阴极暗区、负辉区、法拉第暗区、正柱区、阳极暗区、阳极辉区八个区域，其中负辉区与正柱区是主要发光区。霓虹灯的光色是取正柱区的放电发光。在正柱区里，电子和离子完全杂乱无序地运动，电子和离子浓度几乎相等。正柱区是一个导电率较高的等离子区，在正柱区内产生均匀的发光光柱。

霓虹灯具的工作电压与启动电压都比较高，电器箱内电压高达数千伏(启动时)，必须注意安全。

霓虹灯的优点是：寿命长(可达15000h以上)、能瞬时启动、光输出可以调节、灯管可以做成各种形状(文字、图案等)。配上控制电路，就能使一部分灯管放光的同时，另一部分灯管熄灭，图案在不断更换闪耀，从而吸引人们的注意力，起到了明显的广告宣传作用。缺点是：发光效率不及荧光灯具(大约是荧光灯具发光效率的2/3)，电极损耗也较大。

（2）透明玻璃管霓虹灯

这是应用很广的一类霓虹灯,其光色取决于灯管内所充的气体的成分(电流的大小也会影响光色)。表8-29为正柱区所充气体的放电颜色。

表8-29　霓虹灯正柱区所充气体的放电颜色

所充气体	光的颜色	所充气体	光的颜色
He	白(带蓝绿色)	O_2	黄
Ne	红紫	空气	桃红
Ar	红	H_2O	蔷薇色
Hg	绿	H_2	蔷薇色
K	黄红	Kr	黄绿
Na	金黄	CO	白
N_2	黄红	CO_2	灰白

（3）彩色玻璃霓虹灯

利用彩色玻璃对某一波段的光谱进行滤色,也可以得到一系列不同色彩光输出的霓虹灯。

彩色玻璃霓虹灯的灯内工作状态与透明玻璃管或荧光粉管霓虹灯的工作状态没有什么不同,区别在于起着滤色片作用的彩色玻璃的选择。例如红色的玻璃仅能透过红色和一部分橘红色光,其他颜色的光则一概滤去;同样,蓝色玻璃也只允许有蓝色的光能够透过。

利用现在的玻璃制造技术,可以通过调整玻璃配方中的着色剂——金属氧化物来实现玻璃着色。添加氧化钴可制出蓝色玻璃,添加硫化镉、硫黄可制出黄色玻璃,添加铜可制成红色玻璃,添加氧化铁、氧化铬可制成绿色玻璃,添加氧化锰可制成紫色玻璃。

制造彩色玻璃霓虹灯时,除了对玻璃色泽进行选择外,还可以充某种气体或混合气体,或在气体中添加汞,相互配合,便可得到一系列发光颜色。表8-30列出了彩色玻璃霓虹灯在充填气体或汞后的发光颜色。

表8-30　彩色玻璃霓虹灯的发光颜色

光管的光色	所充气体或混合气体	充气压强(Pa)	是否充汞	玻璃的颜色
深红	Ne	930～1600	无	软红
红	Ne	930～1600	无	无色
橙红	Ne.	930～1600	无	软黄
金黄色	He 或 He-Ne	400～798	无	软黄
亮绿	Ar,Ne-Ar 或 Ne-He-Ar	930～1600	有	软鲜黄
中绿	Ar,Ne-Ar 或 Ne-He-Ar	930～1600	有	中等琥珀色
暗绿	Ar,Ne-Ar 或 Ne-He-Ar	930～1600	有	软黄
中蓝	Ar,Ne-Ar 或 Ne-Ar-He	930～1600	有	软蓝
暗蓝	Ar,Ne-Ar 或 Ne-Ar-He	930～1600	有	暗紫色
紫色	Ne-Ar	930～1600	无	紫色
紫红色	Ne	930～1600	无	暗紫色
白色(带黄)	He	400～798	无	乳白或无色
黄绿	Kr	1330～1862	无	乳白或无色

（4）荧光粉管霓虹灯

在霓虹灯管上涂上荧光粉,灯内充汞,通过低压汞原子放电激发荧光粉发光,就制成了荧光粉管霓虹灯。灯的光输出颜色取决于所选用的荧光粉材料。

附　录

附录一　城市绿化工程施工及验收规范

关于发布行业标准《城市绿化工程施工及验收规范》的通知

建标[1999]46 号

各省、自治区、直辖市建委(建设厅)，计划单列市建委，新疆生产建设兵团，国务院有关部门：

根据建设部《关于印发一九九三年工程建设行业标准制订、修订项目计划(建设部部分第一批)的通知》(建标[1993]285 号)要求，由天津市园林管理局主编的《城市绿化工程施工及验收规范》，经审查，批准为推荐性行业标准，编号 CJJ/T 82—1999，自 1999 年 8 月 1 日起施行。

本标准由建设部城镇建设标准技术归口单位建设部城市建设研究院管理，天津市园林管理局负责具体解释。

中华人民共和国建设部
1999 年 2 月 24 日

前　言

根据建设部建标[1993]285 号文的要求，标准编制组在广泛调查研究，认真总结实践经验、参考有关国际标准和国外先进标准，并广泛征求意见的基础上制定了本规范。

本规范的主要技术内容是：

1. 总则；

2. 术语；

3. 施工前准备；

4. 种植材料和播种材料；

5. 种植前土壤处理；

6. 种植穴、槽的挖掘；

7. 苗木运输和假植；

8. 苗木种植前的修剪；

9. 树木种植；

10. 大树移植；

11. 草坪、花卉种植；

12. 屋顶绿化；

13. 绿化工程的附属设施；

14. 工程验收；

15. 附录。

本规范由建设部城镇建设标准技术归口单位建设部城市建设研究院归口管理，授权由主编单位负责具体解释。

本规范主编单位是：天津市园林管理局（地址：天津市南开区水上公园路 44 号；邮编：300191）。

本规范参加单位是：中国风景园林学会城市绿化专业委员会、北京市园林局、上海市园林管理局、杭州园林文物管理局、沈阳城建局绿化管理处。

本规范主要起草人是：陈威、孙义干、王立新、贺振、郭喜东、张启俊、杨雪芝、赵宏儒、施桂弟、黄梅珊、孔庆良。

1 总　则

1.0.1 为了对城市绿化工程施工全过程实施工程监理和质量控制，提高城市绿化种植成活率，改善城市绿化景观，节约绿化建设资金，确保城市绿化工程施工质量，创建良好的城市生态环境，制定本规范。

1.0.2 本规范适用于公共绿地、居住区绿地、单位附属绿地、生产绿地、防护绿地、城市风景林地、城市道路绿化等绿化工程及其附属设施的施工及验收。

1.0.3 为绿化工程配套的构筑物和市政设施工程，应符合国家现行有关标准的规定。

1.0.4 城市绿化工程的施工及验收除符合本规范外，尚应符合国家现行有关强制性标准的规定。

2 术　语

2.0.1 绿化工程　Plant Engineering

树木、花卉、草坪、地被植物等的植物种植工程。

2.0.2 种植土　Soil for Planting

理化性能好，结构疏松、通气，保水、保肥能力强，适宜于园林植物生长的土壤。

2.0.3 客土　Replace with Out-soil

将栽植地点或种植穴中不适合种植的土壤更换成适合种植的土壤，或掺入某种土壤改善理化性质。

2.0.4 种植土层厚度　Thickness of Planting Soil Layer

植物根系正常发育生长的土壤深度。

2.0.5 种植穴（槽）　Plant Hole and Trough

种植植物挖掘的坑穴。坑穴为圆形或方形称种植穴，长条形的称种植槽。

2.0.6 规则式种植　Formal Style Planting

按规则图形对称配植，或排列整齐成行的种植方式。

2.0.7 自然式种植　Natural Style Planting

株行距不等，采用不对称的自然配植形式。

2.0.8 土球　Soil Ball

挖掘苗木时，按一定规格切断根系保留土壤呈圆球状，加以捆扎包装的苗木根部。

2.0.9 裸根苗木　Plant of Bare Root

挖掘苗木时根部不带土或带宿土(即起苗后轻抖根系保留的土壤)。

2.0.10 假植 Plant for Casual

苗木不能及时种植时,将苗木根系用湿润土壤临时性填埋的措施。

2.0.11 修剪 Pruning

在种植前对苗木的枝干和根系进行疏枝和短截。对枝干的修剪称修枝,对根的修剪称修根。

2.0.12 定干高度 Determine Height of Stem

乔木从地面至树冠分枝处即第一个分枝点的高度。

2.0.13 树池透气护栅 Tree Grate

护盖树穴,避免人为践踏,保持树穴通气的铁算等构筑物。

2.0.14 鱼鳞穴 Fish Scaly Hole

为防止水土流失,对树木进行浇水时,在山坡陡地筑成的众多类似鱼鳞状的土堰。

2.0.15 浸穴 Soak Hole

种植前的树穴灌水。

3 施工前准备

3.0.1 城市绿化工程必须按照批准的绿化工程设计及有关文件施工。施工人员应掌握设计意图,进行工程准备。

3.0.2 施工前,设计单位应向施工单位进行设计交底,施工人员应按设计图进行现场核对。当有不符之处时,应提交设计单位作变更设计。

3.0.3 根据绿化设计要求,选定的种植材料应符合其产品标准的规定。

3.0.4 工程开工前应编制施工计划书,计划书应包括下列内容:

1. 施工程序和进度计划;
2. 各工序的用工数量及总用工日;
3. 工程所需材料进度表;
4. 机械与运输车辆和工具的使用计划;
5. 施工技术和安全措施;
6. 施工预算;
7. 大型及重点绿化工程应编制施工组织设计。

3.0.5 城市建设综合工程中的绿化种植,应在主要建筑物、地下管线、道路工程等主体工程完成后进行。

4 种植材料和播种材料

4.0.1 种植材料应根系发达,生长苗壮,无病虫害,规格及形态应符合设计要求。

4.0.2 苗木挖掘、包装应符合现行行业标准《城市绿化和园林绿地用植物材料——木本苗》(CJJ/T 24—1999)的规定。

4.0.3 露地栽培花卉应符合下列规定:

1. 一、二年生花卉,株高应为 10~40cm,冠径应为 15~35cm。分枝不应少于 3~4 个,叶簇健壮,色泽明亮。

2. 宿根花卉,根系必须完整,无腐烂变质。

3. 球根花卉,根颈应苗壮、无损伤,幼芽饱满。

4. 观叶植物,叶色应鲜艳,叶簇丰满。

4.0.4 水生植物,根、茎发育应良好,植株健壮,无病虫害。

4.0.5 铺栽草坪用的草块及草卷应规格一致,边缘平直,杂草不得超过5%。草块土层厚度宜为 3~5cm,草卷土层厚度宜为 1~3cm。

4.0.6 植生带,厚度不宜超过1mm,种子分布应均匀,种子饱满,发芽率应大于95%。

4.0.7 播种用的草坪、草花、地被植物种子均应注明品种、品系、产地、生产单位、采收年份、纯净度及发芽率,不得有病虫害。自外地引进种子应有检疫合格证。发芽率达90%以上方可使用。

5 种植前土壤处理

5.0.1 种植或播种前应对该地区的土壤理化性质进行化验分析,采取相应的消毒、施肥和客土等措施。

5.0.2 园林植物生长所必需的最低种植土层厚度应符合表1的规定。

表1 园林植物种植必需的最低土层厚度

植被类型	草本花卉	草坪地被	小灌木	大灌木	浅根乔木	深根乔木
土层厚度(cm)	30	30	45	60	90	150

5.0.3 种植地的土壤含有建筑废土及其他有害成分,以及强酸性土、强碱土、盐土、盐碱土、重黏土、沙土等,均应根据设计规定,采用客土或采取改良土壤的技术措施。

5.0.4 绿地应按设计要求构筑地形。对草坪种植地、花卉种植地、播种地应施足基肥,翻耕25~30cm,搂平耙细,去除杂物,平整度和坡度应符合设计要求。

6 种植穴、槽的挖掘

6.0.1 种植穴、槽挖掘前,应向有关单位了解地下管线和隐蔽物埋设情况。

6.0.2 种植穴、槽的定点放线应符合下列规定:

1. 种植穴、槽定点放线应符合设计图纸要求,位置必须准确,标记明显。

2. 种植穴定点时应标明中心点位置。种植槽应标明边线。

3. 定点标志应标明树种名称(或代号)、规格。

4. 行道树定点遇有障碍物影响株距时,应与设计单位取得联系,进行适当调整。

6.0.3 挖种植穴、槽的大小,应根据苗木根系、土球直径和土壤情况而定。穴、槽必须垂直下挖,上口下底相等,规格应符合表2~表6的规定。

表2 常绿乔木类种植穴规格　　　　　　　　　　　　　　　　　cm

树　　高	土球直径	种植穴深度	种植穴直径
150	40~50	50~60	80~90
150~250	70~80	80~90	100~110
250~400	80~100	90~110	120~130
400 以上	140 以上	120 以上	180 以上

表3 落叶乔木类种植穴规格 cm

胸 径	种植穴深度	种植穴直径
2~3	30~40	40~60
3~4	40~50	60~70
4~5	50~60	70~80
5~6	60~70	80~90
6~8	70~80	90~100
8~10	80~90	100~110

表4 花灌木类种植穴规格 cm

冠 径	种植穴深度	种植穴直径
200	70~90	90~110
100	60~70	70~90

表5 竹类种植穴规格 cm

种植穴深度	种植穴直径
盘根或土球深20~40	比盘根或土球大40~60

表6 绿篱类种植槽规格 cm

种植方式 苗高 深×宽	单 行	双 行
50~80	40×40	40×60
100~120	50×50	50×70
120~150	60×60	60×80

6.0.4 在土层干燥地区应于种植前浸穴。

6.0.5 挖穴、槽后,应施入腐熟的有机肥作为基肥。

7 苗木运输和假植

7.0.1 苗木运输量应根据种植量确定。苗木运到现场后应及时栽植。

7.0.2 苗木在装卸车时应轻吊轻放,不得损伤苗木和造成散球。

7.0.3 起吊带土球(台)小型苗木时应用绳网兜土球吊起,不得用绳索缚捆根颈起吊。重量超过1t的大型土台应在土台外部套钢丝缆起吊。

7.0.4 土球苗木装车时,应按车辆行驶方向,将土球向前,树冠向后码放整齐。

7.0.5 裸根乔木长途运输时,应覆盖并保持根系湿润。装车时应顺序码放整齐;装车后应将树干捆牢,并应加垫层防止磨损树干。

7.0.6 花灌木运输时可直立装车。

7.0.7 装运竹类时,不得损伤竹竿与竹鞭之间的着生点和鞭芽。

7.0.8 裸根苗木必须当天种植。裸树苗木自起苗开始暴露时间不宜超过8h。当天不能种植的苗木应进行假植。

424

7.0.9 带土球小型花灌木运至施工现场后,应紧密排码整齐,当日不能种植时,应喷水保持土球湿润。

7.0.10 珍贵树种和非种植季节所需苗木,应在合适的季节起苗并用容器假植。

8 苗木种植前的修剪

8.0.1 种植前应进行苗木根系修剪,宜将劈裂根、病虫根、过长根剪除,并对树冠进行修剪,保持地上地下平衡。

8.0.2 乔木类修剪应符合下列规定:

1. 具有明显主干的高大落叶乔木应保持原有树形,适当疏枝,对保留的主侧枝应在健壮芽上短截,可剪去枝条 1/5 ~ 1/3。

2. 无明显主干、枝条茂密的落叶乔木,对干径 10cm 以上树木,可疏枝保持原树形;对干径为 5 ~ 10cm 的苗木,可选留主干上的几个侧枝,保持原有树形进行短截。

3. 枝条茂密具圆头形树冠的常绿乔木可适量疏枝。枝叶集生树干顶部的苗木可不修剪。具轮生侧枝的常绿乔木用作行道树时,可剪除基部 2 ~ 3 层轮生侧枝。

4. 常绿针叶树,不宜修剪,只剪除病虫枝、枯死枝、生长衰弱枝、过密的轮生枝和下垂枝。

5. 用作行道树的乔木,定干高度宜大于 3m,第一分枝点以下枝条应全部剪除,分枝点以上枝条酌情疏剪或短截,并应保持树冠原型。

6. 珍贵树种的树冠宜作少量疏剪。

8.0.3 灌木及藤蔓类修剪应符合下列规定:

1. 带土球或湿润地区带宿土裸根苗木及上年花芽分化的开花灌木不宜作修剪,当有枯枝、病虫枝时应予剪除。

2. 枝条茂密的大灌木,可适量疏枝。

3. 对嫁接灌木,应将接口以下砧木萌生枝条剪除。

4. 分枝明显、新枝着生花芽的小灌木,应顺其树势适当强剪,促生新枝,更新老枝。

5. 用作绿篱的乔灌木,可在种植后按设计要求整形修剪。苗圃培育成型的绿篱,种植后应加以整修。

6. 攀缘类和蔓性苗木可剪除过长部分。攀缘上架苗木可剪除交错枝、横向生长枝。

8.0.4 苗木修剪质量应符合下列规定:

1. 剪口应平滑,不得劈裂。

2. 枝条短截时应留外芽,剪口应距留芽位置以上 1cm。

3. 修剪直径 2cm 以上大枝及粗根时,截口必须削平并涂防腐剂。

9 树木种植

9.0.1 应根据树木的习性和当地的气候条件,选择最适宜的种植时期进行种植。

9.0.2 种植的质量应符合下列规定:

1. 种植应按设计图纸要求核对苗木品种、规格及种植位置。

2. 规则式种植应保持对称平衡,行道树或行列种植树木应在一条线上,相邻植株规格应合理搭配,高度、干径、树形近似,种植的树木应保持直立,不得倾斜,应注意观赏面的合理朝向。

3. 种植绿篱的株行距应均匀。树形丰满的一面应向外,按苗木高度、树干大小搭配均匀。

在苗圃修剪成型的绿篱,种植时应按造型拼栽,深浅一致。

4. 种植带土球树木时,不易腐烂的包装物必须拆除。

5. 珍贵树种应采取树冠喷雾、树干保湿和树根喷布生根激素等措施。

6. 种植时,根系必须舒展,填土应分层踏实,种植深度应与原种植线一致。竹类可比原种植线深 5~10cm。

9.0.3 树木种植应符合下列规定:

1. 树木置入种植穴前,应先检查种植穴大小及深度,不符合根系要求时,应修整种植穴。

2. 种植裸根树木时,应将种植穴底填土呈半圆土堆,置入树木填土至 1/3 时,应轻提树干使根系舒展,并充分接触土壤,随填土分层踏实。

3. 带土球树木必须踏实穴底土层,而后置入种植穴,填土踏实。

4. 绿篱成块种植或群植时,应由中心向外顺序退植。坡式种植时应由上向下种植。大型块植或不同彩色丛植时,宜分区分块种植。

5. 假山或岩缝间种植,应在种植土中掺入苔藓、泥炭等保湿透气材料。

9.0.4 落叶乔木在非种植季节种植时,应根据不同情况分别采取以下技术措施:

1. 苗木必须提前采取疏枝、环状断根或在适宜季节起苗用容器假植等处理。

2. 苗木应进行强修剪,剪除部分侧枝,保留的侧枝也应疏剪或短截,并应保留原树冠的三分之一,同时必须加大土球体积。

3. 可摘叶的应摘去部分叶片,但不得伤害幼芽。

4. 夏季可搭棚遮阴、树冠喷雾、树干保湿,保持空气湿润;冬季应防风防寒。

9.0.5 干旱地区或干旱季节,种植裸根树木应采取根部喷布生根激素、增加浇水次数等措施。针叶树可在树冠喷布聚乙烯树脂等抗蒸腾剂。

9.0.6 对排水不良的种植穴,可在穴底铺 10~15cm 砂砾或铺设渗水管、盲沟,以利排水。

9.0.7 树木种植后浇水、支撑固定应符合下列规定:

1. 种植后应在略大于种植穴直径的周围,筑成高 10~15cm 的灌水土堰,堰应筑实不得漏水。坡地可采用鱼鳞穴式种植。

2. 新植树木应在当日浇透第一遍水,以后应根据当地情况及时补水。北方地区种植后浇水不少于三遍。

3. 黏性土壤,宜适量浇水,根系不发达树种,浇水量宜较多;肉质根系树种,浇水量宜少。

4. 秋季种植的树木,浇足水后可封穴越冬。

5. 干旱地区或遇干旱天气时,应增加浇水次数。干热风季节,应对新发芽放叶的树冠喷雾,宜在上午 10 时前和下午 15 时后进行。

6. 浇水时应防止因水流过急冲刷裸露根系或冲毁围堰,造成跑漏水。浇水后出现土壤沉陷,致使树木倾斜时,应及时扶正、培土。

7. 浇水渗下后,应及时用围堰土封树穴。再筑堰时,不得损伤根系。

9.0.8 对人员集散较多的广场、人行道,树木种植后,种植池应铺设透气护栅。

9.0.9 种植胸径 5cm 以上的乔木,应设支柱固定。支柱应牢固,绑扎树木处应夹垫物,绑扎后的树干应保持直立。

9.0.10 攀缘植物种植后,应根据植物生长需要,进行绑扎或牵引。

10 大树移植

10.0.1 移植胸径在 20cm 以上的落叶乔木和胸径在 15cm 以上的常绿乔木,应属大树移植。

10.0.2 大树移植前应对移植的大树生长情况、立地条件、周围环境、交通状况等进行调查研究,制订移植的技术方案。有条件的地区,可采用机械移植作业。

10.0.3 当要移植大树时,移植时间宜一年前确定,移植前应分期断根,修剪,做好移植准备。

10.0.4 大树移植应符合下列规定:

1. 移植时对树木应标明主要观赏面和树木阴阳面。

2. 一般地区大树移植时,必须按树木胸径的 6~8 倍挖掘土球或方形土台装箱。

3. 高寒地区可挖掘冻土台移植。

4. 吊装和运输大树的机具必须具备承载能力。移植大树在装运过程中,应将树冠捆拢,并应固定树干,防止损伤树皮,不得损坏土球(土台)。操作中应注意安全。

5. 大树移植卸车时,应将主要观赏面安排适当,土球(或箱)应直接吊放种植穴内,拆除包装,分层填土夯实。

6. 大树移植后,必须设立支撑,防止树身摇动。

10.0.5 大树移植后,两年内应配备专职技术人员做好修剪、剥芽、喷雾、叶面施肥、浇水、排水、设置风障、阴棚、包裹树干、防寒和病虫害防治等一系列养护管理工作,在确认大树成活后,方可进入正常养护管理。

10.0.6 大树移植应建立技术档案,其内容应包括:实施方案、施工和竣工记录、图纸、照片或录像资料等。记录表内容应符合表7的规定。

表 7　大树移植记录表

原栽地点	移植地点	树　种	规格年龄(年)	移植日期	参加施工(人员)
技术措施					

年　　月　　日填表

11 草坪、花卉种植

11.0.1 草坪种植应根据不同地区、不同地形选择播种、分株、茎枝繁殖、植生带、铺砌草块和草卷等方法。种植的适宜季节和草种类型选择应符合下列规定:

1. 冷季型草播种宜在秋季进行,也可在春、夏季进行。

2. 冷季型草分株栽植宜在北方地区春、夏、秋季进行。

3. 茎枝栽植暖季型草宜在南方地区夏季和多雨季节。

4. 植生带、铺砌草块或草卷,温暖地区四季均可进行,北方地区宜在春、夏、秋季进行。

11.0.2 草坪播种应符合下列规定:

1. 选择优良种籽,不得含有杂质,播种前应做发芽试验和催芽处理,确定合理的播种量。

2. 播种时应先浇水浸地,保持土壤湿润,稍干后将表层土耙细耙平,进行撒播,均匀覆土 0.30~0.50cm 后轻压,然后喷水。

3. 播种后应及时喷水，水点宜细密均匀，浸透土层 8～10cm，除降雨天气，喷水不得间断。亦可用草帘覆盖保持湿度，至发芽时撤除。

4. 植生带铺设后缀土、轻压、喷水，方法同播种。

5. 坡地和大面积草坪铺设可采用喷播法。

11.0.3 草坪混播应符合下列规定：

1. 选择两个以上草种应具有互为利用、生长良好、增加美观的功能。

2. 混播应根据生态组合、气候条件和设计确定草坪植物的种类和草坪比例。

3. 同一行混播应按确定比例混播在一行内，隔行混播应将主要草种播在一行内，另一草种播在另一行内。混合撒播应筑播种床育苗。

11.0.4 分株种植应将草带根掘起，除去杂草后 5～7 株分为一束，按株距 15～20cm，呈品字形种植于深 6～7cm 穴内，再踏实浇水。

11.0.5 茎枝繁殖宜取茎枝或匍匐茎的 3～5 个节间，穴深应为 6～7cm，埋入 3～5 枝，其露出地面宜为 3cm，并踏实、灌水。

11.0.6 铺设草块应符合下列规定：

1. 草块应选择无杂草、生长势好的草源。在干旱地掘草块前应适量浇水，待渗透后掘取。

2. 草块运输时宜用木板置放 2～3 层，装卸车时，应防止破碎。

3. 铺设草块可采取密铺或间铺。密铺应互相衔接不留缝，间铺间隙应均匀，并填以种植土。草块铺设后应滚压、灌水。

11.0.7 种植花卉的各种花坛（花带、花境等），应按照设计图定点放线，在地面准确划出位置、轮廓线。面积较大的花坛，可用方格线法，按比例放大到地面。

11.0.8 花卉用苗应选用经过 1～2 次移植，根系发育良好的植株。起苗应符合下列规定：

1. 裸根苗，应随起苗随种植。

2. 带土球苗，应在圃地灌水渗透后起苗，保持土球完整不散。

3. 盆育花苗去盆时，应保持盆土不散。

4. 起苗后种植前，应注意保鲜，花苗不得萎蔫。

11.0.9 各类花卉种植时，在晴朗天气、春秋季节、最高气温 25℃ 以下时可全天种植；当气温高于 25℃ 时，应避开中午高温时间。

11.0.10 模纹花坛种植时，应将不同品种分别置放，色彩不应混淆。

11.0.11 花卉种植的顺序应符合下列规定：

1. 独立花坛，应由中心向外的顺序种植。

2. 坡式花坛，应由上向下种植。

3. 高矮不同品种的花苗混植时，应按先矮后高的顺序种植。

4. 宿根花卉与一、二年生花卉混植时，应先种植宿根花卉，后种植一、二年生花卉。

5. 模纹花坛，应先种植图案的轮廓线，后种植内部填充部分。

6. 大型花坛，宜分区、分块种植。

11.0.12 种植花苗的株行距，应按植株高低、分蘖多少、冠丛大小决定。以成苗后不露出地面为宜。

11.0.13 花苗种植时，种植深度宜为原种植深度，不得损伤茎叶，并保持根系完整。球茎花卉种植深度宜为球茎的 1～2 倍。块根、块茎、根茎类可覆土 3cm。

11.0.14 花卉种植后,应及时浇水,并应保持植株清洁。

11.0.15 水生花卉应根据不同种类、品种习性进行种植。为适合水深的要求,可砌筑栽植槽或用缸盆架设水中,种植时应牢固埋入泥中,防止浮起。

11.0.16 对漂浮类水生花卉,可从产地捞起移入水面,任其漂浮繁殖。

11.0.17 主要水生花卉最适水深,应符合表8的规定。

表8 水生花卉最适水深

类　别	代表品种	最适水深(cm)	备　注
沿生类	菖蒲、千屈菜	0.5~10	千屈菜可盆栽
挺水类	荷、宽叶香蒲	100以内	—
浮水类	芡实、睡莲	50~300	睡莲可水中盆栽
漂浮类	浮萍、凤眼莲	浮于水面	根不生于泥土中

12　屋顶绿化

12.0.1 屋顶绿化种植,必须在建筑物整体荷载允许范围内进行,并符合下列规定:

1. 应具有良好的排灌、防水系统,不得导致建筑物漏水或渗水。

2. 应采用轻质栽培基质,冬季应有防冻措施。

3. 绿化种植材料应选择适应性强、耐旱、耐贫瘠、喜光、抗风、不易倒伏的园林植物。

12.0.2 种植植物的容器宜选用轻型塑料制品。

13　绿化工程的附属设施

13.0.1 各类绿地应根据气候特点、地形、土质、植物配植和管理条件,设置相应的附属设施。

13.0.2 绿地的给水和喷灌的施工应符合下列规定:

1. 给水管道的基础应坚实和密实,不得铺设在冻土和未经处理的松土上。

2. 管道的套箍、接口应牢固、紧密,管端清洁不乱丝,对口间隙准确。

3. 管道铺设应符合设计要求,铺设后必须进行水压试验。

4. 管道的沟槽还土后应进行分层夯实。

13.0.3 绿地排水管道的施工应符合下列规定:

1. 排水管道的坡度必须符合设计要求,管道标高偏差不应大于±10mm。

2. 管道连接要求承插口或套箍接口应平直,环形间隙应均匀。灰口应密实、饱满,抹带接口表面应平整,无间断和裂缝、空鼓现象。

3. 排水管道覆土深度应根据雨水井与接连管的坡度、冰冻深度和外部荷载确定,覆土深度不宜小于50cm。

13.0.4 绿地排水采用明沟排水时,明沟的沟底不得低于附近水体的最高水位。采用收水井时,应选用卧泥井。

13.0.5 绿地护栏施工时应符合下列规定:

1. 铁制护栏立柱混凝土墩的强度等级不得低于C15,墩下素土应夯实。

2. 墩台的预埋件位置应准确,焊接点应光滑牢固。

3. 铁制护栏锈层应打磨干净刷防锈漆一遍,调和漆两遍。

13.0.6 花池挡墙施工应符合下列规定：

1. 花池挡墙地基下的素土应夯实。

2. 花池地基埋设深度，北方宜在冰冻层以下。

3. 防潮层以1：2.5水泥砂浆，内掺5%防水粉，厚度20mm，压实。

4. 清水砖砌花池挡墙，砖的抗压强度标号应大于或等于MU7.5，水泥砂浆砌筑时标号不低于M5，应以1：2水泥砂浆勾缝。

5. 花岗岩料石花池挡墙，水泥砂浆标号不应低于M5，宜用1：2水泥砂浆勾凹缝，缝深10mm。

6. 混凝土预制或现浇花池挡墙，宜内配直径6mm钢筋，双向中距200mm，混凝土强度等级不应低于C15，壁厚不宜小于80mm。

13.0.7 园路施工应符合下列规定：

1. 定桩放线应依据设计的路面中线，宜每隔20m设置一中心桩，道路曲线应在曲线的起点、曲线中点、曲线的终点各设一中心桩，并写明标号后以中心桩为准，按路面宽度定下边桩，最后放出路面平曲线。各中心桩应标注道路标高。

2. 开挖路槽应按设计路面宽度，每侧加放20cm开槽，槽底应夯实或碾压，不得有翻浆、弹簧现象。槽底平整度的误差，不得大于2cm。

3. 铺筑基层，应按设计要求备好铺装材料，虚铺厚度宜为实铺厚度的140%~160%，碾压夯实后，表面应坚实平整。铺筑基层的厚度、平整度、中线高程均应符合设计要求。

4. 铺筑结合层可采用1：3白灰砂浆，厚度25mm，或采用粗砂垫层，厚度30mm。

5. 道牙的基础应与路槽同时填挖碾压，结合层可采用1：3白灰砂浆铺砌。道牙接口处应以1：3水泥砂浆勾缝，凹缝深5mm。道牙背后应以12%白灰土夯实。

13.0.8 各种面层铺设时应符合下列规定：

1. 铺筑各种预制砖块，应轻轻放平，宜用橡胶锤敲打、稳定，不得损伤砖的边角。

2. 卵石嵌花路面，应先铺垫M10水泥砂浆，厚度30mm，再铺水泥素浆20mm，卵石厚度的60%插入素浆，待砂浆强度升至70%时，应以30%草酸溶液冲刷石子表面。

3. 水泥或沥青整体路面，应按设计要求精确配料，搅拌均匀，模板与支撑应垂直牢固，伸缩缝位置准确，应振捣或碾压，路表面应平整坚实。

4. 嵌草路面的缝隙应填入培养土，栽植穴深度不宜小于8cm。

14 工程验收

14.0.1 种植材料、种植土和肥料等，均应在种植前由施工人员按其规格、质量分批进行验收。

14.0.2 工程中间验收的工序应符合下列规定：

1. 种植植物的定点、放线应在挖穴、槽前进行。

2. 种植的穴、槽应在未换种植土和施基肥前进行。

3. 更换种植土和施肥，应在挖穴、槽后进行。

4. 草坪和花卉的整地，应在播种或花苗（含球根）种植前进行。

5. 工程中间验收，应分别填写验收记录并签字。

14.0.3 工程竣工验收前，施工单位应于一周前向绿化质检部门提供下列有关文件：

1. 土壤及水质化验报告；

2. 工程中间验收记录；

3. 设计变更文件；

4. 竣工图和工程决算；

5. 外地购进苗木检验报告；

6. 附属设施用材合格证或试验报告；

7. 施工总结报告。

14.0.4 竣工验收时间应符合下列规定：

1. 新种植的乔木、灌木、攀缘植物,应在一个年生长周期满后方可验收。

2. 地被植物,应在当年成活后,郁闭度达到80%以上进行验收。

3. 花坛种植的一、二年生花卉及观叶植物,应在种植15d后进行验收。

4. 春季种植的宿根花卉、球根花卉,应在当年发芽出土后进行验收。秋季种植的应在第二年春季发芽出土后验收。

14.0.5 绿化工程质量验收应符合下列规定：

1. 乔、灌木的成活率应达到95%以上。珍贵树种和孤植树应保证成活。

2. 强酸性土、强碱性土及干旱地区,各类树木成活率不应低于85%。

3. 花卉种植地应无杂草、无枯黄,各种花卉生长茂盛,种植成活率应达到95%。

4. 草坪无杂草、无枯黄,种植覆盖率应达到95%。

5. 绿地整洁,表面平整。

6. 种植的植物材料的整形修剪应符合设计要求。

7. 绿地附属设施工程的质量验收应符合《建筑工程施工质量验收统一标准》(GB 50300—2000)的有关规定。

14.0.6 竣工验收后,填报竣工验收单,绿化工程竣工验收单应符合表9的规定。

表9 绿化工程竣工验收单

工程名称			工程地址	
绿地面积(m²)				
开工日期		竣工日期		验收日期
树木成活率(%)				
花卉成活率(%)				
草坪覆盖率(%)				
整洁及平整				
整形修剪				
附属设施评定意见				
全部工程质量评定及结论				
验收意见				
施工单位		建设单位		绿化质检部门
签字：公章：		签字：公章：		签字：公章：

附录　本规范用词说明

15.0.1　为便于在执行本规范条文时区别对待,对要求严格程度不同的用词说明如下:

1. 表示很严格,非这样做不可的用词;

正面词采用"必须";

反面词采用"严禁"。

2. 表示严格,在正常情况下均应这样做的用词:

正面词采用"应";

反面词采用"不应"或"不得"。

3. 对表示允许稍有选择,在条件许可时,首先应这样做的用词:

正面词采用"宜"。

反面词采用"不宜"。

4. 表示有选择,在一定条件下可以这样做的,采用"可"。

15.0.2　条文中指明应按其他有关标准执行的写法为:"应按……执行"或"应符合……的规定"。

附录二　常用词汇

1. 背景　Background View

在观赏的主要景物背后起衬托作用的景物。

2. 壁山　Wall-background Rock

即"借以粉墙为纸,以石为绘"的做法,作为室内、室外对景的置石或掇山的处理。一般以山石花台和特置山石组合成景,山石与植物相映生辉。由于有墙为背景而轮廓清新,俨然入画,收之园窗,宛若镜游。

3. 避暑山庄　Mountain Estate for Escaping the Heat,Summer Estate

又称热河行宫,是我国现存规模最大的帝王的离宫别苑。在河北省承德市北部,为清代皇帝消夏避暑之处。清康熙四十二年(1703 年)始建,四十七年初具规模。后历年扩建增修,至乾隆五十五年(1790 年)建成。全苑占地 560 万 m^2。有康熙四字题名三十六景和乾隆三字题名三十六景,集写各地名胜于一苑中。布局采用传统的前宫后苑布置手法,结合自然山势,巧设殿堂楼台。全苑可分成宫殿区、湖泊区、平原区和山岳区。其中湖泊占去一半,主要由热河泉流汇成。建筑体形简朴、装修淡雅,建筑布局相对规整严谨。而园景富于变化,山水林木建筑融和一体。部分造景仿造江南水乡景色,湖岸曲折、楼阁相错,同时并善借周围自然山景入苑,如借景东侧的"棒槌峰"。

4. 长春园　Changchun Park

清乾隆十四年(1749 年)动工,至乾隆十六年(1751 年)建成,为圆明园的一座附园。此园以大片水面为主,以堤、岛将水划分成聚散有致、不同形状的水域。其地形处理、水面尺度、山水布局等,为诸园之上品。园北端单独建有一组欧洲式宫苑,其中主要有六幢欧洲文艺复兴后期"巴洛克"式建筑,若干"水法"喷泉池塘、欧式庭院和小品。布局方式完全按西方宫苑轴线对称布置,东西主轴、南北次轴三条。建筑处理采用大量精雕石工,上加中国传统琉璃瓦顶,并用五彩琉璃花砖镶砖镶壁,别具一格。此园在圆明园总体上虽为局部点缀,但能自成一区,尤其是首先引用欧洲建筑和造园艺术,在中国皇家园林中,仅此独例。

5. 常绿植物　Evergreen Plant

露地生长的冬季或旱季不落叶的植物,但它们的叶片并非永远不落,通常在春季新叶展开之后,老叶即凋落。有的叶片经数年后才凋落。在形象上终年披挂绿叶,比较稳定,园林中常希望有一定数量的常绿乔灌木作为基础。

6. 畅春园

畅春园是清代第一座规模宏大的皇家园林。约建于清康熙二十九年(1690年),在丹陵沜明武清侯李伟的清华园旧址上修建。它是一座特殊形制的离宫型皇家园林,与历代不同,即将前部的"外朝"和"内寝"的宫廷区与后部的园林结合成一体,成为朝宫园林。这是清代皇家园林转变的先声,以后清代各帝王所营宫苑均按此制。雍正三年(1725年)将此园作为皇太后的居所,略有扩建。后于咸丰十年与圆明园同遭英法联军焚毁。

7. 城市绿地指标　City Green Space Norm

城市规划对城市绿地的数量要求达到的目标。主要有:城市绿地总面积、绿地占城市建设用地的比例、人均城市绿地面积、人均公共绿地面积等。

8. 城市绿地面积率　Green Space Ratio

又称绿地率。城市绿地占城市建设用地的比例,以百分数表示。其计算公式是:

$$绿地率 = \frac{建成区内园林绿地总面积}{城市建成区总面积} \times 100\%$$

9. 城市园林绿地率及定额指标　Urban Green Space Norm

统计用地范围内各种园林绿地面积占同级用地范围总面积的百分比。国家规定:城市新建区的绿地用地,应不低于总用地面积的30%,旧城区改建区的绿地用地,应不低于总用地面积的25%。城市园林绿地包括五类:①公共绿地:指供群众游憩观赏的各种公园、动物园、植物园、纪念性园林、小游园、街道广场的绿地(道路红线外可供群众游览、休息的绿地);②专用绿地:指机关、工厂、学校、医院、部队等单位和居住区内的绿地;③生产绿地:指为城市园林绿化提供苗木、花草、种子的苗圃、花圃、草圃等;④防护绿地:指城市中用于隔离、卫生、安全等防护目的的林带和绿地;⑤城市郊区风景名胜区。计算公式:

$$城市园林绿地率 = \frac{统计用地范围内园林绿地面积}{统计用地范围总用地面积} \times 100\%$$

10. 池山　Rockery in Pool

与水池结合成景的假山。包括在水池中造假山和带有水池的假山。池可大可小,假山包括土山、土石山和石山。大池多为土石山,如金中都太液池中造琼华岛(今北海)。小池多为石山,如苏州环秀山庄之湖石山。我国古代皇家园林创立了"一池三山"(或一池五山)之制,用以象征海中神山仙境和借以平衡土方。池山的优越性在于山水相映成趣,动静交呈。

11. 垂直绿化 Vertical Landscaping

又称攀缘绿化。运用攀缘植物沿墙面、围篱、廊柱或立架等基底伸延,形成垂直向的绿化。借助蔓延性、缠绕性、吸附性、悬垂性的各种植物,以少占地甚至不占地的方式达到较大的绿化效果,并有利墙体降温,美化环境,常用的植物有爬墙虎、常春藤、薜荔、丁香、紫藤等。

12. 丛春园 Cong Spring

在河南省洛阳南郊、洛水之南。今已无存,见于《洛阳名园记》书载。北宋初年始建,为"门下侍郎安公"与尹氏苗圃旧址上,重新构筑。园以林木胜,采取行列规则布局。以高大乔木丛林为主,建筑景观甚少,仅"丛春"、"先春"二亭;并引洛水于园之岗丘下,架"天津桥",与森然翳然的乔木丛林中,自成一种自然幽邃郁郁的境地,为当时园林独特一例。

13. 道路绿化 Roadside Planting

在城市道路用地上采取的植树、铺草、种花等措施。有改善环境、组织交通、美化市容的作用。以其功能和位置可分为人行道绿带、分车绿带、基础绿带和广场绿化。种植要按具体要求处理。行道树是我国道路绿化的主体,宽阔的林阴道成为各类绿地联系的纽带。

14. 地被植物 Ground Cover

常指矮生的贴覆地面的,用以控制杂草并装饰地面的植物。如细叶麦冬、常春藤、虎耳草、鼠牙半枝莲等,常见的草坪植物也属此类,它还能耐适度的踩踏,但养护不如前者简易。

15. 点石 Standing Stone

少量置石的别称,亦可为置石中的"单点"。这种山石具有较好的个体美,用以掇山恐有埋没之嫌,故以单点形式发挥其个体美的装饰效果。多用于廊间、窗前、园路尽头或转折点。

16. 动物园 Zoological Garden, Zoo

饲养野生动物供展览、观赏、普及科学知识或兼有科学研究的专类园。常设置在大城市的近郊。现代动物园的规模、动物的品种和数量、饲养条件及各种相应设施都在改进。有的罗揽各地珍禽异兽,有的重视动物的生态环境,有的注意展览效果。其布局或按动物分类,或按地理分布或按生态习性等。布置形式从"笼舍"向"自然化"发展。

17. 对景 End Vista

在园林中与观赏点方向相对的景物。两处景物也可以互为对景。可分为严格对景与错落对景两种:严格对景如颐和园谐趣园中饮绿亭与涵远堂正面相对,方向一致,轴线位于一条直线上;错落对景如颐和园佛香阁建筑群与昆明湖湖心岛上的涵虚堂,主轴方向一致,但不在一条直线上。有时,两处景物的方向也不一定严格正面相向,允许有一定的偏斜。

18. 对植　Planting in Pair

两株同一种树木作相互呼应的栽植方式。常用于建筑物和道路的入口处,作引导之用。

19. 多年生植物　Perennial Plant

从种子发芽到开花结实到死亡,要经过两个以上无霜的生长期的植物,在园林植物中常为乔木、灌木和球根花卉等。但在分类中当与乔木、灌木、球根类并列时,则常指多年生草本植物。

20. 掇山　Stone Hill Arrangement

为中国园林特有造石山技艺的专称。指以天然山石为材料,遵循师法自然山水和概括、提炼、夸张的理法掇石为山的园林专项工程。为凝诗入画的中国园林艺术和石工、泥瓦工相结合的工艺。一般是先定造石山的目的,结合用地的条件经相石、采石、运石,再按山石结体的主要形式安、连、接、挎、斗、卡、拼、挑、悬、垂,集零为整,掇成以表现自然石山和水景为主的景观。掇山的组合单元有峰、峦、顶、岭、壁、岩、沟、谷、壑、洞等。约在宋代开始出现专门从事掇山的匠师。以吴兴最为著名,当时称为山匠或花园子。现存掇山作品以清代戈裕良所作苏州环秀山庄的太湖石山最为著名。掇山以室外为主,也有室内掇山,称内室山。

21. 儿童公园　Children's Park

专供儿童、少年游戏和开展各类活动的公园。现代城市中已普遍设置了这种专类公园(或在综合公园中设有儿童活动区),以适应对儿童培养的重视。国内设有供不同年龄儿童、少年活动所需的设施和场地,丰富的科学文化、体育娱乐的内容,有益于儿童身心健康。按条件设置体育活动区、游戏娱乐区、科普教育区、科研实验园地等。有的还有专门的儿童铁路、"探险者"的道路等活动内容。其环境设计和设施均应符合儿童的生理、心理的特点。

22. 儿童游戏场　Children's Playground

专供儿童嬉戏和娱乐的室外场地。已成为有些国家城市绿地的基本组成部分。在居住地区按一定服务范围分布,常设有沙地、滑梯、攀架等深受儿童喜爱的设施。

23. 防护绿地　Green Barrier

按城市功能分区要求用于隔离、卫生、安全等防护目的的绿地。其位置、宽度、组合结构等均应按技术规定设置,以达到应有的效果。有以降低强风袭击和砂土侵蚀为目的防风防沙林,有以防止工厂烟尘、气味污染为目的的卫生防护林,有以防火、防爆为目的的安全防护林,有以防尘防噪为目的的道路防护林等。在防护绿地中除了绿化外,也可设置一些仓库、车间或农田,以节约土地。

24. 风景　Scenery

可供观赏的风光景色,特别是指天然的山岳、平原、河川、林木等的美丽景致。自古以来,人类就热爱自然美,从中吸取营养,充实精神,丰富文化,并转化成为创造物质的力量。现代科学更把风景视作一种资源,认为它对于人们的精神生活、环境生态和社会发展都有积极的作用。

25. 风景建筑学　Landscape Architecture

又称风景园林学、景观建筑学、景园学。研究合理运用自然因素、人文因素来创建优美的生态和健全的人类生活境域的学科。着重探讨在城市环境中引入自然因素所产生的积极影响和作用,以期达到人工与自然协调融合的发展关系。自古以来,人们即已运用植物、水、土、石、动物等自然素材与营造建筑等人工设施来满足其游憩、观赏、娱乐的要求,建造了宫苑、宅园、庭园等园林;19 世纪后,开展了城市公园及各类绿地的建设以适应大众游憩、美化生活、改善环境的需要;20 世纪后期更向改善城市生态环境方面发展。它涉及天文地理、社会历史、植物生态、工程技术、文化艺术等多方面学科。在内容上包括了园林各项因素的具体处理(如植物种植、叠山理水、建筑营造等),各种公园绿地的规划设计(如公园、附属绿地、森林公园等),并扩展到城市绿地系统、自然公园、旅游胜地、风景名胜区以至区域性的河湖水系、自然保护区等的大地景观规划。在工作上应渗入到单体设计、详细规划、城市规划以及区域规划各阶段的领域。创始人为奥姆斯特德(Olmsted)。

26. 俯视　Downward View

视点在高处,景物在视点下方,观赏者必须低头,观赏景物时视线中轴向下和地平线相交的观赏方式。观赏时垂直于地面的线条产生透视向下消失,景物越低,显得越小。所以登泰山有"一览众山小"的效果,有令人胸襟开阔或惊险的感觉。

27. 戈裕良

江苏著名造园家,清嘉庆道光年间人,造园作品极多,如苏州环秀山庄、榭园,扬州小盘谷,南京五松园、五亩园,常州西圃,仪征朴园等。尤善叠山,其法胜于诸家。环秀山庄假山、小盘谷假山,皆属湖石假山精品。

28. 孤植　Specimen

空旷地上孤立布置的单株树木,既表现其姿态的美,也标志该空间的景色特征。单株的布置还可以作为甲乙两块林地树种急剧变化时的过渡和联系,即在甲乙林地中分别配置若干株对方林地树种的单株。

29. 观赏植物　Ornamental Plant

专指供观赏的植物。如观叶、观花、观果、观姿、闻香、赏奇的各种植物。现常归并于园林植物中。

30. 公园　Public Park

供公众、游憩、观赏和文娱活动的园林,对城市面貌、市民闲暇活动、生态环境有积极作用,并有防灾避难的效用,是城市公共绿地的主要组成部分。17 世纪末,英国资产阶级革命后,将一些皇家贵族的园林向公众开放,出现了公园(Public Park)之词。19 世纪中,开始设计和建造了专供公众游览的近代公园,如美国纽约中央公园,1868 年在上海外滩建立了我国第一个公园,辛亥革命后在城市中陆续出现了一些公园,1949 年后,公园建设纳入城市建设的组成部分,各城市均有相应的公园设置。我国城市公园分有综合公园,有市、区、居住区级,专类公园如儿童公园、纪念性公园、文化公园、体育公园、动物园、植物园、花园等。按其位置、性质、规模来考虑其布局,使植物、水体、山石和建筑等按科学和技术与美学原则结合起来,要重视植物生态和造景的效果。

31. 公共绿地指标　Standards of Public Green Space
　　见城市园林绿地率及定额指标。

32. 拱桥　Arch Bridge,Rainbow Bridge
　　桥体为拱券结构的桥。中空的圆拱券可以通行舟船,与水中倒影上下辉映,形象十分生动活泼。整座桥梁曲线圆润宛若长虹卧波,故有时又叫"虹桥"。桥身只有一个拱券的为单孔桥,三个拱券的为三孔桥,这是园林中最常见的,如果桥身跨越较大的水面,则券可在三孔以上。由于其形象活泼、造型优美又富于动态感,多建在园内比较开阔的地段作为水景的主要点缀。在个别情况下,甚至以它作为中心而构成一景,如北京颐和园著名的玉带桥。

33. 古树名木　Historic Tree
　　古树指树龄在百年以上的大树;名木指树种稀有、名贵或具有历史价值和纪念意义的树木。其中树龄在三百年以上和特别珍贵稀有或具有重要历史价值和纪念意义的古树名木定为一级。古树名木是国家的财富,要像文物那样进行保护管理,严禁砍伐、移植,严防人为和自然的损害。

34. 观赏点　Viewing Point
　　又称视点,是观赏园林风景时,游人所在的位置。静态观赏点固定不动;动态观赏时,观赏点沿观赏路线移动。

35. 规则式园林　Formal Garden
　　又称整形式园林、几何型园林。要求严整、对称,追求几何图案美的园林。其特征为:地形由平地、台地、台阶组成;水体外形为几何形的水池、水渠、喷泉、壁泉等;主要建筑物布置在中轴线上,建筑群强调对称或均衡布置,以建筑主轴和次轴控制全局;道路多为直线、几何形网格或环状放射路,广场为几何规整形;植物种植多用行列对称,对树木修剪整形,做成绿篱、绿墙、绿门等,花卉多用图案式毛毡花坛或花坛群;园林景物常用瓶饰、雕像作装点。这种形式适合表现庄严、雄伟、整齐的要求,建造和维护费用较高。

36. 行道树　Street Tree
　　种植在道路两侧成行列种植的树木。有美化、遮阳、防噪、防尘等作用,由于道路立地条件复杂苛刻,因此对树种的选择务必谨慎。对树种的一般要求是:①生长速度较快,生命力强韧,管理粗放;②耐瘠薄、板结土壤;③耐灰尘及汽车尾气污染;④耐修剪;⑤不飞毛絮(或落果),从而不污染街道;⑥根部不生萌蘖,不影响交通也不破坏道路铺装。一般选择冠大、阴浓的阔叶乔木。至于郊区公路的行道树也可与农田防护林相结合,风景区的行道树又应与周围风景相结合。

37. 行植 Planting in Row

又称列植,即按直线或几何线型栽植的方式。常用于道路、广场作规则式的布置。不等株距的行植常可作为规则向自然过渡的形式。密植成墙垣状的行植又称绿篱。

38. 花园 Flower Garden

以观赏树木、花卉和草地为主体,兼配有少量设施的园林。它可以美化环境、供人观花赏景,进行休息和户外活动。面积常不大,却栽有多种花卉,用花坛、花台、花缘和花丛等方式来显示丰富的色彩和姿态,并以常绿植物、草坪或地被植物加以衬托。如以某一种或某一类观赏植物为主体的花园称为专类花园,如牡丹园、月季园、杜鹃园、兰圃等。

39. 回廊 Winding Gallery

做成一圈环路,通常围绕着一幢建筑物或庭院而建的园廊。它的作用在于创设一处相对独立的空间,游人沿着回廊漫步,若在平地上可以从不同的位置、不同的方向、不同的角度观赏这个空间内部的建筑物或庭院山石花木之景。若在山地,还可以观赏外围之景,如颐和园万寿山佛香阁四周的一圈回廊,居高临下成为向外观赏开阔的湖山景观的绝佳场所。

40. 混合式园林 Composite Design

即自然式园林和规则式园林两种形式在同一园中混合使用。在实际中绝对的自然式或规则式是少见的。一般在园林的主要入口、广场和主要建筑物前,多采用规则式;在较大面积的供游览、休息的部分采用自然式。这样可以集两种形式的长处而避免其缺点。

41. 基础栽植 Foundation Planting

此种方式最初起源于多雨潮湿地区架空于地面的建筑,因其下部空虚,用植物弥补,故有此称。现常称建筑墙裙处的栽植为基础栽植。

42. 计成

明末著名造园家,字无否,号否道人,江苏吴江县人,生于明万历十年(1582年),卒年不详。少年时即以绘画知名,最喜爱关仝和荆浩的笔意,漫游燕京及两湖等地。中年返回江苏,择居于镇江。善运用山石巧合地叠成假山,俨然佳山,叠山技巧播闻于远近。明朝天启年间(1623~1624年),应邀在常州为江西布政吴玄营造私园,名吴氏园,占地面积仅3335m²,却有江南胜景之致。之后,又在江苏仪征为中书汪士衡兴造寤园(1632年);在南京为阮大铖修建石巢园;在扬州为郑元勋改建影园等。计成在自己实践经验基础上,整理吴氏园、汪氏园所作的图式文稿,于明崇祯七年(1634年)著成《园冶》一书,此书被誉为世界造园学的最早名著之一。

43. 季相 Seasonal Aspect

园林和风景区中植物四季不同的外貌,如发芽、吐叶、开花、落叶等。好的栽植设计常使季相均衡丰富,避免偏荣偏枯。如无锡梅园把梅花和桂花搭配在一起,梅花春季开花,夏季枝叶繁茂;桂花秋季开花,香气馥郁,冬季树叶常青不落。

44. 假山　Artificial Hill

指一切的人工造山。就造山材料不同可分为土山、石山、土山戴石和石山戴土。就施工工艺不同分为版筑山、掇山、剔山、凿山和塑山。人工造山起源于兴修水利和与洪水斗争。所谓九州,最早为疏导洪水的弃土堆。逐渐发展为以造景为主要功能的假山。假山可作为主景,如北京北海的琼华岛;可作为屏障和背景,如北京的景山;亦可用以范围和组织空间,如障景和分隔空间的假山。假山最根本的理法是"有真为假,做假成真"。即以真山为创作的源泉和依据,经过寓情于景和概括、提炼、夸张的艺术加工而取得源于自然、高于自然的艺术效果。假山是中国园林最灵活和最具体的传统手法之一。我国著名的假山有苏州的环秀山庄、耦园,北京的静心斋,上海豫园和杭州的文澜阁等。

45. 焦点　Focus

风景区和园林中观赏视线集中的地方,有较强的表现力。静态观赏时,常在轴线端点或几条轴线的交叉点。动态观赏时,常在动势集中的地点,如水面、广场、庭院等环拱空间,其周围的景物往往具有向心的动势,这些动势线的集中点便成为焦点。

46. 借景　Borrowed View

有意识地把园外有审美价值的景物组织到园林中,用来扩展视野,丰富园景,是中国传统造园的重要手段。(明)计成在其所著《园冶》中说:"借者:园虽别内外,得景则无拘远近,晴峦耸秀,绀宇凌空,极目所至,俗则屏之,嘉则收之,不分町疃,尽为烟景"。借的方法有远借、邻借(近借)、仰借、俯借、应时而借等。可借远山、流水、林木、建筑等景物,还可借青天、行云、清风、明月、夕阳、红荷、莺歌;秋借丹枫、桂花、虫鸣;冬借梅花、瑞雪、昏鸦等。还可以借助声音来增强借景的感染力,如古寺钟声、林间樵歌、弹琴竹里、雨打荷叶、风送松涛等。借景不仅是视觉和听觉的感受,更重要的是通过物理的感受,触发心理的情感而产生意境,这就是"因借无由,触情俱是"。著名的范例如北京颐和园远借西山,近借玉泉山塔;苏州拙政园西邻补园(今已并入拙政园)的两宜亭邻借拙政园中部景物,一亭收览两园景色。

47. 景点　Scenic Spot

由若干个比较集中的景物和一定的空间场地构成,是风景区中供游览的基本单元。如杭州西湖风景名胜区中的"平湖秋月"、"断桥残雪"、"柳浪闻莺"等。

48. 景区　Scenic Zone

风景名胜区总体规划中对开放旅游部分的一种区划。把具有共同景观特征和游赏功能的地区划分为一个景区,各景区之间有不同的景观特征和游赏功能。每个景区包含若干景点和独立的景物,如承德避暑山庄可分为宫殿区、湖区、平原区和山区等。

49. 景物　Scenic Object

构成园林或风景区中景观的最小观赏单元。可能是一株树木、一丛名花、一块山石、一个水景、一幢建筑物或一座雕塑等。

50. 静宜园　Providence Park

原为历朝行宫所在。清乾隆十年(1745年),在康熙帝所建香山行宫的基础上,进行了大规模的营建。于林隙崖间,增置殿台亭阁,修建宫山朝房;更加筑周回数公里长的外垣,形成规模宏丽的皇家苑园,于北京西山东麓。面积约16km^2。山势陡峭,清泉潺潺。园中共有二十八景,皆以建筑组合而成。咸丰十年(1860年)遭英法联军焚毁。

51. 居住区绿化　Green Space in Residential Area

在居住区用地上植树、栽花、种草,或进行山水、地形的建设活动,以创造安静清洁和优美的居住生活环境。对居民户外活动,美化环境,改善小气候及防护防灾等有直接的效用。主要包括①居住区及居住小区的公园;②住屋间的绿化及庭院绿化;③居住小区内专用绿地及道路绿化。常制定相应的面积指标和覆盖率,以保证居住区的绿化环境质量。

52. 框景　Framed View

在园林创作中把要观赏的景物用门、窗洞、框架等,或由乔木树冠抱合而成的空洞围合起来,如同镶嵌在画框中的风景画。清代画家李渔曾经设计一种湖舫,在密闭的船舱中,左右开两个扇面窗,坐在舱内,两岸湖光山色,寺观浮屠,云烟竹树,往来游人,连人带马尽入扇面之中,俨然天然图画。又在家中创尺幅窗和无心画,利用窗框作画框,透过窗洞观赏屋后的假山,如同一幅山水画。框景的创作,可以把不需要观赏的景物屏除在画框以外,使视线更加集中在需要观赏的景物上,主题更为突出,把自然美升华为艺术美。

53. 栏杆　Balustrade

园林里面的楼、台、亭、榭、廊、梯、台阶等的边沿处以及花圃、池塘等的周围所安设的围护构件。它具有防护功能,同时也起装饰作用,所用材料通常为木、石、砖、混凝土,个别的也有金属、竹篱等。栏杆的高度取决于人体和使用场所,一般为800~900mm,能保证游人安全而又便于凭栏观赏园景。在特定的情况下,也可以适当降低高度以取得与周围环境相协调的合宜尺度,提供游人坐憩之用,如平桥和亭、廊的坐凳栏杆以及靠背栏杆(美人靠)等。栏杆的形式有镂空和实体两大类。镂空栏杆由立柱、横杆、扶手构成,有的加设各种花饰部件。实体栏杆由栏板和扶手构成,栏板也有局部漏空的。中国园林的栏杆形象极为丰富,它不仅是园林建筑的装修,还把它作为点缀园景的一种重要的小品手段。

54. 廊桥　Bridge with Gallery

在桥上加建廊子的平桥或拱桥。桥上的廊子一般单独建置,也有与两岸的建筑物或游廊连接的,如苏州拙政园的"小飞虹"。廊桥作为园内游览路线的一部分,相当于跨水的游廊,同时也是点缀水面景色、增加水景层次和进深的一种手段。桥上廊子临水的两侧安装坐凳栏杆或靠背栏杆,可以容纳更多的游人驻足坐憩,观赏远近水景。

55. 林相　Forest Aspect

森林的林冠结构、生长状况和林木品质综合反映的外形。按林冠结构的层次,可分为单层林和复层林。生长旺盛和林木品质较高的称为"林相优良";反之,称为"林相不良"。

56. 林缘线 Forest Fringe, Forest Edge

树林边缘水平状态的轮廓线。由于林缘光照条件变化较大,植物种类一般较林内为多,景观也较丰富,自然式的林缘线常呈曲线形。

57. 楼山 Rockery Contacting with Storied Building

与楼房结为一体的假山称为楼山。如北京乾隆花园中的房山石假山,下洞上台,蹬道引上并以天桥与楼相接。楼山特色是高耸入云,为防止过于逼近建筑,宜远才妙。

58. 漏窗 Grill, Leakage Window

又叫花窗,在墙上窗洞内安装漏空花格的窗。窗洞的形状多样,花格一般用薄砖或瓦片拼镶成各种几何形状的纹样,也有以铁丝做骨架,用灰泥塑造花鸟山水的。透过窗上的漏空花格,可以窥见隔墙的景物,予人以朴素迷离的感受,祈祷扩大墙内空间、沟通墙外空间的作用。漏窗在墙上连续安设,又成为引人注目的园林装饰,阳光透过,花纹图案倍觉明澈,尤为生动活泼。

59. 落叶植物 Deciduous Plant

露地生长的在冬季或旱季落叶的植物。寒、温地带的阔叶乔灌木到秋冬时均落叶,留下枝干,形成不同的形象和色泽,产生明显的季节景象变化。

60. 旅游 Tour, Travel

旅行游览。是现代人们生活中的重要活动,可以放松身心,恢复精力,增加知识,促进人民之间的友谊和经济文化交流,也是重要的经济行业。按地域可分为国内旅游和国外旅游;按性质可分为观光旅游、度假旅游、修疗养旅游、体育旅游、文化科普旅游、宗教旅游等。

61. 绿化 Greening

栽种绿色植物(包括乔灌木、花卉、草地等)覆盖地域空间的活动和效果。绿化有利于净化空气、调节气候、美化环境、减轻污染和自然灾害,以及提供工业原料和其他林副产品等多种效益,是改善环境、健全生态的有力措施。绿色环境是人类赖以生存的摇篮,也是现代文明的标志和象征,植树造林,绿化祖国,维护生态平衡已成为我国的一项基本国策。

62. 绿化覆盖率 Greenary Coverage

城市中各种绿地的绿化覆盖面积与城市建成区总面积的比例,以百分数表示。目前不作为城市绿地规划的指标,仅是城市建设统计的一个项目,其计算公式是:

绿化覆盖率 = 100% × (城市建成区内园林绿地绿化覆盖面积 + 道路绿化覆盖面积 + 屋顶绿化覆盖面积 + 零散树木覆盖面积)/城市建成区总面积

63. 绿廊 Pergola

①古希腊的一种宅园:见柱廊园。②以攀缘植物装饰的花架、廊柱或廊架。

64. 绿篱　Hedge, Green Barrier

用植物密植成行以代替篱垣的栽植形式。分规则式和自然式两类。前者修剪成建筑式样,常见于规则式园林中,后者不加修剪,或将枝条编结成篱后任其生长。常用的绿篱植物如黄杨、珊瑚树、小叶女贞、构桔和柏类植物等。参见行植。

65. 苗圃　Nursery

培育苗木的园地,是城市绿化的生产基地。有以培植乔、灌木为主的苗圃,也有培育花卉或草坪植被的花圃、草圃。设有培育所需的土地和设施。各城市应建有一定面积的苗圃以满足城市绿化基本苗木的供应。

66. 攀缘植物　Vine

又称藤本植物,其枝细长,一般不能直立,需攀附于其他树木或物体上。园林中常用以装饰花架、廊柱、墙面,如爬墙虎、凌霄、常春藤等。

67. 配景　Supporting View

又称衬景,园林中起陪衬主景作用的景物,与主景配合,二者相得益彰又形成艺术的统一整体,使主景更加突出。如杭州花港观鱼在主景金鱼池和牡丹园周围配置大量花木,有樱花、海棠、玉兰、梅花、紫薇、碧桃、山茶、紫藤等,以烘托主景。

68. 盆景　Miniature Gardening, Potted Landscape

盆中的风景,即在盆中以整形植物或山石为主体,间或配以小型的草、石、水、桥、亭等所组成的一个缩小的风景,可用于庭园或室内装饰。它起源于我国,对植物多取自然式整形,并强调风景的诗情画意。现已流传世界各国,流派纷呈。

69. 平视　Normal Sight, Level View

人眼视线的中轴与地平线平行而伸向前方。平视观赏风景和园林景物给人以平静、深远、安宁的感觉。观赏者头部不必上下俯仰,不易疲劳。园林或风景区中平视景观宜选择在视线开阔,可以延伸较远的地方,如水面、草坪、远山等。

70. 匍匐植物　Creeping Plant

植株低矮、枝条贴地面生长的植物,如匍地柏等。此类植物也可作地被植物用。

71. 前景　Front View

又称近景,指距离观赏者最近的景物。只能看到景物的局部,不能看到整体,通常只起到把视线引向中景的作用,或作为框景的框架,增加景色的层次。在园林和风景区中游览者可以游动观赏,景物与观赏者的距离只是相对的而不是固定的。

72. 球根植物　Bulb

指地下部分的根、茎肥大成球形或块状的植物。其肥大的根、茎通常作繁殖的"种子"之用。包括球茎(如唐菖蒲)、有皮鳞茎(如水仙)、无皮鳞茎(如百合)、根颈(如鸢尾)、块根(如大丽花)、块茎(如白头翁)。

73. 曲桥 Zigzag Bridge

平面呈曲折形状的平桥。每一跨一折,一般折成随意的钝角,也有的折成直角,视跨越水面的大小而成三折、五折、九折,九折及以上的又叫"九曲桥",用"九"极言其多。这种桥蜿蜒水面之上,既富于形象的动态和韵律感,又能够延长人们的游览行程和时间,在曲折中变换人们的视线方向,从而更增步移景异的观赏效果。因此,在我国园林里普遍运用,尤其常见于中小型的园林中。

74. 三海

北海、中海、南海的统称。是我国现存规模宏伟的古代帝王宫苑之一。位于北京故宫西侧。初为唐代幽州城海子园址。辽代再修,增建瑶屿行宫。金代,疏浚湖泊、建琼华岛,并运来艮岳遗石置岛山。元代,又加整修,作皇城内西御苑太液池,改琼华岛为万寿山。明代,于太液池南凿南海,又改池上木吊桥为石桥,一分为二,南为中海、北称北海。环海置建筑。清代于岛上建喇嘛白塔,并层叠寺宇,成今之规模。三海中北海最大,水面约 70 万 m^2,占全苑过半。其空间以琼华岛为构图中心,寺宇建筑层叠,烘托出万寿山宏伟气势。此以寺包山为其时宫苑园林特点。西北峰以五龙亭、静心斋等建筑群与山岛呼应,形成池岛塔寺的格局。中海,水面狭,两岸植林木,建筑较少,以蕉园为主。南海,水面小而形圆,中置岛屿,名瀛洲,上建涵元殿,为清廷帝室避暑游娱处。

75. 森林 Forest

以树木和其他木本植物为主体的一种植被。自然形成的称天然林,人工建立的称人工林。天然林未经人工采伐或人为破坏者称原生林,反之经人工采伐或破坏后又自然恢复起来的称次生林。

76. 森林公园 Forest Park

在大面积的森林环境中,选择部分优美的地段开辟为公共游览、休憩之用,以满足人们接近自然,享受森林资源的要求。现代城市郊区常建有宽阔的森林带以改善城市的生态环境,可划出部分地区加以改造、修整,使之成为适于人们休息、度假的场地,常设有供野炊、野营的场地,天然游泳场,浴场,划船,漂流,停车场等设施。亦有从全国范围森林资源的综合利用来考虑,选择以大片森林为基础可适度开发供人们游览、观光、野营、狩猎、保健疗养和科学文化活动的地域,设立国家森林公园,如张家界国家森林公园。远离城镇,则需考虑食宿等问题。

77. 生产绿地 Nursery Gardens

为城市园林绿化提供苗木、花草、种子的苗圃、草圃等绿地。

78. 石峰 Rockery Peak

我国江南一带称高峻、奇秀型的特置山石为石峰。常见的多为太湖石或灵璧石。古人将这类石灰岩个体美的审美标准归纳为透、漏、瘦、皱、丑。作为室外陈设欣赏。多以园洞门和漏窗为框景,或置庭院中部构成视线交点。石峰下有石座,在江南多以同类自然山石为座称为"磐",磐上有榫眼与石峰底部之榫头相结合。北方皇庭园林中则多为石雕须弥座。古人有以石争荣之风尚,故有江南四大名石和岭南四大名石之说,皆为石峰。不少名石都受帝王封赠或有名人镌字。史载最著名的石峰为北宋寿山艮岳之"神运峰",其体量高大而玲珑秀奇,被宋徽宗封为盘固侯。

79. 石矶 Flat Stone Projecting Over

岸边呈熨斗状平伸入水面的块石。其自然天成者如南京之燕子矶。作为水石布置者如南瞻园之石矶。石矶一般背水面高,向水面低,叠层而下以适应水位变化。

80. 石笋 Stalagmite

又称剑石,石形如笋的天然或人造石材和用这类石材置石的石景,其形态特征有如长剑,由于自然的力量在地上划出一些浅沟,一些沉积物在沟中成岩而形成石笋。除了钟乳石笋是直立的以外,其他石笋多平卧地下,采出后再立起来。石笋的主要品类有乌炭笋、白果笋(又称子母剑)、慧剑和钟乳石笋。石笋多作小品布置置配以竹类,布置要点是高低参差、主次分明。忌排列成刀山剑树,炉烛花瓶,也忌成"山、川、小"的字形。

81. 室内绿化 Indoor Planting

将植物引至建筑内,以丰富室内和美化环境,在公共建筑和住宅中均可采用。要选择能适应其放置处条件(光照、温度、湿度)的品种。常选用热带、亚热带的观叶植物。

82. 视角 Visual Angle

观赏景物时,由景物两端引出的两条光线在眼球内交叉而成的角。分垂直视角和水平视角。物体越小或距离越远,视角越小。能看清楚景物的视角,垂直方向约为 26°～30°,水平方向约为 45°。

83. 视距 View Distance

又称观赏视距。观赏园林风景时观赏点与被观赏景物之间的距离。正常人的视力,能够看清楚景物的距离为 0.25～250m 左右。能够完整地观赏景物的合适距离约为景物高度的 3～3.3 倍,景物宽度的 1.2 倍。当视距为景物高度 3 倍时,能看到景物整体和周围环境;视距为景物高度 2 倍时,能看到景物的全高;视距与景物高度相同时,只能看到景物的局部和细部。

84. 树丛 Planting in Cluster

为数不多的乔灌木做成丛的栽植方式。是种植设计中的一个基本单位。主要作主景用,既要求整丛树木的群体美,又要求显示每株树木的个体美,宜于不同角度和距离欣赏。

85. 树木 Tree

多年生植物中根、枝木质化的植物。其主干明显且高大的称乔木,而枝干丛生又矮小的称灌木,介于二者之间的称小乔木或大灌木。按其叶片的形态与习性,可分出针叶、阔叶和常绿、落叶的类别。按观赏的重点部分,又可分出观叶、观花、观果、观枝等类别。

86. 树群　Planting in Group

大量乔灌木组合在一起的结合体,是种植设计中的一个基本单位。主要作分隔空间、形成绿化气氛、掩蔽和防护之用。景观上通常作背景处理,并强调整体轮廓和层次的群体美。

87. 双廊　Double-deck Gallery

又称双层廊、楼廊,即上下两层的廊。它连接于楼房或不同标高的景点之间,便于解决上下两层的交通、合理组织两个不同高程上的人流,同时也为游人提供了能在上下两层不同高程的廊中观赏景物的条件。由于双廊的体量较高大,一般园林中除特殊情况外很少采用。

88. 水廊　Water Gallery

建置在水面上的园廊。它联系水面两岸的交通,具有类似桥梁的作用,有时也沿着岸边建置而楔入水面、水廊架设水中、紧贴水面,予人以飘然凌波之感,与水中的倒影上下辉映,又呈现为极生动活泼的景观;游人坐憩其内,可以凭栏观赏水面之景。苏州拙政园东部随墙的一段水廊,便是此种园廊的佳例。

89. 水生植物　Hydrophyte

植株的部分或整体浸于水中生长的植物。它们可分为①漂浮植物:叶片浮于水面,根部不入水底之土中,能随水漂浮,如凤眼莲(水葫芦);②沉水植物:与前者相似,但叶与茎均浸于水中,也能随水漂动,如金鱼藻;③浮叶植物:叶片浮于水面,而根着生于水底之土中,故浮动范围有限,如睡莲、菱;④立叶植物:叶片伸出水面,根也着生土中,如荷花。它们多宜在较为静止的水体中生长,并对水深有一定的要求。

90. 宿根植物　Perennial Plant

多年生植物中的一种,即冬季或夏季地上部分的枝叶枯死,而根部仍然活着,到翌年春季或秋季能从根部重新发出新的枝叶的植物,如菊花、芍药、石蒜等。

91. 速生树种　Fast-growing Species

生长速度超过一般树木的树种。如泡桐、白杨、柳树等每年高生长可达 1m 以上,茎粗也相应增加。

92. 台　Terrace,Flatform

在园林里面用石料或砖砌筑为高出地面的平台,周围设栏杆,供游人露天驻足观赏园景,也可以举行露天的饮宴或娱乐活动。台的平面形状多为方形或长方形,也有圆形、半圆形、扇面形或其他几何形的。台一般建置在临水或山坡上的景界开阔的地段,便于游人多方位观景。山坡上的台往往与建筑物相结合而衬托该建筑物之巍峨,如颐和园万寿山前山中部的佛香阁下的二十余米高的石砌方台。重要建筑物的正面多有紧邻建台的,叫"月台"。早期的中国古典园林中,台是主要的建筑物,体量十分高大。到后期,台已不占主要的地位,体量也逐渐缩小,仅作为园景之点缀。

93. 庭山　Rockery in Courtyard

位于建筑庭院中的假山。可以作为主景或配景处理。一般作配景的以静观为主,可观而不可游。作为主景的则可观可游,如北京乾隆花园的假山,是作为主景之庭山。

94. 亭桥　Bridge with Pavilion

在桥上加建亭子的拱桥或平桥。亭子四面开敞,临水的两面安装坐凳栏杆,游人可在此驻足坐憩,饱览远近水面之景,是绝好的观景点。它的形象比平桥和拱桥更丰富,因而也是园景的重要点缀。亭桥在江南园林中用得最多,造型亦最为丰富多变,著名的扬州五亭桥由五个亭子组合成别致的形象,跨越瘦西湖水面而成为湖上的一景。北方的皇家园林也多有模拟江南而建置亭桥的,如颐和园的西堤六桥之中,就有五座是亭桥的形式,避暑山庄的水心榭则由三座亭桥连续组成。

95. 庭园　Courtyard Garden

由建筑物包围或在其周围形成的庭或庭院中种以树木花草,置以山石水体,养以禽鸟鱼虫,设置园林小品等以引入自然信息,美化环境,供观赏、休息之用的空间。庭园一般面积不大,并与周围建筑有密切关联,常被看作建筑的附属和延伸。

96. 万春园

原名绮春园。建于清乾隆三十七年(1772 年),后毁。同治年间重修,改今名。道光时,曾为皇太后居处。咸丰十年被英法联军焚毁。此园与长春园同为圆明园附园。园由原有小园林与皇室成员死后缴进的赐园合并而成。东路部分为旧园,西部则由傅恒、福康安死后缴回的赐园、庄敬和顾公主的含辉园及成亲王的寓园构成。再加改造,形成绮春园三十景,是一座小型水景园。

97. 屋顶花园　Roof Garden

把植物、水体或山石等布置在建筑物顶部的园林。两千多年前即已有著名的巴比伦空中花园。现代屋顶花园是在大城市用地紧、高层建筑大量增加的情况下发展起来的一种绿化类型。对增加绿化屋顶隔热,改善鸟瞰景观,就近游憩等有积极作用。其设置要考虑屋顶荷载、屋面排水防漏、植物覆土厚度、高空风力等特殊条件。其投资管理费用较高。

98. 西苑

1)洛阳的西苑,又称会通苑。在隋东都洛阳宫城之西,北负邙山。建于隋大业元年(605年),为隋炀帝宫苑之一。布局继承秦汉以来"一池三山"的格局,苑中凿海筑山。海内有蓬莱、高丈、瀛洲,台观殿阁,分布其间。反映了追求长生的神仙思想。苑中有院,计十六院,沿渠造设,供养嫔妃。每院临渠辟门,渠上架桥相通。各院均植名花异草,还有亭子、鱼池及饲养家畜和种植瓜果蔬菜的园圃。各地景地,以流渠相连,可泛舟鱼舸。以自然山水为依托,而少汉代宫苑周阁复道。

2）北京的西苑即今之"三海"，在北京故宫西华门西侧，始建于元代，称"西御苑"。至明代，进行了大规模的扩建，筑万岁山（今景山），并于元太液池南，凿小湖。又将瀛洲仪天殿西的木吊桥改成九孔石桥，两端立牌楼，桥名"金鳌玉蛛"。至天顺年间（1457~1464年），以琼华岛为中心，沿湖三面增建了殿亭轩馆。清代屡有修建，并在景境造山艺术上有所变化，遂成今之规模。西苑之规模和景象，元、明、清三代有所差异。元代，规模宏大，主要以太液池为主，筑山以石构且具自然峰峦之势，体量较小，景境以松桧阴郁为秀；明代，池水有所添凿，苑中设园，基本保持元时景象，山上建筑多为单幢列置，略占主要地位；清代则突出山体，以大量建筑烘托山势，"因山构室，其趣恒佳"。造山以人工取胜，而池水成为次要的应景部分。

99. 乡土树种　Domestic Tree

长期生长于当地的树种。在该地有较强的生长、繁殖能力。在绿化树种规划中宜以此为基础，能获稳妥而良好的绿化效益。

100. 小游园　Small Park, Pocket Park

又称小绿地、小花园、小广场。供居民或行人作短暂游憩的小块绿化场地。用地小，因地制宜，布置灵活，成为城市中分布广、效用高的块状绿地。

101. 仰视　Upward View

观赏者视线中轴上仰，不和地平线平行。与地面垂直的线因透视产生向上消失感，景物高度方面的感染力较强，易形成险峻、雄伟的效果，对人的压抑感较强。在园林中常把假山、建筑物的视距缩短、视角增大，造成仰视，使假山和建筑物看上去比实际更加高大。

102. 一二年生植物　Annual And Biennial Plant

从种子发芽到开花结实而死亡，只经过一个无霜的生长期者称一年生植物。在园林中多属春季播种，夏秋死亡的花卉，如凤仙花。二年生植物则要经过二个无霜的生长期，多属秋播花卉，如羽衣甘蓝。在园林植物中有的可春播亦可秋播，有的因地区气候而易，难以绝对区分，故通常将两者合称为一二年生植物，园林中常用作花坛布置。

103. 颐和园　Summer Palace

我国现存最完整，规模最大的皇家园林，亦为世界古典名园之一。清光绪十四年（1888年）修建。金贞元元年（1153年），完颜亮在此设行宫；至明时，建好山园。清乾隆十五年（1756年），疏凿昆明湖，改建为清漪园。咸丰十年（1860年），被英法联军所毁。光绪十四年，慈禧挪用海军经费重建，改称颐和园，以作夏宫。占地290万 m^2，由万寿山、昆明湖等组成。按布局分三大部分：宫室、万寿山和昆明湖。宫室部分在东宫门内，以仁寿殿为中心；殿后是居住生活区。万寿山分前山和后山两个景区。前山以佛香阁为中心，形成一条南北中轴线，更增山势，后山小溪曲折，景色清秀，具江南特色。昆明湖，以西堤、十七孔桥等陶成湖景。此园尤以借景西山、玉泉山群峰及玉泉塔影，扩展园景；布局设计宛如天成，是集我国造园艺术大成的代表作。

104. 阴性植物　Shade-life Plant

需在背阴的环境下生长的植物。当在充足的光线下生长明显不良甚至枯萎。蕨类植物和常绿草本植物的多数属此类。如为树木者,往往枝叶密集,树冠没有明显的层次。

105. 影壁　Shadow Wall, Screen Wall

又称照壁、照墙。建置在院落建筑群的大门内或外,作为大门屏障的独立墙垣。一般用砖砌筑,包括壁座、壁身、壁顶三部分。壁身的四周用磨砖模仿木构筑物的枋、柱形,当中镶砌斧刃方砖和"中心"、"四岔"花饰。壁顶模仿木构建筑的屋顶,有庑殿、歇山、悬山、硬山等式样。讲究的影壁全部用琉璃饰面,多用在宫廷或皇家园林中,如北海著名的"九龙壁"。此外,影壁也有依附于建筑物墙面上的,如像北京四合院住宅大门内的小影壁即利用厢房的山墙做出壁身花饰和壁檐,俗称"跨山影壁"。

106. 游览　Touring, Sightseeing

边行走边观看欣赏园林景色或风景名胜。是鉴赏园林和风景名胜的一种主要方式。游指行走,览指观看,包括动观和静观在内。

107. 游乐场　Amusement Ground

设有各种旋转、翻浮、升降等大型游乐设备,供人游戏娱乐的场地。在城市中单独设置的列为城市公共设施用地;也有附属在城市公园和旅游度假用地内的。

108. 游乐园　Amusement Park

以多种游艺方式供人们观赏娱乐而获得欢悦效果的公共游憩场所。早在古希腊以及中国汉朝即有人利用定期集市形成临时的游乐活动场地。初期以戏法杂耍、音乐舞蹈等特色的表演以获取游客的欢欣;而现代则以先进的电动、机具设施供人参与各项有趣的活动,产生愉快、奇异、刺激的感受,以达到调剂生活的目的。所形成的各类型的游乐园,有专业性的,有综合性的,有室内的,有室外的,也常设在公园的一角。美国迪斯尼乐园的兴建为游乐园地开创了新的天地。

109. 游憩　Recreation

游玩和休息。是人类为了恢复精神和体力,使劳动力得以再生产的必要生理需要。国际建筑师会议《雅典宪章》把游憩和居住、工作、交通列为城市四大主要活动。

110. 娱乐　Amusement, Recreation

余业消遣,快乐有趣的活动。联合国教科文组织的一个文件指出:同样的一种活动,如摄影、绘画、舞蹈、体育运动等,对摄影记者、美术师、舞蹈演员、职业运动员来说是工作,对非专业工作者的业余活动则是娱乐。

111. 郁闭度　Canopy Density

森林中乔木树冠彼此相接遮蔽地面的程度,用十分数表示。完全遮蔽地面为1,依次为

0.9,0.8,1.7等,郁闭度在0.1以下者称空旷地或林中空地,0.1~0.3者为疏林地,0.4~0.6者为稀疏林地,0.7~1者为郁闭林,幼林疏密不等,草地面积占10%~40%者称为带草地的幼林。

112. 园廊 Garden Gallery

园林中独立建置或依附于建筑物的有屋顶的通道。作为建筑物的室内外之间的过渡,也是各个建筑物之间的联系手段,因此而成为园内游览路线的组成部分。一般两面开敞,也有一面开敞,另一面倚墙的。它既有遮阳避雨、坐息、交通联系的功能,又起着分隔园林空间、组织园林景观、增加园景层次的作用。游人在廊内行走,两旁的景物以立柱、枋、槛作为框子而形成一幅幅画面掠眼而过,产生一种别致的游动观赏的效果,因此,廊在园林中广泛使用。若按其造型及其与地形的关系,可分为直廊、曲廊、回廊、抄手廊、窝角廊、爬山廊、叠落廊、水廊、桥廊等;若按其结构,则可分为空廊、单面廊、复廊、双廊等。园廊有长有短,因地制宜。北京颐和园内的"长廊",共有745间,全长约一千米,可算是最长的园廊了。

113. 园林 Garden

将植物、土地、山石和水体等自然因子和道路、建筑、小品等人工设施按照一定自然规律、技术法则和艺术手法综合组成的供人们在观赏、游憩等活动中着重感受自然赋予的地域空间,对美化环境,改善生态有积极的作用。通过树木花草的种植、地形处理、叠山理水、道路布置和建筑营建等具体处理构成一定的物质形态,并是一定经济、技术和文化的反映。通常包括庭园、宅园、花园、公园等内容。如向建筑延伸则包括室内绿化、广场绿化和屋顶花园等园林形态;如向林学方面发展,则包括了森林公园、国家公园、风景名胜区、原野休息区等内容。

114. 园林工程 Landscape Engineering

园林绿地建设中除园林建筑以外室外工程的总称。包括地形整治的土方工程、叠山置石的山石工程、池渠喷泄的理水工程、道路铺地的园路工程、园林植物的种植工程以及园灯的照明工程等多项工程内容。分别以各种工程为技术基础,结合园林的特殊要求加以综合考虑,以达到与园林景观融为一体。

115. 园林建筑 Building in Garden

园林绿地中供人游览、休息和娱乐等活动,并起造景作用的建筑物或构筑物。与水、石、植物相结合而构成供人观赏的园景,其本身也是赏景的特定场所。我国传统园林中的亭、廊、榭、桥等,公园绿地中的展览室、活动室、茶室、音乐台、运动场地,动植物园中的兽房、笼舍、观赏温室等,这些建筑除了满足使用功能外,要特别注意其选址和造景上的要求。其体量、形式、风格等要与园林环境的山势、水体、植物相协调,达到造景或点景的相应效果。园林建筑的风格在一定程度上代表着园林的风格。

116. 园林设计 Garden Design,Landscape Design

建设园林之前,根据建园目的和功能、艺术上的要求,以及需要解决的问题,事先作好通盘的设想,制定图纸和文件,作为施工的依据。设计内容分总体设计和专业设计两部分。总体设计是根据城市规划和计划主管部门批准的计划任务书或委托单位的设计任务书的要求及有关现状条件,对功能或景区划分、景观构想、景点设置、出入口位置、竖向及地貌、园路系统、河湖水系、植物布局、建筑物及构筑物的位置、体量、造型和各专业工程管线系统等进行综合设计;专业设计有地形及土方工程、山石和驳岸工程、园路及铺地、种植、建筑和小品、给水排水工程、电气工程、体育和游戏场设备等专业,都要在总体设计的统一要求下设计。设计程序通常从整体到局部,分为收集资料、方案、初步设计、施工图和详图、编写设计说明书和工程概预算等阶段。

117. 园林小品　Garden Furniture and Ornament

园林里面没有内部空间,体量较小,仅作为园景点缀的露天建筑物或构筑物。有美化园林、丰富园趣的作用,还能为游人提供文化休息和公共活动的方便。其中,有单纯装饰性的小品,如花台、水缸、日晷、香炉以及各种石雕和金属铸造物,其本身就是精美的工艺品;有供游人坐憩的小品,如椅、凳、桌、床等;有照明用的小品,如各种路灯,座灯;有展示性的小品,如说明牌、指路标、展览橱窗等;有服务性的小品,如饮水池、时钟塔、栏杆、大台阶等。

118. 园林形式　Garden Form

园林各种组景因素所构成的外貌。是由园林的使用功能和景观艺术要求决定的。有自然式园林、规则式园林、混合式园林等形式。

119. 园林植物　Garden Plant

泛指应用于园林的植物。由于植物的多功能性,其中不少植物常与其他门类相交叉,例如松、竹在园林中属园林植物,在经济用材林者为用材植物。还有一些植物现未属园林植物,如被采用,亦可属园林植物。通常按形态可分为常绿乔木、落叶乔木、常绿灌木、落叶灌木、常绿藤本、落叶藤本、一二年生花卉、宿根花卉、球根花卉等;按应用可分为林木、花木、果木、叶木、藤本、花卉、草地与地被植物等;按需光要求,可分为阳性、阴性和中性的植物;按需水要求,可分为旱生、湿生、沼生、水生等植物类别。

120. 园桥　Garden Bridge

泛指园林里面的各式桥梁。它们能联系各景点之间跨越水面的交通,组织游览路线,变换观赏视线,增加水面层次、点缀园林景观,兼有交通和艺术欣赏的双重功能。园内的桥梁按其结构,可分为平桥、拱桥两大类,个别的也有悬索结构。造桥使用的材料为木材、石材、钢材、混凝土等。它们的形象十分丰富,除了常见的平桥、拱桥之外,还有曲桥、廊桥、索桥、亭桥等。它们的体量视所在地段的环境而大小不一,大型的如颐和园十七孔长桥长达150m,最小的则一步即可跨过。在比较开阔的水域,游人可以驻足桥上观赏远近水景,而水景经桥梁之点缀往往与水中倒影交相呼应,顿显凝练生动有如画意。某些形象别致的桥梁甚至成为园林的一景,有的桥梁与水闸相结合,还具有调节河湖水位的功能。

121. 园亭　Pavilion

独立,有顶,周围开敞的园林建筑。大多体量小巧,常建在山间水际或平坦地段,作为游人驻足稍事休息的观景场所,同时也起着点缀园景的重要作用。亭的形象非常丰富,平面有方形、圆形、多边形、扇面形、套环形、圭角形等,屋顶有平顶、单檐坡顶、重檐坡顶、盝顶等。园亭一般为单独建置,也有与廊结合的。一半紧贴墙壁的叫半亭,建在桥上的叫桥亭。此外,少数具有特定的使用功能,如商亭、书报亭、电话亭等。

122. 园冶

我国著名造园理论专著,被尊为世界造园学最古名著之一。计成著。原称《园牧》,成书于明崇祯四年(1631年)。共三卷,分总述部分"兴造论"与论述造园步骤的"园说"两部分。"园说"又分相地、立基、屋宇、装折、门窗、墙垣、铺地、掇山、选石、借景十个部分。卷一含"兴造论"、"园说"以及相地、立基、屋宇、装折等部分;卷二描述"装折"的重要部分——栏杆;卷三由门窗、墙垣、铺地、掇山、选石、借景六篇组成。

123. 园艺　Horticulture

农业的组成部分之一,包括果树蔬菜栽培以及观赏植物的培育与应用的专业名称。与园林专业互有交叉。

124. 圆明园

原为清康熙四十八年(1707年)赐予皇四子胤禛的赐园,面积仅20万 m^2,是一座以水景为胜的园林。至雍正时,于园南部起造殿宇,建筑亭榭,作长居"避喧听政"处,并培植林木,营构二十八景,面积达200万 m^2。乾隆初时,再行扩建;至乾隆九年(1744年),基本建成,并完成"圆明园四十景。"其后,在园之东及东南添筑长春、万春两座附园,总面积达3335万 m^2,而三园一般统称"圆明园"。咸丰十年(1860年)遭英法联军焚毁。此园是以水景为主的园林,湖池散落如珠,聚分有致,水道萦回。园景大多仿江南诸名胜或园林起构,移天缩地集缀一园。园内堆山,与水势形体相谐,筑成尺度不高,连绵起伏,曲折有致的岗阜,并略以叠石点化山崖丘壑之境界,是为大型皇家园林"平地筑园"杰出范例。与他园不同,此园以匾题名点景,建筑与景境交融,规模宏伟,景境丰富,有"万园之园"之誉,对欧洲造园艺术也有影响。

125. 远景　Distant View

距离观赏者最远的景物。只能看到景物的大轮廓,看不清细部,常作为中景的衬托,起突出中景的作用,又称背景。如园林中用一片深色的针叶树作背景,衬托白色的雕像,也可借用园外景物,用远山或蓝天白云衬托主要建筑物,如北京北海的白塔、天坛祈年殿等。

126. 苑　Garden

又称宫苑,秦汉时期在囿的基础上发展起来的一种园林。多建有宫室,一般拥有广大地域和良好的天然植被,有野生或畜养的飞禽走兽,供帝王射猎行乐,并建有供帝王居住,宴饮之用的宫室建筑。著名的宫苑有汉上林苑、唐庆兴宫,北宋的艮岳,清避暑山庄等。

127. 云墙　Cloud Wall

顶部的墙檐或压顶做成波状起伏的墙。这种墙的形象富于动态感,仿佛行云流水,避免了一般墙垣的僵直感觉,与周围自然环境也易于取得协调。因此,中国园林的院墙以及分隔空间的墙垣多有采用这种形式的,在江南园林中尤为常见。

128. 沼生植物　Helophyte

植株的根部或茎基部分浸没在水中生长的植物,园林植物中如香蒲、黄花鸢尾等。

129. 造景　View Making，Landscape Creating

在园林中创造供人游览观赏的景色。在我国传统园林中,主要是运用山水、地形、植物、建筑等素材,概括浓缩自然景观的特征,创造"虽由人作,宛自天开"的景色;西方古典园林主要运用建筑构图原理,创造富有几何图案美的景色;现代园林的趋向是运用植物造景,手法更加多样,既有模仿自然生态群落的自然景色,又有用丰富的花卉、树木品种,创造色彩绚丽的园景,也有吸收现代抽象绘画形式创造的抽象图案。

130. 造园　Landscape Gardening，Garden Making

在一定地域范围内,按照人们的需要,将植物、土、石、水等自然素材与建筑等人工设施加以组合所采取的营建活动以及形成的园林空间环境。包括庭园和城市公园两大范畴。自古以来,这类园林大多为人工所营造。

131. 障景　Obstructive Scenery

又称抑景。园林中能抑制视线,引导空间转变方向的屏障景物,本身也是一景。如苏州拙政园进入腰门后,迎面一座假山挡住视线,绕过假山才能看到园中主景远香堂和山池等景物,造成欲扬先抑、欲露先藏,"山穷水尽疑无路,柳暗花明又一村"的境界。障景又能遮挡不够美观和不宜暴露的物体或地方。因使用材料不同,可分为山石障、影壁障、树丛障或几种方法结合的处理。

132. 植被　Vegetation

泛指在一定地区内覆盖地面的植物及其群落。天然的森林和草甸称为天然植被,人工栽培的农田或树林称为人工植被。我国的植被按综合的自然条件分为八个植被区:①寒温带针叶林区;②温带针叶阔叶混交林区;③暖温带落叶阔叶林区;④亚热带常绿阔叶林区;⑤热带季雨林、雨林区;⑥温带草原区;⑦温带荒漠区;⑧青藏高原高寒植被区。

133. 植物群落　Plant Community，Phytocoenosium，Phytocommunity

在一定地段的自然条件下,经长时间与环境相互作用所形成有规律组合的植物群体。一个植物群落就是一个生态系统,在群落内部的生产者、消费者、分解者与无机环境四个组成部分之间,不断在自然条件下形成的群落属自然群落,如天然林,按照群落的机制由人工建立的称人工群落,如人工林。

一个植物群落中必有一个占优势的种和一个占次优势的种,该群落即以它们的种名来加以命名。

在当今种植设计中,群落机制是一个重要方向,以探索建立城市绿化的人工群落,达到减少人工养护管理的目的。

134. 植物园　Botanical Garden

以传播植物知识、进行科学研究及供观赏游览的专类园,是植物博物馆。早期药草园是其雏形。现世界上约有千余所植物园。各植物园按其自身的环境条件和服务目的而各有侧重。大部分以露地种植为主,也常有部分温室,引进热带和亚热带的植物。植物园内常设有标本馆、图书馆、实验室、演讲厅及有关服务设施。一般按植物分类或经济用途分区种植。有的还将观赏价值较高的植物单独辟为专类花园(如月季园、鸢尾园、杜鹃园、牡丹园等)。

135. 景置石　Arrangement of Stones

以天然或人造山石为材料,将装饰和使用功能结合一体的零星山石安置,既可作局部空间的构图中心,亦可作其他景物的陪衬。其主要理法是"因简易从,尤特致意"。要求"以少胜多,画龙点睛"。主要形式有特置、散点、涩浪、蹲配、抱角、镶隅、壁山、云梯、几案、花台、护坡、驳岸、藩篱、樊头等。置石姿态分立石、蹲石、卧石。置石要点为框景、背景、向背、聚散、呼应和顾盼。苏州留园揖峰轩以置石著称,有步移景异的游赏效果。江南四大名石为上海豫园之翠玲珑、苏州洽隐园之岫云峰、苏州留园之冠云峰和现存杭州花圃之皱云峰。

136. 中国古典园林　Chinese Classical Garden

泛指辛亥革命前的中国园林。自秦汉始至明清两千多年以来,历代帝王兴建宫苑不断,如汉建章宫,唐兴庆宫,宋艮岳,明清的西苑三海、颐和园等;私家园林营建亦很兴旺,如唐的辋川别业,宋时的洛阳名园,明清时期苏州、扬州、杭州众多私家宅园。在山川优美之处也出现了游赏活动,早在东晋,庐山就引来众多香客,宋时的西湖游览已颇具规模,五岳更是如此。这就形成了中国皇家宫苑、私家园林、寺观丛林的体系,在其发展演变过程中形成了本于自然、高于自然的理念;诗情画意,追求意境的构思;顺乎自然,因地制宜的布局,建筑山水花木融为一体的组景的传统体系,其在世界上独具一格,具有特殊的价值,占有重要地位。有许多名园至今犹存,是宝贵的民族遗产,应细心保护。

137. 中景　Medium View

位置在前景和远景之间的景物。与观赏者的距离常在合适视距的范围内,能够使游人清晰、完整地观赏。园林中常把观赏的主要景物布置在中景的位置。

138. 种子植物　Spermatophyte

具有种子的植物,是进化过程中发展到最高等的植物。园林植物中的绝大多数均属此类。植物学按种子有无包被又区分为被子植物和裸子植物。被子植物又按子叶数区分为单子叶植物和双子叶植物。园林中常见的裸子植物如银杏、松、柏,单子叶植物如竹、棕榈,双子叶植物如槐、榆、杨等。区分种子有无包被,需详察其花器官,而单子叶植物与双子叶植物通常还可以按叶脉呈平行或网状来加以区别。裸子植物的子叶数不定,有两个、三个或三个以上,故子叶为三个以上时可断定为裸子植物。

139. 种植设计　Planting Design

又称植物配置、绿化设计,是利用植物材料来改善和美化环境的学科。其研究和应用范围很广,大至城市、区域,小至居住区、工厂、公园或庭园绿地。其历史由来已久,而作为独立学科尚属年轻。

140. 竹类植物　Bamboos

禾本科,多年生的常绿植物。有木质化长或短的地下茎,杆木质化,有明显的节,节间常中空。通常按其习性又分为散生和丛生两类:前者的根鞭在适宜的土壤中可向四周不断地快速延伸,长出新的植株,当与其他植物配植在一起时,便产生强烈的种间竞争;后者的新枝以原植株为中心紧密地聚生在一起,易与其他植物共处。

141. 主景　Main Feature

园林空间构图的中心。能体现园林主题,富有艺术上的感染力,在园林景观设计中重点处理,成为观赏视线集中的焦点。如广州越秀公园的五羊雕塑,表现了广州建城起源的历史传说;杭州花港观鱼以金鱼池和牡丹园为主景,体现了"花落鱼身鱼嘬花"的诗意。两例都反映了园林的主题内容。

142. 专用绿地　Exclusive Green Space

又称附属绿地,是专属某一单位使用管理的绿地。一般不向公众开放,如苗圃、花圃、果园以及学校、医院、工厂、机关、科研机构使用的绿地。各专用绿地按其使用性质和规模有各种布置的要求和方式,但均应以突出绿色植物为主要原则。

143. 自然式园林　Natural Garden

又称风景式园林。以模仿自然为主,不要求对称严整的园林。其特征是:地形断面多为缓和曲线,模仿自然山丘坡地或利用自然地形,不进行大的人工改造;水体多为自然岸线,形成河湖、池沼、溪流、泉瀑等,驳岸用自然山石堆砌或斜坡草皮护岸;建筑物不用轴线对称;道路为自然曲线;植物不用对称行列种植,反映自然界植物群落错落之美,不用修剪绿篱和毛毡花坛;园林景物多采用峰石、假山、盆景等来丰富园景,较少用雕像。这种形式较适合大面积有山水的地形起伏地区,建造和养护费用较低。

144. 组景　Landscape Organizing

风景区规划和建设中,通过导游线把景物、景点组织起来,形成起、结、开、合的序列,动观与静观结合,奥与旷的空间变化。风景区中的景物大多是自然和历史形成的,不同于城市公园的人工造景,通过有意识地把自然景物和历史人文景物组织起来,可以给游人以良好的空间感受。

参 考 文 献

［1］国家标准.建筑工程施工质量验收统一标准 GB 50300—2001［S］.北京:中国建筑工业出版社,2001.

［2］国家标准.地下防水工程质量验收规范 GB 50208—2002［S］.北京:中国建筑工业出版社,2002.

［3］国家标准.建筑电气工程施工质量验收规范 GB 50303—2002［S］.北京:中国计划出版社,2002.

［4］国家标准.建筑给水排水及采暖工程施工质量验收规范 GB 50242—2002［S］.北京:中国建筑工业出版社,2002.

［5］唐来春.园林工程与施工［M］.北京:中国建筑工业出版社,2003.

［6］建设工程施工项目管理丛书编审委员会.建筑工程项目施工组织与进度计划［M］.北京:机械工业出版社,2003.

［7］黄展东.建筑施工组织与管理［M］.北京:中国环境科学出版社,1997.

［8］林知炎,曹吉鸣.工程施工组织与管理［M］.上海:同济大学出版社,2002.

［9］唐春林.园林工程与施工［M］.北京:中国建筑工业出版社,1999.

［10］郑金兴.园林测量［M］.北京:高等教育出版社,2005.

［11］梁伊任.园林建设工程［M］.北京:中国城市出版社,2000.

［12］张建林.园林工程［M］.北京:中国农业出版社,2002.

［13］唐定曾,崔顺芝,唐海,等.现代建筑电气安装［M］.北京:中国电力出版社,2001.

［14］刘宝珊.建筑电气安装工程实用技术手册［M］.北京:中国建筑工业出版社,1998.

［15］成军.建筑施工现场临时用电［M］.北京:中国建筑工业出版社,2002.

［16］杜训,陆惠民.建筑企业施工现场管理［M］.北京:中国建筑工业出版社,1997.

［17］韩烈保.草坪建植与管理手册［M］.北京:中国林业出版社,2001.

［18］王乃康,茅也平,赵平.现代园林机械［M］.北京:中国林业出版社,2001.

［19］中国建筑工业出版社.现行建筑施工规范大全［M］.北京:中国建筑工业出版社,2005.

［20］胡锐.绿化庭院工程预算定额操作规范释义［M］.北京:机械工业出版社,2004.

［21］李德华,朱自煊.中国土木建筑百科辞典·城市规划与风景园林［M］.北京:中国建筑工业出版社,2005.